石油钻井完井文集

Selected Papers on Petroleum Drilling and Completion

（上 册）

张绍槐 著

石 油 工 业 出 版 社

内 容 提 要

本书主要阐述了从 20 世纪 80 年代初到现在,作者 30 多年来在钻井完井工程技术方面的教学、科研与学术交流成果。全书分上、下两册共 7 篇。上册主要内容包括世界石油技术进展与发展战略,中国石油市场与 21 世纪钻井技术发展对策,以及导向钻井新技术;下册主要内容包括智能钻井完井新技术,保护油层理论与技术,海洋油气与非常规油气勘探、开发,以及钻井基础理论与喷射钻井技术。全书共配有图 500 多幅、表格 500 多个,图文并茂,便于读者阅读。

本书可供从事石油勘探开发的工程技术人员、科研人员及管理人员使用,也可供高等院校相关专业师生参考。

图书在版编目(CIP)数据

石油钻井完井文集. 上册/张绍槐著. —北京:
石油工业出版社,2018.3
ISBN 978 - 7 - 5183 - 2259 - 6

Ⅰ. ①石… Ⅱ. ①张… Ⅲ. ①油气钻井 - 完井 - 文集
Ⅳ. ①TE257 - 53

中国版本图书馆 CIP 数据核字(2017)第 281588 号

出版发行:石油工业出版社
　　　　(北京安定门外安华里 2 区 1 号楼　100011)
　　　　网　　址:www. petropub. com
　　　　编辑部:(010)64523535　图书营销中心:(010)64523633
经　　销:全国新华书店
印　　刷:北京中石油彩色印刷有限责任公司
2018 年 3 月第 1 版　2018 年 3 月第 1 次印刷
787 × 1092 毫米　开本:1/16　印张:27.25　插页:16
字数:750 千字
定价:180.00 元
(如出现印装质量问题,我社图书营销中心负责调换)

为张绍槐教授著《石油钻井完井文集》题词：

　　为我国石油钻井事业奉献一生，年逾古稀仍耕耘不断，百万字巨著凝结先生毕生心血，学术水平一流，值得晚辈认真拜读。祝先生健康长寿，永葆学术青春。

罗平亚

2017 年 11 月

作者简介

  张绍槐，江西省九江市人，1931年1月出生。中国共产党党员、教授、博士生导师。1950年春入读北洋大学采矿系石油组，1952年8月全国高校院系调整时转入清华大学石油系，1953年2月毕业于清华大学。先后在清华大学、北京石油学院、西安石油学院、西南石油学院、西安石油大学任教。曾任西南石油学院院长（1986—1990年）和西安石油学院院长（1990—1994年）。创建了油气藏地质与开发工程国家重点实验室和联合国援建的油井完井技术中心，创建了部批钻井信息技术中心和导向钻井研究所。获石油工业有突出贡献的科教专家荣誉称号，享受国务院特殊津贴的国家有突出贡献的中青年科技专家，曾是国务院学科评议组特邀专家、石油工业部教育指导委员会委员、世界石油大会中国国家委员会委员。出席1983年在伦敦举行的第十一届世界石油大会并任钻井论坛第一副主席、执行主席，出席1987年在休斯敦举行的第十二届世界石油大会并任中国代表团工程组组长，出席1991年在布宜诺斯艾利斯举行的第十三届世界石油大会，出席1994年在米兰举行的世界燃料气体大会并任中国代表团团长，出席1997年在北京举行的第十五届世界石油大会并在会后主讲该会的钻井完井新技术，出席1993年在墨西哥举行的世界石油大会科学规划委员会会议，出席2004年在北京举行的世界石油首届青年大会并任特邀专家。1998年退休，退休后继续学术研究。

七　律

——2016 春贺文集

津门北洋攻采矿

水木清华庆毕业

学油爱油干石油

教育科技立学术

三校桃李遍神州

科技文选添新篇

耄耋之年仍有为

人寿家和迎国梦

2016 丙申春

▶ 1992 年国务委员李铁映视察西安石油学院时合影留念（右 7 李铁映，左 4 中国石油天然气总公司副总经理李天相，右 8 张绍槐院长，右 6 邢汝霖书记）

▶ 1992 年国务委员李铁映视察西安石油学院（左 3 李铁映，左 1 李天相，左 4 张绍槐，左 2 邢汝霖）

▶ 向国务委员康世恩（右3）汇报工作（1987年成都国宾馆）

▶ 与原石油工业部副部长张永一（曾任西南学院党委书记）合影

▶ 1988年西南石油学院30年校庆时张绍槐主持大会，马载（西南石油学院首任院长）与韩邦彦（四川省长）剪彩之照

▶ 陪同中国石油天然气总公司总经理王涛参加石油高校40周年展览会(1993 北京)

▶ 与原石油工业部教育指导委员会主任贾皋（中）合影

▶ 陪同原石油工业部副部长黄凯在西南石油学院调研

▶ 与原西南石油学院老班子赵国珍（中）、葛家理（右）合影

▶ 与原西南石油学院老书记张九山（左）合影

▶ 1989 年，西南石油学院领导班子（左起：林维澄、张绍槐、崔汝樑、曹开胜、李士伦、罗平亚）合影

▶ 1988 年庆祝建校 30 周年时，与西南石油学院首任院长马载（左）合影

▶ 邀请闵恩泽院士来西安石油学院讲学，张绍槐在主持会议并介绍闵院士
（1994年，西安）

▶ 油气藏地质与开发工程国家重点实验室通过国家鉴定合影留念（西南石油
大学，成都理工大学，1986年）[右3张绍槐，右4张倬元（成都理工大
学校长），左3李士伦]

▶ 张绍槐在指导博士研究生狄勤丰

▶ 张绍槐在指导研究生谭言坚

▶ 张绍槐时任西南石油学院院长每两周有一次院长接待日（1987 年南充）

▶ 西南石油学院博士论文答辩委员会合影

▶ 第十一届世界石油大会闭幕会主席台（1983年9月伦敦）（右2张绍槐，右3朱亚杰）

▶ 1981年第十一次世界石油大会会议厅内座位上（右1张绍槐，右2翟光明）

▶ 1983 年第十一次世界石油大会会场广场留影（伦敦）

▶ 在世界石油大会期间与侯祥麟团长交谈（1991 年，布宜诺斯艾里斯）

▶ 1993 年出席世界石油大会第 65 次科学规划委员会会议（右 1 张绍槐，
右 2 闵恩泽）

▶ 1991 年在第十三次世界石油大会学术论坛会上（左 1 张绍槐，左 3 侯祥麟）

▶ 1987 年出席第十二次世界石油大会与孟英峰合影（休斯敦）

▶ 1991 年出席第十三次世界石油大会与老同学合影（右 1 李克向，右 2 谭文彬，
左 1 袁秉衡，左 2 张绍槐）

▶ 1987 年参观 NASA

▶ 1987 年在 Halliburdon 公司培训部交流后留影（右 1 张绍槐，右 4、右 5 及左 1 为石油工业部外事局官员；右 2 和左 2 为 Halliburdon 公司高管）

▶ 1994年参加第十九届世界燃料气体大会时参观天然气加工厂（米兰）

▶ 1992年石油高校访俄代表团合影（左起：张绍槐、张一伟、刘萍南、李仕伦、金振武）

▶ 1990 年完井团组在联合国总部广场留影

▶ 向 UNDP 官员汇报完井项目（1989）

▶ 在加拿大考察气田（1990 年）

▶ 1981 年代表团在 BP 公司听取钻井总工程师 Harding 先生介绍公司情况（代表团成员，右起：胡铁铮、张绍槐、华仲篪、刘耀平、刘振武）

▶ 1981 年在 BP 调研时工作留影（《海上石油》杂志第一期封面照片，名为
  "合作"）

▶ 1981 年在 BP 公司接受安全防火救火培训（代表团 5 人与培训经理合影）

▶ 1981 年在 BP 公司调研钻井平台导管架的制造组装工作时留影

▶ 1981 年在 BP 公司钻井平台停机坪直升飞机前代表团 5 人合影留念

▶ 1981 年在阿伯丁与 BP 公司总工程师 Harding 先生合影留念

▶ 代表团在 BP 公司副董事长 Mr.Willimson（左 4）及夫人（左 3）家中做客留影

▶ 1981 年在 BP 公司与钻井总工 Floied 先生合影留念

▶ 1981 年 8 月 4 日，BP 公司专门拍摄的"中国石油代表团访 BP 照片"，在 Weatherford 公司与 Mr. Jarman（左 2，BP 培训部总工）合影（左 1 为张绍槐）

▶ 1992 年在塔里木油田指挥部作报告（中坐者为王炳诚指挥）

▶ 在塔里木油田进行科研活动时与钻井队人员合影

▶ 2000年11月国家经贸委、中国工程院组织的"胜利油田院士行"活动集体留影（二排左9张绍槐）

▶ 在"胜利油田院士行"活动讨论会议上（2000年）

▶ 在"胜利油田院士行"活动中参观地质研究院（右 4 张绍槐、右 3 李鹤林）

▶ 在"胜利油田院士行"活动中参观钻井研究院（左 1 张绍槐，左 2 顾心怿
院士）

▶ "胜利油田院士行"专家们参观胜利油田展览馆

▶ 在"胜利油田院士行"活动中参观、讨论（右1顾心怿院士，右2张绍槐）

▶ 西南石油学院海工组在三亚机场登直升飞机去南海二号平台参观（左起：张宁生、林敏诚、中海油南海西部公司副总经理郭水生、张绍槐、李华桂）

▶ 喷射钻井课题组（部分人员）在研究工作（左1熊继有，右1廖荣庆）

▶ 张绍槐在操作钻机（1955，新疆独山子油田）

▶ 张绍槐在油田钻井队考察

前　　言

　　能源是我国经济社会发展的重要基础。常规石油、天然气和非常规油气是重要的化石能源之一，其需求随着我国国民经济持续稳定发展和人民生活水平的不断提高仍将稳定增长。我国能源中长期发展战略目标为：节约优先重点发展低碳经济；"稳油兴气"。全国常规油气资源动态评价表明，截至"十二五"末，我国石油地质储量 $371.7 \times 10^8 t$，探明程度为 34%，处于勘探中期阶段，天然气探明程度更低，处于初期。近年，石油储量快速增长，连续 10 年新增探明石油地质储量超过 $10 \times 10^8 t$，自 2000 年起，国内石油产量连续 6 年稳定在 $2 \times 10^8 t$ 以上。2016 年受世界低油价影响，石油产量跌破 $2 \times 10^8 t$，为 $1.99 \times 10^8 t$。国家发展和改革委员会于 2016 年 12 月发布的《石油发展"十三五"规划》《天然气发展"十三五"规划》对我国石油天然气发展战略做了部署。党中央在十八大以来和五中全会提出：全面建成小康社会、全面深化改革、全面依法治国、全面从严治党的"四个全面"战略；坚持科学发展、明确发展是硬道理、发展必须是科学发展；加快建设教育强国、加快建设人才强国；坚持创新发展深入实施创新驱动发展战略，加快突破新一代信息通信、新能源、智能制造等领域核心技术，瞄准"瓶颈"制约问题制订解决方案，依托企业高校科研院所建设一批国家技术创新中心，再建设一批国家重点实验室；加快开放电力、交通、石油、天然气等自然垄断行业的竞争性业务，拓展发展新空间等。这些重大决策和有力措施，给我这个毕生从事教育、科技工作的人极大的振奋和启示。我相信"中国梦""油气梦"一定能够实现！回忆我自己从入读北洋大学—天津大学—清华大学并于 1953 年春季毕业，先后在清华大学、北京石油学院、西安石油学院、西南石油学院、西安石油大学工作直到 1998 年退休。退休后在"老有所为"的精神下继续做了一些科学研究和学术工作；实践了"学石油、爱石油、干一辈子石油"的诺言。现在回想我曾在 3 个大学读书、5 个高校工作，曾经工作过和曾经走访过我国大多数油田和不少科研院所、高校，在国外曾到 UNDP 工作交流，参加过多次世界石油大会和多次国际学术会议以及走访过近 10 个国家的近百个企业、公司、高校、油田；特别是"文化大革命"以后，在改革开放时代这 30 多年，是我一生包括夕阳时期在内的黄金时代。我衷心感谢党的培养教育，我要为实现小康社会发挥余热。我在退休前出版了几本书和发表过近百篇论文。年轻时曾想多写点书，但时光是不能倒流的，为落实习近平主席提出的"追赶超越"的目标与期许，在"两学一做"中写《石油钻井完井文集》这本书，总结我曾经做过的比较熟悉的方面，其中 73% 是第一次公开发表的内容。希望所选的内容不仅可以有助于读者分析当时的理论与技术历程，而且在当前和今后一定时期内仍有借鉴和指导价值。

　　仅以此书奉献给党和我曾经学习和工作过的单位，我的老同事、老朋友、合作者、我的学生们以及所有从事石油天然气工作的人们，特别是年轻一代。

张绍槐

2017.7.1

目　录

上　册

第一篇　世界石油技术进展与发展战略篇

第二篇　中国石油市场与 21 世纪钻井技术发展对策篇

第三篇　导向钻井新技术篇

下　　册

第四篇　智能钻井完井新技术篇

第五篇　保护油层理论与技术篇

第六篇　海洋油气与非常规油气勘探开发篇

第七篇　钻井基础理论与喷射钻井技术篇

第一篇
世界石油技术进展与发展战略篇

【导读】

世界石油大会(WPC,World Petroleum Congress)是由世界石油大会组织(World Petroleum Congresses)举办的,它是非政府性国际常设组织,是公认的世界石油科技、经济及管理的最高论坛,原来每4年现在每3年举行一次大会。中国成立了"世界石油大会组织中国国家委员会"。我是世界石油大会组织中国国家委员会委员(1983—1998)。我在1983年出席在伦敦举行的第十一届世界石油大会并担任钻井分组论坛第一副主席(是中国人首任);1987年出席在休斯敦举行的第十二届世界石油大会并任中国代表团工程组组长;1991年出席在布宜诺斯艾里斯举行的第13届世界石油大会;1992年参加中国高教代表团访问俄罗斯高校并任访问团副团长;1993年陪同闵恩泽院士出席在墨西哥举行的世界石油大会第65届科学规划委员会会议,并在会议上报告和研究了1997年将在北京举行的第15届世界石油大会的筹备工作情况;1994年率团出席在米兰举行的第十九届世界燃料气体大会并任团长;1997年参加在北京举行的第十五届世界石油大会并由石油工业部部长王涛指定在会后给没有参加该次会议的相当于处级以上的钻井技术和管理人员传达讲解世界石油钻井完井新技术;2003年,受中国石油大会组委会的委托,从西南石油大学和西安石油大学共选拔了46名35岁以下的青年教师和研究生及其论文,由我带领他们到北京出席2004年世界石油大会首届青年论坛。我还参加过多次在国内外举行的国际学术会议。我很注意世界石油科教技术的前沿及重点的进展与发展战略。在本书中选择了几篇我参加世界石油大会的总结和会后向高校师生以及石油企业部分技术人员传达的报告(这些报告受到热烈欢迎和有益启发);还选了我应邀进行学术交流的部分文章——关于世界能源发展战略、钻井完井近年重大新技术进展(国际与中国)、中国与世界石油工业的技术与管理对比等。通过这些总结、报告、文章可以了解20世纪80年代、90年代世界石油工业是怎么发展的,详细了解近30年来以及21世纪世界石油工业资源、油气供需、科学技术等各方面当时的概况及其机遇与挑战,重点是关于石油天然气上游领域油气资源及其勘探开发技术,油气钻井与完井工程以及压裂增产与修井等井下作业的技术发展历程,技术内容,技术难点和对策研究。关注世界石油天然气发展,跟踪第二十二届WPC(2017)的主题和主要内容等。本篇选入的文章是:

《第十一届世界石油大会总结报告》;

《第十二届世界石油大会关于石油上游工业的科学技术战略研究》;

《20世纪90年代石油上游工业的展望与石油工业技术、经济的挑战和机遇——关于第十三届世界石油大会的传达与解读》;

《迎接世界石油新技术革命的挑战——石油工业上游工程的战略对策》;

《钻井、完井技术发展趋势——第十五届世界石油大会信息》;

《世界能源发展与钻井完井新技术进展》;

《世界及中国石油工业技术和管理对比与发展战略的研究》。

第十一届世界石油大会总结报告❶

WPC—中国国家委员会张绍槐　1983 年 9 月 15 日

第十一届世界石油大会会议从 1983 年 8 月 28 日至 9 月 2 日在英国伦敦举行。这届会议是世界石油大会组织成立 50 周年又面临 21 世纪的前夕。因之,会议的主题是在回忆世界石油大会组织 50 周年的基础上研究讨论 21 世纪的世界石油工业。

按照我国参加第十一届世界石油大会代表团的分工,总结有关问题报告于下。

1　担任 PD-5《钻井技术的新进展》分组会第一副主席所做的主要工作

1981 年 9—12 月,经世界石油大会组织科学规划委员会邀请、我国参加 WPC 的中国国家委员会推荐、石油工业部外事局和部主管领导批准以及 WPC 科学规划委员会确认,我担任了 PD-5❷《钻井技术的新进展 - Advance - in Drilling Technoloy》分组讨论会第一副主席的工作。感谢组织的培养,受到了一次很好的锻炼。

1982 年 1 月至 1983 年 8 月 24 日阅读并弄懂《第十一届 WPC 各国国家委员会科学秘书和分组会主席、副主席和论文作者工作指南》及《第十一届世界石油大会分组讨论会、圆桌讨论会和述评文章的名称和说明》;与分组讨论会主席经常保持联系,配合他从 40 多篇论文中选定 5 篇论文(只从论文题目、作者姓名及国别中挑选);比较仔细地阅读了 PD-5 的 5 篇论文预印本并对每篇文章提出评价和问题;按中国国家委员会的要求在会前准备了拟在 WPC 会上交流的业务技术材料和技术问题,计有:中国钻井情况简介(中、英文);针对中国钻井技术存在的问题拟在会议期间与国外同行探讨的内容;本人已发表的论文(译成英文并打印、复印);其他业务性准备。

1983 年 8 月 28 日至 9 月 2 日第十一届 WPC 会议期间,PD-5 分组讨论会的开会时间安排在 8 月 30 日下午 1:45—4:00。会前及会后主要活动如下:

(1)PD-5 会前工作。

出席 WPC 科学规划委员会(SPC)8 月 28 日上午 11 时至 12 时 30 分召开的分组会主持人(称为 Session Officers)会议。该会由 Mr. Ilseman(WPC 执行局主席)、Mr. Govier(SPC 主席)、Mr. Jaeguard(WPC 执行局委员)等主持。会议交待怎样组织和主持分组讨论会、圆桌讨论会⋯⋯。对预备会和会前准备工作以及分组讨论会的开场白、介绍报告人、主持和掌握讨论(包括 Slips)、对论文作评价和每篇论文讨论后的结束讲话、总结讨论情况以及分组讨论会的闭幕词等等一一作了说明和提出要求。

由于 PD-5 分组讨论会的主席 Mr. Hammett(美 Sedco 公司)直到 8 月 30 日中午才到达伦敦,所以会前准备工作由我和第二副主席 Mr. Leduc(法国人)负责。科学秘书 Mr. Gee 协助。8 月 29 日下午 2:30—5:00 我主持召开了 PD-5 分组讨论会副主席、科学秘书和论文作者的预

---

❶ 这份报告上报了石油工业部外事局和中国国家委员会;同时向西南石油学院和四川石油局等单位做了传达和解读。

❷ PD—Penal Discassicn,分组讨论会。

备会。检查了各位作者的准备情况、幻灯片准备情况、预定了每篇论文宣读及讨论时间、确定了论文宣读顺序,大家交换了意见。

为了使论文作者心中有数并开好分组讨论会、我把我自己对每篇文章的初步评价及发现的主要问题事先向各论文作者交换了意见、他们都表示感谢。罗马尼亚 Dr. Tatu 的论文《深井钻井技术》排在第一篇宣读和讨论。我发现他的英文不大好,为了表示中罗友好并感谢罗马尼亚在第十届 WPC 对恢复中国合法席位所做的努力,我主动地、比较详细地和 Dr. Tatu 事先讨论了他的论文,指出了文章中存在的 8 个问题。我和主席 Mr. Hammett 商量好,当 Dr. Tatu 宣读完论文后,我立即提问了两个事先和 Dr. Tatu 交换过意见的问题,使 Dr. Tatu 顺利回答了问题。会后,Dr. Tatu 一再表示感谢。

(2)PD - 5 分组讨论会议程进行情况。

分组讨论会主席 Mr. Hammett 在 8 月 30 日中午临开会前才赶到会场。会议由他主持,我和第二副主席协助。我们把各项准备工作告诉了他,他很高兴。罗马尼亚 Dr. Tatu 宣读完第一篇论文后,主席 Mr. Hammett 立即向与会者介绍了我是第一副主席,并说这一年我们合作得很好,他本人刚到,我代他做了许多准备工作,然后请我对 Dr. Tatu 的论文提问题。我提完第一个问题。Dr. Tatu 答了,他又请我再提第二个问题,Dr. Tatu 又圆满地回答了。会议一开始第一篇论文就进行得很顺利。会后,另一论文作者 Mr. Bates 说:"这个会主持得很好,由于你事先和我们每人交换了意见,使我们有所准备。第一篇论文的顺利讨论,使后边几篇也挺顺利,整个分组会进行得很好。"钻井分组共宣读了 5 篇论文,按预印好的顺序宣读一篇讨论一篇(第 5 篇只宣读未讨论),见表 1。

表1 PD - 5 分组讨论会议程

顺序	宣读时间 (min)	讨论时间 (min)	总共时间 (min)	共用幻灯片 (个)	讨论问题 (个)	备注
第一篇	10	20	30	10	3	
第二篇	12	11	23	10	4	
第三篇	20	7	27	30	2	
第四篇	15	12	27	11	2	
第五篇	30	0	30	20	0	原计划只宣读不进行讨论

讨论总共进行 2h17min(137min),比原计划 2h15min(135min)多 2min。

(3)会后反映。

论文作者及科学秘书等在 8 月 30 日下午会后认为钻井分组讨论会开得顺利圆满,事先准备得好、会议掌握得好,达到了预期目的。

8 月 30 日晚在分组讨论会主席 Mr. Hammett 下榻的 HILTON HOTEL 的鸡尾酒会上,主席、副主席、论文作者、会议秘书等互相祝贺,并互相邀请访问,加强联系。

8 月 31 日在 Guild Hall,由 WPC 举行的宴会上,钻井分组的主席、副主席、论文作者(及有些人的夫人)又共聚一桌,欢庆友谊,共祝今后更好的合作。

9 月 2 日晚在 Fare well Party 与钻井同行的许多新、老朋友约数十人相互交谈。由于担任了钻井分组第一副主席,有些钻井同行主动过来交谈,例如美国 Conoco 公司副总裁 Mr. Curtis 主动说:他见到了侯部长,拿到了侯部长的名片,极其希望和中国合作进行海洋钻井……他请我再向侯部长讲这件事。Conoco 公司的主任油藏工程师 Kiel 夫妇去过中国,也到过成都,一再表示希望加强与中国的技术合作。在 Fare well Party 上,一位日本的年轻钻井工程师

Mr. K. KLMURA 在大厅中和我交谈了一阵,主动提出要我见见日本的钻井教授(东京大学著名的钻井教授)Dr. Tanaka,他说 Tanaka 教授在日本很有名,想见我这位 WPC - PD5 的副主席。过了一会他就把 Tanaka 教授找来介绍给我、我们互换了名片,谈了互访、加强联系、互派留学生等问题。他还说,有一名中国留学生在他的系里当研究生(但他记不起名字了、回国后要给我写信等等)。

在 9 月 2 日的大会闭幕式,各个分组讨论会的主席与副主席都坐在主席台上,这是一个很高的礼遇。在闭幕会上,SPC 主席 Mr. Gorier 在总结发言中指出了一批较好的论文,其中钻井分组的 5 篇论文中他提到了 4 篇,并说钻井界人士反映良好。

2 钻井论文的题目、内容及讨论情况

WPC 的 SPC 安排的 PD - 5(钻井技术的新进展)分组会共选了 5 篇论文,这 5 篇是从 40 多篇论文中选出来的。这些论文的特点是:

(1)反映了当前钻井技术的新领域和发展方向(如 MWD,EPS),有些是大题目(如深井钻井技术、定向井和水平井)。

(2)不挑选某一单项技术的题目,例如钻井、钻井液、固井、优选钻井参数、井控等方面的论文都没有被选上。也就是说:题目不宜太窄。

(3)题目多是 21 世纪钻井的主要领域(如 EPS,北极钻井等)和钻井生产技术将普遍推广应用的方面(如定向井、水平井、MWD 等)。

现将这 5 篇论文的内容和宣读后提出讨论的主要问题摘要整理于下文,并把个人的印象与意见随附,供参考。

2.1 《深井钻井技术——Deep Drilling Technology》

作者:罗马尼亚,油气研究和设计院,G. G. Tatu 博士。

2.1.1 内容提要

罗马尼亚 3500 ~ 6500m 的深井钻井技术,有了很大的提高。这些深井是在很复杂的地质条件(含有盐、石膏、H_2S、CO_2、CO 等,复杂的地压梯度,岩石破碎并有天然裂缝等)下进行的。为了保证深井钻井质量,根据科研和实践经验着重考虑了 3 个问题:

(1)综合研究岩性和地层剖面,科学地进行井身结构及套管柱设计,优选钻井液、钻头和钻进参数。

(2)改善井底的岩石破碎条件——增大钻头水马力、降低井底压差、优选钻井液。

(3)降低深井钻进的能量消耗。

文章最后给了一些实例。全文共 11 页,图表共 20 幅。

2.1.2 提出讨论的问题

(1)进一步解释和说明文章中提出的式(4),说明影响深井钻速的诸因素。

(2)请说明文章中提出的在钻头附近实现钻井液局部再循环的装置与措施。

(3)在罗马尼亚和苏联是否用涡轮钻钻深井井段的问题。

2.1.3 印象与意见

(1)提出了深井钻进的科学化内容。

(2)内容一般化,不够深入。

2.2 《钻大角度定向井——Drilling High Angle Directional Wells》

作者:加拿大,ESSO 资源有限公司,D. D. Baldwin 等。

2.2.1 内容提要

本文阐述了加拿大、ESSO 资源有限公司钻大角度定向井过去的经验和将来计划。ESSO 资源有限公司在加拿大 Cold Lake、Alberta 和 Norman Wells 钻了丛式井、水平井和大角度定向斜井。从 1973 年以来已在 Cold Lake(该油田是重质油并含有沥青,目的层深度450m)建了 21 个丛式井井场(Pad)钻了 250 口丛式井,其中 90% 以上是定向斜井。文章介绍了几种丛式井的布井方案。在 1980 年,从 6 个井场钻的 90 口丛式片的最大水平闭合为307m,井斜角高达67°。在垂直井深只有 489m 的水平井中最大井斜角达 90°,单井并斜角大于 86°(86° ~ 90°)的井段长达 567m,全井水平位移达 1407m。从 6 个人工岛钻了一批大角度定向斜井。人工岛的工作面积为 80m × 45m,每个人工岛可钻 20 口井。岛上有 30 人的营房,直升飞机起升台和 75 天的钻井供应储备。定向斜井的最大造斜率达 8°/30m。文章举例介绍了在上述地区钻水平井和大角度定向井的井身结构设计、井底钻具组合、钻井液方案、下套管注水泥情况、测井、试井、测斜作业以及钻井时效分析等。文章最后说,该公司已具有钻 90°大角度井的常规能力,并指出钻大角度井需要继续研究解决测井和注水泥方法问题。全文共 10 页,图表共 15 幅。

2.2.2 提出讨论的问题

(1)定向斜井的测斜问题。
(2)定向钻井的取心问题。
(3)定向钻井的复杂程度取决于钻井的具体条件。
(4)定向钻井的设计。

2.2.3 印象与意见

(1)本文介绍了在浅井(垂直井深 500m 左右)打大角度定向斜井、水平井和丛式井的经验。这些经验是可取的。

(2)文章写得精练,讲得扼要(主要写钻大角度井达到什么水平,主要用什么方法,取得什么效果)。在讨论时尽管提问涉及的问题宽而大,但回答时却简明扼要。通过学习本文及听宣读、参加讨论,比较典型地掌握了 WPC、PD 分组会的特点。这是参加国际性顶层学术会议的重要收获之一。

2.3 《井下随钻测量——Down Hole Measurements while Drilling》

作者:美国,Analysts/Schlumberger 公司,T. R. Bates 等。

2.3.1 内容提要

文章阐明随钻测量(MWD—Measurement while Drilling)现在比以前应用得多了。一次仪表测量装置靠近钻头。文章介绍了 MWD 的研究发展历史,说明现在主要应用泥浆脉冲法传递信号,它是通过钻杆内泥浆的连续压力波来传输的。测量内容包括:(1)地层放射性测井(γ线);(2)地层电阻率;(3)环空温度;(4)井下钻压;(5)井下扭矩;(6)井斜、方位和造斜工具面的方位角。文章介绍了 MWD 的工具结构原理。传输到地面的信号用一台在井场就地处理的电子计算机进行处理,信息信号被实时地绘成连续的多道测井曲线,可以数字显示、印制在

hard copy 上并储存在磁带上。本文着重介绍了如何应用这些 MWD 的测井资料进行地层评价、分析和在井场改善对钻井的指导和控制,并通过实例说明它的主要优越性表现在以下 3 方面:(1)使钻井作业安全。(2)较好地控制井身(斜度、方位)和钻进参数等。用 MWD 可以连续进行钻井作业。尤其是在定向钻井时,对井身斜度、方位的控制较准。在大斜度井眼中(井斜大于 50°时)电测作业困难,而用 MWD 则可以录井获取大斜度井段的油藏资料。(3)较好地进行地质资料的对比。最后,MWD 已用来进行压力检测与对比、井身剖面的校正、选择套管鞋位置、选择造斜点位置和地层评价等。文章举例对比了 MWD 与普通电测的测量结果。目前,MWD 的应用成本很高,只限于在海洋钻井的重点井和特殊作业井中使用。在高成本的海洋钻井和尖端作业的井中已证实总成本可节约 10% ~ 30%。而且 MWD 在 20 世纪 80 年代以后的发展是有生命力的。文章共 10 页,图表共 8 幅。

2.3.2　提出讨论的问题

(1)文章把 MWD 与(普通)电测进行对比以说明其准确性,但并非"绝对标准"。

(2)MWD 所测得的井下温度实际上只是井下钻井液的温度,并非地层温度。

2.3.3　印象与意见

(1)MWD 是钻井上的重大突破和发展。进一步发展与推广应用 MWD 非常重要。MWD 是钻井的眼睛,将使钻井技术产生重大变革。我国在当时还是第一次或早期了解到 MWD,对我国后来引进、研制和应用 MWD 起了很好作用。

(2)目前应用 MWD 很昂贵,如何使之得到普遍应用,商业化是目前和今后一个时期的努力方向。

2.4　《北极钻井方法——Arctic Drilling System》

作者:美国,Exxon 公司,H. O. Johns。

2.4.1　内容提要

文章阐述了在阿拉斯加、加拿大等北极地区已经有了一套对付冰山、厚冰层的现代化钻井方法、设备和经验。文章说明北极的工作领域范围,所谓北极地区钻井是指北纬 70°以北,或者指每年水融期(有开阔水域的时期)少于 20 周的地区。文章把这个地区分为 3 种基本的工作环境:(1)浅水有陆地稳定性的冰区;(2)季节性北极冰地区;(3)深水有陆地稳定性的冰区。文章介绍了各种现行钻井方法和设备,它们包括:

(1)着底式钻井装置。

① 人工岛——自 1972 年/1973 年以来,在加拿大 Mackengie 海湾地区,用砂子和(或)卵石堆成人工岛进行钻井,至今已建了约 20 个人工岛。最大水深是 19m。人工岛的顶面积直径为 146m,人工岛超出水面的高度为 4.1m。夏季要用砂袋防护人工岛四周以防冲蚀。

② 用钢沉箱围成的人工岛——人工岛被围成八角形外壳,直径约 90m,在内部填以砂子。这样的沉箱和人工岛是可搬迁式的。1983 年,在水深 14m 的 Kidult 使用了这种沉箱围成的人工岛。

③ 沉垫式钻井沉箱——在沉箱下也用一个挖泥船(破冰船)式的平台做底垫,使之沉在海底,也可提(浮)起来,所以这是一种可移式的冰上钻井井场。夏季可以在水上拖航,拖到指定位置后再用海水或砂子压载使之沉下着底。在 Malkengie 海湾用的 Dome 沉箱装置是在 31m

水深处使用的。还拟用于43m水深处。

（2）浮式钻井装置。

① 抗冰（加固）钻井船；

② 圆锥形钻井驳船；

③ 浮式钻井平台。

文章还介绍了3种正在研究之中（近期发展）的新型水上钻井装置和方法：

（1）触底式钻井装置（Bottom－roundel Drilling Systems）。

① 水泥或（和）钢质的沉箱可搬迁式人工岛；

② 沉垫式钻井驳船；

③ 单舱的自升式钻井平台；

④ 水泥或钢质的圆锥形钻井结构——能适用于较大水深（36m）。

（2）可旋转360°的动力定位的半潜式转台的锚泊钻井船，具有较大的抗冰、破冰能力。

（3）被水封（围）住的浮式钻井装置（Passive Floating Systems）：

特点是冬天能承受被冰封冻住的外力进行钻井作业，夏天则可移动搬迁。它是一种强度大的抗冰钻井驳船。

2.4.2　提出讨论的问题

（1）冰上钻井装置的设计问题。

（2）在北极地区钻井时，各部门（包括各国政府）、各行业（服务行业）的合作问题。

2.4.3　印象与意见

（1）从地质上说，北极的油气资源丰富，是世界上未开垦的处女地。向钻井工作者提出了勘探、开发北极的要求，并已开始在北极钻井达10年之久（从1972年开始）。仅Alaska oil and Gas Association已耗资约6千万美元。这一课题在我国也是有意义的。

（2）文章提到在北纬40°的地区（为中国黄海）（注：实际上还有辽东湾、渤海湾以及大庆地区的水域地带等）钻井也碰到冰的问题。在这些地区钻井冰情虽不如北极那么恶劣，但也要因地制宜进行相应的研究。

2.5　《Petro bras 地区海上早期采油生产系统的经验——Petro Bras Experience in Offshore Early Production System》

作者：巴西，Petro bras 地区，Z. Machado 博士。

2.5.1　内容提要

文章介绍自1977年以来在巴西、Petro Bras 近海地区100~300m水深处采用了海上早期生产系统（简称EPS—Early Production System）。采用了湿式和干式海底完井井口；使用了自升式、半潜式和浮式油轮海上采输装置。海底井口采用电—液遥控装置。本文介绍了4种典型设计。全文共10页，图表共15幅。

（注：本文只宣读未讨论）。

2.5.2　印象与意见

（1）海上早期生产系统的应用目的有：

① 在永久式采输装置安装、投产之前，用来在海上采油、输油；

② 某些海上小油田,从经济上说不需要安装永久式采输装置时。

(2)近年发展起来的 EPS,其指导思想是在海洋勘探、开发的初期尽快尽早地把油、气拿出来。在经济上尽快回收投资,见到经济效益,这对我国海洋石油勘探与开发有很大的参考价值。

(3)EPS 结构中目前最大的难题是输油管汇中的"旋转头"(Surival)。

与钻井有关的论文除了 PD-5 的上述 5 篇以外,还有:

(1)SP4(特约论文 4)《定向钻井的水力螺杆井底动力钻具》,该文又名《油、气井钻井用井底螺杆钻具》(苏联)。

(2)SP13(特约论文 13)《高压含硫气田的钻井和采油》(美国)。

(3)RP5(述评论文 5)《完井和增产》(西德)。

(4)RTD11(圆桌讨论会论文 11)总题目是《近海采油—Offshore Production》,共有 4 篇文章:

① 水深 300~600m 固定平台的可行性(美国);

② 深水张力腿平台(美国);

③ 在一个 300m 水深的油田开发系统中应用一种半潜浮式生产和输油装置(荷兰);

④ 深水海底油管设计的总论(意大利)。

3 几点认识与对中国参加下届 WPC 会议的建议

(1)在中央和石油工业部等上级组织的正确领导下,由于中国国家委员会和秘书处的努力工作,中国恢复了在 WPC 的合法席位,任常任理事国。8 月 28 日大会开幕式时,侯祥麟副部长及秦同洛、胡乃人 3 人代表中国国家委员会上了大会主席台。担任分组讨论会主席的朱亚杰、张绍槐两人,在大会结束时的闭幕会议上,9 月 2 日上午也上了大会主席台。受到与会者的热烈鼓掌。中国代表团在第十一届 WPC 受到了极大的重视和热烈的欢迎。中国丰富的石油资源引起全世界的重视,会上有人称中国的南海是第二个中东。英国《石油日报》说中国派出了强大的代表团。

(2)WPC 是世界性石油学术最高组织,第十一届 WPC 又正值 WPC 的 50 周年华诞。我有机会参加出席这样的盛会,使我开阔了眼界,接触了各国和各类人士并交了朋友,交流讨论了学术问题。讨论了 21 世纪石油和各专业技术发展方向,对掌握世界石油工业的动态,了解方向性、发展性的技术问题极有好处。

(3)会议内容非常广泛,但不求很细,也不要求在某一"窄"课题上深入。所谓:谈大不谈小。主要是指明技术的方向性、优越性、可行性。我们的技术干部却往往忽视这种大的方面和世界性的动向。这是值得今后重视的。

(4)认真做好第十一届 WPC 的宣传、传达工作,建议由石油学会和各行政系统两条渠道进行。可组织与会者写一些报道性文章在石油刊物上发表与宣传(有的以文件方式,在内部发);印一些总结材料,由石油学会等在内部宣传散发。组织第十一届 WPC 译文集(分地质、工程、炼油 3 卷)的翻译、出版。复印 Pre-Print 本在内部发放。

(5)积极准备第十二届 WPC,加强中国国家委员会的工作。

① 按 PD、RTD、RP、SP 等分别征文(发文件至基层),加强业务准备;

② 评选论文:发一文件说明选评论文的内容、范围、标准、特点、要求等,按地质、工程、炼油三类在 1984 年提前召开专业性论文报告会,据以评选好的论文。这一工作可请石油学会办,搞一个工作计划。争取下届多出论文。

③ 积极竞选 WPC 执行局成员国,通过外交途径和多种渠道,争取目前执行局成员国的支持,搞一个计划报批。积极竞选第十二届 WPC 有更多的人担任 WPC 分组会主席、副主席等。

④ 提前确定下届代表团主要成员和工作人员,提前做好准备工作。

第十二届世界石油大会关于石油上游工业的科学技术战略研究

西南石油学院张绍槐院长传达报告(摘)　1987 年 10 月

1　概况

每 4 年一次的世界石油大会是由世界石油大会组织举办的,是一个非政府性的国际常设组织,是公认的世界石油顶级科技论坛。

第十二届世界石油大会于 1987 年 4 月 26 日至 5 月 1 日在美国休斯敦召开。以参加世界石油大会组织的中国国家委员会主任、中国石油学会理事长、原石油工业部副部长侯祥麟博士为团长的中国代表团共 19 人参加了这次大会。我也有幸再次参加了世界石油大会。根据石油工业部和中国国家委员会各参会人员应及时传达宣传组织学习和研究,为了向有关高校师生和企业技术人员传达这次会议的精神和主要科技内容,促进石油教学和科研工作专门编写了这份材料。

会议共有论文 120 篇,会议上宣读了 116 篇。会议共分 33 个专题进行。石油地质勘探方面共 6 个专题(6 个分组)、21 篇论文,另有 3 篇特别报告和一份储量研究小组报告。石油工程有 10 个专题(10 分组),占总数的 30%。石油工程方面论文共 34 篇,占总数的 30%,其中钻井方面共 19 篇,内容涉及最优化钻井、定向井与水平井、超深井、海洋井、极地地区开发等内容;还有人工智能在钻井上的应用等。有关采油和开发方面的文章共有 15 篇,主要方向是:确切认识油藏的特性,提高开发水平,发展技术,降低成本,提高采收率,提高已知资源中的可采储量;改进海上采油技术,发展水下采油系统,使边际油田也能投入开发;注意研究稠油、采油及沥青的开发。

1.1　第十二届世界石油大会的背景与特点

从 1985 年下半年开始,世界石油市场油价开始下跌,并在今后相当时期内仍不能回升。所以,与会的专家们对世界石油市场形势和油价趋势极为关注。在石油输出国(OPEC)生产能力增长的同时,有不少非石油输出国(NON – OPEC)的石油产量迅速增长,这导致了世界范围的供过于求。目前市场油价的不稳定因素,以致能否稳定在 18 ~ 20 美元/bbl,以后几年油价的前景如何等,成了这次会议内外最关注的问题。会议论文对此有不少分析和预测,但各种看法的根据都不是很充分。因此,很多人称市场油价是个怪物,也就是说不容易捉摸。

第十、第十一、第十二届世界石油大会连任三届会议主席的伊尔斯曼(Ilsemann)在会议期间说:1979 年在布加勒斯特召开的第十届世界石油大会上,参加者近 4000 人之多。1983 年在伦敦的第十一届大会上与会者也有 2522 人。但这次大会与会者只有 1723 人。这就是油价下跌对石油工业影响的结果。世界石油市场油价由 30 美元/bbl 下跌,要使世界市场油价稳定在 20 美元/bbl 左右并得以回升,这还很难。他希望与会者都重视这个问题。

1.2 第十二届世界石油大会的主题

在第十一届世界石油大会闭幕时的常任理事国在会议上提出:希望第十二届世界石油大会的主题与第十一届世界石油大会的主题——下世纪的石油——相衔接。这届大会宗旨是:"保证未来能源的战略问题"。主题是:"前进的石油技术,获得明天能源的战略"。讨论如何增加油气资源,降低原油成本,为石油公司的高级经理们提供宏观的战略性意见,以便作出决策选择。当前石油界与石油市场价格下跌造成的背景特点非常有关系,比第十一届世界石油大会的方向性更强,主题更突出。绝大多数论文都是从战略性的高度,面比较宽,比较宏观地阐述各个专业的技术经济和策略问题,并不过多地涉及局部的、具体的技术问题。保证未来能源的战略就是我们有能力保证在 20 世纪内,在可以接受的价格条件下,迎接石油是否继续发展的挑战。许多论文都认为,出路在于加快研究和发展新概念、新工艺、新技术、新工具。许多论文认为,在战略和战术上研究提高效率、降低成本、提高技术能力的新方法才是根本出路。会议对各个领域通过讨论提出的主要意见有:

(1)勘探新的沉积岩层。向北极圈盆地、深海盆地等发展。

(2)提高勘探的成功率。主要是增进碳氢化合物形成和移动的知识,采用先进的量化模型,改进地震数据的处理和解释工作。

(3)降低钻井成本。主要有:提高钻井设备的有效作业时间,改进钻井液的水力控制,钻井的闭环操作,改进水平井技术,发展钻井软科学研发钻井专用软件等等。

(4)改进原油的采收方法。提高采收率。主要是应用先进的油气藏地质解释、增加多相流动基本知识、对岩相间油藏的考虑和采用大规模的数学模型等。

(5)降低海上采油成本。着重降低设备重量、减少投资、优化浮动设备的生产,增加水下作业系统的应用,降低操作成本,提高可靠性。

(6)优化超重油和石油沥青的生产技术,主要有提高热力注驱采油效率,应用水平井提高采收率,降低运费等。

(7)下游加工,重点在改进炼厂的灵活性,最大限度地生产交通运输用内燃机燃料,保证产品质量,减低排放污染,未来统一应用先进的科学技术成果,包括先进的控制仪表与计算机,改进基本原料,寻找新路线、新催化剂,优化石化产品的生产等。

主要传达与解读油气上游工业的科学与技术战略性研究。除了我本人编写的钻井工程、海洋石油工程、油田开发等有关内容以外,还参考了我国代表团其他专家撰写的部分材料一并进行传达和解读。

2 钻井工程

钻井在油田勘探开发中占有重要的地位,很多大的石油勘探和生产公司的年度钻井费用均在 1 亿美元左右,经常是总费用中最大的一项。钻井成本通常约占勘探找油成本的 50% ~ 80%,前者代表海上大型油田勘探开发的情况,后者代表相对小规模的陆上油田勘探开发的情况。由于钻井成本所占比重如此之大,故使得钻井在当前油价下跌的情况下在整个石油工业中的地位更为突出。另外,石油公司在经费不足的情况下,往往首先削减钻井工作量,这就要求钻井的成功率、完井质量等有更高的水平。

由于市场油价的影响,在上游工程方面,管理人员已经把注意力突出地集中到降低成本上来了。生产油田的作业成本中包括油田开发期的钻井成本,也包括由于原来用于钻井作业中的钻井设计和施工质量不好而必须进行修井作业的成本,而且后一项有时会占相当大的比例。因此,在勘探阶段和开发阶段都是主要因素的钻井受到了特别重视,人们特别注意挖掘它潜在的经济效益。例如,在钻井成本方面有了大幅度降低,人们就可以进行更扩大的勘探活动;通过在生产油田中打加密井、调整井、修井等方法取得额外储量。而且,实现降低成本的方法不应该只局限在提高效率方面,还应该从工艺技术上的研究、发展入手,努力提高技术能力,使得钻井和采油作业进入新的技术阶段,从而在未来的石油工业中更好地发挥其重要作用。

壳牌公司的 L. M. J. Vinoken 认为,钻井界的保守和不愿冒技术革新风险的态度,使钻井工业的发展速度令人失望。再者,目前的低油价所导致的资金短缺更使许多钻井方面的研究面临停顿,而这些研究又是下一个 10 年为应付复杂条件下钻井所必须的。他呼吁:无论是对目前降低成本,还是对将来在复杂条件下钻井,对钻井技术研究和技术革新进行投资都是非常必要的、紧迫的。

壳牌公司的 F. van Lanolin 认为,在过去 10 年内,石油工程技术有了明显进步,特别是在钻井方面。人造聚晶金刚石钻头(PDC)大大提高了钻头寿命,特别是在钻进厚层的均质、非研磨性地层时。随钻井下测量技术(MWD)可用于定向井施工和早期油层评价,泥浆脉冲的数据传输技术已取代了昂贵、易损坏的电缆数据传输技术。由井下遥控造斜工具、泥浆马达、MWD、高效钻头组成的定向钻井系统大大提高了定向钻井水平。由于基础研究的结果,对钻井过程的内部规律有了进一步了解,这导致了钻头设计、钻头性能预测等的改善。在这些发展的基础上,钻井作业的计算机模拟手段逐渐成为一种重要的最优化方法。先进的地面数据测试装置进一步支持了最优化钻井技术的发展。注水泥和油井增产方面有了明显进展。在油井增产方面,较好的数据监测技术与先进的油藏模拟技术相结合,大大提高了油井施工设计的质量。

对未来的钻井工艺技术的发展,是这次大会石油工程方面的一个重要论题,许多论文都从不同角度、不同方向对此进行了讨论。我们把主要观点、内容总结如下。

2.1 未来的钻井工艺技术

钻井工艺技术的发展主要有两条途径:一是"交叉出新";二是"改进提高"。"交叉出新"就是将各种先进的科学理论、工程技术应用于钻井工程,以多学科成果的综合优势产生概念上全新的方法、工具和设备。如:PDC 钻头(多聚晶人造金刚石复合片钻头)、MWD(随钻测量系统)、ESD(钻井工程模拟器)以及某些非常规钻井技术。"改造提高"就是对现有技术、设备、工具的持续不断的改进提高。

钻井工艺技术发展的主要目的有两个:一是提高效率、降低成本(包括提高钻井安全性、降低劳动强度);二是提高在恶劣的自然环境和复杂的地质条件下钻井的技术能力。如前所述,这些都是目前世界石油市场形势和未来的石油勘探开发形势所决定的。

为了研究如何提高钻井效率、降低钻井成本,会议上进行了"最优化钻井的新工具和新方法"的专题讨论会,着重讨论了旨在提高效率、降低成本、提高技术能力的钻井研究方向和钻井生产技术的发展方向。概括起来有如下几个主要趋势:一是高度重视钻井软科学的发展与应用,其中包括了钻井模型理论、最优化钻井方法、钻井资料的综合解释与应用、知识工程在钻井中的应用、钻井管理和决策系统的研究。二是高度重视钻井信息、资料的收集、传递和处理工作,这方面主要是指硬件的研究,如各种井下、地面的数据收集装置,各种井下、地面传感器,数据通信、计算机通信网络和各种计算机工作站。而相应的资料分析、处理技术则应属钻井软科学的研究内容。三是钻井设备、钻井工具的进一步发展。钻井设备近期要朝着降低劳动强度、提高安全性和效率的方向发展,即实现机械化;远期则朝着全盘最优化、闭环控制的自动化钻机方向发展。

2.1.1 高度重视钻井软科学的发展与应用

钻井软科学是研究钻井中有关系统仿真、预测、规划、管理等的科学,它是先进的自然科学理论、工程技术与钻井工程相结合的产物。它利用现代科学技术的原理和方法,采用电子计算机等先进手段,通过抽样调查、数理分析、知识工程、模型推导、系统仿真等具体过程,对钻井工程系统做出各种最优决策、预测,以达到提高效率、降低成本的目的。与会专家们认为,无论是对目前的石油发展现状,还是对未来的石油发展形势,光明前途将属于那些能为最低成本和最高效率进行石油勘探、开发的公司。所以,虽然目前钻井软科学的研究刚刚起步,但它所取得的成绩和它的巨大潜力已受到人们的高度重视。

孟英峰的论文《钻井模型理论与最优化钻井方法》,结合我国"六五"国家重点科技攻关项目"优选参数钻井技术"所取得的成果,介绍了中国在钻井软科学研究方面所做的工作和取得的成绩。论文引起了国内外同行们的兴趣,并受到好评。

该文首次明确提出了以现代科学方法论为基础的钻井工程系统分析原理,其核心内容就是用系统论、控制论、信息论的观点和方法对钻井工程进行系统分析。孟英峰分析了以前的最优化钻井技术未能有效使用的关键原因是:以前最优化钻井技术中的构模方法,总是试图用单因素的简单现场试验或简单室内实验,只基于一次或极少次数的试验结果建立模型,从而违背了系统论、控制论、信息论的基本观点,所建立的模型过于粗糙,与实际规律相去甚远,故而不能得出正确的预测和决策。该文系统地阐述了钻井模型理论。它是以"钻井工程系统分析原理"为基础,以各种适用的现代化应用数学方法和先进的电子计算机技术为手段,从大量的实际钻井资料中建立各种相应的数学模型,并对模型的精确性、可靠性、适用范围加以检验和判定。针对目前钻井界传统地、普遍地采用简单分析处理问题的弊病,明确提出要根据问题的性质选择适当的分析方法,钻井中大量存在着模糊性问题、随机性问题、人为经验不足和不确定过程问题等,这些就必须用模糊数学、概率理论、知识工程、随机过程理论等来解决,采用带有极大主观色彩的简单分析不可能解决类似问题。文章中以钻速模型建立为例,针对两种资料来源(一口专门资料井和多口普通开发井),介绍了模型建立的基本过程和主要方法。

专门资料井从开钻到完钻,依靠专门人员、地面数据自动收集装置、井场计算机,记录每个单根(甚至每米)的全部钻井数据(如:进尺、钻时、钻压、钻速、扭矩、泵冲、泵压、钻井液流变性、钻井液常规性能以及其他一些资料)。每组记录称一个样本,全部记录称"原始的常规钻井资料"。对每一口资料井的资料进行分析,都可建立一套完整的多元钻速模型。资料的分析处理大致有4个步骤:预处理、地层分段、样本的地层环境识别、建立钻速模型。

实现钻井工程的管理决策系统,是钻井软科学研究的核心内容,上述内容是这个系统的部分基础工作。会上一些作者提出了钻井管理决策系统研究的必要性和可能性。壳牌公司的Vincken对此问题做了较为全面、深入的论述。他认为,钻井作业的管理水平是勘探、开发总体效率的一个极重要因素,应引起足够重视。管理水平低的原因:一是由于管理人员素质不够,这种失误可以通过发展和训练管理班子来解决;二是由于信息的缺乏或可用性差。管理上缺乏成本、效率方面的信息。工程上缺乏施工参数、资料方面的信息。管理决策人员,要对钻井成本及其各种影响因素非常清楚,要准确、及时收集各种钻井活动的成本、效率信息,以便更有效地决策。为了完成上述任务,要注意应用现代化的信息技术,发展有效的钻井信息系统。他进一步提出了完成管理决策系统的工作,必须要有计算机化的数据收集系统和传递数据、决策指令的通信网络系统。这种网络系统不只是较高级别的,而是要延伸到基层,甚至到"操作者"层。

目前的钻井管理、决策、信息系统的研究刚刚开始,虽然有些已经投入实现,但其功能相对还是简单的。大部分这类系统多用于工程设计和工程决策(如:最优化钻井设计、井控及压井程序、BHA 分析等),建立的数据库多用于工程设计。有些功能稍强些,其信息包括工程、管理信息,可以进行简单的管理决策、自动输出每日报表等。Vincken 和 Monti 对钻井管理系统的讨论也多集中在信息收集系统和计算机网络等硬件方面,而对具体的钻井管理、决策、预测方法等讨论很少。

2.1.2 知识工程在钻井工业中的应用

会议以"人工智能、专家系统在石油工业中的应用"为题组织了回顾、展望讨论会,讨论会报告分两部分,第一部分题为"专家系统应用于石油工业的上游部分"。该文指出"在过去 5 年中,知识工程已经形成了一个商业化应用的新行业。它能使机器像人一样解决理性任务。这些计算机化的知识系统能够像人类专家一样出色地工作,甚至比专家干得更好,人们称这种系统为专家系统。知识工程在石油工业中的应用有广阔的领域。可以显著改变石油工业的经济情况。模拟人类专门知识或经验、提炼高水平的操作,使之在计算机内再现;以及更进一步形成世界性的网络,连续不断地接收世界范围的专家经验,这些目前都是可能的。在不远的将来,随着输入的专家经验逐步趋于完善、成熟,石油工业的经济效益将大幅度增长。文中举了钻井中的 3 个实例来说明他的论点。

譬如 ARCO 公司的高级研究工程师 E. Rochl 和 J. Euchner 研制的"注水泥顾问",可以用来设计注水泥程序、选择最佳隔离液等。ARCO 公司没有世界第一流的注水泥经验,以前一直是出钱雇其他公司来完成固井作业;同时,ARCO 公司内部没有什么实力去评论、检查所雇公司的设计和施工。因此,ARCO 公司决心搞注水泥的专家系统。Warren Ostreet,有 38 年的固井研究和施工经验,在许多世界性的固井公司工作过,目前已经退休,他被选为主要专家。系统的研制用了 3 个人一年的时间,但该系统的投入使用,每年可为 ARCO 公司节约时间、人员费用达数百万美元。

首先,该系统帮助用户设计基础水泥,然后以预定的顺序选择各种添加剂,使之取得所需要的特定性质。水泥的组成可用表示各种水泥成分和含量的构架图显示出来。其次,该系统的知识库还可以通过分析油井数据,寻找潜在问题,评价其他公司的设计和施工质量。该系统有 2000 多条规则,对以 PC 机为基础的专家系统来说是足够复杂了。但 Rochl 认为还须扩大、完善。

又如 ELF 公司的钻井顾问"Drilling Advisor",主要用来解决钻井过程中的卡钻、遇阻问题。在使用中,该系统需要与钻井数据库相连,以查询、监测钻井过程中的关键参数。同时,它还与地区的计算中心站相连,进行双向通信,以接收最新的知识库内容并传送井上的报告。它也可以直接由压力、深度等传感器接收信息。

该系统本身具有知识库和解决问题的范例。如对"黏卡"的知识库,有 300 多条规则和 50 多个关键参数描述的现象。咨询装置直接同用户对话,对话内容、形式上都模拟人类专家的分析、思考方式。通过对实时钻井过程的监测,可对每一个疑点进行跟踪。并可定出一个事故的肯定性系数 CF(-1~1)。对 CF 大于 0.2 的疑点,该系统就提出一套措施以消除所存在的问题。使出事故的可能性降至最小。

用户与知识系统用普通语言直接对话、自动翻译、收集并格式化资料内容,形成合理的推理线索,最终给出结论。如果需要,还可动态地显示思考过程、中间结论、启发性规则等。

该文最后还指出了专家系统的可能应用领域。如油藏模拟、地层分析、钻井施工设计和监测、钻井复杂情况处理、钻井液分析、测井分析等。知识工程是自动化的基础,但它本身也需要实现自动化。

报告的第二部分为"专家系统在炼油工业中的应用"(略)。

美国 R. L. Monti 在会上介绍了应用于钻井地面施工中的人工智能和其发展方向。钻井中事故的发展速度很快,人们往往来不及决策;另外,钻井中参数太多,现象非常复杂,人们有时无法迅速决策。这些都会导致重大失误。利用高速的电子计算机,再加上人工智能,便可解决该问题,关键是人工智能系统的建立。例如,通过传感器对一系列参数[泵冲、地面扭矩、泥浆性能(主要指比重和流变性)、循环压力、井下压力、钻压、井下扭矩、岩屑大小、地层渗透率和狗腿测量等]进行监测或估计,并由数据库了解邻井的有关黏卡、键槽等方面的历史资料,便可以通过人工智能的决策环解决有关黏卡、键槽、井眼清洁、页岩垮塌、膨胀性地层等问题。其他有可能发展人工智能的方面还有许多,如井控、钻井液控制、岩性自动描述、钻压转速的自动调节、井下动力钻具的控制、钻井水力参数的最佳控制等。所有这些控制系统,都是用传感器监测必要的参数,由人工智能系统进行决策,指挥自动执行机构(如调节施工参数)实现相应动作。这些都是钻井闭环自动控制必不可少的。当系统不够确定或要解决的问题暂时没有科学依据时,专家系统可以代替数学模拟。若将整个钻井过程全部数学模型化,无疑还要许多年,因此钻井中有许多领域可以应用专家系统。重要的是钻井上需要实时运行的专家系统。小型计算机工作站同实时的专家系统相结合,将大大有利于知识工程在钻井中的应用。在 20 世纪 90 年代由于利用专家系统解释大量数据,控制操作过程,钻井决策环将开始闭合。文中提到了 D. R. Thompson 的钻井液分析专家系统,该系统集中了全公司专家的经验,可用来分析、处理、优选钻井液。也提到了 J. M. Courteille"解除卡钻"的专家系统。同时指出,基于人工智能和专家系统的钻井资料(地面和井下)的综合解释,是实现闭环最优化钻井的 6 个主要阶段之一。

2.1.3 钻井数据收集监测系统

实现钻井软科学的系统研究和应用,最重要的基础就是要有大量的、准确的、可靠的、及时的信息资料与数据。孟英峰的报告中提出,由信息论的观点,一个系统获得的有关信息越多,对系统的认识也就越深,系统的未知程度就越低。就像热动力系统中的"熵"一样,熵越小,系统就越稳定。在这种意义上,信息量可称为系统的"负熵"。他在发言中提出,将控制论中的"黑箱认识论"应用于钻井工程的研究与生产之中。钻井过程可视为一个不知内部结构的"黑箱子"。

大力发展钻井数据收集装置(地面的和井下的)、大力发展各种钻井参数传感器,是提高钻井系统的可观测性、收集大量钻井信息的重要方面。Vincken 和 Monti 等对钻井数据收集、监测装置的发展前途做了大胆的预测。目前的钻井数据收集、监测装置明显地分成了两个主要部分:地面和井下。

R. L. Monti 认为,在 20 世纪 80 年代后期和 90 年代,新的地面测量系统将有大幅度发展。

80年代早期和中期,是大量投资于井下传感器的年代,也正是忽视了地面测量的年代,这是一个重大失误。随着地面和井下测量联合收集和解释的出现,这个失误在近10年内可能会改正。

地面传感器的质量会大幅度提高,传感器将实现自检,称这种传感器为智慧传感器。它能定期用标准电信号或力信号自动检测,并记录偏移量。一旦偏移量超过允许阈值,计算机便通知操作人员注意检修,甚至还能计算出偏移速度,以便通知操作人员该传感器还能正常工作多长时间,在该时间限制之内必须对传感器进行检修。更高水平的传感器甚至可以自动修正偏差。如果偏差连续出现,则通知操作人员进行检修。传感器的精度、可靠性将进一步提高。某些重要参数的传感器的设计将能保证在故障的情况下仍可正常工作。如采用传感器的并联使用以保证必要的参数即使其中某一个或两个传感器坏了仍可正常监测参数,CPU(中心处理器)能够自动地不计入损坏的传感器的失真测量数据。地面测量的精度将大幅度提高,诸如钻井液流动参数一类的测量将得到解决。目前,流出管线处的势能板监测流量变化很不精确,而电磁流量计须要改装设备,且不能用于不导电的钻井液。Monti还举了一个用于"气测"的智能化地面传感器的例子,该传感器设计有自检、自动消除偏差、检修报警等多种"智慧"功能。

Monti讨论了井下测量系统。对目前井下测量技术的现状进行了简单总结。在定向井技术上,MWD比其他测井技术(如单照或多点照相测量仪)更为迅速、可靠、经济。这种成功导致了各服务公司在MWD的泥浆脉冲遥感遥测技术上的大量投资(这也是地面测量技术投资缺乏的原因之一)。MWD对定向井的井下钻具组合(BHA)设计、使用和井眼轨迹控制起到了极好作用。目前的BHA模型都基于两个主要假设:一是扶正器与井壁的间隙;二是地层的各向异性。在实现这些值的实测之前,总要假设其值或将其联系于其他已知量(如:目前发现间隙与钻速有关)。地层放射性和地层电阻率的MWD测量商业化应用于20世纪80年代初,如可用γ射线分析页岩,可用电阻率变化的趋势预测地层压力。最近,电阻率也用来监测地层被伤害的过程。反复测渗透性地层的电阻率,并将各次测量结果作为时间的函数加以对比,可用于监测伤害侵入过程。这项技术已成功地用于确定油、水边界和估计相对渗透率。井下测量钻压、扭矩的井下测量,可用于监测钢齿钻头齿的磨损或监测轴承锁死情况。在利用钻压、钻速进行地层压力监测时,利用井下钻压等的测量,可消除钻压损失、钻头磨损的影响。定向钻井和海洋钻井中,脉冲式MWD已经基本取代了传统的有线测量,因有线测量需要起下钻,且测量精度、可靠性也不如MWD系统[注:在智能电子钻柱和钻柱内含测线的技术出现后(21世纪初),有线测量更为优越。开始得到应用与研发]。

壳牌公司Vincken从钻井工程的需要出发,预测了井下测量技术的发展方向,认为井下测量技术的发展可以改善基本的钻井过程,提高控制能力和最优化能力,提高控制能力和最优化能力,提高钻井的技术水平。取决于钻头工作的钻速和钻头寿命对钻井成本影响很大。PDC钻头的发展,推进了常规牙轮钻头的改进。但以往这些改进都是基于室内实验,现在有可能基于井下实测了。通过一个井下实测的实例可以发现:地面钻柱连续转动,地下钻头有周期性瞬间停顿;地面钻压不变,钻头上的受力有很大跳动(由于钻柱、钻头、振动)。分析这类数据,建立模型,可以找到改善井下操作、钻头设计、钻具设计、钻井施工等的关键参数。分析钻柱动态特性,利用井下测量建立模型,预测应力分布及变化,可用于钻柱设计,防止钻具断裂。目前的MWD还须更可靠、更经济,具有更高的数据速度和更为广泛的测量范围,以实现井眼几何参数、力学、物理参数的实时传递,地面进行实时处理,以实现实时控制。依据实测资料的实时分析和最优化设计,可以获得最优钻速、最低成本,避免机械事故,减少常规测井的起下钻次数。由于获得了更多的井下地层信息,可以大大改善钻井决策(如套管下入深度、中途测试、套管鞋下钻入深度等)。井下传感器的进一步发展还可预测地层压力,使防止井喷、井涌更为有效。井身轨迹测量的精度在20世纪70年代就导致了井眼位置不确定程度的研究。目前,由于各种高技术难度的定向井的需要,提高井身轨迹的测量非常必要。不久的将来,测量工具可能会有更大发展,如更加完善的陀螺仪、小直径的惯性元件以及激光陀螺仪等。

Monti对井下测量技术的发展做了系统的、大胆而积极的预测和分析。主要观点如下。

井下振动和钻头力的测量,对于理解岩石与钻头的相互作用是极为有用的,甚至可用来分析岩性。目前已发现振动参数的地面测量与声波测井结果相关。但关键问题是通过有限带宽的通信通道,实时地传递大量数据至地面设备。

目前,压力是地面测量,然后用理论方法预测井内压力。已有MWD测量环空压力的成功报道。进一步发展,MWD应能测管内、管外压力和钻头压降。理论值同实测值对比,用以说明液体流变性或井下条件的变化。井径测量可给出井眼几何形状信息,以说明页岩膨胀、流动阻力和井壁扩大。

井底的天然气流入量非常重要,应发展井下流体成分变化的分析以及监测含气量。已有一种技术,利用管内和环空的通信测量钻井液的膨胀特性,而含气量对此特性影响很大。初级的井下气测仪将在1990年以前商业化应用。

MWD由于其经济有效,将进一步取代传统的有线测量技术,特别是海上井(起下钻成本高)和大斜度井(有线测量下不去)。MWD的地层测试在地层刚打开就可测量,大大减少了后期测井方法受钻井液伤害的影响。

智慧传感器(Smart Sensor)是井下测量的关键,这比地面的智慧传感器要求更加严格。由于在MWD上的传感器的增多,将发生遥测的通信障碍,这只能通过数据压缩技术和大量使用井下微处理器加以解决,只需对必要数据进行实时传递。由于通信能力的限制,只将原始数据存在井下传感器的存储器内,起出后再回放进行详细分析,传感器的微处理器对原始数据进行压缩处理,把必要的信息传至地面。例如,定向井测量中,不是传递确定重力矢方向的3个夹角和确定正北方向的3个夹角(6个参数),而是计算出井斜角和方位角(两个参数)传至地面。

传感器还能确定参数传递的优先权和频率,并在意外情况下可以优先、加密测量和传递某些参数。更进一步,MWD应具有小范围的"钻达前"探测的能力,如采用类似于垂直地震设备那样的地震探测仪,以发现高压层、漏失层等。MWD还应发展自动取心器,根据井下岩性分析决定自动化的取心动作,这也许会完全取代常规取心。随着地面、井下传感器的智慧化,地面与井下的双向通信通道是发展的一个关键。

MWD将实现比较完善的井下动作或施工控制,不但测量范围越来越宽,而且需要一定的井下计算能力。某些井下操作就是这些井下计算、控制的应用场合。如定向井的闭环控制,由钻铤、MWD、PDM马达、遥控导向器等组成,可以完成井身轨迹的自动控制,并对PDM马达的最优化使用提供决策。井下岩性指示器及地层评价测量(如电阻率、中子、密度、孔隙度、γ射线等),将控制井下取样器自动取样(岩心或地层流体)。地层流体注入量测量将使井下井控成为可能(如使用可膨胀式的封隔器、井下自动安全阀等)。

应该指出,Monti对井下测量技术发展的预测似乎过于乐观,但是他做了深入的研究,具有长期战略价值,应予重视和肯定。井下测量技术,尤其是井下计算机和井下自动化执行机构的实现,需要高、精、尖的计算机技术、自动控制技术和通信技术。由于井下的高温、高压、剧烈振动和很小空间的限制,这项技术的难度恐怕不亚于人类进入太空的通信、测量技术。根据我国国情,应该大力发展完善地面测量技术,并投入一定力量研究、发展井下测量系统。目前,我国的地面测量技术很不过关,传感器的稳定性、精度、可靠性都不能满足实用要求,参数的测量范围也不够。有些重要参数,如排量、钻井液相对密度、流变性等还不能实现自动测量,也没有可靠的数据存储、回放、处理系统。我国井下测量技术的发展,在一定程度上取决于其他基础工业的水平,如计算机技术、仪表与自动化技术、测量与通信技术等,在全国范围内组织多行业的共同攻关,无疑会对此项技术的发展起到积极的推动作用。

2.1.4 钻井工程中的计算机技术与计算网络

在讨论井下测量技术中的智慧传感器和井下控制技术中,我们已经看到计算机技术在井下应用的必要性。井下计算机要完成大量的数据处理,要存贮大量数据,要产生指挥井下控制器的指令,以及要能够用地面计算机实行双向通信,其关键是要发展能在井下恶劣环境下正常工作、体积小而功能强、价格可以接受的计算机。

在 20 世纪 80 年代,计算机就用于井场了,这是一个重大进步。Monti 指出了用于井场地面计算机技术的下一步发展方向。井场计算机可进一步用于地面和井下数据收集和综合解释,可以完成定向井、钻井液录井及分析、压力监测、最优化设计等多项工作,并实现同中心站连机。这方面的初步工作在 80 年代就已经开始了。每隔几年,在计算机成本基本不增加的条件下,计算机的容量和处理能力都会提高一倍以上。关键的问题是如何利用这种能力。今后发展的方向将着重于软件。软件将朝组合化方向发展,软件本身会变得比硬件更重要。没有配套软件,组合硬件就不能发挥作用。

Vincken 结合钻井管理信息系统,讨论了钻井计算机网络和通信的问题。网络要从计算中心一直延伸到最基层,除了采用常规的通信技术外,还要大力发展远程的、高速的卫星通信技术。他还提出了两种最基本的计算机网络模式,钻井 SCADA 和钻井信息系统。

钻井 SCADA(Supervisory Control and Data Acquisition 数据收集和监控系统)基于这样的观点:在井场实时收集钻井资料,实时传输到计算机控制中心站,中心站的专家监视分析整个钻井过程后再将指令发回井场,指挥井场人员进行最优化施工。井场不需要专门计算设备(只要有终端就可以了)和计算机专家。中心站有钻井分析软件包、钻井系统仿真器、钻井数据库和钻井专家,所有油井设计、分析、控制指令都由此处产生,即由中心控制的系统。

钻井信息系统基于这样的观点:钻井的操作控制应该在井场,故井场上也应有相应的计算机设备和专家。而过于复杂、大型的决策,井场专家还要得到中心站的支持,故中心站也要有专家和大型计算设备。井场计算机与中心站计算机要实现快速双向通信,中心站和井场的信息对井场和中心站都是可调用的。这种系统小规模的可以是 PC 机的网络,大规模的可以实现遥感通信(或远程通信)。21 世纪应用因特网进行双向通信。

钻井 SCADA 系统趋向于记录大量的,但种类有限的工程数据,典型的有每米的钻井参数、钻井液参数等。这类数据主要用于最优化钻井、起下钻、下套管过程的最优化等,偶然也用于分析井史。

钻井信息系统的记录范围就宽得多,像钻头、钻具、井斜、特殊处理及原因分析、成本问题、地层资料等都可记录。包括几乎所有工程和管理信息,并可自动输入输出每日报表。

Shell 公司目前开发了两种钻井信息系统,两套系统都有缩写字母 DORIS(Drilling and

Operations Reporting and Information Systems）。第一种叫 Micro DORIS（可称为微型系统），开发于1986年，在世界上若干公司都有应用。这是以 PC 型计算机为基础的系统，适于有3台钻机的小公司。每台钻机上有一台 PC 型计算机，可通过简单的远程通信与办公室的 PC 机联网。井场人员每天早上输入数据，并传至办公室。在井场和办公室都建有数据库，可产生报表，有工程软件包可用于工程设计、最优化和事故处理。第二种叫 EPI DORIS（可称为大型系统）。这是大型集成化的计算机网络系统，用于有多台钻机和多用户的大公司。每台钻机上有一台 PC 机、数据收集系统与 Micro DORIS 相似。可以通过远程通信实现联网。每台钻机的 PC 机上建立一个数据库，中心机建立一个总数据库。中心站与井场之间可以双向传递和查询。

应该指出：钻井计算机及计算机网络系统是发展钻井软科学必不可少的保证手段。钻井收集系统、井场计算机和计算机网络、钻井软科学，三者结合起来用于钻井工程，必将对提高钻井效率、降低钻井成本、提高钻井技术能力起到极大的推动作用。

2.1.5　未来钻井过程的机械化与自动化

实现钻井过程的机械化与自动化，是提高钻井效率、降低钻井成本的重要方向；对降低劳动强度、提高钻井安全性，则更是重要。这方面的最终发展目的，就是实现钻井过程的闭环控制。

在20世纪80年代早期，虽然在钻井地面仪表和资料解释方向无太大发展，但在钻井液、钻井液固控设备、顶部驱动钻井、地面计算能力、MWD 等方面取得了很大进展。先进的顶部驱动钻井方式可以大大减少接单根时间，在不稳定井眼中划眼方便，有利于定向施工。还出现了井下可扭方位的 BHA，它与 MWD 一起大大提高了定向井施工的水平和效率。但钻井历来是强体力劳动并需要很多人力的行业。近几年井场操作人员减少不多，而许多其他工业都实现了自动化和计算机化。相比起来钻井太落后了，原因在于钻井中未知因素太多，是个充满了技能和经验的行业。虽然现在井场上也有计算机，但其功能主要有两个：一是现场数据分析，其结果用于简单决策和设计，这称为"井场最优化环"；二是存贮式向中心站传递数据，以利于以后更有效的油井设计和施工，总目标是提高效率，降低钻井费用，这称为"井对井的最优化环"。

Monti 提出：在最优化钻井环完全闭合之前，仍有很多工作要做。主要有以下6个阶段的工作：

（1）应用地面测量——主要指钻井液录井、钻井参数收集等；

（2）数据收集、处理——地面计算；

（3）应用井下测量——MWD 和井下工具；

（4）综合的数据解释——由数据中找出规律，用人工智能将世界范围的专家经验用于本井的数据解释和施工指导；

（5）地面操作系统控制——用智能化计算机将人从控制环中替出；

（6）井下操作控制——智能化的井下工具、自动化的 BHA 控制。

其中（1）至（3）阶段已接近成熟，但仍须完善；而（4）至（6）阶段则刚刚开始。

Vincken 认为，与其他工业相比，钻井设备和操作的自动化进展太慢了，这步改造必须加速。通过"近期发展钻机机械化，远期发展钻机自动化"的途径，提高钻井操作的安全和效率。

由于海洋钻井的机械化排放管柱设备的使用，钻井操作迈出了自动化的第一步。但这种设备的效率、安全和可靠性还不够理想，不具有人工操作的多功能性和灵活性，还需要进一步完善发展。发展自动化钻机,不仅需要从一般机械工业中吸取技术,而且现存的钻井设备的观念也要改变。报告中提出了带有套管排放器、钻杆排放器、顶部驱动器的未来钻机的新概念。自动化钻机必须包括基于地面数据和井下数据的实时处理和计算机控制的钻井过程。这些在20世纪80年代后期将会有很大发展,如高效率的井口操作,连续参数的最优化钻井控制等。为了实现自动化钻井过程,某些常规的井下和地面钻井设备要加以改进,途径是利用新技术、新材料、新概念。这类工作同实验室实验、测试和钻头监测装置一起使用,是实现无事故钻井的基础之一。Shell 公司在这方面做了一些工作,如:模拟井下条件对工具接头的测试,以建立钻杆接头的硬化表面同套管磨损的关系;在井下条件下用一个测环测试井下马达的操作特性,以选择最佳参数和匹配钻头。

Monti 对闭环的最优化钻井控制做了进一步预测。近来的趋向表明,最优化钻井的目标(监测并且自动控制整个钻井过程)在20世纪末以前将可部分实现。在90年代中,由于利用专家系统解释大量资料、控制处理过程,钻井决策环将开始闭合。为了构成闭环,自动的资料综合解释非常重要。这方面的工作在80年代初已经开始了,今后会继续扩展。

当实现了全部钻井过程的自动控制时,有很多基础的控制环。井控:通过参数测量,分析事故征兆,做出相应决策,指挥井控设备动作。钻井液控制监测、调节系统,维持最佳钻井液条件。发展钻井液固控设备,井下压力、矿物成分、有害气体、钻井液性能的监测,都是闭环控制所必要的。自动化收集与描述岩屑过程,以及根据井下岩性描述决定动作的井下取心器,也许会完全取代常规取心。钻压、转速的自动控制,井下遥控导向器的自动控制,井下动力钻具的自动控制以及其他一些控制过程,都是实现闭环自动控制必不可少的。这些都说明人工智能在自动化钻机中是必不可少的。

2.1.6 钻井工具的改进及非常规钻井技术

钻井工具的改进对提高钻井效率、提高钻井水平有极大影响。因此,人们一直在持续不断地改进钻井工具,如:优质钻井液、各种新型定向井工具、PDC 钻头等。人们一直在致力于发展 PDC 钻头,最近又出现了 PDC 钻头布齿、齿型结构的计算机模拟研究以及基于计算机流体模拟技术的 PDC 钻头喷嘴布置研究。PDC 钻头的研究还大大推进了牙轮钻头、金刚石钻头的研究。挪威的研究所对减振器进行了详细研究,研究是在一台全尺寸的研究用的钻机上和1000m 深的研究井中进行的,用一套高速的遥测系统对井下参数进行测量,也进行了若干现场实验。他们认为:消除振动的危害有两条途径,一是特殊工具或设备(如高效低振钻头),二是采用减振器减少振动影响。实践和理论都说明减振器位置越靠近钻头,减振效果越好。从理论上讲,不管有无减振器,一定的转速都会引起共振;为有效避免共振,共振频率应由计算或实测确定。实验中采用了能产生轴向正弦波的井下激振器,模拟三牙轮钻头钻进时的三凸台振动,实验中略去了其他的轴向振动影响。目前,制造商们只是测缓慢加载、卸载的减振器的弹性,这与井下动载差得很远。他们用包括弹性和阻尼在内的复合刚度来描述动态的弹性性质,并在特殊夹具上对7种减振器做了实测,得出了它们的测量性质和在已知钻头振动情况下的减振能力。

非常规钻井技术包括为了降低成本、提高效率、提高技术水平而推出的以前没有的新钻井技术,如超深井技术、水平井技术等。其他一些非常规技术,如 Shell 公司在荷兰的钻井研究室发明的不起下钻便可改变钻头方向的工具就是一例。该装置与高效钻头、MWD 一起使用,会大大提高定向井的效率和成功率。当用井下马达带动其心轴转动时,钻头钻出斜井;当整体一起转动时,则钻出直井。又如,利用新的焊接工艺代替螺纹和接箍的固井方法可使套管成本降低30%。还有,井下马达正常旋转工作时,使钻柱缓慢转动的方法可以大大减少摩擦,提高钻压传递效率,减少发生压差卡钻的可能性。新的油井设计方法也将对钻井成本和钻井能力大有影响。如最佳井身轨迹的设计,要考虑到整个油井寿命期间的各种施工问题,如钻井、完井、采油、修井、井的寿命等;既要省钱,又要油井寿命长。总之,非常规钻井技术的发展要持续进行。

2.2 水平井技术开始广泛应用于油气田开发

在第十二届世界石油大会上,法国的 J. C. Bosio 和美国的 R. W. Fincher 等宣读的论文介绍,为了有效地开采油气藏,已开始应用水平钻井方法来提高采收率和油气井的产量。现在看来,当时处于钻水平井的起步阶段和开始工业化应用阶段。

当时随钻测斜(MWD)刚刚开始应用几年,先在海洋井使用到20世纪80年代中期才在陆上钻井直井中使用;当时还没有旋转导向和地质导向装备,只能使用转盘法和螺杆钻具。当时所采用的方法是:

(1)应用专门的柔性装置与大造斜率(小曲率半径的快速增斜法)钻短半径的水平井;

(2)应用改进过的常规装备与中等曲率半径法钻中半径的水平井;

(3)利用常规定向钻井设备与大曲率半径法钻长半径的水平井。

在近8年(1980—1987)里,使用常规设备钻了约30口水平井,这些井的垂直深度变化范围从130m到3200m以上,在油层或产油地带内,供油长度从200m到1000m以上,供油长度的纪录是1040m。

水平钻井的目的之一是改变油层范围内的流动几何形状,而水平井自身的几何形状具有第一位的重要性。

水平钻井已脱离直井的约束,能够应用一些新概念,最重要的概念之一是井身剖面的设计和供油范围的设计。

从图1和图2中可以看出,水平井常采用垂直段—造斜段—稳斜段—造斜段—水平段和垂直段—造斜段—水平段两种剖面设计。到1987年第十二届世界石油大会时,已形成的钻水平井的当时的较常用的3种方法是:

第一种方法,从装备和作业角度看,最少见的是小曲率半径的水平井。根据这种方法,钻井工艺允许井眼使用(1.5°~3°)/ft[(4°~10°)/m]的造斜率,即近似等于20~40ft(6~15m)的曲率半径来造斜。在开始侧钻时,需要对已下入套管碾磨一段或者是在套管壁打一个"窗口"。在钻至不坍塌或不漏失地层处,以裸眼井完井;而在易发生复杂情况的地层中,需使用一些特殊类型的尾管或套管来完成小曲率半径的水平井。

第二种方法,即中等曲率半径的水平井,该方法使用常规定向钻井中所用的稍加修改的造斜工具。中等曲率半径的裸眼井有近似于20°/100ft(6°/10m)的造斜率,或者说大约300ft(90m)的曲率半径。在中等曲率半径的完井中,一段套管立刻被安放在预测的初始斜点上,造斜段可以从水泥塞开始,也可以从可取的楔形造斜器开始,完成的裸眼井可下套管和固井。

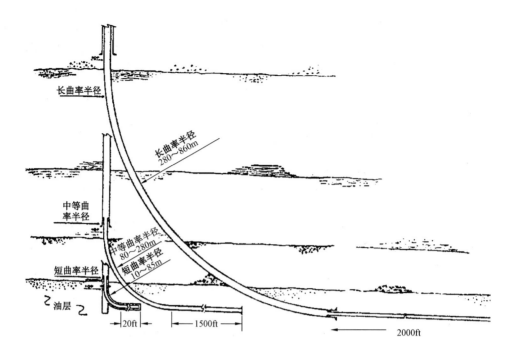

图 1　水平井的典型完成法及曲率

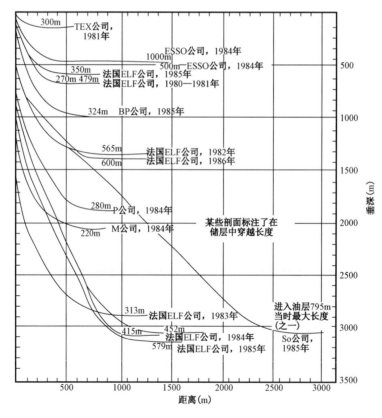

图 2　几个石油公司钻成水平井的剖面

表示了当时先进公司所钻水平井穿入油气层的长度(1987 年第十二届世界石油大会资料)

第三种方法是大曲率半径(长半径)定向和水平钻井,也是当时最常见的方法。该方法有(1°~6°)/100ft[(1°~6°)/30m]变动范围的造斜率。为了调节油井的理想垂直深度,尽管3°/10m甚至4°/10m的造斜率已使用在一些井的浅层段,但增斜梯度一般是2°/10m。裸眼井在90°或接近90°的造斜点处,使用标准设备,成切线延伸。油井水平段往往用8½in(215.9mm)直径。

水平井钻井常采用的工艺及工具见表1。

表1　3种曲率半径水平井的对比较

序号	1	2	3	4	5	6	7	8
作业项	曲率 (°)/10ft	偏离垂线 (ft)	目前最大的水平井眼长度 (ft)	一般泄油管直径 (in)	垂直精度(目标储集的最小厚度) (ft)	方位角误差(方向的准确性) (°)	取心	测井
小曲率半径	50~90	1000	900	4½~6½	5	±20	困难	可能
中等曲率半径	5~12	1500	1500	3½~8½	20	±1	非常规取心的长度,可能	肯定
大曲率半径	1~3	大于10000	3100	8½	20	±1	肯定	肯定

序号	9	10	11	12	13	14	15	16
作业项	泄油孔剖面的选择性完井	多层产油带	机械采油	油井大修	在无裂缝带典型的产油率指标增加(倍)	在裂缝带产油率指标增加(%)	(水平井与垂直井比较)产量增加(%)	(与垂直井比较)费用(倍)
小曲率半径	否定	肯定	铅垂段有杆式泵	肯定	2.5	取决于裂缝的分布	变化范围1到大于等于100	1.5
中等曲率半径	肯定	肯定	所有类型	肯定	2.5	>10	10~90	≦2
大曲率半径	肯定	肯定	所有类型	肯定	2.5	≥10	6	≦2

图1和图2是1987年第十二届世界石油大会的论文资料,当时是水平井的起步阶段,现在来看虽然水平不高,但在当时已是很先进的技术水平了。1987年第十二届世界石油大会以后至现在水平井、分支井、最大油藏接触面积井(MRC,Maximum Reservoir Contact Well)、长延伸水平井(Long Extanded Horizontal Well,LH)以及用新研发的高造斜率旋转导向钻井系统及其所钻的短半径(小曲率半径)水平井在国内外得到欢迎与应用(表2)。

表2　按造斜率/井眼曲率半径对水平井的分类表

水平井分类	从造斜点至水平段开始处的造斜率[(°)/30m]	井眼曲率半径(m)	水平段长度(m)	备注
长半径水平井	2~6	860~280	300~1700	
中半径水平井	6~10	280~85	200~1000	

水平井分类	从造斜点至水平段开始处的造斜率[(°)/30m]	井眼曲率半径（m）	水平段长度（m）	备注
中短半径水平井	10～12	85～20	200～500	使用新一代旋转导向钻井系统后，根据井身结构设计和油田开发设计，可加长水平段长度，国内已有长达2000m左右的水平段长度
短半径水平井	12～14	60～10	100～300	
最大油藏接触面积井、长水平井（LH）、页岩气水平井	最大可达17	随造斜率而不同	在油层中穿越的水平段长度最大已超过5000m（包括主眼及其分支井眼）	新一代旋转导向钻井系统主要有以下两种：使用贝克休斯公司的Auto Trak Curve旋转导向系统，最大造斜率为15°/30m；使用斯伦贝谢公司的Power Drive Archer旋转导向系统，最大造斜率达16.7°/30m

2.2.1 小曲率半径法

20世纪70年代后期，一些经营公司开始调研钻水平裸眼井的可行性，ARCO公司和得克萨斯东方有限公司就是其中的两家。

ARCO公司使用的造斜底部钻具组合包括紧靠钻头沿井身上行的肘节(Knuckle—joint)和稳定器或扩眼器。造斜钻具组合在供油井的造斜点处需要有效的井眼弯曲，特殊造斜器提供了必需的圆弧。钻压的作用，使肘节处在裸眼井弯曲面的最外部位置，紧靠钻头后面安放的稳定器起着支承点的作用，引起钻头沿所要求的方向造斜。

得克萨斯东方有限公司第一次使用John A. Zublin采用的造斜方法，该方法由不旋转的套筒组成，带有一根内部驱动轴，预加应力于要求的曲率半径上。钻压由套筒顶部和底部端处的止推轴承通过不旋转套筒传到钻头上。转矩由钻杆传递到钻头上。

对于大倾斜井或水平井的稳斜，广泛应用的一套装置是用两个稳定器。完成侧向轨迹的稳斜、微小的增斜或微小的降斜，两个稳定器的直径是各种各样的。另一方法是使用有铰接切削刃的分离式复合满眼稳定器，目前，小曲率半径的水平井已获得900ft(270m)的最大供油长度。小曲率半径法的研究工作现已放在测量技术及井底马达上，以提高续钻能力、吃入率和定向精度。

2.2.2 中等曲率半径法

可用来钻中等曲率半径的剖面(曲率半径为150～1000ft或50～300m)。中等曲率半径法钻井系统的主要部件是非活动连接管与井下马达和随钻测量工具及定向工具的组合。

目前，一般采用安装有弯接头和弯外套的专用低速、高扭矩井下马达钻中等曲率半径水平井的造斜段。最小曲率半径取决于马达尺寸、裸眼井尺寸和希望的套管尺寸。在钻增斜段时，需要对井眼轨迹实时监控，即实时监控造斜工具面的定位，这项工作随常规定向工具设备或者随钻测量系统一起完成。

对于稳斜段可以用普通旋转钻井法，或者用可旋转并有控制的井下马达来钻。

2.2.3 大曲率半径法

大曲率半径法亦即用常规设备钻水平井的方法。在苏联用各种类型的涡轮钻具和弯接头，运用单向测量系统钻了第一口水平井。在法国南部Lacq90工程中钻的第一口井是用单点导向工具钻的。在CLU110水平井中第一次使用了利用钻井液脉动携带编码信息到地面的A

型 6¾in 的随钻测量工具。随钻测量工艺的使用节省了宝贵的钻进时间,因为当水平井接近和钻进油层时,辅助伽马射线测井提供的额外信息是特别有益的。

与旋转钻井相联系的井底马达的使用,结合了涡轮定向能力又提高了旋转钻井的效率。譬如,为了减少摩擦并使钻压更好地传递到钻头上,即使涡轮在工作,钻柱仍可以以低速(小于 100r/min)旋转。

目前,技术能在上千米垂直深度的坚硬或松散地层中钻水平井。水平井眼的准确方位控制和取心也已不成问题了。在许多钻大曲率半径常规定向井的技术中,都注重于减少钻井费用。

有关水平井在油气田开发方面的应用见油田开发部分。

2.3 超深井钻井技术

2.3.1 钻超深井的目的和意义

近年来,超深钻井发展很快,世界上许多产油国都已开始勘探深达 7000m 以上的沉积岩层。从 20 世纪 60 年代开始,苏联便认真着手超深井钻探的准备工作。到了 70 年代后期,苏联钻的深井日益增多。苏联钻超深井的目的是为了研究地壳。当今世界最深井眼,就是苏联钻入结晶岩基底的深达 12066m 的第一口超深井 Kolskaya SG-3 井。

现在的技术可使钻井深度达到 15000m。据资料统计,人类花了 57 年的时间把井深纪录从 2700m 提高到 12000m,也就是说,井深纪录平均每年提高 163m。

钻超深井相当麻烦,而且费用也很高。据计算,在苏联 Krasnodar 地区沉积岩层上钻一口深达 12000m 的井,其费用与在西伯利亚钻大约 30 口深度为 2850m 的井所花费的费用相等。为了钻超深井所研究的一些技术革新,可以成功地用于改善探井和开发钻井的经济费用中。苏联所钻的超深井经验为钻深井、超深井及地热井提供了依据,有重要参考价值。

2.3.2 苏联 3 口超深井的主要经验

(1)钻超深井的主要问题。

苏联已成功地在 Kola 半岛钻了深达 12066m 的 Kolskaya SG-3 井和在阿塞拜疆钻了深达 9000m 的 Saotlinskaya SG-1 井,目前正在以地质结构相当复杂而闻名的老油区 West Kulan 盆地内钻一口深达 12000m 的超深井。从 3 口超深井钻井过程中发现钻井的主要问题是:

① 在超深井钻入复杂地质横剖面过程中,必须解决的第一问题是要钻一个基本理想的直井眼,其深度大约为整个井深的 2/3。如果不能保持 2/3 井深的垂直度,那么,在达到目的深度时,实际井眼与设计井眼的误差将是相当大的。

② 在超深井的钻井过程中,将会遇到接近和高于 250℃的井底温度。一些地热井,其温度高达 300~350℃,此时,需要使用能有效控制钻井液流变性和滤液损失的油基钻井液。

③ 在钻达结晶岩基底的过程中,井眼方位不易稳定,井壁失稳,极限情况下,会导致钻具运动过程中摩擦力大大增加和钻具卡入结晶岩基底的岩石中。

④ 在超深井中,高温高压对地球物理测井工作有所限制,有些地区,从钻井液中散发出的甲烷、二氧化碳和硫化氢等气体,对仪器或部件有害。薄弱环节包括电缆测井装置和深测仪等。目前已在美国、苏联、法国和匈牙利进行高温高压下稳定的地球物理测井仪器的研制工作,对井底温度为 200℃,压力为 100~140MPa 的仪器已成批生产;对井底温度高达 250℃,压力为 150~200MPa 的专用仪器实行订货生产;对井底温度高达 300~350℃,压力为 250MPa 的

仪器还处在设计阶段。当钻入含盐层时,地球物理测井工作中广泛采用的电测井方法的全套设备的效率会显著下降,其原因在于钻井液的含盐量增加,此时,用非导电钻井液钻盐层时,感应测井方法可以正常工作。

(2)值得重视的工艺技术问题。

① 井身结构:由于井越深,井眼直径越小,用以改变最初设计的余地也越小。为保证整个井深的 2/3 段是垂直井眼以及考虑到钻井过程会遇到各种地层的复杂情况时,有必要下入多层次的技术套管。因此,要求上部井段使用大直径的井底钻具组合,井眼最初的直径常常达到1022mm。在上部大井眼段,先钻一段较小尺寸的"领眼"井段,然后,在这个"领眼"的基础上扩眼到所需求的尺寸。钻到目的层后,一般采用尾管完井。

② 双马达钻井装置:现有的方法不能保证精确的垂直度,并对钻井参数有严格的限制,结果导致钻这种井是高成本、长周期。反作用涡轮钻井方法,在复杂的地质和工程条件下,能够保证比较好的井眼垂直度,但由于每个钻头行程进尺小以及钻速低,使其没有得到广泛的应用。改进的结果是设计并制造了双马达钻井装置,该装置反时针旋转导向钻头,顺时针旋转扩眼器,导向钻头与扩眼器相距 60～90m。

③ 深井涡轮钻具:为保证精确的井眼垂直度,苏联已设计出了涡轮钻具的实验模型,该模型能以约 40～120r/min 的速度转动钻头,并使轴颈轴承的牙轮钻头能有效应用。对温度限制在 110～130℃时,螺旋推进式井底马达已成功地征服了 100～200r/min 的旋转速度范围。有例子说明,当井底温度为 160～180℃时,螺旋推进式井底马达仍能正常地工作。在苏联成功地进行了直径范围为 195～240mm 的三级涡轮钻具实验模型的评价,这些涡轮钻具能在井底温度高达 250℃时,以 40～200r/min 旋转速度进行工作。不久的将来,随着新材料和添加剂的应用,温度极限可能被提高到 370℃。同时,低速涡轮钻具有利于钻定向井和丛式井。

④ 钻头:在比较软的地层中,使用带有聚晶金刚石镶齿钻头的涡轮钻具是非常成功的。由于频繁取心的需要和密封锥形轴承性能的损伤等原因,使得牙轮钻头的性能逐渐变为低效率。使用带有金刚石钻头和取心钻头的涡轮钻具,以 40～600r/min 的旋转速度(其速度取决于所钻地层的硬度和研磨性)是很有利及可取的。

⑤ 防斜:钻井过程中,一直需要排除引起井眼偏离垂直位置的自然因素的影响。钟摆钻具的应用和对钻压的合理限制都不能达到预期的结果,它也会引起井眼的不稳定,给超深井末段的钻井带来不良影响。像以往一样,减小钻压仍然是防止直井空间不稳定性的主要防范措施。采用左右旋转的涡轮钻具系列,对防止井眼空间弯曲可起到有效作用。

⑥ 取心技术问题:通常,由于在涡轮钻具下面安装了长度为 16m 的岩心筒,其结果就要求限制每个钻头行程进尺大为 10～12m,这种情况下,才能获得高质量的岩心。若用高转速涡轮钻具下的岩心筒回收岩心的话,涡轮钻具的空转是不允许的,因岩心筒的内壁有被滤饼贴附的趋势,它会阻碍岩心顺利地进入岩心筒,从而导致岩心堵塞。

⑦ 铝质钻杆:在温度高限为 220℃的实际温度范围中,特制铝合金钻杆已证明可以有效地应用在涡轮钻井中。但当使用了密度为 1400kg/m³ 的钻井液后,由于在局部水力阻抗影响处(钻杆接头,内管端部的加厚处),钻杆内表面的侵蚀磨损,铝合金钻杆的应用将是没有价值的。此外,在解除卡钻时,铝钻杆无法提供足够的强度。

(3)成功的经验——热稳定性钻井液。

以 humatos 作为稳定剂,通过凝析与少量铬酸盐添加剂相结合的磺化木质素钻井液系列,在苏联北高加索地区钻了大量的井,其井底温度达 200℃。这种系列钻井液的缺点在于通过盐层时,其稳定性相当低。

以 CMC 作为稳定剂。CMC 中含有热氧化作用侵蚀的抑制剂(添加剂可以防止热氧化过程中化学侵蚀的影响)的热稳定钻井液系列,成功地钻了大量的井,其井深达 6000~7000m,井底温度达 180~190℃。

用丙烯聚合物 metas 作为稳定剂的低固相钻井液,已在 Kola 半岛成功地用于深达 12000m 的超深井中。

苏联所研究的丙烯系列处理剂,L-20 和稀释剂 thinuer—OK,在高温和盐蚀状况下都能有效的工作。

它们的使用具有以下优点:

① 盐层中,井眼稳定性高;

② 温度高达 280℃时,滤液损失相当小;

③ 在同一温度范围内,减轻了维持钻井液所要求的结构和流变性的范围;

④ 就黏土岩石而言,提供了有效密封,从而降低了钻井液的润湿和分散能力;

⑤ 润滑性得到改善,也就是说与膨润土润滑膜强度相比较,当加入 0.5% 的聚合物添加剂后,润滑膜强度会增加 2.6 倍。

在不正常的高温和地层压力下,要成功地钻入水敏黏土页岩,苏联研究了以 L-20 为稳定剂的铝钾钻井液。这种钻井液对黏土岩的水化和分散提供了有效的抑制。

在高温下使用油基钻井液,在经济上是有益的。

(4)超深井钻井设备。

超深井钻井设备的制造,近 10 年来,质量上有了很大进展。超深井钻井设备的主要参数如下:

① 钻机提升能力。表 3 给出了钻大量超深井过程中所下入的套管柱的重量。

表3　下入套管柱的重量

公司(井号)	套管柱参数			
	国家	直径(mm)	下入深度(m)	重量(tf)
Sohil - Petroleum	美国	508	3799	951
Mitelel - lsolenon Oil & Gas Well	美国	508	2760	695
No. 1 Oil Tribal Unit Well	美国	346	5012	653
Zisterdorf UTZA Well	奥地利	356	4336	636
Ultradecp Well Mississippi State	美国	311	6410	745
Parker - Drilling	美国	346×342×340	4941	599
Bellmond - Plantation Well	美国	340	5115	605

如表 3 所示,当在沉积岩中打超深井时,套管重量的最大值等于 600~950tf,考虑到大钩承载能力的最小安全系数,可根据它求得大钩承载能力的许用值应在 650~1150tf 范围内。

② 钻井泵及配备的马力。用得较多且已能常规生产的钻井泵是 1100~1600hp 的钻井泵。1600hp 的三缸泵是主要的类型,它可以完全满足 15000m 深井的钻井要求。

③ 驱动。新钻机采用从直流电动机到钻机主要传动部件的可控硅电驱动系统。

④ 钻井液配制、贮存、净化系统。在超深井钻井中,对钻井液的配制、贮存和净化系统的工作要求变得越来越复杂,也就是说该系统应该可以使用各种类型和多元组分的钻井液,且密

度和流变性的变化范围很大。此外,对钻井液净化质量的要求很高(能除去 10~15μm 的颗粒)。新的 5 级钻井液净化系统很好地解决了这一问题。

3 海上石油工程

在不到 40 年的时间里,海洋石油和天然气产量已达世界总油气产量的 30% 左右。在此期间,海洋石油工业的技术能力已从浅海发展到深海,能在海洋环境条件相当恶劣的水域中对各种类型的油田进行勘探、开发。例如,在北海的勘探和开发。

海洋石油工程的研究和发展中,取得的成效有:

(1)有希望更为可靠地对环境条件进行预测,例如,对海洋资料进行广泛地收集,并根据历史资料用统计方法对海波的要素进行估算的追算模型(Hind Cast Model)的建立等。

(2)已建立了流体作用在近海建筑物上的作用力的计算机模型,并可预测建筑物在运动、应力—应变特性、疲劳和可能发生破坏方面的特性曲线。这样就可更为有效地设计新结构建筑物,并可更为有效地使用那些设计已过时或使用多年的老式平台。

(3)建立了许多新概念和新构件,并优先在近海进行了广泛的试验,其中一个有代表意义的例子是研究成功了水下锤击方法。这种方法使固定平台的安装成本降低的同时也减轻了平台的重量,因为这样就可以取消桩基管的使用。

现在,一个主要关心的问题是降低近海作业结构的成本,特别是当作业移入深水和更加恶劣的环境时更是如此。因此,将来面临的挑战是更切实地大幅度降低成本。新的三脚架平台设计就是其中一例,这是一种相对简单的结构,它比普通平台所经受的流体载荷要小得多。

3.1 海洋采油系统对开发深水海上油田的能力与限制

深水油气田开发的不断增长对海上油气开采系统提出了新的要求。现已钻成了水深达 2100m 的探井,然而最大水深的采油井仍在 400m 水深以内。在海洋石油勘探开发近百年的历史中,最初 75 年只是把陆上的办法搬到海上并使用固定平台。

会上 J. E. Wolfe 认为:现在应该研制用于水深在 1500m 以上,进行油气开发的水下生产系统和浮动式张力腿平台系统,并预见到将来把这些技术使用在 3000m 水深的油气开发中的可能性。

(1)固定式平台:在海洋石油开发中,较早使用的是固定式平台。它有刚度大、稳定性好的特点。目前世界上水深最大的固定平台是 1982 年安装于墨西哥湾的 Cognac 平台,工作水深为 321m,平台重量为 53500tf。另一超大固定式平台正在装建中,计划于 1988 年安装于墨西哥湾的水深为 411m 的一个油田上,平台基础为 122m×140m。

固定式平台结构向深度较大水域扩展使用,将受到钢桩基础的庞大尺寸和重量的限制。

有两个主要因素影响固定式平台的发展:其一是结构的稳定性,臂的增加造成环境载荷在平台结构基础上产生较大的运动;其二是为保持平台的固有频率低于高能波的频率,需要增加附加刚度,增加刚度就需要更多的钢和更加复杂的几何形状,而这两者都会造成成本增加。研究表明,钢质固定平台从技术上讲只适用于在水深 450m 以内工作,另外,装建和安装这种平台也是非常复杂而且耗费很大。目前,这种平台的作业水深可达 600m 的说法是不可靠的。

(2)柔性塔架式平台:柔性塔架式平台是一种高的、较细的、可在巨波中轻微摇摆的一种结构。常规的固定频率大于高能波的频率。在相同水深的条件下,柔性塔架式平台就比固定式平台轻得多。海洋石油工业首次使用柔性塔架式平台是于 1983 年安装在墨西哥湾的 305m

水深处的 Lene 绷绳固定塔架,塔身高 329m,重 19000tf,用 20 根 227mm 直径的钢丝绷绳将其与 180tf 重的绞接块连接在这个塔架式平台上。尽管平台随波浪摇摆,但人员与操作并不受影响。柔性塔架式平台的应用,可期望在 900m 水深的海域作业而不会遇到明显的技术障碍。柔性塔架式平台在早期曾遇到成本高的限制,不过,改进设计可实现降低钢材用量和振动等复杂性问题。

(3)张力腿平台:虽然很多公司已经在研究张力腿平台,但只有一座张力腿平台于 1984 年安装在北海的 Hutton 油田(水深 148m)。这个平台的排水量为 6300t,同时用 16 根系缆锚定。众多公司一直在研究设计深水张力腿平台,这包括设计用于 3000m 水深、具有 3000 ~ 30000tf 甲板载荷能力的大型平台。

(4)浮式采油系统:浮式采油系统包括多种概念的多种结合,但都涉及一种与生产装置相连接的浮船,以接收从海底油井通过采油隔水管采出的原油。其使用广泛,在数量上仅次于固定式平台。一般类型的浮式采油系统有两种——以油船为基础的系统和以半潜式为基础的系统。油船系统可在支承采油设备的船身内存贮石油。半潜式系统在大多数情况下,或者用一种半潜式永久锚定的二次容器存贮石油。或者用一种封闭罐作为石油存贮容器。浮式采油系统的水深记录为 244m,可用于 1500m 水深的采油系统正在研制之中。以后面临的技术挑战会在这些领域中:高压水龙头、隔水管、锚泊系统、船体、采油设备最优化以及快速拆卸机械装置。

(5)水下采油系统:水下采油系统用途广泛,设备多样,在湿式和干式系统中有卫星井或基本井、单独的油井输出管线或管汇、钢丝绳或通过输出管线下入维修设备、单管或双管完井等。多年的研究表明,种种商业化的采油系统可用于 1500m 水深,理论上讲可用于 3000m 水深。目前,钻井、完井、锚泊系统和卫星采油系统已能用于 750m 水深,某些湿式系统能够承受 7MPa 的工作压力。

(6)输油管线:虽然输油管线不属采油系统,但它是深水生产系统的一个关键,也是一个耗资巨大的部分。在西西里岛和突尼斯之间已在水深 594m 的海底铺设了 3 条直径为 508mm 的输气管线。当前,管线维修可在水深 500m 处完成。

总之,海洋石油工业使用现有的技术装备,完全有能力开采水深达 750m 的油藏。在水深大于 750m 时则需要发展新的技术。对于浮式采油系统和张力腿平台系统。3000m 水深也不应作为技术可行性的限制条件。

3.2 Skuld 系统

水下系统的投资远比常规固定式平台和柔性塔架平台上所用常规开发设备为低,在深水油田更是如此。但是,如果在一个平台上钻许多口井,选择固定式平台仍不失为一种有价值选择。

Skuld 系统的主要特征有:

(1)整体组装;

(2)电—液多路遥控系统,可在 30km 外进行控制,平均工作时间为 5 年;

(3)可用连接操作元件(COM)进行遥控下的安装、连接、拆、卸;

(4)可用连接操作元件进行维护和修理;

(5)可根据水深、特殊情况和海况条件进行紧急关闭;

(6)可考虑的工作水深范围为 100m,300m 或 400m。

3.3　深水环境中浮式和水下采油系统的发展

深水采油的一条有战略意义的途径就是要发展基础技术模式。已经发展了两种基本的技术模式(一种为水下采油系统,另一种为浮式采油系统)以适应深水开采条件。为对付大范围的油藏和环境条件以及有效地解决成本增长问题,有两种基本途径可供选择:一种是基于张力腿平台与在数量上占优势的水上设备相联系的解决途径。研究表明,这两种技术对深水采油都是可行的。对石油工业来说最重要因素是如何降低成本。单独分析每种生产系统时,就可得出有意义的结论。

对于张力腿平台系统,总成本分配状况如下:

(1)工程和项目服务费7.5%;

(2)材料和设备费32%;

(3)张力腿平台结构费13.5%;

(4)张力腿平台安装费16.5%;

(5)钻井和完井费23%;

(6)采油管线安装费3.75%;

(7)杂费3.75%。

从上面各项成本分析中可以看出,平台材料结构和安装费用占总成本的62%,而在62%的费用中,平台结构部件只占6%,35%的费用为特殊构件的成本(如锚连接器、球面轴承、下部接头、绷绳、平台腿下部设备、隔水系统),21%为结构成本,24%为安装费用,11%为甲板上的设备,2%为平台装卸费用。

如果保持所有参数为常数,平台上的钻井数从4口增加为12口(如果以8口井作为一种参考情况),相应地经济总成本表明在该参考情况左右有一个变化,对4口井的情况为-8.5%,对12口井的情况为+9%。这种差别主要是材料成本和钻井成本。因此,这个概念主要地取决于井的生产水平(假设井数并没有超过一个合理极限)。

而在深水中的情形就各有不同。如果当生产水平、环境条件以及甲板载荷为常数时,水深以800m为基准。若水深从400m增加到1200m,分析结果表明:主要变化是钻井成本;而在水深较浅时,安装成本占主要地位,"成本/水深梯度"使张力腿平台在水深增加时更经济实用。

水下采油系统的成本分析如下:

(1)工程和项目服务费7.5%;

(2)油井钻井成本30.75%;

(3)水下完井和管汇费19%;

(4)输油管线费4.25%;

(5)升压平台28.5%;

(6)油品销售管线5.75%;

(7)杂费4.2%。

成本分析表明了这样一个重要事实,新型水下生产系统(水下完井、水下管汇和深水输油管)算起来只占总成本的25%左右,而泵油升压平台几乎占总成本的30%。由此,我们可以得出两点结论:其一,对水下技术的进一步开发工作肯定将对设备的可靠性有益,且会使成本明显降低;其二,在一个区域中的平台承载(容纳)能力对油田的经济效益是很重要的,处理得好,可大大节约成本。

3.4 用低成本开发海上油田和边际油田

在全世界范围内约有 1000 个海上边际油田和小油田,其中尚未开发的有 966 个其中一半以上具有可采储量 $1000 \sim 5000 \times 10^4 bbl$($137 \times 10^4 \sim 685 \times 10^4 t$),可能达日产为 $1 \times 10^4 bbl$(1870t)。10 年前曾发起过勘探开发这些小油田。试验用较低成本技术以获得早期生产。实践证明,由于浮动式装置的灵活性和具有可重复使用设备的移动性,使用浮动式装置勘探小型油田便成为一种最好的选择。基于这种概念,推荐使用水下完井、水下管汇和柔性管线与之配套。

在各种海上采油装置的对比中,浮式采油系统由于可移动性和灵活性,因而具有高的经济可行性,特别对短生产周期油田更是如此。如果用固定式平台勘探小型油田,只在浅水中是经济可行的,相比之下,浮动式采油系统在深水中开采小型油田是有很大潜力的。

在技术可行性研究中,除收入和成本作为基本因素外,还必须考虑其他几个因素,这些基本的主要因素是:安装和生产时间、油价、每口井的生产量、井数、装置的重复利用率等。

在给定的含油气区域中勘探的可行性基于以下两个基本因素:

(1)技术因素,包括油藏性质、位置、海底条件、水深。

(2)经济因素,包括收入(指从生产中可获得的数量,是采收到的烃类的体积和价格的函数)和成本(指投资成本和操作成本之和)。表 4 和表 5 是两个对比表。

表 4   技术和操作因素的比较分析

序号	操作因素	半潜式	工作船	固定式平台
1	生产时间	一般为 5 年	一般为 5 年	一般为 8 年
2	水深(m)	100	100	200
3	灵活性	优	一般	差
4	可移动性	优	优	差
5	各种采油和修井作业	良	差	优
6	井数	1~50	1~12	5~60
7	安全性	良	良	优
8	工作效率(%)	95	85	90

表 5   经济因素的比较分析

序号	经济因素	半潜式	工作船	固定式平台
1	安装时间	6~12 月	8~18 月	4~5 年
2	投资风险	优	一般	差
3	残余值(%)	80	60	30
4	投资额(百万美元)	80	100	500
5	初始投资	低	中	高
6	操作成本(万美元/d)	50	70	100

注:投资和操作费用是以 200m 水深中 100 口井为对象来考虑的。

3.5 海洋结构的完善性与可靠性

关于海洋结构的完善性和可靠性问题日益受到重视。现在,海上新设备结构物所面临的问题与以前不同,需要考虑一些新的破坏模式。静过载破坏已为人们所认识,对疲劳破坏、基础破坏现在就显得重要了。对现用的海上结构,由于经济方面的压力要求这些结构物延长其工作时期,使之远远超出预测寿命。

结构可靠性分析的现代方法能够处理不确定性(用统一的构架)并做出一系列决策,其中有可靠性、相等重要性和对设计和统计参数的敏感性。

现在,海上许多新结构都采用仪器对结构物做安全监测,可采集到对结构物可靠分析的有用信息,并又用来减少操作成本。最近又发展了一种带有设计可靠性分析的组合分析技术,可明确记录观察得到的不确定性,并可选择监测设备和检查方法。

可靠性分析方法有两种:一种是模糊逻辑法,用以估计人为错误;另一种是结构可靠性分析法,主要是通过把设计资料与结构物服役的历史监测资料相结合来进行分析。

3.5.1 利用模糊逻辑估计人为误差

Blockley 用了 Zedeh 的模糊集概念,对不精确的语言描述给予准确的数字解释,并模拟各语句量值之间的关系,他用 25 个语句值进行运算而没有出现严重的误差。

会上提出了若干种模糊集理论中的算法,将上述分集内容加以综合处理,给出了一个预测由于严重误差而导致断裂的潜在危险性的变量,即一个资格函数值,接下来就是将此资格函数值转换成标准语言集中的对应语句,与其他的断裂模式(如腐蚀、疲劳、偶然载荷等)相结合,这种模糊集模型可以提供极大方便。

3.5.2 结构可靠性分析和改进

自 1974 年以来,以概率论为基础的可靠性分析就比较系统了。近年来,使用包括辅助观察(In-service)获得信息的可靠性分析法,可以达到更经济的目标,并发展了有助于进行结构可靠性分析的各种计算机专用软件。

3.6 北极地区油气资源勘探与开发中的工程技术问题

靠近北极和领土在北纬 70°以北的美国、加拿大、挪威和苏联 4 个国家有代表分别介绍了各自的工作及经验。扼要介绍如下。

3.6.1 美国在北极地区开发的第一个近海油田——Endicott 油田

(1)Endicott 油田及其勘探开发简要情况。

Endicott 油田开发的建设设计工作正在进行中,这是北极地区的第一个近海油田,是于 1978 年在距美国阿拉斯加普鲁德霍湾油田东北约 24km 的 1.2~3.7m 浅水中发现的,该油田拥有约 3.5×10^8 bbl 的可采液量。由 Standard Alaska Production 公司进行作业,该油田希望在 1987 年底建成并在 1988 年早期达到 10×10^4 bbl/d(1.6×10^4 m³/d)的高峰产量。由于在北极地区进行近海石油开发的高成本,在开始研究时曾认为 Endicott 油田是不经济的。通过各种方案性研究和改进,设计—优化工作和改进钻井技术,该项目初步预算的总成本已从 38 亿美元降低到 20 亿美元以内。美国勘探开发 Endicott 油田取得了在北极地区近海石油开发经济可行的实践经验。该油田从 1978 年发现开始,1985 年 2 月投入开发,通过 10 年的发展,到

1987 年已达到 $10 \times 10^4 bbl/d(1.6 \times 10^4 m^3/d)$ 的生产能力。该油田由 8 家公司联合开发,美国 Standard Alaska Production 公司是该油田的作业者。

（2）Endicott 油藏。

发现油田的第一口井(Sag Delta 4 井)是 1978 年早期钻成的,另 6 口探井是在 1982 年第一季度完钻的。

油层是密西西比系 Endicott 组的下部 Kekiktuk 层,油藏有气顶,气油界面深度约为 3004m,油水界面深度约为 3107m(即油柱高达 103m)。

油田面积约 3480ha,按设计井距,单井的供油面积约为 32ha,整个油田共约需 100～120 口开发井。

（3）主要做法与经验。

美国在 Endicott 油田的开发工作是有计划、按步骤精心设计之后才进行施工的,大体来说,他们是先进行方案性研究,经过项目复审,再进行初步设计,设计通过批准后,才确定了正式施工作业的进度表。整个用了两年半时间,建设速度是很快的。下面按上述各步工作分别扼要说明如下:

① 方案性研究,集中研究下述问题:

a. 评价论证技术的和经济(成本)的可行性;

b. 针对最大可能的油藏面积和井网密度等建立一个概括的项目方案:

c. 用"建立概括方案"成本预算方法为将来项目复审和复算成本进行初步研究;

d. 提供足够的工程方案或工程设计,以满足项目设计的起草需要。

② 项目复审,集中解决该项目重要方案的审定,诸如:

a. 人工岛(平台)数目的确定;

b. 用计算机模拟进行井数的优选;

c. 输油管路线的选择;

d. 根据峰值产量和经济观点确定油气处理设备的大小和处理能力;

③ 初步设计。在 1983 年 5 月开始做了一个 5 千万美元的初步设计,主要内容包括:

a. 两个砾石人工岛和连接两个人工岛和海岸用砾石堆砌的一条海堤;

b. 一条输油管;

c. 钻 120 口井,其中 70 口井是在人工岛钻的,50 口井是在卫星钻井岛钻的;

d. 在主人工岛上的作业人员中建筑队伍 600 人,工程作业人员 150 人;

e. 加工处理设备能力,石油产量为 $1 \times 10^8 bbl/d$;天然气:注入和燃用为 $2 \times 10^8 ft^3/d$、气举为 $2 \times 10^8 ft^3/d$;采出水量为 $1.5 \times 10^8 bbl/d$;注入水量为 $1.4 \times 10^8 bbl/d$;

④ 设计的批准。在批准时主要讨论了两个关键问题:

a. 还要不要从政府各个部门取得环境许可证或其他许可证;

b. 批准该设计要用多少投资。

当然,对项目的各个部分都要进行最后的审定。

3.6.2 加拿大在波弗特海的油气勘探与开发工作

加拿大从 20 世纪 60 年代起就开始在波弗特海马更些盆地打探井,1973 年在水深 3m 的水域建造了砾石堆砌的人工岛并打了第一口近海生产井。随后用钢质钻井船在水深 60m 处进行钻井,用先进的工艺技术和性能良好的钻井设备及辅助设施为未来的油气开发进行工作。

马更些三角洲盆地在加拿大的西北北极水域并有一小部分在陆地上,它大约有35000km²面积。其地质储量:石油可能为8.5×10^8bbl(1.352×10^8m³),天然气有66×10^{12}ft³(1.87×10^{12}m³),现已探明的总储量为1.8×10^8bbl(2862×10^8m³)石油和9.3×10^{12}ft³(2634×10^8m³)天然气。目前,在波弗特近海海域已找到的Amauligak油田是唯一的大油田。

Amauligak距离海岸60km,水深为32m。第一口见油井(J-44井)是1984年完井的,单井在主要产层的产量为5173bbl/d(823m³/d)。随后1985年初从一个平台上钻了3口生产井,其中第一口井(I-65井)5次测试产量为4810~7551bbl/d(765~1202m³/d);第三口井(I-65B井)证明了该油田的良好特性,23天总产量达32×10^4bbl(5×10^4m³)。

在油田的初步开发方案中,当时考虑了以下几个问题:

(1)采油平台的结构;

(2)油井间的连接输油管;

(3)到达海岸的海底输油管;

(4)采油生产设备;

(5)通到陆上的油管及储油罐;

(6)后续(延伸)的输油管网。

在每年冰封期长达6~9月的北极恶劣环境中,上述设计考虑了冰载对平台结构及海底管线的静、动载和冰冲击擦伤作用。

结构物设计的主要标准是:

(1)浪高8.5m;

(2)峰载周期12s;

(3)潮流:裸露的水面为1.0m/s;冰覆盖区为0.1m/s;

(4)设计寿命为25年;

(5)最严重的全载荷(以100年周期内的最危险载荷为准)为200000~250000tf;

(6)冰冲击擦伤深度(以200年周期内的最危险值为准)为5m以上。

波弗特海大陆架的永冻层深达海底以下700m,采油生产时热油要融化永冻土,会增大套管应力。

因此,在工程设计上要充分考虑影响采油系统对永冻土融化作用的主要因素,并需专门钻取岩心进行试验,作为模拟模型的计算机输入参数,以得到永冻土预测特性的主要数据。

主要建筑结构有4种基本类型:

(1)重力型结构(混凝土重力型结构,单锥型设计)。

(2)可保留的人工岛(移动式北极沉箱式人工岛、砂袋和砂管式人工岛)。

(3)不保留的人工岛(牺牲型砂岛、砾石堆砌的人工岛)。

(4)浮动式采油装置(转动式锚泊系统、锥形钻井装置)。

除主结构以外还必须考虑若干卫星结构(辅助建筑)。

北极油田开发的经济性:报告认为难以给出精确的成本,其估计成本为;油田开发成本:18亿美元;输油管道成本:17亿美元。

若总的产油量为175000bbl/d(27850m³/d)时,其单位油价要达到20美元/bbl以上(注:这个油价高于当时的市场油价)。

3.6.3 挪威在北纬70°以北巴伦支海的油气勘探开发工作

（1）概况。

挪威巴伦支海从1984年钻第一口井以来，目前在挪威政府已批准的35000km²的海域面积内，已完成了31口油井并有4个重要的发现，已证实的储量约有$350 \times 10^8 m^3$天然气和$8560 \times 10^4 m^3$石油。目前主要开采的是天然气。

巴伦支海与北海相比，其环境条件要恶劣得多，主要有：海浪的危险、靠近北极极地而产生的冰环境和夏季降低可见度以及漫长黑夜的冬季等。巴伦支海的水深与北海正开发海域的水深差不多，为$200 \sim 400m$。

挪威原来相信目前在北海所应用的工艺技术，可以作为解决巴伦支海开发技术的基础。但是，在巴伦支海的北部冰影响区域内，需要研究其他开采方法。挪威已着手研究的方法之一，是根据隧道开采方法来研究该海域近海油田的开发。

（2）油田隧道。

挪威的Rekdal介绍了油田隧道的3个用途：

① 油田隧道的用途之一是在隧道中敷设输油管；

② 另一用途是把海底井口连接到为加工和集输用的隧道内的设备上；

③ 隧道用途的最新概念是用隧道系统把钻井、开采和传输输送所需要的全部作业设备送达并安装到海底指定地点。

他举了一个距岸50km的隧道例子来说明其主要数字：隧道直径5m、隧道全长240km、挖掘岩石量$600 \times 10^4 m^3$、混凝土管道混凝土用量$100 \times 10^4 m^3$、建造时间为8年、隧道成本为13亿挪威克朗。

该隧道宛如一条纵横曲折的海底"长廊"，从海岸终端起，在中间各转折处设有基站和必要的分支叉口，最后在每个隧道末端有设备室供安装钻、采设备等用。所用的钻机叫作隧道钻机。挪威的实践证明，在隧道内进行采油（气）和集输需要先进的工艺技术，但是成功可行的。

3.6.4 苏联在北极海域大陆架进行油（气）生产所使用的近海建筑

苏联的Maksutov等认为，在冰冻海域开发近海油气田的主要保证是近海建筑的设计和建造，它需要考虑许多工艺技术、操作要求、环境条件和地质条件，它应能用最低的成本来保证安全，从而确定结构优化的标准。

苏联的经验说明，在水深15m（最多30m）以内宜使用人工岛建筑，而水深超过15m以后要使用固定式抗冰的平台。

（1）影响设计的主要因素。

① 在采油装置方面，油田开发方案的工艺技术参数包括：地质剖面及其说明资料、井数和井位、采油速率和采出流体的物理性能、钻井的工艺技术条件、油气产量、油气集输和处理以及把材料和设备运送到现场的方式和设备移动的可能性；

② 在探井装备方面，要考虑地质构造剖面和勘探钻井的工艺技术条件；

③ 环境和地质条件（气候、水文、地质、工程和地震）还要考虑到进行作业时，建筑物和装备技术条件的限制以及设备物质服务条件的限制；

④ 工业基地对提供需用的结构材料工艺能力的现实可靠性，以及所需设备送达近海作业地点的现实可靠性。

（2）人工岛。

① 人工岛的结构。人工岛的结构基本上可分为 3 大类：

a. 水深 15m 以内的任何水域且海底是土质的，其主要建造方法是挖掘和充填。

b. 水深 20m 以内的任何水域且海底不全是岩石的，其主要建造方法是先用桩管固定起来再挖掘、排水。

c. 水深 10～30m 的任何水域和任何海底，其主要建造方法是安放沉箱及挖掘、排水。

② 建造人工岛的本体材料。

a. 土石（就地取土，包括就地取石）。有黏土、砂子、砾石和大石块。

b. 冰。建造"冰岛"时不需建造大的岸站基地，但其寿命一般只是短期的且不超过两年。

c. 冰与土石的混合使用。所用的冰可以是天然的也可以是人造成型块的，土石材料有黏土、砂子、砾石，其建造方法有：

铺一层冰，再铺一层土石，一层层的相间；

把混有土石颗粒的人工冰块，冰结而成；

冰和土石料分层安放建造。

③ 固定式抗冰平台。有 3 种类型，即：

a. 单舱式（其截面呈工字形）；

b. 沉箱式（可用钢质材料或加强混凝土做成沉箱）；

c. 多腿式（用多个浮筒做支腿，由多个支腿支撑平台载荷。平台可以直接平放在海底，为增强平台与海底的固定程度，还可以加固若干桩基，即多腿及桩基结构式固定平台）。

其建造方法一般按下述 4 个阶段进行：

a. 干船坞建造阶段；

b. 岸边组装和吊放设备；

c. 拖运到指定地点；

d. 使之下沉并锚泊定位。

必要时应事先在指定安放平台的海底打好土石基墩或安放防腐蚀装置。他们还介绍了冰载、波浪载荷等环境载荷的一些计算方法。

4 石油资源、储量与勘探技术的发展[❶]

由于历史原因，我国对世界油气资源及储量等情况不够了解，而这是每一个石油工作者应该掌握的基本知识，故做传达。

4.1 关于世界油气资源的估计

美国联邦地质调查局的论文说：截至 1985 年 1 月 1 日，世界累计采出原油 730×10^8 t，已探明的原油可采储量 1840×10^8 t，剩余可采储量 1110×10^8 t。按目前世界石油消费量进行生产（年产油 28×10^8 t），现有剩余可采储量尚可维持 40 年。加上待发现储量 $370 \times 10^8 \sim 1300 \times 10^8$ t（取中值为 600×10^8 t）可维持 21 年，总共可维持 61 年。因此石油资源的最终可采量估计为 2440×10^8 t。与第十一届世界石油大会报告累计采出天然气为 33×10^{12} m³ 基本相同。已探

---

❶ 这部分很重要，参考李德生院士撰写的材料编写。

明的天然气可采储量为 $144 \times 10^{12} \mathrm{m}^3$,剩余可采储量为 $111 \times 10^{12} \mathrm{m}^3$。按目前世界天然气消费量进行生产(年产天然气 $1.5 \times 10^{12} \mathrm{m}^3$),现有剩余天然气可采储量可维持 74 年。加上待发现储量 $75 \times 10^{12} \sim 243 \times 10^{12} \mathrm{m}^3$(取中值为 $119 \times 10^{12} \mathrm{m}^3$)可维持 79 年,总共可维持 153 年,说明天然气资源比原油资源的情况好。因此,天然气资源的最终可采量估计为 $263 \times 10^{12} \mathrm{m}^3$,与第十一届世界石油大会时 M. T. 哈尔布蒂估计的 $271 \times 10^{12} \mathrm{m}^3$ 基本接近。表 6 为第十二届世界石油大会发表的 1985 年 1 月 1 日世界油气储量。

表 6　第十二届世界石油大会发表的 1985 年 1 月 1 日世界油气储量

参数		原油(10^8t)	天然气(10^{12}m^3)	天然气液(10^8t)
累计开采量		730	33	
探明可采储量		1110	111	80
待探明的储量	95% 机遇率	370	75	
	中值	600	119	90
	5% 机遇率	1300	243	
最终可采量		2440	263	170

原油与天然气的最终可采量,按能源的当量计算,两者非常接近。

常规原油和天然气储量仍集中分布在东半球,而非常规石油资源则集中分布在西半球,特别在委内瑞拉和加拿大。如重质和超重原油探明储量全世界 811×10^8t,委内瑞拉奥林诺科带(AFI 4°～17°)达 460×10^8t,占 67%。又如天然沥青探明储量全世界共 693×10^8t,其中加拿大阿萨巴斯卡达 490×10^8t,占 71%。

目前,世界石油探明储量的 25% 是在近海大陆架找到的,而待探明的储量则有 45% 分布在近海区。

天然气的储量和资源量的分布亦极不平衡。由于销售市场的不饱和,天然气的储量和资源量是少报的。

对页岩原油的质量估计仍沿用 1965 年邓肯(Duncan)和斯旺森(Swanson)的资料。探明页岩原油的储量为 4433×10^8t。探明加可获得的储量共 18760×10^8t。约为常规原油最终可采量的 7.5 倍。虽然目前世界页岩原油产量仅约 1×10^4bbl/d,但作为能源资源的潜力是巨大的(注:当时还没有论述及页岩油气等非常规资源)。

4.2　新区勘探

从第十一届世界石油大会以来,虽然石油工业经历了 1985 年下半年至 1986 年上半年油价暴跌的冲击,全世界油气勘探活动受到一定程度的影响。但在第十二届世界石油大会举行时,油价已回升到 18～19 美元/bbl。有远见的各产油国家和各大石油公司并不放松在新领域内的油气勘探工作,各国的专家和学者对勘探的新发现仍保持着浓厚的兴趣和期望。

目前全世界找油找气新领域的勘探活动仍在 5 大含油气带进行,并不断有所发现:

(1)特堤斯含油气带——从北非的阿尔及利亚、突尼斯、利比亚、苏丹上尼罗河盆地、埃及苏伊士盆地、地中海北岸的西班牙比斯开湾、意大利西西里岛周围陆架,到希腊与土耳其有争议的爱琴海陆架,均不断有新的发现。从伊朗扎格罗斯山前褶皱带到阿拉伯地台东北部发现一系列三叠系和二叠系气藏,其中二叠系库存夫组碳酸盐岩气藏具有极大的储量潜力。C. D. Masters 认为,中东的天然气储量是世界上能源资源中最大的尚未利用的资源。中亚、印度和巴基斯坦北部山前地带,一直到中国西北地区各含油气盆地都属于本带油气远景较好的新领域。

(2)环太平洋含油气带——东环从美国落基山脉到美安第斯山脉。美国在落基山逆掩断层带的勘探生产活动并未停顿,在哥伦比亚洛斯盆地发现了卡洛里蒙大油田。西环从中国渤海湾,东海、南海诸盆地,到暹罗—马来盆地、印度尼西亚近海。澳大利亚海上大陆架、新西兰北岛和南岛东部沿海特兰那吉盆地,都不断有新的油气田发现。印度尼西亚贝玛海上油田,中国莺歌海崖13-1海上气田和东沙隆起上的流花11-1海上油田都是重大的发现。

(3)大西洋陆架含油气带——加拿大东部大陆架纽芬兰岛东南发现格兰德滩盆地希伯尼亚大油田,加勒比海陆架在特立尼达—多巴哥发现大气田,墨西哥雷佛尔玛—坎佩切湾油区仍是世界上油气资源富集的地区之一。巴西沿海大陆架,阿根廷麦哲伦盆地均有引人注目的发现。大西洋东部边缘陆架,北海盆地在挪威海域发现气田,西德、丹麦、荷兰海域均发现油田,盆地中部发现侏罗系和二叠系的油藏。英国设得兰盆地、爱尔兰波库宾盆地均有油气发现。非洲西北沿岸喀麦隆、刚果盆地和尼日尔三角洲勘探工作持续进行。

(4)环北冰洋含油气带——苏联西西伯利亚盆地中部,继发现大油区之后,又在盆地北部发现大气区。北冰洋地区挪威北部巴仑支海、喀拉海、拉普提夫海,加拿大拉不拉多沿岸、巴芬湾、波费特海,阿拉斯加北坡和白令海都在克服严寒的环境,逐步开展油气勘探活动。

(5)印度洋含油气带——自1974年印度近海发现孟买高大油田后,印度陆上和近海继续有新的发现。在孟买高大油田以南发现南巴赛海上大气田。在坎贝盆地陆上发现甘特哈大油田,最近期间,利用油价下跌,钻机装备货多价贱的机会,印度大力发展勘探队伍,钻机由41台(1981)增至99台(1986,其中陆上79台,海上20台),1991年计划再扩展到175个钻井队。因为印度石油的自给率目前只有70%,尚需要大力发展勘探工作。

第十二届世界石油大会上有关新领域勘探的讨论在第一区第二组内进行。主席为美国埃克森石油公司的P. W. J. Wood,副主席为澳大利亚昆士兰大学的R. E. Chapman和中国石油工业部的翟光明。共宣读了4篇论文,并进行了讨论。

第一篇论文《深层油气勘探的预测》由苏联石油工业部A. N. Zolotov宣读。他认为油气田已被证实的深度可以达到9000m。目前世界上共有70多个国家从事深层油气勘探,在墨西哥、委内瑞拉、利比亚和美国等具有巨厚含烃沉积物的盆地内,深层勘探工作量一直在增加,并且成功率很高。苏联在南里海坳陷,高加索和乌克兰等地区,不论在老油区或新地区,深层发现新油气田的前景良好。目前深层油气田数量不多,是由于勘探程度很低。深层所发现的油气田储量不大,与缺乏深部储层的地质参数有关。4500m深度以下的预测烃类资源量不会超过总预测资源量的8%~10%,气或凝析气藏将占其中的60%~70%。开发这类深部非常规气藏在技术上和经济上尚存在一系困难。

在讨论中,澳大利亚的R. Chapman提问:深层圈闭中是否地层型圈闭多于构造型圈闭?Zolotov回答:随着深度增加,虽然地层控制的因素增加了,但亦不能忽略纯粹存在有构造圈闭。有人提问苏联所钻超深井发现油气的可能性时,作者回答:超深井在9000m深度发现有孔隙度较好的地层。当有人进一步问到25000ft以下是否发现有油层时,Zolotov回答苏联迄今发现的油藏其深度不超过7000m(约23000ft)。

第二篇论文《中国克拉通内部盆地的烃类聚集》,由中国石油勘探开发科学研究院李德生宣读。他总结了中国克拉通内部盆地的地质发展史和含油气远景。以渤海湾盆地作为中国东部拉张型盆地的例子,烃类聚集都与古近纪的地堑断陷或箕状断陷有关。这个盆地石油年产量占全国产量46%左右,但发现新油气田的前景仍然良好。四川盆地作为中国中部过渡型盆地的例子,受横贯欧亚特堤斯构造体系和环太平洋构造体系的双重影响。这个盆地是中国主要的产气区,其年产气量占全国天然气产量的50%。中国西北部挤压型盆地是受印度板块向北推挤压力所形成,塔里木盆地是目前世界上所剩下的陆上最大也是勘探程度最低的盆地,加上周围古生界山系,面积达 $70 \times 10^4 km^2$,盆地中部的塔克拉玛干大沙漠,面积 $32.4 \times 10^4 km^2$ 。已在古生界、侏罗系、古近系和新近系内发现一些油气田,盆地内存在一些大型的圈闭,预期将获得有意义的勘探成果。在讨论中,土耳其 A. M. Seugor 认为塔里木盆地具有 15km 厚的沉积层,其下的陆壳是否减薄?李德生回答:塔里木盆地的基底为前寒武系变质岩系,古生界沉积在满加尔坳陷厚度可能达到10km,但在中央隆起带上厚度已减薄为 3~4km。中、新生界在山前坳陷内可能达到8km厚度。向中央隆起带亦减薄。美国阿科石油公司 M. Churkin 询问塔里木盆地古生界的生油潜力如何?李德生回答,盆地内至少有两套生油岩系:石炭系—二叠系海相生油岩系,厚度最大达 700m,有机碳 1.7%。三叠系—侏罗系为陆相生油岩系,平均厚300m,有机碳含量平均 1.7%,两者均已成熟。荷兰 A. T. Boomer 提问关于塔里木盆地古生界发现井的地温梯度,李德生回答实测的平均地温梯度为 2℃/100m。

第三篇《南极洲东部阿德里海岸边缘的地质及石油远景》由法国石油研究院 J. Wannesson 宣读。他说地震勘探资料显示,在南极洲阿德里海岸外陆架和上陆坡下面,沉积岩厚度超过6km,这个沉积盆地是 9500 万年前南极洲与澳大利亚洲分离时,由大陆边缘演化而形成。沉积岩被 3 个明显的不整合面分开,形成 4 套层系:① 前寒武系基岩及古生界、中生界断陷期层系;② 断陷后早期沉积,从森诺曼期(晚白垩世)至始新世,为河流相至三角洲相碎屑物沉积;③ 晚始新世至渐新世沉积,为浅海相环境;④ 新近纪南极冰川推进沉积物。参考其他被动大陆边缘的资料,作者认为 ① 和 ② 两套沉积可作为有希望的石油勘探对象。在讨论中R. Chapman 提问,如果将此剖面与澳大利亚南部和西部大陆边缘的剖面相对比,有希望的勘探目的层仅有不整合面下①层系,因为断层都在此不整合面以下分布。Wannesson 回答可能存在有不同的解释方案。例如 USGS 认为不整合面存在于②和③两层之间。不整合的时间为始新世,而不是森诺曼期(晚白垩世),Wannesson 不同意这种解释,认为 USGS 解释的不整合面可追踪出大陆边缘并未消失在洋壳处。断陷期与断层只分布在①层系,并未影响到②层系。从讨论看,存在不同意见,也表明问题相当复杂而目前工作只是开始,需要继续深入。

第四篇论文《北极沉积盆地的地质结构及烃类远景》由美国埃克森生产研究公司A. P. Green 宣读。围绕着北冰洋至少分布有 30 多个沉积盆地复合体。这些盆地反映出复杂的演化史,形成各种不同的构造体系,发育有各种不同的盆地结构、构造带和圈闭类型。产生各种不同质量的生、储、盖层系。为了评价这些新区盆地的相对资源潜力,建立了这个地区的地质模型,描绘出不同盆地的形成历史,沉积物充填、压实和成熟的时间,烃类运移的路径。这些盆地的地质历史和成因指出,北极可以期望成为令人鼓舞的搜捕油气资源的勘探新领域。在讨论中,土耳其 A. M. C. Sengor 认为,从"特堤斯"构造活动看到碰撞构造带的重要性,西西伯利亚低地广泛分布三叠纪至早侏罗世南北方向的断陷,但到中侏罗世时受特堤斯构造活动的影响,西西伯利亚低地的张性断裂停止发育。他要求作者解释北冰洋其他盆地是否有类似的情况。Green 回答:从北冰洋向南一直研究到特堤斯,其界线是很难划分的,因为地层内北方动物群化石经常交替出现。在有些情况下,张裂活动之后紧接着发现大陆碰撞,就会干扰岩石圈内的热机制。ARCO 石油公司的 Churkin 提问:为何在中白垩世时加拿大盆地出现两个扩张中心?作者解释,一个是根据古地磁条带的分布,另一个扩张中心是作者猜测的。Churkin

接着又提出另一个问题:至晚侏罗世以前,阿拉斯加沿着加拿大北冰洋岛屿一带是否可以与巴伦支海外陆架互相复位。Green答复说:Churkin的提问和建议是可行的选择。但考虑到北冰洋岛屿早白垩世火成岩脉的方位,使作者解释出了图中所示的扩张方向,此外古地磁条带的分布亦证实了这样的扩张方向。

分组讨论结束时,主席 P. W. J. Wood 将该组的论文和讨论总结为:着手油气资源的勘探,必须进行区域性的综合研究。他认为对区域或盆地的综合研究可以提供更多、质量更高的信息,可以节省投资,保证探井井位的精确性。虽然我们不能预知发现和代价,但社会要求勘探工作者继续不断地在新领域内寻找油、气资源。

4.3　关于储量的命名和分类

鉴于世界各国对储量的定义和分类不尽相同,所以在第十一届世界石油大会上,由英国、美国、苏联、荷兰、加拿大和委内瑞拉6国代表参加的研究小组,曾提出一份《关于石油和石油储量的命名和分类研究报告》。由于各国存在一些分歧点,这个研究小组又继续工作了4年,苏联退出了研究小组。所以第十二届世界石油大会上《关于石油和石油储量的命名和分类研究报告》是由委内瑞拉 A. R. Martinez、英国 D. C. Ion、加拿大 G. J. Desorey、荷兰 H. Dekker 和美国 S. Smith 5 人编写的。由 Desorcy 在会上宣读。他说推荐的命名和分类系统在科学上是成熟的,实用而简明,即使不是石油专门技术人员也能普遍理解。推荐的命名系统与目前各国通用的名词尽可能一致,使各国都能普遍接受。推荐的方案分类较宽,这样便于石油科学工作者根据各自的国情可以再详细分级。

研究小组对石油储量的分级仍采用探明储量(Proved Reserves)、未探明储量(Unproved Reserves)和未发现的潜在采油量(Undiscovered Potential Recovery)3 类。未探明的储量又划分为可获得(Probable)和可能(Possible)两级。未来的潜在采油量(Future Potential Recovery)等于探明储量 + 未探明的储量 + 未发现的潜在采油量。最终的潜在采油量(Ultimate Potential Recovery)等于累计采出油量 + 未来潜在采油量。

4.4　世界油、气、天然沥青与页岩油资源预测

本届大会对重质原油与超重质原油(API 重度小于 $10°$ API)很注意,统计中与"常规原油"分开。"天然沥青"包括沥青砂等在内(注:本届大会还没有全面预测非常规油气,如页岩气等的资源量)。

常规原油最终储量预测为 17440×10^{12} bbl(约 248×10^{12} t)。最大储量国家中我国列第 8 位,最终储量为 693×10^{12} bbl,即约 100×10^{12} t,数量偏低。原油 API 重度大于 $35°$ API 的 37% ,$25 \sim 35°$ API 的 52%),API 重度小于 $20°$ API 仅约 5%(储量数字均指可采储量,下文同)。

天然气储量预测,包括天然气凝液(NGL)资料,苏联占第一,美国第二,伊朗第三,我国是第 7 位,最终储量 234.3×10^{12} ft^3,即约 66374×10^8 m^3 。

重质与超重质原油,世界最终储量预测达 6054×10^{12} bbl(约达 900×10^{12} t),委内瑞拉占第一位,有 3115×10^{12} bbl,即总量的 51.5% 。我国仅 68×10^{12} bbl,占第 7 位,数字明显过低,原作者承认因缺乏资料,估计太低了。

至于天然沥青,估计世界可回收的储量为 4360×10^{12} bbl,其中加拿大即占 3080×10^{12} bbl(70.6%),苏联 1170×10^{12} bbl(26.8%),美国 70×10^{12} bbl(1.6%),中国 20×10^{12} bbl(0.46%)。

页岩油资源仅列各大洲数据。远景储量全世界达 138830×10^{12} bbl,其中已测定的为

32810×10^{12} bbl。北美洲第一（远景 56000×10^{12} bbl，已测定的 22000×10^{12} bbl），南美洲第二（40000×10^{12} bbl 与 8000×10^{12} bbl），亚洲加大洋洲第三（38070×10^{12} bbl 与 1050×10^{12} bbl）。

以原始储量为基础，天然气与原油的比例（气油比）在各地区之间有很大出入，苏联达 $9.06 \times 10^6 \mathrm{ft}^3/$bbl，欧洲 $8.34 \times 10^6 \mathrm{ft}^3/$bbl，北美 $4.96 \times 10^6 \mathrm{ft}^3/$bbl，亚洲、大洋洲 $4.20 \times 10^6 \mathrm{ft}^3/$bbl，非洲 $2.31 \times 10^6 \mathrm{ft}^3/$bbl，中东 $2.15 \times 10^6 \mathrm{ft}^3/$bbl，而南美洲仅 $1.35 \times 10^6 \mathrm{ft}^3/$bbl。

此外，世界著名的特大油田区，包括我国的松辽盆地与华北盆地（指整个华北地区）在内，都是在 1969 年以前发现的，1969 年以后尚未发现特大型油区，尽管勘探技术有很大进展，但取得的成果并不特别显著，因此有人认为：比较容易勘测的地区内再取得特别重大发现的可能性很小，但天然气的前景还很大。

无论如何，原油与天然气资源总是有限的，但是石油储量是够今后几十年的消费，天然气可供年限更长些。重质与超重质原油、天然沥青与页岩油资源今后也可能提供能源。而对页岩气等非常规油气当时尚未评述。

4.5　2000 年时世界原油供需情况与油价的预测

当前原油供过于求油价下跌。"圆桌讨论"中，有代表性并得到绝大多数发言者同意的意见认为油价过高与过低都不利于世界综合的经济发展，有人明确认为目前油价（约 18 美元/bbl 的标准价）基本合理，可能会逐渐略略上升至 20 美元/bbl。由于技术进步使能源利用效率提高，尽管油价下移，并不能大幅度提高需求，今后一段时间内，由于世界平均生活标准有所提高，原油需求量大约以每年 1% 的速度增长。

原油的供需关系当然受价格的影响，而油价也不可能长期平稳或再降低，从长远看，由于美国、苏联、英国、中国、加拿大等这些既产油又是消费大国的资源有限，储采比都降低，最终掌握绝大部分剩余资源仍是中东地区，油价是否平稳或如何上涨，总将受这些产油国的"控制"。

5　石油工程领域的研发（R&D）内容[1]

各主要产油国及大石油公司均把科学研究和发展（R&D，简称研发）放在很重要的地位，即使在油价剧烈下降的期间，仍然没有放松科学研究工作。在本次大会期间，以"上游工程方面的科学研究与技术发展的战略"为题，进行了专题讨论。石油工业的上游工程主要是指与石油勘探和开发有关的各项工程。20 世纪 70 年代以来，在这一领域主要的进展有：

（1）与地球科学（特别是地震勘探）有关的资料的质量和数量，有显著的提高，其成果已用于多种学科。

（2）石油工程广泛地利用了近年来从航天技术到电子技术各个领域的科技新进展。

（3）机械工程和土木工程方面的进展，主要是研究和制造了适应于恶劣环境条件下的整套设备。

石油工业上游领域要继续发展什么样的新技术以适应其发展的需要？本次大会上，荷兰的 F. van Daalen 在报告中认为，上游领域研究和发展（R&D，Research & Develepment）的主要目的是：

---

❶ 参考胡文海等撰写的材料编写。

（1）增加或至少是保持已有的油气资源基地；

（2）降低或至少是控制单位生产的总费用。

R&D 在充分利用已发展的新概念、新工艺和新技术的基础上，应把油气资源基地的扩展和保持放在首要地位，然后是集中力量减少费用、降低成本、增加效率和成功率。

主要将围绕下述 5 个方面继续研究和发展。

5.1　准确了解地下情况

R&D 的主要目的是改进发现油气藏和迅速搞清油气藏特征、规模和大小的能力，以扩展和保持资源基地。继续改进选择勘探目标的方法和程序，使油气田的勘探和开发趋于最佳化。在这方面首要的任务就是准确了解地下情况。近年来，发展的趋势是通过建立探区模型，确切地了解地下的变化过程。

目前，了解地下情况的主要手段是地震，但地震勘探只能了解构造和地层，现在还不能做到直接指出油气藏的所在。在一个地区究竟有无油气藏和油气藏的可能分布位置，只有靠重建地质史，才有可能较为准确地作出判断。而真正了解地下情况的手段是钻井工程，"钻头不到油气不喷，钻井不到位地下情况不清楚"。

利用已观察到的生、储、盖层等地质单元在空间和时间上的关系，可以做出一个地区的经验模型。在第十届世界石油大会上，Nederlof 就报告了预测油气藏可能分布的"石油分布"模型。这是根据以往的大量钻探结果进行统计分析后做出的。它是一种"专家系统"的技术，比个人直观进行分析评价的方法有了很大的改进。但是，当时模型还比较原始，对油气聚集基础的各种地质过程，考虑得不够精确，因而做出的预测，其可靠性的差别范围很大。

当采用数字来模拟烃类聚集的各种地质过程时，精度有了极大的提高。第十一届世界石油大会上，P. Y. Chenet 等报告了由法国石油研究人员新开发的一套数学模型。这套模型包含一系列成对的模数，每一对描述一个与油气分布有关的物理或化学过程，同时也描述了盆地的演化。实际上，这一系列的模数为：

（1）通过一个回剥和反压实模型，重建盆地沉降史；

（2）构造沉降和热流史的地球动力模型；

（3）油气生成和运移模型；

（4）计算油相和气相在运移中分离的热动力模型。

这一套数学模型对于更好地了解一个有远景的盆地有很大的价值，但想要用它来可靠地筛选出可能含油气的区域及其位置，则还有很多方面需要作大量补充工作。

这次大会上，法国石油研究院的 P. Ungerer 等介绍了他们和 Elf Aguitaine 公司共同研制的一套北海盆地的油气运移模型。他们运用这一模型对 Viking 地堑内油气的运移和聚集进行了分析，不仅和已知油气藏取得了拟合关系，而且把它应用于地堑中人们了解较少的地区，从而帮助了该公司在投标工作中对区块的正确选择。

总的说来，虽然在这一方面，过去 10 年里已取得巨大成就，但对于地质过程中物理和化学变化的确切了解还差得很远，需要有关的科学研究单位作大量的基础研究工作。

在这次大会上，法国地球化学专家 Tissot 认为，当把这种运移模型圆满完成后，可以期望把现有仅为百分之十几的平均预探井成功率提高到百分之三十几（今后还可能继续提高）。所以在定量模型模拟这一领域里，各主要产油国的科研机构和大石油公司均会给以相当的注意，因为这对于提高勘探成功率有很大帮助。

5.2 油藏特征的研究

油藏描述是开发的基础,需结合地球物理测量、测井、地质、岩石及油藏工程等多学科的共同努力,将极浩繁的资料利用计算机处理来加以完成。三维地震及测井将提供最重要的信息,三维地震另有论述,测井的情况如下。

5.2.1 近年来测井主要的新进展

(1)核子测井方面。

感应伽马射线能谱测井,对于发现套管外石油的分布起了很大作用,已经延长了很多油藏的寿命。脉冲中子俘获测井已有改进,能够更好地确定剩余油饱和度。

(2)声测井方面。

使用数字记录整个波列,同时记录纵波和横波,这不仅有助于与地震结果对比,而且由于可以用来探测裂缝、预测地层强度和地下应力,因而在生产测井方面有重要作用。

另一项发展是井下电视,通过反射声波脉冲可以获得连续的井筒声图像。类似的井筒详细影像也可以由微电子扫描获得,这是倾角测井技术的一种延伸。

由于测井数据剧增,一口井平均所获得的声测井记录的全部波形,约相当于一英里地震剖面的信息。为了对付这种数据"爆炸",现已发展了井下微处理机,将井下处理过的数字信息传输给地面。

(3)光纤电缆。

常规测井电缆目前已达到它传输信息能力的极限,组合下井工具,常有 6 个传感器同时使用,更加剧了这一矛盾,这就导致了发展光纤电缆,它传输信息的能力达到 10Mbit/s。

(4)测井解释。

用计算机处理大量测井数据,通常使用了人机联作作图法、群分析、统计回归分析和专家系统等技术,以最佳利用所有资料。

测井技术中两个关键问题是物理模型和对岩心分析资料的刻度,这两方面均有较大的进展。岩心分析本身,也已能模拟地下条件来进行。

① 结合地质及油藏工程参数,利用新的数据处理和展示技术,进一步地发展测井解释;

② 能更精确和便宜地在现场确定剩余油分布的技术;

③ 对矿物组成、孔隙几何形态、流体分布、测井响应和油藏工程参数之间关系的基础研究。

5.2.2 油藏模拟

一套优质的地质模型,能够反映油藏特性在三维空间内的变化,这对于了解油藏生产特点和最大限度地提高采收率均是关键。有计划和最优化地对油气藏进行评价,以及在开发油气田的各个阶段中,对油气藏的这种深入了解,都是非常必要的。这一模型还可以用作为对于油气藏地质形态和储层特性的内插和外推的一种预测工具。

建立一套地质模型需要:

(1)通过与现在掌握的沉积环境的对比,充分了解所研究地区的地质特点;

(2)利用岩心和测井资料,研究由于成岩作用引起的物理—化学变化的更替。

制作地质模型的关键是认识油气藏类型,流体运动的可能障碍和良好通道以及将储层参数及储层条件定量化。

显微研究中的常规技术和新技术(如阴极发光、定量影像分析、层析技术、微毛细压力曲线等)为详细了解岩石组构和孔隙系统内部联通情况提供了手段。另外,地震采集和处理的新进展,可以更精确地确定构造,在有利条件下,还可判断储层性质和孔隙空间内所含流体的情况。

利用有限元计算机模型,可以将储层内裂缝的分布和类型,作为岩层所经受的外部变形史的一个函数来加以判断。

目前,借助于强有力的计算机,已发展到利用概率方法来建立类似的地质模型,并且可以计算出在特殊条件下它们发生的可能性。这就打开了油藏模拟中将不确定因素定量化的可能性。统计技术及适当的平均程序,已经发展到对宏观和微观的地质情况,都能有一满意的概率作为代表,以便在三维空间及相应的时间里,恰当地模拟油藏特性。

瞬时压力试井和示踪剂试井,可以提供关于油藏连续性的重要信息。以往大量的生产数据和油气藏动态与模型间的历史拟合,已被广泛地用来验证及改进模型。

目前还在继续研究的一个关键问题,就是模型中地质情况究竟需要多详细?在预测油气藏特性中究竟需要掌握多少情况才能基本满足需要?现在,在超级计算机上的油藏模拟器所能模拟的地质细节远较过去为多,不仅有岩性特征,也有详细的组构特征,如交错层等,它们都可能影响油气藏的动态。但对于流体在储层内流动状态是重要的控制因素,它仍然是孔隙的结构和分布。

在这一领域里,R&D 的任务是联合有关专业,继续加强储层性质研究,将会更好地提高油气藏开发效果。可以认为储层性质研究是任何一个油气藏的"终身"课题。

5.3 石油开采和模拟

提高采收率方法(EOR)已逐步由实验室走向现场生产试验,有的方法已成功地大量应用于工业生产。有的方法在技术上已无问题,主要是成本较高,能否使用要根据油价的变动而定。譬如在美国,当油价为 20 美元/bbl 时,EOR 可以将其可采储量增加 70×10^8 bbl(约 9.8×10^8 t),如油价上涨到 30 美元/bbl 时,则可增加 270×10^8 bbl(约 37×10^8 t),这就接近于将美国的剩余可采储量翻了一番。

一般讲来,一种新的 EOR 方法从实验室研究到投入工业性生产约需 15 年以上时间。目前,EOR 在 R&D 方面的主要目标是降低成本,开发更有效的化学物质和方法,使现有方法最优化。实验室工作加计算机模拟将是发展的方向与关键。

R&D 的重要领域为:

(1)储层内物理过程描述。储层内流体的运动,通常均被描述为按相关渗透率曲线而运动。然而这与储层内流体的运动状态是有出入的,特别是在非均质性很强的储层内和在不稳定流动的条件下(如黏性指进)更是这样。通过储层内流体运动的基础研究,可能会解决这一困难问题。按孔隙状态和规模,用计算机模拟多相运动,就是研究的方法之一。

在化学驱、混相驱和热驱过程中,有很多复杂过程在起作用。对于这些过程的正确描述还需要作大量工作,如蒸发、凝缩、吸附、离子交换、渗滤、扩散、乳化及界面张力的变化等。

(2)地质模型描述。在模型描述中,应该利用从所研究油藏的岩心得来的大量地质信息,以正确预测储层内流体的运动,在这方面已有不少人做过工作,如 Kortekaas,Lake,Haldorsen 等。

(3)数学公式通常使用的有限差(Finife – difference)技术,包括使用半正规分布的网格,此法的主要缺点是网格的大小在很多情况下不能适应,例如在驱替前沿需要有较高的分辨率等。

到目前为止已发展了多种公式。但由于计算机关系,只有很少数公式能得到实践应用。

(4)发展更有效的模拟器。很多大石油公司目前的趋势是发展一种"全过程模拟工具箱(All – Process Simulation Tool Kit),使用在现代矢量处理器上能进行有效处理的软件。"

一些专家认为,现在特别需要更强的模拟器和计算机硬件。认为最有希望发展的可能是"平行处理法"(Parallel Processing)。

迄今,在油藏模拟中多使用 Fortran 语言。有关专家认为,需要研究其他软件技术和语言,以降低开发和维护费用,特别是在发展通用模拟器时更是这样。

通过参加会议进一步认识到在 R&D 中,油藏模拟是一个很重要的领域,有很多方面需要开发,其成果对更好地管理油藏有很大好处,因而我国在这方面应该付出很大的努力。

5.4 钻采工程

在钻采这一领域,R&D 主要是为了扩展能力和降低费用。

5.4.1 钻井的 R&D 内容

一些专家认为,过去 10 年里最重要的进展为:

(1)合成聚晶金刚石钻头,钻速高、寿命长、降低费用,特别是在钻厚层、均质、不易被冲蚀的地层时更为有效。

(2)随钻测井,主要用于定向井和水平井,也用于早期地层评价。大多数利用泥浆脉冲将信息传至地表。为了取得井底钻头活动特点等宝贵资料,利用传输速度较高的电缆传输法也已获得成功。

(3)泥浆驱动马达组合得到发展,除了涡轮钻具外,螺杆钻具发展很快。可以在地表确定钻头方位,结合随钻测井技术,可以大大节省定向井费用,而且井身质量也得到改进。

(4)钻头、钻杆的设计都有了改进。

(5)利用计算机模拟及各种新技术,协助了钻井的最优化。

(6)气井的分段固井技术。

(7)增产措施,由于取得了更准确的地下数据和储层特性资料,结合先进的模拟模型,已能做出更好的设计。

对 R&D 来说,这一领域大有发展的可能,基础研究的成果将带来新的概念,并构成进一步发展计算机模拟的基础。把整个钻井作业作为一个系统工程来对待,将会得到进一步改进。获取资料的新技术、计算机模拟和新材料及新概念的应用将有助于钻井工程向更高水平发展。

5.4.2 海上工程

在不到 40 年的发展时间里,海上油气产量已达到世界总产量的 30%。1985 年,挪威的 Troll 油田,在海况恶劣的 340m 水深处,由于设计合理,成功地进行了开发。1988 年,在墨西哥湾深 410m 的 Bullwinkle 油田处,将建立好平台投入开发。浮式生产装置在深海和边际油田中,已得到日益广泛的应用。

在下述领域内 R&D 起了关键作用:

(1)大量海上资料的收集及风浪模型的发展,可以更好地预测环境条件。

(2)计算机模型已用来计算流体对海上装置的作用力,以及预测在活动、应力—应变特性、疲劳及可能的破损等方面的反应。这对于设计新平台及更有效地利用老平台是有用的。

（3）发展了新概念和新装备，如水下锤的使用，降低了装置费，并且由于省去了导桩，减轻了平台的重量。

R&D 的方向是要求在恶劣海况下降低费用，如新设计的三角桩就比一般平台所受的流体负荷为小。

要求能发展：

（1）全部海上系统最优化的模拟组合。

（2）继续改进设计分析方法，规定更明确的设计标准，关键是需要多了解海洋油藏特性，如有关储层的压实及沉降等。

（3）小而轻的水面装置，如混合旋风式、离心式或涡流管式油气水分离器，可靠的两相或三相流量计等。

（4）新型的工具、量具和控制器，以降低平台工作人员数目或达到无人操作，这样还可以降低平台重量。

（5）多导管（Multiconduit Riser）的浮式导管装置，使在恶劣气候条件下仍能保持联结。

5.5 R&D 的总趋势和长期战略

会议指出，从根本上来说，为了保持石油的生产能力。关键是要研究、发展和实现能够经济地开发油田的新技术和现有技术的改造。会议呼吁，无论是在目前"低油价"的条件下，还是将来随着石油供应的需要而在更加复杂的条件下钻井、采油作业的需要，石油工业的关键性业务目标都是靠提高技术能力来降低勘探和开发成本，提高复杂条件下钻井和开发的能力。希望有关方面应防止对长期战略性研究项目的中断和放松。我国更要建立长期战略性的 R&D 规划。

当前，上游工程科学研究和技术发展的主要目的已经扩展到寻找新的油气资源和降低单位产量的总成本（OCPUP，即 Overall Cost Per Unit Production），并已取得了许多进展。顺便提一下，在油价下跌的情况下，单位产量的总成本是一个重要的新概念和经济评价指标。这是从勘探、开发整个过程的费用来计算每桶油价，涉及因素较多，想确切得到每日瞬时的单位总成本相当困难。石油工程的新概念、新工具和新技术等已经有了发展，这些发展及今后更多的发展将在 R&D 方面继续起重要作用，它们在选择远期的技术发展项目、改善设计计划和施工作业等方面都具有很大潜力。这些发展将要求多学科的进一步交叉综合，以便充分地利用日益完善的数据积累、综合、储存和最优化复杂系统的能力。

论文[33]总结性地指出石油工程战略性的 R&D 总趋势是：在数据监测方面和信息传输技术方面已经取得了很大进展，从而在数据的量和质两个方面都有迅速的进步，与此"数据爆炸"相关联的是在数据和数据处理技术方面正在迅速发展。高功能的计算机已经不仅取代了许多高级研究人员的实验室部分研究任务，而且也大大扩大了他们的能力。来自各种不同学科的数据积累与综合已比过去变得容易得多了。人工智能、专家系统正在发展之中，它甚至能代替专家工作者的部分数据解释工作。

论文[29]介绍了专家系统在钻井工程中应用的 3 个例子，强调了人工智能、专家系统在石油工程方面有许多急待研究的课题和相当广阔的前景和巨大的潜力。在石油工程方面的论文十分强调计算机的应用价值和计算机软件的研究、钻井、采油、开发等方面的各种综合模拟器已在试验或试用阶段，计算机模型化工作已经进一步用于石油工程战略性计划中，特别用于研究决策的影响和复杂系统的最优化问题。

关于中期项目方面。微处理机和高功能计算机用于石油工程方面在未来的中期项目发展中具有巨大潜力。例如,把整个钻井作业看作是一个具有内在联系的各个组成部分的组合,计算机程序将有助于实现进一步的模拟工作。油井工程将在应用近代技术进行设计、测量、控制和施工等方面进入一个较高水平。数据监测、计算机、模拟和新材料、新概念等将会是这一发展的重要组成部分。强有力的跨学科组在数据监测、数据存储、数据处理以及计算机模拟的指导和综合研究方面的功能将越来越起重要作用。R&D 在创造、发明和研究新概念上的经典性作用非常重要,由于计算机技术的发展,这种 R&D 效果有效性已经并将继续得到加强。

关于长期项目方面,诸如钻井模拟、钻井自动化、钻井管理与决策、提高采收率、油藏地质和油藏模拟、海洋钻井、深井技术和极地恶劣环境下的工程技术等,都是具有美好前景和巨大潜力的项目。与此相关的研究工作的进展都会直接导致降低石油的生产成本。许多"龙头项目"应系统地配套考虑,科研与生产的联合力量要定期实现明确的特定目标。根据上述思想,我们随后开展了旋转导向钻井工具及其应用、钻井智能信息化研究、储层保护技术、随钻地震技术、智能钻井、智能完井等课题的研究,并取得了良好的开局与效果。

6 采油及油田开发[1]

这次大会在采油工程和油田开发方面主要注意的方向是:确切认识油藏特性,提高开发水平;改进技术、降低成本,提高采收率,增加已知资源中的可采储量;改进海上开采技术,使用节约的海底生产系统,使边际油田能投入生产;开发重油、超重油及沥青的开采技术,使非常规油气资源能得到经济合理的开发(注:本次大会还没有注意到页岩气等非常规油气资源)。

6.1 提高油田开发水平

充分了解油藏的静态和动态特征,利用最新的地震技术,特别是三维地震技术、垂直地震剖面、不同类型沉积物中地震波的反应以及特殊处理技术,结合测井及地质的综合研究,正确地描述油藏,作为合理开发的基础。

6.1.1 油藏内部构造的描述

传统的地质研究方法,通过露头、岩心和岩屑等对油藏的岩性、岩相进行描述。利用分辨力高的精确的测井资料配合地质资料进行研究,可以将测井相和地质相取得对应关系,从而可以精确地了解井眼附近区域的油藏情况。地震资料可以了解较大区域,但其分辨率较低,不够精确。特别是高频波随深度衰减,使深处的判别率更加降低。所以,把地震技术与测井技术以及地质技术结合起来非常之好。

意大利阿吉普公司的 F. Conticini 等介绍了如何综合利用地质—测井相和地震相来研究波河河谷中的深层复杂油田及墨西哥湾油田的经验,情况如下:

(1)尕吉安诺(Gaggiano)的地质简况。

意大利波河河谷的尕吉安诺地区,在 4600m 的深井中发现了三叠系的油藏。根据地化分析,该储集岩系本身就是生油岩。主要通过横向运移而聚集。

---

❶ 参考胡文海撰写的材料编写。

（2）测井相的分析方法。

研究的基本任务为,描述岩相。重建岩性地层柱状图。确定沉积岩体的几何形态。

定量解释各项岩石物性参数(孔隙度、渗透率、饱和度等)。

方法的基础是利用岩心资料来研究测井相的特征。使每一相均得到岩石物性的定量解释,然后进行井间的岩性岩相对比,确定出沉积体的几何形态,以便将岩性概念转变为沉积相的概念。这样,就能从岩性、岩石物性和沉积学的观点对储层进行全面的描述。

然后将储集层段分为上下两个主要相带,以便和地震相对比。上带主要为多孔白云岩,下带主要为致密灰岩和钙质白云岩。

将经过三维偏移处理的地震资料,再进行地层反褶积以增大带宽,以最大限度地与井中取得的反射率资料取得关系。

（3）利用地震进行构造及地层解释。

利用统计分析,得出了岩性的测井反应(测井相),这样,就将测井相与岩石物性(孔隙度、饱和度等)结合在一起了。

同样的方法可以用于地震资料,地震道的复杂特征如包络振幅、瞬时频率等,类似于某些测井响应。利用最新的彩色展示方法,可以将有关要素加以合成展示,使有效信息能与噪声分开。另一种方法就是对瞬时特征(相、频率、包络振幅)、波阻抗及地层横向连续性等进行群分析。

利用多种统计方法,就可以将地震相的特征与地质—测井相联系起来。当然,垂向分辨率有很大不同,地震的分辨率,特别是深层,比测井资料要低得多。使用改进后的三维方法,可以显著提高深层分辨率。在波河盆地作的结果,在5000m深处,垂向分辨率可以达到50~60m。

为了取得对应关系,将测井相组配为较大的组合,反复进行,直至与地震相取得满意的对比为止。

这样,对于该油田的解释就获得了满意结果,地震剖面上,不仅可以看出明显的构造、不整合情况,而且孔隙带的分布也都有清晰的显示。

6.1.2 利用垂直地震剖面法勾绘油藏范围研究油藏特性

会上,法国CGG公司的D. Michon介绍了垂直地震剖面法的应用情况,苏联地球物理研究所的E. I. Galperin也介绍了他们的经验。

为了有效地克服地震勘探特别是对深层分辨率不高等问题,以及为提高深度的准确性和判断岩性并进一步判断岩石物性等方面,苏联首先研究了垂直地震剖面法(VSP)。由于具有明显的实用价值,该法很快为西方各国所采用和发展。VSP所能帮助解决的主要问题有:

（1）解决构造问题方面。

提高了地震勘探的分辨率。当剖面中出现大量干扰波(如多次波等),特别是当剖面上部有很多断层存在时,能够帮助确定有用波。能够帮助解决界面为高角度的复杂构造。

（2）解决岩性—地层问题方面。

VSP可以帮助确定岩性—地层界面、地层界面、岩性侧变等,不仅可帮助认识井内已钻地层,而且可以判断井下尚未钻遇地层及井眼周围地层(部分专家对此持怀疑态度)。更重要的是,对确定油气藏形态、大小、接触关系、储层物性(孔隙度、裂缝密度、渗透率、流体含量及性质等)有很大帮助。

（3）解决工程问题方面。

VSP 可以在钻探前帮助预测油气藏及其围岩的物理—机械特性以及高压层段等，以便设计最优化钻井方案、选择有利井底位置等。

（4）在一定的地质条件下，VSP 可以帮助直接判断地下油气藏可能存在的位置、油气藏的岩性、物性，油气藏中所含流体性质等，特别是利用极化参数，可获得较好效果。

6.1.3 利用地震方法监测油藏动态

利用地震方法监测油藏动态，以便及时调整开发措施，取得最佳开发效果，这是当前正进行研究并已取得成效的领域。

研究了剖面中孔隙度和泥质含量对地震波的影响、应力和裂缝导致的速度各向异性、速度、饱和度和孔隙压力的关系、速度—烃类—温度的关系后，将振波速度及其衰减应用于油气藏描述及动态监测。目前试验的方面有：作油气藏孔隙度和渗透率的分布图；预测异常孔隙压力带；侦察裂缝和确定应力；在油田进行热采时，追踪热力前沿；监测气顶的移动；监视水驱油藏中水线前沿。

由于动态监测需要定期观察，因此一般是建立半固定的地震监测网，使用移动的激发条件。使用三维、垂直地震剖面、合成地震剖面以及各种地质及测井研究成果，来进行动态监测。

加拿大对阿萨巴斯卡油砂的一个浅层蒸汽驱的项目中，试验了地震监测，他们使用了小炸药量埋藏引爆激发，用水泥封固埋在地下的变频（30Hz）检波器，每秒 1000 次采样。蒸汽流可使振波速度在短距离内发生 20% ~ 75% 的变化。试验获得了有用的成果，但同时也说明还有很多未知领域需要进行探索。

6.2 提高采收率技术

过去 30 年来，对提高采收率的技术进行过深入的研究和探索。有的技术（如蒸汽吞吐和蒸汽驱）已得到大规模的实际应用。混相驱（如二氧化碳驱）已经开始投入商业应用，但迄今，化学剂驱动的进展还是令人失望的。

提高采收率技术，从可以增加的储量数字来看，是非常吸引人的，最重要的关键是经济问题。以美国为例，提高采收率技术的应用，对油价非常敏感。据美国国家石油委员会（National Petroleum Council）1984 年的研究，如油价为 20 美元/bbl（1984 年），使用提高采收率方法，可为美国增加可采储量 7×10^9 bbl（约 9.6×10^8 t）；如油价增加为 30 美元/bbl 时，则可增加可采储量 27×10^9 bbl（约 37×10^8 t）。1984 年时，美国的剩余可采储量为 28×10^9 bbl，（约 38.4×10^8 t）就是说从技术上讲，美国已可将剩余石油储量提高一倍。但如考虑到油价变动，则差别悬殊。如油价为 15 美元/bbl 时，美国使用提高采收率技术，仅能增加可采储量 3×10^9 bbl（约 4.1×10^8 t）。即是说有大量的剩余可采储量，由于缺乏经济效益而无法开采。

提高采收率技术非常复杂，从实验室研究、现场试验到投入工业应用，有时需用 15 年以上的时间。各大石油公司现仍加紧提高采收率的研究工作，因为它们考虑到，目前油价虽低，但将来油价肯定会上升，那时，已获得成功的提高采收率技术，将会产生很大的经济效益。

提高采收率研究的主要目标是降低采出油的单位成本。因而现在的研究工作集中在两个方面：（1）寻找更有效的化学剂和作业方法；（2）将现在已有的方法最优化，以降低成本。

在这项研究中，主要使用的方法是，实验室成果和计算机模拟相结合。在这方面已取得了相当大的进展，现在已能在模拟储层条件下研究驱替过程。发展了很多强有力的模拟装置，在这方面使用的计算机的能力也大为增加。以往只能进行简单地质条件下的模拟，现在很多复杂地质条件的储层也能进行模拟了。现在研究的目标是，在复杂的地质条件下，要进行提高采收率作业时，如何达到真正可靠的预测。

以下对目前世界上提高采收率方法进行概述。

6.2.1 注表面活性剂驱动

注表面活性剂是提高采收率方法中最复杂的技术之一，同时注入费用也很高。但这一方法可从轻油油藏中大大增加可采储量，这是其他提高采收率方法做不到的。因而，虽然1986年以来油价剧烈下跌，但各公司将此作为长远开发目标，仍继续加紧进行。

（1）注表面活性剂驱动机理。

向油藏中注入含表面活性剂的盐水注塞或驱扫线，可以开采水驱以后不能采出的剩余油。驱扫线中也可能还混有其他表面活性剂、原油和聚合物。通常是以微乳化液形式注入，以保持表面活性剂、油和盐水成为稳定的溶液。微乳化液能降低剩余油的界面张力，从而形成原油—盐水的驱扫线。由于表面活性剂较昂贵，因而微乳化液驱扫线所占有的体积，通常只是孔隙体积的一小部分。紧跟微乳化液驱扫线以后的是加有聚合物的稠化盐水。这样可控制流动性，使微乳化液能像活塞一样地通过储层，提高驱扫效率。由于聚合物也很昂贵，因而在聚合物稠化水之后紧跟的就是油田水。有的实验项目，在注入表面活性剂的驱扫线以前，先注入前置液以改变盐水的含盐度，使表面活性剂能起到最佳作用；或者是在储层中增加某些化学成分，以减少表面活性剂和聚合物在油层中的滞留。

（2）设计参数和选择。

进行注表面活性剂项目时，有大量参数需要考虑，一般可归为3个方面：

① 化学剂（表面活性剂和聚合物）的选择；

② 作业的设计；

③ 油田项目的设计。

必须根据油藏的特殊条件来选择化学剂，它在油田整个项目实施期间必须稳定，并且在油藏中不能有较高的滞留度。另外，实验室研究成功的化学剂，在现场使用时必须要保证有足够的供应和合理的价格。

作业设计包括化学剂的浓度，各个驱扫线中盐水的盐度，以及每一驱扫线的体积。油田项目设计包括：项目最优面积、井网、井距、注采比等。另外，设备费用、操作费用、化学剂处理、注入液过滤、产生乳化液的分离等都必须考虑。如果该油田正处于注水早期，那么必须正确估计最优化注入表面活性剂的使用时间。

加上经济因素，要正确选择上述参数是非常复杂的问题。大会上埃克森生产研究公司介绍了他们在这方面的经验。

（3）评价不同选择的方法。

埃克森生产研究公司制作的生产模型为1000acre❶（约400ha❷）面积，40acre（约16ha）五点式井网，通过内部钻井，获得80acre水驱井网，油藏深1219m，注入速度435.6m³/（d·口）。储层为单层均质，厚17.1m，渗透率按两种考虑分别为45～1229mD。

---

❶ 1acre = 0.404856hm²。

❷ 1ha = 1hm² = 10⁴m²。

用此模型来预测注表面活性剂的作业时,包括两部分:第一部分利用分流理论,并加以毛细管校正,以估计一维线性驱扫的动态;第二部分系使用一层流管模型,以模拟地层内流动情况。有时根据油田情况,再变换一些参数,以符合实际。根据模型模拟产油情况,再输入另一经济模型,以确定现值利润和现金回流的速率。

在模拟过程中发现,各种参数变化所带来的影响是非常复杂的,譬如使用的化学剂中,除表面活性剂外,最重要的就是聚合物,以往仅考虑到能增加至有效黏度的聚合物的单价,后来才认识到还必须考虑聚合物溶液的流变性。又譬如增加微乳化液的黏度可以提高驱扫效率和增加采收率,但另一方面却会增加注入聚合物的数量和降低注入率和驱扫速度。表面活性剂的浓度、井距、开始注入时间等都是需反复比较加以考虑的因素。此外,在设计一个非均质储层的项目时,必须同时考虑注入系数和液流垂向分布。具假塑性的聚合物(一般为生物聚合物)较具膨胀增稠物性的聚合物有较高的注入率,然而后者却具有较均匀的液流垂向分布特性。于是按聚合物的 3 种不同液流特性分别进行了计算,即假塑性的、牛顿的和膨胀的。根据不同流变学的计算,在油层为均质和非均质的情况下,情况差别很大。以油价为 30 美元/bbl 计算,在均质油层中,如为假塑性流动和牛顿流动时,均可获得利润,而其他情况下则不行。

从埃克森生产研究公司的经验可看出:

① 注表面活性剂仍是一项有前途的提高采收率方法,当前仍在继续研究廉价和有效的表面活性剂和聚合物种类。

② 如油价回升到 30 美元/bbl,按目前已有的技术,在一定条件的油田中,控制一定的流动状态,已经可以获得利润。

③ 在进行一项耗资巨大的提高采收率项目时,必须进行模拟计算,尽量将各种可能出现的变化因素考虑在内,反复比较,才能做出决策。

6.2.2 混相气驱(天然气混相驱)

混相气驱已进行了 35 年以上,它弥补了注入的不足。最初是使用丙烷和丁烷等烃类气体,后来逐渐发展到用二氧化碳和其他气体以及一系列的烃类气体,作为驱替用的混相气体。这一方法在 1980—1985 年得到加速发展,以后由于油价的影响而迟缓下来。这次大会上阿莫科公司根据美国和加拿大的经验,以此方法的技术和经济效益进行了系统的总结。

(1)增加储量的潜力。

根据不同的估计,在条件合适的油田内使用此方法后,在美国可增加石油储量 3×10^8 ~ $12 \times 10^8 m^3$(基本估计为 $8.7 \times 10^8 m^3$),相当于剩余可采储量的 20%,在加拿大可增加石油储量 1.1×10^8 ~ $4.8 \times 10^8 m^3$(基本估计为 $3.8 \times 10^8 m^3$),相当于剩余可采储量的 47%,这是一个不容忽视的数字。

(2)目前的活动。

主要集中在美国和加拿大,在 1970 年时正式进行此项工作的油田,只有两三个,1975 年时增加到 20 个,1980 年以后,急剧增加,至 1985 年,达 100 个以上,总面积达 $20 \times 10^4 ha$。由于气体来源和价格不同,以及油藏条件是否能维持住注入气体不致逸散,美国和加拿大采用了不同的气体组合。加拿大主要用富烃气,美国则主要用 CO_2。已建立的项目,估计共可增加石油可采储量 $3.4 \times 10^8 m^3$。

(3)效果的分析。

根据一般注入和采出的分析,认为使用此法可增加的采收率,为原始地质储量的 12% ~

20%。根据部分油田详细模拟计算的结果,为原始地质储量的6%~32%,高值为重力稳定的垂向驱替油藏,低值为效率较低的水平驱扫油田。据加拿大阿尔伯达省能源资源咨议委员会估计,加拿大垂向驱扫油田所能增加的采收率为25.5%,水平驱扫为12.2%,平均为15.8%。

有的油田实际效果很好,如:

① 维扎德湖(Wizard Lake)油田,为垂向驱扫,开始于1969年,面积1500ha,油层厚180m,最初估计驱扫效率为84%,至目前已采出78%。按趋势,最终采收率将超过原来估计。实际取心分析结果,残烃为孔隙体积的7.7%。

② 南天金鹅山(South Swan Hill),于1973年开始,面积6500ha,目前采收率为原始地质储量的43%,预计最终可达58%。此油田如采用注水法,估计采收率为38%。油田内密闭取心的残余油为7.9%

③ 华生·丹佛区块(Wasson Denver Unit),开始于1984年,日注气$930 \times 10^4 m^3$,估计日多采油1100m^3。

④ 帕迪(N. E. Purdy),为处于水驱衰竭阶段的油藏,水油比为34。于1982年开始注CO_2,效果显著,原油产量从450bbl/d,增至1200bbl/d以上。

混相气驱受油藏条件、气体来源和气价的影响很大,但从技术上讲,已证明是行之有效的。

6.2.3 注聚合物

将聚合物以0.25~3mg/L的浓度加入到注入水中,可增加驱扫液的黏度,改进水—油活动度比,但同时也降低了它的相对渗透率和有效渗透率。注聚合物与单纯水驱相比可增加效率,但并不能降低剩余油饱和度,即并不能增加最终采收率。

一般使用的聚合物有两类,一类为合成聚合物聚丙烯酰胺类,另一类为生物聚合物羟乙基纤维素,后者由于热稳定性差,提高黏度较低,因而在实践中使用较少。聚丙烯酰胺则相对较便宜,能显著提高淡水黏度。然而,当含盐度增加时,黏度降低,而且当二价离子较多时,可能会形成絮凝物。

为了提高注聚合物效益,现正研究能在温度、高盐度、盐水中微量成分、切力和微生物攻击影响下,保持稳定的聚合物。同时,还要求能增加在低渗透储层中的吸收系数。一些新发展的聚合物,主要是硬糖族的多糖类,或许是由单体制成的合成聚合物,如2-丙烯酰胺-2甲基丙磺酸(AMPS)和乙烯磺酸盐等,它们在热稳定性及高盐度条件下的抗絮凝性均有所改进。现仍在继续研究能综合适应注入所需各种条件的新型聚合物并应该考虑以下问题:

(1)进行经济分析考虑的主要因素。

与其他提高采收率方法相比,注聚合物是一项较简单的过程,对于它的物理化学及技术方面的情况,目前已了解得比较清楚。在注入过程中,原油性质不会改变,不会增加新的液相,仅仅只有驱替液的性质和在某种程度上岩石的性质会有所变化。所以注聚合物完全和注水一样,可以用数值来模拟其动态以进行研究。

影响注聚合物的参数有3类:

① 与储层有关的参数;

② 与化学剂应用有关的参数;

③ 与经济有关的参数。

与储层有关的各项参数已为人熟知,此处不再赘述。

与化学剂有关的参数主要有:

① 在储层条件下注入液的黏度—价格比率,它受混合水的盐度、聚合物的类型和浓度以及储层温度的明显影响。

② 能长期抗温、抗絮凝、抗生物降解和微量因素影响。为了达到此目的,有时需加入杀生物剂和除氧剂等辅助化学剂。为了防避溶液的切力变质,需进行消除趋肤效应的处理,还需要考虑在注入井邻近主要的剩余油地区用特殊的完井方法等。同时,为了保证注入井的吸收率,溶液中不能有难于穿过孔隙喉道的大分子和凝胶体。聚合物的相对分子质量不能超过经实验室研究得出的极限值。

经济因素主要是:聚合物及原油价格;项目执行期间内,烃类的采收率和油气比;投资规模及操作费用等。

(2)各种参数对经济效益的定量影响。

注聚合物驱的经济效益分析较复杂,现选择水驱典型油藏作为对比来加以分析。西德的德士古公司利用一典型模型进行了分析。在计算中发现,储层的不均质程度、润湿条件、原油黏度、聚合物的滞留情况及聚合物浓度(注入剂黏度)对提高原油开采速度有较大影响。

该模型条件为:面积 $44100m^2$,1/4 五点式井网。原油地质储量 $170300m^3$,深 $1524m$,纯油层厚 $18m$,油层温度 $60℃$,平均渗透率 $2000mD$,平均孔隙度 23%,水黏度 $0.5mPa·s$,泡点压力 $34bar$[❶],油藏体积系数 1.042,共生水饱和度 20%,注入和生产率为 $100m^3/d$。

以注水和注聚合物 6 ~ 8 年后生产相比较。如储层润湿性为中性不变,原油黏度为 $3mPa·s$ 时,注聚合物可累计多采油 7300bbl,如原油黏度为 $12mPa·s$ 时,可多采 184700bbl;如为 $30mPa·s$ 时,则可达 277400bbl。又如假设原油黏度为 $12mPa·s$ 不变,储层为水湿,可多采油 7300bbl,储层润湿性为中性时,可多采 184700bbl,为油湿时则可多采 303000bbl。

聚合物在储层内的滞留度及注入浓度的影响也较大,如原油黏度为 $30mPa·s$,润湿性为中性时,聚合物在储层内的滞留度为 $15mg/kg$ 岩石时,共多采 303000bbl;如为 $50mg/kg$ 岩石时,则仅多采 177400bbl 原油。在同样条件下,如聚合物浓度为 $0.36kg/m^3$ 时,可多采 235100bbl,如为 $0.54kg/m^3$ 时,则可多采 303000bbl。

从该模型的研究可以看出,按现有注聚合物的方法,以高黏度、中性油湿性储层较为有利,在不均质储层中使用比在均质储层中使用有利。在注聚合物以前,对储层的润湿性应有全面的了解,而且应当知道,储层的原始润湿性可能会由于钻井或取心过程而改变,因而,仅靠测井方法和岩心实验室分析得出的润湿性数据,有时并不一定能反映真实情况。

6.2.4 热采

热采主要是注蒸汽。火烧油层的方法在经济效果上很小,还要看将来的发展。

注热蒸汽的方法是目前所有各种提高采收率方法中使用得最广泛的一种。全世界利用此法所获得的产量已超过 $100×10^4bbl(5000×10^4t/a)$,主要使用国家为美国、苏联、委内瑞拉、加拿大和印度尼西亚。

(1)动态预测。

关于热采的动态预测,当前大都使用油藏模拟来进行。新的模拟器已能考虑到油藏横向和垂向的不均质性,可以模拟热流、油藏内流体的运动及重力的影响。关于原油产量、温度、饱和度的分布等,均能以油藏的剖面或平面形式从屏幕上展示出来。目前仅用模拟办法,还不能

---

❶ $1bar = 10^5Pa$。

得出油藏动态及蒸汽吸收系数等的确切结果，一般均需要通过试验区实地试验，方可获满意结果。

进行热采时所需对油藏了解的程度远比注水要求为高。注蒸汽的费用比注水要昂贵得多。注水中如果有一高渗透层存在时，可能带来一些问题，但在注蒸汽时，却可能带来灾难性的影响。另外，在进行注蒸汽的项目时，还应取得油、气、水三相的相对渗透率，才能进行正确模拟。

（2）试验区。

新项目的执行，一般均应先通过试验区试验，如埃索公司从1964年开始对阿尔伯达省的冷湖油田进行了一系列的有关井网、生产方式和主要设备的试验，最后项目实施时，取得了很好的效果。在加拿大的和平河油田注蒸汽项目正式开始前，也由壳牌公司、阿莫科公司等共同先进行了试验区的工作。

（3）不利于进行注蒸汽驱的条件是：

① 含油饱和度低于40%；

② 孔隙度低于20%；

③ 油层厚度小于9m；

④ 渗透率低于100mD；

⑤ 纯油层厚与油层总厚的比率低于50%；

⑥ 含油带中存在有低含油饱和度的高渗透率层；

⑦ 原油黏度特高；

⑧ 存在裂缝；

⑨ 含油带中渗透率变化很大；

⑩ 注水井和生产井之间的油藏连续性不好；

⑪ 深层的高压油层或浅油层无足够上覆层以防止注蒸汽时发生裂隙的油藏。

（4）此项技术的发展方向是解决下列问题：

① 薄层；

② 纯油层厚与油层总厚比率较低的含油带；

③ 含油饱和度低的油层；

④ 存在有"漏失"层的油藏；

⑤ 具裂缝的油层；

⑥ 注蒸汽吸收率低的层段；

⑦ 深层（蒸汽在注入油层中大量凝缩）；

⑧ 沥青砂（黏度高而蒸汽吸收率低）。

（5）一些新进展：

① 除以原油和天然气作为燃料外，煤的硫化床燃烧有较大的前途；

② 天然气先用于燃气轮机发电，然后用热废气产生蒸汽；

③ 井下蒸汽发生器；

④ 当蒸汽从注入井沿某一通道直接通向生产井时，可以注入含表面活性剂的盐水及微量惰性气体以形成泡沫来加以防止，此项措施同时还能改进对油的驱替，增加采收率和降低蒸汽的消耗。

6.3 重视重油资源的开发

本次大会上对重油、超重油、沥青和页岩油给予了相当的重视(注:当时还没有重视页岩气等非常规油气资源)。这是因为有的国家和大石油公司从长远考虑,认为根据现有的石油资源状况,未来的石油供应将逐渐更依赖中东,而且变更石油价格的主动权将会牢牢地掌握在石油输出国手中。有可能缓解这一问题的出路是,如果能对世界上已发现的重油、沥青资源等予以经济合理地开发,那对于稳定世界油价和保证石油的供应,将是一个决定性的因素。

6.3.1 资源情况

根据世界石油大会专业名词命名小组的意见,重油是指相对密度为 0.92 ~ 1($10 \sim 22.3°$API)的原油;超重油是指相对密度大于1,黏度小于10000mPa·s的原油;天然沥青是指相对密度大于1,黏度大于10000mPa·s的烃类。

据本次大会上估计,世界上最终可采的重油和超重油资源为 6054×10^8bbl(约 914×10^8t),可采的天然沥青资源为 4360×10^8bbl(约 693×10^8t)页岩油的地质储量为 138830×10^8bbl(约 $22072 \times 10^8 m^3$)。

这些巨大的资源如果能得到经济合理地开发,那将是一件了不起的大事,在本次大会上,就有关技术,进行了充分地探讨。

6.3.2 重油的新型热采技术

注蒸汽对重油进行热采,是已行之有效的成功方法,但此法要耗费大量的能源于蒸汽及压缩空气。苏联采用了热采和注水相结合的方法,取得了很好的效果。此法于20世纪50年代开始可行性研究及现场试验,于60年代后期投入工业生产。此法的基本原理为。

(1)利用注水驱动热注塞段来驱油。以提高采收率。热注塞段可由蒸汽或湿烧法造成。

(2)井网最好采用行列式进行,以便对开发进行控制。

(3)造成线性的热驱扫前沿。

(4)调整热注塞段的大小,以获得合理的热利用效率。

(5)对井距、注入和流体生产技术、热注塞段大小等进行合理配比,以对不同渗透率地层充分利用热能及水动力因素。

(6)对低渗透率油藏进行周期性的增产措施处理。

(7)对生产井井底带进行选择性热处理,以调整加热带的运移和石油的驱替。

自1968年开始,在 Okha 油田先在试验区内进行了试验,以后便投入工业生产。以后,在 Kenkijak,Karazhanbas,Usa,Balakhyany – Sabunchi – Romany 等油田相继进行。在1981—1985年间,使用这种技术新获得的原油产量,每年以25% ~30%的速度增长。

使用此法的油层深度一般为几十米至700m,个别油田如 Usa 达到1100 ~1500m,在Bori – slavskoe 油田达到了4500 ~5000m。储层厚度一般为几米至35m,在 Usa 油田储层厚度,达到200m。孔隙度一般均在20%以上。渗透率一般达到2000mD以上,个别油田也有低于100mD的。原油相对密度一般均在0.915以上。

6.3.3 发展新技术

委内瑞拉对储量巨大的奥林诺科重油带(地质储量达 $1878 \times 10^8 m^3$)进行以热采为主的方法进行开采,获得较大成功。按现有常规及热采(蒸汽吞吐),已获可采储量 $190 \times 10^8 m^3$,如果使用蒸汽驱技术,估计还可获得 $235 \times 10^8 m^3$ 的可采储量。为了充分利用这一巨大资源,获得更大经济效益,还应进行更多新的探索和研究。

(1)加添加剂形成蒸汽泡沫以改善蒸汽的垂向分布。

委内瑞拉多年来利用在筛管完井的砾石屏中加入堵塞剂等方法,解决了蒸汽的选择性注入问题,但对于蒸汽在储层内部趋向于向储层顶部集中的问题还未得到妥善解决。经过研究,可用加入一种在高温下能发泡的添加剂来解决。将试验室结果应用于玻利瓦尔油田内的试验区,对改善蒸汽垂向分布的问题,取得了较好的效果。

(2)深油藏注蒸汽。

委内瑞拉对奥林诺重油带内深 1220m 的油藏,已大量进行了注入高压高质量蒸汽的工作。在马拉开波湖内对深 1433m 的油藏,也成功地进行了周期性注蒸汽的作业。

为了解决深度达 2440m 的波茨肯油田的大量重油资源的开发,研究了包括井下蒸汽发生器在内的多种方案。经过反复对比研究后认为,如采用预制防热管并维持较高的注入速度,这一问题是可以解决的,这一项目预计在 1987 年内即可投入实施。

(3)使用新型抽油泵。

由于使用普通抽油泵出现的高含砂磨损及气锁问题,设计了新型的 VR – A 泵,试验结果,效果良好,解决了重油热采中的泵效不高、含砂及气锁等问题。

(4)活塞式气举。

当重油易形成泡沫时,试验了间歇式气举使气流在井内形成多段活塞式举油上升,在马拉开波湖的试验认为是有效的。

(5)管心环流法输油。

为了降低重油输送时在管内的压降,试验了一种新的输油方法,使重油在管内输送时被一水环所包围,因而使压降接近于输水。此法经过 125 次试验,效果很好,已计划用于工业生产。

(6)应用水包油乳化技术来输油。

试验中发现,应用水包油乳化技术,可将重油黏度降低 3 ~ 4 个数量级,是值得进一步探索的一种有希望的新方法。

6.3.4　坑采油砂

加拿大阿尔伯达省有巨大的油砂矿,目前有两家公司在进行生产,日产原油约 200000bbl(约年产 $1000 \times 10^4 t$)。最大的阿萨马斯卡矿的油砂,面积为 $41000 km^2$,沥青的地质储量约 $8600 \times 10^8 bbl(1367 \times 10^8 m^3)$,可进行地面露天开采的原始可采储量达 $330 \times 10^8 bbl(52.5 \times 10^8 m^3)$。阿尔伯达省全部油砂的沥青地质储量为 $1.1 \times 10^{12} bbl(1749 \times 10^8 m^3)$。可以生产合成原油 $1500 \times 10^8 bbl(239 \times 10^8 m^3)$,约相当于目前世界已知可采储量的 1/3。

油砂先用热水处理,分离出沥青,然后用石脑油稀释,通过离心法将剩余水和沥青分离,用此法反复处理后获得的沥青,再进行加工改质处量,获得合成原油。

最大的一座油砂矿是经过 15 年研究后,投资 26 亿加元投资建成基础厂,于 1973 年开始产合成油。从 1983 年又开始执行 16 亿加元投资,以增加生产的计划。

加拿大油砂的大规模坑采,证明是经济可行的,现在正从各方面研究降低成本的措施,计划在 1991 年以前,要将成本降到 10 美元/bbl。这样在 20 世纪 90 年代,它将有很强的竞争力。

6.3.5　超重油,天然沥青和页岩油的未来

从世界石油资源的现状和市场供需情况预测 20 世纪 90 年代油价将回升。上升的油价将

带来两种影响:一种影响是世界的勘探工作将回升,新储量将会不断发现,但是一般认为,世界主要沉积盆地中特大油田的发现时期已经过去,新发现的储量不会扭转世界石油资源逐渐下降的趋热;另一种影响是将发展替代能源及执行节能措施等。本次大会上,美国能源部的一篇文章认为,到 2000 年前后,也许超重油、天然沥青和页岩油能以 20 ~ 35 美元/bbl 的价格来进行开发。

对于超重油的开发,目前正试验注蒸汽、特殊完井和采油技术等,与前所述对重油的开发相同,天然沥青则正试验水平井结合注蒸汽和火烧油层的方式开采。

这些资源具有较好前景,但是当前均迫切需要从技术、环境保护、经济等多方面的综合研究,以促使这些资源能真正得到有效利用。

6.4　利用水平井来提高油气井产率和采收率

早在 20 世纪 20 年代就有人设想用水平井来提高油井的产率。在 50 年代中晚期,美国钻了很多半径不大的水平井,以提高重油或低压油层的产量。水平段的总长度一般不超过 30m。同期,苏联也钻了水平井。

自 1979 年开始,由于认识到了其经济效果,这种方法引起了人们较大的注意。最近两年来,一些公司已从研究转到了商业服务。

水平井能提高油井产率和油藏的采收率。它的特点并不只是增加了排驱油的面积,而是改变了流动条件,使通常的径向环流变为平面流动的模式。因此,水平钻井的重要参数是在油藏内水平段的长度,以及此长度与储层厚度及排驱面积大小的关系。

6.4.1　水平井的种类

由于钻水平井的目的之一是要改变储层内流动的特性,水平井本身的几何形态就有较大的关系。目前,钻水平井有 3 种方法:

(1)使用特殊设备的短半径侧向钻进。井身以每米 4° ~ 10° 的曲率偏斜,相当于曲率半径约 6 ~ 13m。

(2)中等偏斜侧向钻进。

使用普通定向钻井设备稍加改进后即可使用,偏斜度约为 6°/10m,或曲率半径为 90m。

(3)长半径定向井。

用普通钻定向井方法,偏斜度为(1° ~ 6°)/30m,约相当于曲率半径 300 ~ 600m。

已有几家公司成功地解决了水平井中的测井问题。

目前,大多数已钻成的水平井,均用不注水泥的筛管法完井。由于水平井段中有不均质情况或有大的垂直裂缝,需要进行分隔,在一些水平井中进行过注水泥试验,但质量无法得到保证。有的公司试用过管外堵塞器等其他方法,也没有完全成功的把握。目前,这一方面正处于继续研究和改进中。

6.4.2　水平井的费用

钻水平井的费用较高,但在均质的储层中,一口水平井所能获得的产量约相当于 5 口直井的产量。如果储层为不均质的且具垂直裂缝时,情况就更不一样了,水平井的增产效果可高于直井 20 倍,如意大利海上钻的 RSM6 号水平井就是这样,而它的费用仅为邻井的 2.3 倍。

Sohio 公司在普鲁德霍湾油田所钻水平井,最初其费用高出邻近直井的 60%,经过改进后,第二口井降为 30%。

6.4.3　适宜于使用水平井的情况

一般认为,适宜采用水平井进行开发的情况有:

(1)储层具有不密集的垂直裂缝,一般的直井很难碰上这些裂缝。

(2)油藏具底水或气顶时,使用水平井可以离开油水接触面或油气接触面较远,从而避免水或气的早期锥进,并在水淹或气侵以前获得最大产量。

(3)储层为薄层的油气田,需要很多直井才能进行开发。

(4)边水或气驱油藏,使用水平井可以更有效地利用重力驱动及获得较大的排驱面积。

(5)进行二次或三次采油时,采用水平井可以改善注入井的吸收率和面积驱扫效率。

(6)在油气藏发现后,如果钻一口水平估价井,可以获得储层的岩性岩相侧向变化等非常有价值的资料。

(7)在需要进行环境保护的地区,钻水平井可以大大减少钻井数目,便于保护环境。

(8)在海上使用水平井可以减少平台数目及平台的大小。

(9)在已有平台上钻水平井,可以增加平台所能控制的油气藏面积。

总的说来,水平井是一种新的提高产率和采收率的方法,它的发展前途很广。

7　测试技术和计算技术

7.1　先进的探测器和传感器技术

展望未来,利用先进的探测器可使我们能在原子水平去跟踪复杂、多步反应和表征材料的特性。现有一些先进探测器的空间分辨率(图3)如下:

正在设计中的探测器,比现有 X – 射线的强度高 10 ~ 10000 倍。另外,一种可调谐激光器(Tunable Laser)则具有更宽的波长。最近已证明能在高温高压下在原子水平跟踪催化反应。在美国 Sandia 国家实验室已建成一个研究用的内燃机,采用激光来测量温度和化学中间物,拉曼光谱测量 OH 基,Schlieren 像机测示流动图像来研究内燃机抗爆现象。

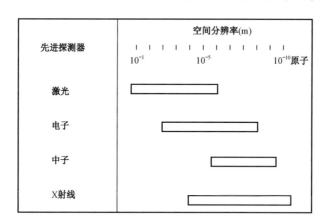

图 3　先进探测器的空间分辨率

随着半导体工业的技术进步,预期将会有对分子和化合物有识别能力的薄膜传感器(Film Sensors)。采用光作为传感器和传送数据来测量反应,还会出现一些小型化的核磁共振等先进传感器。到 2000 年,可能做到能直接观察和测量催化行为和活泼的中间物,这将大大增强我们预测催化和多步反应的能力。

7.2 复杂系统模型化(Modelling Complex System)

未来几年中,数学和计算技术在并行处理(Parallel Processing)、三维图像(3D Graphics)等方面的进展,将使我们有能力来发展更基础的复杂工艺模型,比目前的经验式模型大大前进一步。

到 2000 年,超级计算机的运算速度和容量将比目前增加 10 ~ 1000 倍。计算机技术将从目前强功能单处理机(Powerful Single Processor)发展到大规模并行系统(Massive Parallel System),这将加速数学的发展,使我们有能力去解决更多复杂的问题,还会使我们在做实验的同时,发展出更基础性质的模型,进一步用于过程放大(Scale up)。

数学模型化(Mathematical Modelling)正在迅速发展并广泛应用于各种科学和技术领域之中,将来随着理论化学和计算技术的进展,化学家将能使用计算机去研究化学反应的机制,去设计一个复杂分子的合成。从下面计算化学(Computation Chemistry)中的一个例子可以看出计算技术的作用:利用一个含有分子物理和化学性质的模型,一位科学家就能进行一个分子扩散通过沸石通道的计算机模拟,从图像和计算模拟分子通过通道的运动,利用这种模型能平衡流体传递和电子相互作用的力量,从而数学定量得出分子的扩散速度。采用这种方式可以迅速地进行一系列实验,包括改变分子、几何构型、表面化学等,只要最佳扩散的图型确定,利用合成软件即可设计所需沸石的制作途径。

此外在制药工业中已广泛应用计算化学来得到反应模型和合成化合物。

在工程设计方法中,计算机已得到广泛应用,这包括选择工艺路线、设计流程图、系统优化和处理可靠性等。这方面已有不少复杂模型和许多软件可以使用,并且还在发展。

在工艺过程开发方面,由于探测器、计算技术、计算机、理论和原位诊断的进展,预期对于复杂过程的开发将采取多途径方式来进行,如图 4 所示。

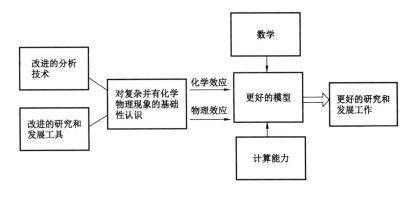

图 4　工艺过程开发途径

这样,可以预见到过程开发中,将更多使用非侵入探测器(Non - intrusive Probe)去代替标准的物理传感器,使用更多的在线分析仪,采用交互式模型化(Interactive Modeling)而不使用事后的模型化,将会有更多的基本模型,除利用传统的积分数据外,还要利用微分数据。这些信息将使人们更好地理解原有系统的基本特征。随着超级计算机和向量处理(Vector Processing)的发展,计算技术将会有更多机会在工艺工程中应用;再加上人工智能的进步,会更丰富我们的设计方法,在产品质量控制和管理方法方面也是同样。计算技术的应用也会有新的进展。数据库将帮助把产品使用功能与其性质和实验环境关联起来,统计学质量保证将使商品组成处于符合产品规格的置信区内。

8 油气储运技术❶

穿越地中海天然气管道的铺设成功说明在 600～650m 深海或深水中铺设油气管线的技术已经得到了解决。用船舶运输液化天然气在安全、合理、经济性方面已得到肯定。地下储气技术也有发展,在软地层中建成了地下储气库。

关于原油及石油产品的储运,由管道、水运、公路和铁路槽车构成的综合运输网络以及相应的油库与销售网点,在各有关的公司彼此竞争的情况下,整个行业已处于"成熟"状态,整个系统是效率高而经济性好的。

美国原油总运输量的 99% 由管道与水运完成,两者大体各占一半,只有一些低产油井的原油(美国国内原油产量中的 14% 是由产量少于 10bbl/d,即约 1.5t/d 的低产井生产的),用汽车槽车运到靠近管道的点集中,进入原油支线再输入干线。管道投资大,操作费用低,经济有效的关键是运输量的大小以及尽可能在"设计运量"左右操作。沿海炼厂用大型油轮,靠通航水道的内陆炼厂则尽量用油轮与拖驳。由于阿拉斯加油田的开发,油轮运量有所增加。阿拉斯加北坡油田的原油由穿越阿拉斯加(Trans—Alaska)输油管送至南部港口。转用油轮送到美国本土各州的炼厂。

成品油运输可分为两级:一级运输指由炼厂运到消费地区,90% 以上运量由管道与水运负担,铁路、公路的作用很小;二级运输指由消费中心(油库)转运至大型用户及零售网点和加油站,主要由大型汽车槽车完成。

美国现有原油及成品油管道(包括干线与支线)总计 20×10^4 mile(约 33×10^4 km),适于运油的内陆河道 25000mile(约 41000km),内河油轮及拖驳的航速平均每小时 6mile(约 10km);沿海岸的国内转口油轮平均运距 2500mile(约 4160km),油轮航速约 15n mile/h,从南部海湾地区的新奥尔良(New Orleans)运成品油至纽约城一般需 5 天,汽车槽车的经济运距在 50mile(约 83km)以内。铁路槽车仅在特殊适宜情况下作为补充性手段。

9 对师生们进言

1983 年 8—9 月,我参加了在伦敦举行的第十一届世界石油大会。那次会议的主题是"下世纪的石油",主要内容是石油科学技术的发展方面和动向以及 21 世纪油气资源情况的预测等。

时隔 4 年,1987 年 4—5 月,我再次参加第十二届世界石油大会。这届会议正值世界油价持续暴跌的时期,会议的主题是"前进的石油技术,获得明天能源的战略"。会议的中心内容是研究如何迎接在 20 世纪内石油、天然气工业在找油气、生产油气和运输以及使用油气等方面所面临的挑战;也是为了研究如何增加油气资源,降低生产成本,为 20 世纪末和 21 世纪石油、天然气工业的发展提出战略性、决策性的问题。从两届会议内容来看,对油气资源的调查基本一致,但是在工艺技术方面,仅仅 4 年时间,许多方面的技术发展很快。世界主要产油国

---

❶ 参考朱康福等的材料编写。

并没有因为油价暴跌而放松科学技术的研究,而是普遍重视了 R&D 的研究。

尽管由于国外对我国油气资源调查不够,以致会议公布我国油气资源数字偏低,仅就会议公布的数字已经表明我国石油储量占世界第 8 位,天然气储量占世界第 7 位。由于我国石油、天然气工业年轻,勘探的深度与广度都很不够,经过努力还可以增加储量。现在我国石油年产量已跃居世界第 5 或第 6 位(各种公布数字不一致)。我国不仅已是石油生产的大国,而且是油气资源丰富的大国。我国石油、天然气工业必将有更美好,更广阔的前景。希望师生们热爱石油事业,为发展我国石油、天然气工业做出应有的努力和贡献!

当代科学技术的发展,特别重视软科学的发展。在两届世界石油大会的论文报告和这份材料中,也充分表现各国高度重视软科学的发展。新理论、新概念和知识工程(Knowledge Engineering)、人工智能与专家系统等已经在石油、天然气的上游工程和下游工程中得到广泛应用。计算机及其网络系统的应用已成为现代生产和科研中的重要手段。

当前,石油、天然气工业领域中新概念、新工艺、新设备和新材料的研究进展很快。发展快的主要特点是"交叉出新",不少论文提倡并强调多学科的联合与协同攻关。有的论文强调要成立跨学科组(Strong Inter Disciplinary)。从世界石油大会论文中可以给我们高等学校的师生许多有益的启示。主要是:

基础理论要涉及日益发展的现代技术而不能"以不变应万变"。例如,石油工业有许多问题是难确定性问题,在数学教学中就要加强概率论、数理统计、模糊数学等,还要加强计算机数学基础,为了适应石油工业的发展,我们要培养宽专业的人才,又要使学生掌握深而扎实的基础知识。并使学生站在现代科技的前沿,了解当今科技及石油工业的发展方向。基础课和专业课教师都要了解石油工业生产和科技前沿的现状,以及中、长期战略性问题。每个教师都要既专又博,理论结合实际,这样才能使自己具备时代技术的敏感性,从而站得高、看得远,深入浅出地引导学生、培养学生使之具有良好的知识和能力。

我的体会,理工科高等学校的教师当然首先应该是教育家,能够很好地履行教书育人的职责,而且也应该是科学家以及了解生产、懂得生产需要的技术家。我院孟英峰副教授在第十二届世界石油大会上宣读了他的论文,希望今后有更多师生攀登国际学术论坛高峰。

20世纪90年代石油上游工业的展望与石油工业技术、经济的挑战和机遇

——关于第十三届世界石油大会的传达与解读

西安石油学院院长张绍槐   1992年3月

摘　要: 第十三届世界石油大会(1991年10月,布宜诺斯艾利斯)的主题是"21世纪世界石油工业的新水平——石油工业技术经济的挑战和机遇",大会有33个论文组,宣读发表论文135篇和36篇张贴论文。论文内容有关于全球石油、天然气工业上、下游战略性决策和技术预测、经济评价,有20世纪90年代和21世纪初的重大科技项目和技术路线。90年代石油工业的资金需求将高达250万亿美元。在未来5年里,必须依靠科技进步,发展和应用高新技术以及加强技术人员的素质,才能在更为困难和复杂的环境条件下,满足和平衡石油、天然气的需求,本文按各个专题整理和传达。

关键词: 石油工业;技术预测;经济评价;战略;挑战;发展机遇

1　总况

在世界石油大会组织中国国家委员会主任、中国科学院学部委员,石油工业部老部长侯祥麟博士率领下,中国国家委员会派出了一个33人的代表团参加了于1991年10月20日至25日在阿根廷首都布宜诺斯艾利斯召开的第十三届世界石油大会。我也有幸继参加第十一届(1983,伦敦)和第十二届(1987,休斯敦)世界石油大会之后再次参加了本届大会。

每4年一次的世界石油大会(WPC—World Petroleum Congress)是由世界石油大会组织举办的,是一个非政府性的国际常设组织,是公认的世界石油科技、经济及管理的最高论坛。第十三届世界石油大会的宗旨是促进石油科学家、高级经理和石油工业各领域的专家们充分地和自由地交流知识和观念。出席会议的代表来自世界60多个国家和地区,总共2234人。这次会议的主题是:"21世纪石油工业的新水平——石油工业技术和经济的挑战和机遇。"大会主席 K. Mai 在开幕会议上说:"根据新时代的需要,WPC 正在重新组合。在未来50年里,我们必须在技术上加倍努力,以便能在环境要求和经济许可的条件下,将这一赐福于人类的石油资源经济地生产出来并投入市场。"他说:"上届大会以来,石油工业再次遇到严重的供应冲突以及石油和产品价格严重偏离,幸好的是,世界各地的上游生产能对市场情况作迅速而有效地反映,从而使得石油下游工业只略受影响。"他还说:"再次证明,在非常高速的作业反馈中,先进的技术和先进的高级运算系统起着重要作用。……各种估计表明,20世纪90年代石油工业的资金需求将为250万亿美元,比80年代增加50%。"他在谈到石油、天然气工业的长期计划时说:"能源供应和石油工业所面临的挑战,在今后50年要保持收支平衡,这就要求我们按照环境的合理性和经济的正确性,为经济发展和市场需求,加速提高我们的技术生产力。……从人口、环境和能源需求上来认识,我们必须为能源经济而努力。因为在21世纪,在我们走向多种能源的时代以前,石油将继续起着重要的作用。"

会议的报告共分 11 分组(Block),即:

(1)勘探新技术和油气资源潜力;

(2)海洋石油工业发展;

(3)钻井新技术和降低成本;

(4)开发和采油的新工艺技术;

(5)重质油和天然沥青;

(6)燃料油和润滑油;

(7)炼油和石油化工;

(8)天然气;

(9)石油供应与需求;

(10)经营及管理;

(11)总论和评述性论文。

这 11 个分组共设 33 个专题(Topic)。大会共宣读发表 135 篇论文(比上届多 23 篇)和 36 篇张贴论文。大会按 5 种方式进行,即:

(1)全体会议(Plenary Sessinos);

(2)为了纪念世界石油大会创始人 Thomas Dewhurst 的论文报告会;

(3)述评和展望(战略性预测为主,也有某领域或某项技术的预测)论文报告(Review & Forecast Papers);

(4)专题讨论会(Forums Sessions);

(5)张贴论文(书面论文)(Poster Sessions)。

全体会议上共有 10 篇论文,主要内容是评论和综述 20 世纪 90 年代石油、天然气工业的挑战、机遇、前景和展望。其主要论点如下:

(1)石油输出国组织秘书长萨布罗托(Sobroto)在"90 年代石油工业前景"为题的论文中,对 90 年代里(中东危机和海湾战争后)石油工业无论是上游或是下游的超产时代似乎已到头的说法提出了异议。他指出,OPEC 成员国拥有世界剩余石油储量的 84%、天然气储量的 68%,仅中东地区就拥有世界石油储量的 71%、天然气储量的 49%。但 OPEC 提供的石油仅为世界总产量 51%、天然气产量的 18%。有足够的潜力增产,90 年代除北海油田外,非 OPEC 的大油田的产量正开始下降,但 OPEC 成员国不一定会自动同意增加其产量,来满足预期的石油需求量。除一般因素外,这还要取决于增产石油的市场前景,以及面对矿物燃料用量日益增长而引起的生态问题和石油消费国对此所持的态度。能源安全感是新的依存关系的核心,对石油消费国来说,安全感是指能以合理的价格得到石油供应,以保持经济增长和竞争能力;对产油国来说,安全感是指能一直有机会打入消费国市场,保持能源购成中石油所占的比例,以及能有稳定、公正的价格,以确保经济增长。

目前,OPEC 成员国为了弥补油田产量递减和满足增加的 $800 \times 10^4 \sim 1000 \times 10^4$ bbl/d 需求量,需要投资 1200 亿美元。

(2)荷兰皇家壳牌集团董事长范·华生(Van Wachen)在"石油工业面临的挑战与机遇"论文中说,石油工业面临的巨大挑战,是要"继续发展,但不破坏环境"。石油工业的发展必须与环境保护事业携手并进。石油工业首先要做的事是继续创造财富,这是能够解决环境问题的基本前提。

(3)阿根廷石油工业协会主席奥斯卡·维森特(Oscar Vicente)在大会上介绍了阿根廷石

油工业概况,目前阿根廷已探明石油资源储量共有 $2.5 \times 10^8 \mathrm{m}^3$。但够使用 8 ~ 9 年。1989 年以来,阿根廷石油行业作了一系列调整,允许出售国家石油公司的边缘油藏地带;1990 年末,允许民间资本投入国营石油公司。最近,阿根廷计划对已知有潜力的 $140 \times 10^4 \mathrm{km}^2$ 沉积盆地进行勘探,他呼吁民间和国际资本,通过风险投资,为阿根廷的石油工业描绘新的蓝图。

(4)美国 Unical 公司总裁理查德·斯蒂格梅尔(Richard Stegemeir)在大会上发言时说,地球上形成的能源 40% 是石油、20% 是天然气,开采石油和天然气,加工和运输它们,必然会对土壤、空气和水资源产生一定的影响,因此我们对环境保护负有特殊的责任。他介绍说,1978 年到 1989 年间,美国汽车增长速度是人口增长速度的 2 倍。美国汽油的消费量很大,除了饮用水以外,汽油是美国售价最便宜的液体。原油 21 美元/bbl,汽油 100 美元/bbl,而买相同体积的可口可乐要近 100 美元,而饭店里一桶咖啡的价钱要超过 1000 美元。理查德分析了替代能源的状况,目前水力发电占世界能源供应的 7%,而将要建的大坝不多。要产生与 $17 \times 10^4 \mathrm{bbl}$ 石油(美国每天消耗石油的 1%)相当的能量,所需的太阳能电池可以覆盖 $700 \mathrm{km}^2$ 的面积(相当于布宜诺斯艾利斯的面积)。世界上最重要的风能系统在洛杉矶,$25 \mathrm{km}^2$ 分布着 400 多架风车;1990 年,这些风车产生的能量相当于一口产油量 1800bbl/d 的油井。乙醇被建议用于取代汽油,在这个粮食短缺的世界上,谁能用土地生产汽油呢?半公顷土地每年可以养活一个人,而"养活"一辆汽车需要两公顷的土地。

(5)日本兴亚公司(Koal Oil)董事长照夫野口(Noguchi)博士在"石油工业面临环保要求"的演讲中指出,全球日益变暖对人类未来将是严重的威胁。到 2010 年,大气中的 CO_2 将增加一倍,届时,海洋平均将升高 0.3 ~ 1.0m。全球大气变暖与矿物燃料紧密相关,而矿物燃料对于经济发展至关重要。经济发展越快的地区,发生的环境污染越严重。石油化学工业在大气排放物控制方面起着关键的作用,因其能够更合理地利用能源,更广泛地利用低排放物的设备。

(6)苏联石油和天然气工业副部长阿累克贝搭夫(Uag Y. Alekperof)在大会发言中说,在今后的 3 ~ 4 年里,苏联的石油产量将不可能超过 $5 \times 10^8 \mathrm{t}$ 的现有水平。1988 年原油产量曾超过 $6 \times 10^8 \mathrm{t}$,并出口 $1 \times 10^8 \mathrm{t}$。目前,苏联正急切地希望通过引进外资来解决石油勘探、开发和不易开发的油田的开采,以及安全构筑物的建设和近海钻探。外国企业将会获得与苏联企业相同的权利和利益。苏联石油工业私有化计划是,第一步国家将转让 25% 以上的石油公司股份,一部分直接售予企业职工,另外部分将售予有关公司和国际财团。

(7)委内瑞拉石油公司总裁 Andres Sosa Pietri 在大会发言中预测世界石油消费将以每年 1.5% 的速度增长。从近期、中期形势看,苏联石油产量下降;北海油田在其抽出能力达到极限后,原油产量也将下降;伊拉克和科威特在较长时期内也无力出口;委内瑞拉和沙特阿拉伯将是唯一两个能明显增加原油产量的国家,委内瑞拉拥有石油储量 270 多亿吨,另有 $370 \times 10^8 \mathrm{t}$ 重油蕴藏在奥里诺柯(Orinoce)地带。委内瑞拉石油公司在美国经营着 4 个炼厂,总加工能力为 $4000 \times 10^4 \mathrm{t/a}$,在欧洲合资经营的炼厂每年加工自产原油 $1000 \times 10^4 \mathrm{t}$。

(8)沙特阿拉伯 AL—Athel 博士在题为"石油工业技术合作的挑战"(这是 WPC 第一次为纪念 WPC 创始人 T. Dewhurst 并以其名字命名的论文报告会)的专题发言中说,石油生产者和消费者为了确保各自的利益,应该照顾相互间的利益。沙特阿拉伯计划在短期内建立一种产油国和消费国之间珍贵的相互合作关系,这种合作包括寻找新的油田、提高烃回收技术、促进能源更加合理的利用、发展可替代能源以及采取新措施以改善对环境的保护。

(9)美国 Schlumberger 有限公司总裁 Baird 在大会发表《纵观九十年代石油技术服务工

业》论文的演讲中预计,20 世纪 90 年代中期世界油品的需求量将增加,消费者和生产者将联合起来保持市场的稳定。这样原油的价格将不会超过 15 ~ 20 美元/bbl,工业生产也必然会保持正常增长速度。

（10）美国石油协会（API）主席迪邦纳（Charles Dibona）在发言中称,未来 10 年美国石油消费量仍将增加,但国内原油产量趋向降低,进口原油要增加,预计到 2000 年,美国 61% ~ 66% 的原油要依靠进口,而目前还不到 50%。

美国有 390×10^8 ~ 820×10^8 bbl 待发现原油储量,有 307×10^{12} ~ 507×10^{12} ft^3 待发现天然气储量。但是美国政府控制陆上勘探,仅出租了联邦 4% 的陆地供私人勘探。美国的环境法令将使美国 83% 的油井、76% 的天然气井关闭,第一年就会减少 20% 的原油产量和 14% 的天然气产量。造成 15 万人失业。

一些美国人倡议使用醇类、电或其他可用燃油发动机的油发动机的代用燃料,但是由于成本高,近期是无法考虑的。表 1 列出了 20 世纪 90 年代石油勘探与开发的重点。

表 1 20 世纪 90 年代石油勘探与开发的重点

作业	目标	方法与技术
勘探	探井和评估井的成功率提高 1/6	三维地震;地质与地球物理勘探的结合;盆地模型的建立
钻井	成本减少 30% 提高作业安全	"智能"钻井;PDC 钻头;油基钻井液;自动化;随钻测量;仪器仪表
采油	在平均采收率 30% 的基础上得到进一步提高	水平井;地质油藏描述和模拟;提高原油采收率;完井技术;流体监控
海上油田	减少投资成本	平台优化(位置、重量和数量);水平井或延伸井;海底完井;多相流生产测井
修井	降低费用 50%	智能型挠性管多相流测井
安全与环保	减少污染/事故的风险和泄漏事件	钻井液;连续混合加工过程与环境相容的化学物品;钻机和平台自动化;消除放射源

在原油加工和石油化工方面,大会上反映 20 世纪 90 年代重油深度加工仍然是炼油行业发展的重点。由于对环境保护提出更严格的要求,促使石油产品质量必须进一步提高,相应要改进工艺,促进工艺的发展。许多文章侧重于讨论对策. 对未来的炼油行业不少文章提出炼油和石油化工一体化,生产与销售一体化,以及原油生产与加工结合的观点,以利于综合利用,提高整体经济效益。

2 世界石油资源情况及预测

石油工业是国民经济发展的重要基础工业,也是制约国民经济发展的"瓶颈"工业,在各国都占有非常重要的地位,在世界经济发展的进程中,石油经济发展起着举足轻重的作用。世界各国都在将一切可以利用的新技术成果用于发展石油天然气工业,寻找和开发新的油气资源。这次世界石油大会上,许多报告都认为,近年来石油发展的主要问题就是世界石油资源问题。据美国国家地质测量中心预测,过去 10 年,世界油、气资源状况变化不大,但在储量结构和分布上有些变化。

表 2 摘录了 13 个石油储量领先国家。中国列第 10 位(上届为第 8 位),最终储量预测为

$774 \times 10^8 \text{bbl}(105 \times 10^8 \text{t})$，比上届石油大会预测$(693 \times 10^8 \text{bbl})$略有增加(注:我国官方数字比这个数要大)。

表2　世界原油(常规原油)储量预测(摘录)　　单位:10^9bbl

区域或国家	1987年产量	累计产量	证实储量	原始储量	待发现储量	最终储量
全世界	21.6	629.3	1052.7	1682.0	605.6	2171.3
沙特阿拉伯	1.8	57.6	260.1	317.7	61.3	376.7
苏联	4.2	104.6	83.3	187.9	122.1	279.9
美国	2.8	155.5	45.4	200.9	49.4	246.7
伊拉克	1.0	20.9	106.0	126.9	44.7	161.9
伊朗	1.0	37.1	74.0	111.1	22.0	130.1
委内瑞拉	0.7	42.1	49.4	91.5	64.5	117.5
科威特	0.6	23.9	86.2	110.1	3.2	112.1
墨西哥	0.9	16.6	44.9	61.5	36.9	86.5
阿联酋	0.7	11.7	65.7	77.4	6.8	82.4
中国	1.0	14.0	31.4	45.4	44.8	77.1
利比亚	0.5	16.4	30.7	47.1	8.0	53.1
加拿大	0.5	14.8	13.0	27.8	28.1	46.9
印度尼西亚	0.5	13.8	13.9	26.8	10.0	34.7

表3摘录了13个天然气储量领先的国家。中国也列在第10位(上届为第7位),最终储量预测为$226.5 \times 10^{12} \text{ft}^3 (6.4 \times 10^{12} \text{m}^3)$,与上届石油大会预测$(234.3 \times 10^{12} \text{ft}^3)$相近(注:我国官方数字比这个数要大)。

表3　世界天然气预测　　单位:10^{12}ft^3

区域或国家	1989年天然气产量	累计产出(1990.1.1)	证实储量(1990.1.1)	原始储量	待发现储量	最终储量
全世界	71.0	1594.6	4499.8	6094.4	4417.3	10511.7
苏联	26.1	358.3	1550.0	1908.3	1227.0	3135.3
美国	18.0	749.5	296.4	1045.9	385.3	1431.2
伊朗	0.5	17.6	600.0	617.0	450.0	1067.6
沙特阿拉伯	0.9	14.0	184.4	198.4	300.5	498.9
加拿大	4.7	77.0	97.0	174.8	274.9	449.7
卡塔尔	0.3	2.9	300.0	302.9	—	302.9
委内瑞拉	0.7	15.3	121.0	136.3	130.0	266.3
阿联酋	0.7	7.7	184.4	192.1	50.0	242.1
尼日利亚	—	5.9	87.4	93.3	136.0	229.3
中国	0.5	17.6	33.0	50.6	175.9	226.5
挪威	1.1	10.4	93.1	103.5	182.0	225.5
墨西哥	1.1	23.2	93.1	103.5	118.9	214.8
伊拉克	0.1	3.3	110.0	113.3	100.0	213.3

关于世界石油资源,这次大会提交的研究成果为:至 1990 年初,世界常规原油的累计产量为 $862 \times 10^8 t$,剩余证实储量为 $1442 \times 10^8 t$,待发现储量中值为 $670 \times 10^8 t$。常规天然气的累计产量为 $45 \times 10^4 m^3$,剩余证实储量为 $128 \times 10^{12} m^3$,待发现储量中值为 $125 \times 10^{12} m^3$。与第十二届世界石油大会提交的报告比较,除在这一期间生产了 $144 \times 10^8 t$ 的原油外.还增加了证实储量 $353 \times 10^8 t$;天然气除生产了 $11.9 \times 10^{12} m^3$ 外,还增加了证实储量 $16.8 \times 10^{12} m^3$。

这一期间,世界原油储量的增长主要来自中东,这就更加深了世界石油资源分布中的不平衡问题。这次大会上欧佩克秘书长苏布罗托博士报告说:13 个欧佩克成员国拥有世界剩余原油储量的 84%,天然气储量的 68%,仅中东地区就拥有世界剩余原油储量的 71%,天然气储量的 49%。加之,世界其他地区的一些特大油田,如美国的普鲁德霍湾油田、苏联的萨姆特洛尔油田,它们的产量已开始下降,北海油田在 20 世纪末也将跨过其高峰产量。在这种形势下,世界的商品油供应将更加依赖于中东。

为了改变世界石油资源分布的这种状况,这次大会上专题介绍了世界上一些新区的勘探成就,如中国的塔里木盆地、东委内瑞拉的逆冲断层带以及沙特阿拉伯中部的古生界油田等,以期对世界新区的勘探工作有所借鉴和启发。对于各种勘探新技术如三维地震、水平钻井等都进行了专题讨论,并着重研究了降低钻井成本问题,以便能更多地进行油气勘探,在世界其他地区找出更多的油气储量。

搞好油藏描述,充分认识已有油气藏特点,特别是剩余油的分布,使用各种手段,提高油田采收率,充分发挥现有油藏潜力,是这次大会专业讨论会的另一个重点,各种先进的测井技术及油藏模拟技术是这方面发展的关键。

天然气的勘探、输送和处理新技术以及未来对天然气的需求和天然气新的应用途径,在这次会议中进行了专题讨论和交流,以便更好地利用这一宝贵资源。广泛地开发和利用非常规油气资源,如重油、超重油、沥青、低渗透天然气藏、煤层气、生物气、天然气水合物等,这次会议上对各种先驱性的开发和试验研究给予了应有的重视。因为这不仅可以平衡中东以外石油资源的供应量,而且也是准备未来接替能源的一个方向。

海上勘探和开发的新成就和新技术,也是世界开拓油气资源新领域的一个主要方面。由于环境条件特殊,在技术领域里面临着巨大的挑战。这次会议上总结和回顾了海上油气作业已有的成就,并展望了未来发展的趋势。

美国地质局马斯特斯对当前世界石油的资源量作了统计,迄今,世界累计探明原油储量 $2304 \times 10^8 t$,已累计采出 $862 \times 10^8 t$,剩余可采储量 $1442 \times 10^8 t$ 左右;待发现储量(中值)约 $670 \times 10^8 t$ 左右。其中,中东 4 个国家占了世界总储量的 40%。

世界已探明天然气原始可采储量 $172.6 \times 10^{12} m^3$。已累计采出 $45 \times 10^{12} m^3$,剩余可采储量为 $127 \times 10^{12} m^3$。待发现的天然气储量(中值)约 $152 \times 10^{12} m^3$。在新技术革命的推动下,油气储量和产量都在迅速增长。历史上世界最高石油消费量为 $30.5 \times 10^8 t$(1979 年)。近期来有所降低,为 $29 \times 10^8 t$ 左右。世界天然气年消费量约为 $2 \times 10^{12} m^3$。现有的天然气储量预计可以支持近 100 年或更长些的时间。

据马斯特斯的报告,已发现大规模油气的有 3 个新盆地:一是巴西的坎坡斯盆地;二是委内瑞拉东部盆地的逆掩冲断带;三是滨里海盆地以及位于北极圈内的喀拉海。另外还有一些新的地区,包括沙特阿拉伯、中国西部的塔里木盆地和新几内亚的一个中生代的气区,这次世界石油大会证实的剩余原油储量比上次石油大会大体上多 $353 \times 10^8 t$。这个数字中,有 $274 \times 10^8 t$ 是在沙特阿拉伯和伊拉克等中东地区发现的。

除常规油气资源外,世界上尚有可采的重油(API 重度为 10～22.3°API,相当于相对密度 0.92～1)、超重油(API 重度小于 10°API,相当于相对密度大于 1)和天然沥青的资源达 1760×10^8t(11070×10^8bbl),主要分布在加拿大、苏联和委内瑞拉。这些烃类的可采资源量虽然与常规油气资源相近,可是它们目前的产量仅占全世界石油产量 5% 以下。

由于重油、超重油和沥青是未来的重要资源,很多国家都在试验研究对它们的开采和加工的方法,在加拿大西部、美国的加利福尼亚、苏联和委内瑞拉都进行了较多的工作。主要使用的开发技术和新发展的技术有:(1)蒸汽吞吐,在波斯坎油田的使用深度达 8200ft(2500m);(2)蒸汽驱,在美国加利福尼亚州已广泛使用,1989 年用此法采油约 83000m^3/d,有约 3000 口以上的注蒸汽井,印度尼西亚苏门答腊杜里油田于 1985 年开始实施蒸汽驱计划,现日产量为 25000m^3,预计 1993 年可达日产量 53000m^3;(3)火烧油层,由于从理论上和操作中均是较复杂过程,费用较蒸汽驱为高,实践中的一些问题(如腐蚀、空气的泵入和窜槽、化学蚀变等)不易解决,因此目前试验的规模都不大,不过在美国、委内瑞拉、荷兰和罗马尼亚已有 13 个项目属于在技术上成功的例子;(4)由地表露天开矿,加拿大和苏联进行得较多;(5)石油工程法,综合地利用钻定向井或水平井、注蒸汽、电磁加热等技术可以获得较好效果。

3 最近几年来新发现的大油气区

3.1 沙特阿拉伯

目前的主要大油田分布于东部,为中生界的油气藏。新发现的油气区位于中部的阿拉伯地盾东缘,为古生界的油气田。第一次发现古生界有油气显示是在 1940 年钻探达曼油田时,已经历了 50 年。新发现的油气集中在二叠系的库夫组和前库夫组。油质比较轻、含硫低,API 重度为 43°API,相当于相对密度 0.81 左右。生油层来自于志留系,盖层主要是上二叠统和下志留统页岩,形成了阿拉伯地盾和伽尔瓦油田之间的一系列古生代油气藏,圈闭大小不一,比较复杂。有些面积大,幅度低,有些是被断层复杂化了的构造,其中还有地层圈闭,生油层有机质含量很丰富,志留系 Cusaiba 页岩层厚度为 600m,进入生油门限的有机质含量达 6.15%,紧接其上的属于泥盆系的 Jauf 地层,有机质含量为 3.7%。再上还有一层叫 Unayzah 层,属上石炭统—下二叠统,为一套页岩,厚 180m,有机碳含量 1.34%。由此看来,该区古生界这套厚地层分布相当广泛而且生油物质相当丰富。中东地区 200 多亿吨的新发现都基本集中在沙特阿拉伯相邻地区。因此,沙特阿拉伯除了拥有中生界侏罗系的 400 多亿吨储量外,在古生界中的油气勘探又有重大突破。

3.2 苏联的滨里海盆地

位于哈萨克斯坦,是继西西伯利亚以后发现的另一个比较大的含油气区,总面积达 50×$10^4$$km^2$,该区沉积岩总厚度达 20km。发现了一系列古生代沉积,其中含丰富的油气。有 3 个主要的发现:一是近期发现的最大一个油田叫田吉兹油田;二是阿斯特拉罕油田;三是卡拉查干纳克油田。有利于油气生成和储集的沉积岩厚度为 6000～15000m,上面有一套厚度不等的盐岩层,最大厚度达 4500m,生油层为上泥盆统,储层为石炭系的岩溶灰岩层。由于上面的一套盐岩层很厚,因此带来了 3 个大的困难:一是油层比较深,达 4500m 以上;二是钻井过程中要穿过这套巨厚的盐岩层,增加了钻井的难度;三是石油中伴生气的硫化氢含量高达 18%,在开采技术上带来了难题。田吉兹油田发现于 1979 年,迄今有的地方还未钻到水层,油柱高达

1500m。由于上泥盆统—中石炭统为岩溶灰岩,储层物性上,孔隙度为6%,渗透率为10mD。现在已圈定的含油面积达400km²,油柱最大厚度达1500m,地质储量为35×10⁸t。原油脱气后不含硫,但石油气含硫化气为18%。美国的马斯特斯认为它的储量较低,为30×10⁸～40×10⁸bbl,才5×10⁸多吨,看来马斯特斯是估计得低了。

3.3 巴西东海岸的坎坡斯盆地

为一个水深500～1000m的深水盆地,在其中发现了一系列大的油田。其中一个叫阿尔巴克拉油田,发现于1984年,地质储量达6×10⁸多吨,可采储量为1.5×10⁸t,属于下白垩统和古近系—新近系的浊积岩。岩石物性好,孔隙度为23%～29%。渗透性变化大,最高达3000多毫达西,油藏为构造类型,油田区域水深800m,采取水下完井系统。第二个玛尔林姆油田,发现于1985年,是迄今在坎坡斯盆地中发现最大的油田,含油面积为160km²,地质储量为11×10⁸多吨,天然气储量为1030×10⁸m³,亦为上渐新统的浊积岩,孔隙度为25%～30%,油田区域水深为600～1000m。整个坎坡斯盆地已发现了十几个油气田和有油气显示的构造。它们都位于深水区。

3.4 挪威

发现的油气区分为3个部分,全部位于海域。一是挪威南部的北海;二是中部的挪威海;三是北部的拜伦海。挪威通过勘探工作有了很大的发现。迄今总共钻有350口探井,发现了100个油气田,成功率相当高。已证实的油气储量为53×10⁸t。其中31×10⁸t石油当量是气,22×10⁸t是油。在100个油气田中,30个较大油气田的石油储量占80%,天然气储量占50%,其中有6个是大型的油气田,可采储量都在1×10⁸t以上,天然气可采储量都在300×10⁸～500×10⁸m³以上。

3.5 委内瑞拉

委内瑞拉东部盆地在Barbara,Jusepin等老油田以南,1986年以来,连续在逆掩断层带中发现了EI Furrial和EI Carito等特大油田,可采储量达到6×10⁸t,储层为古近系—新近系至上白垩统的碎屑岩,孔隙度17%,渗透率550～3500mD,深4000m,油柱高400m,日产1700t,开辟了一个新领域。此外。奥伦洛科重油带中重油储量达到了1100×10⁸t。继续往下钻,结果在冲断带以下在古近系—新近系中发现了储量丰富的、油质轻的储量前景地区。现在世界上一些石油公司纷纷到奥伦洛科进行石油的开发。

从现在的情况来看,马斯特斯报告中还认为中国西部塔里木是一个很有前景的含油气盆地。在会上谈了他最近看到的报道,在石炭系的砂岩中发现了油气田,这指的就是东河塘油田,中国代表在会上对此也作了报告。

从世界油气发展的情况来看,在超出过去传统地质认识范围还发现了不少油气,值得我们很好研究。比如,在巨厚的盐层下面,常常发现有大油气田。胜利的东营油田、中原油田的盐层以及塔里木,都值得进一步研究。这次和一些外国的地质家讨论,他们十分重视页岩穿刺,因为其中可能形成大油气藏。页岩穿刺(Shale Diapir)或叫页岩隆起在南海也较常见,常常是形成油气聚集的有利地方。一些代表还谈到,在墨西哥湾一个四周被地层水包围的向斜中也发现了很大的油气区,与东营牛庄的情况有些类同,这种情况在很多地区值得注意。前面提到的沙特阿拉伯在古生界新发现的油气区,在过去也是没有想象到的。这个油气区志留系的页岩广泛分布于波斯湾盆地中,也值得我们很好地思考。通过这几个新油气区的发现,说明要打破传统的地质概念,思想要开阔一些来解决找油问题。

4 天然气工业

由于天然气的地位日趋重要,在这次大会专门提出了天然气的论题,共分 3 个专题讨论:

(1)天然气——储量的识别和供应的问题;

(2)天然气处理技术的进展;

(3)天然气的新应用——技术和需要。

前两个专题均为"回顾与展望"的文章,后一专题共有 5 份报告。

全世界天然气储量的增长显然高于产量的增长。天然气的储采比由 1950 年的 40 增至 1980 年的 60。天然气在能源中所占地位,1970 年为 19%,1990 年为 21%,至 2020 年估计会又降到 19%。世界常规天然气的储量,在过去 10 年里不同国家专家估计有较大差异,认为最终可采储量为 $150 \times 10^{12} \sim 380 \times 10^{12} m^3$。近年来,由于苏联发现了一些巨大的气田,一些苏联专家认为,世界天然气的最终可采储量为 $400 \times 10^{12} m^3$,至 1991 年初已生产了 $53 \times 10^{12} m^3$。剩余探明储量约 $130 \times 10^{12} m^3$,待发现储量为 $290 \times 10^{12} \sim 240 \times 10^{12} m^3$。

非常规气藏(包括低渗透储层气即致密气、页岩油气、煤层气、深层气、生物气、天然气水合物等)据美国油气杂志估计,其资源量有 $849 \times 10^{12} m^3$。

天然气除用作燃料外,已成为主要的石油化工原料(从甲烷制铵和甲醇、从天然气液制烯烃)。新技术的进展有天然气液的脱氢化和芳烃化,甲醇选择性转化为轻烯烃、甲烷直接转化为烯烃、炔属化合物、氧化和氯化化合物等。

将天然气转化为可输送液体仍然是当前的一项主要研究项目。已有的甲醇法或费托合成法在投资、费用、热效率等方面还需有大的改进。新发展的氧化耦合或高温热解法,虽已获得很大进展,但仍存在不少技术问题需要解决。估计将来会研制一些具有商业价值的由甲烷转化为烯烃的装置。

天然气发电方面,20 世纪 70 年代欧洲和美国禁止使用天然气发电,因为热效率不高,没有充分利用天然气的最佳性质,近年来采用燃烧和蒸汽涡轮复合循环发电的装置,可使热效率达 52% 以上,基本上解决了这一问题。

为保证平衡供气,在天然气地下气库的建设方面,虽然选择的对象仍然是已采竭的油气田、地下水层、盐穴、废弃的矿井等。但在技术方面已有了较大的进展。广泛使用地球物理勘探工具和储层动态和静态模拟技术,已成为选择地下储气库必不可少的手段;此外,使用惰性气体以减少垫气量,使用遥控和自动控制技术以调节多处遥远气库的供气问题等均有长足的进展。

在天然气的处理方面,为了适应保持环境和降低成本的要求,在技术上有了不少进展。(1)天然气液工厂:1990 年时,除中国和苏联外,世界共有天然气液加工厂 1475 座,能力为 $0.03 \times 10^6 \sim 55 \times 10^6 m^3/d$。目前主要是针对无铅汽油的需求和降低挥发性的要求进行技术改进。(2)液化天然气厂:目前在 8 个国家内共有 12 家工厂。液化天然气厂的投资很高,如何降低成本是主要方向之一,新近设计的一些厂使用天然气涡轮机以代替蒸汽涡轮机,还有的厂使用空气冷却以取代水冷,都是在这方面所做的努力。天然气的脱水、脱酸气、硫的回收以及最优化控制处理过程等方面都有不少进展。

天然气用作车辆燃料及用于建筑物的空调冷却系统已得到很大的发展,目前全世界使用天然气为燃料的车辆已有78万辆,使用最多的为苏联,已有31.5万辆,建筑物空调冷却方面,使用最广泛的为日本,有40%～50%的大型建筑物采用天然气冷却,采取这一措施后,不仅缓解了夏季城市用电高峰期的矛盾,而且使天然气的供应在冬季高峰期过后,在夏季也有出路,对电、气的平衡供应有一定的作用。

5 地球物理技术发展的情况

这次会议涉及地球物理勘探的主要内容有地震数据采集和处理的新进展及油藏描述内容这两个专题。前者包括了5篇分组报告、4篇张贴报告,后者共有5篇分组报告。绝大部分论文有一个共同的特点,即新技术介绍不多,但综合信息的应用却很突出,目标几乎都集中在精细解释上,特别是储层描述上,这表明地震技术的应用已从勘探为主逐渐进入到以开发为主的阶段。论文中也有介绍逆掩断裂带的地震数据采集、处理方法的(奥地利的阿尔卑斯山的勘探)。还有介绍三维地震、AVO及VSP技术的应用效果的。

5.1 油藏描述是一项跨学科的综合技术

为了描述储层的几何形态、岩性及流体变化特征,不仅要对传统的地震数据采用地层反演,统计分类,用井旁资料进行标定以及AVO等精细解释技术,还要尽量利用其他的信息,如能在破裂和倾斜地层条件下提供有价值的长源距声波测井数据;能提高垂向及横向分辨率的井间地震数据及用于油藏监测的重复地震观测数据等,综合上述各种信息,运用地质解释、数据处理、数理统计及图形识别等各方面的知识,采用现代地质统计成图技术可作出比较接近实际的油藏非均一性模型。这样的模型再经过实际资料对比并反复修改,可较好地反映油藏特征。

有的论文给出了油藏描述技术在油田开发中的应用实例,如综合利用2D地震、波阻抗测井及构造、地层解释的结果,对巴黎盆地西南部一个气田进行了储层描述,该气田储层为三叠系冲积砂岩,埋深为1150m,储气层厚度约60m。其上覆岩层是海相白云岩,下伏地层是下三叠统白云岩与砂岩夹层。描述步骤如下:(1)采用井孔资料对叠后地震波进行标定;(2)根据地震和地质资料通过正、反演对波阻抗测井资料进行外推及内插;(3)运用统计分类识别技术进行自动地震相识别,提供与各井下地质情况连接的各地震道的分类。最后获得的结果为在每一地震测线上获得一条优化了的波阻抗剖面,并改进了剖面的垂直分辨率,提高了信噪比及波阻抗的横向连续性。除了实现了对储层几何形态的描述外,还在储层内部识别出了一个有意义的不整合界面。

又如对加拿大东部海上的Terra Nova油田进行的油藏描述。该油田海面上布满冰山,地下储层为具有复杂砂体结构的断块类型。油藏描述的目的是要在油田开发早期获得储层中驱动液体流动的机理及储层的非均一性的数据,以确定生产井、注水井的数量和分布,减少开发费用。由于该油田的砂岩储层与作为围岩的页岩和压实砾岩之间速度差别不明显,因而无法根据3D地震资料直接识别出储层。于是,首先根据地震资料识别出目的层中的断层,划分断块。再根据岩相、岩石物理、沉积、年代、生物地层及地层倾角的研究结果划分相对地层岩性单元,从而构成砂岩沉积模型,用作储层分析的基础。再根据长期生产的测线数据,通过反复分析,评价砂岩的横向连续性,所得的数据均经过传统的解释与数学模拟分析,并将复杂的储层模型测试的结果与地球物理及地质解释结果进行对比。这样解释中的大部分不一致性都得到了协调,从而使储层的描述更为合理。

对 Terra Nova 油田描述的成果包括:(1)经过详细的岩性分析,识别了 3 种主要的岩相,弄清了沉积模式和砂岩的连续性;(2)通过电测井相关的生物地层分析,识别了 5 个主要的砂体;(3)所有三维地震封面上识别出的断层位置,都经解析或数字测试得到了证实,而且还有相当一部分低于地震分辨率的界限也通过生产测试得到了证实。此外,数字模拟技术还使得制作更为复杂的油藏模型成为可能。

需要指出的是,油藏描述技术有待进一步完善,如对一个极不均匀的油气藏,仅根据地震相对其含气程度及岩性的变化作出一个单一的解释是十分困难的;又如当前的技术允许在相同资料的约束下产生不同的储层模型,因而伴随而来的问题是对油藏描述的肯定性的估量。有人采用地质仿真介质进行液体流动模拟,这一研究被认为是进一步改进油藏描述技术的有益的尝试。

5.2　地震勘探技术的发展趋势

(1)普遍推崇三维地震勘探效果。

壳牌公司(荷兰)的张贴论文用几个实例说明了三维地震技术在世界各地运用的效果,并与二维地震勘探的结果作了对比。结论认为,三维地震其至已进入勘探阶段,成为早期评价的重要组成部分,三维技术在采集、处理与解释上的进展已满足对成果期限的要求。

(2)反演技术更引人注目。

反演技术已成为岩性研究的主要手段,有 3 个阶段的精细技术:首先是最佳的零相位偏移叠加;其次是偏移叠加剖面的地层反演,以获得波阻抗模型;最后是反演波阻抗模型,以获得储层的物性参数。

(3)层序地层学的概念已普遍应用。

很多论文中,都应用了层序划分及沉积体系域划分的概念。有的论文中,用了倾角测井资料确定最大洪水面和层序边界,用以标定的地层剖面,并据此向外延拓追踪。还有用实例说明的,首先做层序解释,划分出各个水位期及各种沉积体系。然后预测气砂、水砂及页岩等 3 种地震相。经钻井验证后,预测与实际情况符合得相当好。

(4)专家系统已普遍应用。

专家系统多被用于层序地层解释。专家系统目前主要用在两个方面:一是确定目的几何形态;二是做层序解释。在确定几何形态时采用模拟视觉算法。在做层序解释时用框架结构组织信息模式,划定层序界面、沉积体系域、沉积层序及沉积环境等。

(5)除专家系统外,数字地质在其他一些方面也得到应用。

用星状图来确定碳酸盐岩的 3 种属性。星状图的 4 个坐标是波阻抗、振幅、瞬时振幅及瞬时频率。这一点与几年前斯仑贝谢公司用测井所得的 5 ~ 6 种信息做的星状图以确定石灰岩岩性相类似。

(6)综合各种信息进行综合解释。

日本 Amarurme 油田综合了三维波阻抗、VSP 及井间地震资料解释了 $E_3—N_1$ 的储层,储层厚度为 0 ~ 20m。据报告,在 900m 深度垂向分辨的精度达到 5 ~ 10m。它们的特点是工作精细。在油田开发区选一块地区做微三维测量,测量面积 $1 \times 2km^2$,共 $2km^2$,面元 $5 \times 10m$,48 次覆盖。并做了 DMO,三维偏移,SLIM 和波阻抗。然后得出 B_1,B_2 和 B_3 三个储层的切片、波阻抗切片以及各层的空间展布。在测区内选择了两口相距 200m 的钻井作了井间地震测量。激发使用了井中汽枪。接收采用多级三分量检波器,激发点 53 个,接收点 58 个,激发下接收的点距均为 3.8m。是用日本自己开发的软件处理的,但速度成像的精度不如波阻抗信息,这是今后要解决的问题。涉及精细解释的报告几乎都是从井资料出发,综合各种信息外推岩性、物性参数。

(7)解释工作站得到了广泛使用。

从全部有关解释工作的论文中可以看出大部分工作都是在人机联作解释工作站上进行的。特别是对三维地震资料的解释和切片、立体显示等方面,离开解释工作站是难以想象的。

6 钻井技术与发展

钻井技术与发展,在本届世界石油大会共有两个专题论文报告会。

钻井的第一个论文报告会是"如何降低钻井成本",只有这一篇论文,这是一篇特约的专题论文,但论文未能按规定提前印出,直到临开会时才拿到,显然是赶着写出来的。论文是美国 Atlantic Richfield 公司 Robert W. 等报告的。本届大会主席 Mai 博士在开幕会议上说:"能源供应和石油工业所面临的挑战,在今后 50 年要保持收支平衡,就要求我们按环境要求和经济许可条件加速提高我们的技术能力,降低各项成本。"整个石油工业界都关心经济能力和经济效益。20 世纪 90 年代世界石油工业需要高达 250 万亿美元的资金,较 80 年代上升 50%。这就是本文的背景。论文指出:钻井成本要占石油工业总投入的 55% ~ 80%。钻井成本是当今各项成本中所占比最高的部分。投资巨大的钻井行业无法逃脱降低成本的压力。劳动力(含劳动者素质)、技术和竞争性管理,这三者在油气产品的最终生产成本中都起着重要的作用。文章认为勘探预算中,直接钻井成本占 70%,其他成本占 30%(而这个比例只有 10% 的偏差);这个比例数字是当前勘探预算中一个相当典型的数字。文章用每桶原油的发现成本做对比评价参数(图 1)。图中的纵坐标是每桶原油的发现成本,横坐标表示仅仅在钻井成本上的降低百分数就可以看出钻井成本怎样影响着每桶原油的发现成本。如果钻井成本可降低 5%,那么 5 美元/bbl 的原油成本将降为 4.82 美元。这个数字是这样计算出来的:每 1 美元中有 0.7 美元是直接用于钻井作业的,将它乘以 95%(即降低 5% 的成本),即($ 5 ×0.7 ×95%) + ($ 5 ×0.3) = 4.82 美元。众所周知,任何一个企业机构仅通过提高作业效率就能达到降低成本 5% 的效果。由图 1 可以看出:用一个更富有随机性的钻井成本降低 25% 的目标为例,可算得 5 美元/bbl 原油发现成本会降到 4.12 美元。世界上的其他工业在控制成本方面都已取得了 25% 的下降率。因此,这个数字并没有超出可以实现的范围。

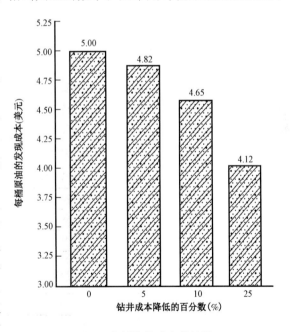

图 1 降低钻井成本的效果

该文认为降低钻井成本主要有 3 个方面,即成本管理的竞争性分析、特定的人员培训和使用先进性新技术。

6.1 成本管理的竞争性分析

为了实现大幅度地降低钻井成本的目的,必须首先要知道钻井成本实际上包括哪些内容。难以想象,一个几乎没有会计学知识的钻井监督却要负责提供成本数据。经验表明,钻机的每日费用用列成表格的办法来统计经常要少记 10% ~ 25%,即漏掉或忽略了一些项目,在井钻完数月之后,公司的会计才着手列出一份详细的费用结算清单,并注明成本差别。为此,石油工业有必要开始建立一套全球范围填写成本报表的指南。1991 年,由 6 个主要作业者组成的一个联合体组建了国际钻井成本数据库,在全世界范围搜集成本和工程数据。探井都要报道出 10 个主要的成本项目,并将结果制成表格以便人们把注意力集中于研究一口井应该怎样制定具有竞争性的钻井成本目标。希望一旦这个数据库建成了,它将能对所有的作业者使用计算机数据库来控制、管理钻井成本。通过已编制的成本定额和成本数据库,每个作业者可以评估该地区的最高价格界限,从而对选用钻机等有所依据,还可以与其他有关行业的标准成本做比较,并考虑是否引用其他行业的经验。例如,使用采矿工业的取心钻机来钻井,它轻便,只需较小的场地并节省某些层次的套管等,可能使成本降低。用建筑业的技术来建造海洋平台也有相同的结果。内部成本分析也不容忽视。成本数据库能提供有关井下复杂情况时间、人员费用和管理费等资料信息。该文用表 4 说明了典型油井的时间分析。如果在某一单项成本领域出现诸如套管受卡的问题,就应尽力识别出问题类型并采取相应的措施予以纠正和解决。

表 4 典型油井的时间分析

作业项目	时间占比(%)
复杂情况时间	12.0
下套管	6.0
其他(气候等因素)	8.7
纯钻进	45.0
起下钻	15.5
测量、测井(Surving)	1.5
钻机修理及维护	1.0
循环(洗井)	5.0
电测(Logging)和评价	4.0
试验防喷器组	4.0

当使用现有技术不能降低成本时,应进一步地研究识别用钱的方式,寻求开发新技术。例如,我们公司对那些正在钻进又需要立即注水泥固井的井,已经研制出了一种方法来把常规的钻井液转换成水泥浆,这就大大简化了注水泥的过程,并把丢弃钻井液的费用降低到了最低限度。进行总体成本分析时应评估出所冒的风险。随着全包合同和奖励性合同的日益风行,经营者们应严肃认真地考虑承包商会不会以一个固定的较低的价格来提供钻井服务。由于勘探事业耗费巨大,所以要做风险分析,包括承包商所能提供资金的能力以及经营者们如何有效使用资金的能力。

6.2 人员培训

人员是调整成本最有用的财富。通常只有5%~10%的人有权花费70%的钻井作业的预算资金,而没有受过训练和培训的人是不知道如何管理与处理钱财的。迄今,许多培训都是一套拼盘或现场型的培训,只强调一个问题发生后如何处理它。就拿井控培训为例来说吧,通常一年一次把钻井人员派到井控培训学校去学习当发生溢流和井喷后如何处理,几乎没用时间教他们最要紧的是如何避免发生溢流和井喷,甚至根本没有教他们详细分析发生这些复杂情况的潜在原因以及如何避免将来类似问题的发生。因此,需要把更多的时间用在讲授防止事故的技术内容方面。石油工业为了不断发展和开辟新的前沿阵地,就需要周期性地提供一些接受过新技术培训的人员,这一点是很重要的。过去一位典型钻井工程师所获得的培训中90%~95%都是技术培训,因而与井场所遇到人、财、物管理等多方面的问题类型远不相称。未来的钻井工程师和钻井监督必须准备接受业务和人员的挑战。文章强调不仅要培训提高个人素质,还需要在地区保持作业队的整体素质。

6.3 采用新技术

钻井行业是一个使用新技术最保守的部门。直到现在,钻井设备和方法与50年前相比变化甚微。应该肯定,在钻头、钻井液乃至水平井钻井等方面有了很大的提高与突破,但是钻井的基本方法仍改变很小。幸好,在第十四届世界石油大会(1994年)时,在顶部驱动、井场计算机管理系统等方面可能有希望出现一些新技术。像地区性的孔隙压力分析应能利用地震资料提供应用软件。应发展各类钻井计算机软件。井场应配备有计算机,各类数据可以储存在井场计算机内,如果发生井下复杂情况等可供立即分析之用。必须注意建立从井场到总部之间的钻井信息采集、传输并加快钻井仿真、控制的系统工程的实施和应用。将有更多的钻机装备有计算机管理系统,探井和复杂环境下的边远井队应配置新一代的钻井综合录井仪,实时采集钻井数据,实时控制钻井作业。进一步广泛使用随钻测量(MWD)技术,加强地面采集数据和井下测量数据的综合分析。新型综合录井仪已有专门把MWD信息输入的接口。一种新型的MWD测井工具(称为"look ahead" MWD Logging Tool)能够提前看到钻头以下将要被钻进的岩石的瞬时图像,就好像一种"地震图像"那样。新的MWD所采集的地层数据和工程数据的信息量将大大增加,为此还必须提高信息传输能力和传输率。新型MWD是通过井壁及井眼周围的地层把电磁波信号传输到地面来。该文还谈到水平井的应用范围将进一步扩大。提高水平钻井等复杂钻井技术的科技水平也要求使用现代测量技术,提高钻井精度,准确控制井身轨迹。

其他新技术的研究和应用将会改变21世纪的钻井作业。出自采矿工业的轻型小井眼钻机能运输到环境恶劣地区进行作业,而耗资却只占常规钻机的一个零头。用套管钻进和蛇形软管作业能节约资金和减少钻一口井所需要的作业量。高压钻井能提高钻速,从而减少作业的总时间。所有这些都会大大改变现在的传统钻井方法。该文最后说,优化现行技术和使用新的未来技术都将继续有效地降低钻井成本。

钻井方面的第二个论文报告会是"在钻井方面的进展和新技术"。这个报告会原定有5篇论文,但实际上只宣读了4篇。其中一篇是水平井的论文。一篇是用法文发表的关于随钻测量的论文,有一篇是中国石油大学江志明宣读的论义"在钻井工程中新的喷射理论和应用"。最引人重视的一篇是苏联全苏钻井研究院A. H. Mirzajanzade等著的论文《应用于油井钻井和固井的系统方法、模型和人工智能》，现摘要介绍于下。

该文认为描述钻井过程特性的数据往往是不确定的、随机性的和模糊的、离散的，从而使想得到其完全真实的数值成为不可能，这是钻井作业的一个显著特点。而且在钻井过程中通常有这样的情况，即想控制某一个或一组测量数据完善时却又实际上恶化了控制其余部分的条件（即相互制约性）。这一基本特性在很大程度上妨碍了钻井过程的控制，并注定了需建立一种能从整体上提高钻井效率的权衡决策选择方法。

本文所介绍的这样一种方法是在仅有不充分资料或资料相互矛盾的情况下，去对钻井过程控制和分析结果进行系统研究的一种分类方法，该方法是以模拟思想为基础的。应该注意到，在人们试图建立一个油井钻井工艺过程模型时，可能会集中有关它的所有详细资料来寻找它们之间的关系，但实际上这样做颇费力气而又不见得明智。

根据 Pareto 定律，在每一组数据集里，有价值的主要数据仅是很小一部分（20%），而无价值的不重要数据却占大多数（80%）。而钻井数据尤其如此。这就说明了为什么一个理想模型在实际使用它时要反复重新进行修改才能完善。

还应注意到，为了描述不同方面、不同程度上的作用，对一个复杂对象来说存在着各种各样的模型。如果人们将这些模型放在一起同时试用就可能会出现互不协调或互相矛盾的结果。但这时就不要再在它们之间犹豫不决并还力图去寻找采用其中之一的依据。恰恰相反，正如 M. Peshel 所说的，尽管它们互相矛盾，而我们应该习惯于它们的同时存在并善于利用它们的多样性去深化对问题的理解和认识，即从唯物辩证法来说要把事物既相互依存又相互制约的特征处理好。

该文讨论了在 3 种模型下进行决策的问题：

（1）确定性模型（Determinism）。

确定性模型宜于用来做具有全局性的战略决策，尤其它适用于流变物理技术（Rheophysical Technology）研究。本文给出了钻井液和水泥浆分别为松散性（Relaxing）、黏弹性（Viscous - Plastic）和黏松性（Viscous - Loose）状况时的模型以及其各自具体的应用范围。并且讨论了钻井液、水泥浆与岩石相互作用的过程。

（2）随机模型（Stochasticity）。

随机模型通过确定性混沌理论（deterministic chaos theory）应用于油井钻井过程分析的结果检验，提出了一个能表示动力学混沌发生可能原因的数学模型，其发生原因被认为是出自于钻井过程中的非线性不稳定干扰。在对油田现场数据进行分析时，引入了相关因子 Hausdrf 公约数等以便设立描述复杂的动力学系统所需要的变量数值。

（3）自适应性模型（Adaptity）。

自适应性是指对外界环境变化的条件及干扰等作用能够自动灵活作出反应的能力。这种模型给出了为在复杂条件下钻井时作出自适应决策而使用的不同分类方法、模式识别手段以及突变理论（Catastrophe Theories）应用。

该文对油井钻井的钻井液、水泥浆等非牛顿流体的流变物理特性等进行了理论分析和数学描述。该文对欠平衡钻井时的水动力特征进行了数学分析。该文结合涡轮钻进的钻头井底工作情况和钻井过程应用确定性混沌方法和突变理论进行了深入的数学、力学分析。该文指出，在钻井方面，决策的有效性很大程度上取决于对实际数据的合理使用程度。为此，该文提出了为计划中的实验安排，钻井数据处理和解释等提出一个综合的分类方法，并介绍了模式识别的规范判据。

该文强调说,应该注意到,当要利用一连串的实验结果时,所要进行的实验次数并不能事先决定,在每一次实验之后,所得到的数据即被用在了进行决策上,而这些实验还要不断做下去,直到模型完全被识别为止。

该文运用人工智能已开发出了为一定地质条件下选择钻井液和水泥浆的两个专家系统(ES),它能够进行模式识别并对钻井过程中消除故障及井下复杂情况的方法进行选择。

在第一个 ES 知识库里储存了西西伯利亚、克拉格纳尔和斯达夫诺伯尔地区一些油田近15 年来所使用过的钻井液组成成分数据资料。而深井钻井的地区性资料储存在第二个知识库里。有关高水平专家的实际工作经验和自 1965 年以来大约 2000 种科学文献的分析结果也都被收集并条理化、公式化整理入库。ES 软件为现场数据的分析和进行基本分类的方法应用提供了一个计算机综合显示的途径。ES 最显著的特征就是提供了能在信息资料不完整和有效率差的情况下做出决策的可能性。ES 的引入使用大约已能够降低钻井事故率 50% 和节约材料消耗 15% ~ 20% 。

该文最后在结论中指出,通过引入流变技术来提高钻井效率的可能性。往钻井液和水泥浆中加入少量聚合物添加剂或者利用物理场效应赋予了它们新的流变特性,这样也确保了平衡沉降法的采用。

基于对岩石和地层流体非平衡特性的研究结果,证实了在异常压力地层进行欠平衡钻井的可能性。

作为专家系统的一个主要部分,该文已经推出了一个新异的对钻井中振动过程模拟和模式识别分类的现代研究方法。

在钻井方面的第二个论文报告会上关于水平井的论文题目是"在当今现代经验的基础上预测未来的采油——长半径水平井和超短半径拐弯型水平井组"。其主要内容是:水平井在过去 10 年里已从可行性和试验阶段,发展成为可靠性和广泛应用的技术了。它明显地降低了采油成本并改进了油藏的采收率。当前,随着常规油藏的减少,对一些特殊油藏,如薄层油藏、物性差油藏、重油油藏等,使用水平井技术来提高采收率更是大有可为。

(1)使用长半径、高精度的水平钻井法,在加拿大阿尔伯达省开采原油黏度为 600mPa · s 的薄层油藏取得成功。

(2)在美国怀俄明州,在低压低产量的垂直井中,用超短半径钻一组水平距离不等的径向井,并进行增产措施。取得了成功。

对于热采井,使用水平井技术更可获得特殊的效果。如:

(1)通过填砂的水平通道可通过加热的环空管形成直线状蒸汽驱;

(2)通过一对水平井形成井间驱替和重力泄油。

近 4 年来,在水平钻井中的新成就主要有:

(1)用长转弯半径(LTR,6. 53°/30m)技术,取得了下述成就:

① Amoco 公司在 2400m 深处钻成了水平段 700m 的水平井;

② ELF 公司在安哥拉海上 Buffalo 油田完成了水平位移达 2774m 的水平井;这是目前水平位移最大的井。

(2)用 LTR 水平井开发薄油层。

1988 年至 1989 年在阿尔伯达省北部的 Pelican 湖油田成功地在厚度仅 5m 的薄油层内钻成了水平井,其产量为直井的 3 ~ 6 倍。

（3）为强化采油的超短半径和径向系统（URRS）井组。

用水力喷射法钻超短半径和径向井的水平段取得了成功，它比常规井的优点多。这种井是使用加有添加剂的无固相液或清水作喷射液，泵压高达70MPa（10000psi），钻速高达91m/h，使用纯水力破岩，钻头上只有特别的喷头，而无机械破岩的钻头牙轮。使用这种方法可在水平井段钻多分支井眼和直拐弯的"径向成组水平井"。即在直井的底端钻出不同方位、不同平面、不同曲率的急拐弯水平井段。在水平井段可使用新型柔性防砂管完井。这一种方法正处于现场试验阶段，已获得提高产量2~10倍的效果。一般认为，这种方法在低渗透低产油藏中进行强化采油有很大的发展前景和潜力。

本届世界石油大会还从许多方面讨论了钻井技术在20世纪90年代的发展方向。归纳起来可表述为4个方面的要求和6项关键技术。

（1）4个方面要求：

① 要打得快（美国平均钻机台年进尺为5×10^4m，我国平均为1.6×10^4m。中国钻速比美国慢，但与独联体相近，说明中国在提高钻速上有潜力）；

② 要降低成本30%；

③ 要增加安全性；

④ 要进行钻井的动态分析，即实时（Real Time）监测、分析、管理、控制。

（2）6项关键技术：

① 优化钻井各作业环节。

② 广泛采用PDC钻头。

③ 优质钻井液、完井液，减少对油气层的伤害。

④ 进一步发展钻井自动化，实现闭环钻井（注：Lummas在20世纪70年代发表论文把钻井技术发展史划分为两个阶段。当时他预测钻井作业将在80年代中期实现自动化钻井，但是由于"入地比上天难"，直到现在90年代初仍未能实现自动化钻井）。这次大会专家们预测将在2000年左右实现闭环钻井和钻井自动化。

⑤ 发展地面及井下（随钻的）监测、控制仪表并提高钻井信息采集技术。

⑥ 水平井钻井及复杂条件下的非常规钻井技术。

钻井行业要重视引用其他工业部门（航天、电子技术、自动化技术、信息与仿真技术、计算机技术等）的高新技术来提高钻井的水平和实现钻井行业的高新技术化。专家们强调，钻井行业要重视新理论、新技术，特别是软技术、软科学。

7 油田开发及开采

本届大会关于油田开发技术有3个专题讨论会：油藏描述、改善采油（IOR）和测井新进展。这是当前油田开发领域中普遍关心的两大热门问题：一是如何综合各种技术提高油藏描述精度；二是水平井的出现将对油田开发产生的重大变革。

7.1 油藏描述

这是从第十一届伦敦会议上就开始讨论的问题，当时认为油田开发中有两个技术支柱：油藏描述和油藏模拟，后者技术问题已基本解决，而油藏描述很可能还需要一代人的努力。通过近10年的发展，油藏描述有很大进展：假如说第十一届世界石油大会上油藏描述还是以地质工作为主和定性的描述为主的话，那么本届论文则是向多学科综合定量化大大前进了一步。

本届大会中反映出油藏描述的几个主要动向是：

(1)多学科多专业综合是提高油藏描述水平的重要途径。

地质、测井、地震、测试和计算机技术的相互结合，是当前油藏描述主要趋向，近年来除了各项技术本身的发展外，主要崛起的有两大方面。

一是突出发展地震技术为主线。随着 3D 地震和各种提高地震分辨率的采集处理解释技术的出现，人们开始把地震技术引入到解决油田开发问题的油藏描述动态监测中，出现了开发地震和储层地震等新技术，实质是把纵向分辨率很高的测井和侧向覆盖面很大的地震结合起来，达到在三维空间定量描述油藏的目的，基本做法是地质刻度测井和测井刻度地震，把地震信息转化为地质信息：定性的岩性岩相识别甚至定量的岩石物性解释。目前常用的反演的声阻抗剖面，这届会议上提供的几个实例都是做到了定性的岩性岩相识别，苏联的一篇文章中提出了以相对自然电位比值与岩石精度、孔隙度、渗透率建立关系，而又把地震振幅与相对自然电位建立关系。

应用地震遇到的主要矛盾是纵向上的分辨率远比测井要低。一般地面地震主频为 40 Hz，要分辨到厚 10 m 以下砂体是很困难的。为解决这一问题，目前正在发展井间地震，井间地震用两种采集和解释方法：层析和反射法。层析法利用传声时间反演技术估计储层速度场，然后用速度变化解释岩性和流体变化(饱和度或热前缘)。反射法提供详细的振幅模剖面，然后可以如常规地震剖面那样进行解释。井间地震还存在井下震源问题以及采集处理工作量极大等问题。

地震在油藏描述中的应用根本问题是要解决分辨率，这是一个大方向，大有前途，但不能过于乐观。像我国这样的陆相储层，以砂泥岩薄互层为特点，难度会更大一些。

二是突出发展地质统计。这是地质工作本身与计算机技术结合的发展。基本思路是在野外做露头工作，通过密集采取岩样，实测孔、渗等岩石物理参数，把所研究的这一种沉积砂体内部物理变化的原型揭示出来，然后用各种地质统计方法来模拟它，抽稀控制点，用某一种方法把控制点间的参数，模拟得与实际接近，这样就可应用于地下地质实际工作中。这种用各种概率模型来作地质图件的方法也统称条件模拟。

目前已发展了很多用于条件模拟的概率模型，可供针对不同非均质特征和不同资料量的条件下选用。

这种用地质统计技术描述油藏有几个特点：① 在地质知识(如露头研究)控制下进行；② 可以在同一资料条件下得出几种可能的描述；③ 可以估计这样的描述有多大的误差，目前美国和法国等很多石油公司、高等院校、科研机构都在进行。

本次会上美国得克萨斯大学石油工程系的 Lake 教授宣读了这方面的论文。该校有一个研究组长期在进行这方面的研究，他们在亚利桑那州北部一个 Page 组砂岩的风成砂露头上密集取样，实测了 10000 个以上的渗透率数据，他们取其中一处露头以实际渗透率分布(11000个网格点)作混相驱数值模拟，以此结果作确定性真实结论，然后把这一模型两端作为实际钻井得到的两个资料点，一注一采，中间渗透率变化以不同条件模拟方法来产生，以混相驱数值模拟结果与"真实"结果对比。对比一致时认为这种产生渗透率场的条件模拟技术适用于这类砂体，该实例结论是分维方法(Fractal)最好，优于克里金方法(Kriging)。

这是近年来一部分人比较热衷的研究思路，看来也是需长期研究的课题。不同沉积类型砂体，其渗透率三维空间分布各有特点，必须分别摸索适丁各自的统计模型；同一砂体很可能在不同驱油机理下也会要求用不同的条件模拟方法，Lake 提出的实例是风成砂岩，层内层状渗透率级差很大,又是采用的高流度比的混相驱机制,所以他的结论是渗透率各相异性影响很小,用分维条件模拟效果好,而过去未进行数值模拟前地质家们认为克里金效果好。这将需要一个长期积累资料和经验的过程。应该说目前还处于探索阶段。

(2)不断提高单项技术本身水平,精益求精,促进整个油藏描述水平的提高。

除上述两方面新近崛起的技术外,本次讨论会上对过去早已在油藏描述中普遍应用的另两项技术——测井和试井,也阐述了它们的发展。

测井的进展给人印象较深的是:

① 近年发展的一套成像技术,包括微电阻扫描,多感应测井三维的声波井筒成像技术,可以直接观察薄层岩性变化、裂缝和层理构造等微细现象,还可以组合成从井眼、侵入带到储层的一个完整成像剖面以研究流体分布。

② 地球化学测井,以诱发的自然伽马能谱测井可以测得 10 个以上元素成分,藉此进一步判别磁场,包括黏土类型、计算基质密度、阳离子交换能力等。

③ 核磁共振测井。可以直接评价孔隙度、渗透率、束缚水和残余油饱和度、重油中含水饱和度和含气量等。近几年最引人注目的发展是自旋回波核磁共振测井(Spin echo NMR)探测直径和厚度可达255.6mm 和 2.5mm,不需钻井液校正,不依赖岩性直接测孔隙度,从而得到束缚水饱和度。

这一技术将是测井的重大革命。

④ 随钻测井已可以测电阻、感应、自然伽马、自然伽马能谱,中子和密度孔隙度,以及光电吸附指数(Pe)等。随钻测井时对地层评价将产生根本变革。它可以得到未受钻井液伤害的储层信息,与钻井后测井结合起来,可得到时间推移测井信息。可以在非常困难的井况下测井,可使钻井条件更安全,也可用于探井等,估计将代替部分电缆测井。

⑤ 测井信息处理解释。建立岩石物理模型是测井解释的关键,目前还是薄弱环节,由于岩心实验技术发展很快,如 CT、NMR、SEM、X - 衍射、CEC 等应用和测量、模拟油层条件的测量等,将会帮助测井解释的提高。

试井方法在油藏描述中用于确定物性参数,确定边界。估计控制储量等是常规手段,但由于其反演解释的多解性,受到应用上的局限。这次加拿大的 Wilcox 报告说,除常规处理试井资料外,结合地质、地震资料建立地质模型,用数值模拟方法正演试井曲线,使判断层边界符合率达到80%以上,为实现数值模拟拟合试井曲线的续流段,在近井地带把网格进行了精细化处理,效果较好。这是值得我们在油藏早期评价中借鉴的。

(3)还没有形成一套定型的普遍通用的方法,必须根据研究对象具体条件选用适合的方法。

解决油藏早期评价效果较好,为油田开发后期和提高采收率的详细描述任重而道远。对本届大会油藏描述讨论的总的印象是:必须走综合各学科各专业的道路,单靠某一项技术要解决油藏描述这一复杂问题是不可能的。但又由于各项技术各有特点和局限性,在实际工作中常常会以某一项技术为主解决实际问题。要求油藏地质师要善于根据工作对象的地质特殊性,综合运用好各种手段——具体问题具体解决。这次会上提供的实例都是根据本油田的实际地质特点和资料条件,侧重以某一种方法解决本油田的实际问题。没有一个统一的格式和途径,这是我们今后工作中要特别强调的。

从发表的论文和讨论中还可看出,现有技术方法,对提高油藏早期评价阶段的油藏描述,都在不同程度上取得了好的效果。但为油田开发后期及提高采收率阶段服务的精细油藏描述,还有许多技术问题需要解决。地震的层厚分辨率,大量的露头调查和地质知识库的积累,条件模拟方法等还未成熟,可能还得需要经过一代人的努力。

7.2 水平井改善采油

本届大会进行了"油藏管理和改善采油(IOR)"的专题讨论会。与过去的"EOR"(提高采收率)讨论会不一样。这次重点是谈水平井改善采油。有两个意见:水平井的活力在于提高开发效益和改善采油,以及水平井的出现将使油田开发产生根本性的变革。

这方面有4篇论文,其内容包括预测水平井产量及变化历史。以正确评估经济效益,加拿大用水平井开采西部的薄层(<10m)带的边底水重油油藏的实例,使这一处于边界经济条件的重油可以投入开发;丹麦北海白垩系的白垩油藏,以高孔隙度(30%)低渗透率(<1mD),具气顶底水为特征,在油气—油水界面间钻水平井,并且分层压裂可选择性开关层段,经济有效地开发了薄油环,并且评述了水平井的现状和将来。

(1)水平井技术成熟,成本降低,已可以作为与垂直井同等地位以供选择。

目前水平井成本约为钻垂直井的2倍(受完井方法影响很大),产量可增加2倍以上,产量增加是由于改变了油层内的流动条件,增加油井与油层的交流界面,把径向流改变为平面流,减小了流速与压降。这样可使排油组构最优化。

认识油层(包括取心、随钻测井及钻后测井),选择性完井方法、固井、防砂技术、压裂技术等已基本解决,因此除极低垂直渗透率的油藏外,水平井可以用于各种油藏开发。专家们认为现在开发一个油田时,油藏工程师不应提出这样的同题:"是否应试用一下水平井?"而是应这样提问:"是否有任何理由不用水平井?"

对于老油田,通过套管开窗侧钻水平井同样可以改善采油。在美国得克萨斯州奥斯汀白垩系的垂直裂缝油层已获成功。

(2)水平井在改善开采中可以预期解决以下问题:

① 薄油层(一口井能代替多口垂直井);

② 锥进问题(把水平井放在合适位置可防止水锥和气锥);

③ 带垂直裂缝的致密层(能横穿裂缝);

④ 提供油层侧向变化的重要的非均质性资料;

⑤ 海上勘探的发现井,堵井底,套管开窗侧钻,立即可获得丰富的油层资料,可减少钻评价井,并可利用水下装置投产,取得动态资料;

⑥ 减少每个平台井数,缩小平台规模,减少费用;

⑦ 延长水平段,减少平台数;

⑧ 可在海上浮式钻井船上钻水平井,也适于水下完井;

⑨ 可提供三维的排油组构,适合于油藏及流体特点;

⑩ 可在垂直井中开窗侧钻水平井;

⑪ 由于井数减少,改善了环境保护;

⑫ 改善采油也可改善注入,提高采收率,在注入昂贵化学剂时,很快到达生产井,减少损失等;

⑬ 减少加密井费用,如北海现有平台上留有的备用钻孔已很少;

⑭ 可以分支侧钻多分支水平井,增加排驱面积;

⑮ 可以根据水平井排驱长度调节产量;

⑯ 对气井生产还有有利条件,在同样产率下,流速及紊流可以减小,出砂减少,修井工作量减少;

⑰ 对于井间地震,利用水平井可以取得更多信息。

(3)水平井在改善开采中应用,要研究以下一些问题:

① 井应钻在何处?

② 选择最佳排驱组构,达到最好产量和采收率,最大地抑制锥进;

③ 二次和三次采油时,注采关系最好。

这样,完善的油藏数值模拟技术是很重要的,在钻水平井以前,必需适当预测开采过程和经济效益。这方面目前还需改进提高。

数值模拟还应指出最佳水平段长度,这是一个很难对付的问题。至今没有人在钻水平井前确切确定合理的长度。如 Elf 已钻 30 口水平井,不是由于地质原因便是由于技术原因而停钻。这个问题还有待进一步研究,要考虑几个因素:

① 费用及风险性;

② 随长度增加的压力损失;

③ 钻井时井筒的稳定性;

④ 油层的非均质性和不规则性。

(4)水平井不是万能的,假如没有一个多专业的工作团队仔细设计,它仍然是在经济上和技术上非常有风险的作业。

1990 年,全世界钻了 750 口水平井,比上一年翻了 3 倍,但绝大多数还是用于两个目的:横穿垂直裂缝和避免锥进。一些水平井的失败,就是由于油藏原因。讨论中很多人关心水平井的成功率,因为现在发表的都是成功的实例,不成功的很少发表。对于到 2000 年,将有多少开发井是水平井,谁也不能确切知道,但可以肯定是个很大的数字。因为过去 10 年出现的新技术中,水平井技术位居第一。

8 海上油气勘探和开发

海上工作共分 3 个专题:

(1)海上技术的进展和将来的发展;

(2)海上新区油气开发的挑战;

(3)海上作业中安全和可靠性。

对海上平台、钻井和水下系统。着重考虑了:固定式和浮式平台结构的演化;水下多相生产系统;平台上减少人员和自动化;天然气作为新能源的广泛应用;安全和环境保护等方面。

20 世纪 90 年代将在水深 300m 以下进行开发,因此如何减轻平台结构和其上装备的重量,如何降低成本和利用平台空间。成了这次会议讨论的重点之一。

目前世界上作业水深最大的生产平台为墨西哥湾的 Jolliet 张力腿平台,处于水深 535m 处。此平台作业所处的油藏复杂,由于可以迅速地通过平台各井取得油藏资料,使用现代化的油藏管理方法,可使采收率提高 30%。张力腿平台是目前在深水中进行开发的基本选择。根据近来所做的研究工作表明,张力腿平台可以成功地在 1800m 以下水深处工作。北海的 Snorre 油田,水深为 307m,采用了张力腿平台。20 口井的水下生产系统放置在水深 335m 处,此项目于 1991 年初已完成 60%。

加拿大的多冰的海域,开发了希伯尼亚大油田及其他一些小油田。大油田的开发采用了巨大的重力基础结构,对小油田则采用了浮式生产技术。

自北海 Piper 油田的阿尔法平台发生事故后,平台的安全性及可靠性引起了人们的格外注意,这次会议上有人提出,平台的结构和装置等的可靠性对于安全使用是毋庸置疑的,但更重要的是要有公司的坚强管理以保证安全。

在这次会议上,印度和阿根廷都宣布了它们新的招标计划(包括陆上和海上),情况为:

(1)印度代表团在会上散发了第 4 轮招标通告。印度这一轮招标拿出了 72 个区块,其中海上 39 块、陆上 33 块,遍布全国各地。招标条件:采用产品分成合同,勘探期增加地震选择一项,不收签字费或高产纳金,不收矿区使用费,不规定最低勘探费用义务,利润油/气按税后盈利率分成,所得税不设篱笆圈等,义务工作量及费用回收油限额是投标者要填报的竞价条件。另外,还规定印度政府或指定单位享有 30% 的干股,还可选择 10% 参股。

(2)阿根廷制定了新的招标计划。该计划是梅内姆总统在 10 月 20 日世界石油大会开幕式上宣布的。阿政府这次招标拿出 140 个区块,陆上 99 块共 852000km²,海上 41 块共 519000km²。陆上最大区块面积 10000km²,海上最大区块面积 15000km²。阿政府采用租让制合同。矿区使用费为 12%(油田作业使用油田生产的油,矿区使用费为 15%)。开采租让期 25 年,可延长 10 年。义务工作量、勘探期限、签字费等都由有关法律规定。

9 20 世纪 90 年代石油上游工程技术的发展方向

根据这次大会的介绍,对于 20 世纪 90 年代世界石油上游工程新技术的发展可归纳为 6 个方面。

9.1 关于石油勘探

在世界范围内提出了一个目标,就是把探井和评价井的成功率进一步提高,从现在 6 口井中有 1 口发现井,提高到 3 口井要有 1 口发现井,把探井成功率提高 1 倍。在这里,有 3 项技术需要大力发展:一是大力发展三维地震,特别是海上三维地震要走向陆上,在这方面我们国家是领先的,但在资料处理和解释上还要提高。二是从勘探上看,要进行应用地质和地球物理综合研究,解决复杂的地质问题。进行多学科、多技术的综合研究,提高整体效益,在这次世界石油大会上对此也着重作了强调。任何一个单方面的、单纯用一种技术方法不能完全解决复杂的地质同题。三是大力发展盆地模拟技术,对盆地进行整体的分析研究。盆地模拟在西方石油公司发展比较快。我们在这方面的工作方向是正确的。我们现在用的是一维和二维的盆地模拟,目前三维盆地模拟已有了雏形。也就是说从盆地沉积、构造、有机质演化、石油的生成、排出、运移直到聚集,整个过程综合地进行模拟。

9.2 关于钻井

钻井的目标:第一要打得快;第二要把现在钻井成本降低 30%;第三增加安全性;第四进行钻井的动态分析。这里提出了几个方法:

第一个就是优化钻井,包括怎样保护油层和储层,保持井壁、快速钻进等的一系列办法。第二是广泛采用 PDC 钻头聚晶金刚石钻头。我们现在使用的 PDC 钻头的效果也是很好的,在塔里木油田使用一个钻头打到了 3000 多米。三是在生产井当中,普遍使用油基钻井液,减少对油层的伤害,四昰进一步发展钻井自动化。五是发展随钻测井,现在已经发展到钻井中的随钻评价,增加了多种参数来对储层和深层进行评价。另外,还发展了控制钻井的仪器、仪表。

9.3 关于原油生产

主要目标就是要提高油田的采收率,要从平均的 30% 左右提高到 40% ~ 50%。提出了几项方法和新技术:第一是大力开展水平钻井;第二要进一步发展油藏描述和数值模拟;第三是采用一切可以提高油田采收率的措施,包括注高分子聚合物和生物细菌这套措施;第四要进一步完善完井方法;第五是针对油田性质分别采取一些增产措施以提高产量。

9.4 关于海上油田

海上油田的目标主要是要降低投资和成本。一要搞平台优化;二要钻水平井和延伸井;三是海底完井;四是多项生产测井,解决海上油田的勘探和开发问题。

9.5 关于井下作业

目标就是要降低 50% 的成本,最主要的措施:一是在下油管的工艺方面针对油层采取一些措施;二是进行多项生产测井。我国也已普遍开展了这样的工作。

9.6 关于油田安全与环境保护

目标就是降低污染,减少意外风险和事故的发生。这方面采取的方法有:第一在钻井液使用上狠下功夫,要采取一系列措施;第二采取有竞争性的方法来保护环境;第三要大力发展各种有效的化学剂;第四钻井和平台要自动化;第五要降低放射源的放射性。

上面主要是根据斯伦贝谢公司、壳牌石油公司和埃克森公司的代表在报告中谈到的 20 世纪 90 年代石油技术发展,概括综合起来的。

从这些技术发展看,要求我们的技术人员素质提高一个档次,由于发现油气田的难度越来越大,而且发现的油气田也越来越复杂。因此,首先要求所采用的技术也要越加先进和复杂。现在技术是朝更复杂、多学科的结合发展,在工程上,要求钻井工程师不仅要会钻水平井,而且要了解水平井在油层中起的作用;不仅要懂得钻井机械装备,也要知道井下的油藏地质,由此,石油工程师都朝"一专面广"的方向发展。地质家也是如此,也要了解钻井和采油。做到地质与工程的结合。只有这样,一项工作才能取得比较高的效率。其次,复杂的技术要有高水平的软件、高水平的决策来配合,才能解决复杂的问题,否则也是不行的。三是复杂的问题和复杂技术在工作过程中要进行反馈和反复研究,以提高新技术新方法的应用效果。比如这次会议上有的代表提出,钻井工程师可以适当参加油藏工程工作,地质家可以参加钻井工程方面的设计,只有多学科协同工作,做到技术相互交叉和相互渗透才能把工作提到更高的水平。否则,石油生产面对复杂的前景所带来的一系列困难是难以解决的。这方面的认识对我国的工作很有意义。以前我们也感觉到了这些问题,但不是十分明确,以后对这些问题还可以细致讨论一下。希望这些要深入到我们头脑中,不仅各个研究单位要注意这些问题,技术培训工作中也要注重这些问题。世界的石油技术发展的趋势向于综合,目的在于解决面临的复杂的和不易解决的问题。

(原文刊于《石油图书与情报》1992 年(第 6 卷)第 1 期)

迎接世界石油新技术革命的挑战

——石油工业上游工程的战略对策

在西南石油学院校庆 30 周年科学报告会上的学术报告

当代世界的新技术革命正在对人类的经济和社会生活产生重大影响。科技进步将在根本上决定现代化建设的前途和命运。我曾有幸参加了 1983 年和 1987 年最近两届世界石油大会,会议的中心内容是确定石油科技发展的大方向,加速世界石油新技术革命的进程,从而在战略上研究在可以接受的国际市场油价价格的条件下,迎接石油是否继续发展以及如何发展的挑战。

1 释题与背景

石油上游工程指包括陆地和海洋的油气勘探与开发(简写为 E&E,即 Exploration and Exploitation);含石油地质、物探、测井、钻井、采油(气)、油藏、储运、上游环保、经济分析与评价等(而下游工程指油气品加工、利用与下游环保、经济、营销等)。

当代各科学技术领域在制定自己迎接高、新技术革命挑战的战略对策时都要依靠所谓"研究与开发——简称研发或 R&D,即 Research and Development"来进行。在高、新技术的时代,各发达国家都有发展高新技术的战略规划。如美国的星球大战计划,投资 $1 \times 10^{12} \sim 2 \times 10^{12}$ 美元;西欧有"尤里卡"计划;苏联和东欧有"综合纲要"计划等。我国有"863"计划,是邓小平同志在 1986 年 3 月对中国科学院关于发展高技术研究的报告上批示"宜速做决断"而得名;我国最近又制订"火炬"计划以创造有利高技术产业发展的条件。

什么是高技术呢?国际上技术和高技术产业的定义和解释如下:法国的说法是知识密集型产业,日本认为当代尖端技术和下一代技术为基础的技术就是高技术;美国提出高技术领域有两大特点:(1)专业技术人员的比例高达 40% ~ 60%,智商高、有博士学位的人员多;(2)R&D占再投资的比例高达 5% ~ 15%。国际上普遍认为高技术对人才(特别是高层次人才)的依赖性大;发展高技术必须搞 R&D。新技术和高技术是两个概念,但又密切相关,都是高科技领域,或叫高、新技术。邓小平同志最近说:"中国在高科技领域要占一席之地……"现代世界的发展,特别是高科技领域的发展,一日千里,中国也不能不参与而且必须占领制高点。

石油工业是属于传统工业的新尖端技术范畴,石油工业本身不属于高技术,但与高技术密切相关,需要应用大量高技术。所以 R&D 是石油工业中进行战略决策性或者说带有战略性的高层次技术研究和开发。

石油工业是知识、技术、资金三密集的行业,是国际性很强的行业。石油工业上游领域尤其有风险大、建设周期长、投入资金多的特点。油气田开发的产能和产量必然具有初期阶段上升、中期阶段稳定和后期阶段递减下降的明显阶段性特点。王涛部长 1987 年 12 月在辽河油田召开的石油局厂领导干部会议总结时说:"我们石油工业在发展规划和部署上,必须把近期目标和长远目标结合起来,认真研究:资源战略、资金战略、科技战略和人才战略。"

我们搞石油勘探开发必须重视 R&D,科学地决策战略性技术,还要懂得经济,做到技术与经济结合。

从最近两届世界石油大会(WPC)的内容可以看出 R&D 的重要性。第十一届 WPC 会议正值 WPC 五十周年,主题是在回忆 50 年的基础上"讨论下世纪的石油"。第十二届 WPC 会议的主题是"前进的石油技术,获得明天能源的战略"。两届 WPC 的主题是相衔接的。会议的许多论文和论文讨论会都是围绕如何增加石油资源,降低原油成本,为石油公司的高级经理们提出宏观的战略性意见,以便作出决策选择。许多论文都认为,出路在于加快研究和发展新概念、新工艺、新技术、新工具。从战略和战术上研究提高效率、降低成本、提高技术能力的新方法才是根本出路。会议对上游领域讨论的主要意见有:

(1)勘探新的油气领域、特殊油气藏和复杂油气藏。

(2)提高勘探程度和成功率。

(3)降低钻井成本,因为钻井成本占勘探成本的 30% ~ 90%。

(4)保护改造储层,改进原油的采收方法,提高采收率。

(5)降低海上钻井、采油作业成本。

(6)优化稠油、超重油、高凝油和石油沥青的生产技术。

当代科学技术的发展,特别重视软科学的发展,各国高度重视新理论、新概念和知识工程、人工智能与专家系统等在石油工业中的应用。计算机、工作站及其网络系统的应用已成为石油工业现代化生产和科研中的重要手段。我国不仅是石油生产的大国,而且是油气资源丰富的大国,更应重视 R&D 的研究。

2 世界及我国油气资源与国际油价分析

2.1 世界油气资源简况

2.1.1 石油

1979 年,第十届世界石油大会(WPC)在布加勒斯特召开,会上公布了当时调查的石油最终储量为 $2400 \times 10^8 \sim 3300 \times 10^8 t$。后来又在伦敦(London)、休斯顿(Houston)召开了第十一届和第十二届世界石油大会,在大会上根据各国提供的不同资料,联合调查组经过两届的努力,得出了一个比较可靠的石油最终储量为 $2460 \times 10^8 t$。在总可采储量 $2460 \times 10^8 t$ 中,已发现可采储量 $1670 \times 10^8 t$,其中已采出 $640 \times 10^8 t$,剩余 $1030 \times 10^8 t$;未发现的可采储量 $790 \times 10^8 t$。按目前的消费水平($28 \times 10^8 \sim 30 \times 10^8 t/a$)估算:已发现的剩余可采储量 $1030 \times 10^8 t$ 可供全世界用 37 年,未发现的可采储量至少有 $790 \times 10^8 t$,可供全世界用 28 年;这就是说,石油至少还可供全世界使用 65 年。西方技术专家认为:估计 20 世纪末每天将短缺 $1700 \times 10^4 bbl$,为了使有限的宝贵石油资源能为人类做贡献,就得控制用油量,因此,石油在能源结构中的比例将再次降低。例如,在 20 世纪 70 年代以前占 50% 以上,而在 1983 年占 46%,在 2000 年将占 40%,这也说明了石油在能源结构中所占的比例呈逐步降低的趋势。

2.1.2 天然气

随着石油工业的发展,天然气探明的可采储量增长很快。1983 年预测:总的可采储量为 $271.4 \times 10^{12} m^3$;已发现的可采储量为 $148 \times 10^{12} m^3$,其中已采出 $37 \times 10^{12} m^3$,剩余 $111 \times 10^{12} m^3$;

未发现的可采储量为 $144 \times 10^{12} m^3$，按目前的消费水平计算，每年要消费天然气 $1.58 \times 10^{12} m^3$，预测天然气可以使用大约 150 年。这样看来，全世界天然气资源情况要比石油好得多，在世界能源结构中的比例预测到 2000 年，甚至到 2200 年，仍可以保持目前在能源结构中占 17% ~ 19% 的水平。

总之，我国和世界原油与天然气资源既是丰富的又总是有限的；但是石油储量是够下个世纪中叶时期以前消费的；天然气可供使用的年限则更长些大约有一、二百年；重质与超重质原油、天然沥青与页岩油等非常规油气资源今后也可能提供能源。

2.2 我国油气资源量

2.2.1 世界石油大会(WPC)对我国和世界油气资源的评论

在 1979 年举行的第十届 WPC 上，我国的油气资源占世界的第 12 位；而在 1983 年的第十一届 WPC 上，跃居世界第 8 位；1987 年的第十二届 WPC 上，我国的石油位居第 8 位、天然气占第 7 位。表 1 至表 3 为世界油气资源预测情况。

表 1　世界原油(常规原油)储量预测表(摘录)

国家或地区	累计产出 10^8 bbl	证实储量 10^8 bbl	原始储量 10^8 bbl	1984 年产量 10^8 bbl	储产比	待发现储量(10^8 bbl)			最终储量 10^8 bbl
						5%	中值	95%	
全世界	5240	7954	13191	197.2	40.3	3620	4250	9260	17440
沙特阿拉伯	498	1664	2162	16.3	102.3	200	350	650	2512
苏联	857	810	1667	44.8	18.1	460	770	1870	2472
美国	1358	474	1831	32.5	14.6	230	270	710	2200
伊朗	330	601	931	8.0	75.1	110	190	350	1121
伊拉克	170	507	677	4.4	115.2	150	350	800	1027
委内瑞拉	410	457	868	7.3	62.3	80	150	360	1018
科威特	215	731	947	3.3	218.9	10	20	70	967
中国①	108	236	343	8.4	34.0	200	350	930	693
墨西哥	119	300	419	9.8	30.5	150	250	750	669
阿联酋	90	457	547	4.6	100.2	30	50	130	597
利比亚	145	259	103	4.0	64.3	40	60	150	463
加拿大	111	60	174	5.3	11.3	69	273	566	447

① 据石油工业部有关同志意见，表列我国资源情况可供参考。但"待发现储量"与"最终储量"偏低。

表 2　世界天然气与天然气凝液(NGL 液态天然气)资源预测　　　单位: 10^{12} ft^3

国家或地区	累计产出	证实储量	原始储量	1984 年产量	储采比	待发现储量			最终储量	证实储量	待发现资源(中值)
						95%	中值	5%			
全世界	1173.1	3908.0	5081.1	58.90	66	2650.4	4199.4	8590.8	9280.5	586	630
苏联	234.1	1275.4	1059.5	19.40	65	739.0	1277.0	2861	2819.3	191	184
美国	635.1	326.4	962.0	18.08	18	185.0	272.0	474	1234.0	121	101
伊朗	9.1	496.6	505.7	0.29	1698	300.0	450.0	1000	955.7	74	68
加拿大	56.9	99.2	149.5	3.59	25	153.3	292.0	645.5	483.2	16	38

国家或地区	累计产出	证实储量	原始储量	1984年产量	储采比	待发现储量			最终储量	证实储量	待发现资源量（中值）
						95%	中值	5%			
沙特阿拉伯	3.9	135.2	139.1	0.15	926	200.0	300.0	600	339.1	20	45
挪威	5.2	128.2	133.3	0.99	129	55.0	140.0	240	273.3	19	17
中国	12.5	24.8	31.3	0.37	67	122.0	203.0	467	234.3	3	30
墨西哥	15.8	76.7	92.5	1.43	11	70.4	118.9	291.3	211.4	12	18

注：1m³ = 35.3ft³。

表3 世界重质及超重质原油储量　　　　单位：10⁸bbl

（单位：10^8bbl）

国家或地区	累计产量	证实储量	资源情况		最终储量
			原始储量	待发现储量	
全世界	343	4761	5106	948	6054
委内瑞拉	39	2851	2890	225	3115
苏联	52	1087	1139	209	1348
伊拉克	106	231	337	212	549
美国	101	181	282	28	310
墨西哥	2	41	44	160	204
中国①	少量	68	68	少量	68
英国	0	52	52	0	52

① 按石油工业部同志意见，我国重质原油储量远比表列者为大，会议中，作者承认由于资料缺乏，对我国储量情况估计不足，数字过低。

注：粗算7bbl = 1t。

2.2.2　我国油气资源量概况

为弄清我国油气资源量，国家计委和原石油工业部组织专门的班子，经过近5年的努力，到1985年和1987年初，两次查明的油气资源量（远景储量）见表4。关于产量：在1987年产油1.34×10^8t，居世界第四、五位，预计1988年产油1.37×10^8t。1987年我国人均占有的油当量为140kg，只有世界人均占有量880kg的16%。

表4　中国1985年和1987年两次调查的油气资源量与储量

参数		石油（10⁸t）	天然气（10¹²m³）	说明
资源量	1985年	773	16.8~24.2②	不包括海域天然气资源量
	1987年	787	33.3	包括海域天然气资源量
已探明可采储量		125~130	0.36②	石油储量已动用101×10^8~105×10^8t，可采后备储量太少
储采比①		18:1	28.8:1	世界总的石油储采比40:1

① 储采比 = 已探明储量/年产量。

② 天然气勘探程度很低，已探明储量只占资源量的1.59%~2.1%，说明潜力很大，待做工作量也很大。

我国与全世界一样，石油资源既是丰富的、又是有限的，常规石油将以主要能源进入21世纪。天然气资源情况更好，但今后勘探开发难度更大，石油工业高成本、高风险、高技术的特点更加突出。

2.3 国际油价问题

从技术与经济结合角度来说,搞技术的人应该懂得一点经济并了解国际油价的变动情况和变动原因。因此,国际油价是大家关心的问题。

2.3.1 近、中期趋势分析

第二次世界大战后,世界资本主义经济在新技术革命的推动下,曾经历了相对稳定和高速发展的时期,这就是五六十年代的所谓"黄金时代";与此同时,第三世界国家和苏联、东欧国家的经济也有了长足的进步。西方垄断资本大量掠夺中东的廉价石油,滋养了西方经济的快速发展。进入 20 世纪 70 年代以来,世界资本主义经济大发展的势头开始消逝,接着经历了 1974—1975 年和 1980—1982 年两次世界性经济萎缩。而 1973 年和 1979 年两次大幅度石油涨价,则加剧了世界经济危机的严重性。这样世界经济发展的基本趋势很可能是不稳定的低速增长;世界一次能源消费平均年增长率为 2% ~ 2.5%,其中发达国家约为 1%,发展中国家为 4% ~ 4.5%,社会主义国家约 3%。石油消费的增长速度低于一次能源消费增长速度,估计年平均增长率为 1.5%,其中发达国家 0.7%,发展中国家 3.2%,社会主义国家 1.8%❶。这表明石油消费量增长将是缓慢的,20 世纪内,世界石油工业像六七十年代那样大发展的情况不可能再现。但在我国由于人均占有量太低、供不应求,石油工业需大力发展。

在第十二届世界石油大会上,对当前原油供过于求,油价下跌,并认为油价过高或过低都不利于世界综合的经济发展。认为目前油价(约 18 美元/bbl 的标准价)基本合理,可能逐渐略略上升至 20 美元/bbl。由于技术进步使能源利用率提高,尽管油价下移,并不能大幅度提高需求,今后一段时间内由于世界平均生活标准有所提高,原油需求量大约以每年 1% 的速度增长。不管怎样,原油的供需关系受价格的影响,而油价也不可能长期平稳或再降低,从长远看,由于美国、苏联、英国、中国、加拿大等这些既是产油国又是消费大国的资源有限,储采比都低。最终掌握大部分剩余资源的仍是中东地区,油价是否稳定或如何上涨,在一定程度上仍受这些产油大国的"控制"。国际石油价格,2000 年以前既缺乏因为需高于供而大幅度上涨的条件,又因为供需双方互相制约而不至出现大幅度下跌。

20 世纪 70 年代以来,国际石油市场发生了剧烈的变化。石油输出国组织在 1974 年 1 月 1 日将石油标价提高到 11.65 美元/bbl,标志着"廉价石油时代"一去不复返。1979 年初,由于伊朗政局变化,石油停止出口,导致世界石油供应量突然每天短少 520×10^4 bbl,油价从 1987 年底的 12.86 美元/bbl 暴涨到现货市场上 40 ~ 41 美元/bbl。以后,石油输出国组织又几经调价,但因世界资本主义经济已不景气,加上石油进口国为应付第一次油价大涨带来的冲击而大力节约石油,诸如提高能源效率,发展代替石油的能源,使世界石油消费量下降。另外,高油价刺激了非石油输出国,特别是北海和拉美的石油工业发展,石油市场出现多元控制的局面,供应量超过需求,油价呈现疲软。石油输出国组织限制成员国的产量并未能稳住油价,1985 年又放弃限产,争市场份额,供应量更多。现货市场油价暴跌,1986 年上半年内一度降至 10 美元/bbl 以下,短期出现 7 美元/bbl 的低价。虽然石油输出国多方协商,成员国内部又恢复实行限产政策,油价较快地升到 18 美元/bbl 的水平,但总的看来,油价仍不坚挺。而最近两伊战争

---

❶ SPE 和 WPC 等国际会议的学术论文和文献等在 20 世纪 70—90 年代大多把世界上的国家分为三类,即发达国家、发展中国家和社会主义国家。本文只能按当时历史条件下的原文文献分类数据整理,也难以从新分类计算。特此说明。

一停,海湾运油安全,中东石油生产猛增,油价又跌到 12~14 美元/bbl,在 10 月 6 日东京原油市场的中东油价降为 10 美元/bbl。总之油价暴涨和暴跌都不正常,近期内油价不可能有实质性的上涨。我国每年石油出口约 3000×10^4 t,换回外汇 40 亿~50 亿美元/a,占全国同期创汇 25% 左右。

近中期油价,虽然变化因素很多,但基本趋势是:在不发生突发性政治,军事事变的情况下,油价在起伏波动中缓慢上升,今后几年油价不可能有实质性的上升,1990 年油价可能在 21~25 美元/bbl,20 世纪 90 年代市场供需逐渐趋于平衡,石油输出国组织在石油市场中的份额有所上升,剩余生产能力减少,将促使油价稳定上升,1995 年可望达到 27~30 美元/bbl,20 世纪最后 5 年内油价将继续逐步上升。

总之,国际经济学家认为,从全球来说,在 20 世纪内(只要不打大仗),石油消费量的增长将是缓慢的,而全世界原油生产量一定程度的增长很快,特别是许多非石油输出国家(苏联、中国、英国、挪威等)石油生产在一定时期内大幅度增长,造成供过于求,使石油输出国(OPEC)完全控制油价的能力减低。

顺便说一下原油生产成本:

(1)中东各国 2 美元/bbl 左右;

(2)欧洲北海(英、挪、荷)10 美元/bbl 左右;

(3)美国 10~18 美元/bbl(视不同油田而成本不同)。

2.3.2 对策

针对世界的油气资源和供求关系,提出了一些相对应的对策:

(1)增产。

(2)合理使用油气,减少烧油,调整能源结构。

我国 1987 年生产原油 1.34×10^8 t,在能源结构中占 22.7%,其中出口 3000×10^4 t,烧掉 3000×10^4 t,实际使用只有 7000 多万吨。烧掉的 3000×10^4 t 是一种极大的浪费,按当时国际价格同烧煤比较,等于一年白白烧掉 50 亿美元。把宝贵而有限的资源(化学工业、加工业乃至食品工业)当作燃料烧掉是一种极大的资源浪费。针对这种情况,我们的对策是增产节约,合理使用油气为调整能源结构,发展煤代油,发展水电、核电,减少油气消耗。特别要努力减少烧油量,增加化工、油气品加工用油量。

我国近 7 年来,通过多种措施,已累计压减烧原油量 4430×10^4 t。积累资金 169 亿元,创汇 32 亿美元。

3 世界石油新技术革命的挑战

近来科学技术突飞猛进,使整个世界高技术和新技术革命面临着:工业时代走向信息时代,地球文明走向星球文明;核武器时代走向核和平利用时代的挑战。石油工业同样也面临着一场严峻的挑战。石油勘探工作向复杂地区、特殊油气藏、深部地区、边远地区、沙漠、海滩、深海乃至两极开拓,许多大油田的开发进入中高含水期、降产期,产量要靠中小油田、(如断块油田等)来弥补,石油工业高成本、高风险、高技术的特点更加突出。

在国际上,如果说在 20 世纪 70 年代中期到 80 年代初,高油价情况下,石油科技的主要目标是如何多找油气和快速生产出油气;那么今后石油科技的主要目标将是尽可能降低勘探、开发的成本,以求取得较好经济效益。在我国,则兼有这两方面的目标,而且近期内,多找油气和快生产出油气仍十分紧迫,也就是这场挑战对我国是更为严峻的。

3.1 石油上游工程20世纪70年代以来的进展

各主要产油国及大石油公司均把科学研究和发展(R&D)放在很重要的位置上,即使在油价剧烈下降的期间,仍然没有放松科学的研究工作。石油工业的上游工程主要是指与石油勘探和开发有关的各项工程。20世纪70年代以来,在这一领域主要的进展有:

(1)与地球科学有关的资料的质量和数量,特别是地震勘探,有显著的提高,其成果已应用于多种学科。

(2)石油工程广泛地利用了近年来从航天技术到电子技术各个领域的科技新进展。

(3)机械工程和土木工程方面的进展,主要是研究和制造了适应于恶劣环境条件下的整套设备。

石油工业上游领域要继续发展什么样的新技术以适应其发展的需要? 第十二届世界石油大会上荷兰的 F. van Daalen 在报告中认为,上游领域研究和发展(R&D)的主要目的是:

(1)增加或至少是保持已有的油气资源基地;

(2)降低或至少是控制单位生产的总费用。

R&D 在充分利用已发展的新概念、新工艺、新技术的基础上,应把油气资源基地的扩展和保持放在首要地位,然后集中力量减少费用、降低成本、增加效率和成功率。

3.2 石油上游工程R&D的主要内容

当前,上游工程科学研究和技术发展的主要目的已经扩展到寻找新的油气资源和降低单位产量的总成本(OCPUP,即 Ovcerall Cost Per Unit Production),并已取得了许多进展。顺便提一下,在油价下跌的情况下,单位产量的总成本是一个重要的新概念和经济评价指标。它是从勘探、开发整个过程的费用来计算每桶油价,涉及因素较多,想确切得到每日瞬时的单位产量总成本相当困难。石油工程的新概念、新工具、新技术等等已经有了发展,这些发展将在勘探与开发 E&P 方面继续起重要作用,它们在选择远期的技术发展项目、改善设计计划和施工作业等方面都具有很大潜力。这些发展将要求多学科的进一步交叉综合,以便充分利用日益完善的数据积累、综合、储存和最优化复杂系统的能力。

石油工程战略性的R&D总趋势是:在数据监测方面和信息传输技术方面已取得了很大进展,从而在数据的量和质两个方面都有迅速的进步,与此"数据爆炸"相关联的是在数据库和数据处理技术方面正在迅速发展。高功能的计算机已经不仅取代了许多高级研究人员的实验室研究任务,而且也大大扩大了他们的能力。来自各种不同学科的数据积累、综合已比过去变得容易得多了。人工智能、专家系统正在发展之中,它甚至能代替专家工作者的部分数据解释工作。

关于中期项目方面,特殊油气藏的勘探、开发、保护与改造油气藏的配套技术研究。微处理机和高功能计算机用于石油工程方面在未来的中期项目发展中具有巨大潜力。例如,把整个钻井作业看作是一个具有内在联系的各个组成部分的组合,计算机程序将有助于实现进一步的模拟工作。油井工程将在应用近代技术进行设计、测量、控制和施工等方面进入一个较高水平。数据监测、计算机模拟和新材料、新概念等将会是这一发展的重要组成部分。强有力的跨学科组织在数据监测、数据存储、数据处理以及计算机模拟的指导和综合研究方面的功能将起重要作用。R&D 在创造、发明和研究新概念上的经典性作用仍很重要,由于计算机技术的发展,这种 R&D 效果的有效性已经并将继续得到加强。

关于长期项目方面,以钻井为例,诸如钻井模拟、钻井自动化、钻井管理与决策、提高采收率、油藏地质和油藏模拟、海洋钻井、深井技术和极地恶劣环境下的工程技术等,都是具有美好前景和巨大潜力的项目。与此相关的其他研究工作的进展都会直接导致降低石油的生产成本。许多"龙头项目"应系统地配套考虑,科研与生产的联合力量要定期实现明确的特定目标。

石油上游工程各领域的 R&D 主要内容如下。

3.2.1 石油地质勘探

R&D 的主要目的是改进发现油气藏和迅速搞清油气藏特征、规模和大小的能力,以扩展和保持资源基地。继续改进选择勘探目标的方法和程序,使油气田的勘探和开发趋于最佳化。在这方面首要的任务就是准确了解地下情况。近年来发展的趋势是通过建立地质模型,确切地了解地下的变化过程。

第十一届 WPC 新区勘探分组讨论会和石油地质分组讨论会认为世界上有希望的油气新区是:南北极、南美洲、美国墨西哥湾、墨西哥东南部海陆相连部分和中国沿海(尤其是中国南海北部),有人把中国南海油气资源称为世界上的第二个中东。上述几个新区中,自然条件最好的是中国近海,所以与会者对中国的油气资源给予极大的重视。近年,中国南海虽在勘探上出现了一点曲折,但前景仍是乐观的。墨西哥石油公司的专家在会上比较系统地介绍了墨西哥东南部新油区的经验,这些地区已勘探 68 年,直到 1972 年才发现了目前的深层高产大油区。近 10 年来只打探井 123 口,其中成功的达 73 口(成功率达 60%),找到 40 个油气田,增加石油可采储量 $64 \times 10^8 t$,生产能力达 $1.2 \times 10^8 t/a$。单井平均日产 280t,成效高,速度快。其主要经验是加强地质和地球物理勘探工作,还有地球化学技术等:一是加强地质综合研究,如用盐层的孢粉研究并确定盐来自深部的侏罗系,用地震层速度分析推测覆盖层以下有大面积中生代碳酸盐岩地层分布等;二是采用多次覆盖地震技术查明了深层构造形态;三是注意加强碳酸盐岩层的勘探研究工作。这对我国可参考借鉴。

在天然气勘探方面,会上有专家指出,全世界的天然气分布,侏罗系第一位,占总可采储量的 33.1%;白垩系第二位,占 26.4%;志留系第三位,占 14.6%;以下依次为泥盆系 9.1%,古近系—新近系 7.5%,石炭系 5%。但我国现有的天然气储量中,侏罗系只占 0.18%,志留系刚刚在贵州发现。今后似宜加强对这两个层系的研究及勘探,这为找气提供了一个重要的参考线索。

由于全世界重油(相对密度大于 0.935 的称为重油)及沥青的储量约有 $200 \times 10^8 bbl$。重油的地质勘探工作已在这次大会上引起重视。除加拿大、委内瑞拉外,苏联近年来已在第二巴库油区打了 20 多口重油和沥青探井,发现矿田 300 多处,已对其中的 30 多处进行了详探,总结了一些重油勘探的地质规律。我国在这方面的资源也很丰富,宜加研究开发。

会上宣读的一篇有关北海油田有机相研究的论文得出的结论与我国东部地区得出的结论相一致,即认为油气运移是短距离的,生油岩的分布范围基本上控制了储油岩的分布,日本已在中新统火山岩里找到油气资源,对我们也有借鉴意义。

第十二届 WPC 指出,目前全世界找油找气的勘探活动在新和老的 5 大含油气带进行,并不断有所发现。

第一,特堤斯含油气带。中国西北地区含油气盆地属于这一油气带。

第二,环太平洋含油气带。东环从美国落基山脉到南美安第斯山脉;西环从中国渤海湾、黄海、东海、南海4大海域诸盆地,到暹罗 - 马来盆地、印度尼西亚近海等。中国南海莺歌海、崖13 - 1等海上气田和东沙隆起的流花11 - 1海上油田都是重大的发现。

另外的3个含油气带是大西洋陆架含油气带,环北冰洋含油气带,印度海含油气带。

深层油藏的油气储量不大,迄今发现的油藏其深度不超过7000m(约23000ft),这与缺乏深部储层的地质参数有关。因此,为提高勘探的成功率,需注意:(1)加强地质综合研究;(2)采用多次覆盖地震技术查明深层构造形态;(3)加强碳酸盐岩层的勘探研究。另外,还应注意地质模型研究,油气运移模型研究。

地质模型研究近年来发展的趋势是:

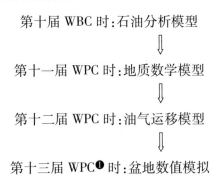

第十届 WBC 时:石油分析模型
⇩
第十一届 WPC 时:地质数学模型
⇩
第十二届 WPC 时:油气运移模型
⇩
第十三届 WPC❶ 时:盆地数值模拟

第十二届世界石油大会上在石油地质方面共有4篇论文:

第一篇论文《深层油气勘探的预测》由苏联石油工业部 A. N. Zolotov 宣读。他认为,油气田已被证实的深度可以达到9000m。目前世界上共有70多个国家从事深层油气勘探,在墨西哥、委内瑞拉、利比亚和美国等具有巨厚含烃沉积物的盆地内,深层勘探工作量一直在增加,并且成功率很高。苏联在南里海拗陷、高加索和乌克兰等区,不论在老油区或新油区,深层发现新油气田的前景良好。目前深层油气田数量不多,是由于勘探程度很低。目前,深层所发现的油气田储量不大,这可能与缺乏深部储层的地质参数有关。有的专家认为4500m深度以下的预测烃类资源量不会超过总预测资源量的8% ~10%,气或凝析气藏将占其中的60% ~70%。但有的专家认为这种结论下得过早,开发这类深部非常规气藏在技术上和经济上尚存在一系列困难。

在讨论中,澳大利亚的 R. Chapman 提问:深层圈闭中是否地层型圈闭多于构造型圈闭?Zolotov 回答:随着深度增加,虽然地层控制的增加了,似亦不能忽略存在有构造圈闭。有人提问苏联所钻超深井发现油气的可能性时,作者回答:超深井在9000m深度发现有孔隙度较好的地层。当有人进一步问到25000ft以下是否发现有油层时,Zolotov 回答:苏联迄今发现的油藏其深度不超过7000m(约23000ft)。

第二篇论文《中国克拉通内部盆地的烃类聚集》,由中国石油勘探开发科学研究院李德生宣读。他总结了中国克拉通内部盆地的地质发展史和含油气远景。以渤海湾盆地作为中国东部拉张型盆地的例子,烃类聚集都与古近纪的地垫断陷或箕状断陷有关。这个盆地石油年产量占全国产量46%左右,而发现新油气田的前景仍然良好。四川盆地作为中国中部过渡型盆

❶ 第十三届 WPC 是 1991 年举行的,是编本书时添加的。

地的例子,受横贯欧亚特堤斯构造体系和环太平洋构造体系的双重影响。这个盆地是中国主要的产气区,其年产量占全国天然气产量的50%。中国西北部挤压型盆地是受印度板块向北推挤压力所形成,塔里木盆地是目前世界上所剩下的陆上最大也是勘探程度最低的盆地,加上周围古生界山系,面积达 $70 \times 10^4 km^2$,盆地中部的塔克拉玛干大沙漠,面积 $32.4 \times 10^4 km^2$。已在古生界、侏罗系和古近系—新近系内发现一些油气田,盆地内存在一些大型的圈闭,预期将获得有意义的勘探成果。在讨论中,土耳其 A. M. C. Seugor 认为塔里木盆地具有 15km 厚的沉积层,其下的陆壳是否减薄?李德生回答:塔里木盆地的基底为前寒武系变质岩系,古生界沉积在满加尔坳陷厚度可能达到 10km,但在中央隆起带上厚度已减薄为 3~4km。中、新生界在山前坳陷内可能达到 8km 厚度,向中央隆起带亦减薄。美国阿科石油公司 M. Churkin 询问:塔里木盆地古生界地层的生油潜力如何?李德生回答:盆地内至少有两套生油岩系,① 石炭系—二叠系海相生油岩系,厚度最大达 700m,有机碳 1.7%,② 三叠系—侏罗系为陆相生油岩系,平均厚 300m,有机碳含量平均 1.7%,两者均已成熟。荷兰 A. I. Boomer 提问:关于塔里木盆地古生界发现井的地温梯度,李德生回答:实测的平均地温梯度为 2°/100m(属正常偏低地温梯度)。

第三篇论文《南极洲东部阿德里海岸边缘的地质及石油远景》及第四篇论文《北极沉积盆地的地质结构及烃类远景》,本文略。

3.2.2 物探地震科学的进一步发展

第十一届 WPC 时在论文中已说明:地球资源卫星、三维地震仪已得到普遍、广泛的应用,重视与加强了物探的作用,减少盲目打井,减少探井数目,且成功率高。连续航空重力和船上重力测量已投入工业使用,精度分别达到 ±1m Gal❶(航空)和 ±0.5m Gal(海上),对复杂地区的区域勘探很有意义。井下重力测量在已下套管的井段也可以使用,是一种体积测量,仪器小,精度高,能测出岩屑孔隙度变化和含气层段。关于地震波在沉积岩中的传播特性,已有部分成果开始在全世界使用。可以使地震信息更好地用来解释岩性和流体,对勘探隐蔽性油气藏及岩性油气藏很有意义。地震横波与纵波配合是地震勘探的一项技术新动向。两者结合使用能对油气层检测与岩性研究作出较大改进。推广使用同时采集横波、纵波的双检波器能大大降低横波勘探的成本。国外还发展了重力勘探和地球化学勘探等非地震方法,并把计算机和遥测、遥感技术引进地球物理勘探领域。

第十二届 WPC 的地震论文要点是:

(1)数据采集发展的趋势是增加采样密度和改进分辨率和信噪比。这样,就需要增加记录道。目前,在三维测量中使用 500 道已经很普遍。在将来,普遍应用的地震道数可能不会增加太多,因为道数太多可能会形成多余,并且对野外的后勤供应带来很大的问题。

为达到不同目的需要适当取样,也是降低地震费用很重要的一个方面。地震波模拟和反演技术研发工作的结果,能够进一步地指导地震采样工作。

(2)资料处理,近年来最引人注目的可能是地震反演。其目的是从地震道上量的旅行时和振幅,获得关键的弹性系数,从而求得地层的几何形态。各种地震勘探方法的主要目的,就是为了解决地下的几何形态及岩性,反演法的新奇之处在于抽取信息的分析方法,使其能充分利用地震数据。

---

❶ $1Gal = 1cm/s^2$。

三维地震的发展,利用人机联作解释工作站和矢量处理超级计算机,提高了效率和精度。以往三维偏移的处理,分为两步进行,即先用一系列独立的沿 x 轴和 y 轴的二维偏移,然后进行三维处理。利用超级矢量计算机,可以一次性地进行三维深度偏移处理,使所有同相轴都能在空间正确归位。考虑到速度的侧向变化,制作了与地质分层相应的深度—层速度地质模型,在上述计算机上进行人机联作解释,取得了很好效果。

三维勘探技术的迅速推广,为了使成果更为可靠,三维模拟、三维偏移及由旅行时反演确定三维速度等技术,都在进一步地发展。这已意味着地震资料需用计算机的处理量大大增加,可能达几个数量级。因此,即使使用超级计算机,仍需简化处理和缩减数据量。计算机运算速度的加快,平行运算法等新方法的发展,将会对解决这一问题有很大帮助。另外,石油公司及承包商希望能发展不需更新装备、不太复杂即能使用有关新方法的软件系统。

长期以来,地震资料处理的主要任务是:剖面的叠加偏移以及地下速度的估算。叠加前的资料主要是用来为叠加资料作模块用,只有叠加后的资料才用来解释。由于地震信息的分辨力增强了,现已有可能用信号形态和岩性及孔隙充填物来对比上述关系。这样就开辟了使用未叠加资料本身来研究地下情况的新途径。

垂直地震剖面法(VSP)已经成功地用于识别多次反射,以及将地震道和测井曲线对比取得关系等。但不少地震专家认为,所谓 VSP 对尚未钻达地层及井周围情况能详细作出图来,还缺乏令人信服的确切证明。在这方面 R&D 还有大量的工作需要进行。

过去 15 年里,地震处理有很大进展,缺点是和解释有所脱节。这一方面正在继续不断改进。人机联作站把处理和地质资料库、物性资料库联结在一起使用,以得出地下最可能的形态及判断地质史。还需要努力的是,继续把各有关专业的人组织在一个队里,共享资料,共同完成研究任务。

3.2.3 油藏特性的研究

油藏描述是开发的基础,需结合地球物理测量、测井、地质及岩石学、现代试井技术的应用、油藏工程等多学科的共同努为,将极浩繁的资料利用计算机处理来加以完成。三维地震及测井将提供最重要的信息。

(1)近年来测井主要的新进展。

在测井方而,现在已经较普遍地使用了自然伽马能谱仪、长源距数字声波波形分析仪、声波环形测井仪、超声声波测井仪、介电测井(电磁波传播测井)仪、补偿中子测井仪、脉冲中子测井仪、岩性—密度测井仪、地层测试器和随钻测量(MWD)仪等 10 种新的测井仪器。仪器能承受温度达 260℃ 及 1200atm❶。使用这些仪器大大提高了人们对油气层的识别能力。在测井解释方面已开始采用"人工智能",强调要进行多学科的综合评价,即按不同地区,把钻井地质、岩心、油井生产、测井、地震、试油等资料进行综合分析,总结出适用该地区的公式及解释参数,提出储层及油气藏的模式,进行储层评价并解释油气层,为油田储量计算及开发生产提供最佳资料。英国 BP 石油公司自己设计编制了称之为"Wellfit"的计算机软件,是测井、试井使用的计算机程序。

在测井工作中,R&D 估计会在下述领域着重发展:

① 结合地质及油藏工程参数,利用新的数据处理和展示技术,进一步发展测井解释;

---

❶ 1atm = 1.01325 × 10⁵ Pa。

② 能更精确和便宜地现场确定剩余油分布的技术;

③ 对矿物组成、孔隙几何形态、流体分布、测井响应和油藏工程参数之间关系的基础研究。

（2）油藏模拟。

一套优质的地质模型,能够反映油藏特性在三维空间内的变化,这对于了解油藏生产特点和最大限度地提高采收率都是关键。有计划和最优化地对油气藏进行评价以及在开发油气田的各个阶段中对油气藏的深入了解,都是非常必要的。这一模型还可以用作对于油气藏地质形态和储层特性的内插和外推的一种预测工具。

建立一套地质模型需要:

① 通过与现在沉积环境的对比,充分了解所研究地区的地质特点;

② 利用岩心和测井资料,研究由于成岩作用引起的物理—化学变化的更替。

制作地质模型的关键是认识油气藏类型,流体运动的可能障碍和良好通道,以及将储层参数及储层条件定量化。

显微研究中的常规技术和新技术,如阴极发光、定量影像分析、层析技术、微毛细压力曲线等,为详细了解岩石组构和孔隙系统内部联通情况提供了手段。另外,地震采集和资料处理的新进展,可以更精确地确定构造,在有利条件下,还可判断储层性质和孔隙空间内所含流体情况。

利用有限元计算机模型,可以将储层内裂缝的分布和类型,作为岩层所经受的外部变形史的一个函数来加以判断。

目前,借助于强有力的计算机,已发展到利用概率方法来建立类似的地质模型,并且可以计算出在特殊条件下它们发生的可能性。这就打开了油藏模拟中将不确定因素定量化的可能性。统计技术及适当的平均程序,已经发展到对宏观和微观的地质情况,都能有一满意的概率作为代表,以便在三维空间及相应的时间里,恰当地模拟油藏特性。

瞬时压力试井和示踪剂试井,可以提供关于油藏连续性的重要信息。以往大量的生产数据和油气藏动态与模型间的历史拟合,已被广泛地用来验证及改进模型。

目前还在继续研究的一个关键问题就是模型中地质情况究竟需要多详细? 在预测油气藏特性中究竟需要掌握多少情况才能基本满足需要? 现在,在超级计算机上的油藏模拟器所能模拟的地质细节远较过去为多,不仅有总的岩性特征,也有详细的组构特征,如交错层等,它们都可能影响油气藏的动态。但对于流体在储层内流动状态的最重要控制因素仍然是孔隙的结构和分布。

在这一领域里,R&D 的任务是联合有关专业,继续加强储层性质研究,将会更好地提高油气藏开发效果。

油藏工程日趋完善,在数值模拟中普遍重视了油藏的地质描述,即使用地质、测井、取心分析、试井等资料进行综合分析做出模型,再对模型进行生产资料的历史拟合得出实用的模型,从而使油田开发评价逐步定量化。

（3）改造储层技术。

酸化压裂技术继续发展,使用了胶化酸、乳化酸以及泡沫压裂液等。对中低渗透及特低渗透气层巨型压裂的裂缝形态和方位的研究有进展。在防砂方面,有文章指出,砾石充填的硅质材料在高温条件下进行蒸汽吞吐时,由于高温有溶解于 pH 值大于 11 的碱性水中的趋势,但能采用"硅锁"技术,即使用四氯化硅蒸汽在地层中分解而形成能把疏松砂子胶结起来的硅质胶结,解决细粉砂的胶结问题,并能使其耐蒸汽的高温。在提高采收率方面,蒸汽吞吐技术已能用于开采极重质油及沥青。埃索公司在加拿大冷湖地区开采沥青的经验表明,在油层温度条件下(13℃),黏度为 10×10^4 mPa·s 的沥青在 200℃ 时能降为 8mPa·s。蒸汽吞吐在八年内在每口井搞 8 次,每次注入蒸汽 $0.7 \times 10^4 \sim 1.1 \times 10^4$ m³,可使采收率达到 20%。约每注入 3t 蒸汽可采出 1t 沥青。火烧油层技术用于开采浅层稠油已经工业化。混相驱和非混相气驱的技术也有提高。聚合物化学驱油的三次采油技术方面出现了新型的表面活性剂。新型聚合物较适用于非均质地层,要注意研究它的生物降解、机械剪切降解及热稳定性问题。在高含硫气田的开发中使用了新的高强度合金钢管材,抗蚀剂已配套,并且有了比较完善的井控、防喷技术。极重质油田的开采技术问题正在解决之中,已经建成了几个可开采的极重质油田。

(4)坑采油砂。

加拿大阿尔伯达省有巨大的油砂矿,目前有两家公司在进行生产,日产原油约 200000bbl(约年产 1000×10^4 t)。最大的阿萨巴斯卡矿的油砂,面积约 41000km²,沥青的地质储量约 8600×10^8 bbl(1367×10^8 m³),可进行地面露天开采的原始可采储量达 330×10^8 bbl(52.5×10^8 m³)。阿尔伯达省全部油砂的沥青地质储量为 1.1×10^{12} bbl(1749×10^8 m³),可以生产合成原油 1500×10^8 bbl(239×10^8 m³),约相当于目前世界油砂矿已知可采储量的 1/3。

油砂先用热水处理,分离出沥青,然后用石脑油稀释,通过离心法将剩余水和沥青分离,用此法反复处理后获得的沥青,再进行加工改质处理,获得合成原油。

最大的一座油砂矿是经过 15 年研究后,投资 26 亿加元经过 5 年建成基础厂,于 1978 年开始生产合成油。从 1983 年又开始执行 16 亿加元投资以增加生产的计划。

加拿大油砂的大规模坑采,证明是经济可行的。现在正从各方面研究降低成本的措施,计划在 1991 年以前,要将成本降低到 10 美元/bbl。这样,在 20 世纪 90 年代,它将有很强的竞争力。

(5)超重油、天然沥青和页岩油的未来。

从世界石油资源的现状和市场供需情况看,到了 20 世纪 90 年代,油价将继续回升。上升的油价将带来两种影响:一种影响是世界的勘探工作将回升,新储量将会不断发现,但是一般认为,世界主要沉积盆地中特大油田的发现时期已经过去,新发现的储量不会扭转世界石油资源逐渐下降的趋势;另一种影响是将发展替代能源及执行节能措施等。本次大会上,美国能源部的一篇文章认为,到 2000 年前后,也许超重油、天然沥青和页岩油能以 20~35 美元/bbl 的价格来进行开发。

对于超重油的开发,目前正试验注蒸汽、特殊完井和采油技术等,与前所述对重油的开发相同。天然沥青则正试验水平井结合注蒸汽和火烧油层的方式开采。

这些资源具有较好的开采前景,但是当前均迫切需要有从技术、环境保护、经济等方面的综合研究,以促使这些资源以及其他非常规油气资源能真正得到有效利用。

3.2.4　石油开采和模拟

提高采收率方法(EOR)已逐步由实验室走向现场生产试验,有的方法已成功地大量应用于工业生产。有的方法技术上已无问题,主要是成本较高,能否使用要根据油价的变动而定。譬如当油价为 20 美元/bbl 时,EOR 可以将美国的可采储量增加 70×10^8 bbl(约 9.6×10^8 t),如油价上涨到 30 美元/bbl 时,则可增加 270×10^8 bbl(约 37×10^8 t),这就接近于将美国的剩余可采储量翻了一番。

一般来讲,一种新的 EOR 方法从实验室研究到投入工业性生产约需 15 年时间。目前,EOR 在 R&D 方面的主要目标是降低成本,开发更有效的化学物质和方法,使现有方法最优化。实验室加计算机模拟将是发展的关键。

R&D 的重要领域有以下几方面。

3.2.4.1 储层内物理过程描述

储层内流体的运动,通常均被描述为按相关渗透率曲线而运动。然而这与储层内流体的运动状态是有出入的,特别是在非均质性很强的储层内和在不稳定流动的条件下(如黏性指进)更是这样。通过储层内流体运动的基础研究,可能会解决这一困难问题。按孔隙状态和规模,用计算机模拟多相运动,就是研究的方法之一。

在化学驱、混相驱和热驱过程中,有很多复杂过程在起作用。对于这些过程的正确描述还需要作大量工作,如蒸发、凝缩、吸附、离子交换、渗滤、扩散、乳化及界面张力的变化等。

3.2.4.2 地质模型描述

在模型描述中,应该利用从岩心得来的大量地质信息,以正确预测储层内流体的运动,在这方面已有不少人做过工作,如 Kortekaas,Lake,Haldorsen 等。

3.2.4.3 数学公式

通常使用的有限差(Finife—difference)技术,包括使用半正规分布的网格。此法的主要缺点是网格的大小在很多情况下不能适应,例如在驱替前沿需要有较高的分辨率等。迄今已发展了多种公式,但只有很少数能得到实践应用。

3.2.4.4 发展更有效的模拟器

很多大石油公司目前的趋势是发展一种全过程模拟工具箱(All – Process Simulation Tool Kit),并使用在现代矢量处理器上能进行有效处理的软件。一些专家认为,现在特别需要更强的模拟器和计算机硬件。认为最有希望发展的可能是"平行处理法"(Parallel Processing)。迄今,在油藏模拟中多使用 Fortran 语言。有关专家认为,需要研究其他软件技术和语言,以降低开发和维护费用,特别是在发展通用模拟器时更是这样。R&D 中,油藏模拟是很重要的领域,有很多方面需要研发,其成果对更好地管理油藏有很大好处,因而这方面应该付出很大努力。

3.2.4.5 钻井工程

钻井成本一般约占勘探找油成本的 50% ~ 80%,占随后油田开发成本的 30% ~ 80%,特殊井高达 90%。在油价下跌的情况下,给钻井工程提出了严峻的挑战。

(1)未来的钻井工艺技术。

钻井工艺技术的发展主要有两条途径:一是"交叉出新";二是"改进提高。"

① 高度重视钻井软科学的发展与应用。钻井软科学是研究钻井中有关系统仿真、预测、规划、管理等的科学,它是先进的自然科学理论以及工程技术与钻井工程相结合的产物。它利用现代科学技术的原理和方法,采用电子计算机的先进手段,通过抽样调查、数理分析、知识工程、模型推导、系统仿真等具体过程,对钻井工程系统做出各种最优决策、预测,以达到提高效率、降低成本的目的。

目前的钻井管理、决策、信息系统的研究刚刚开始,虽然有些已投入实用,但其功能相对还是简单的。大部分这类系统多用于工程设计和工程决策,例如,最优化钻井设计、井控及压井程序、BHA 分析等,建立的数据库多用于工程设计。有些功能稍强些,其信息包括工程、管理信息,可以进行简单的管理决策、自动输出每日报表等。Vincken 和 Monti 对钻井管理系统的讨论也多集中在信息收集系统和计算机网络等硬件方面,而对具体的钻井管理、决策、预测方法等讨论很少。

② 知识工程在钻井工业中的应用。第十二届世界石油大会上,以"人工智能、专家系统在石油工业中的应用"为题组织了回顾、展望讨论会,讨论会报告分两部分,其中第一部分题为"专家系统应用于石油工业的上游部分"。该文指出在过去 5 年中,知识工程已经形成了一个商业化应用的新行业。它能使机器像人一样解决理性任务。这些计算机化的知识系统能够像人类专家一样出色地工作,甚至干得更好,人们称这种系统为专家系统。知识工程在石油工业中应用有着广阔的领域,可以显著改变石油工业的经济情况。模拟人类专门知识或经验、提炼高水平的操作,使这些在计算机内再现;以及更进一步形成世界性网络,连续不断地接收世界范围的专家经验,这些目前都是可能的。在不远的将来,随着输入的专家经验逐步趋于完善、成熟,石油工业的经济效益将大幅度增长。文中举了钻井中的 3 个实例来说明他的论点。

比如 ARCO 公司的高级研究工程师 E. Rochl 和 J. Euchner 研制的"注水泥顾问",可以用来设计注水泥程序、选择最佳隔离液等。ARCO 公司没有世界第一流的注水泥经验,以前一直是雇请其他公司来完成固井作业;同时,ARCO 公司内部没有实力去评论、检查其他公司的设计和施工。因此,ARCO 公司决心搞注水泥的专家系统。Warren Ostreot,有 38 年的固井研究和施工经验,在许多世界性的固井公司工作过,目前已经退休,他被选为主要专家。系统的研制用了 3 个人一年的时间,但该系统投入使用后,每年可为 ARCO 公司节约时间、人员费用达数百万美元。

首先,该系统帮助用户设计基础水泥(base cement),然后以预定的顺序选择各种添加剂,使取得所需要的特定性质。水泥的组成可用表示各种水泥成分和含量的构架图显示出来。其次,该系统的知识库还用来选择最佳的隔离液。由 19 种可能类型中,推荐出隔离液类型、性能、用量和操作程序。该系统有 2000 多条规则,对以 PC 机为基础的专家系统来说是足够复杂了。但 Rochl 认为还需继续扩大、完善。

又如 ELF 公司的钻井顾问"Drilling Advisor",主要用来解决钻井过程中的卡钻、遇阻问题。在使用中,该系统需要与钻井数据库相连,以查询、监测钻井过程中的有关参数。同时它还与地区的计算中心站相连,进行双向通信,以接收最新的知识库内容并传送井上的报告。它也可以直接由压力、深度等传感器接收信息。

该系统本身具有知识库和解决问题的范例。如对"黏卡"的知识库,有 300 多条规则和 50 多个关键参数描述的现象。咨询装置直接同用户对话,对话内容和形式都模拟人类专家的分析、思考方式。通过对实时钻井过程的监测,可对每一个疑点进行跟踪。并可定出一个事故的肯定性系数 CF(−1 ~ 1)。对 CF 大于 0.2 的疑点,该系统就提出一套措施以消除所存在的问题,使出事故的可能性降至最小。

用户与知识系统之间用普通语言直接对话、自动翻译、收集并格式化资料内容,形成合理的推理线索,最终给出结论。如果需要,还可动态地显示思考过程、中间结论、启发性规则等。

该文最后还指出了专家系统的可能应用领域,如油藏模拟、地层分析、钻井施工设计和监测、钻井复杂情况处理、钻井液分析、测井分析等。知识工程是自动化的基础,而且它本身也需要实现自动化。

另一个是菲力普公司的钻井事故顾问,钻井中事故的发展速度很快,人们往往来不及决策;另外,钻井中参数太多,现象非常复杂,人们有时无法迅速决策,这些都会导致重大失误。

利用高速的电子计算机,再加上人工智能,便可解决该问题。关键是人工智能系统的建立。例如,通过传感器对一系列参数进行监测或估计(泵冲、地面扭矩、钻井液相对密度和流变性性能、循环压力、井下压力、钻压、井下扭矩、岩屑大小、地层渗透率和狗腿度等),并由数据库了解邻井的有关黏卡、键槽等方面的历史资料,便可以通过人工智能的决策环解决有关黏卡、键槽、井眼清洁、页岩垮塌、膨胀性地层缩径等问题。其他有可能发展人工智能的方面还有许多,如井控、钻井液控制、岩性自动描述、钻压转速的自动调节、井下动力钻具的控制、钻井水力参数的最佳控制等。所有这些控制系统,都是用传感器监测必要的参数,由人工智能系统进行决策,指挥自动执行机构(如调节施工参数)实现相应的动作。这些都是钻井闭环自动控制必不可少的。当系统不够确定或要解决的问题暂时没有科学依据时,专家系统可以代替数学模拟。若将整个钻井过程全部数学模型化,无疑还要许多年,因此钻井中许多领域可以应用专家系统。重要的是钻井工程需要实时运行的专家系统。小型计算机工作站同实时的专家系统相结合,将大大有利于知识工程在钻井中的应用。预计在20世纪90年代或更晚些时候,能够逐步利用专家系统解释大量数据和控制操作过程,钻井决策环将开始闭合。

③ 钻井数据收集监测系统。实现钻井软科学的系统研究和应用,最重要的基础就是要大量的、准确的、可靠的、及时的信息资料和数据。大力发展钻井数据收集装置(地面的、井下的)、大力发展各种钻井参数传感器,是提高钻井系统的可观测性以及收集大量钻井信息的重要方面。

在20世纪80年代后期和90年代,新的地面测量系统将有大幅度发展。80年代早期和中期,是大量投资于井下传感器的年代,也正是忽视了地面测量的年代,这是一个失误,随着地面和井下测量联合收集和解释的出现,这个失误在近10年内可能被改正。

地面传感器的质量会大幅度提高,传感器将实现自检,称这种传感器为智慧传感器。它能定期用标准电信号或力信号自动检测,并记录偏移量。一旦偏移量超过允许值,计算机便通知操作人员注意检修,甚至还能计算出偏移速度,以便通知操作人员该传感器还能正常工作多长时间,在该时间限制内必须对传感器进行检修。传感器的精度、可靠性将进一步提高。例如在定向井技术上,MWD比其他测井技术(如单照或多点照相测量仪)更为迅速、可靠、经济。这种成功导致了各服务公司在MWD的泥浆脉冲遥感遥测技术上的大量投资。

智慧传感器(Smart Sensor)是井下测量的关键,这比地面的智慧传感器要求更加严格。由于在MWD上的传感器增多,将发生遥测的通信障碍,这只能通过数据压缩技术和大量使用井下微处理器加以解决,从而只需对必要数据进行实时传递。由于通信能力的限制,只将原始数据存在井下传感器的存储器内,起出后再进行详细分析;传感器的微处理器对原始数据进行压缩处理,产生必要的信息传至地面。例如,定向井测量中,不是传递确定重力矢方向的3个夹角和确定正北方向的3个夹角(6个参数),而是计算出井斜和方位(2个参数)传至地面。

井下测量技术,尤其是井下计算机和井下自动化执行机构的实现,需要高、精、尖的计算机技术、自动控制技术和通信技术。由于井下的高温、高压、剧烈振动和很小空间的限制,这项技术的难度恐怕不亚于将人类送入太空的通信、测量技术。斯仑贝谢公司的内部资料透露:美国航天局(NASA)的上天测量仪表是该公司根据其井下测量仪表的实践经验加以改造而制造提供的。由于井下高温、高压、振动和可用空间体积的限制等原因,可以说"入地比上天难"或"入地与上天都难"。目前,我国的地面与井下测量技术很不过关,传感器的稳定性、精度、可靠性都不能满足实用要求,参数的测量范围也不够。有些重要参数,如排量、钻井液相对密度、流变性等还不能实现自动测量,也没有可靠的数据存储、回放、处理系统。我国井下测量技术的发展,在一定程度上取决于其他基础工业的水平,如计算机技术、仪表与自动化技术、测量与通信技术等。除了引进外国公司的先进装备外,在全国范围内组织多行业的共同攻关,无疑会对此项技术的发展能起到积极的推动作用。

④ 钻井工程中的计算机技术与计算网络。在讨论井下测量技术中的智慧传感器和井下控制技术中,我们已经看到计算机技术在井下的应用。井下计算机要完成大量的数据处理,要存贮大量数据,要产生指挥井下控制器的指令,以及要能够用地面计算机实行双向通信,其关键是要发展能在井下恶劣环境下正常工作、体积小而功能强、价格可以接受的计算机。

在 20 世纪 80 年代,计算机就用于井场了,这是一个重大进步。井场计算机可进一步用于地面和井下数据收集和综合解释,可以完成定向井、钻井液录井及其分析、压力监测、最优化设计等多项工作,并实现同中心站连机。这方面的初步工作在 80 年代就已经开始了。每隔几年,在计算机成本基本不增加条件下,计算机的容量和处理能力都会提高 1 倍以上。关键的问题是如何利用这种能力。今后发展的方向将着重于软件,软件将朝组合化方向发展,软件本身会变得比硬件更重要。没有配套软件,组合硬件就不能发挥作用。

钻井管理信息系统以及钻井计算机网络和通信的问题。网络要从计算中心一直延伸到最基层,除了采用常规的通信技术外,还要大力发展远程的、高速的卫星通信技术,以及两种最基本的计算机网络模式,钻井 SCADA(Supervisory Control and Data Acquisition 数据收集和监控系统)和钻井信息系统。

钻井 SCADA 基于这样的观点:在井场实时收集钻井资料,实时传输到计算机控制中心站,中心站的专家监视分析整个钻井过程后再将指令发回井场,指挥井场人员进行最优化施工。井场不需要专门计算设备(只要有终端就可以了)和计算机专家甚至没有钻井专家只有钻井施工人员。中心站有钻井分析软件包、钻井系统仿真器、钻井数据库和钻井专家,所有油井设计、分析、控制指令都由此处产生,即由中心控制系统工作。

钻井信息系统基于这样的观点:钻井的操作控制应该在井场,故井场上也应有相应的计算机设备和专家。而过于复杂、大型的决策,要得到中心站的支持,故中心站需要有专家和大型计算设备。井场计算机与中心站计算机要实现快速双向通信,中心站和井场的信息对井场和中心站都是可调用的。这种系统小规模的可以是 PC 机的网络,大规模的可以实现遥感通信或远程通信。

钻井 SCADA 系统趋向于记录大量的,但种类有限的工程数据,典型的有每米的钻井参数、钻井液参数等。这类数据主要用于最优化钻井、起下钻、下套管过程的最优化等,偶然也用于分析井史。

钻井信息系统的记录范围就宽得多,像钻头、钻具、井斜、特殊处理及原因、成本问题、地层资料等都可记录。包括几乎所有工程、管理信息、并可自动输入输出每日报表。

钻井计算机及计算机网络系统是发展钻井软科学必不可少的保证手段。钻井数据收集系统、井场计算机和计算机网络、钻井软科学,三者结合起来用于钻井工程,必将对提高钻井效率、降低钻井成本、提高钻井技术能力起到极大的推动作用。

⑤ 未来钻井过程的机械化与自动化。实现钻井过程的自动化与机械化,是提高钻井效率、降低钻井成本的重要方面;对降低劳动强度和提高钻井安全性则更是重要。这方面的最终发展目的,就是实现钻井过程的闭环控制。

在 20 世纪 80 年代早期,虽然在钻井地面仪表和资料解释方面无太大发展,但在钻井液、钻井液固控设备、顶部驱动钻井、地面计算能力、MWD 等方面取得了很大进展。先进的顶部驱动钻井方式可以大大减少接单根时间,在不稳定井眼中划眼方便,有利于定向井施工,还出现了井下可扭方位的井底钻具组合 BHA,它与 MWD 一起大大提高了定向井施工的水平和效率。但钻井历来是强体力、需要很多人力的行业。近几年井场操作人员减少不多,而许多其他工业都实现了自动化、计算机化。相比起来钻井方面还是落后了,原因在于钻井中未知因素太多,是个充满了技能和经验的行业。虽然现在井场上也有计算机,但其功能主要有两个:一是现场数据分析,其结果用于简单决策和设计,这称为“井场最优化环”;二是存贮式向中心站传递数据,以利于以后更有效的油井设计和施工,其目标是提高效率,降低钻井费用,这称为“井对井的最优化环。”

⑥ 钻井工具的改进及非常规钻井技术。钻井工具的改进对提高钻井效率、提高钻井水平有极大影响。因此,人们一直在持续不断地改进钻井工具,如各种新型定向井工具(当时只在少数文献上提及地质导向工具和旋转导向工具,到了 20 世纪 90 年代才陆续在现场上应用)、PDC 钻头等。人们长期致力于发展 PDC 钻头,最近又出现了 PDC 钻头布齿、齿型结构的计算机模拟研究,和基于计算机流体模拟技术的 PDC 钻头喷嘴布置研究。PDC 钻头的研究还大大推进了牙轮钻头、金刚石钻头的研究。

非常规钻井技术包括为了降低成本、提高效率、提高技术水平而推出的以前没有的新钻井技术,如超深井钻井技术、水平井钻井技术等。

(2)保护油气层技术。

① 研究保护油气层技术的重要性和国内外的发展趋势。保护油气层技术,不仅仅是提高产量、降低成本,更重要的是保护油气资源。因为如果储层在完井作业过程中受到伤害,就会影响最终采收率,并影响产能、产量和成本。国外保护油层防止伤害的研究和应用已有 20 多年的历史。在机理研究(即对伤害原因的诊断分析及对不同类型的油气藏“下药方”——提出有针对性的保护方案、推荐措施等进行对比、评价保护效果等)方面已深入到微观领域。

国内对该项技术的研究和应用起步较晚,从 1985 年起进行了国家“七五”课题防止伤害保护油层的钻井完井技术研究,是一个重要的举措。最近,在实验室内把 CT 技术用来分析岩心进行保护油气层研究必将促进该项技术的进一步发展。

② 油气层伤害的原因主要有:

a. 储层本身黏土含量高,引起水敏、酸敏等敏感性变化以及降低渗透率;

b. 固体颗粒堵塞孔道,降低渗透率;

c. 由于工作液与地层流体的不配伍性,或由于生产过程导致温度、压力变化产生沉淀、结垢等化学反应;

d. 由于作业不当、浸泡时间过长或发生井下事故等原因,导致储层伤害。

③ 保护(防止伤害)技术的主要思路。

a. 不该进入的工作液、外来液体及其滤液和固相颗粒,要使其不进入,至少要少进入储层。

b. 不可避免(甚至是必须进入的)要进入的液体(及少量固相颗粒)应该是良性的、配伍性良好的,最好是无固相的。

c. 凡进入储层的固相(及液相)能够用化学法(酸蚀、酸化)或物理法(如射孔、压裂)解堵、排液。

④ 岩性测定与分析工作。要求在储集层段做全剖面(取心及岩性分析)和岩心全性能测定与分析工作。岩心全性能主要指岩性(岩相学)、物性、电性、化性、表面性质及力学性质等。

⑤ 伤害程度的规定标准及评定方法的研究。室内试验进行评定（评价）但其符合地下储层的真实性有多大无法确定，因为岩心不等于储层，已发展矿场及试井等定量评价技术。保护油气藏必须注意优化各个作业过程（钻井、完井、增产、采油等），重视人工智能和专家系统诊断地层损害等方面的研究和应用。

（3）水平井技术开始广泛应用于油气田开发。

水平井（含大斜度定向井、丛式井、多分支井、多底井等）技术开始广泛应用于油气田开发，尤其用来提高产能和采收率。水平井能提高油井产能和采收率，是因为增加了排驱油的面积，更重要的是改变了流动条件，使通常的径向环流模式变为平面流动模式。

目前，大多数已钻成的水平井，均是用不注水泥的筛管法完井。由于水平井段的储层有不均质情况或有大的垂直裂缝，需要进行分隔，在一些水平井中进行过注水泥试验，但质量无法得到保证。有的公司试用过管外堵塞器等其他方法，也没有完全成功的把握。目前，这一方面正继续研究和改进中（注：在20世纪90年代以后已基本得到解决）。

水平井费用较贵，但在均质的储层中，一口水平井所能获得的产量相当于5口直井。如果储层为不均质的且具垂直裂缝时，情况就不一样了，水平井的增产效果可高于直井20倍。如意大利海上钻的RSM6号水平井就是这样，而它的费用仅为邻近直井的2.3倍。

Sohio公司在普鲁德霍湾油田所钻水平井，最初其费用高出邻近直井的60%，经过改进后，第二口井降为30%。

一般认为，适宜采用水平井进行开发的情况有：

① 储层具有不密集的垂直裂缝，一般的直井很难碰上这些裂缝。

② 油藏具底水或气顶时，使用水平井可以离开油水接触面或油气接触面较远，从而避免水或气的早期锥进并在水淹或气侵以前获得最大产量。

③ 储层为薄层的油气田，需要很多直井才能进行开发。

④ 边水或气驱油藏，使用水平井可以更有效地利用重力驱动及获得较大的排驱面积。

⑤ 进行二次或三次采油时，采用水平井可以改善注入井的吸收率和面积驱扫效率。

⑥ 在油气藏发现后，如果钻一口水平估价井，可以获得储层的岩性岩相侧向变化等非常有价值的资料。

⑦ 在需要进行环境保护的地区，钻水平井可以大大减少钻井数目，便于保护环境。

⑧ 在海上使用水平井可以减少平台数目及平台的大小。

⑨ 在已有平台上钻水平井，可以增加平台所能控制的油气藏面积。

总的说来，水平井是一种新的提高产率和采收率的方法，它的发展前途很广。

水平钻井的目的之一是改变油层范围内的流动几何形状，而水平井自身的几何形状具有第一位的优越性。

水平钻井已脱离直井的约束，能够应用一些新概念，最重要的概念之一是井身剖面的设计和供油范围的设计。水平井常采用垂直段—造斜段—稳斜段—造斜段—水平段和垂直段—造斜段—水平段两种剖面设计。已形成的钻水平井的3种方法是：

第一种方法，是小曲率半径的水平钻井。根据这种方法，钻井工艺允许井眼使用(1.5°~3°)/ft[(4°~10°)/m]的造斜率，即近似等于20~40ft(6~15m)的曲率半径来造斜。在开始侧钻时，需要对已下入套管碾磨一段或者是在套管中打一个"窗口"。在钻至不坍塌或不漏失地层中，以裸眼井完井；而在易发生复杂情况的地层中，常使用一些特殊类型的尾、套管来完成小曲率半径水平井的完井。

第二种方法,即中等曲率半径的水平钻井,该方法使用常规定向钻井中所用的稍加修改的造斜工具。中等曲率半径的裸眼井有近似于 $20°/100ft(6°/10m)$ 的造斜率,或者说大约 300ft (90m) 的曲率半径。在中等曲率半径的完井中,立刻安放一段套管在预测的初始造斜点处,造斜段可以从该段套管的水泥塞处开始,也可以从所用的楔形造斜器开始,完成裸眼井可下套管和固井。

大曲率半径定向钻井是钻水平井的第 3 种方法,也是最常见的方法。该方法有 $(1° \sim 6°)/30m$ 的造斜率。

(4)超深井钻井技术。

① 钻超深井的目的和意义。近年来,超深钻井发展很快,世界上许多产油国都已开始勘探深达 7000m 以上的沉积岩层。从 20 世纪 60 年代开始,苏联便认真着手超深井钻探的准备工作。到了 70 年代后期,苏联钻的深井日益增多。苏联钻超深井的目的是为了研究地壳。当今世界最深井眼,就是苏联钻入结晶岩基底的深达 12066m 的第一口超深井 Kolskaya SG - 3 井。

现在的技术已能达到 15000m 的深度。据资料统计,人类花了 57 年的时间把井深记录从 2700m 提高到 12000m,也就是说,井深记录平均每年提高 163m。

钻超深井相当麻烦,而且费用也很高。根据计算,在苏联 Krasnodar 地区沉积岩层上钻一口深达 12000m 的井,其费用与在西伯利亚钻大约 30 口深度为 2850m 的井,所花费的费用相等。为了打超深井所研究的一些技术革新,可以成功地用于改善探井和开发钻井的经济费用中。

所以可以认为,苏联所钻的超深井经验为钻深井、超深井及地热井提供了依据,有重要参考价值。

② 苏联 3 口超深井的主要经验。

a. 钻超深井的主要问题。苏联已成功地在 Kola 半岛钻了深达 12066m 的 Kolskaya SG - 3 井和在阿塞拜疆钻了深达 9000m 的 Saotlinskaya SG - 1 井,目前正在以地质结构相当复杂而闻名的老油区 West Kulan 盆地内钻一口深达 12000m 的超深井。从 3 口超深井钻井过程中发现钻超深井的主要问题是:

i. 在超深井钻入复杂地质横剖面过程中,必须解决的第一问题是要钻一个基本理想的直井眼,其深度大约为整个井深的 2/3。如果不能保持整个井深的 2/3 垂直,那么,在达到目的层深度时,实际井眼与设计井眼的误差将是相当大的。

ii. 在超深井的钻井过程中,将会遇到接近和高于 250℃ 的井底温度。一些地热井,其温度高达 $300 \sim 350℃$,此时,需要使用能有效控制钻井液稳定性、流变性和滤液损失的油基钻井液。

iii. 在钻达结晶岩基底的过程中,井眼方位不易稳定,井壁失稳,极限情况下,会导致钻具运动过程中摩擦力大大增加和钻具卡入结晶岩基底的岩石中。

iv. 在超深井中,高温高压限制了测井工作的作用,有些地区,从钻井液中散发出的甲烷、二氧化碳、硫化氢等气体,对仪器或部件有害,薄弱环节包括电缆测井装置和深测仪等。目前已在美国、苏联、法国和匈牙利研制高温高压下稳定的测井仪器,对井底温度为 200℃,压力为 $100 \sim 140MPa$ 的仪器已成批生产;对井底温度高达 250℃,压力为 $150 \sim 200MPa$ 的专用仪器实行订货生产;对井底温度高达 $300 \sim 350℃$,压力为 250MPa 的仪器还处在设计阶段。当钻入含盐结构层时,测井工作中广泛采用的电测井方法的全套设备的效率会显著下降,其原因在于钻井液的含盐量增加,而用非导电钻井液钻盐层时,感应测井方法可以正常工作。

b. 值得重视的工艺技术问题。

i. 井身结构:由于井越深,井眼直径越小,用以改变最初设计的余地也越小。为保证整个井深的 2/3 井段是基本理想的垂直井眼及考虑到钻井过程会遇到各种地层的复杂情况时,下入多层次的技术套管。因此,要求上部井段使用大直径的井底钻具组合,井眼的开眼直径已达到 1022mm。在上部大井眼段,往往先打一段较小尺寸的"领眼"井段,然后,在这个"领眼"的基础上扩眼到所需求的尺寸。钻到目的层后,一般采用尾管完井。

ii. 双马达钻井装置:现有的方法不能保证精确的垂直度,并对钻井参数有严格的限制,结果导致钻这种井是高成本、长周期。反作用涡轮钻井方法,在复杂的地质和工程条件下,能够保证比较好的井眼垂直度,但由于每个钻头行程进尺小以及钻速低,没能得到广泛的应用。改进的结果是设计并制造了双马达(螺杆或涡轮)钻井装置,该装置反时针旋转导向钻头,顺时针旋转扩眼器,导向钻头在下扩眼器在上,导向钻头与扩眼器相距 60～90m。

iii. 深井涡轮钻具:为保证精确的井眼垂直度,苏联已设计出涡轮钻具的实验模型,该模型能以约 40～120r/min 的速度带动钻头,并使轴颈轴承的牙轮钻头能有效应用。对温度限制在 110～130℃时,螺杆井底马达已成功地征服了转速为 100～200r/min 的范围。有例子说明,当井底温度为 160～180℃时,螺杆井底马达能正常地工作。在苏联成功地进行了直径范围为 195～240mm 的三级涡轮钻具实验模型的评价,这些涡轮钻具能在井底温度高达 250℃时,以 40～200r/min 旋转速度进行工作。不久的将来,随着新材料和添加剂的应用,温度极限可能被提高到 370℃。同时,低速涡轮钻具有利于打定向井和丛式井。

iv. 钻头:在比较软的地层中,使用带有聚晶金刚石镶齿钻头的涡轮钻具是非常成功的。由于频繁取心的需要和密封锥形轴承性能的损伤等原因,使得牙轮钻头的性能逐渐变为低效率。使用带有金刚石钻头和取心钻头的涡轮钻具,以 40～600r/min 的旋转速度(其速度取决于所钻地层的硬度和研磨性)是很有利及可取的。

v. 防斜:钻井过程中,一直需要排除引起井眼偏离垂直位置的自然因素的影响。钟摆钻具的应用和对钻压的限制都不能达到预期的结果,它也会引起井眼的不稳定,给超深井末段的钻井带来不良影响。像以往一样,减小钻压仍然是防斜的主要措施。采用正反向旋转的涡轮钻具组合,对防止井斜可起到有效的作用。

vi. 取心技术问题:通常,由于在涡轮钻具下面安装了长度为 16m 的岩心筒,其结果就要求限制每个钻头行程进尺大约为 10～12m,这种情况下,才能获得高质量的岩心。若用高转速涡轮钻具下的岩心筒回收岩心的话,涡轮钻具的空转是不允许的,它会磨损和折断岩心并阻碍岩心顺利地进入岩心筒,并导致岩心堵塞。

vii. 铝质钻杆:在温度高限为 220℃ 的实际温度范围中,特制铝合金钻杆已证明可以有效地应用在涡轮钻井中。但使用相对密度大于 1.4 的钻井液时,由于在局部水力阻抗影响处(钻杆接头,内管端部的加厚处),钻杆内表面的侵蚀磨损,铝合金钻杆的应用是没有价值的。此外,在解除卡钻时,铝钻杆不能提供足够的强度。

c. 成功的经验——热稳定性钻井液。

以 humatos 作为稳定剂与少量铬酸盐添加剂相结合的磺化木质素钻井液系列,在苏联北高加索地区钻了大量的井,其井底温度高达 200℃。这种系列钻井液的缺点是钻盐层时稳定性相当低。

以 CMC 作为稳定剂的热稳定钻井液系列,成功地钻了大量的井,其井深达 6000～7000m,

井底温度达 180~190℃。

用丙烯聚合物作为稳定剂的低固相钻井液,已在 Kola 半岛成功地用于深达 12000m 的超深井中。

苏联所研究的丙烯系列处理剂,L-20 和稀释剂 OK,在高温和盐蚀状况下都能有效的工作。

它们的使用具有以下优点:

i. 盐层中,井眼稳定性高;

ii. 温度高达 280℃时,滤液损失相当小;

iii. 在同一温度范围内,较好的维持钻井液性能;

iv. 钻黏土岩层时能降低泥浆的分散能力。

v. 润滑性得到改善,也就是说与膨润土滑膜强度相比较,当加入 0.5% 的聚合物添加剂后,润滑膜强度会增加 2.6 倍。

在不正常的高温和地层压力下,要成功地钻入水敏黏土页岩,苏联研究了以 L-20 为稳定剂的铝钾钻井液。这种钻井液对黏土岩的水化和分散提供了有效的抑制。

在高温下使用油基钻井液,在经济上是有益的。

3.2.4.6 海上和北极地区的油田开发问题

在不到 40 年的时间里,海洋石油和天然气产量已达世界总油气产量的 30% 左右。在此期间,海洋石油工业的技术能力已从浅海发展到深海,能在海洋环境条件相当恶劣的水域中对各种类型的油田进行勘探、开发。例如,在北海的石油勘探和开发是成功的。

海洋石油工程的研究和发展中,取得的成效有:(1)有希望更为可靠地对环境条件进行预测,例如,对海洋资料进行广泛地收集,并根据历史资料用统计方法对波的要素进行估算的追算模型(Hind Cast Model)的建立与应用。(2)已建立了流体作用在近海建筑物上的作用力的计算机模型,并可预测建筑物在运动、应力-应变特性、疲劳和可能发生破坏方面的特性曲线。这样就可更为有效地设计新海工结构物,并可更为有效地改造和使用那些设计过时且使用了多年的老式平台。(3)建立了许多新概念和新构件,并优先在近海进行了广泛的试验,其中一个有代表意义的例子是研究成功了水下锤击方法。这种方法使固定平台的安装成本降低,同时也减轻了平台的重量,因为这可以取消桩基管。

现在,一个主要关心的问题是降低近海作业结构的成本,特别是当作业移入深水和更加恶劣的环境时更是如此。因此,将来面临的挑战是更切实地大幅度降低成本。新的三角架设计就是其中一例,这是一种相对简单的结构,它比普通平台所承受的流体载荷要小得多。

(1)深海油田。

目前,深海勘探的水深已达 2100m,已开发油田的水深已达 400m。在海上石油勘探开发近百年的历史中,最初 75 年主要是将陆上的一套办法搬到海上,在海上建立不受海洋环境影响的固定平台。到 20 世纪 50 年代前期,开始了一些适于海洋环境的新的构想和试验,以后得到了较迅速的发展。到 70 年代早期,由于在北海的恶劣环境和圣巴巴拉海峡深水条件下进行勘探,促使技术进一步提高。

目前,在海上的勘探和开发中,适应不同条件的要求,已有不同的技术可供选择。能用于深海油田开发的系统有:固定式平台、柔性塔、张力腿平台、浮式生产平台和海底生产系统。这些技术目前均有一定的使用范围和局限性。在具体执行某项目时,一般都是根据技术上及经济上的可能性、可靠性,并考虑到市场需求和环境保护等而综合加以决定的。

（2）北极海上。

美国阿拉斯加州北坡普鲁德霍湾北东24km的恩底科特（Endicott）油田，是第一个北极海上油田，原油可采储量为3.5×10^8bbl（约4800×10^4t），位于浅水区域，于1978年发现。要开发这一油田，最初估计需耗资38亿美元，因而认为没有经济价值。以后对环境条件进行了3年详细的调查研究，反复修改了设计，将开发预算降到了20亿美元以下，于是油田开发具有了经济价值，遂进行了开发。预计1987年底投产，1988年的高峰产量可达$16000m^3/d$。该油田给北极海上油田的开发，建立了经验。

加拿大在波弗特海马更些三角洲从20世纪60年代就开始了勘探工作，1973年于水深3m处建立的人工砾石岛上钻了第一口井，现已发展到利用加强钻井船等措施在水深60m处作业。在该处，一个水深30m的阿姆利加克Amauligak油田，可采储量$7 \times 10^8 \sim 8 \times 10^8$bbl（约$1 \times 10^8$t）。按产量为$27850m^3/d$计算，油田的开发费用约需18亿美元，管线费用需17亿美元。

挪威在巴伦支海经过6年的勘探，发现了4个主要油气田，获得天然气可采储量$3500 \times 10^8 m^3$，原油可采储量$8500 \times 10^4 m^3$。现正研究进行开发，已提出了各种方案，其中一种新的设想方案是用挖掘隧道的方法来进行高寒地区海上油田的开发。

（3）海上小油田。

全世界在海上已发现了约1000个边际油田或小油田。过去10年中，对其中的一些进行了开采，并利用探井早期投产以降低开发和生产费用等方面进行了研究。

研究结果认为，对于小油田来说，最佳的选择是使用浮式生产系统，因为它所有的装置都具灵活性和可移动性，可以再次加以使用。配合浮式生产系统，最好采用海底完井和海底管汇等。

这些小油田中，尚未开发的966个，其中一半以上具有可采储量$1000 \times 10^4 \sim 5000 \times 10^4$bbl（$137 \times 10^4 \sim 685 \times 10^4$t），可能达到的产率为$1 \times 10^4$bbl/d，（1370t/d）。

（4）海洋采油系统对开发深水海上油田的能力与限制。

深水油气田开发的不断增长对海上油气开采系统提出了新的要求。现已钻成了水深达2100m的探井，然而最大水深的采油井仍在400m水深以内。

会上 J. E Wolfe 认为：现在应该研制用于水深在1500m以上，进行油气开发的水下生产系统的浮动式张力腿平台系统，并预见到将来把这些技术使用在3000m水深的油气开发中的可能。

① 固定式平台：在海洋石油开发中，较早使用的是固定式平台。它具有刚度大、稳定性好的特点。目前，世界上水深最大的固定平台是1982年安装于墨西哥湾的Cognac平台，工作水深为321m，平台重量为53500tf。另一超大固定式平台正在装建中，计划于1988年安装于墨西哥湾的水深为411m的一个油田上，平台基础为$122m \times 140m$。

但这种平台结构向深度较大水域扩展使用，将受到钢桩基础的庞大尺寸和重量的限制。有两个主要因素影响这种平台的发展：其一是结构的稳定性，臂的增加造成环境载荷在平台结构基础上产生较大的力；其二是为保持平台的固有频率低于高能波的频率，需要增加附加刚度，增加刚度就需要更多的钢和更加复杂的几何形状，而这两者都会造成成本增加。研究表明，钢质固定平台从技术上讲只适用于在水深450m以内工作；另外，装建和安装这种平台也是非常复杂而且耗资很大。

② 柔性塔架式平台：柔性塔架式平台是一种高的、较细的、可在巨波中轻微摇摆的结构。常规的固定频率大于高能波的频率，在相同水深的条件下，柔性塔架式平台就比固定式平台轻

得多。海洋石油工业首次使用柔性塔架式平台是在 1983 年安装在墨西哥湾的 305m 水深处的 Lene 绷绳固定塔架,塔身高 329m,重 19000t,用 20 根 227mm 直径的钢丝绷绳将其与 180t 重的绞接块连接在这个塔架式平台上。尽管平台随波浪摇摆,但人员与操作并不受影响。柔性塔架式平台的应用,可期望在 900m 水深的海域并不会遇到明显的技术障碍;柔性塔架式平台在早期曾遇到成本高的限制,不过,改进设计可实现降低钢材用量和振动等复杂性。

③ 张力腿平台:虽然很多公司已经在研究张力腿平台,但只有一座张力腿平台于 1984 年安装在北海的 Hutton 油田(水深 148m)。这种平台的排水量为 630t,同时用 16 根系缆锚定。众多公司一直在研究设计深水张力腿平台,这包括设计用于 3000m 水深,具有 3000 ~ 30000tf 甲板载荷能力的大型平台。

④ 浮式采油系统:浮式采油系统包括多种概念的多种结合,但都涉及一种与生产装置相连接的浮船,以接收从海底油井通过采油隔水管采出的原油。其使用广泛,在数量上仅次于固定式平台。一般类型的浮式采油系统有两种——以油船为基础的系统和以半潜式为基础的系统。油船系统可在支承采油设备的船身存贮石油;半潜式系统在大多数情况下,或者用一种半潜式永久锚定的二次容器存贮石油,或者用一种封闭罐作为石油存贮容器。浮式采油系统的作业水深记录为 244m,正在研制可用于 1500m 水深的采油系统。以后面临的技术挑战会是在下述领域中:高压水龙头、隔水管、锚泊系统、船体、采油设备最优化以及快速拆卸机械装置。

⑤ 水下采油系统:水下采油系统用途广泛,设备多样,在湿式和干式系统中有卫星井或基本井、单独的油井输出管线或管汇、钢丝绳或通过输出管线下入维修设备、单管或双管完井等。多年的研究表明,种种商业化的采油系统可用于 1500m 水深,原则上讲可用于 3000m 水深。目前,钻井、完井、锚泊系统和卫星采油系统已能用于 750m 水深,某些湿式系统能够承受 7MPa 的工作压力。

⑥ 输油管线:虽然输油管线不属采油系统,但它是深水生产系统的一个关键,也是一个耗资巨大的部分。在西西里岛和突尼斯之间已在水深 594m 的海底铺设了 3 条直径为 508mm 的输气管线。当前,管线维修可在水深 500m 处完成。

总之,海洋石油工业使用现有的技术设备,完全有能力开采水深达 750m 的油藏。在水深大于 750m 时则需要发展现有的技术。对于浮式采油系统和张力腿平台系统,1500m 水深不应作技术可行性的限制条件,限制条件在 3000m 水深。

3.2.4.7 油气储运技术

穿越地中海天然气管道的铺设成功说明,在 600 ~ 650m 深海或深水中铺设油气管线的技术已经得到了解决。用船舶运输液化天然气在安全、合理、经济性方面已得到肯定。地下储气技术也有发展,已在软地层中建成了地下储气库。

关于原油及石油产品的储运,认为由管道、水运、公路和铁路槽车构成的综合运输网络以及相应的油库与销售网点,在各有关的公司彼此竞争的情况下,整个行业已处于"成熟"状态,整个系统是效率高而经济性好的。

美国原油总运输量的 99% 由管道与水运完成,两者大体各占一半,只有一些低产油井的原油(美国国内原油产量中的 14% 是由日产量少于 10bbl,即约 1.5t 的低产井生产的),用汽车槽车运到靠近管道的地点集中,进入原油支线再输入干线。管道投资大,操作费用低,实现经济有效的关键是运输量的大小以及尽可能在"设计运量"左右操作。沿海炼厂选用大型油轮,而靠通航水道的内陆炼厂则尽量选用油轮与拖驳。由于阿拉斯加油田的开发,油轮运量有所增加。阿拉斯加北坡油田的原油由穿越阿拉斯加(Trans—Alaska)输油管送至南部港口。转用油轮送到美国本土各州的炼厂。

成品油运输可分为两级:一级运输指由炼厂运到消费地区,90%以上运量由管道与水运负担,铁路、公路的作用很小;二级运输指由消费中心(油库)转运至大型用户及零售网点、加油站,主要由大型汽车槽车完成。

美国现有原油及成品油管道(包括干线与支线)总计 20×10^4 mile(约 33×10^4 km),适于运油的内陆河道 25000mile(约 41000km),内河油轮及拖驳的航速平均 6mile/h(约 10km/h);沿海岸的国内转口油轮平均运距 2500mile(约 4150km),油轮航速约 15mile/h,从南部海湾地区的新奥尔良(New Orleans)运成品油至纽约城一般需 5 天,汽车槽车的经济运距在 50mile(约 83km)以内。铁路槽车仅在特殊适宜情况下作为补充性手段。

3.2.4.8 环境保护问题

科学技术的迅速发展,环境保护就成了一个重要问题,主要考虑以下几方面:

(1)地下含水层的污染。指的是地表下 100~200m 或更深处地质上的"蓄水层"的污染问题。据调查,这种深层地下水受石油产品污染的主要原因是地下储罐的渗漏。美国环境保护局的调查确认至少 10% 的地下罐是"漏"的,加拿大的调查认为 20%~25% 的地下罐是"漏"或"有渗漏之嫌"的。总的结论认为,地下钢制油罐在服务 15 年以后就会逐渐渗漏,渗漏出来的油污染地下水并随地下水的流动而扩大污染范围,但扩散的速度由于若干物理的与化学的作用(包括"吸附"、生物作用等)而低于地下水本身的流速,在不同情况下每天的流动距离在 0.1~5.0m 的范围内。

世界各国居民生活依靠这种深层地下水的比例颇大,如美国约 50%,加拿大 25%,墨西哥与其他南美国家的大多数人口;荷兰与捷克 65%,西德、东德、瑞士、法国、比利时达 71%,意大利达 93%,而奥地利与丹麦几乎是 100%。因此,地下水污染问题是严重的,被认为是上述国家中环境保护的最大课题之一。

最麻烦的污染物是芳香烃。各国饮用水标准中,苯的最大允许含量为 0.005mg/L,按汽油中含苯 1%~2% 考虑,每升汽油即可污染 400×10^4 L 的水。为此,建议要制订更为严格的规定,以防止油品渗漏与泼洒。对地下含水层的污染问题,应给予充分的重视。

(2)石油工业中烃类发散问题与控制的方法。西欧石油工业环境保护委员会(CONCAWE)对西欧范围内石油加工及使用过程中烃类发散导致大气污染的问题,进行了专门的研究。研究对象是大气中总的挥发性有机物质(Volatile Organic Compounds,简称 VOC)。

采用复杂的模拟模型,假设一个生产能力 5000×10^4 t/a 的完整炼厂,从原油由油轮卸入原油罐开始,直到所有产品进入最终用户(例如加油站上加入汽车)为止,全面计算发散的烃类气体,这一假设的"典型炼厂"及全过程的设定条件如下。

① 规模: 500×10^4 t/a,包括常压、减压、FCC、重整、柴油加氢及热裂化。

② 罐区:原油及原料油罐 18 个 52.8×10^4 m³。

③ 汽油罐:7 个 4.2×10^4 m³,外浮顶罐。

④ 石脑油罐:2 个 1.2×10^4 m³。

⑤ 调和及中间罐:12 个 614×10^4 m³。

⑥ 汽油出厂:30% 用汽车槽车直接送加油站销售点;29% 用管道送至 1 个大型销售站;23% 用油轮送至 2 个中型销售站;9% 用驳船送至 2 个小型销售点;9% 用铁路槽车送至另外 2 个小型销售点。

一共供应 1450 个加油站,每个平均每年销出 1200m³,根据模型与一些实测数据,整个炼厂全年发散 3540t 油气,其中最主要的是两项,油轮卸油放出 1500t,炼厂各种"损失"1250t[占加工总量的 0.025%(质量)],所有分配销售系统每年放出 4625t,其中最主要的也有两项,加油站为汽车装油时发散 1880t,加油站的油罐 1671t(1450 个加油站 × 每站 1200m³ = 174 × 10⁴m³/a,损失或发散量 0.16%(体积)。炼厂加销售系统合计为 8105t/a。对 500 × 10⁴t/a 原油加工量而言,共发散 0.16%。

然而,据 1983 年的调查研究,西欧大气中由石油加工与销售业发散出来的烃类,仅占总的挥发有机物含量的 8.9%(其余主要为各种溶剂 40.5%,交通运输工具(即汽车、飞机等)的排气 38.0%,天然气生产与分配 6.5%)。

降低石油加工与销售系统中烃类的发散,在技术上完全可能,包括:油轮加强"隔离舱";油罐用二级密封;污水处理装置内也用浮顶罐;进一步降低各种加工过程的发散;油气回收;加油站也使用气相平衡回收系统等。但据估计,需要总的基本投资 38 亿美元,年操作费用 12.7 亿美元(包括回收 25% 的基本投资),而大气中挥发有机物减少 7.2%。

因此,花费如此大量资金去追求这样的"效果"是不经济的,对政府立法而言,不应作为"重点"(用油机具的发散要重要得多):炼油与销售系统进一步降低发散烃的措施应当考虑经济效益和逐步解决的原则处理。

(3)地球上的温室效应问题。由于大量燃烧石油、煤炭等,大气中 CO_2 浓度增加,再加上 NO_x、氟利昂等粒子在大气中迅速增加,不少人担心产生温室效应使气候变暖,引起极冰熔融、海平面上升等严重后果。论文作者则根据实测数据,认为从 19 世纪中期以来,实际平均温度上升不多,仅为 0.5℃ ±0.2℃,与许多复杂模型的预测值(可能升高 5 ~ 10℃)相差较大,所以还有许多情况尚未弄清,必须全世界通力合作,加强研究,在问题弄清以前,不必过于紧张,更不必马上采取什么特殊措施。该论文宣读后,在讨论时有人提出不同意见,并认为全球都要重视温室效应。

4 我国与世界石油工业在上游领域的技术对比与主要差距及对 20 世纪 90 年代勘探开发发展战略的看法与建议

4.1 技术对比与主要差距

4.1.1 石油勘探

从整体上看,和国外地质条件较类似地区相比,我国的石油勘探效果达到了国际水平,但在方法和手段上仍有不小的差距。

(1)从石油地质理论及勘探指导思想上看,在陆相盆地成油理论、断陷盆地内油气分布规律及与其相关的沉积、构造、油气生成、运移等有关理论,以及运用这些理论以指导勘探实践等方面,已取得了独树一帜的成就,如复合油气聚集带的理论,凹陷整体含油的理论等,丰富和发展了石油地质科学。

主要差距有:

① 尚未建立起全国规范化的油气勘探数据体系。综合运用沉积史、构造史、地热史、油气形成、运移和聚集史作动力模型,以更科学地确定和预测一个盆地内油气分布规律以指导勘探工作,才刚着手进行。

② 一些理论还是引入或套用国外研究得出的现成模式。一些基础研究还有待于深化。在重大科研项目中,习惯于按学科划分单位进行工作,忽视多学科的配合合作。

③ 勘探决策和风险分析系统。尚未在油气勘探部门普遍建立,影响了有些单位的勘探成效。

(2)从勘探的装备、工艺和技术水平看,则参差不齐。从我国物探、钻井、测井等主要专业分析如下:

① 地球物理勘探。通过引进,地震采集记录系统基本上已达到国外 20 世纪 80 年代水平,但尚有约 1/3 的野外队仍使用 70 年代中期的常规系统。我国大型地震处理中心的常规处理及部分精细处理基本达到国外 80 年代水平,但地震数据处理的运算次数及一些特殊处理仅相当于国外 70 年代水平。地震应用软件研究和开发能力不足;地震解释技术由于人才缺乏,综合解释能力有较大差距。开发地球物理方面,应用不多;利用地震岩性模型,才开始试验;用定期观测法了解油藏动态还是空白。利用纵横波联合研究岩性和裂缝,利用速度信息进行压力预测和振幅随炮检距变化判断含气层等工作,尚处于试验应用阶段。非地震石油物探法的采集装备与技术主要处于 70 年代水平,若干先进技术(如高精度井下重力仪、瞬变电磁法等)尚未引进,计算机处理及软件配备尚差。困难探区的综合试验研究也处于初始阶段。

② 钻井。我国工作钻机数和钻井工作量均居世界第 3 位。近 10 年来我国钻井技术有显著提高,已经掌握了喷射钻井、优选参数钻井和定向井丛式钻井的一套技术,部分地区 3000m 深井的钻井速度已达到和接近当前国际先进水平。某些单项技术如取心工具和技术、牙轮钻头已进入国际先进行列。但是,在整体上,特别是在勘探钻井效益和 4500m 以下深井钻井技术上,与国外比还有很大差距。这些差距主要是:优化钻井综合利用物探及地质资料作井下预测、可靠的井场实时数据采集和监控系统、计算机程序优化设计施工及专家系统的应用、中途测试和保护油气层技术、大斜度井及水平井钻井技术、钻井工具和装备的质量、品种和机械化自动化程度、钻井生产技术管理水平以及钻井模型理论及实验研究等方面。总的看来,大致相当于国外 20 世纪 70 年代中期的水平。即大约落后 10 年或 10 年多一点。

③ 测井。国内测井技术在仪器装备、质量控制和资料处理解释方面与国外先进水平相比都有相当差距。主要问题是测井仪器系列不全。在测井仪器系列较齐全情况下可达世界 20 世纪 70 年代中期水平,个别测井方法已有 80 年代初期水平的第三代仪器的样机,但是就多数在生产中普遍应用的测井技术而言,尚处在国外 60 年代的水平。

国内现有的测井队中,80% 左右仍使用国产 JD581 型电测仪和井下仪器装备,地面仪器相当于国外 50 年代的水平。井下仪器相当于 60 年代水平。引进的数字测井仪和计算机控制测井仪及少量仿制的数字测井仪,技术水平相当于国外 70 年代末、80 年代初的水平。

国内在测井质量控制方面缺乏配套的刻度标准,一级刻度标准尚未正式投入使用,成果质量控制受测井系列的限制。国内测井解释已较广泛地应用计算机处理解释技术,相当国外 70 年代水平。定量解释尚待完善与推广。在判断油气层方面有一定水平,多井油藏描述正在研究。在个别技术上(如测井解释专家系统)已达 80 年代水平。

4.1.2 油田开发

我国在注水开发油田方面积累了丰富的经验。大庆油田保持长期稳定高产的科学研究和一整套工艺技术,达到了国际先进水平。但就全国来说,在完善注水开发系统、优化井网、残余油分布研究、结合油田实际进行油藏模拟、优选开发方案、指导油田开发调整、利用综合学科认识油藏原始地质特征等方面还存在差距或薄弱环节。如何提高注水油田的采收率,从理论研究、现场试验到新技术探索等方面,我国与苏联相比有一定差距。稠油蒸汽驱、低相对密度原油混相驱、开发低渗透油田行之有效的高导流能力压裂技术等尚不掌握。使用先进的计算机油藏经营管理系统尚属空白。

在油田地面工程方面,国外普遍采用密闭集输和处理工艺,油气损耗率低。1983 年,苏联油气损耗率为 0.6%。美国一般为 0.5%。美国和加拿大油田气的利用率高达 95% ~ 98%。1984 年,苏联油田气的利用率为 74.6%。在工艺设备效率方面,美国油田和管道用加热炉效率达 90%,输油泵泵效一般在 80% 左右。油田地面集输和处理工艺系统化,有效地做到了能量综合利用。长输管道采用密闭输送流程,已实现高度自动化集中控制,做到了安全运行、优化运行。模块化、组装化施工法,已获得广泛应用。油田建设和管道建设的速度快、质量高。我国 1985 年集输和处理密闭率为 43%,油气集输损耗率平均为 1.4% 左右,伴生气利用率仅27.3%;各项工艺设备效率低,加热炉效率为 70%,注水泵效率为 60% 左右,系统效率在 30%以下;输油泵效率为 70%;油田自动化水平低;长输管道还采用开式流程,压力损失和油气损耗大;管线自动化集中控制水平低。组装化施工才在推广。

通过对国外水平的调查还看到,在石油工业生产、科研、管理和决策中,国外在以下几方面发展很快,而我国极为薄弱。

(1)在石油工业中发展信息技术,已成为世界石油科技发展的一大趋势。例如,数据库和数据库应用系统的建立,是研究、管理和决策现代化的基础。世界上已建成大型地质数据库约500 个,有些已形成网络。美国、加拿大、法国、西德等国发展较快。美国地质调查局已建立不下 10 个地质数据库。北美石油数据库(PDS)已存贮了美国和加拿大已发表的 8 万个油气田和储层的数据。美国的井史控制系统(WHCS)共贮存美国 180 万口油气井和 4.5 万个油藏的数据。20 世纪 80 年代以来,微型机和超小型机迅速普及,微机数据库应用系统蓬勃发展,成为当前数据库技术发展的另一主要趋势。又如,国外石油工业中已陆续建立起不同专业的"专家系统",如"物探解释专家系统"、"钻井咨询系统"、"泥浆专家系统"、"固井专家系统"、"固控专家系统"等,在生产中都已应用,取得了明显的效益。我国已引进许多计算机,主要用于局部的和专门的数据处理,由于对大量的勘探开发资料和科研文献缺乏标准化和规范化统一管理和组织,至今尚未能建立起数据库系统。对国外的一些"专家系统",虽已少量引进,但由于存在不少技术问题,多数使用情况不好。组织国内力量有计划有组织地开展建立不同专业专家系统工作,尚未全面开始。

(2)国外石油科技发展的途径,是多学科互相渗透,形成综合。在勘探工作的组织上也是技术配套、人才配套,地质、物探、钻井、测井、试油形成一个整体,甚至勘探和开发工作也结合起来进行综合分析研究。我们经过数年的努力,在这方面取得了一些进展,但与国外相比,无论从组织管理还是从技术人员应具备多学科知识的素质方面来看,都还有相当大的差距。

(3)专业技术人员更新知识快,学术和技术交流广泛。外国石油公司和科研机构,对正在工作岗位上的专业人员,每年都组织参加短期的新知识学习,使他们的知识跟上新技术革命的发展。国际性的专业技术交流很多,使专业技术人员能及时掌握本专业当前的动态。我国对现职专业技术人员的新知识学习尚未形成制度,越是骨干力量越没有(或很少有)学习机会。参加国际学术交流人数有限,参加人中,或因外语水平有限,或把材料据为己有,也不负责在国内及时交流传播,出现了负有交流传播责任的科技情报及广大院校教研人员,只能研究"会后"资料的不正常现象。现职人员不能经常得到培训,不断提高科技水平,也影响了引进设备技术的运用和消化吸收。总之,在调查研究的基础上,从石油勘探开发主要专业进行国内外水平对比,结合其他专业的情况,我们的基本看法是:从专业技术的综合水平来看,在勘探开发的主要工艺技术方面,我国处于世界先进国家20世纪70年代水平,有些专业技术可达到80年代初期水平。

4.2 看法与建议

(1)在中国找油、拿油要研究中国地质特点与勘探开发的部署。

中国特定的区域地质条件,其特点是:

① 中国大陆中、新生代主要为陆相沉积。

② 中国有3种不同类型的沉积相盆地:a. 西部挤压型盆地;b. 东部拉张型盆地;c. 中部过渡区(构造运动较稳定)的盆地。

③ 中国盆地多数是由多构造层组成的叠合盆地或长期继承性沉积盆地。

中国油气地质理论的发展,主要反映在陆相成油理论的建立。

(2)近期增加储量和拿油重点仍在中东部,并应在中长期勘探上抓好西部与海洋"两个接替区"。

加强东部渤海湾地区勘探与开发,必须对付4大技术难题:

① 要学会对付复式油气藏。

复式油气藏特点:a. 多套油层;b. 按一定模式成群成带分布;c. 一个复式油气聚集带是由共同的地质因素组合在一起的,在剖面或平面上呈规律分布。

② 要有本领对付中低渗透层,而且要保护改造、征服较深(4000m左右)中低渗透层油藏。

③ 要学会开发稠油、高凝油和凝析油气藏等特重、特轻原油。

④ 要研究对付裂缝性油气藏的办法。

(3)为西部、海洋两个接替区准备人才、技术和资金。

西南石油学院要重视石油上游工程领域中R&D的战略研究及相应的科技情报研究,使我院在石油工业发展的战略决策上也有发言权,并逐步在石油工业上游工程领域高、新技术发展中占领若干前沿阵地,能够有所创新把学院办出特色、水平,力争一流。

参 考 文 献

[1] 中国科学自然科学史研究所. 20 世纪科学技术简史[M]. 北京:科学出版社,1985.

(原文收录于西南石油学院校庆30周年学术论文集,1988年)

钻井、完井技术发展趋势

——第十五届世界石油大会信息

张绍槐

摘　要: 重点论述水平钻井系列新技术、遥控完井技术以及欠平衡钻井和挠性管钻井。阐述了钻井信息技术、多学科梯队和钻井管理的协同伙伴工作方式的重要性。指出闭环钻井和自动化钻井是 21 世纪钻井技术的发展趋势。

关键词: 世界石油;钻井工程;完井工程;新技术;自动化管理

1997 年 10 月在北京举行的第十五届世界石油大会安排有 Forum2(分组会 2)"钻井及完井工艺技术新进展",并在涉及常规油和重质油提高采收率的 Forum5,Forum8,Forum12 和勘探数据管理的 Topic7 以及关于环保等分组会中也包括有钻井、完井技术的内容,这体现了作业和技术的综合集成及学科的拓宽、交叉和复合。

1　水平钻井及其系列技术

雪佛龙公司董事长 K. T. Derr 在 10 月 16 日全体大会的 Dewhurst 演讲中说:"水平钻井的价值继续得到承认和重视"。WPC 科学规划委员会主席 Eidt 先生在大会闭幕式的总结讲话中把水平井和多分支井技术列为石油工业最主要的几项关键技术之一。欧美已有好几个国家年钻水平井一、二千口,自 1990 年以来,仅美国和加拿大就钻了 10000 口以上水平井。1995 年底全世界共钻 15000 口水平井。1996 年一年就钻 2700 口水平井。目前全世界已钻水平井 20000 口以上。不论在常规油田和重质油田的开发中都越来越多地使用水平井及多分支井(含多底井)等技术。这已成为提高采收率(IOR,EOR)的重要手段。根据近 10 年的实际情况,这次大会把钻水平井、多分支井和延伸井(大位移井)等作为系列技术,并把原井再钻技术(Re-entry)也作为这项系列技术的内容。Re-entry 包括利用原井侧钻大斜度定向井及水平井或从主井筒钻单个或多个分支井筒等。水平井已形成一个"井族",称之为复杂结构井(Complex Architecture Well)。

1.1　加拿大等国水平钻井技术

加拿大在论文中介绍了在西部 Alberta 盆地和 Williston 盆地采用水平钻井及其系列新萌芽技术(Emerging Technology)与直井相比提高产量 3 倍,提高采收率 2 倍并大幅度降低成本,能有效地提供油气远景储量。该文强调要应用这种新萌芽技术,主要包括:水平钻井、负压钻井、挠性管钻井、酸井负压起下钻、多底井技术等。迅速应用这些新萌芽技术有助于以较低成本、在更富挑战性的油藏开发中提高竞争力。为此,加拿大大力发展和使用水平井系列技术。1987 年 7 月在 Alberta Suffield 附近打了第一口水平井,1988 年打了 16 口水平井,1992 年打了 400 口水平井,1995 年打了 1270 口水平井,到 1996 年底在西加拿大共钻水平井 5000 口,该区水平井的数量急剧增加,技术与效果也不断提高,现居世界领先水平。1993 年,他们钻了两个成对水平井,对重质油藏进行蒸汽辅助重力驱油(SAGD)(图 1)。采用先进的电磁跟踪系统保持两个相邻井之间垂直间距 10m 水平段长 1000m。每一对井的平均日产量达 80m³,采收率达 80%。西加拿大还在 Weyburn 油田钻多底水平井及用 Re－entry 技术钻多底水平井(图 2)。实践证明:

(1)单底水平井的采液量是邻近直井的 3 倍;

(2)双底水平井的采液量是邻近直井的 7 倍;

(3)四底水平井的采液量比邻近直井提高达 16 倍。

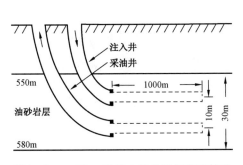

图 1 Peace River 油田水平井进行蒸汽辅助
重力驱油示范项目图

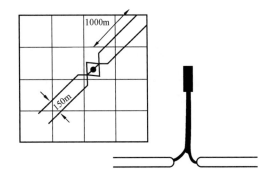

图 2 Weyburn 油田"4 个"分支的水平井

该文给出了成本分析,从最初实验时的成本 550 加元/m 降低到四底水平井只有 200 加元/m。水平井的产量占该油田总产量的 60%,并使这个老油田恢复青春,1996 年产量达近 20 年来的最高水平。

西加拿大的经验还表现在他们充分利用水平井的优点,根据地应力设计水平井段的位置并沿水平井段进行多级多次水力压裂。水平井段越长则造裂缝的数目越多,一般至少造 3 组垂直裂缝。他们采用多次压裂技术,每口井少则 4 ~ 5 次,多则达 10 ~ 15 次的连续压裂,直到把油层压开并达到比较理想的产能。还采用多次支撑压裂技术,使渗透率(K)只有 0.04mD 的低渗透致密砂岩及 $K = 0.1$mD 的白云岩实现增产效果。有时用 28% HCl 配合进行径向压裂酸化扩大垂直造缝效果。

西加拿大的经验是在油藏开发中重视多布水平井,重视水平井布井方案的研究。设计水平井的井身剖面时要尽量考虑地应力,用先进的水平井钻井技术能准确控制水平井和多底井的井身轨迹,并把水平井的压裂改造增产技术和水平井开采技术等统筹考虑,形成多学科集成的配套技术。

巴西国家石油公司在常规油田成功地利用水平井技术控制水锥,稳油控水,提高水驱效率和采收率,巴西认为在 Potiguar 盆地重油油藏开发中,最主要的进展是采用了水平井开采,尤其是在那些用常规直井无法继续开采的地区,用水平井和热采技术相结合,可以有效提高采收率。

美国、加拿大和委内瑞拉等国在重油油藏中成功地用水平井进行了一次采油。

论文[8]³❶介绍了以水平井及其系列技术所钻的新型油井(Advanced Well)在改善采收率

---

❶ [8]³中的 8 表示分组会编号,3 表示该组论文编号,全文同。

（IOR）和辅助重力驱油（SAGD）方面的重要作用。这种新型油井的主要类型如图 3 所示,术语"新型油井"是指具有复杂几何尺寸和结构的油井。有的文章称新型油井是油藏工程师工具箱中的新工具。

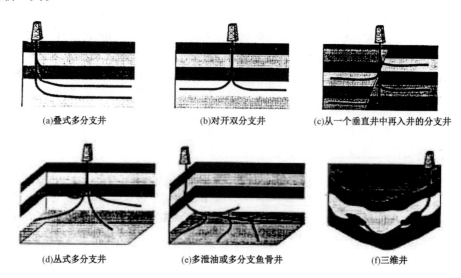

(a)叠式多分支井   (b)对开双分支井   (c)从一个垂直井中再入井的分支井

(d)丛式多分支井   (e)多泄油或多分支鱼骨井   (f)三维井

图3   各类先进的井眼—新型井眼的类型

加拿大还在阿尔伯达地下试验装置(UTF)钻了一口竖井,竖井钻达坚硬的碳酸盐层之上,从竖井底沥青储层底部挖一条水平隧道,从隧道中水平地钻成组的蒸汽辅助重力驱的注蒸汽井,通过重力泄油生产来开发沥青油藏(注:美国能源都在 20 世纪 80 年代末就开始了这项研究工作)(引自论文[8]¹)。

油藏和采油工程要求钻井工程能够设计并钻成复杂井身剖面并能准确控制长半径、中半径、短半径和增斜井段、稳斜井段、降斜井段以及控制方位的三维井眼剖面,并保证良好的井身质量、固井质量和采用 IOR 与 EOR 所要求的先进而多样的可选择性完井方法并交给采油工程新的智能油井。这无疑给钻井工程提出了越来越高的要求,而第十五届 WPC 证明钻井工程已经完全能够做到。在会议期间和会后,石油工业部长王涛要求我国加速发展水平井,要求近年达到年进尺 5% 以上。

1.2　挪威水平钻井技术

挪威对采用水平井、多底井、丛式水平井组等技术成功地开发有气顶和底水的 Troll 油田进行了介绍。水平井的原始产油量和总产量都比预计的相同条件垂直井产量高 4 倍,产能也比油藏模拟预计的高,并增加了 10×10^8 bbl(1.36×10^8 t)的原油储量。开始设计的水平井段长度为 800m,提高了技术水平后水平井段长度达 2400m。因为气顶下部油层最薄处只有 4m 厚(油层厚度为 4~27m),采用了随钻三维井眼轨迹的动态设计与控制技术和先进的旋转导向工具以及随钻测井等先进技术,使井眼轨迹控制准确,井靶垂深误差小到 ±1m,以保证水平井段准确位于油水界面以上 1~3m,防止了气锥和底水上升,保证油井正常出油和多产油。挪威强调,要用好高质量的 3D 地震资料和由生产钻井获得的解释,不断完善地质模型来选择水平井井位和井身剖面。他们指出,如果井位选得不好,会由于气锥和水侵等导致采油量减少,即使这样,Troll 油田仍有选错井位的情况,但总的来说要比许多北海油田挪威油区选错的少。

1.2.1 Troll 油田的钻井和完井作业

因为 Troll 油田采用海上平台钻丛式井组,一个井组多达 32 口井,且在平台附近有海底出油管线。因此钻井队作业过程中不能损坏禁区内的出油管。而水平井段必须打在所要求的油藏位置上。这就要求钻三维井眼轨迹井(先钻导眼)如图 4 所示。

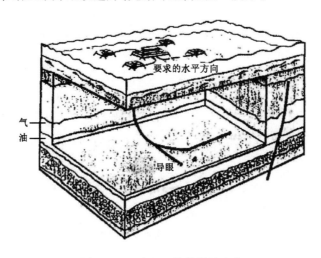

图 4 Troll 油田三维井眼轨迹井

对 Troll 油田钻井和完井作业的各个阶段简要说明如下:

(1)用海水不重复循环的办法钻 36in(914mm)和 24in(610mm)井段;

(2)17½in(444mm)井段是常用的,要求重视设计和作业的规格化。要根据井口和井眼靶位目标之间的距离控制井斜和方位。该井段用水基泥浆钻成,下 13⅜in(340mm)套管;

(3)为了准确卡准地层和靶位深度,作为资料采集计划的一部分,有些井钻了 8½in 的领眼;

(4)用水基钻井液钻 12¼in(311mm)的增斜井段并钻达水平井段的开始处,然后下10¾in(273mm)套管。井眼在油层中垂直深度的位置,一般要求在油水界面(OWC)以上 1 ~ 3m 并以油气界面(GOC)为参考点,使用 MWD 可使垂深误差控制在 ±1m。如果不能确定油气界面(GOC),那就必须钻一个 8½in 的井眼来确认油水界面(OWC)。

(5)9½in(314mm)水平井段用饱和 Nacl/聚合物钻井液钻到 2300m 井段,使用均质粒度的盐晶体控制钻井液的比重和失水。

Troll 油田水平井眼轨迹的形状和长度取决于所要求的井靶位置和砂岩油藏砂岩体的几何形状。使用随钻测量/"导向"工具(MWD/"Navigator"tool)可以使实际井眼轨迹误差为 ±1 ~ 1.5m 真垂直深度(TVD)。这种"导向"工具能够在旋转钻井条件下,只滞后于钻头后面 4 ~ 5m 进行定向造斜。为了最大程度的减小可能发生的井眼轨迹漂移,每钻 500m 就要更换一次 MWD/"Navigator"短节,有些井在水平井段的开始处(hell of well,跟部)和终止处(toe end of well,水平段前端部又称趾部)都要检测油水界面位置,以确定井眼路径如何变化。已经有经验能够钻成功 1500 ~ 2000m 的水平段,而井眼只向上方垂直偏移 0.2 ~ 2.5m,即水平段不能向下偏移,以防水侵。

高渗透砂岩的产能可在 5 ~ 10000m³/(d·bar)范围内变化。液流进入井内要有低的生产压差,因此流入剖面(Inflow Profile)在很大程度上受压力摩阻(Pressure Friction,压力摩耗)的影响。为了避免井眼被水封堵(Water Lock)就必须建立严格的靶位允差值(Tight Target Tolerance),以防止液体从水平井段外部流动。也就是说,如果水平井段偏差超过靶位允差值,水平段的井眼就可能被水侵,而油流就不能进入井内并在水平段井眼外部流动。

1.2.2　Troll 油田水平生产井的完井作业

图 5 是 Troll 油田典型的完井示意图。挪威的这篇论文强调以下几点:

(1)完井方法用筛管。Troll 油田的产层是松散砂岩易出砂。采用预充填的筛管来防砂,其效果良好,从开始清井到宣读论文时,一年多来还没有发现出砂。在两口试验井使用的筛管尺寸是 6⅝in。由于该油藏是高渗透松散砂岩,油井又是高产的,所以在开发井中改用 7in 筛管,并相应地增大了各层套(衬)管的尺寸。

(2)洗井与清井作业。开始在试验井上当筛管安装好之后,要用盐水清洗筛管内外并溶解和清除井壁上由水基钻井液结成的滤饼。这当然费时费事。后来在钻开发井时,为了缩短作业时间,已简化了上述洗井作业。

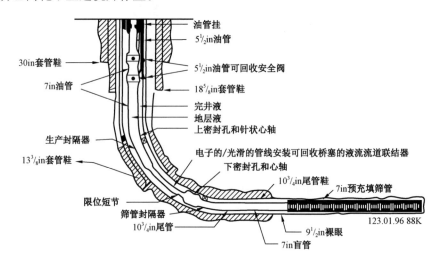

图 5　Troll 油田西油区水平生产井的完井

每口井的完井作业中都要进行短时间的清井作业。

在第一批油井完井时用连续油管进行生产测井来建立流入剖面和渗透率大小。

在 2000m 以内的水平井段进行了生产测井,并确认液流流入整个水平井段。只有在使用压井液的情况下才观察到油井有污染。使用柠檬酸的方法可解决这种污染(堵塞)问题。

因为油井产能通常为 5 ~ 10000m³/(d·bar),流入剖面受摩阻损耗的影响。这导致流入剖面是非线性的,大部分产量(流入量)在水平段井眼的开始处(井眼跟部)。在井眼跟部(水平段开始处)这一端的大部分流入量是由筛管与裸眼之间环空流所产生的。对测得的数据必须进行一定的校正,以能得到沿完井井段的有代表性的采油流入剖面。对流入剖面的分析表明,储层渗透率比以前通过岩心资料测得的高 50%。

(3)作业时间。根据两口试验井的经验,在开始钻开发井前,预计一口生产井的钻井和完井时间约 90 天。1996 年秋,在开始钻(第一口)井约两年半后,尽管水平井段的长度比最初设计的增大了 3 倍,一口井的钻井和完井时间缩短到 40 ~ 50 天,即减少 1/2。作业的各阶段都变得更加有效。

1.2.3　Troll 油田多底井的经验

在 Troll 油田西部含气区(TWGP),特别是在那些如果单独用平台钻井而经济上不可行的地区,实践证明多底井是有潜力的。大约有 14 口井是除主井筒外还有一个分支井筒的多底井,计划 1997 年春季在 H 丛式井组钻第一口多底井。预计第二个分支的钻井和完井时间大致为 30 天。

早在 1996 年,在 Oseberg 油田附近成功地钻了并完成了第一口多底井。因此,在这些井上用过的相关技术可视为成熟的技术了,目前正在评价多底井的详细设计。多底井采用了下列设计标准:(1)两个分支之间的接合点的位置要选好并做好防砂设计;(2)主井筒要用 7in(178mm)单井筒完井剖面;(3)Troll 油田西部含气区生产井是在平均产气量为 150 ~ 20000m^3/d 的情况下超临界地生产的。由于气举的作用,超临界开采对采收率是有利的,油藏模拟表明与低于临界采油(Subcritical Production)相比,平均每口井的采收率从 5% 增大到 35%。

1.2.4　主要结论

(1)钻井的经验表明,在 Troll 油田的非胶结性松散砂岩中可以在水平井段长达 2300m 条件下进行钻井和完井,并且能使储层的伤害减至最小和准确控制井眼在垂直深度上的位置。实践证明,即使水平井段跟部(水平井段开始处)压差小于 1bar,整个水平井段还是能够出力的(意指压差虽小,水平段全长范围都能有效生产)。从 1989 年,在 Troll 油田完成第一口水平井以来,技术和作业速度改进很大,一口井的钻井和完井时间是原设计所预计时间的 1/2,而水平井段长度却增大了 3 倍。

(2)经验还进一步说明,通过应用地震和地质方法可以准确地确定高渗透砂岩体的位置,而且即使在钻很长的水平井段时仍能保持有效的控制井身轨迹。

(3)这些经验的主要贡献是使 Troll 油田预计原油可采储量从 20 世纪 80 年代中期的零增长到目前的 $1.85 \times 10^8 m^3$(11×10^8bbl)。

1.3　延伸井(大位移井)

欧洲北海和中国南海等地区延伸井的水平位移已达 8km 多,正向 10 ~ 12km 的目标努力。在近海油田及复杂环境下可实现"海油陆采"、节省平台、大幅度降低钻井和油田开发成本等效益。延伸井体现了国际上最有吸引力最先进的技术,有很大的应用前景。钻延伸井比钻水平井、多底井更难,是一项综合性很强的技术,(还可参考西江 24 - 3 - A14 大位移井经验,另文)主要包括:

(1)井身轨迹的预设计和随钻动态设计。根据油藏和工程需要,有时需要井身轨迹是三维的(即方位变化的)能穿过多目标油藏或多目标层位的蛇曲井和鱼骨井等,国际上称之为"设计师井眼(Designer well)"及新型油井(Advanced well)(图5)。

(2)近钻头随钻测斜装置,(如 IDEAL 近钻头传感器、陀螺仪、三轴加速度计、电磁跟踪技术等),它能随钻实时监测钻头刚刚钻过井段(距钻头只 2m 左右)的井斜、方位和地层性质,使操作者能及时做出钻井决策,保证实钻最优井身轨迹,实现点移动靶的动态中靶以及在多个产层的情况下精度很高的多靶位连续中靶等,并提高钻井效率和有助于防止复杂情况。

(3)先进的随钻测量工具和信息传输系统,如传输速率 6bit/s 的 M_{10} 型 MWD,且 M_{10} 的寿命可高达 1200h。三联(电阻、中子、密度及 γ 测井)或四联(三联加声波测井)的随钻测井

（LWD，Logging While Drilling）；AGIP 等公司最近还使用了他们独有的专利技术随钻地震（SWD，Seismic While Drilling）等。上述技术能满足先进的几何导向和地质导向要求，对井眼轨迹的优控极为重要。有的技术公司还通过井下传感器监测井下钻压、扭矩、振动和冲击等动态信息参数，把环空压力传感器和 MWD 联合使用，能获得极重要的不同位置处环空钻井液有效循环密度信息。

（4）先进的可遥控的变径扶正器、旋转导向工具（如 PD、TRACS、SRD 及 Navigator 等，见另文的介绍）和相应的软件。

（5）由于钻大位移井时，钻柱与套管管柱与井壁的摩擦阻力和摩擦扭矩很大，为此，在南海西江 24 – 3 – A14 大位移井使用了水力加压器以辅助加压解决钻头加不上压的问题。所以，必须有效预测、计算、评价与监测大位移井管柱的摩擦阻力和摩擦扭矩。国外除了进行理论研究、实测井下数据以外，还搞了钻柱模拟器和包括各种摩阻和扭阻在内的钻井工程力学设计，以期建立准确的预测模型。对大位移井的井眼稳定、井眼净化、钻井液性能、管柱材料与螺纹类型以及抗高扭矩的螺纹油和密封技术等进行系统研究。

（6）钻大位移井的钻机等装备和动力配备都要相应强化，留有额外载荷的余地。普遍使用高功率的顶驱装置以满足倒划眼和处理井下复杂情况的要求。固控系统和钻井信息采集处理系统都比钻一般井眼的先进得多。

（7）严密的可行性研究，详细的钻井设计和认真扎实的技术与物质准备是首要的基础工作。多学科协作和团队工作方式是钻井成败与好坏的重要因素。

2 遥控完井智能完井和选择性完井等现代完井技术

英国和澳大利亚联合宣读的论文[2][4]，介绍了遥控完井（Remote Control Completions）的短期装置、长期装置和水下装置等。这种系统使作业者能在一个单井筒中无须使用钢丝绳、挠性软管或油管串就能够对多层段的油井有效地进行选择性生产或选择性注入。因为可以实时获得重要的井下信息而能减少生产测井等作业量，并可通过遥控技术减少传统上被认为非要不可的常规作业，可以减少甚至完全消除对油井生产的传统干扰，为无干扰油藏管理和节省资金提供新途径。该文说，设计良好的遥控完井能够随心所欲地进行生产管理而不存在成本、后勤、风险和耽误生产时效等不利影响。看来这是井下闭环采油的初级阶段。该文给出了选择性强的遥控完井系统，该文作者说（这次大会）前 6 周已在挪威进行了试用。21 世纪将很快发展成为全闭环采油系统。

论文[2][4]还介绍了智能完井（Intelligent Completion）技术，使这种油井成为聪明油井（Smart Well）或者叫智能井（Intelligent Well）。（图6）介绍了能在多层段，多分支油井中从地面控制、分析、管理油井的 SCRAMS 完井系统。它主要包括下述 3 个主要组成部分：

一是永久安装在井下的、间隔分布于整个井筒中的井下温度、压力、流量、位移、时间等传感器组；

二是能在地面遥控井下的装置，如可遥控的井下封隔器、分隔器，可遥控的层间控制阀与井下节流器，控制分支（分岔）井筒密封的开关装置、井下安全阀及水下（或陆地）井口装置等；

三是可以实时获取井下信息的多站井下数据采集和控制网络系统。

论文[2][4]还论述了其优点和功能主要有：

（1）根据各个层段生产指数的变化可以判断和确定节流生产段的效果；

（2）能测量和调节每个产层的关井压力、流动压力和质量流量，从而更科学、更简化地管理非均质油藏；

（3）因为消除了关井时横向流动的影响，就可进行每个产层的压力升降分析。因为消除了多层合采混合流动分析所引起的误差，就更容易进行物质平衡计算且更加精确；

（4）采油工程师和过程控制工程师能更有效地判断、测量和调节管理过程；

（5）由于能在井底的产层处进行控制和测量就促使操作者能够调整变化的生产剖面，从而优化生产；

（6）能关闭或抑制产水层段，从而改善举升性能和易于处理和排放产出水；

（7）可以利用邻层气进行气举，从而提高枯竭层段的产量；

（8）通过遥控调节气举阀能够优化常规气举方法；

（9）因为能够实时获得关键信息，就把生产测井工作量减至最少；

（10）有时不需井下作业就可对选择层位按程序处理；

（11）减少干扰作业次数就直接减少操作费、风险和提高了安全性。

有几种遥控井下完井装置及工具的方法❶。这些方法和可控井下完井元件可按短期应用和长期应用等来分类。

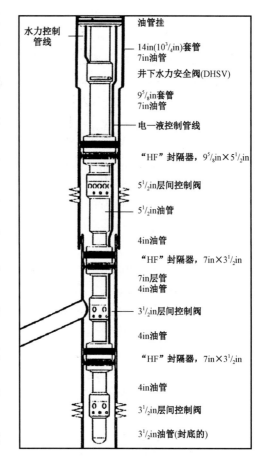

图6　控制流入的多层段/多分支地面控制油藏分析管理系统

2.1　短期装置

这些装置包括一次激发（One Shot）工具或作业周期有限的装置。多年来，已使用了大量的用于油井结构或完井安装工艺与方法的设计。这些都是传统的、应用先进的原理设计的液压操作工具，从简单的剪切设计到能够多次进行压力循环的较复杂结构。近年来，发明了更高级的系统，提供了更多的选择性，清除了渗漏通道，并把完井施工中相应的钢丝绳作业减至最少次数。激励信号可以通过机械的、压力的、压力脉冲的、电磁的或其他方式来提供。控制机构可以包括简单的机械、流体逻辑定时器或电子仪器。不论用什么控制方式，这种短期装置由于安装费用少都能增大其使用价值。由于受它们的功率和机械性质所限制，所有这种短期装置都不能应用到油井生产寿命那样足够长的时间，为此它们不能包括在智能油井部件的定义范围内。

---

❶ 论文[2]⁴虽讲的是近海水下油井的遥控技术，但考虑到它的先进性仍有必要按原文介绍和说明。

2.2 长期装置

这些是指可以进行无限次数作业周期的装置,这些类型的系统具有在一口油井生产寿命整个期间都能工作的潜力。看来,这种潜力取决于许多因素。多年来,仅有几种长期遥控装置得到广泛的应用。其中一种引人注目的装置是地面控制的井下安全阀(SCSSV,Surface Controlled Subsurface Safety Valves)。作业者们越来越认识到,能够下入任何深度并能选择性驱动一种或多种工作方式的,可以不含"故障—保险"(fail—safe,个别部件发生故障时能自动保险并安全可靠工作)的流量控制装置的潜在优点。这些长期装置还可减少安装成本,而且它们的主要优点是能自始至终从各个独立产层进行选择性的生产或实时调节当时的生产,减少作业成本,提高油井产能并增大总采收率。

2.3 整套集成系统

这些系统包括灵活可动的井下工具以及一整套组装的传感器,它填补了现场为延长油井有效寿命的油藏管理使用的石油行业工具箱中的空白。地面控制油藏分析管理系统(SCRAMS)是一种为昂贵的水下和近海应用而开发的有代表性的系统。这种系统可以按需要任意组装,以满足特定的完井工作任务要求,如亚得里亚海 Aquila 油田两口井水下开发的情况,该两口水平井内都配备了气举注入遥控和选择生产与注入控制装备。该系统的最重要优点之一是具有长期的可靠性,这就证明为了提供最高级的设备可靠性和系统整体性而增加投资成本是合算的。这些系统可以与当前的水下控制系统配套工作,从而通过现有的地面网络获得井下信息。

水下应用的地面控制油藏分析管理系统的各种元件可分类说明如下:

(1)地面硬件、软件和接口(SCADA——已商业化的数据采集系统);(2)水下控制系统网络(注:在陆地的油井可省去这部分);(3)井下控制系统网络;(4)分层封隔器(带旁通管的封隔器);(5)灵活可动的井下工具(井下开关阀、可调节流器);(6)各种井下传感器(压力、流量、含水量、密度)。

在主控制站微机上运行的地面控制软件与一个友好的"鼠标驱动"的图形用户接口相配合并与现有的 SCADA 系统协同工作。使用这种设备来监控各个传感器并操纵各个井下工具。通过寻址并发出指令给各个特定的井下工具来实现操作。指令既可以是对数据的要求也可以是对动作的指示。地面控制器和水下工具箱之间的通信联络是通过一条与水下控制箱内的接口相连的控制电缆来传递的。这个水下控制箱与水下控制网络和井下控制网络相连。

每个井下装置,不论是一个传感器、一个可动的工具,还是一个兼有这两种元件的装置,都与井下控制网络相连。这种系统使用永久安装的电缆供电并在地面与井下各传感器、各工具之间提供双向数字通信。井下装置具有真空密封的电子元件,它执行局部的通信和控制功能。操作这些装置的动力是由一个与地面液压动力装置相接的液压管路来提供液压。在这种情况下,电磁阀在电子元件控制下按要求有选择地输送高压控制流体,以足够的力量驱动每个井下工具。另一种是有选择地指示电动驱动器,为各种装置提供机械力。诸如控制管路、电子元件或其他关键系统等部件的备用信息码,可以大大提高整个系统的可靠性和有效寿命。

2.4 单独分散的遥控系统

有些应用项目非常希望井下遥控,但是又不需要整个配套系统,例如不需要某仪表或者减少所需装置数量和减少对功能的要求。单独分散的遥控工具可以相对低的成本为这些项目服务。

上述典型的 SCSSV 代表了一种广泛使用的单独分散装置。使用一条常规的压力液压管路把该装置安装在某个位置上。如果控制管路的压力释放了,该装置在一个内置弹簧的偏移作用下自动移到第二个"故障—保险"位置。当然,还可以共用一条液压管路来同步操作好几个这种装置。

弹簧偏移装置(Spring Biased Devices)还可以与机械的 J 形槽相装配,可使该装置依靠成功有效的控制管路压力多个周波的办法来得到多于一个位置的工作状态。多孔气举阀(Multi Orifice Gas Lift Valves)就是已经应用这种装置的一个例子。

配合使用流量控制完井的各种工具(如安装在油管上的止回阀、球阀和滑套),就有了其他多种液压控制方法。这些方法可以用于驱动装有双向(开/关)活塞启动器的各种装置。最简单的型式是在启动器的相对两端接两条液压管路。另外还有更高级的系统,它需要较多的液压管路,按下达给控制管路的液压控制信号,把控制压力有选择性地施加至所需的启动器和所需的方向。这些双向液压驱动装置在失去控制管路压力时是不会动作的或是"随之失效"的。在垢和腐蚀物可能导致随时间逐渐增加摩擦力及摩擦部位时,这种系统比单向力设计的有限的内置弹簧的"故障—保险"型装置优越。

论文[2][4]在结论中说:现在已经研制出了不需要人为干扰作业就能遥控井下液体流入和注入的新技术和新工具(在论文宣读 6 周前,已在油田应用了)。这些系统为减少作业费用得到了很大的经济效益,(特别是在水下应用的情况下)。这种系统还能提高石油工作者动态管理油藏的能力,这是提高最终采收率所期望的。

这届大会还介绍了有关常规油藏和非常规油藏用蒸汽驱方法的一井多管及单井合采等完井技术、先进的防砂完井技术、水平井和多底井的完井工具与技术等。

3 欠平衡钻井、完井及不压井起下钻的新一代技术

在 20 世纪五六十年代就提出并应用过欠平衡(负压)钻井和不压井起下钻技术,但那是非常初步的,也不能在整个作业过程中始终保持欠平衡条件。

随着水平钻井技术的日益发展及水平井特点的需要,欠平衡钻井、完井作业和不压井起下钻作业正日益引起人们的重视,这次大会上介绍了新一代欠平衡钻井、完井和不压井起下钻技术。

同直井相比,钻水平井时因为裸眼井段在油气层部位长度很大,井内流体与油气层接触的时间很长,因而伤害油气层的问题更加突出。所以新一代的欠平衡钻井、完井和不压井起下钻技术首先是满足和解决钻水平井时保护油气层的需要,尤其是那些易于受到地层伤害的水平井。当然,欠平衡钻井的优点还不只是有利于保护油气层,还有利于发现油气层(特别是在钻进过程中早期发现油气层),有利于在钻井过程动态测试及提高钻速等。

新一代欠平衡钻井技术是在钻进、接单根、换钻头、起下钻等全部作业过程中始终(不间断)地保持井下循环系统中流体的静水压力小于目标油气层的压力。这种欠平衡一旦被打破,就使以前在欠平衡作业方面的一切努力归于无效,并导致钻井液等侵入而伤害立即发生,有时甚至还会大于过平衡钻井所造成的伤害。

欠平衡水平钻井技术在西加拿大盆地应用已十分广泛。实践表明,它能减少漏失和压差卡钻,能提高钻速特别是有利于减少油气层伤害。加拿大壳牌公司还利用欠平衡钻井系统解

决含0.5mg/L H$_2$S的酸气问题,称为SUDS(Sour Underbalenced Drilling System)即含硫负压钻井系统。该系统由旋转防喷器及环空防喷器和两级分流系统在地面进行动态压力控制(图7)。该系统用两个可控的管内单流阀系统解决连接钻杆与井底钻具组合的上卸扣问题。该系统还配有由井下传感器或井底压力计等组成的随钻监测井底压力测量和信息传输系统。在负压的计算上要以井底点为计算点,要考虑循环时动态条件下的负压值。要用相态稳态模型进行动态模拟计算。用注入氮气的办法在井底形成负压。在现场制成的既是液相低温深冷的又是经过半透膜处理的膜渗氮气经钻柱注入井下,以造成所要求的负压值。1994年第一次在Harmattan East进行负压钻井,发现由膜渗产生的氮气仍含有空气,所以与油藏流体混合后会发生脱氧气体的腐蚀及点火问题。为此,专门在Calgary大学进行了试验(该试验未获得预定结果而暂中止)。1995年第二次在含H$_2$S达30%的Waterton 13号井进行了侧钻水平井欠平衡钻井,虽然用脱硫塔等装置从钻井液中除掉H$_2$S,并在钻井液中加入水基防腐剂以减轻空气和H$_2$S接触时的腐蚀问题,但是仍达不到安全钻进的要求,不得不中断了该井试验。1996年,第三次进行Waterton水平井及其他含硫井的欠平衡钻井试验。这次还使用了可圈挠的连续软管(挠性管)钻井,可以不必接钻杆并减少(甚至消除)为起下钻等作业而进行的压井作业。这项技术已获成功。

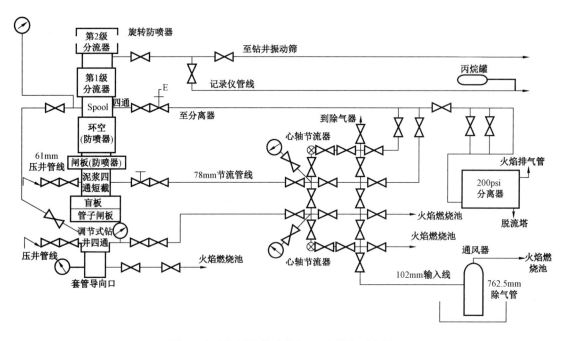

图7　含硫负压钻井系统(SUDS)设备示意图

泛加公司还在加拿大Weyburn油田成功地应用了欠平衡水平井和多分支井钻井技术。水平段长度一般约为1000m,在一个主井筒中的分支数目多达4个。从1993至1996年已钻这类水平井120多口,产量增加、成本降低。这项技术是把钻水平井技术、钻多分支井技术和欠平衡钻井技术结合起来的综合技术。他们的工作共分12个阶段,不断改进后才大规模应用的。在Weyburn油田用欠平衡技术钻水平井和分支井还有一个很成功的经验,即在欠平衡钻井实钻过程中,由于压差而地层中的流体会流入井中。只要在地面对产层流体动态监测,就可以及时发现油气显示,这种显示实际上是一种非常重要的信息,它可以在厚度只有1m的油层内实现地质与工程导向,使水平井和分支井段的井身轨迹得到有效和准确控制。

为了满足欠平衡钻井技术的需要,1994 年加拿大壳牌石油公司在含硫的石灰岩气田(含 H_2S 29%,关井井口压力 15MPa)的负压钻井完井修井作业时开始使用不压井起下钻作业。不压井起下钻的好处在于不必压井,因而保持了全作业过程欠平衡的连续条件。需要有一套专门的作业钻机和不压井起下钻防喷器、可在地面控制的管内堵塞器、钻台专用的对扣阀等。在不压井起下钻作业前,通过管柱向井内注入 2 倍于井筒容积的氮气。不压井起下钻技术,避免了压井作业和清洗井眼、清除地层伤害等工作,也减少或消除了井液漏失等复杂情况,提高了时效,又保护了油气层,是与欠平衡钻井完井修井作业配套的一项必要技术。

欠平衡钻井、完井及不压井起下钻的新一代技术,除了成功地在加拿大迅速得到广泛应用外,美国和欧洲等国也很重视,预计 21 世纪将很快成为一项普遍应用的先进技术。

4 挠性管钻井(Coiled Tubing Drilling,简称 CTD)

因为欠平衡钻井技术要求在钻进、接单根、换钻头、起下钻等全部作业过程中始终保持负压条件,而挠性管(又称连续软管或可卷绕管)作业中从根本上消除了接单根,并使起下钻和换钻头的效率大大提高,可以不必压井进行起下钻作业。它的另一优点是在那些钻机空间和噪声受到限制的地方使用挠性管钻井比常规钻机钻井更加适宜。欠平衡钻井技术的发展显然为挠性管钻井的发展提供了良好机遇和用武之地。挠性管的潜在效益和优越性得到许多国家的重视,近年发展很快。据会议介绍 1992—1994 年 3 年间全球使用挠性管作业的数目成指数增加。3 年间由 3 口增加到 200 口。挠性管的使用范围也不断扩大:

(1)1992 年主要用于垂直井的正压钻井作业;

(2)1993 年用于水平井正压钻井及垂直延伸负压钻井;

(3)1995 年用于欠平衡水平钻井及开窗侧钻(外径 60.3mm 的挠性管、98.4mm 的钻头);

(4)1996 年开始使用成套挠性管设备(Hybrid CTD Units),1996 年到 1997 年也是扩大 CTD 钻水平井应用范围的一年。论文[2][1] 作者在大会宣读论文时说仅仅在西加拿大 CTD 钻井已超过 400 口。

在欠平衡钻井条件下,井筒内的流体充有气体,所以常规的液体脉冲传输式的 MWD 就不能使用了。这就需要发展电子遥测仪类型的随钻测量系统。而挠性管可以把电缆和液压线等嵌装在挠性管内。新型的成套挠性管设备现在可以把挠性管、不压井作业及需用钢丝电缆进行作业的多种技术综合起来。为了降低挠性管在滚筒上缠绕、卸绕及鹅颈管处的弯曲,减小钻井液注入管的疲劳应力。采用了实时疲劳监测等创新技术,最近 Transocean 公司引入了一项设计,可以把挠性管直接装在井口而去掉鹅颈管。

挠性管钻井技术在修井和井下作业领域也有很大的应用前景。

全面来看,挠性管钻井、修井技术还处于发展的初级阶段,还需要进一步解决和克服一些技术上的挑战。但是它将是 21 世纪一项重要的能够更广泛应用的新技术。

5 原井再钻技术和老井改造技术

Re - entry 技术包括从已有井眼(老井、原井)侧钻定向斜井、侧钻水平井和侧钻分支井,也包括将老井再加深后用直井或斜井、水平井开发更深部位的油气层;还包括把已废弃的井眼重新打开,通过修井和增产作业使其再生产。

委内瑞拉介绍了他们从 1993 年以来在其东部和西部对原来生产不良的油井 179 口,用原井再钻技术和老井改造技术,总共钻了水平井段长达 55000m 的再钻工作,提高了产量获得了很好的经济效益。

委内瑞拉东部地区,所有再钻井的地质结构都非常松散,原油黏度高,有许多是重质油油藏。其平均深度为 1097m,渗透率为 4000mD,孔隙度为 30%,油藏压力为 1400psi(9.7×10^6Pa),温度为 140℉。经过原井再钻和老井改造后,单井产量从死井的零或产能差的井的 50bbl/d(6.8t/d)增加到平均 500bbl/d(68t/d),有两口特别好的井的产量已超过 1000bbl/d(136t/d)。西部地区所有再钻井都是在中新世和始新世的轻质油油藏中进行的。深度从 1800m 到 3600m,渗透率约 300mD,油藏压力低于 600psi(4.1×10^6Pa)。经过原井再钻和老井改造后,产油量从死井的零或产能差的井的 30bbl/d(4.08t/d),增加到 350 ~ 700bbl/d(47.6 ~ 95.2t/d),一口特别好的井达到 2000bbl/d(272t/d)。在东、西部所有的油藏中不仅提高了产量也有效地减少了水、气和砂的产出。

他们的几项主要经验是:

(1)弃井技术。对拟弃井眼规定有两个主要技术上的要求,即打水泥塞和(或)打桥塞。为了决定使用哪种技术,规定要做注水实验。如果地层吸收注入液,则打一个平衡水泥塞并挤一些水泥入地层。如果地层不吸收注入液,则在尾管悬挂器上面约 30m 处打一个桥塞。在特殊需要时可以既打水泥塞又打桥塞以确保封死产层。

(2)开窗技术。1993 年以前使用常规开窗工具,因为工具质量差,要使用多个开窗工具并多次起下钻,耗时长成本高。最近采用了银嵌金刚石的钢质开窗工具能够在一趟钻中完成开窗工作。最常用的开窗工具是侧面磨鞋和变向器(Section Mills and Whipstocks)。开窗磨切时间从开始的 1 或 2 天减少到平均 15h,最快时只要 8h。窗口的长度从原来的 21.3m 减小到 6.1m,最短的只有 3.1m。

(3)定向和水平钻井技术。开窗之后,选择适当的井身轨迹,可以是定向斜井也可以是水平井。造斜率一般为(10° ~ 14°)/30.5m。水平井段长度要经过数值模拟选定,平均为 304.8m,最长达 609.6m。最常用的井底钻柱组合包括一个可调的低速高扭矩的井下马达和一套带伽马射线的 MWD,它可以较好地控制井身方位和满足井身轨迹的要求。迄今,所使用的钻头中以 PDC 和聚晶金刚石钻头为最好,能在一趟钻中完成造斜段和水平段的整个侧钻井段,钻井时效很高。运用学习曲线使整个作业时间从每口井 24 天减少到每口井 12 天,即缩短 50%。使用高分子聚合物和 KCl 钻井液,它能稳定井壁,携岩能力好,固体含量低,有生物分解作用,有利于保护油层。

(4)完井。图 8 是典型的再钻井完井方法。在 7in 套管开窗后,尾管是常规的直径为 4½in(114.3mm)割缝为 0.5mm 的割缝尾管。在这个地区油井的水平段一般不注水泥也不填砾石封隔(论文说明因为没有注水泥而未获得经验)。如果预知有出砂问题,则使用预充填有橡胶涂层的砾石衬管。如果要注蒸汽热采的井,则也可使用陶瓷填料。用外膨胀式封隔器封隔地层和割缝尾管,在生产油管和套管之间使用内封隔器。有 3 口井用热处理完井法并进行了注蒸汽增产作业而没有发生任何问题。

(5)采油方法。人工举升采油方法,共进行了 12 种采油方法的实验。有 70% 的油井使用了先进的空化泵(Cavity Pump),它在开采高黏度原油时非常有效,其产量可达 800bbl/d(109t/d)。

(6)油藏描述。委内瑞拉 Lagoven 油田的油藏能量是由溶解气驱、活动水驱和气顶供给的。理论说明泡沫油效应(Foamy Oil Effect)是一种重要的驱油机理,正在评估与研究之中。为了更大规模地推广原井再钻和老井改造技术,他们重视对有针对性的油藏中后期进行描述。

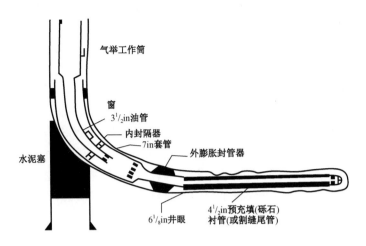

气举工作筒

窗

$3\frac{1}{2}$in油管

内封隔器

7in套管

外膨胀封管器

水泥塞

$6\frac{1}{8}$in井眼

$4\frac{1}{2}$in预充填(砾石)
衬管(或割缝尾管)

图8　典型的老井再钻井的完井

该油田原井再钻和完井工作减少了许多报废井,并且在老油田改善了许多油井的性能。多数情况下油井产量从 30bbl/d 增加到 500bbl/d,而在浅层的有些井产量高达 2000bbl/d。他们认为多学科组成的训练有素的综合项目组是这种技术成功的重要因素。

6　自动化钻井

21 世纪油气勘探形势将日趋严峻,勘探风险将增大。老盆地中发现新油气田的数目、规模均将减小级别。今后将会把更多精力投向老盆地的深部和低渗透油气藏、非常规油气藏;同时,走向海洋深水区和陆上边远地区以及极地盆地等地面环境和地下复杂条件的勘探领域。围绕提高已开发油田的最终采收率这一总目标,开发井钻井工作的技术难度也将进一步增大,对钻井质量和成本的要求将更加严格苛刻。

21 世纪将实现闭环钻井和自动化钻井,这已是为期不远的共识,许多大公司都在研究这一高新技术,如 Baker 公司,Hughes 公司/Inteq 公司与 Agip 共同开发的 AutoTrak,德国深井钻井公司的 PROSTAR－2000 自动化钻机等,但有的处于技术保密阶段。工程技术信息与数据的管理将成为全球化综合管理的主导方式。第十五届 WPC 设了 Forum7—勘探数据管理,除了讲勘探以外,对钻井部门也同样重要,认为在信息时代,石油公司不要成为"信息孤岛",而要信息共享,同时又不能"数据泛滥",要实施数据与信息的科学管理。

6.1　信息技术

法,ELF《石油工业信息管理的道路》指出:世界石油工业的现状,推动了对石油公司经营方式的改革,特别是要求每个经营者能密切地与其同伴合作,并能更好地利用技术,尤其是信息技术。其解决办法是实施数据与信息管理。

发展综合技术、综合研究要走平行作业的多学科模式,这是新方向之一。这就要求最大限度地、充分地利用从多种来源(如三维地震、新型测井、MWD、LWD、SWD、地质、油藏、岩性;钻井、完井、试井、一次采油、二次采油、三次采油、修井增产……)得到的所有数据并共享,这对数据对信息管理工作提出了越来越高的要求。由于数据采集新技术和综合集成的需要,使数据呈指数级上升,有些公司待处理待储存的数据量每年以 100% 或翻几番的速度增长,这种方

— 129 —

法很快成为现代盆地勘探战略研究优先采用的方法。数据、信息管理是一项花钱的事。在法国和挪威的报告中说明,在勘探开发阶段,几乎总开支的15%与数据管理有关。

6.2 POSC 标准

POSC是国际性的非盈利性标准机构公司,1990年由5家大石油公司(BP、雪佛龙、ELF、Mobil、Texaco)发起建立。现拥有130个成员组织,有28名职员,在伦敦和休斯敦设办事处,POSC的目标功能是搞信息标准化以能分享学习和掌握知识。《POSC及新出现的勘探开发业前景》一文指出:"单位成本"的一大部分来自越过供应商、合伙人及政府机构间界限的重复工作以及重要开支。谁能够在降低这种费用上进行合作,他就能取得很大的竞争优势。POSC推动石油信息管理标准化,提供并促进了跨学科、跨功能、跨国、跨公司及跨伙伴之间的数据共享和信息共享。

6.3 使用 POSC 标准与技术

采用POSC标准已使一些国家和资助POSC的大公司得到商业利益。挪威石油界的研究报告说,使用POSC标准与技术,可使300~400个签约者共享信息。例如海上采油设施的费用可能缩减10%~20%。挪威正在建造中的一个海上平台,价值50亿美元,仅靠信息技术,潜在的节约超过5亿美元。所以要重视油气钻井信息应用基础理论研究、钻井数据的采集、管理及钻井信息的智能化应用、钻井模拟技术的深化和应用等。钻井信息技术是做好油井现代化设计和先进工艺多种技术集成的重要手段。

7 钻井管理

由于学科多样性的特点和学科之间多种作业的交叉集成,不同服务公司之间的协同已经表现出奇迹般的进展。钻井在管理方面,建立协同伙伴工作方式已越来越引起人们的重视。有些作业者们正开始授予技术服务公司以全权进行多项钻井、完井作业,而且这种趋势似乎要继续强化发展下去。

论文[12]¹介绍了《南中国海钻井及完井综合服务合同的成就实施》经验。

7.1 综合合同

综合工程服务(IES,Integrated Engineering Service)合同——Phillipe公司在中国南海西江油田开发项目中采用IES,组建了作业者服务商团队,团队成员是由多国人员组成的,包括作业者、主要承包商和分承包商。参加每日早晨碰头会(还有周会、月会)的有经理、监督、工程师和井队长。钻井完井作业期间,在蛇口基地和前方平台等地,用电话对讲装置召开会议。会议由陆上(蛇口基地)钻井或完井工程师和海上(平台)钻井监督主持,进行开放式讨论。会议结束时每一位与会者应对设计什么,需要什么,谁负责悬而未决的项目以及决策产生的原因等问题有一个清楚的认识。

在一个合同下,实行为钻井完井提供不同服务的承包商(乙方)之间的联络交流(共同负责的)方式。作业者(甲方)相信这种更高程度的委托形式是取得项目(合同)成功的先决条件。而主承包商对项目负有更大的责任,对施工结果有更大监督权对全局有更清楚的了解。

7.2 实行 IES 对目标合同的选择

作业者的目标是:(1)具有世界一流作业水平;(2)给中国企业提供参与机会;(3)降低项目开发费用;(4)提高工作质量;(5)加速和优化生产;(6)获得信息取得经验开发新工艺。并制订有 IES 激励政策,分为钻井阶段完井阶段等激励政策。

7.3 学习曲线

运用学习曲线,不断改进完善 IES 合同。大多数项目都有一条学习曲线,IES 合同要求各成员沿学习曲线加快项目进展,或改进技术(方法)直接提高作业效率。井的每一作业完成后就讨论学习曲线,所学到的知识清单就做出来了,并附加上本阶段不同的技术服务路线,同时提出下阶段的改进内容与方法。

7.4 效果

(1)节省井数由原 32 口减为 26 口。

(2)原需两支钻井队伍同时在两个平台工作,后来只用一个钻井队在两个平台交叉作业。

(3)在作业的 23 个月中无事故损失时间。26 口井的钻井完井仅用 652 个作业日,创了几项中国南海作业时间的历史记录:如 1 天钻井进尺 1266m,用 6.54 天钻 2700m 深井的记录。

钻井工程技术和钻井部门也必将在这次会议主题"技术和全球化——引导石油工业进入 21 世纪"的指引下,从技术上、管理上以更新的姿态进入 21 世纪。

(原文刊于《图书与石油科技信息》1998 年(第 12 卷第 1 期),遵照时任石油工业部长王涛的决定,指定由我于 1998 年 2 月在北京向全国处级以上石油技术干部传达。我以本文为基础在向有关单位传达时加了解读和辅助说明)

世界能源发展与钻完井新技术进展

张绍槐

1 世界能源发展趋势

20 世纪中叶世界能源就已由煤炭时代进入石油时代了,并还将再延续几十年,之后将进入天然气时代。油气是不可再生能源,分为常规和非常规两大类(常规资源有轻质—中质—重质原油、稠油、天然气、凝析油气等;非常规资源有地表浅层油气、油砂、沥青、煤层气、页岩气、致密气、致密油、火山岩气、油页岩、天然气水合物等)。人类开采石油天然气 100 多年以来,主要是针对常规资源,而且是偏于富矿。近年开始注重并进行非常规油气勘探、开发、加工、利用。全世界都在关注剩下的常规油气和基本上还没怎么开发的非常规油气如何开发利用。

世界石油工业走过了 156 年,人类已开采和消耗了约 1×10^{12} bbl(1428×10^8 t)常规石油。世界石油常规油气资源总量超过 3×10^{12} bbl(4300×10^8 t)。非常规油气资源 1.5×10^{12} bbl(2150×10^8 t)以上。现在正在开采第二个 1×10^{12} bbl 常规石油并开始开发非常规油气。

我国能源资源总量比较丰富。其中煤居世界第一。但能源的人均占有量较低,特别是石油、天然气人均资源量仅为世界平均水平的 7.7% 和 7.1%。我国油资源量 1085.6×10^8 t 居全球第五六位;天然气资源量 $55.89 \times 10^8 \sim 58 \times 10^8$ m^3,居全球第 5 至第 8 位。国际上对能源的争夺非常激烈,世界能源版图面临新格局,世界石油石化市场充满变数,油价频繁振荡,总体持续在高位运行。在油气能源方面,大多数世界权威性的信息来自埃克森—莫比尔公司(及英国石油公司)的年度报告。关于未来 25 年世界能源趋势的最新信息出自该公司 2012 年 12 月发表的《剖视 2040 年的能源展望》报告。该报告指出:在能源范围,近几年最引人注目之一的是非常规油气能源资源在北美产量的增长。该报告还论及:

(1)在发展中国家到 2040 年能源需求将增长 65%。

(2)电力和交通运输用燃料的较大需求将有助于推动这种增长。

(3)技术仍然是决定和支配这种生产难度大而又能满足全球需求的非常规能源资源的开发。

(4)正如汽油和柴油对交通运输需求的贡献那样,石油仍居全球能源消费之首位。交通运输用燃油的需求在欧洲将持平而在北美将减少,但是在世界其他地区将会奇迹般地急剧增长;再有,军事用石油无疑是非常重要的,它关系到国家安全。

(5)世界对环保要求趋高趋严。"以气代煤"乃至"以气代油"的步伐加快。2015 年,世界天然气占能源比例达 40%,而中国为 5%。天然气将成为全世界的第二位重要燃料,而取代目前居第二位的煤。还有的资料说,在这一阶段(未来 25 年),到 2035 年至 2040 年之间,世界天然气需求量将达 5.1×10^{12} m^3,天然气占世界一次能源消费的比重将超过煤和油,成为世界第一大能源。还有人说得保守一点,21 世纪后半叶世界能源需求量中天然气将超过石油,世界即将进入天然气时代。所以,我国的能源革命要更加重视天然气资源(包括天然气、煤层气、页岩气、油页岩的油—气、天然水合物等）的勘探、开发和利用。我国认为能源革命开启绿色未来，到 2020 年非化石能源将达 15%。

国际上认为非常规油气开发的关键技术主要有：3D 地震及新型地球物理找矿技术、提高油气采收率技术、水平井和复杂结构多种类井技术、在长井段分层段的高效水力压裂增产技术、新型油田化学剂及基于纳米毫微级颗粒的钻井—完井液技术、提高采收率的油藏纳米毫微级处理剂及工业应用技术、新型测录井技术、智能化信息化自动化数字化及智能钻井与完井、智能油井/数字—智能油田集成技术、深水油气开发技术。

2 国际行业对油气发展的预测（10 项）

《IDC 能源观察》每年都要为能源等行业预测未来一年发展趋势。他们对 2013 年全球石油和天然气行业发展的 10 大预测：

（1）石油和天然气行业的创新将由勘探和生产非常规资源所需技术来主导。早期的勘探开发技术创新（如水平井钻完井、水力压裂）使可用资源可能恢复，接下来将是通过 IT 激活的过程创新。稍后阶段，IT 激活的过程创新将集中于效率和风险管理。

（2）独立的中型勘探和生产公司将继续保持在页岩气领域的创新主体地位。独立的中型 E&P 公司将为页岩气生产开辟一条"制造"途径。这种途径将需要在资本项目规划、钻机调度、供应链管理、企业资产管理（EAM）、环境、健康和安全（HSE）等方面增加 IT 投资。超级、大型和国家石油公司（NOC）将通过收购方式继续获得这种技术专长。

（3）安全和环境管理要求的工作将更多。最佳实践的公司将重点明确问责制，指定权威和明确的安全和风险指标，以及培训安全工作做法、先进的维修实践、启动前的评价，应急响应和控制、标准作业程序。石油和天然气公司将投资在资产、人员和业务整体安全、监测技术、HSE、EAM 事件管理和分析（包括地理空间可视化）、企业内容管理和工作流程，巩固安全进程。

（4）智能钻井、智能完井和智能化生产将是数字油田的基础。远程控制和监视仪器将使油气井越来越自动化，大幅度减少在偏远地区井的作业人次。油公司将采用智能钻杆与智能仪器仪表、实时通信和先进的分析工具实现钻完井水平的提高和产量的提高，并对现场问题快速作出反应。

（5）资本项目管理将越来越多地集中在规划和投资组合中。公司将优先考虑前期规划和管理风险，同时建立过程管理，以监督效率。投资回报率（ROI）的重点将从个别项目扩大到全球组合项目与多个应用程序集成项目。

（6）油公司将朝着综合性资产管理的方向发展。公司将从传感器、移动设备、SCADA 和 EAM 系统应用数据分析优化资产管理流程。使运营商走向实时决策，在发生故障和灾难之前确定问题。

（7）收购兼并将集中在能源商品交易的透明度上。

（8）云服务将扩展到核心的勘探和生产流程。

（9）油公司将在工程技术服务企业、供应商的帮助下填补安全漏洞：安全的投资将在全球继续增加——尤其是在防病毒、防垃圾邮件、身份和访问管理领域。

（10）IT 支出的增长将推动新兴经济体。到 2015 年，中东和非洲、中欧和东欧平均利率将增长 1 倍。亚太地区将在 IT 总支出方面挑战北美。E&P 软件文出将继续主宰 E&P 的投资水平。

3 全球钻井完井新领域

全球继续深化与推进智能钻井、智能完井、复杂结构井、MRC 井、"长水平井段 + 多段分段压裂及强化改造配套技术"。

近年,全球钻完井活动持续回升,"页岩油气""致密油气""煤层气""海洋油气""极地与深水油气勘探开发"等继续成为行业聚焦重点,推动水平井、工厂化作业等钻完井技术,以及快速移动钻机、深水钻机、极地钻机等钻井装备的快速发展。2012 年全球油气勘探开发投资达 6040 亿美元,自 2009 年以来持续保持 2 位数的递增。2012 年钻完井支出总额达 3600 亿美元,在 2011 年高峰基础上又增加 11%,比 2005 年增加 140%。2012 年,石油均价为 112 美元/bbl,创历史最高年度均价水平。2014 年的低油价对投资有很大影响。而作为全球第二大原油进口国,中国原油进口成本成为全球最高地区,进口原油总成本高达 138 万亿元,成为中国最大单项进口商品。

2012 年,全球钻井数超过 11 万口,全年平均钻机数 3166 台(不包括中国、俄罗斯等),其中北美市场 2235 台、国际市场 931 台。68.6% 的钻机分布在北美。陆海钻机的利用率和日费均有所增长,钻井承包市场规模逐渐回升。

2012 年,全球上游油气并购共完成 679 笔交易,共有 92 宗交易的价格超过 l0 亿美元,总额达到 4020 亿美元,大大超过了 2010 年创下的 2120 亿美元的纪录。其中 3 个最大交易占到了全球总交易额的 38%,达 970 亿美元:一是俄罗斯国有石油巨头俄罗斯石油公司以 620 亿美元收购 TNK—BP 公司;二是中国海洋石油总公司以 180 亿美元收购加拿大尼克森公司;三是美国自由港迈克墨伦铜金矿公司以 172 亿美元收购 Plains E&P 公司。2012 年,中国的石油公司在海外收购、投资金额超越以往任何年份,中国在海外收购油气产业花费达 254 亿美元。

繁荣的钻井市场与突出的钻井热点引领着钻井技术的发展方向。钻井技术与装备在页岩油气、深水油气、极地环境和安全环保方面有发展的新领域。页岩气开发推动了水平井与复杂结构井、快速移动钻机及工厂化、批量钻井等方面的发展。深水钻井推动钻井装备升级与钻井技术创新。钻井安全推动防喷器改造与风险预测软件研发。北极油气的勘探开发,促使国际大公司加紧建造极地钻完井装置。

3.1 页岩气钻完井

美国的"页岩气革命"正在改变世界能源格局,带动世界许多国家投入页岩气开发,中国、印度、澳大利亚、阿根廷、英国和墨西哥等国加入了页岩气钻探行列。中国已成为世界上第 3 个页岩气开发商业化的国家(另两个是美国和加拿大)。

针对页岩钻井中钻机移动慢、施工自动化程度低、钻机占地面积大、页岩坍塌、油基钻井液昂贵、水平井造斜难、钻完井成本高等诸多问题,近年来相继推出了一系列适应页气钻完井的钻机、钻头、井下工具、钻井液、固井、完井等新型钻完井技术装备和方法,有效地降低了页岩钻井的周期和成本,提高了页岩气产量。

广泛采用水平井、多分支井、丛式井结合批量钻井技术,实现开发井网最优化、作业流程最优化。研制了适用于批量钻井工艺的快速运移钻机,如 Drillmec 钻井公司的液压绞车钻机可减少 30% 的非生产时间,减少运移和安装成本 40%,提高大位移井、水平井钻井效率 50%。

贝克休斯公司推出 PDC—牙轮混合钻头,在页岩地层和交互地层钻进,钻速更快、进尺更多、寿命更长。史密斯公司推出新型钢体聚晶金刚石复合片(PDC)页岩钻头,可快速有效地钻三维井段和长水平段,消耗水力能量更少,切削深度更深,狗腿控制更容易。

钻井液方面,M－I SWACO 公司推出新型页岩水基钻井液,在含有可溶性钙、盐和酸气的地层中也能保持稳定,改变了页岩气钻井不易用水基钻井液的做法。

井下工具方面,斯伦贝谢公司推出新型旋转导向工具造斜率高达 17°/100ft,一趟钻完成垂直和水平井段的钻进,提高水平井的钻井效率。

3.2 极地钻完井

早在 20 世纪 70 年代,苏联、美国等就先后在北极钻井,1983 年第十一届世界石油大会会议有北极钻井方面的论文发表并进行讨论,但是当时由于成本很高,没有得到大的发展。近年,在高油价和高能源需求下,北极油气再次成为相关国家和国际大油公司关注的新焦点之一,美国、挪威、俄罗斯、丹麦、加拿大、日本、韩国和印度等国都在加快针对北极的"圈地"运动。2011 年,壳牌公司的北极圈海域钻井计划获得美国政府批准并进行钻探工作;挪威计划在北极水域实施更多的钻井作业;壳牌、埃克森美孚等国际石油公司也通过合作、收购等形式参与北极地区的油气勘探开发项目。

北极是目前全球油气钻井活动热点地区之一,早在 2008 年,美国地质调查局就预测北极地区蕴藏着 900×10^8 bbl 未探明原油储量、1670×10^{12} ft³ 天然气。评价还指出,其中 84% 的油气资源集中在北极海域。北极油气储量占全球未探明技术可采储量的 22%,包括 13% 的未探明原油储量、30% 的未探明天然气储量和 20% 的未探明天然气液储量。

美国地质调查局的评估还显示,北极地区未探明石油储量的 70% 位于全世界 5 个近海地区,包括阿拉斯加州北极地区、Amerasia 盆地、东格陵兰岛裂谷盆地、东巴伦支海盆地和加拿大西格陵兰地区。超过 70% 的未探明天然气储量位于西西伯利亚盆地、东巴伦支海盆地和阿拉斯加州北极地区。全世界独立石油公司、国家石油公司不惜花费数十亿美元巨资和多年时间计划在北极地区从事油气勘探开发活动。美国地质调查局还指出,到 2008 年,加拿大、俄罗斯和阿拉斯加的陆上区块已经投入开发,新发现的超过 400 个油气田位于北极圈内。这些油气田预计油气当量可达 2400×10^8 bbl,约占全球探明常规油气储量的 10%。目前,一些大型石油公司及俄罗斯、挪威、加拿大和美国等国家已经在北极海域开始石油钻探活动,北极油气勘探开发如今正受到业界推崇。2012 年,OTC 会议将北极开发难度分为中等难度、高难和极端困难 3 个等级。

3.3 深水钻完井

深水钻完井同样聚焦了全球目光。多公司在墨西哥湾接连取得重大深水发现,巴西盐下发现几个新的深水油藏,尼日利亚、安哥拉以及印度尼西亚的深水项目正在进行。与此同时,康菲公司蓬莱 19－3 漏油事故、雪佛龙公司巴西漏油事故、俄罗斯钻井平台沉没事故这一系列安全环保事故的发生,对钻井提升安全标准、升级设备等级提出了迫切要求。

墨西哥湾深水钻探重启后,Nobel 公司、埃克森美孚公司、壳牌公司和挪威先后宣布在该地获得重大深水发现,赫斯公司和雪佛龙公司斥资 23 亿美元开发该地区深水油气田。

深水作为未来全球油气资源开发的重要基地,石油公司的勘探开发投资不断增加,重大油气发现不断出现,油气储产量增势明显,作业水深超过 1500m 的超深水钻井装置在未来一段时间内将依然保持供不应求的局面。

为减少深水钻井中用于组装、拆卸钻杆及下放、回收水下工具等作业时间,多公司推出了双作业钻机。双作业钻机通过双联井架结合 2 套提升系统(还应包括旋转系统以及钻井液循环系统)可实现主、辅双井口并行作业方式,将一些准备工作与正常钻井同步进行,大大提高钻井效率。目前在建的深水钻机基本上全部配备双作业钻机,如荷兰 Huisman 设备公司为深水半潜式钻井平台和钻井船设计的双作业箱式钻机井架的提升力达 1090tf,额定钻深能力达 12192m。采用新型双井架设计可减小半潜式钻井平台和钻井船的尺寸,显著提高钻井作业效率。

壳牌公司将新型自动控压钻井装置和套管/尾管钻井技术相结合,解决枯竭油田钻井难题。挪威开发简化的 MPD,通过改进节流控制系统、简化地面系统使 MPD 更加高效。另外,泥浆帽钻井可解决严重漏失地层钻进问题。

Huisman 公司的钻井平台旋转悬臂梁可围绕甲板上的固定点旋转,联合多功能箱式钻塔,创造了一种轻质构造,使相同的支撑腿提供更大的钻深能力和更多的甲板自由面积。自升式钻井平台可变载荷 907tf,悬臂梁尺寸 64.8m × 19.2m × 12m,最大延伸 26.8m,横向旋转 37.8m,钻塔高度 61m,大钩载荷 1090tf,最大钻井深度 10668m。

Helix Well Containment Group(HWCG)推出了应对漏油事故的井口溢油控制装置,该装置使用了 Sonardyne 宽带声波监测技术,在井口压力为 68.9MPa 的情况下,每天可收集 8745bbl 石油或 $269 \times 10^4 m^3$ 天然气。Sonardyne 系统由地面指挥单元、智能声波远程传感器和海底电子模块等组成,可远程监测压力和温度变化,并及时上传到地面。

随着在深水不断取得重大油气发现,勘探开发热点已从美国墨西哥湾、巴西、西非拓展到中东、亚太等地区。全球海洋钻井作业水深纪录不断刷新。2003 年,Transocean 公司在美国墨西哥湾创造了水深 3051m 的世界海洋钻井作业纪录;2011 年,该公司在印度海域创造了新的世界纪录—水深 3107m。

对石油工业而言,海洋既是高新技术的主要用武之地,也是高新技术的创新发源之地。为迎接未来更加严峻的挑战,深水钻井技术装置的发展方向主要是:海洋环境适应能力更强(比如向北极拓展);作业水深不断加大;钻深能力更强;结构多样化(比如圆筒形、深吃水半潜式等)、多功能化;信息化、自动化、智能化;钻井效率更高(越来越多地配置双作业钻机);更加安全、环保、舒适。BP 公司墨西哥湾泄油事故以后,海洋钻井的安全环保备受关注,要求更加严格,定将推动海洋钻井技术装备上一个新的台阶。

4 国外钻完井技术新进展(10 项)

国外近年来在钻机装备、钻头及破岩工具、控压钻井、高速信息传输、井下工具、钻井液及新材料等方面取得显著进展,推动了钻井技术与装备不断进步。

4.1 钻完井工厂化作业("井工厂"技术)

工厂化钻井(Factory Drilling)是丛式井场批量钻井(Pad Drilling)和工厂化钻井(Factory Drilling)等新型钻完井作业模式的统称,是指在区块集中布置大批待钻井、使用大量标准化的装备和服务,以生产或装配流水线作业的方式进行钻井和完井的一种高效低成本的作业模式。

工厂化作业模式利用快速移动式钻机对丛式井场的多口井进行批量钻完井。一种模式是批量钻完井后钻机搬走,采用工厂化压裂装备进行压裂、投产;另一种模式是以流水线的方式,实现边钻井、边压裂、边生产,钻完一口压裂一口,这也是目前美国非常规油气开发普遍采用的作业模式,以一个 6 口井井场为例,这种最新的同步作业模式比以前可节省 62.5% 的时间,作业效率进一步提升。

工厂化作业是钻完井作业模式的一次重大突破,目前已在全球范围内得到推广应用,必将助推未来非常规油气高效开发。近年来,在长庆苏里格气田、新疆致密油、吉林致密油、四川致密气和页岩气开发中初步显示了重要作用。

4.2 新型钻机

油气装备制造商和钻井承包商一直在研发或改进钻机设计和钻井装备,使之更安全、更环保。通过不断地提供新的或改进的操作系统或装备,尽可能减小钻台上钻机的尺寸来提高安全性。通过自动化提升移动性、灵巧的设计和专业化满足日益苛刻的环境条件。一些很有前景的新钻机系统也在设计或测试中。

4.2.1 连续作业钻机(CMR)

连续作业钻机能够完成常规钻杆的连续、快速起下钻,以及常规套管的连续、快速下套管作业,并实现连续循环和连续钻进,钻杆下入速度达3600m/h,为深层油气勘探开发提供一种高效低成本的钻井系统。连续运动钻机有2套起升系统配合连续循环系统开辟了连续钻进和连续循环的可能性。CMR属于工业联合项目,于2010年中完成。通过对试验井的分析显示,钻井周期可节约15%~25%,进一步的设计,自动化与CMR技术结合,将节省30%~40%的钻井周期;目前,CMR正由挪威油井系统技术集团(WeST集团)旗下的WeST钻井产品公司通过一个联合工业研究项目开展研发;CMR主要部件包括:双井架(设计紧凑,合二为一,看上去像1个井架);2个井架机器人;2套提升系统(配备顶驱和自动上卸扣装置,2套提升系统各自的提升能力为750tf);2套自动管子操作设备。连续作业钻机实现钻柱连续起下、连续循环,有望引领海洋钻机发展方向。

4.2.2 适用于页岩气钻井的便携式模块化钻机

Sparta钻机(图1)以其安全、高效、高运移性巩固了它在北美页岩气区块的地位。便携式的模块化设计使该钻机在井与井间移动时能够沿任意方向安装井架大门,且符合美国运输部严格的运输限制。Sparta钻机集成了两大结构技术——垂直装配井架和液压绞盘提升四角底座。钻机可提供735~1000kW功率,可以移动装配着顶驱、游动滑车和钻井大绳系统的井架。

4.2.3 高效可移动钻机支持灵活井口布局

Patterson—UTI属于新一代的高效可移动钻机。可视化电子钻井系统通过自动控制钻压、压差和钻速,将PDC钻头和井下钻具组合最优化,良好的安全性贯穿于EDS整个系统,包括Wichita DM 236电力制动、先进的天车和钻台防护。钻机的专业移动系统搭配管扣实现钻机前后、左右或旋转移动,完成灵活的井口布置和定位。电子悬挂系统的改进,多功能出油管线和钻井液循环系统实现了钻机本身按井眼设计移动距离超过

图1　Sparta钻机

45.7m而不需移动其他配套设施。另外,钻机装备了国民油井公司的 ROSS Hill 1400 SCR 驱动系统,操作简单、可靠和易于维护。Wrangler 3500 型液压平台替代了手工操作,其远程控制功能让作业者在起落管件时远离危险的钻台,该钻机在最大限度上减少非生产时间的同时,大大提高了作业安全性。

4.2.4　连续管钻机

连续管钻机包括单一模式、复合式、塔式井架、旋转、滚筒高置等多种型号连续管钻机。加拿大 FOREMOST 公司生产的连续管钻机,适应的最大管径是 88.9mm,注入头最大提升能力 90t,顶驱最大提升能力 120tf,是目前世界最先进的连续管钻机。

4.2.5　Xtreme 的连续管作业机

XSR200 $2\frac{5}{8}$in 连续管修井机最大作业井深 7167.5m,是目前世界上作业最深的连续管陆地作业机。

4.2.6　Huisman 的双作业箱式钻机

通过双联井架设计并结合 2 套提升系统,实现主、辅双井口作业方式。

4.2.7　Seabed Rig AS 的海底钻机

实现全自动钻进,装备完整密封舱设计,通过与钻井船连接的"脐带"提供动力和循环液以及实现有效控制。

4.2.8　拖挂钻机

钻机主体满足整体直立移运,4000～7000m 钻机百公里内 3～5 天完成搬家开钻,近距离实现当天搬家当天开钻。发电机组和电控模块/1 车,固控系统/2 车,2 台钻井泵组/1 车,外围配套件全部采用拖挂运输。极大节省了搬家时间和搬家时吊装、拆装成本。

4.2.9　齿轮齿条钻机

无绞车、大钩、钻井钢丝绳,效率高,移运性好,是当前中小型钻机发展的亮点。

4.3　新型钻头与破岩工具

近年来,用于牙轮钻头的金刚石加强牙齿技术在国内外钻头产品中应用越来越广。所谓"金刚石加强牙齿"(Diamond Enhanced Insert)实际上就是与 PDC 钻头复合片类似的聚晶金刚石复合牙齿。这种牙齿耐磨性非常好,但成本也高,所以一般多用于保径结构。但也开始出现全部使用金刚石加强牙齿的钻头产品,用于钻进研磨性极强的地层。

新一代复合片在热稳定性、抗研磨性和抗冲击性明显增强。特别是热稳定性的改进,已经成为尖端复合片技术的重点攻关目标,这对提高 PDC 齿在难钻地层的工作寿命十分重要。使得新一代 PDC 钻头适应硬地层、研磨性地层以及难钻不均质地层的能力明显增强。此外,复合片的自锐性能是使金刚石层表层的磨损速度与内部不等,因而能够使复合片的切削刃更加锐利,这对提高 PDC 齿在高强度地层钻进时的吃入能力十分有益。

还有牙轮—PDC 混合钻头、微芯钻头等技术的突破,推动了硬地层钻速的提高。

4.3.1　Kymera 复合钻头

贝克休斯公司推出的 Kymera 系列钻头,最小尺寸只有 155.6mm,最大达 711mm,具有金刚石钻头切削及牙轮钻头高抗压强度优点,即能够同时发挥 PDC 钻头优越的切削破岩机理及牙轮钻头的冲击破碎机理。适用于硬质夹层、结核状地层、塑性泥岩地层,尤其是含细砾地层。由于具有 PDC 钻头的攻击性,所以具有钻速快的特点。同时,又具有牙轮钻头一样的低扭矩特性,所以运转平稳,轴向振动小,方向控制性好,寿命长。目前,该钻头进尺已接近 $8×10^4$m,在美国、加拿大、巴西、沙特阿拉伯、挪威和中国等多个国家使用。

最近,该钻头在塔里木油田迪北 103 井 ϕ444.5mm 井眼首次应用,克服迪北区块苏维依组砾石含量多、地层软硬交互频繁、可钻性差等问题,一趟钻钻穿吉迪克组底部、苏维依组、库姆格列木群组,总进尺 342.4m,平均机械钻速 1.91m/h,与邻井迪北 104 相比,降低钻井周期 16 天,代替 5 只 PDC 钻头。

可喜的是,由宝石机械成都装备制造分公司研发的牙轮—PDC 复合钻头(图 2)在四川麻 002 – H1 井须家河组(须四段—须二段)首次成功完成现场试验。此次试验从井深 954.73m 顺利钻进至 1232.73m,总进尺 278m 平均机械钻速 4.21m/h,机械钻速比麻 6 井提高 23.46%,且出井后钻头胎体、新度保持较好,钻头工作稳定性较 PDC 钻头显著提高。该钻头的研制和试验成功,为软硬交错地层的高效钻进提供了新的技术手段。

图 2 牙轮—PDC 混合钻头

4.3.2 微芯钻头(MicroCORE)

微芯钻头(图 3)能随钻切取小直径岩心,提高破岩效率,用于深部坚硬地层和高温高压井,现场应用提速 40% ~80%。钻头设计方法带来其他常规钻头无可比拟的性能,能够连续提供较大的高质量岩心块(直径×长度为 10mm×30mm 微型岩心)。钻进地层的小尺寸岩心由钻头的中心区域完成,同时不影响钻头切削结构,而且这个过程是在钻井过程中连续发生的。在钻井过程中,小尺寸岩心长度不断增长到标称长度,就会接触到一个岩心破坏装置,利用横向作用力将岩心切断,在 2 个前置刀翼中间有 1 个较大且较深的槽,小尺寸岩心就会通过这个中空区域运移到环空中,这个中空区域始终保持敞开状态,防止钻头堵塞等风险的发生。

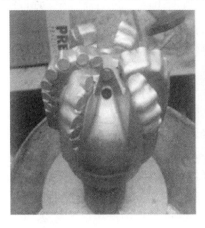

图 3 微芯钻头

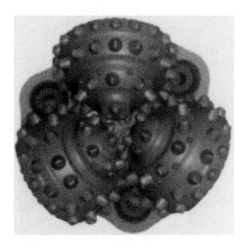

图4 Smith 钻头公司用于高温井
的 Kaldera 牙轮钻头

尽管小尺寸岩心很难完整地到达地面,但是,这些较大尺寸的岩心碎块(远大于常规钻屑)在地面收集后可用于岩石力学和矿物学分析。

4.3.3 抗高温牙轮钻头

斯伦贝谢 Smith 钻头公司发布了用于地热井和高温钻井的高效牙轮钻头 Kaldera(图4)。该钻头采用先进的密封和润滑系统,密封件由增强纤维型氟橡胶复合材料制成,由此提供热稳定性和抗研磨性能。从合成油和功能性添加剂中创新性研发出一种混合脂,能够在高温下提高工具的承载能力,从而充分保证轴承和密封系统的润滑性。近期在意大利超过 277℃ 的地热井中成功应用,纯钻 77h,与邻井相比,井底钻进时间提高了 37%。起钻后发现钻头所有的密封和轴承件仍然处于有效寿命内。

4.3.4 哈里伯顿 SteelForce 钻头

该钻头流道面积大,具有防泥包涂层,有助于清除岩屑和防止泥包。优异的切削齿技术提高了抗研磨性、抗冲击性和热稳定性。与以往钻头相比,钻速提高 87%,降低了每米成本(图5)。

图5 传统的基质钻头(左)与哈里伯顿 SteelForce 钻头的高切削齿设计对比

SteelForce 钻头的优点是:

(1)钢比碳化物合金更有韧性,钢胎体的切削部分伸出长度远远大于传统钻头,提高了流道面积,从而提高了钻速;

(2)扩展了喷嘴类型设计,从而具有更大适应性,也使该型钻头较其他类似钻头钻得更快、磨损更少;

(3)为对付研磨性地层磨损,采用新型表面堆焊硬合金工艺,延长了钻头寿命,甚至超过碳化钨合金钻头;

(4)每只钻头都有防泥包涂层,改变了钢体的电位,排斥了负离子的淤渣沉积,防止钻头泥包;

(5)切削齿提供抗研磨性和抗冲击性,控制钻进过程中产生的摩擦热能力,使得它可承受钻进时间更长、磨损速率更慢。

4.3.5 新一代 O_2 切削齿 PDC 钻头

斯伦贝谢 Smith 钻头公司开发了新一代 O_2 切削齿 PDC 钻头,同传统 PDC 钻头相比,强化了高温高压烧结流程,精制的后处理流程改善了切削齿的热稳定性,优化的水力结构提高了钻头冷却效率。在东得克萨斯油田的现场试验中,钻速提高 25%。该技术目前已开始应用于 Haynesville 页岩气及其他坚硬、高研磨性地层。

4.3.6 SperryDrill XL/XLS 和 GeoForce XL/XLS 系列马达

哈里伯顿 Sperry Drilling 公司发布了 Sperry Drill XL/XLS 和 GeoForce XL/XLS 系列马达,进一步完善了其螺杆钻具系列。该系列马达功率提高了 80%,扭矩载荷提高了 65%,作业压差提高了 50%,钻头与弯节之间距离更短,从而具有更高的造斜率。额定作业温度达到 375℉。这些马达已在北美、南美和中东地区应用。

4.3.7 Mpact 公司新型 4¾in 井下马达

Mpact 井下马达公司发布了其新型 $\phi 120.65mm$($4\frac{3}{4}$ in)井下马达,其负载能力提高了 18%,从而进一步提高了工具可靠性,同时允许施加更大的钻压,有助于提高钻速。大型止推轴承具有更大的负载能力。工具的抗拉强度等于或超过马达其他部分。其专有的可调外壳能够在 0°~4°间进行调整。可调外壳在距调整环弯曲点处约 120°左右安装 1 个垫磨片。转子的偏心移动与轴承组合的同心转动由驱动轴连接。轴承组合用油润滑、密封盒压力平衡。这种压力平衡方法能确保密封件压耗为零,使得密封件只是油和钻井液之间的屏障。最大推荐钻头压降为 10.34MPa(1500psi)。径向轴承能适应大尺寸驱动轴,使其能够承受极大的径向载荷和扭转载荷。温度额定值为 400℉。

4.3.8 涡轮钻具配合孕镶钻头

涡轮钻具采用金属定子和转子叶轮、全金属径向轴承、PDC 材质轴向止推轴承,适用于高温井和超高温井的环境。孕镶钻头由天然金刚石砂、人造金刚石颗粒、碳化钨粉末以及黏合剂(钴、镍等稀有金属)浇注而成,具有极高的抗研磨性和耐久度。涡轮钻具配合孕镶钻头特别适合于具有挑战性的火成岩、花岗岩、致密胶结砂岩、含砾石地层以及软硬交错冲击性强的地层。涡轮钻具可适用的最高循环井下温度达 260℃。目前在沙特阿拉伯和中国松辽深层均得到了较好应用。在沙特阿拉伯 Pre-huff 泥岩含砾地层,抗压强度 172.37~248.22MPa(25000~36000psi),属于超硬、研磨性极高地层。常规牙轮钻头和马达钻具机械钻速低(0.8m/h),钻头牙轮损坏和掉牙轮情况时有发生。应用史密斯 $\phi 168.28mm$($6\frac{5}{8}$ in)定向涡轮钻具和配合使用 M842 孕镶金刚石钻头,单趟钻进尺 259.7m,平均机械钻速 2.13m/h,比邻井螺杆配合牙轮钻头节省了 49% 费用。

4.4 高造斜率旋转导向系统

为开发非常规资源所钻的水平井通常具有造斜率高、水平段长、三维或二维井眼轨迹精确、下入次数多等需求,使用常规钻井工具将耗费大量时间。如能一趟钻完成从垂直段到水平段的钻进,将可通过减少数次起下钻作业大大节省钻井时间。非常规油气的开发推动了水平井技术的快速发展,而水平井技术的发展,对旋转导向系统提出了更高要求。

4.4.1 贝克休斯公司研制的 AutoTrak Curve 旋转导向系统

可实现一趟钻快速钻进井眼垂直段、曲线段和水平段,减少起下钻次数,实现更快速建井

（图6）。AutoTrak Curve 是全闭环旋转导向系统,可根据指令向任意方向钻出准确、平滑的井眼轨迹。其导向功能主要由安装在导向套筒中的 3 个可伸缩棱块实现。导向套筒位于钻头附近,以固定的速率低速旋转。地面控制信号发出后,井下供电装置驱动棱块有选择地伸出,使旋转中的钻柱向既定方向偏斜。在钻头附近还安装有伽马射线探测器,有效缩短了工具长度,帮助进行更为精确的地质导向。系统能够将地面指令传递到井底,使钻头按照预定方位和井斜钻进,在北美最坚硬的非常规油气的地层中钻进 ϕ222.25mm 井段,完成了超过 10000h 的现场试验,节省钻井周期达 60%。系统最高造斜率超过 15°/30m,允许钻井液添加堵漏剂,拓展了钻井液选用范围。与传统旋转导向系统相比,AutoTrak Curve 钻入储层时间更短,井眼控制能力更强,成本更低,适用范围更广。

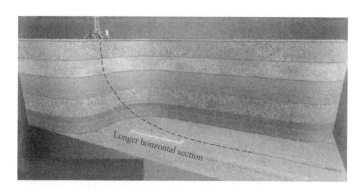

图6　高造斜率旋转导向系统钻的井身轨迹
可使造斜点下移,增大垂直井段长度,减小造斜井段长度并增大水平段在油层中的穿越长度

4.4.2　斯伦贝谢公司开发的 PowerDrive Archer 高造斜率旋转导向系统

如图7所示,这是一种将推靠式和指向式导向原理相结合的复合型旋转导向系统,既可以实现高造斜率,又可以达到常见旋转导向系统的机械钻速。由于是全旋转系统,这有利于井眼清洁,同时降低卡钻的风险。井眼尺寸 8½in 和 8¾in,最大造斜率 16.7°/30m。系统可进行三维定向井钻井,可在任何一点开窗侧钻,工作过程中所有的外部组件都旋转,减少了机械以及压差卡钻的可能性,改善了井身质量。

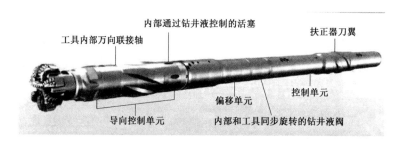

图7　PowerDrive Archer 高造斜率旋转导向系统

PowerDrive Archer RSS 不依赖外部移动垫块(即 PAD,巴掌)推靠地层产生侧向力。取而代之的是,4 个由钻井液控制的活塞推靠铰接式圆柱形导向套筒的内部,然后通过一个和万向节连接的枢轴把钻头指向所需的方向。此外,位于万向节上方的 4 个外部套筒扶正器刀翼一旦接触到裸眼井壁,就会为钻头提供侧向力,使得 RSS 可执行与推靠式系统类似的作业。所

— 142 —

以它是推靠原理和指向原理的结合与叠加(双重原理)由于其移动组件都在工具内部,免受恶劣钻井环境的影响,因此该 RSS 在井下出现故障或遭到损坏的风险较低。这种设计还有助于延长 RSS 的使用寿命。与工具面相对位置保持一致的内部阀门分流了部分钻井液到活塞。钻井液驱动活塞伸出来推靠导向套筒。在中性模式下,钻井液阀连续旋转,钻头的侧向力沿着裸眼井壁均匀分布,使得 RSS 得以保持其走向(实现稳斜)。

近钻头测量参数如自然伽马、井斜和方位角,允许作业者密切监控钻井过程。控制单元通过连续泥浆脉冲遥测装置将当前方位和其他操作参数传递给地面的作业者。定向井司钻把指令从地面发送到位于导向单元上方的控制单元。钻井液流速根据这些命令而改变。每个命令都有各自独特的波动模式,并和预先设定的导向图上的离散点一一对应,而这张导向图在工具下钻之前就已经通过编程方式输入到工具的内存中。

采用 PowerDrive Archer RSS,作业者可以不起钻更换 BHA,使用同一个 BHA 在一趟钻从上到下连续钻垂直段、弯曲井段及水平井段,从而提高钻井效率、机械钻速和井眼质量。避免了滑动钻进及旋转钻进模式的交替变换,使用旋转导向系统能够降低井眼弯曲度、避免了粗糙井眼带来的高摩阻。这有助于在油藏内钻出更长的水平井段。在 Marcellus 和 Woodford 页岩地层水平井钻井中发挥了重要作用(图7)。

EZ – Pilot RSS 在彭页 HF – 1 井,解决了"水平井段轨迹难控制,控制不理想等问题"(见《石油钻探技术》2013,41(5):10)。

另外,PathFinder 公司研制的 i—PZIG 是首款具有近钻头井斜、伽马射线成像功能的定向工具,离钻头仅几英尺远,进一步提高了数据传输速度。威德福公司研制的 MotarySteerable 在泥浆马达上配置弯接头和具有三维定向控制功能的 MWD 元件,成本低,兼具旋转导向系统的功能,造斜率(0° ~3°)/30m。

由上可知,近年旋转导向钻井系统(RSS)仍在继续发展,几个外国大公司研制了多种新型RSS 工具,并将 RSS 与地质导向钻井系统结合起来组成一个旋转地质导向工具。

4.5　可折叠连续管技术

CoilFlat CT Liner 是一种新型套管(尾管),它可以沿轴线折叠、连续盘绕的管中管(外管壁较薄,内管壁稍厚)形式的套管(图8)。CoilFlat 具有两个突出优点:一是利用连续管滚筒下入,下入长度不受限制,1 个直径 3.96m、宽度 2.44m 的滚筒可以盘绕 ϕ193.68mm(7⅝in)的折叠式连续套管1219m;二是抗挤毁能力更强。采用 CoilFlat 代替套管可以大幅度减少(最大减少70%)钢材用量、大大减少下入时间、大幅度减少水泥用量,同时提高固井质量。

CoilFlat 可折叠管无常规螺纹接头,下井后,靠施加高泵压撑圆。水泥浆通过管中管的环隙向下注入,并上返至管外环空。水泥浆凝固后产生 4 层保护:两层水泥环、两层钢管,抗挤毁强度增大 1 倍。管子折叠后的宽度小于撑圆后的外径,可充当可膨胀管使用。

CoilFlat 可折叠管目前还面临一些技术难题:卜井后如何确保不同井段的管子都能一致撑圆,否则水泥浆

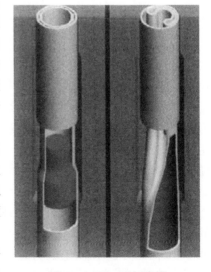

图8　CoilFlat 可折叠管

无法在两个环空内均匀充填;无扶正器,如何确保管子在井筒内居中,否则可能影响固井质量。

4.6 基于Intelliserv感应线圈原理的智能钻柱的钻井信息化技术

井下宽带信息传输技术是一项致力于解决钻井过程中无线式传输速度慢,随钻数据不能实时获取的难题的先进技术,它是有线式信息传输技术。最早由美国Intelliserv公司提出,并得到了美国能源部的资助,自2004年通过全尺寸现场试验以来,不断发展和完善,已成为现代随钻地质导向和随钻地质评价的一种高速传输通道,得到哈里伯顿公司、贝克休斯公司、斯伦贝谢公司和威德福公司等国际一流油田技术服务公司的认可和应用。

井下宽带信息传输技术把电缆装入钻杆内孔,钻杆工具接头内安装有感应线圈,通过电磁感应实现信息通道的"软连接",即通过电磁感应实现信号在两个单根钻杆间的高速传输:钻柱连接好之后,形成一条自井底沿钻柱到达地面的双向连续信道,传输速率极高。实际传输速率已达到57kbit/s至2Mbit/s,是泥浆脉冲或电磁波信道的5000多倍。可实现井下一地面信息的瞬间传输,如果说测井是石油工业的"眼睛",那么井下宽带信息传输技术就是给这个"眼睛"装上了"望远镜"。这种"软连接"的智能钻杆,需要每隔300~500m加用一个放大器以增强信号。目前可用井深约2000m。

目前,美国国民油井华高公司(NOV)通过公司收购掌握着井下宽带信息传输技术的核心技术。还有基于对接式接头(接头之间是由对接导线或对接导环实现"硬连接")的有线式智能钻柱。对接式智能钻柱可用于更深的井,还能够由地面向井下传送电力。这种对接式智能钻柱的结构比较复杂(国外GRANT公司研发,国内由西南石油大学—中国石油川庆钻探公司—海隆(HILONG)石油管材制造厂及其上海海隆石油管材研究所联合研发,已研制了样机,另有专文阐述)。

(1)分布式井下微电子随钻测量系统。利用直径为2~5mm的包含众多传感器(温度、压力、井斜、方位、地质参数、运动参数等)的微芯片随钻井液泵入井下,微芯片的传感器在井下获取信息后随钻井循环液上返,在井口收集这些微芯片并分析其信息,以便掌握井下地层与钻头的走向等,实现井下实时连续的全井参数测量,解决欠平衡钻井过程中无法应用传统随钻测量系统的问题。也可用于井下问题/事故定位与排查,提高随钻测量系统的可靠性,提高随钻测量系统的可维护性,降低操作复杂性。该技术成本低,有可能改变井下数据的采集方式。

(2)E—drilling中心。挪威SNTEF石油研究中心利用实时动态模型模拟钻井过程,根据实时模拟和钻井数据分析进行井下事故与复杂诊断和决策。具有先进的三维可视化技术,使决策者能看到井内在发生什么。三维可视化技术用于远程监控和控制作业(可视化井筒),包括:海底安装;修井作业;地震;设计与模拟;勘探;钻井优化;生产;维修和改进;HMS;下柱塞或弃井等。在信息采集和传输方面,从"单因素记录测量"向"信息高速公路成像测量"发展,采用有线钻杆技术(即智能钻柱)实时测量和传输数据,对油藏性能进行实时更新。同时,利用随钻地震SWD、随钻垂直地震剖面VSPWD、电阻率扫捕、电磁感应NMR等技术,进一步增强储层导向控制能力。

(3)远程钻井咨询系统。贝克休斯公司WellLink远程钻井咨询系统,通过对比数据库中的相似钻井案例,提前发现钻井过程中的潜在问题,避免卡钻、井漏、井涌等事故的发生;Empirical实时录井技术采用实时云计算系统Live Logging在钻井中随时利用电脑与井场建立联系,在远程实时获取地面录井数据,并快速分析研究提供咨询。

4.7 接单根不停泵的连续循环系统

接单根过程中实现钻井液连续循环具有很多好处,包括更好地控制环空压力波动(降低井涌发生的风险),减少钻井液漏失,降低压差和机械卡钻风险等;连续循环系统能够降低钻井液泵开启与关闭过程中引起的压力波动对地层的损害。阀式连续循环装置是在钻柱上增加一个轴侧双向阀循环短节,通过控制系统来变换钻井液流向,在井口正常操作下实现接单根上卸扣期间的钻井液连续循环。钻井液将自动从立管转移到双向阀循环短节的侧孔中,使得在接单根过程中实现连续循环。可利用远程仪表板远离钻台监视连续循环,使作业者与施工现场保持一定的安全距离。该装置结构紧凑,占用空间小,作业方便,特别适合在平台空间受限地区的钻井中使用。

4.8 新型钻井液技术

4.8.1 新型水基钻井液

代表性产品包括 M - I 公司的 ULTRADRIL、哈利伯顿公司的 HYDRO - GUADRTM、贝克休斯公司的 PERFORMAX 高性能水基钻井液。性能、费用及环保方面能替代油基与合成基钻井液。抑制性强,高温稳定,适应于大段泥页岩水化膨胀引起的地层缩径、坍塌等。

4.8.2 超高温油基钻井液

M - I SWACO 公司开发出 RHADIANT 新型耐超高温油基钻井液体系,该体系可在 260℃高温下保持良好流变性,同时形成比较薄的滤饼;与常规无水钻井液相比,RHADIANT 钻井液体系稳定的流变性和超薄光滑的滤饼为测井、下套管固井提供了清洁的井筒;在泰国湾的一口超高温探井中,RHADIANT 钻井液体系发挥了很好的滤失控制作用,保持了良好的流变性,形成高质量的滤饼,实现了钻井零漏失。

4.8.3 页岩气新型水基钻井液

M - I SWACO 研发了一种改进的水基钻井液,易于合成,廉价的常用钻井液配制原料结合新的硅土纳米材料可以使整个钻井液体系钻页岩层时达到理想的流变性和井壁稳定性,并能达到环保的要求。仅极少量水侵入到页岩中,可有效抑制页岩水化膨胀,使用纳米材料来封堵页岩孔隙可降低页岩渗透率 98.9%,具有良好的物理封堵能力。在贝肯页岩气井现场试验中,有效抑制了井壁垮塌,钻井周期缩短 35% ~ 50%。

4.8.4 新型防漏技术

兰德公司开发的镶嵌式成膜钻井液利用镶嵌核和屏蔽膜在正压差作用下形成一层镶嵌膜,提高地层承压能力,防止漏失;与传统钻井液造壁相比,镶嵌式造壁具有极少的有害固相和极强的抗污染能力,抗冲刷时间增加一倍左右,封堵能力强。试验表明镶嵌式成膜体系最高耐温 150℃对泥页岩具有很强的抑制、包被、防止坍塌作用。现场应用表明,该体系性能稳定,携带悬浮井壁稳定,全井平均井径扩大率不到 5%。

M - I 公司开发的一体化井眼加固技术(I - BOSS)通过在井壁上产生裂缝,像楔子一样挤压井眼周围形成应力岩石笼,之后加入堵漏材料用作支撑和密封裂缝。主要应用于薄弱性地层、窄密度窗口地层。

斯伦贝谢公司研发、利用树脂的光敏感固化性能在井壁生成井筒衬即井壁"贴膜"，是一种集稳定井壁、防漏堵漏、提高地层承压能力与保护储层一体化的新技术。

4.8.5 新型钻井液处理剂

M-I 公司的微米化重晶石加重剂技术解决了高密度钻井液的悬浮性问题。一种微米级颗粒加重剂，不改变钻井液的流变性，加重后钻井液 ECD 易控制、井眼净化能力强。贝克休斯公司的四氧化三锰加重剂解决了套管磨损、高密度钻井液悬浮性问题。与重晶石相比，密度大，但颗粒尺寸小，较低屈服值下不会沉降。易酸溶，储层保护效果好。纳米级封堵聚合物 MAX – SHlELDTM 用于解决井壁稳定、提高承压能力问题。在微裂缝中密封微孔、减小压差卡钻，高盐度环境下井壁稳定。

4.9 控压钻井技术(MPD)

控压钻井是一种自适应的钻井工艺，可以精确控制全井筒环空压力剖面，确保钻井过程中保持"不漏、不喷"的状态，即井眼始终处于安全密度窗口内。目前，国际上对控压钻井研究很多，形成商业化产品、能够进行现场施工服务的主要有哈里伯顿公司的动态压力控制系统（DAPC 精细控压钻井系统）、Weatherford 公司的 Secure Drilling 系统（精细流量控制系统）和斯伦贝谢公司的自动节流控压钻井系统。控压钻井技术在海洋、陆地应用超过 500 口井，用于解决窄窗口下的漏失和提速等。

威德福公司开发的深水闭环钻井系统能发现微小溢流和井漏，实现相关信息实时输出和自动决策，适用于先进 MPD 及井眼压力监测，钻井液形成闭路循环，能提高钻井效率，降低钻井成本。

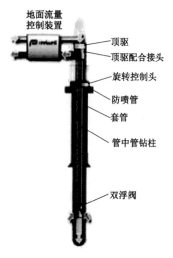

图 9 Reelwell 钻井方法

REELWELL 公司研发的双壁钻杆反循环钻井工艺实质上也属于控压钻井的一种。在常规钻柱内部安装特殊内管，形成一种同心管，称 Reelwell 钻井方法（RDM）（图 9）。内管用于从井底清除岩屑，外管用于泵入钻井液。内管外壁有绝缘涂层，管中管充当同轴电缆并向井下供电，实现数据的高速、双向传输（相当于对接式智能钻柱功能）。在 BHA 上方和钻柱下部安装滑动活塞，用于分离环空内双梯度钻井液和帮助控制压力。井底钻具组合以上环空采用较高密度钻井液，循环采用低密度钻井液。提高了压力控制水平和水平段延伸能力，能够更好地解决窄密度窗口问题，减少非生产时间，提高作业安全性。

目前，控压钻井主要用于一些高难度井，如高温高压井、含酸性有毒气体的碳酸盐岩裂缝性地层、海洋窄密度窗口井，以及以前采用常规方法所无法钻达设计井深的井等。

4.10 研究能源必须重视节能减排与安全

由于世界油气的供需矛盾，各国都在努力地提高产量的同时，控制消费节约油气。埃克森—莫比尔公司预测全球能源消耗量，到 2040 年时将比现在增加 35%，其中增长最多的国家主要是中国和印度。另一个资料说，在下个 20~25 年能源需求要增长 40%，其中化石燃料仍占 75% 以上。在发达国家和地区(如美国、加拿大、欧洲)的需求将极大地保持稳定甚至递减，因为它们能越来越有效地利用能源。依靠有效使用和节能措施，预测发达国家到 2040 年使用与 2010 年相同数量的能源却能增加 80% 以上的经济效益。SPE 年会上，"碳的扑捉与存储(Carbon Capture & Storage)，CCS"分组会认为：减少 CO_2 的排放在今后几十年时间内是一个严重问题。按现在的政策世界能源 CO_2 排放从 2005 年的 27Gt 增加到 2030 年的 40Gt，再增到 2050 年的 60Gt。世界总目标是减少 CO_2 的排放，控制大气中 CO_2 在 0.45mg/L 以下。CCS 项目有 3 个方法：事后焚烧；预焚烧；氧化燃料(Oxyfuel)焚烧。CCS 目标是：在总减排中贡献 19%，这是国际能源局绿色事务部提出的挑战。为此，全球 2015 年需 18 个工作项目、2020 年需 100 个工作项目、2030 年需 850 个工作项目、2040 年需 2100 个工作项目、2050 年需 3400 个工作项目。这涉及财务、法规—规则、公众宣传、适用技术等。摩根公司副总裁说长期的 CCS 项目需要大量资金，已购买的 CO_2 的 92% 用于 EOR 并已将之储存起来了(即注 CO_2 提高采收率)。还需要用技术大大地减少扑捉费用。我国在这些方面需要重视和努力。

SPE 年会一向关注改进行业的安全水平。2011 年的会议特别邀请 NASA 培训专家与会，石油工业向 NASA 学习他们的艰难经验和安全文化，NASA 给了我们痛苦的回忆——教训，要点如下：

(1)有才能的人过分自信，相信他们能做任何事情——实则不然；

(2)程序的压力和合同的压力使决策者的判断朦胧不清或疑惑不决；

(3)处于复杂系统的人们之间的相互作用很重要，但有时不能很好地彼此了解；

(4)风险，从安全实践偏离过的人能够接受风险，因为他们以前有过教训；否则有风险而不重视。

NASA 的经验很好，应该借鉴，发展生产安全第一。

5 国内钻完井技术与装备进展

近年国内钻井完井技术及其装备取得突破并已经开始应用于生产的有 10 项。

5.1 万米钻机及配套装备

深井和超深井的钻探能力是一个国家钻井水平的体现，为提升深层和超深层油气钻探能力，成功研制 8000m，9000m 和 12000m 钻机，配套形成 9000kN 顶部驱动钻井装置和 6000hp 绞车及盘式刹车，2200hp 钻井泵及高压管汇系统能在 34MPa 高泵压大排量的工作条件下平均无故障运行 300h 以上，可完全满足深井、超深井高压喷射钻井的需要。目前 8000m 和 9000m 钻机已经成为塔里木油田山前钻井的主力钻机。12000m 陆地钻机使中国成为第 2 个拥有万米级交流变频钻探装备的国家，必将在国内西部深层、中国南海深层和海外油气勘探开发中发挥日益重要的作用。

5.2 近钻头地质导向系统

针对近年来水平井数量不断增多的问题，研制了具有自主知识产权的随钻测量、随钻测井和近钻头地质导向技术，实现了大多数水平井都能够采用国产仪器实现轨迹的测量与控制。

适合于薄油层水平井轨道控制的 CGDS－Ⅰ 近钻头地质导向系统，打破了国外垄断，使我国成为继美法之后第 3 个掌握该项技术的国家，目前已出口到加拿大等国。该技术在大庆和吉林等油田累计施工 100 余井次，最薄油层厚度只有 0.4m，显著提高了储层钻遇率。

5.3 控压钻井系统

为解决窄压力窗口钻井难题,自主研制包括地面压力控制装置和井下压力随钻测量工具的精细控压钻井系统,攻克控压钻井技术及装备的核心技术,井底压力控制精度±0.5MPa,实现多策略、自适应闭环监控,可进行近平衡、欠平衡精细控压钻井作业,适用于各种钻井工况;填补了国内空白,达到了国外同类技术的先进水平。在塔里木塔中、川渝、冀东、华北等开展现场试验与工业应用30余井次,实施了井底压力精细控制,系统性能稳定,有效解决了"溢漏共存"钻井难题,取得显著应用效果。

5.4 自动垂直钻井系统

针对山前高陡构造和逆掩推覆体地层的易斜难题,突破了动力防斜技术,成功研发出VDT5000自动垂直钻井系统。成为塔里木油田山前高陡构造地区防斜打快的主体技术。VDT5000的成功应用使机械钻速大幅度提高,井斜控制在1°以内。对于解决西部地区易斜地层钻速、深层安全钻井避免套损等发挥了重要作用。

5.5 连续管技术与装备

为降低工程作业费用,提高井下作业效率,成功研制CT38、LG360/60T连续管作业机,实现产业化,克服大管径、高强度、连续管穿注入头等难题,在液压控制、夹紧方式、夹持块表面处理、井口防喷系统和链条同步等方面取得重要突破,技术性能达到国外同类产品先进水平。建成国内首条连续管生产线,已生产 ϕ31.75mm ~ ϕ88.9mm(1¼ ~ 3½in)连续管近 10×10^4 m。ϕ60.33mm(2⅜in)连续管最大下井深度达到4500m,在辽河、四川、大港和冀东等油田工程应用,整机操作可靠、运行平稳,显著提高了作业效率和单井产量。

新近由中国石油集团钻井技术研究院研制的LZ580/73T连续管钻机,配套研制了适应老井侧钻和老井加深连续管钻井的地面配套系统,2013年4月在大港油田东3-2K井,连续管侧钻60m,2013年7月在大港油田港7-71K井,连续管侧钻151m。

5.6 煤层气水平井远距离穿针装备(煤海穿针)

为克服煤层气水平井与洞穴直井精确引导连通难题,自主研制了具有超近距离引导、井斜测量和空间立体制导功能的远距离穿针装备。DRMTS-I,打破国外垄断,达到国外同类技术先进水平。产品突破磁源发射装置、磁场测量探管、磁场测量分析系统三项核心技术,探测能力达到70m,实现了5m以内仍能探测、测量误差小于5%的良好性能:在山西郑庄、彬县、韩城等地区进行数十口井现场试验,一次连通作业成功率达100%,为煤层气高效开发提供了重要装备支持。

5.7 无线电磁波随钻测量系统

电磁波随钻测量技术是利用空气作为循环流体钻定向井、水平井,提高低压低渗透油气田产量的关键技术。自主研制的DR-EMWD无线电磁波随钻测量系统由电磁波信号实时上传井下信息,能随钻测量井斜角、方位角、工具面角、方位自然伽马等,适用于各种循环介质的钻井作业,最高数据传输速率达11bit/s,最高工作压力和温度100MPa/125℃,达到国际先进水平。

现场试应用10多井次,无接力数据传输深度最高达2876m。在HN10-D3井累计随钻时间 67h,进尺 320m,定向过程电磁波信号无间断传输定向钻进时的动态数据:井斜角跳动小于 0.3°、方位角跳动小于 0.5°、工具面角跳动小于 2°。还要继续减小电磁波衰减提高可用深度等。

5.8　随钻电磁波电阻率测井仪器

由长城钻探公司研制成功的随钻电磁波电阻率测井仪,运用自适应发射功率调整技术,提高了不同探测深度的电阻率测量精度,测量范围扩大了 1.5 倍。利用局部时间摄动解码技术,脉冲信号解码率提高 30%,实现了实时测取、跟踪油层边界,达到了国际先进水平。通过多口井现场试验,该仪器的测量精度、探测深度、传输速度、存储量与信号识别率等性能指标均接近于国际同类仪器(还要继续提高)。该技术能探测储层边界,实现了超薄层水平井地质导向钻井。

5.9　随钻地层压力、温度测试系统

由大庆钻探公司研制的随钻地层压力、温度测试系统,改变了 RFT/MDT 电缆式测试方式,是实现地层压力测试的一项新技术,填补了国内空白。系统由井下测试和地面信息接收两部分组成,可以随钻获取地层压力、流度、井下环空压力和温度,可以有效封隔井壁,形成负压抽吸地层流体,实现地层压力的获取,并将测试的数据随钻上传至地面,具有井下大功率供电、井下自动控制、地面与井下双向通信等特色。

在大庆油田应用 30 多口井,单支仪器井下累计工作时间最长达到了 860h,完成随钻地层压力测试 122 次。可以随钻识别干气层、高渗层和低渗层,为后期确定油气开采方案提供重要依据。

5.10　水平井分段压裂工具与技术

针对低渗透油气藏高效开发和水平井分段压裂难题,研制成功水平井双封单卡、滑套、水力喷砂分段压裂技术装备,以及自膨胀封隔器、选择性完井等新工具,实现最大分段压裂油井 16 段、气井 21 段的技术突破,基本形成水平井经济有效增产改造配套技术系列,显著提高了低渗透、致密油、致密气、页岩气水平井开发效益,目前中国石油 60% 以上的水平井都需要采用分段压裂完成,最大分段超过 20 段,水平井段最长成功 3000m,单井最大压裂液用量超过 20000m³,最大加砂超过 1600m³,初步实现了"千方砂子万方液"的压裂规模。

国内在研的新项目还有:旋转导向钻井系统 RSS(国内研发工作已近 20 年了)、智能钻井、智能完井、智能油田、非常规油气(以页岩油气、致密油气、煤层气为主)已经起步正走向钻井工业化与商业化阶段。

6　结束语

未来 20 年,全球的能源需求将增长近 40%,到 2030 年,以石油为基础的化石燃料仍将在世界能源格局中扮演重要角色。巴克莱资本公司最新预测数据显示,2013 年全球油气勘探及开采投资预计达 6780 亿美元,比 2012 年增长 10%。这预示着全球油气勘探及开采投资自 2009 年以来,将连续 4 年出现两位数增长。近期和今后,面对全球常规油气和非常规油气以及深水和极地等新领域的勘探开发,需要研发创新的和成熟的钻井完井新技术新装备。可以断言,云计算、集成化的三维建模及成像技术将在未来提高油气井设计及作业效率中发挥重要作用。当前油气生产的挑战已与过去大人不同,作业区域延伸到了更加复杂和严酷的环境(深水、极地、老油田及非常规油气领域)。面对新的挑战,简单技术已经走到了尽头,世界各

国越来越把油气工业的发展寄希望于技术革命,需要发展多学科综合一体化技术才能解决日益复杂的油气勘探开发需求。创新是引领发展的第一动力,只有那些拥有创新技术、前沿技术、掌握先进"利器"的国家或公司才能保持与占据竞争的制高点。

7 关注世界石油天然气发展

根据中国石油网和中国石油报的消息,第二十二届世界石油大会于2017年7月9日在土耳其博斯普鲁斯海峡之滨的伊斯坦布尔会议中心开幕,会期5天。会议主题是"架起通向能源未来的桥梁",围绕这个主题就低油价背景下上游的挑战、炼化行业日益增长的重要性、崛起的天然气工业、气候变化战略,如何吸引和留住人才等重要问题深入探讨。会议的主要报告指出:"油气对于推动全球经济发展和重塑国际关系具有重要意义。尽管可再生能源迅速崛起和剩余石油储量衰减给油气行业带来多重挑战,但油气仍然是保障世界能源安全的重要资源。尽管两年多来油价低迷、上游投资连续下降,但油气在世界能源供给中的比例仍将超过一半,需要持续加强投资保障能源安全"。世界石油理事会主席表示:"能源行业需秉承为全人类提供可靠、廉价能源资源的宗旨。油气依然是今后一个时期内的能源需求主体,需要加大投资、推进技术进步以及创新商业模式,实现可持续发展"。本次大会来自50多个国家的能源部长、500多家企业领导者以及5000多名行业代表出席。中国代表团团长王宜林董事长率中国代表团100多人参加大会。王宜林在大会全体会议上做主旨演讲,就携手推动欧亚油气大通道、大市场和大产业建设,提出"四点倡议":

一是不断拓展合作领域层次。深入贯彻落实双边、多边能源合作协议,深化企业间交流与合作,以重大项目合作推动技术、标准、资本、人员、管理等全方位对接。

二是积极创新油气合作模式,运用新思路、推出新举措、创建新机制,不断探索在提高采收率技术研发与应用、非常规资源开发、人才联合培养、产业园区共建等领域的合作新模式,释放合作潜能。

三是有效构筑风险防范机制,积极构筑健全有效的区域风险管控体系,有效防范油气合作中的经济、安全、汇率等各类风险,特别是要推动构建管道安全保障、应急协调等相关双边、多边合作机制,保障油气合作项目和跨境油气管道长期安全平稳运营。

四是共同营造良好政策环境,健全完善双边贸易和投资合作的法律基础,推动双边、多边投资保护协定签订,简化通关流程,畅通人员往来,积极推动投资贸易自由化、便利化,为全方位油气合作提供支持有力的政策环境。

王宜林表示:中国石油致力于将全球能源转型的长期战略与国内国有企业深化改革的重大任务有机结合,大力实施资源、市场、国际化和创新战略,努力建设世界一流综合性国际能源公司。中国石油将更加注意业务布局和结构优化,更加注重科技和商业模式创新,更加注重绿色低碳发展,更加注重开放合作与互利共赢,更加突出企业社会责任履行,着力提升本土运营水平等。

本次大会还就"低景气周期下石油公司需要绿色转型""四大变化(全球市场再平衡和成本再计算、页岩气对石油工业的冲击波、行业融资形势变化、汽车工业变革给油气市场带来的影响)将重塑全球格局"等问题进行研讨。

每三年一次的世界石油大会被称为全球油气行业的奥林匹克。我们应该继续关注世界石油大会的信息,研究我国油气工业的改革与发展。

（本文为学术交流稿,于2017年整理）

世界及中国石油工业技术和
管理对比与发展战略的研究

张绍槐整理(2015 年)

1 世界石油工业技术和管理及与中国(以中国石油为主)的比较

从 1859 年美国宾夕法尼亚州钻成第一口油井算起,世界现代石油工业迄今已走过 157 年的历史。沙特阿美公司 CEO 朱马曾乐观地估计:现有 1.2×10^{12} bbl 探明储量,全球待发现油田储量和提高采收率可获得约 2×10^{12} bbl(不算非常规资源 1.5×10^{12} bbl),石油资源量将超过 3×10^{12} bbl。在过去的 100 多年中,人类已经开采了约 1×10^{12} bbl(1428×10^8 t)石油,剩下的石油如何开采利用? 必然要依靠技术和管理创新。最近,美国《石油工艺杂志》(JPT)提出"运用数字技术取得下一个万亿桶石油"。

(1)数字油田正在成为现实。

为了满足全球能源需求,技术在勘探开发领域仍然扮演着至关重要的角色,而数字技术将带来最重要的影响。最近 10 年出现了"数字油田"这个术语,用来描述跨越地理条件限制,通过信息技术(IT),实时或接近实时地监控和管理油田所有的生产经营运行情况。

今后几十年,数字油田将帮助人们勘探开采下一个万亿桶石油,油气行业将在较短时间内取得巨大进展。而几年前,人们还只是在探讨智能数字油田的概念,诸如如何安置更多的传感器来采集数据,如何使地下生产与地面经营计量一体化。现在,整个行业已经进入数字化实施阶段,很多公司根据数字信息流,重新设计自己的工作流程和组织结构。从现在起 10 年左右,为真正的实时生产运作优化提供更多的数据和机会。

(2)为了最后一万亿桶。

全球新近的大规模油气发现和开发把石油行业带到更深水域、极地环境、非常规油气藏和政治敏感地区。为了取得成功,石油业需要更加依赖数字技术,使员工可以远离不安全的实际环境,在远程完成决策制定和执行工作。另外,还将更多地利用机器人进行远程操作和自动控制。这一趋势将扩展到计量装置,也就是说要把测量装置送到储层中。

自动化也将影响石油行业的传统大功率装备。随着技术的发展,施工人员将使用新一代地震采集设备,如可以储存大量信息的永久性记录仪,还有更好的物理算法,以更高的精度、更短的生产周期,模拟油藏的生产过程。

斯伦贝谢公司负责信息解决方案的兰德格伦说,在生产中,需要迅速提取样本和过程数据来做决策并实施及时控制,使工作按照要求的工况运行。数据采集、分析、反馈的紧迫性日益增强,油田生产数据的采集频率已经从以前的每月一次,变成现在的每天一次,这样控制人员能更及时有效地把握油藏变化。

数字化趋势将继续发展,自动化程度也将随之进一步提高。当数据采集实现自动化时,就可以利用软件设定一个预警值。当数据严重偏离 5 日动态平均水平时就会自动报警,进而采取自动诊断和干预程序。这项技术已经在炼油厂应用了很多年,现在开始在油气田推广应用。

（3）挤出每一滴油。

让走下坡路的老油田竭尽全力"发挥余热"，数字技术将起到越来越大的作用。这些老油田还有 50% 剩余可采油气，采取更复杂的选择性完井、根据用户需要设计压裂作业等，都是技术发展方向。

BP 公司在阿布扎比的一位经理罗伯特说，世界 60% 的探明储量在中东，超过 7000×10^8 bbl，如果通过数字技术实现增储上产，将对产油国和世界石油市场具有重大意义。

BP 公司计划将其"先进协同环境"（ACE）方案应用到公司在世界各地的实时生产监控和钻井作业。ACE 利用数字技术，实现高效作业、优质钻井和油藏量管理，达到增储上产的目标。如用光纤快速传送井下压力温度监测信息；用永久安装在海底的地震组合进行时间推移地震；还有对油井和设施进行监控、过程评估和生产优化软件。

（4）应对人才短缺。

数字技术在油田应用最多的还是虚拟团队和协同工作。和全球少数专家飞来飞去地处理项目相比，现在大部分管理者和大型服务公司选择实时操作中心召开虚拟会议，进行经验交流并远程控制世界各地的很多设施。

人才是公司真正的财富，要让他们在较短的时间内做出更好的决策。在人力资源有限的情况下，公司怎样才能有效地管理那么多数据呢？IT 提供商在可预见的将来还将继续扮演关键角色。IT 公司将提供革命性的数据管理和传输方案，给予用户高分辨率的体验、改善所用的设备富裕程度、使用户和设备之间的接口语言更加自然，从而使工作人员有更多的方法传输和共享数据，更轻松地解决问题。

微软 Surface 是一套桌面触摸控制系统，比传统的鼠标键盘方式，更能使用户在与数据内容交互时感到自然。自然用户界面和灵活的数据中心的一个更大作用，是有利于应对知识管理的挑战。

（5）工厂化管理油田。

由于数字技术提供了更好的协作平台和更高的决策过程，策略者在油田生产的地位也随之发生了转变。鲍尔说，人将在战略决策方面发挥作用。数据和系统的复杂性在未来 10 年还会进一步提高，以后的生产系统会更像现代炼油厂的控制室，由最新一代的计算系统控制所有日常运行操作。生产系统越来越复杂，人们很难离开 IT 技术的介入而独立操作。

数字化工作流还将改善整体操作系统的效率，IT 将为构建和管理更长更复杂的供应链提供基本结构。在油气勘探开发部门，需要考虑能源效率和排放控制（如二氧化碳），这些都需要更加深谋远虑的工厂化管理。

兰德格伦说，想做到工厂化管理油田，必须解决通信和高速运算问题。期望有一个系统，可以通过无线设备将所有油井连接起来，以便轻松地传输数据和从运行中心收发指令。这需要宽带频率，加强全球的无线连接，这个成本会高得让人不敢问津。

更好的整合还需要在软件上作出努力。公司需要构建自己的软件系统来运行多种流程。有时甚至需要工程师按自己喜欢的方式编写代码，所有这些都需要将数据和决策整合到一起。现在有一种新标准称作 ProdML，其利用 XML 格式来交换数据和指令。由于尚处在起步阶段，还需要不断进行开发。要让油田成为一个闭环系统，需要更高的运算处理能力。很多技术公司采取不同的方法提高自己的计算模拟器速度。微软及其伙伴利用聚合伺服技术来提高运算能力，从而实现并行计算，为地质科学家和工程师提供所需的高性能运算。

（6）成本与防火墙。

为了拓宽数字技术应用范围，还有成本和安全问题需要解决。石油行业的分布范围很广，从临近枯竭的老井到海上钻井平台的高产井，不同领域的经济账相差很多，不可能用一个解决方案来处理所有问题。资本运作的保守天性是增加开支的阻碍，直到数字技术更加为人们所认知，技术成为标准，投资回报变得可靠时，投资人才会关注并给予投入。

随着更多的公司开放光纤远程通信系统，以适应协作工作环境，在安全方面的顾虑也随之而生。由于所有通信线路都连接到互联网上，不得不担心数据损坏和系统感染病毒宕（音 dang，拖延）机的问题。在一些关键的操作部门，需要专人从事 IT 监控系统来保证不出故障。

IT 提供商在安全方面扮演了至关重要的角色，确保公司的保密数据永远置于防火墙的保护之下。但在合作环境当中，公司防火墙的过分保护可能会阻止沟通的顺利进行。基于互联网的私人共享网站也许是个可行的解决方案，互联网提供的 5GB 虚拟空间的 SkyDrive，可以将资料储存在私人文件夹里，只有指定的人才能访问和使用。

（7）改变管理是关键。

阻止数字技术在油田推广的最大障碍不在技术，而是人们接受新技术和新工作方式的态度。有些公司的学习速度较快，斯伦贝谢公司在这项变革方面已经走在了前面，他们的一些资深经理已经试着通过新方法利用社会网络进行合作。

虽然油田运作的微小改进可以让人们乐于尝试更广泛的技术升级，但管理变革面临的挑战依然存在。最近的一项研究显示，油气行业距离推行新技术还有多远的距离，这项研究被称作"高性能计算行动"，由美国竞争委员会实施。这项研究对石油天然气、医药、航空航天以及汽车 4 个行业在接受和推广数字技术方面的情况进行了评估。

其他行业研究称，油气行业已经在宣传数字技术，并正在改变企业的管理和组织。与之相比，石油行业传输数据的距离要远得多，虽然推行数字技术的表现比其他行业好许多，但在适应技术变化和商业需求方面还有很多挑战。

1.1　石油技术发展特点分析

1.1.1　石油技术发展的影响因素分析

油气的需求促进了技术的发展，技术的突破使我们不断发现更多的油气资源。油气的产量和油气需求左右着油价。作为油气工业的主体——油公司和石油技术服务公司，它们的发展战略受到油价的直接影响；油公司和石油技术服务公司作为石油技术的重要推动者，其战略转变又对技术的发展方向有着重要的引导作用。技术发展、公司战略、油价、产量之间构成了相互影响、相互制约的关系（图 1）。石油技术的发展经历了 3 次技术革命，每次技术革命的出现都伴随着油气产量大幅增长，对油价起到了平抑作用（图 2）。20 世纪 20 年代前油气产量很低，内燃机的推广和汽油发动机的问世以及随之而来的汽车、航空工业的发展，使油气需求大增，油价攀升，这种强烈的需求和充足的资金为技术发展提供了条件，催生了一些基础理论的突破和专业化技术的出现。第一次技术革命之后，全球油气产量翻

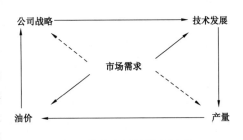

图 1　技术发展的影响因素

番,随后的二三十年,产量逐年提高,油价维持在较低水平,由于产量的提高加之大油公司跨国勘探生产的成本极低,使油气行业利润丰厚,支持了大量的研发工作,在六七十年代发生了第二次技术革命,地质、钻井、油田开发工艺等方面有了重大的理论和技术突破,指导发现了一批岩性油藏,油气产量由 $10 \times 10^8 t$ 上升到 $20 \times 10^8 t$。20 世纪 70 年代中期的石油危机,油价暴涨、油价高位持续到 80 年代,在该阶段,一方面油公司获得暴利,另一方面因担心石油资源不足而惶恐,由此投入大量资金用于技术开发,希望借助于技术发展解决资源短缺,推动了深海勘探技术和非常规资源开发;80 年代中期,第三次技术革命出现,计算机技术的快速发展使油气系统、盆地模拟、油藏描述、数值模拟等技术大量采用,钻井、地震和测井技术飞速发展,石油技术进入一个全新时代,使全球油气产量维持在 $30 \times 10^8 t$ 左右。20 世纪 80 年代中期至 2000 年,由于第三次技术革命使石油工业成本大幅度降低,产量保持平稳的 $30 \times 10^8 t$ 左右,石油探明储量由 1980 年的 $880 \times 10^8 t$ 增加到 2000 年的 $1400 \times 10^8 t$,使油价持续维持在较低水平。2005 年后油价持续上涨。2014 年底到 2015 年并延续到 2016 年,又出现了油价低至 $30 \sim 40$ 美元/bbl。

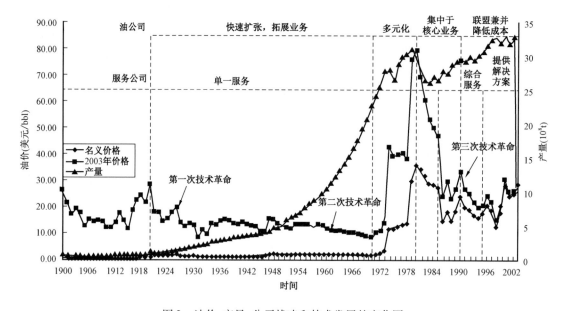

图 2　油价、产量、公司战略和技术发展的变化图

纵观世界工业的发展历史可以看出,油价的升跌直接影响公司的战略;而公司的战略转变又对技术的发展有着重要的导向。20 世纪 20—60 年代,大油公司快速扩张,开始大规模地进行跨国圈地运动,同时拓展业务范围,快速发展下游业务。此阶段石油公司的利润巨大,支持了众多的研发项目,使各专业的技术大步发展;到六七十年代(第二次技术革命),主要的炼化技术都已出现,地质理论有了重大突破,测井技术步入数字时代,产生了油藏工程概念,进入了科学化钻井阶段。70 年代,两次石油危机,迫使许多油公司推行原油来源多渠道、业务多元化战略,由此推动了许多非常规油气勘探开发技术(如从焦油砂、油母页岩、沥青中提取石油)和一些高成本提高采油率技术的研究,以及深海石油技术的开发。80 年代,油价的回落和暴跌使油公司又回归于原有业务,开始集中精力发展核心业务,重点开发了许多综合性技术,如地质导向钻井、油藏精细描述和储层综合评价技术等,撤销了许多耗资巨大的非常规油气开发项目,加大炼油厂和化工厂的规模化建设。90 年代,油价的持续低迷使油公司开始实行联盟兼

并,扩大规模,降低成本。这一时期的技术主要是围绕降低成本开展的。先进适用的技术成为公司在竞争中获胜的重要手段。进入21世纪,油价的持续高涨促使许多油公司将业务结构进一步向油气核心业务集中,资源向多元化发展,纷纷介入了各种非常规油气业务,常规资源的发现和生产难度也日益加大、规模逐渐变小、品质越来越差,对高新技术的需求更加强烈。2014年至2016年,低油价在一定程度上影响着非常规油气的勘探开发。

1.1.2 石油技术的发展特点

通过对物探、测井、钻井、开发、炼油等专业技术100年发展历程、各专业中的部分关键技术发展过程的研究,总结出了这些专业的技术发展规律和特点,以及不同类型公司在该技术发展过程中的作用,在此基础上归纳出如下石油技术的发展特点:

(1)社会经济和石油工业环境对技术的发展有着重要影响。

石油技术的发展受石油工业、世界经济和社会大环境的左右。油价和油田开发政策对于技术发展有明显的影响,例如,在高油价下提高采收率(EOR)技术得到重视,热采技术、注气技术、化学驱、微生物采油技术等得以快速发展;在低油价下成本较低的改善采油(IOR)技术被广泛开发和应用。社会资源和环境的变化也影响着技术的发展,例如,19世纪20年代战争和资源的匮乏,促进了天然气合成油(GTL)技术的快速发展;50年代中东大油田的发展使GTL的研究被抑制;从70年代末开始,石油危机使GTL研究重新受到重视,取得了一系列重大技术突破。随着陆上石油资源的日益减少,90年代开始大规模进行深海油田开发,深海油田的勘探和开发技术近十几年蓬勃发展。

(2)石油的勘探开发需求驱动着专业技术的发展。

钻井、物探、测井和开发技术的发展与石油勘探开发需求紧密联系在一起。例如,在钻井专业技术领域,地面绕障、海油陆采、提高油藏钻遇率等需要推动了定向井、大斜度井、水平井、分支井、最大油藏接触面积井和大位移井技术的发展;节约钻井平台、减少地面投资、提高单井产量等需要推动了丛式井和分支井技术的发展;提高钻井效率、降低成本的需要推动了气体钻井、套管钻井、优化钻井等技术的发展;对付复杂地层的需要推动了波纹管、膨胀管、随钻测量技术的发展;保护储层、提高单井产量、降低后期改造费用等需要推动了欠平衡钻井技术的发展。在测井专业技术领域,大斜度井、水平井和海上钻井活动的开展推动随钻测井技术发展;钻井油基钻井液或人工合成钻井液的大量采用催生了油基钻井液电阻率成像测井仪(OB-MI);降低生产成本的需要促进了快测平台的推出;薄层评价的需要导致了测井仪器的分辨率逐步提高;油藏综合管理的需要加速了井间和远探测技术的发展;各向异性地层解释的需要导致了三分量感应和偶极子横波测井仪器的出现。

(3)物理学、电子、自动化、计算机和材料等相关领域的技术进步推动着石油专业技术的发展。

基本电子技术尤其是计算机技术的快速发展是测井技术发展的重要推动力。数字信号传输和处理的发展使得现代阵列型成像测井仪器研制成功;计算机技术的发展使测井技术发生了标志性转变,从数字转变到数控;使用彩色图像和可视化技术可为阵列和成像测井仪所取得的大容量数据和复杂信息提供形象直观和快速识别的手段。

相关领域先进科技的不断融入使物探技术得以阶跃式发展。数字信号传输和处理的发展使得现代万道24位数字仪器研制成功;计算机技术的发展使物探技术发生了标志性转变,从模拟转变到数字;三维可视化技术和虚拟现实技术为所取得的大容量数据和复杂信息提供形象直观和快速识别的手段。地震数据量在各行业中是最庞大的,每一项技术进步都需要计算机的支撑,计算机技术的发展对物探的影响是巨大和深远的。

自20世纪70年代计算机技术、80—90年代三遥技术的引入,推动了科学钻井向自动化钻井方向发展。遥测遥传技术的引入,出现了无线随钻测量仪器(MWD,LWD,SWD);遥控技术的引入,出现了自动化的井下工具(可变径稳定器,自动顶块偏心机构);两者的组合就出现了多种自动化钻井系统和导向钻井系统(自动垂直钻井系统、旋转导向系统、地质导向系统等)和基于电子钻柱的有线式智能钻井技术。新材料的引入,开发出更为耐用的人造聚晶金刚石复合片钻头(PDC钻头、Ballaset钻头)。现代钻井技术是各项新技术的综合集成,是领域的拓宽,是学科的交叉与复合。

油田开发技术的发展与计算机和信息技术的发展是密不可分的。20世纪80年代,计算机技术的发展促进了油藏模拟技术和油田生产自动化技术的发展和应用;信息技术的发展,促进了智能钻采技术和数字油田技术的发展和应用。

(4)石油的各种专业技术之间的发展是相互影响和彼此互动的。

油田勘探和开发需要的技术是环环相扣的,根据物探结果确定井位进行钻井;钻井时或其前后开始测录井,测录井结果对物探解释结果进行验证或校正,所以各项技术的发展是相互促进的。

测录井技术需要不断适应各种钻完井工程条件的变革。测井仪的直径必须小于所钻井眼口径,钻了降低成本的小井眼就需要开发小井眼测井仪;钻井液产生的滤饼和侵入,促使人们发明了微电阻率测井;钻井使用油基钻井液后催生了感应测井技术;为在失去了重力驱动能力的水平井中推动仪器下井,发明了挠性管驱动技术;钻井对实时掌控作业状况的需要催生了随钻测井。

油田开发技术的发展与钻井、完井、测井、物探和工程等相关技术的发展是密切相关的,受这些技术的影响较大。如水平井技术20世纪40年代就出现了,直到90年代钻井技术的发展才使水平井开发在油田上大规模应用;海上石油工程技术的发展,降低了深海油田的开发成本,从而加快了深水油田的开发步伐;现代油藏管理技术、油藏描述技术和油藏特性表征技术的应用都需要多种学科的综合。

(5)每种技术和产品都有其生命周期,随着技术进步速度的加快,产品更新换代周期日益缩短。

不同的技术和产品的生命周期不同。一项技术的生命周期大体上包括4个阶段:① 开发阶段,即室内研究和新思路的构成阶段;② 成长阶段,即室内实验、放大模拟试验、现场先导试验和工业性试验;③ 成熟阶段,即广泛应用,获得效益阶段;④ 衰退阶段,即技术老化,已不能解决新的问题,逐渐被下一代技术替代。物探、钻井和测井等专业领域的技术和产品的生命周期多在十几年,而开发领域的技术从开始萌发到规模应用的历程较长,其生命周期也较长,一般要20~50年。

随着全球范围内的产品和技术竞争日趋激烈,石油技术和产品更新周期逐渐缩短。以催化剂的研发为例,20世纪80年代的开发周期为10年,而现在每3~5年就会推出新一代催化剂,旧催化剂被逐渐淘汰。

(6)石油公司是促进石油专业技术进步的主导。

石油专业技术开发的始动力是油公司寻找一些特定问题的解决方案。油公司为了解决自己的问题开发了大量的技术。开发领域的技术大部分是由油公司开发的。在90年代,以前油公司较多地参与物探、钻井和测井技术的开发,尤其在基础理论和解释处理技术方面。

各大石油公司投资组织大量科研力量深入研究钻井基础理论和应用技术。50年代,阿莫科公司研究了喷射钻井技术,做出了水力计算图板;60年代,泛美公司开发了低固相不分散体系聚合物钻井液,又发展了生物聚合物钻井液;70年代,众多油公司开始进行水平井钻井和优化钻井技术研究;80年代,阿莫科公司研究了平衡压力钻井技术。在测井领域,许多测井解释模型都是油公司研究总结出来的,在核测井和脉冲中子测井的技术进步中油公司的贡献不可磨灭。90年代以前,油公司也在开发一些测井仪器。物探技术发展过程中一些综合性技术和处理解释技术是由油公司首先研发的,如亮点解释技术最初是由壳牌公司秘密研究和应用;海湾石油和壳牌公司等带头开发了变密度和变面积显示技术;埃克森公司最早研究三维地震技术;ELF公司首先对VSP技术感兴趣。

许多的工程技术都是由油公司首先提出或开发的,再经石油技术服务公司发展成为标准方法或通用技术,广泛应用。进入20世纪90年代,油公司开展工程技术的研发工作相对减少,更多地资助石油技术服务公司或与石油技术服务公司合作完成自己需要的技术开发。

(7)石油技术服务公司不断根据油公司的需求开发各种专业技术,是推动技术发展的主力。

大部分的工程技术和产品是由石油技术服务公司研究开发的。石油技术服务公司根据油公司的需求和遇到的共性问题不断开发新的钻井技术和产品,还有许多油公司开发的技术经过石油技术服务公司发展完善成为标准方法后进行商业化应用。

钻井技术和产品的开发主要由石油技术服务公司完成。大部分的地震仪器是由石油技术服务公司研制开发的。推动测井技术发展的主力军是三大石油技术服务公司(哈里伯顿公司、斯伦贝谢公司、贝克休斯公司),尤其是斯伦贝谢公司,始终是测井技术的领头羊。旋转导向钻井技术和地质导向钻井技术都是由三大石油技术服务公司研制开发并进行技术服务的。

进一步的研究表明,在技术发展初期的理论研究阶段,大型石油技术服务公司的参与程度并不大,随着技术的趋于成熟,大型石油技术服务公司的参与程度越来越高,到了技术的商业化阶段,大部分技术和产品是由大型石油技术服务公司率先推进市场。实际情况往往是,当技术逐步成熟,特别是当商业价值趋于明显时,大型石油技术服务公司除了积极介入将知识产权转移到自己手中,然后利用自己在技术集成、继续开发和产品制造能力方面的强大优势,对收购的萌芽或有发展潜力的技术进一步完善、集成、商业化,由此极大地促进了技术的发展,并逐步垄断了石油工程服务市场。

(8)中小服务公司对专业技术的发展起到不可忽视的作用。

由物探、钻井和测井技术的发展史可以看出,许多技术是由中小公司率先开发出来的。尤其是在一些技术发展的初期,往往是由小公司进行了大量的原创性技术开发,如随钻测量首先由Teleco公司推出;套管钻井技术由Tesco公司最先开始研究和商业化的;过套管电阻率测井仪器由顺磁公司申请专利并作出了第一支仪器;Numar公司率先设计了脉冲回波核磁共振测井样机,并商业化。当小公司的技术见到经济效益或者有应用可能性时常常会被大型石油技术服务公司或者油公司收购并进行二次研发。

(9)工业界的合作是石油专业技术发展的有效途径,被日益广泛的采用。

许多研究开发项目往往涉及多个学科领域,对资金、技术、人力资源以及组织管理等各个方面的要求较高,依靠一个公司的力量难以完成,风险也较大,业界的合作也就成为一种普遍采用的技术开发方式。

油公司与石油技术服务公司联合开发了许多技术,尤其进入20世纪90年代,油公司开展的研发工作相对减少,更多的资助石油技术服务公司或与石油技术服务公司合作完成自己需要的技术开发。如壳牌公司与哈利伯顿公司合资成立的一个专门开发膨胀管技术及商业应用的公司;阿吉普公司资助贝克休斯公司研制了新型的垂直钻井装置。

油公司、石油技术服务公司、大学及一些政府研究机构共同组成联合项目组协同进行技术开发,这种模式也很普遍,通过对技术开发合作投资,可以分享资料及成果;共同确定需求并分担风险,同时减少了工业界对研究人员的需求,降低了科研费用。

(10)环保政策对技术发展的影响越来越大。

石油石化工业是造成环境污染的主要来源之一,其承受的环保压力也较大。有利于环保的技术开发一直受到业界的重视,环境保护也逐渐成为推进石油技术产品更新换代的重要动力。随着环保要求越来越严格,一些不利于环保的技术逐渐被放弃,如微生物采油、注聚合物等开发技术。石油公司花费巨资开发环境友好的生产技术,如美国每年投入约 100 亿美元用于生产清洁燃料,使清洁汽油、清洁柴油加氢精制技术等得到快速发展和应用;加氢裂化被认为是绿色炼油技术而得到许多大油公司的重视。

当今科技进步已经成为石油工业发展最持久、最根本的动力,石油企业普遍以科技进步作为生存发展和提高经济效益的最主要手段之一。21 世纪初,石油科技发展的特点表现为:新技术、新理论、新方法出现的周期越来越短;不同专业学科的技术交叉渗透日益深入,综合、一体化技术的研发和运用日趋广泛;市场导向的技术成为发展重点;环保节能技术得到快速发展;信息技术成为核心技术;新能源、生物技术、纳米技术等高新技术得到推广应用;公司之间的合作和联盟进行技术开发更加普遍。

未来石油工业技术创新的方向是:开发更有效的作业技术、处理技术、新产品,以赢得更多的商业机会和优势;向条件更恶劣的地区开拓,开发在这些地区(极地、深海等)进行油气勘探开发的技术;适应更为苛刻的政策和环境要求,开发经济、环保的新技术。未来石油技术创新主要有两大目的:一是提高油气探明率;二是提高油气采收率。

1.2　中国石油天然气集团公司与国外公司核心技术比较及对策建议

1.2.1　钻井技术的比较分析及建议

1.2.1.1　技术比较

国外油公司是钻井技术的投资者、推动者,同时也是部分钻井核心技术的拥有者,如壳牌公司开发并掌握着膨胀管技术的专利。石油技术服务公司是钻井核心技术研究和服务的主体,大部分钻井技术和产品是由石油技术服务公司研究开发的,石油技术服务公司根据油公司的需求和遇到的共性问题不断开发新的钻井技术和产品。

除了三大石油技术服务公司提供钻井技术和服务外,威德福公司、Tesco 公司和其他许多中小公司也提供钻井服务,且拥有一些特色技术。

斯伦贝谢公司于 1987 年开始研制旋转导向技术,1999 年开始现场服务,并推出垂直钻井系统,该石油技术服务领域的市场份额达 45%;1992 年率先提出地质导向概念,1993 年研制成功第一代地质导向系统;目前可以提供分支井建井终身服务;与专门从事套管钻井服务的专业公司 Tesco 公司联合提供套管钻井服务。

哈利伯顿公司在 20 世纪 90 年代末推出了旋转导向系统;与日本国家公司联合开发了地质导向旋转系统;与壳牌公司共同研究并商业化膨胀管技术;分支井技术在世界上处于领先地

位,对外提供的施工服务最多;在海上已完成了几口井的套管钻井试验。

贝克休斯公司与意大利的埃尼—阿吉普公司联合开发了旋转导向闭环系统,目前已发展到第三代;收购了一家垂直钻井系统的专业公司,又受埃尼—阿吉普公司委托开发了新一代垂直钻井闭环导向系统;于 1994 年开始提供膨胀管服务;1992 年与马拉松石油公司联合开发了分支井完井井下系统,在该领域的理论研究比较深入。

威德福公司是以提供钻井服务为主的专业石油技术服务公司,在欠平衡钻井、套管井钻井和可膨胀管技术具有较强的技术优势。自 1995 年起膨胀管技术就开始处于领先地位;1987年钻了第一口分支井;2002 年完成了第一口套管钻井,目前已钻 500 口;是目前唯一提供全面欠平衡钻井设备和石油技术服务的公司。

中国石油天然气集团公司(以下简称集团公司)于 20 世纪 90 年代初开始研究旋转导向系统,至今仍没有商业化的系统,总体来说目前基本处于空白状态,2004 年引进斯仑贝谢公司的垂直钻井系统,在新疆油田和塔里木油田应用;1995 年开始研制地质导向系统,预计近期可推出样机;2000 年开始膨胀管技术研究,2003 年首次完成了两口井的套管补贴;1995 年辽河油田开始研究分支井,1998 年完成了室内实验,现已开始现场实验;2003 年开始研究套管钻井技术,现场试验取得了初步成功。

通过对比可知,我们与国外大公司的钻井技术水平存在平均 10 年左右的差距,一些国外公司都拥有的技术(如旋转导向技术、垂直钻井系统、地质导向等)我们刚起步,甚至还是空白。还有许多技术,我们虽然已开始研究,但在技术的商业化方面进展比较缓慢。

1.2.1.2　对策建议

我国石油钻井 50 多年的实践证明,走技术引进与自主开发相结合的模仿创新道路,是技术落后国家走向先进的一条必由之路、正确之道。走完全自主创新的路适应不了形势发展的要求,必须要充分吸收发达国家的先进技术为我所用。但是完全靠技术引进也走不通,因为先进的生产作业线及其产品,发达国家在未充分占领市场前是不会出卖的,引进二流三流产品的作业线,在国际市场上是没有竞争力的,其结果只能是绑在别人的战车上跟着跑,走上"引进—落后—再引进"的恶性循环。

根据我国"大众创业、万众创新"的思路,参照国际石油界的经验,我国石油工业需要组建或创建并扶持一批相当于斯仑贝谢公司、哈里伯顿公司、贝克休斯公司这种专业化的大的石油技术服务公司,它们将能够在科技研发、技术集成和新产品制造以及把技术和产品商业化、市场化方面发挥优势。同时鼓励和扶持更多的专业化的中小石油技术服务公司,它们会产生大量原创性技术开发和新产品。20 世纪 90 年代我几次在美国了解到中、小石油技术服务公司,最小的只有七八个人,而专业性很强,只集中研发某一方面的新技术、新产品。例如,当时保护油层项目和实验室研究工作需要一种新的碳纤维岩心夹持器,他们就打电话给一家只有 7 个人的小公司,很快就签订了研发合同,几个月后新产品就造出来了。

根据钻井技术的发展规律、国外公司的相关技术发展现状和中国石油天然气集团公司目前的钻井技术发展水平,我们对针对如下技术的发展方式提出了一些建议:

(1)旋转导向系统。

近年来,国外的旋转导向技术发展迅速。提高钻井速度和高效防斜打快技术是我们亟待解决的钻井难题,是制约我国勘探开发、又长期未获得技术突破的钻井问题之一。总体来讲,国内旋转导向技术还处于空白状态,今后无论是钻进大位移井、分支井还是煤层气鱼骨井,都非常需要这项技术。国外三大石油技术服务公司都拥有该项技术,我们也必须发展自己的旋转导向钻井技术和垂直钻井技术。建议将其作为重点攻关项目,以自主创新研发国产旋转导向钻井系统,直到在生产中应用成功并能与外国公司产品竞争。

同时考虑,国外的三大石油技术服务公司开始都是通过收购或合作开发等方式拥有该技术,然后再自己不断地发展、改进和提高技术水平。由于旋转导向技术近年来发展很快,且国际上还有数家提供该技术的中小公司,我们可通过收购或与国际上有能力进行旋转导向技术研发及服务的公司或研究机构开展合作,加快研究进程,尽早占领这一钻井技术制高点,带动钻井技术的整体水平提升,提高国际竞争力。

(2)地质导向(随钻测量)。

国外三大石油技术服务公司都拥有该项技术,地质导向也是制约我国石油勘探开发的瓶颈技术。西安石油仪器厂引进过美国公司的随钻测量(MWD)的作业线;中国石油勘探开发研究院自1995年就开始地质导向的技术研究,取得了一定成果,但至今还没有商业应用的系统。建议加大地质导向技术的研究力度,同时把已经研制成功的正脉冲发生器、测量短节等尽快投入生产,以满足国内外钻井作业的需求。

(3)膨胀管技术。

除了斯伦贝谢公司,其他公司都拥有该技术。中国石油天然气集团公司在膨胀管技术上取得了一些成绩,如果再加大一些对膨胀管技术研究的投资力度,就可以在实体膨胀管上取得突破,形成专利产品和技术优势,解决西部复杂深井钻井过程中井漏、井壁坍塌、窄密度窗口等问题,解决日益增多的套管损害治理问题。同时开展膨胀防砂管前期研究工作,争取尽快形成膨胀防砂管技术。在研究的同时,适当引进国外公司的技术,推动膨胀管技术的快速发展。

(4)分支井技术。

分支井的技术难度较大,尤其是分支井完井。国外的几大石油技术服务公司都提供分支井技术服务。分支井开发应用的快慢与好坏直接影响油田的生存与发展,该技术应用前景广阔,是进入国外市场的最关键技术之一。我们对该技术的研发刚刚起步,建议加快研发步伐,重点发展方向:提高窗口密封可靠性、完善分支井油层跟踪技术、研究更高级别的分支井技术、分支井智能完井工具和经济分析评价技术。研制出分支井系统并不等于就能钻成分支井,更不等于就能取得分支井的经济效益,还必须组织多专业配套攻关。

(5)套管井钻井。

拥有该技术的国外公司有:威德福公司和Tesco公司。国外的三大石油技术服务公司目前还不能提供该项服务。集团公司从2003年开始该技术的开发,基本上具备了不换钻头的表层钻进的套管钻井技术,但还需更多地进行油田试验。建议集团公司继续开展该技术研究,进一步完善技术,同时开展能够更换钻头的套管钻井技术攻关,开发出对付低渗透油田、井壁不稳定地层等的低成本钻井技术,以形成集团公司的特色钻井技术,提高公司的市场竞争力。

(6)欠平衡钻井技术。

国外只有威德福公司能够提供全套的欠平衡钻井服务。国内近年来在欠平衡钻井技术和装备方面发展迅速,四川油田钻采工艺技术研究院开发的多种型号的旋转防喷器已经成功地在多口井应用;大庆油田钻井工程技术研究院开发的随钻环空测压装置在数口井应用;新疆油田钻井工程技术研究院开发的井下套管阀已经在两口井应用,开关性能良好;中国石油勘探开发研究院钻井所已经研制出存储式环空测压装置和实时传输式测压装置,并正在研制EM-WD,机械所正在研制井下套管阀。建议以此为基础,加强研究力量整合,迅速组建欠平衡钻井专业化服务公司,为欠平衡技术的快速发展做准备。由于该技术的研究已经见到初步的成果,需要积极开展现场试验,加速技术的产业化,尽快形成集团公司的特色技术,提高国际市场的竞争力。

对于上述提及的技术,即旋转导向(及垂直钻井)、地质导向、膨胀管技术、分支井技术、套管钻井和欠平衡技术等,其中的旋转导向(垂直钻井)、地质导向技术要在引进技术消化的同时,加快研究步伐,争取研发有自主知识产权的产品或替代产品;膨胀管技术、分支井技术、套管钻井和欠平衡技术主要立足于国内现有技术力量,形成具有自主知识产权的高技术产品,带动钻井技术水平的整体提升。

1.2.2 开发技术的比较分析及建议

1.2.2.1 技术比较

20 世纪 50 年代起,国际大石油公司开始大规模开发油田,促进了油田开发技术的快速发展。实践表明,国际大石油公司在推动油田开发技术推广应用方面起着至关重要的作用,主要的油田开发技术是由油公司开发的;石油技术服务公司也提供油田增产作业的服务。随着油田开发进入二次采油和三次采油阶段,油井增产技术、提高油田采收率技术和先进的油藏管理技术得到发展和应用,如注水开发油田技术、注蒸汽开采稠油技术、注气开发油田技术、聚合物驱油技术和复合驱油技术、微生物采油技术、水力压裂技术、油藏模拟技术、水平井开发油田技术、深海油田开发技术和智能井技术等,这些技术的推广应用提高了油田的产量和采收率,同时改进了油田的管理水平,获得了经济效益,促进了国际大石油公司的发展。中国石油天然气集团公司的油田开发技术在某些领域达到了国际领先水平,如高含水油田的控水稳油技术、聚合物驱油技术、复合驱油技术、深层稠油的注蒸汽开采技术等,但是,油田开发技术是在学习和引进国外先进技术的基础上发展起来的。从油田开发技术的总体发展和应用情况来看,在油田开发技术领域的各个发展阶段,与国际大石油公司都存在一定的差距,开发技术总体水平与国际大石油公司(如埃克森美孚公司、BP 公司、壳牌公司等)大约有 10~20 年的差距。

1.2.2.2 对策建议

从开发技术的发展规律可以看出,社会经济环境和行业的发展需求对开发技术有着重要的影响。中国经济的高速发展导致石油需求的快速增长,中国已经成为世界第二大石油消费国和纯石油进口国,50% 以上乃至 60% 依赖原油进口会对国家的能源安全构成威胁。因此,不断增加原油产量将是开发工程技术人员所面临的严峻挑战,应该重点进行提高产量和油田采收率的研究,特别是难开采油田的开发和老油田提高采收率。通过与国外公司的技术对比,结合我国的经济环境和油田开发现状,提出了对如下技术的发展建议:

(1)注蒸汽开采稠油技术。注蒸汽为稠油油田开发的关键技术。壳牌公司、雪佛龙德士古公司、BP 公司和埃克森美孚公司等国际大石油公司在 20 世纪 60 年代开始大规模的注蒸汽开采稠油。90 年代以来,蒸汽吞吐、蒸汽驱和注热水交替使用是稠油开采的最新发展趋势。我国的注蒸汽技术接近国际先进水平,应该进一步研究注蒸汽、注热水等稠油油田的开发技术,特别是蒸汽—热水交替注入提高稠油油田的开发效益。

(2)注气开发油田技术。注气开发油田技术为提高采收率的重点技术,目前国外注气驱油技术的发展已经成熟,并在油田开发过程中广泛应用。我国于 20 世纪 90 年代开始该技术的研究与应用,与国外大石油公司的技术水平相比约落后 20 年。注气开发技术可以进一步提高老油田的采收率,也是低渗透油田开发的重要技术,建议加强该技术的研究,针对油田的具体条件研究和开发注气驱油技术,选择合适的气源,如注天然气和二氧化碳提高采收率。水—

气交替注入可以降低注气开发低渗透油田的成本,提高驱油效率,建议对水—气交替注入方式进行研究。

(3)聚合物和三元复合驱油技术。对于老油田来说,应该进一步研究、开发和应用提高采收率技术,特别是在高油价下,对于各种提高采收率方法的推广应用非常有利。虽然目前国际大石油公司很少使用该技术,但我国多年的实践已经证明,通过聚合物驱可以提高老油田的采收率。在目前高油价及国内对石油的巨大需求的环境下,还是应该不断进行这方面的研究和大规模的应用。同时,要加强研究三元复合驱油技术以进一步提高采收率。

对于注水开发油田来说,到开发的中后期含水率会不断上升。在这种情况下,控制含水上升率是提高油田开发效果的重要手段。聚合物控水在高含水油气井中的应用早已取得成功,通过向油气井中注入聚合物,不但可以减少水的渗透率,同时聚合物可堵塞地层中的大孔道,最终起到降低产水量增加油气产量的效果。

(4)微生物采油技术。微生物采油技术是一种重要的提高采收率技术,自 20 世纪 80 年代中期以来,由于油价下跌,微生物采油技术的研究和应用受到影响,目前,该技术仍处于研究和矿场试验阶段,没有进行大规模的应用。我国于 20 世纪 90 年代初开始进行微生物采油试验。在目前的高油价下,可以加大对该技术的研究力度,促进微生物采油技术的研究、开发和应用。

(5)水力压裂技术。水力压裂是低渗透油田获得经济效益的关键技术。国外公司于 20 世纪 70 年代中期开始进行大型水力压裂,于 90 年代中期实施了水平井压裂。我国于 20 世纪 60 年代开始应用压裂技术,70 年代开始研究和开发大型水力压裂技术,目前的技术研究与应用已接近国际水平。建议继续加强对该技术的研究,以提高低渗透油田的压裂效果、技术水平和国际竞争力。

随着计算机技术的发展,三维压裂模拟已经可以在现场直接进行实时三维水力压裂,不但提高了压裂效果,而且可以降低压裂成本、节省时间。同时,应该研究水平井压裂技术和泡沫压裂技术在低渗透油田中应用。

(6)水平井开发技术。国外大石油公司于 20 世纪 70 年代末和 80 年代初开始钻水平井,目前已大规模应用。经验表明,利用水平井可以有效开发低渗透油田和稠油油田,利用水平井注蒸汽可以进一步提高蒸汽驱油效果。我国于 20 世纪 90 年代水平井开始单井采油阶段,目前的技术水平与国际先进水平相比落后 10 年。建议加强水平井技术的大规模应用研究,特别是针对海上油田、低渗透油田、稠油油田的应用研究。对于低渗透油田,应该加强水平井压裂技术的研究,通过在水平井井眼的几个部位进行压裂,可以进一步提高油井产能。对于稠油油田,应该进行水平井注蒸汽技术的研究。

(7)深海油田的开发技术。20 世纪 90 年代起,国际大石油公司开始进行大规模的深海油田开发,深海油田将会成为国际大石油公司的竞争热点。目前我国还未涉足该领域。建议开展深海油田开发的初期研究,为将来参与深海油田的开发做准备。在这方面,应该通过联合、合作开发深海油田等形式学习国际大石油公司的经验,加快技术研究与开发的速度。

(8)智能井技术。这是近年来发展起来的新技术,国际大石油公司基本上是于 20 世纪 90 年代末开始进行智能井完井。智能井开发主要由大型石油技术服务公司完成。智能井技术可适用于海上油田的井、边远地区的井、分支井、大位移井、多层油田的注采井和电潜泵井等。我国尚未开展该技术研究,建议加强对该技术的调研和密切跟踪,可以适时地通过技术收购的方式获取其中部分技术。

1.3 国外大石油公司和石油技术服务公司技术创新特点分析

1.3.1 企业技术创新战略

1.3.1.1 技术领先战略

技术领先战略是指企业通过自身的努力和探索产生技术突破,攻破技术难关,并在此基础上依靠自身的能力推动创新的后续环节,完成技术的商品化,获取商业利润,达到预期目标的创新活动。企业采取技术领先战略可以获得竞争优势和高额垄断利润,但具有高投入和高风险性。

1.3.1.2 技术跟随战略

可细分为技术引进战略和技术模仿战略两类。

(1)技术引进战略是指企业为追赶先进技术,利用各种手段购买其他企业的专利,通过消化、吸收后再创新的方式。成功的技术引进可以使落后国家和企业在较短的时间内提高技术水平和自主创新能力,但一般难以引进世界最先进技术。

(2)技术模仿战略是指企业通过学习、模仿技术领先者的创新思路和创新行为,吸取技术领先者的成功经验和失败教训,引进购买或破译技术领先者的核心技术和技术秘密,并在此基础上改进完善,进一步开发。技术模仿战略对技术落后企业快速追赶先进企业具有特别重要的意义。但由于技术模仿创新者不做研发方面的广泛探索和超前投资,只是做先进技术的跟进者,因此在技术方面只能被动适应,在市场方面被动跟随,不利于技术的长远规划。

1.3.1.3 细分市场战略

细分市场战略是一种将基本技术专门用来为少数特定需求服务的技术创新战略。适用于综合实力不是太强,没有足够能力来介入整个市场的中小型企业,但经营受细分市场的影响,风险大,竞争激烈,产品更新速度快,不容易形成核心产品。

迈克尔·波特认为,企业总体经营战略有3种类型:成本领先(Cost Leadership)战略、差异化(Differentiation)战略和集中化(Focus)战略,企业在上述三者之中只能选择一种,而不能徘徊其间。总体经营战略是技术创新战略的前提,只有明确了总体经营战略的类型,才能决定技术创新战略的基本方式。选择成本领先战略的企业在技术创新方面以工艺创新为重点,着重解决降低成本和扩大规模方面的流程改善问题;选择差异化战略的企业,则要以产品创新为技术创新战略的基本目标,积极开发新产品,使产品系列化、多样化;而选择集中化战略的企业,其技术创新战略的重点是针对目标市场形成自己独特的技术优势或产品专利(表1)。

表1 企业经营战略与技术创新战略的关系

战略选择	成本领先战略	差异化战略	集中化战略
选择适合的技术创新战略	技术模仿战略 技术引进战略	技术领先战略 技术引进战略	技术领先战略 细分市场战略 技术引进战略

1.3.1.4 技术创新体系

过去,技术创新过程被认为是从基础研究—应用研究—新技术、新产品开发的"线性模型"。现在,技术创新不再被认为是一个线性过程,而是一个不同参与者之间一系列相互联系、相互影响和相互作用的结果,是一个复杂的、动态的和网络化的系统工程。

当前企业的技术创新活动已经完成了从传统的研发管理向技术创新管理的根本转变,从而使得技术管理发生了革命性的转变,使原来的单纯科技行为变成一种经济行为。

技术创新管理的主要内容有:(1)技术创新战略,高层次管理中最重要的部分;(2)资源的配置和使用,创新过程管理中最主要的问题;(3)技术创新体系构架,创新工作的组织结构;(4)创新项目的选择与评价,核心技术的确定;(5)激励措施,推动创新的动力。

企业在技术创新活动中都建立完善了各自的技术创新体系,以优化创新资源配置,协调企业的创新活动。技术创新体系是有具体目标和组织形式的1个整体、6个层次的系统工程。在这一体系中,上层决定下层,即:根据企业业务战略目标(效益目标和竞争力目标)确定技术创新战略目标(技术创新效益目标和科技竞争力目标),根据技术创新战略目标确定科技资源配置和体制架构,根据体制架构的需要制订关键流程,根据关键流程确定绩效考核和激励指标。下层保证上层,即通过绩效考核和激励指标的落实保证关键流程运行,通过关键流程运行保证体制架构运行,通过体制架构运行保证创新技术群的实现,通过创新技术群的实现保证技术创新战略目标的实现,通过技术创新战略目标实现保证企业业务战略目标的实现。

1.3.2 国外大石油公司和石油技术服务公司技术创新管理及其比较

1.3.2.1 技术创新的指导思想

技术创新一直是石油工业适应全球经济变化和走出逆境的妙方,它使勘探开发水平不断提高。技术创新使探明的油气资源不断增长、成本降低,使油气工业的生产率每年提高5.5%。激烈的市场竞争使石油工业对技术创新的需求更加强烈。

20世纪90年代以来,研发逐渐由油公司转向大型服务公司。油公司减少了内部研发规模和投入,明显提高外部研发的投入,大量采用外源(Outsourcing)方式进行研发,以提高技术的利用率。业界联合开发的项目日益增多。竞争公司间的联合研发也较为盛行,合作开发的技术一般属于前沿性的、战略性的、综合性的技术。通过联合开发,合作各方可以共享技术。参与的各方包括:油气生产商、服务商、大学、私人公司、政府。合作开发可以共享彼此的知识和人员,降低各方的研发费用。

当前,国外大石油公司和石油技术服务公司都把技术创新作为其经营战略的核心内容,依靠科技进步应对市场竞争,在技术发展上一般都采用技术领先战略。

埃克森美孚公司采用技术领先战略,开发应用领先技术,利用公司专有技术制胜;壳牌公司认为,促进技术发展是公司的职责,技术创造卓越,只有依靠技术才能超越竞争者;BP公司认为,公司各项业务发展的潜力来自应用创新技术的能力,强调应用领先的技术。

斯伦贝谢公司采用技术领先战略,在全球范围内追求技术领先、产品领先、市场领先,确立并保持竞争优势;哈里伯顿公司提出争做全球第一,其技术发展战略是提高各条产品线的竞争地位,全球第一的产品线继续保持绝对领先,非尖端技术尽可能利用外源;贝克休斯公司也力求成为世界第一的油田服务供应商,其技术发展战略是在油田服务核心领域的每条产品线上保持领先地位。

1.3.2.2 技术创新的出发点

国外大油公司和大石油技术服务公司在技术创新活动中对于技术研发的着眼点和出发点是有差别的。油公司重在应用技术而不是占有技术,因此强调技术的适用性而不是先进性,它不一定追求最新的技术,而是研发专有技术解决其核心业务问题,尤其是应用一些集成配套技术解决其不同地区、不同领域业务的生产技术需求。油公司对中短期应用技术投入较多,而对长期的创新性基础研究投入较少。油公司研发的目的是经济环保地有效利用资源,并开发一些前沿技术为公司将来的发展寻找机会,如开发新能源。

石油技术服务公司则追求技术领先,以获取市场份额和垄断利润,对创新性基础研究投入较多,研究的是油公司勘探生产中的共性技术问题,以期为油公司提供一体化解决方案,技术的适应性更强。

1.3.2.3 研发组织体系

(1)油公司研发体系。

总体来看,国外大石油公司在技术创新管理上的共同点表现为:

① 一般采取由总部集中管理和控制科研工作的管理方式,在公司总部设立分管科技工作的副总裁和科研管理部门,这是科研工作的决策管理层,对公司科研工作进行统一协调管理;

② 研发组织体系一般分层设置,大多设两个层次。

第一层次是在集团层面设立一个综合研究机构或按照专业研究领域设立几个专门的研究中心,作为整个集团公司层面的综合研究机构即集团研究中心。

第二层次是根据国际化经营的需要在世界各地国内外成立众多地区研究中心或实验室,它们是基层研究机构,可称为地区研究中心。

③ 根据业务领域进行研发机构设置,上、下游分离,上游相对集中,下游比较分散。一般上游的研究工作集中在一两个研发机构中完成,而下游往往有多个研究中心,研究重点各不相同。

国外大油公司对于研发机构的管理可以分为3种类型(表2):一种是研发自成体系,相对独立,为各个业务单元作整体支持,例如,壳牌公司的技术中心自成一体,不依附于业务板块;第二种是研发机构按核心业务细分,研发机构设在业务板块之内,例如,埃克森美孚公司的研发机构分别设置在上游、下游、化工等业务板块内;第三种是上层研发机构相对集中,下层机构按专业细分随业务单元运作,例如,BP公司在总部设研究中心进行集中研究,各业务单元共享应用,另外在各业务单元设置研究部门进行生产应用研究。

表2 三大油公司的研发机构设置及研究重点

层次	埃克森美孚公司	壳牌公司	BP公司
第一层次	上游研究公司 下游研究公司 (公司战略性研发的主体)	勘探开发技术中心(荷兰海牙); 下游研究公司(阿姆斯特丹)	总部直属技术中心:包括上游、下游、化工等多个中心(分布全球7个地区)
第二层次	专项技术研究单元(实验室); 从事产品开发或专项技术研发,不参与公司层面的研发工作(世界各地)	研究与技术开发中心:负责炼油、化工产品开发和地区的勘探开发等方面的研发(荷兰、英国、美国、日本等国家)	业务单元技术开发机构:主要从事技术支持(分散在全球100多业务单元)

(2)石油技术服务公司研发组织体系。

国外大型石油技术服务公司的研发组织体系各有特色,但又有许多共同之处,主要体现在:

① 总部统一协调研发工作。公司总部一般设分管科技工作的高层领导和科研管理部门对公司的研发项目进行统一协调。

② 研发、制造、服务一体化。三大石油技术服务公司都已形成了从基础研究、工程开发、

仪器制造、技术服务到技术培训一体化的研发组织体系。

③ 按产品开发周期设置研发机构。研发机构从纵向上按技术研发周期(基础研究—产品开发—样机与制造—商业化)设置为两个层次,第一层次是从事基础研发的研究中心,第二层次是从事技术及产品商业化的技术中心。

④ 在全球设立多个研发或技术中心。公司根据技术需求在全球设立多个研发中心或技术中心,各公司对研究机构的管理也不尽相同,有的直接设在公司总部下面(如斯伦贝谢公司、哈里伯顿公司),有的设在各分公司内部(如贝克休斯公司),其中斯伦贝谢公司基础研究的比例较大,哈里伯顿公司和贝克休斯公司基础研究的比例较小。

1.3.2.4 研发管理与运作

(1)油公司的研发运作。

国外大石油公司在项目选择上普遍采用集中科研战略。注重重点突出,减少基础研究和长期项目,短平快项目多,项目研究周期一般是 1~3 年。

国外大油公司注重研发活动的实用性、效益性。BP 公司和壳牌公司在其研发管理中推行"用户—承包商"方式。由用户(全球各地的生产经营单位)提出技术要求,由承包商(研究机构)组织技术人员开展研究。科研单位同经营单位是甲方—乙方的委托合同关系,可以防止科研脱离实际,保证成果得到实际应用。"用户—承包商"模式确定的科研项目,基本上都是 2 年左右的中短期课题,这会削弱科研机构的学科建设,不利于公司的长远、战略发展。克服这一不足的办法,是总部实行总体平衡,在研发计划上实行长期、中期、短期的适当安排。长期性的、战略性的研究课题,由公司总部下达。埃克森美孚公司长期、中期和短期项目的安排大致是 10∶60∶30。

国外油公司把项目管理作为科研管理的核心。科研管理工作的中心环节是实行项目管理,强调从立项到推广全过程的项目负责,对科研立项、实施、财务、推广等各个环节实行严格监控。严把科研立项关,只选能够降低生产成本,提高公司竞争能力的高新技术项目;充分利用外部优势,能合作的课题不自己单独承担。

国外油公司非常注重科研成果的推广应用,采用多方式、多个渠道进行科研成果的推广应用,主要包括:通过报告会、研讨会、培训班等,由研究人员向生产一线的人员介绍、传播科研成果;通过人员轮岗交流,把生产一线的需求和经验带到研究中心,又把研究中心的研究成果带到生产一线去应用;研究中心实行研究、技术服务一体化,科研人员应一线生经营单位的需要,去参加现场重大问题的解决;利用网络推广技术、传播新科技知识,把成果推广应用纳入到公司的知识管理系统中去,实现新科技成果与知识的共享。

(2)石油技术服务公司的研发运作。

国外大型石油技术服务公司研发、制造、服务一体化的技术创新体系不但有助于研发选题方向的确定,更有利于研发成果及时为现场服务,加快产品商业化速度,及时收回投资,其研发管理的主要特点包括:

① 重视技术成果的商品化。石油技术服务公司主要依靠技术服务占领市场,开发的技术推向市场才是最终目的。石油技术服务公司都将技术的商品化作为研发的重要组成部分,在项目的开始阶段就开始商业化推广的设计和计划。

② 强化多学科综合和协作。随着油公司对综合化服务需求的增加,许多技术开发和现场服务都是通过不同专业人员协作共同完成的。三大石油技术服务公司都建立了许多内部的多学科工作小组,协同进行技术开发,不同专业的技术中心协同开发的项目和产品也日益增多。

③ 研发项目以客户需求为导向,与客户保持密切合作。石油技术服务公司依靠客户才能生存,研发项目多数是根据客户的需求确定的。为了更好地服务于客户、及时响应客户需求,普遍采用与油公司结成联盟的方式,共同进行技术开发,与客户的联合大大加速了技术创新过程。

④ 用严格的产品开发流程对研发过程进行监控和指导。三大石油技术服务公司都建立了严格的研发管理机制,用标准化的项目设计和过程管理监控流程,这些措施使项目组人员和相关的配合人员明确各阶段的任务和目标,更有利于彼此配合,由此保证研发项目符合需求及项目开发的按时按质完成。

⑤ 用信息技术支持产品开发和知识共享。信息技术正在使传统技术改变面貌。研制各种传感器和仪器来采集井下信息(油气藏和井眼中的各种数据),传输到地面,提供给有关专家以方便他们的决策,可以帮助客户缩短决策周期,优化油气藏开发,从而获得很大的收益。所以三大石油技术服务公司都十分重视企业的信息化建设,不但建立了遍布全球的网络系统,还开发了大量的支持信息共享和实时决策的应用系统,保证技术开发的协作和知识共享,以及对市场需求的快速反应。

⑥ 重视人才培训和员工职业生涯计划。三大石油技术服务公司都十分重视员工培训,培训成为研发人员工作的重要组成部分。培训方式多种多样,有短期、长期、脱产、在职、在线培训和现场培训等。技术职业生涯设计为公司的技术人员明确了发展方向和自我发展目标。科研和管理双轨制确保了科研人员的积极性。

⑦ 技术人员的定期轮岗。技术专家与市场人员定期轮岗是技术密集型石油技术服务公司常用的方式。这样,一方面可以确保市场人员将公司的研发成果快速有效地推广应用到全球各个地区;另一方面,市场人员能够全面、准确地剖析和把握市场的发展动态,将有价值的信息反馈到研究中心,这样将新技术和产品与作业现场紧密结合,保证成果的高转化率和商业化率。

(3)研发投入。

自 20 世纪 80 年中期以来,几乎所有的大型石油公司都逐步减少了科技投入强度。这一趋势在美国的公司中尤为明显,而美国石油业的研发支出约占全球的 40%。国外大油公司研发投入强度仅为 0.3% ~ 0.6%,而石油技术服务公司研发投入强度为 2% ~ 6%,其油田服务部门的研发投入强度更大。

在经费来源上,埃克森美孚公司、BP 公司、斯伦贝谢公司和哈利伯顿公司的研发经费以总部拨款为主,只要项目通过论证,经费将有保障。而壳牌公司、贝克休斯公司的技术中心采取自主经营方式,按市场化运作方式申请项目和经费,其科研经费分别来自各作业公司或分公司拨款。

1.3.2.5 技术获取策略

(1)大油公司的技术获得方式。

油公司对石油技术服务公司的技术依赖性不断增强。对于油公司来说,注重的是技术综合应用和有效集成。其研发部门主要集中精力完成能快速提供解决方案的短期研究项目,油公司将一些长期的、基础研究项目和先进设备的研发以技术合作的形式交给石油技术服务公司和研发组织。其技术获取方式主要包括以下几种:

① 自主研发。大型油公司都在持续地进行一部分核心技术的研究,但目前的比例日益减少,通常占 10% ~ 20%。

② 雇佣有经验者。大油公司有时到石油技术服务公司挖掘雇佣人才,由此获得技术。而一些中小公司则从大油公司和石油技术服务公司挖掘人才。

③ 合作技术开发。许多高风险、投资大的项目或一些新兴技术开发通常采用业界联合开发的方式,油公司、石油技术服务公司、研究院所、大学等共同组成联合项目小组共同开发、共担风险、共享成果。为了使开发的技术能得到更好的应用,油公司需要派专门的人员跟踪技术的开发过程,消化理解技术。

④ 依靠石油技术服务公司。这是油公司最常用的技术获得方式。油公司有时也出资与石油技术服务公司联合进行技术开发,这样可以获得短期的技术垄断。合作开发时,油公司派技术人员进入项目组,跟踪项目进展,了解技术内幕,以全面了解技术的特点。为了使石油技术服务公司的技术能有效地为油公司服务,油公司的技术人员必须透彻了解石油技术服务公司的技术及使用范围,进行有效的质量监督。

⑤ 合作伙伴。通过与其他油公司联合开发项目,在合作中进行技术交换(通常是无形技术)是彼此学习和获得其他公司有益经验的理想途径。

(2)大型服务公司的技术获得方式。

① 自主研发。对一些中小投资规模的技术和公司的核心技术通常采用自主研发的方式。

②合作开发。对于一些高技术难度、较高投入的技术开发,石油技术服务公司之间常开展合作;对于一些综合性的、投资规模比较大的技术,通常采用与油公司合作开发的方式,如油藏动态监测;对于那些风险较大、投资大的新技术,常采用石油技术服务公司、油公司、大学或研究机构联合开发,如智能完井技术由壳牌公司、埃克森美孚公司、SLB 公司、HAL 公司、BHI 公司、Standford 公司合作开发。

③ 技术收购。为了减小风险,石油技术服务公司常收购一些拥有专项技术(该技术已有可见前景)的中小公司,这些中小公司的技术开发往往由风险投资公司资助开发。通过技术收购不但可以快速获得技术,减小风险,也可以快速地成为该领域的技术领先者。例如,斯伦贝谢公司十分关注所从事的每个技术领域中的中小公司的技术发展动向,如果某些方面的技术发展落后于上述中小公司,而这些技术又是公司的核心业务范畴,即采用收购方式直接获得技术,保持该领域的技术领先。

1.3.3 油公司与石油技术服务公司战略联盟的形成与发展

1.3.3.1 油公司与石油技术服务公司关系的演变

石油技术服务公司与油公司的关系大体经历了 3 个时期:

第一时期是在 20 世纪 30 年代以前,油公司同时从事勘探生产与工程技术服务。

第二个时期是 20 世纪 30 年代以来,随着专业化分工,工程技术服务业务从油公司分离出来,逐渐发展起一批独立的工程技术服务企业,油公司掌握着油气勘探生产的主体技术,石油技术服务公司按油公司的要求仅提供比较单一的技术服务,油公司与石油技术服务公司是甲乙方的合同关系。

第三时期是 20 世纪 80 年代中后期以来,由于勘探生产难度不断加大,经营风险不断增加,油公司注重新技术应用,集中研发核心技术,大量服务业务外包;石油技术服务公司不断加大技术开发力度,注重专业技术的集成应用,为满足油公司外包业务提供综合服务。在此基础上,20 世纪 90 年代中期以来,服务公司逐步为油公司提供一体化解决方案,两者相互协同,形成战略联盟的关系。

1.3.3.2　石油技术服务公司经营战略的演变

国外大型石油技术服务公司的发展大体经历了3个阶段,即单一专业技术服务阶段、综合技术服务阶段和提供解决方案服务阶段(表3)。

表3　国外大型石油技术服务公司的发展阶段

时间	发展阶段	创新的主要技术	服务领域	与油公司的关系
20世纪80年代中期之前	单一专业技术服务	领先的专业技术	单项工程技术服务	甲、乙方
20世纪80年代中期到90年代中期	综合技术服务	发展领先的专业技术;研发综合技术	从勘探开发到生产全过程技术服务	合作
20世纪90年代中期以后	提供解决方案服务	继续发展领先的专业技术;继续研发综合技术;发展石油软件、数据库、网络和数字油田等现代技术	为油气资源勘探、开发和工程等问题提供最佳解决方案服务	战略联盟

(1)单一专业技术服务阶段(20世纪80年代中期之前)——参与油气工程项目。

石油技术服务公司用专业技术,例如,斯伦贝谢公司的测井、哈里伯顿公司的油井作业、贝克休斯公司的钻井设备研制,按照甲乙方的关系,为油公司进行单项工程技术服务。

(2)综合技术服务阶段(20世纪80年代中期至90年代中期)——参与油气生产全过程。

1986年,国际油价降至10美元/bbl,世界石油工业开始进入低油价时期,石油公司进行战略调整,集中经营油气核心主业,剥离非核心业务机构,力求降低成本。石油技术服务公司抓住机遇,在继续发展原有领先的专业技术的同时,通过对其他专业公司的兼并、重组,向集团化、一体化发展,逐步形成综合性的大型石油技术服务公司,为油气工业提供从勘探开发直到生产的全过程服务,与石油公司建立了密切的合作关系。

(3)提供解决方案服务阶段(20世纪90年代中期以后)——参与油气资源开发利用。

在继续发展领先的专业技术和综合技术的同时,大力发展石油软件、数据库、网络和数字化油田等现代技术,为油气资源的勘探、开发和工程等问题提供最佳解决方案的服务。石油技术服务公司以它的现代技术综合运用为基础、提供油气资源开发利用最佳解决方案为手段,进入油公司的油气核心业务领域,参与提高油气资源的利用率。在这阶段,石油技术服务公司与油公司形成了战略联盟的关系。

1.3.3.3　油公司与石油技术服务公司关系的现状与趋势

伴随着油公司的研发工作和部分非核心业务向石油技术服务公司转移,石油技术服务公司的服务范围、经营领域、服务功能以及合同模式都出现了质的变化,并进而深刻地改变了油公司与专业石油技术服务公司的关系。石油技术服务公司的服务方式由单一的项目服务发展到综合服务、总包服务和与油公司结成"战略联盟"的方式提供一体化综合服务。这就是石油技术服务领域发生的第三次重大变革。

当前和今后一段时期,石油技术服务公司在适应油公司要求方面也更灵活,而油公司对它们的依靠程度更强、更信任。石油技术服务公司与油公司之间的关系不再是过去那种简单的甲乙方关系,而发展成为密切的合作伙伴与联盟关系。石油技术服务公司与油公司的合同关系,由日费制—进尺制—总包—鼓励性承包—合伙双赢(分成);石油技术服务公司从提供服务—项目管理—提供产品,发展到替油公司进行资产管理,参与油公司生产经营活动的程度越来越深。这种新的生产关系的出现改进了资源的利用效果,避免了重复工作,提高了项目(工程）的价值收益。也使油公司更能集中精力关注核心业务,石油技术服务公司更能充分发挥自己技术上的优势,而且石油技术服务公司主动承担了部分降低成本的责任,从而也得到了长期稳定的市场份额。

当今石油工业正向实时油藏优化方面发展,目的是使地下资源创造最大效益,降低成本,要实现这一目的,更加要求油公司与石油技术服务公司紧密合作,强强联合,结成联盟。油公司—石油技术服务公司联合进行油田开发,由于能够解决任何一方都不能单独处理的问题,实际上是为增强双方的资本实力创造了巨大的机会。

当前,石油技术服务公司的发展趋势是小的更专,大的更强。大型石油技术服务公司为了满足总承包的需要,在进行内部专业化重组的同时,不断兼并其他专业公司,完善其油田服务的专业职能,快速成长为涵盖井筒技术和地球物理技术的一体化综合服务集团,拥有多学科、多专业和一体化的服务能力,能为油公司提供一整套的勘探开发设计方案和总承包综合服务。

油公司则持续地进行资产的重组与置换,总体趋势是剥离非核心业务,集中精力做大做强主营业务,提高投资回报率,获取高额利润。油公司达到此目标的途径是依靠新技术、新工艺、优化方案来不断获得新的储量、提高产量与最终采收率、延长油田的生产寿命。然而,这些新工艺、新技术大多为石油技术服务公司所掌握,因此,油公司与石油技术服务公司之间必将存在密切的联系。大型综合性石油技术服务公司依据其自身的资本与技术优势,能够根据油公司的实际需求,为其提供解决方案、项目管理与监督等方面的服务,服务领域向更广更深的趋势发展,参与油公司的生产管理工作,主动承担部分责任,共同承担风险,最终实现利润分成。因此,油公司与石油技术服务公司拥有共同的目标,使双方能够自愿进行优势互补,形成强强联合的战略联盟,获取高额利润,达到双赢。

1.3.4 国外大石油公司和石油技术服务公司技术创新能力建设的主要做法

国外大石油公司技术创新能力建设着眼于以下几个方面:根据全球能源供需发展趋势确定公司业务战略及技术发展方向;把科技创新战略作为公司核心战略之一;强化资源的优化配置与使用;建立完善的技术创新组织体系;持续稳定的研发投入;严格规范的项目(技术)选择与评价;良性循环的研发运作过程;高素质的科技队伍和有效的激励机制。

(1)重视能源与技术的长远规划和发展。

国外石油公司的技术规划与发展方向符合公司业务战略的需要,公司的发展立足于对全球能源供需发展态势的正确判断,尤其重视对能源重大问题的研究与分析预测。未来能源发展趋势—公司业务战略—技术战略三者之间协调一致,是国外大石油公司创建百年基业的根本。如BP公司关注的未来重大技术包括:提高采收率、超深水作业、智能井、重油/油砂、油页岩、北极油气、煤层气、天然气水合物、生物燃料、氢生产、炼厂改质技术等。

(2)强化优势领域技术领先地位,发展特色核心技术,不断提升公司科技竞争力。

国外公司在重组浪潮中,注重研发力量的整合,技术创新能力得到进一步加强和巩固。注重源头创新,坚持有所为、有所不为,集中力量研发适合自身业务需要的特色技术和专有技术、或附加值高、或市场份额相对较大的技术领域。把拥有自主知识产权的核心技术作为保持和提升公司科技实力和竞争能力的重要手段。石油公司重在研发专有技术解决其核心业务问题,尤其是应用一些集成配套技术解决其不同地区、不同领域业务的生产技术需求。

埃克森公司的核心技术包括:四维地震、层序地层学、油藏模拟、三维可视化、深水技术和天然气技术等;BP公司的核心技术包括:地震成像技术、深水技术、天然气转化技术、信息技术与可视化技术、清洁燃料与新能源技术等;壳牌公司的核心技术包括:三维可视化、智能井、膨胀管、四维储层成像等技术。

(3)以第三代研发理念为指导,根据企业业务战略确定研发项目,研发运作进入良性循环。

第三代研发管理是以业务驱动研发活动,根据业务战略确定技术需求、选择研发项目,研发部门与业务部门紧密结合,高度互动,成为平等的伙伴关系。国外大公司应用第三代研发管理10余年,研发、生产、服务三者紧密结合,研发流程管理严密,商业化及时,研发运作过程实现良性循环,给公司带来了高额回报。

(4)积极开展对外合作,充分利用外部科技资源。

国外大石油公司在科技活动中广泛开展对外合作,积极加强油公司与油公司,油公司与石油技术服务公司、政府和非政府研究机构、著名大学的研究联盟,以增强自身的技术创新能力。油公司注重技术的实用性和商业化,将研发力量集中在核心技术的研发环节,将非核心技术外包,对中短期应用技术投入较多,对长期的创新性基础研究投入较少。

国外大石油公司技术获取方式包括自主创新和获取外部技术两种方式,两者比例大约是20%:80%。获取外部技术的方式包括技术监测、技术引进和消化吸收3种。技术引进途径主要有:兼并、研发战略联盟、购买许可证、直接引进技术、风险投资等;技术监测主要是竞争信息的采集、加工处理、管理、分析,竞争信息被称为继技术产品、营销、服务之后企业的第4核心竞争力。

(5)以严格规范的技术筛选流程选出最佳项目,通过自身技术能力评估提出技术发展与获取策略。

国外石油公司技术筛选的目的就是希望所有科技项目在总体上、在风险与回报、稳定与增长之间达到最优。其研发项目选择的主要标准包括:选择的项目和业务战略一致、能帮助企业盈利(投入产出最大化)、能增强公司的竞争力、具备足够可行性、项目风险分布合理。

在具体筛选过程中采用以下5个组合特征进行分析评估:成本—效益组合分析;风险—效益组合分析;项目种类—年度预算组合分析;竞争力影响—年度预算组合分析;项目周期—年度预算组合分析。

对筛选出的最优科研项目,要根据自身技术能力的评估来决定是自主研发,还是与外部联合、或直接购买引进。

(6)根据公司业务战略和技术需求建立完善的研发组织体系。

国外大石油公司根据企业业务战略和技术需求来进行研发机构的设置和优化配置,机构设置具有分层次、多中心、有侧重的特点,并普遍采取由总部集中管理和控制科研工作,在公司总部设立分管科技工作的副总裁,对公司的技术发展方向及科研工作进行统一协调管理。

(7)持续稳定的研发投入。

国外大石油公司持续稳定的研发投入体制为公司科技活动的有效开展奠定了良好的基础。国外大石油公司的研发投入强度一般为0.2%~0.6%,石油技术服务公司的研发投入强度可达5%左右。在经费来源上,埃克森美孚公司、BP公司、斯伦贝谢公司等以总部拨款为主,只要项目通过论证,经费就有保障。

(8)以人为本,为实现公司业务战略目标提供充足的技术人才保障。

国外大石油公司强调以人为本,全方位实施人才开发和利用战略。通过建立一套科学合理的研发人员考核和激励机制,做到人尽其才,才尽其用,注重研发人员的精神培育,实行人性化管理。

1990年,为落实UNDP援助西南石油大学的油井完井技术中心建设项目,我率团访问

UNDP 并由 UNDP 安排我们专门去纽约东北的斯仑贝谢公司 Doll 研发中心参观。Doll 研发中心有近 500 名员工，是从 BP 公司在全球各个公司中选拔出来的优秀科研人才，也有少数是从 BP 公司以外高薪聘请(挖掘其他公司的人才)。Doll 研发中心为了保证核心顶级人才能够集中精力致力于工作，采取了许多激励与保障措施，给我印象很深的有两条：一是夫妻双方只能有一人上班工作，而另一人不上班也照发工资，使上班的高级研究员能无后顾之忧，不必分心去管老人、孩子和家庭事务;二是给顶级研究员配备专职司机，不让顶级研究员开车，为的是防止在开车时因思考工作等事而分心，乃至发生车祸(国外的工作人员大多是自己开车，不聘请司机的)。国外大石油公司通过与其他公司或机构结成技术联盟，直接或间接利用公司外部的各类技术人才。

1.4 中国石油与国外大公司科技竞争力比较分析

通过对国内外竞争、竞争力、科技竞争力、科技创新能力等基本理论和方法的研究现状进行了广泛的调研，并结合石油企业的自身特点，建立一套适合石油企业科技竞争力评价与比较的指标体系和方法。在此基础上，我们将中国石油分别与国外油公司、石油技术服务公司进行了对比，找出中国石油在科技竞争力水平要素和能力要素的各个方面与国外石油公司和石油技术服务公司的差异和不足之处，以期找到提升中国石油科技竞争力的突破口。

1.4.1 中国石油与国外大油公司科技竞争力的对比分析

1.4.1.1 自主研发能力比较

(1)R&D 经费投入总量。

作为反映企业科技竞争力的一个重要指标，R&D 经费投入总额可以反映企业科研经费投入的规模状况。

中国石油集团公司的 R&D 投入总量与埃克森美孚公司相比仍有较大差距;中国石油股份公司的 R&D 投入总量规模与雪佛龙德士古公司接近，近年来已逐步超过雪佛龙德士古公司，但投入总量依然不及埃克森美孚公司的二分之一。从发展趋势上看，中国石油集团公司及股份公司的 R&D 投入逐年稳步增长，而雪佛龙德士古公司和埃克森美孚公司的 R&D 投入相对较为稳定。

(2)R&D 经费投入强度。

R&D 投入占总销售收入的比例反映了公司对科技投入的强度。

中国石油集团公司对研发活动比较重视。

(3)人均 R&D 投入。

结合表 4 的数据可以看到，包括中国石油在内的三家上市公司的人均 R&D 投入均呈逐年稳步上升的态势。

表 4　人均 R&D 投入状况表

公司名称		人均 R&D 投入(元人民币)				2003 年 R&D 人员人均 R&D 投入(万元人民币)	数据来源
		2000	2001	2002	2003		
中国石油	集团公司				3123	29.5	科技统计
	股份公司	3965	4487	4304	5779	27	公司年报
雪佛龙德士古公司		30459	31039	34515	38985	98.5	公司年报
埃克森美孚公司			50981	56465	58129	127.9	公司年报

同时,考虑到中国石油员工基数较大的缘故,使用员工人均 R&D 经费投入此项指标不能准确地反映公司 R&D 投入密度,我们考虑使用 R&D 人员人均 R&D 投入经费这项指标辅助反映石油企业人均 R&D 投入经费的情况。2003 年,埃克森美孚公司 R&D 人员人均 R&D 投入经费达到了 127.9 万元,雪佛龙德士古公司为 98.5 万元,而中国石油集团公司仅有 29.5 万元,中国石油股份公司为 27 万元,依然与埃克森美孚公司和雪佛龙德士古公司有较大差距。

(4)R&D 人员折合全时工作量。

结合表 5,与埃克森美孚公司、雪佛龙德士古公司相比,中国石油的 R&D 人员的总量规模很大,远远超出埃克森美孚公司和雪佛龙德士古公司,但是 R&D 人员占员工总数的比重较小,R&D 人员分布较为分散,R&D 人员的能力素质也相对不足。

表 5　R&D 人员状况表

公司名称		R&D 课题人员折合全时工作量			数据来源
		2001	2002	2003	
中国石油	集团公司	10382	10395	11961	科技网页
	股份公司		8764	8926	科技网页
雪佛龙德士古公司(R&D 人员总数)				2000	访谈
埃克森美孚公司(R&D 人员总数)				4000	访谈

(5)拥有发明专利权数。

无论是中国石油集团公司还是中国石油股份公司在发明专利授权方面,与埃克森美孚公司和雪佛龙德士古公司的差距非常显著,这个差距与长期以来知识产权意识淡薄,知识产权制度不完善有很大的关系。

(6)发明权专利年授权数。

中国石油股份公司的发明权专利的年授权数逐年增加,反映了公司对知识产权的重视程度逐渐提高,公司核心技术能力逐步得到增强。同时,差距依然显著。

结合上面指标的分析情况,以埃克森美孚公司作为目标公司,采用 R&D 投入经费总额、R&D 人员人均 R&D 经费、R&D 人员总数、R&D 人员比重、R&D 投入销售收入比、发明专利总数、年均发明专利授权数等 7 项指标作为油公司自主研发能力的对比分析指标,将中国石油集团公司、中国石油股份公司、雪佛龙德士古公司与之进行对比,可以得出如下认识:

(1)在 R&D 人力资源方面,中国石油在总量方面远远超过埃克森美孚公司和雪佛龙德士古公司,在强度方面则明显低于埃克森美孚公司和雪佛龙德士古公司。

作为衡量公司 R&D 人力资源总量指标的 R&D 人员总数,中国石油股份公司的 R&D 人员总数大约是雪佛龙德士古公司的 4.5 倍,埃克森美孚公司的 2.2 倍。而作为衡量公司 R&D 人力资源强度指标的 R&D 人员占员工总数的比重,也远远低于雪佛龙德士古公司的和埃克森美孚公司。中国石油股份公司 R&D 人员占员工总数比重分别是雪佛龙德士古公司、埃克森美孚公司的 54% 和 48%。

(2)在 R&D 经费方面,中国石油在 R&D 投入占销售收入比重方面远远超过埃克森美孚公司和雪佛龙德士古公司;在 R&D 经费投入总量方面已超过雪佛龙德士古公司,但仍低于埃克森美孚公司;人均 R&D 经费投入方面仍然明显低于埃克森美孚公司和雪佛龙德士古公司。

经费总量指标方面,作为衡量公司 R&D 投入总量规模指标的 R&D 投入总额,2003 年,中国石油股份公司超过了雪佛龙德士古公司,但仍不及埃克森美孚公司的一半。经费投入强度方面，中国石油的 R&D 投入强度远远高于雪佛龙德士古公司和埃克森美孚公司，中国石油股份公司的 R&D 投入强度分别是雪佛龙德士古公司和埃克森美孚公司的 4 倍和 3 倍。但在 R&D 人员人均 R&D 投入经费方面，雪佛龙德士古公司和埃克森美孚公司分别是中国石油股份公司的 3.6 倍和 4.7 倍。

(3)在发明专利方面，雪佛龙德士古公司和埃克森美孚公司拥有的发明专利数分别是中国石油股份公司的 5.5 倍和 27 倍。而中国石油(主要是股份公司)年发明专利授权数近几年快速增长，2004 年中国石油年发明专利授权数已超过雪佛龙德士古公司，但仍不及埃克森美孚公司的一半，而雪佛龙德士古公司和埃克森美孚公司的年发明专利授权数分别是中国石油股份公司 1.5 倍和 3.4 倍。

结合自主研发能力各项指标的对比及以上的雷达图，我们对各家公司的自主研发能力进行了一个对比如图 3 所示。

公司名称	R&D经费投入总量	R&D经费投入占销售收入比重	人均R&D投入	拥有发明专利权数	总值
中国石油	◑	●	○	○	10
埃克森美孚公司	●	◑	●	●	18
雪佛龙德士古公司	◑	◔	◕	◔	11

●5 ◕4 ◑3 ◔2 ○1

图 3 自主研发能力综合对比

结合以上的对比分析，对于中国石油的自主研发能力，归纳结论如下：

三家石油公司当中，埃克森美孚公司自主研发能力最强，中国石油股份公司最弱，雪佛龙德士古公司略强于中国石油股份公司。具体体现在：

随着中国石油技术创新战略的不断完善和明确，公司上下对 R&D 活动的重视程度不断增强，具体表现在：R&D 资金和人力投入的总体规模不断提高，R&D 投入销售收入比保持在较高水平；

雇员队伍庞大，R&D 人员比重偏低，体现在：人均 R&D 投入、R&D 人员人均 R&D 投入和 R&D 人员比重均很低；

R&D 投入分散，R&D 资源力量不够集中，体现在：资金投入总量高，占销售收入比重高，而人均值低；

专利基础薄弱，缺乏积累，总量差距显著；对知识产权逐渐重视，发明专利年授权数逐年上升，但是差距依然十分显著；

对未上市部分，工程技术服务板块的重视程度不够，需要进一步加强，这一点在 R&D 投入占销售收入比、人均 R&D 经费投入、R&D 人员占员工比重等方面均有所体现。

1.4.1.2 科技管理水平比较

(1)科技管理体制。

近年来，中国石油天然气股份(有限)公司的科技管理水平有了大幅提高，与埃克森美孚公司、雪佛龙德士古公司在科技管理方面有着许多相似之处，主要表现在：

① 创新决策体系层次相似,由决策层、执行管理层、研发执行层组成的3级决策体系;

② 根据研究领域进行研发机构设置;

③ 下游研发机构呈现多中心分布;

④ 激励方式采用精神激励与物质激励相结合的形式;

⑤ 采用了建立研发战略联盟的技术获取方式。

尽管近年来,中国石油天然气股份(有限)公司的科技管理水平有了大幅提高,但与埃克森美孚公司、雪佛龙德士古公司相比,仍存在一些不足之处,具体体现在:

① 创新战略与公司战略的匹配性较差;

② 研发机构分散,缺少整体战略布局和协调,存在较为严重的低水平重复;

③ 下游研发机构"小而全",研究方向不明确,没有侧重点;

④ 缺乏公平、有效的激励机制;

⑤ 缺乏科学、完善的项目管理体制。

(2)外部技术获取能力。

能否有效利用全球科技资源,成为影响一个国家、产业、企业竞争力和经济增长状况的重要因素。除了自主研发以外,还可以通过更多方式获得外部技术资源,包括利用跨国投资引进技术、收购兼并拥有核心技术的海外企业、在海外建立研发中心、建立技术开发联盟、委托第三方专业研发和设计机构进行技术开发等。

近些年来,中国石油天然气股份(有限)公司十分注重引进外部先进技术,并取得了一些较好的成果,但与埃克森美孚公司和雪佛龙德士古公司等国外大油公司相比,还存在着一些不足:

① 公司外部监测资源的利用上还有待于进一步加强;

② 注重硬件技术的引进,忽略技术人才的引进;

③ 对技术消化吸收的重视不够;

④ 对技术获取策略缺乏全面、系统的考虑。

(3)持续发展能力。

与埃克森美孚公司和雪佛龙德士古公司相比,中国石油天然气股份(有限)公司在持续发展能力方面仍存在着一些不足,主要表现在:

① 技术培训的方式和内容的多样性和合理性需进一步提高;

② 信息网络支持能力有了长足的进步,但仍有较大的差距;

③ 知识产权仍缺乏系统、全方位的管理。

1.4.1.3 认识与建议

中国石油天然气集团公司与埃克森美孚公司、雪佛龙德士古公司科技竞争力的差距主要表现在自主创新能力薄弱,软性科技竞争力上也有不足,在R&D经费投入、发明专利年授权数、单位经费发明专利授权数、单位R&D人员发明专利年授权数、知识产权保护、总体战略和具体策略的匹配等多个方面与它们有较大差距。

从表6可以看出,中国石油年科研投入是埃克森美孚公司的1/2左右,是雪佛龙德士古公司的15倍左右;发明专利年授权数是埃克森美孚公司的1/5左右,是雪佛龙德士古公司的1/2左右;每亿元经费发明专利授权数是埃克森美孚公司的1/3左右,是雪佛龙德士古公司的

1/4 左右;发明专利成本是埃克森美孚公司的 3 倍左右,是雪佛龙德士古公司的 3.5 倍左右;每百位 R&D 人员发明专利年授权数是埃克森美孚公司的 1/15 左右,是雪佛龙德士古公司的 1/12 左右。如果单纯从中国石油股份公司的角度来讲,这几个方面的差距更大。这也说明了中国石油的自主创新能力与国外大公司相比,存在很大的差距。另外,我们的发明专利成本是国外两大公司的 3 倍以上,说明我们的研发经济效益较差。

表 6　中国石油与埃克森美孚公司和雪佛龙德士古公司的比较(采用 2001—2003 三年平均值)

公司名称	R&D 经费年投入额(亿元)	发明专利年度授权数(件)	每亿元经费发明专利授权数(件)	发明专利成本—每件发明专利所占经费(万元)	R&D 人数(人)	每百位 R&D 人员发明专利年授权数(件)
中国石油	29.24	60	2.05	4873.3	10913	0.55
集团公司	8.86	43	4.85	2060.5	2068	2.08
股份公司	20.38	16.67	0.82	12225.6	8845	0.19
埃克森美孚公司	51.10	324	6.34	1577.2	4000	8.10
雪佛龙德士古公司	18.43	134.67	7.31	1368.5	2000	6.73
项目	R&D 经费年投入额(%)	发明专利年度授权数(%)	每亿元经费发明专利授权数(%)	发明专利成本—每件发明专利所占经费(%)	R&D 人数(%)	每百位 R&D 人员发明专利年授权数(%)
中国石油占埃克森美孚公司的比例	57.22	18.52	32.33	308.98	272.8	6.79
中国石油占雪佛龙德士古公司的比例	158.65	44.55	28.04	356.11	545.6	8.17
中国石油股份公司占埃克森美孚公司的比例	39.88	5.15	12.93	775.15	221.1	2.35
中国石油股份公司占雪佛龙德士古公司的比例	110.58	12.38	11.22	893.36	442.3	2.82

但是,从发展来看,中国石油的科技创新能力在迅速提高。2004 年,中国石油的专利授权数比 2003 年增长了 68%,其中,股份公司比 2003 年增长了 128%。

通过上述分析,结合表 7,提出如下几点建议:

(1)中国石油的科技经费投入(含人头费)只占埃克森美孚公司 R&D 投入的一半左右,因此还需加大 R&D 投入力度。

(2)在科技创新中,要把提升我们的自主创新能力摆在首位,这是缩小与国外石油公司科技实力的关键。

(3)在研发过程中,要注重提高研发的经济效益,降低研发成本。

(4)要加强研发队伍建设,提高研发人员素质和水平,特别是研发人员的科技创新能力。

(5)加强研发管理,特别是知识产权管理。

(6)要加强科技资源的整合与优化配置,使我们庞大的科研队伍充分发挥整体合力,形成合理分工、各有侧重、有序协作的技术创新体系。

表 7　中国石油与国外两大石油公司科技竞争力对比

项目		集团公司	股份公司	埃克森美孚公司	雪佛龙德士古公司
自主研发能力	R&D 经费投入总量（亿元）	35.29	24.11	51.15	19.7
	R&D 经费占销售收入比例（%）	0.74	0.79	0.26	0.2
	R&D 人数（人）	11961	8926	4000	2000
	R&D 人员比重（人）	1.06	2.14	4.5	3.95
	人均 R&D 投入（元）	3123	5779	58129	38985
	R&D 人员人均 R&D 投入（万元）	29.5	27	127.9	98.5
	拥有发明专利权数量（2004年）（件）	555	458	12413	2532
	发明专利成本—每件发明专利所占经费（万元）	4873.3	12225.6	1577.2	1368.5
科技管理水平		(1)项目和业务驱动； (2)创新战略与公司战略的匹配性较差； (3)研发机构分散，缺少整体战略布局和协调，存在较严重的低水平重复； (4)下游研发机构"小而全"，研究方向不明确，没有侧重点； (5)缺乏公平、有效的激励机制和科学、完善的项目管理体制		战略业务驱动	
外部技术获取能力		(1)对技术获取策略缺乏全面、系统的考虑； (2)注重硬件技术引进，忽略技术人才引进； (3)对技术消化吸收的重视不够； (4)公司外部研发资源的利用有待加强； (5)没有海外研究中心		(1)技术获取方式多样化； (2)充分利用外部资源，在全球设立多个研究中心	
持续发展能力		(1)技术培训的方式和内容的多样性和合理性需进一步提高； (2)信息网络支持能力仍有较大的差距知识产权保护能力薄弱。		(1)知识产权保护制度化，完善的知识共享体系； (2)完善的技术培训整体规划； (3)全球信息网络支持	

1.4.2　中国石油与国外大型石油技术服务公司科技竞争力的对比分析

1.4.2.1　自主研发能力比较

（1）R&D 经费投入总量。

作为反映企业科技竞争力的一个重要指标，R&D 经费投入总额可以反映企业科研经费投入的规模状况。

结合图 4 可以看到，从规模上看，中国石油集团公司的 R&D 投入总量明显高于哈里伯和贝克休斯公司，但与斯伦贝谢公司相比仍有较大差距；而以工程技术服务为主的中国石油未上市部分的 R&D 投入总量规模逐步接近贝克休斯公司，低于哈里伯顿公司，远低于斯伦贝谢公司,仅仅接近斯伦贝谢公司投入总量的1/4。R&D投入总量的差距悬殊,是造成中国石油工程技术服务板块技术能力相对薄弱的一个重要原因。

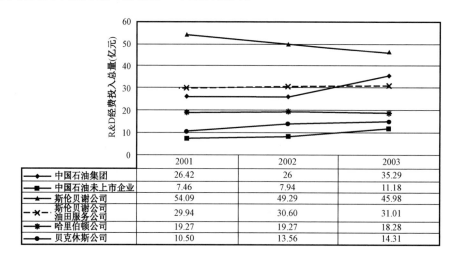

	2001	2002	2003
中国石油集团	26.42	26	35.29
中国石油未上市企业	7.46	7.94	11.18
斯伦贝谢公司	54.09	49.29	45.98
斯伦贝谢公司油田服务公司	29.94	30.60	31.01
哈里伯顿公司	19.27	19.27	18.28
贝克休斯公司	10.50	13.56	14.31

图4 R&D经费投入总量比较

从发展趋势上看,中国石油的R&D投入逐年稳步增长。斯伦贝谢公司总体的研发投入呈逐年下降趋势,但是其油田服务部分的研发投入却呈逐年稳定上升趋势。

(2)R&D经费投入占销售收入比重。

根据各公司年报数据,2003年斯伦贝谢公司、哈里伯顿公司和贝克休斯公司的R&D经费投入强度均远高于中国石油集团及其未上市企业,哈里伯顿公司、贝克休斯公司及斯伦贝谢公司的此项比例分别是中国石油未上市企业的2倍、5倍和6倍,差距十分显著。这同样表明了中国石油集团未上市部分研发经费投入严重不足。

结合国外油公司数据和图5可以得出,斯伦贝谢等著名的国外石油工程技术服务公司的R&D投入占总销售收入比通常达到了2%～6%,远远高于油公司的不到1%的比例,这说明工程技术对科技投入的要求更高。然而中国石油集团以工程技术服务为主的未上市部分对研发投入严重不足,无论是总体规模还是强度均远远低于斯伦贝谢公司、哈里伯顿公司和贝克休斯公司。工程技术服务板块的R&D投入强度甚至低于以勘探、炼化板块为主的中国石油股份公司。

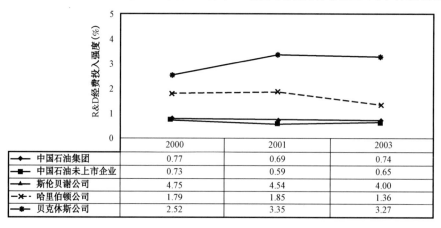

	2000	2001	2003
中国石油集团	0.77	0.69	0.74
中国石油未上市企业	0.73	0.59	0.65
斯伦贝谢公司	4.75	4.54	4.00
哈里伯顿公司	1.79	1.85	1.36
贝克休斯公司	2.52	3.35	3.27

图5 R&D经费投入强度比较

（3）人均 R&D 投入。

中国石油集团及其未上市企业与国外三大技术服务公司差距非常悬殊,一方面是由于中国石油集团及其未上市企业的员工队伍庞大,分别达到了 113 万和 71 万人,另外同中国石油集团及其未上市企业 R&D 投入总量不足,研发机构臃肿也有很大关系。

考虑到中国石油员工基数较大的缘故,使用员工人均 R&D 经费投入此项指标不能准确地反映公司 R&D 投入密度,我们同时考虑使用 R&D 人员人均 R&D 投入经费这项指标辅助反映人均 R&D 投入经费的情况。斯伦贝谢公司和贝克休斯公司此项指标远远高于(高 5 ~ 10 倍)中国石油集团及其未上市企业。此项指标反映的悬殊差距,更说明了中国石油集团 R&D 投入总量的不足以及研发机构臃肿是造成人均费用过低的最主要的原因。

（4）R&D 人员折合全时工作量。

结合表8与斯伦贝谢公司、哈里伯顿公司和贝克休斯公司相比,中国石油集团及其未上市企业的 R&D 人员总量规模很大,远远超出国外的三大技术服务公司,但是,R&D 人员占员工总数的比重较小,R&D 人员分布较为分散,R&D 人员的能力素质也相对不足。

表8　2003 年 R&D 人员状况

项目/名称	斯伦贝谢公司	哈里伯顿公司	贝克休斯公司	中国石油集团	中国石油未上市企业
研发人数(人)	2800	430	1500	11961	3035
雇员数(人)	52000	101381	26700	1130000	710000
研发人员占比例(%)	5.4	0.4	5.6	1.06	0.43

（5）拥有发明专利权数。

拥有专利的多少,尤其是发明专利权的多少,是反映企业科技竞争力强弱的一个重要指标。专利核心技术是服务公司抢占市场的关键要素。结合表9可以看到,无论是中国石油集团公司还是其未上市企业在发明专利授权方面,与三大石油技术服务公司的差距非常显著,这个差距与长期以来知识产权意识淡薄,知识产权制度不完善有很大的关系。

表9　2004 年各公司拥有发明专利权状况

公司名称	发明专利权数(件)
中国石油集团	555
中国石油未上市企业	418
斯伦贝谢公司	4521
哈里伯顿公司	3392
贝克休斯公司	2355

注:斯伦贝谢公司、哈里伯顿公司、贝克休斯公司均为截至 2005 年 3 月;由于 1999 年前中国石油集团公司和股份公司尚未分开,因此 1999 年前的专利数据视为两家共有。

（6）发明权专利年授权数。

结合图6的数据可以看到,中国石油发明权专利的年授权数逐年增加,反映了公司对知识产权的重视程度逐渐提高,公司核心技术能力也逐步得到增强。但是,作为对技术能力要求较高的未上市企业进步缓慢,发明专利年授权数仅 40 件左右,重视程度不够。

与三大石油技术服务公司相比,差距更加显著,斯伦贝谢公司和哈里伯顿公司的年授权数为中国石油集团的2倍,中国石油未上市企业的6倍。

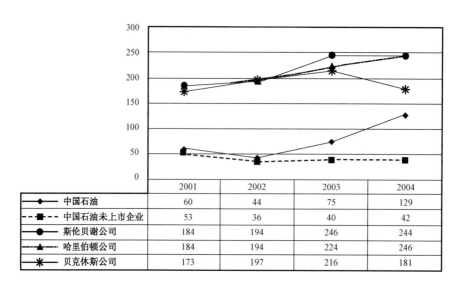

	2001	2002	2003	2004
◆ 中国石油	60	44	75	129
■ 中国石油未上市企业	53	36	40	42
● 斯伦贝谢公司	184	194	246	244
▲ 哈里伯顿公司	184	194	224	246
＊ 贝克休斯公司	173	197	216	181

图6 各公司发明权专利年授权数状况

图7和8反映了中国石油集团及其未上市企业2000—2004年的发明权专利和实用新型专利的授权情况。自2002年以来,中国石油集团的发明权专利年授权数逐年大幅上升,而中国石油未上市企业的发明权授权数5年来在低位徘徊,甚至略有下降。结合前面的R&D经费和人力投入方面的情况,可以看到,中国石油对未上市部分科技研发活动的重视程度不够,科研财力、人力投入和知识产权产出均止步不前。

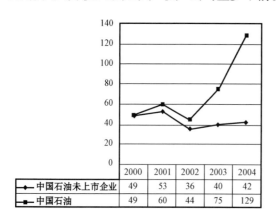

	2000	2001	2002	2003	2004
◆ 中国石油未上市企业	49	53	36	40	42
■ 中国石油	49	60	44	75	129

图7 2000—2004年发明专利权情况

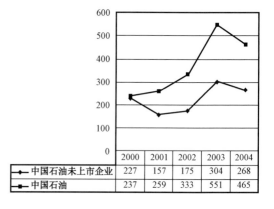

	2000	2001	2002	2003	2004
◆ 中国石油未上市企业	227	157	175	304	268
■ 中国石油	237	259	333	551	465

图8 2000—2004年实用新型专利情况

结合上面各项指标的分析情况,以斯伦贝谢公司为参照基准,将斯伦贝谢公司的各项数据设为基准值100。采用R&D投入经费总额、R&D人员人均R&D经费、人均R&D经费、R&D人员总数、R&D人员比重、R&D投入销售收入比、发明专利总数等8项指标作为石油技术服务公司自主研发能力比较的定量分析指标,并将中国石油集团及其未上市企业、哈里伯顿公司、贝克休斯公司与斯伦贝谢公司进行了对比,作雷达图如图9所示。

结合上面8项指标各自的对比图,图9以及表10,我们可以得出如下认识:

(1)在R&D人力资源方面,中国石油及其未上市企业在总量方面超过斯伦贝谢公司、哈里伯顿公司和贝克休斯公司,R&D人员的比重则明显低于斯伦贝谢公司和贝克休斯公司。

(2)在R&D经费方面,中国石油及其未上市企业在R&D投入占销售收入比重方面均低

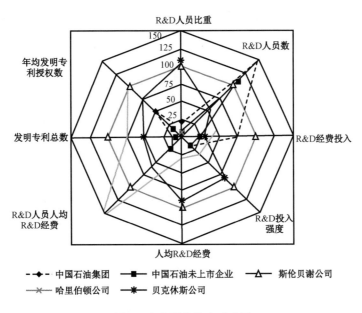

图9　自主研发能力对比图

于三大石油技术服务公司,其中同斯伦贝谢公司、贝克休斯公司差距显著;在 R&D 经费投入总量方面以工程技术为主的未上市企业也低于三大技术服务公司;人均 R&D 经费投入和 R&D 人员人均 R&D 经费投入方面均明显低于三大石油技术服务公司。

（3）在发明专利方面,中国石油集团及其未上市企业由于基础较为薄弱,拥有发明专利总数和发明专利年授权数均低于三大石油技术服务公司,差距明显。

表10　2003 年各公司自主研发能力情况

项目	中国石油集团	中国石油未上市企业	斯伦贝谢公司	哈里伯顿公司	贝克休斯公司
R&D 人员比重(%)	1.06	0.43	5.4	0.4	5.6
R&D 人员数(人)	11961	3035	2800	430	1500
R&D 经费投入(亿元)	35.29	11.18	45.98	18.28	14.31
R&D 投入强度(%)	0.74	0.65	4.00	1.36	3.2
人均 R&D 经费(元)	3123	1575	59716	18024	53585
R&D 人员人均 R&D 经费(万元)	30	37	164	425	95
发明专利总数（2004 年）(件)	555	418	4521	3392	2355
发明专利年授权数（件）	129	42	244	246	181

结合以上的对比分析,归纳结论如下:

斯伦贝谢公司自主研发能力最强,中国石油集团未上市企业自主研发能力最弱,且远远低于斯伦贝谢公司和贝克休斯公司,略低于哈里伯顿公司。在 R&D 资金投入的总体规模,占销售收入的比重,人均投入的强度、发明专利权总量等多个方面差距很大。具体表现在:

（1）随着中国石油技术创新战略的不断完善和明确,中国石油集团公司上下对 R&D 活动的重视程度不断增强,具体表现在:R&D 资金投入的总体规模、发明专利年授权数不断提高。

(2)以工程技术服务板块为主的未上市企业对研发的重视程度不够,需要进一步加强。除 R&D 人员总数以外,中国石油集团未上市企业的 R&D 投入总额、R&D 投入占销售收入比、人均 R&D 经费投入、R&D 人员占员工比重等其他指标均明显低于三大石油技术服务公司。

(3)雇员队伍庞大,R&D 机构人员臃肿,研发人员水平与素质相对较低,体现在:人均 R&D 投入、R&D 人员人均 R&D 投入、R&D 人员比重以及博硕士比重均很低。

(4)专利基础薄弱,缺乏积累,总量差距显著;中国石油集团对知识产权逐渐重视,发明专利年授权数逐年上升,但是差距依然十分显著;未上市企业对知识产权重视程度不够,发明专利年授权数低位徘徊,与三大石油技术服务公司差距悬殊。

1.4.2.2 科技管理水平比较

(1)科技管理体制。

随着现代企业制度的逐步建立与完善,中国石油集团的科技管理能力与三大石油技术服务公司相比尚存在很大差距,造成这些差距的原因也是制约中国石油提升竞争力的根本因素。目前,这些差距主要体现在:中国石油集团科研机构较为庞大,冗员较多。在用人方面,还没有以全新的管理理念,营造一个优良、自立、宽松的工作环境,使研发人员能愉快地工作,最大程度地发挥其才智,真正从实处做到待遇留人,事业留人,环境留人,感情留人。在科研项目的组织管理上,研究的超前性和持续性还不够,尤其是一些事关整个公司长远发展的基础性研究领域;同时,对于一些有价值的技术成果转化困难,相当部分的技术研发成果仅停留在半成熟阶段,没有在生产上实现、利用。

(2)外部技术获取能力。

尽管中国石油比较注重对国外先进技术的学习和利用,并拥有了一定的国外技术获取能力,但与三大石油技术服务公司所不同的是,由于起步较晚,基础较差,中国石油的工程技术及其技术创新实力相对较低。同时,在外部技术获取的方式和手段方面与三大石油技术服务公司相比还比较单一,尚未充分利用兼并、建立战略联盟等方式。从引进技术的构成来看,硬件比重偏高,软件技术较低,从而阻碍了中国石油对引进技术的消化创新。另一方面,在外部技术引进的过程中,中国石油对引进技术的消化吸收还不够重视,在消化吸收方面的投入还不足,使得消化吸收能力不强,缺乏对引进技术的系统集成、综合创新。

(3)持续发展能力。

由于长期以来,中国石油集团实行的是分散的管理体制,与三大石油技术服务公司相比,在技术研发与科技创新上没有形成一套强大而健全的机制,使公司持续发展能力的发展受到了极大的制约。在实践中,中国石油对知识产权管理的重视程度、投入力度和培训,效果上都还与三大石油技术服务公司存在较大的差距,并暴露出一些深层次的体制性的问题。在技术培训和信息网络支持方面尽管近年来在提升中油集团科技持续发展能力方面正逐步发挥着积极的作用,但在培训的目标、方式、投入力度以及网络运行管理的水平等方面还须进一步完善。

1.4.2.3 认识与建议

中国石油集团公司与斯伦贝谢公司、哈里伯顿公司和贝克休斯公司三大石油技术服务公司相比,科技竞争力的差距主要体现在自主创新能力薄弱,知识产权保护意识淡薄,科学管理水平偏低。具体体现在 R&D 经费投入、R&D 经费投入占销售收入比重、人均投入 R&D 经费、发明专利授权总数、发明专利年授权数、总体战略和局部策略的匹配性、知识产权保护等多个方面(图9及表11)。

表11　中国石油与三大石油技术服务公司科技竞争力对比

<table>
<tr><th colspan="2">项目</th><th>中国石油集团</th><th>中国石油未上市企业</th><th>斯伦贝谢公司</th><th>哈里伯顿公司</th><th>贝克休斯公司</th></tr>
<tr><td rowspan="8">自主开发能力</td><td>R&D 人员比重
(%)</td><td>1.06</td><td>0.43</td><td>5.4</td><td>0.4</td><td>5.6</td></tr>
<tr><td>R&D 人员数
(人)</td><td>11961</td><td>3035</td><td>2800</td><td>430</td><td>1500</td></tr>
<tr><td>R&D 经费投入
(亿元)</td><td>35.29</td><td>11.18</td><td>45.98</td><td>18.28</td><td>14.31</td></tr>
<tr><td>R&D 投入强度
(%)</td><td>0.74</td><td>0.65</td><td>4.00</td><td>1.36</td><td>3.2</td></tr>
<tr><td>人均 R&D 经费
(元)</td><td>3123</td><td>1575</td><td>59716</td><td>18024</td><td>53585</td></tr>
<tr><td>R&D 人员人均
R&D 经费(万元)</td><td>30</td><td>37</td><td>164</td><td>425</td><td>95</td></tr>
<tr><td>发明专利总数
(2004 年)(件)</td><td>555</td><td>418</td><td>4521</td><td>3392</td><td>2355</td></tr>
<tr><td>发明专利
年授权数(件)</td><td>129</td><td>42</td><td>244</td><td>246</td><td>181</td></tr>
<tr><td colspan="2">科技管理水平</td><td colspan="2">(1)项目和业务驱动创新战略与公司战略的匹配性较差;
(2)研发机构分散,缺少整体战略布局和协调,存在较严重低水平重复;
(3)缺乏公平、有效的激励机制和科学、完善的项目管理体制</td><td colspan="3">战略业务驱动</td></tr>
<tr><td colspan="2">外部技术获取能力</td><td colspan="2">(1)技术获取策略缺乏全面、系统考虑,外部研发资源利用有待加强;
(2)注重硬件技术的引进,忽略技术人才的引进;
(3)对技术消化吸收的重视不够</td><td colspan="3">(1)技术获取方式多样化;
(2)充分利用外部资源,在全球设立多个研究中心</td></tr>
<tr><td colspan="2">持续发展能力</td><td colspan="2">(1)技术培训的方式和内容的多样性和合理性需进一步提高;
(2)信息网络支持能力仍有较大的差距知识产权保护能力薄弱</td><td colspan="3">(1)知识产权保护制度化,完善的知识共享体系;
(2)完善的技术培训整体规划;
(3)全球信息网络支持</td></tr>
</table>

1.5　加强中国石油集团技术创新能力建设的若干建议

通过对石油专业技术发展特点的研究、中国石油集团与国外公司核心技术与科技竞争力的对比分析以及对国外大油公司和服务公司技术创新战略与管理的分析,我们得到了一些初步的认识,并由此形成了关于提升中国石油集团技术创新能力的几点建议,具体如下:

(1)遵循技术的发展规律。

每种专业技术都有自己的发展轨迹,每项技术和产品都有其生命周期(萌芽、成长、成熟、衰退)。中国石油集团在制订科研计划时,需要首先明确该技术在整个技术生命周期中所处的位置。对位于生命周期不同阶段的技术需要采用不同的技术投入和技术获取方式,制订不同的技术研发策略。

对于萌芽期的技术,尽量采取自主创新方式,也可以采用合作研发或技术跟踪的方式,密切关注技术的走势和发展;对于成长期的技术可以采用多种方式(如自主研发、合作研发、技术收购等)进行技术开发;而对于处于成熟期的技术,最好采用合作、收购等方式快速获得技术,如果仍采用自主研发的方式,待自主研发的产品终于商业化时,往往已处于技术的衰退期,技术的回报率接近为零。目前,石油行业的产品生命周期平均为12年,物探、测井的技术的周期大约10年,钻井与开发专业的技术周期较长,可达20年。随着技术的进步,技术更新周期呈现不断缩短的趋势。

(2)强化自主创新的主导地位,加强引进技术的消化吸收和再创新。

通过与国外公司科技竞争力的对比可以看到,中国石油集团的自主创新能力薄弱,与国外同行的差距大,尚不能满足集团公司发展战略的要求。加入WTO以前,中国石油集团从国外引进大量装备和技术,使得我们很快跟上国外的技术水平,但由于对引进技术未能很好消化、吸收,我们的自主创新能力没能同步提高。

面对日益严酷的国际竞争,中国石油集团应该以国外先进的研发理念为指导,推动业务驱动的研发管理理念,强化自主创新的主导作用,大力发展具有自主知识产权的核心技术,通过加强对引进技术的消化、吸收和再创新,尽快提高我们的自主创新能力。

(3)适时采用技术跟进策略。

通过对三大石油技术服务公司技术发展历程的解剖可以看到,在许多技术或产品线上,哈里伯顿公司和贝克休斯公司采取了技术跟进策略。以测井产品线为例,斯伦贝谢公司是测井技术的领头羊,哈里伯顿公司和贝克休斯公司基本上在斯伦贝谢公司推出一项新产品的1~3年内再推出自己的同类产品。中国石油集团技术服务的技术实力不如三大石油技术服务公司,建议也可以在部分产品和技术上采取技术跟进战略,但技术滞后时间不能太长,因为每项技术都有其生命周期,例如,测井技术周期一般为10年,所以测井产品推向市场的滞后期最好不要超过5年。

(4)拓宽技术获取渠道。

在知识经济条件下,企业研发所需要的技术和经济资源往往超过单个企业和集团的能力范围,需要充分发挥配合与协作效应。研发环节的全球化使得原来分散的多企业研发优势得以优化重组,加快研发节奏的同时,降低研发成本,实现资源共享、平台共享。目前已进入一个技术全球化、竞争全球化的技术环境时代。中国石油集团的发展目标是成为具有国际竞争力的跨国企业集团,因此,研发工作也要逐步全球化,充分利用全球的技术和人力资源。

石油工业之外进行的一系列研究,对石油技术的发展具有相当大的借鉴和促进作用。许多创新概念出自一些国家科研机构和大学,不断寻求与他们的合作对中国石油集团十分有益。这种合作有助于发展新概念及新一代开创性技术,有助于形成科技创新的整体合力。通常外部研究机构和大学也愿意与企业合作开发新技术和新仪器。合作不仅局限于国内,加速国外科技合作基地建设、积极开展国际科技合作项目也是我们发展技术的有效方式。

国外的油公司和石油技术服务公司进行技术开发时,通常采用多种技术获取策略。大油公司通常的技术获取方式有:自主研发、雇佣有经验者、合作开发、依靠石油技术服务公司、战略联盟(合作伙伴)等。石油技术服务公司除了进行自主研发外,频繁地采用技术收购、公司兼并等方式获得技术,或者参与业界合作项目。中国石油集团要改变以往技术获取方式相对单一的弊病,努力拓展技术获取渠道。在自主研发的基础上,积极采取合作开发、技术收购、战略联盟、竞争情报的收集、分析、研究等多种方式获取技术,此外掌握 Know – How 的技术人员的流入也是技术获取的极佳渠道。通常,对于熟悉的技术和市场需求,自主研发比较好;对于比较新的或不太熟悉的技术和市场,合作或收购比较好;对于比较陌生而又有前景的技术和市场需求,需要运用收购、风险投资或挖掘相关专业人才等形式。

(5)延伸科技管理链条、强化门界管理。

国外大公司的科技管理通常包括从基础研究、技术开发到产业化的全过程,且在产品开发的各阶段之间设立严格的门界,审定该研究项目能否进入下一阶段。严格的门界管理有利于将没有价值或前景的项目及时过滤中止,集中资源开发核心和重要的技术。产业化是公司研发工作的最终目标,科技管理只有延伸到产品的商业化阶段才能有效地促进研发工作实现其最终目的,加速技术的产业化。目前,集团公司的研发管理通常只到项目验收,终结于技术产品开发的一个阶段,而非技术开发的全过程管理,这导致研发过程与产业化推广脱节。中国石油集团需要设计一套标准的全过程的科技管理流程,建立门界管理标准,保证资金、人员的高效利用和技术的快速产业化。

(6)加强科技投入强度。

中国石油集团的科研投入(含人头费)只占埃克森美孚公司 R&D 投入的一半左右,尤其是在 R&D 人员人均 R&D 投入经费方面,中国石油集团只是雪佛龙公司和埃克森美孚公司的 $1/3 \sim 1/4$;并且,中国石油集团未上市的工程技术服务部分与国外三大石油技术服务公司相比,无论是 R&D 投入总量与研发投入强度,还是 R&D 人员人均 R&D 投入都差距悬殊,这也是造成中国石油集团工程技术服务板块技术能力相对薄弱的一个重要原因。因此,必须加大科技投入的强度和力度,以突破制约集团公司主营业务发展的关键技术问题,培育具有自主知识产权的特色技术和核心技术。

(7)突出核心业务。

随着近年来大型跨国石油集团和石油技术服务公司的市场和技术垄断日趋明显,为维持其垄断地位,他们都在以自有技术为基础,开发与主业密切相关的技术,力争获得主业的技术垄断(同时配合技术收购)。技术垄断后,利用高额的技术转让费可以降低对手的竞争力。例如,BP 公司退出了邻苯二甲酸和邻苯二甲酸酯市场,剥离了工程聚合物和碳纤维业务,以芳香烃、烯烃及相关产品作为核心领域,使其醋酸、丙烯腈、芳香烃、精对苯二甲酸、烯烃、精间苯二甲酸和聚烯烃 7 种石化产品拥有在全球范围内的先进技术和市场优势。道本化学公司依靠专有的环氧丙烷生产技术,在全球范围内建设生产装置,其他公司需要支付非常昂贵的技术转让费才能获得该技术,道本化学公司依靠该技术的垄断削弱了其他公司的竞争力。

由于各公司发展战略的差异、技术水平和结构不同,对技术发展目标及优先次序都会有所不同。中国石油集团应遵循公司战略和技术发展的内在规律,以非平衡的发展思路,确定技术发展计划,明确技术发展的优先次序与突破口。技术发展要有所为、有所不为,研发资源集中服务于核心业务。可以参照国际的流行做法,将一些非核心业务外包。

(8)重视技术集成创新。

国外油公司和石油技术服务公司非常重视技术的集成配套应用,他们注重发挥综合优势,强化系统意识,重视技术链的每一个环节,通过成熟技术的集成和配套,同样为高效开发利用油气资源创造了有利条件。集成创新是科学技术向前发展的重要形式,我们也要重视集成创新,使各种技术有机融合,提高科技研发活动的效率。

技术的集成配套包括两个方面:首先是同一专业内的技术集成,例如,近年来推出的测井快测平台系统,就是把一些常规仪器集成在一个系统内,大大提高了测井效率;其次是不同专业技术的衔接和集成,如近几年斯伦贝谢公司正专门针对海相碳酸盐油气藏的勘探开发,研究配套的地震、测井、钻井和开发方案。

中国石油集团在今后的技术发展中,应针对一些重点勘探目标和勘探领域,组织多领域、多学科人才,协同进行技术攻关和集成配套,开发具有战略意义的综合配套技术,形成中国石油集团的专有技术系列,增强核心竞争力。同时,也要重视各专业领域内技术的集成应用,使一些常规成熟技术发挥出更大的作用。

(9)股份公司要加大对新技术开发的资助,工程技术服务板块要加速技术商品化。

石油技术进步的主要参与者包括:油公司、国家和各级研究所、大学、大型石油技术服务公司、中小专业公司及个人。研究发现,在技术发展的不同阶段,他们的贡献是不同的。在技术发展的初期,油公司、国家研究所、大学、小专业公司及个人参与了大部分的研究工作;随着技术的成熟和商业利益的凸显,大型石油技术服务公司的参与程度逐渐升高,到了商业化阶段,大型石油技术服务公司完成了大部分的研发工作。产学研结合是众所周知的好办法。

股份公司的需求和投资方向对集团公司的研发方向有着重要的引导作用,借鉴国外大油公司的经验,股份公司应更多、更主动地投资和参与一些新技术的研发,这种介入可以把握和了解研发动向,全面理解和把握新技术的适用范围,减少初试和中试费用。

参考国外大服务公司的经验,集团公司工程技术服务板块需要将更多的科研重点放在技术(产品)的商业化上,充分发挥大型公司的集成能力强的优势,快速地将各种技术、产品和服务推向市场。大多数的基础性研究可以交给大学和研究院所或参与到各种合作研发组织中,以最高的效率获取和占有这些源头技术。

(10)加强研发效益意识和知识产权保护意识,建立健全知识产权保护体系。

在发明专利方面,中国石油集团拥有的发明专利数分别约是雪佛龙德士古公司和埃克森美孚公司的1/5和1/25倍,每百位 R&D 人员发明专利年授权数是埃克森美孚公司的1/15左右,是雪佛龙德士古公司的1/12左右;集团公司工程技术服务板块拥有的发明专利数分别约是三大石油技术服务公司的1/10~1/5,集团公司的专利基础薄弱,缺乏积累,因此,必须加强专利保护意识,建立健全知识产权保护体系。

从研发效益来看,集团公司每亿元经费发明专利授权数是埃克森美孚公司的1/3左右,是雪佛龙德士古公司的1/4左右,专利发明成本相对较高,从一个侧面说明我们的研发经济效益较差,要引起足够重视,要加强研发投入回报的管理。

(11)加快科技资源整合,优化资源配置,发挥集团公司的整体优势。

国外大公司都将建设完善的技术创新体系作为提高本公司核心竞争力的重要手段。如国外三大石油技术服务公司的各专业公司都是集研发、制造、销售、服务于一体,公司按专业研究领域设立不同的专业技术研究中心,保证集中人力物力快速开发新产品。

而当前集团公司的技术创新体系组织结构不够完善、资源配置效率较低,集团公司目前的管理模式是各所属油田自行管理油田的专业服务队伍,一般每个油田都小而全地设立了自己的专业服务队伍、研发机构和制造工厂,这造成了集团公司内部的人力资源、设备制造、服务力量等比较分散,并且,总部层面的研发机构与企业层面的研发机构职责分工不清,造成低水平重复较严重,不能充分发挥集团公司的整体优势。

因此,必须借鉴国内外成功企业先进的研发管理经验,结合集团公司的实际情况,尽快建立起适合集团公司发展的具有自己特色的研发管理体系,尤其是要集中资源做优、做强主营业务的研发机构。通过整合、优化集团公司科技资源的统一配置,形成合理分工、各有侧重、有序协作的技术创新体系,不断提高科技工作效率,充分发挥集团公司科技整体优势和协同效应,解决重复建设、资源分散的问题。

2 我国战略石油储备现状及对策研究

近几年来,我国战略石油储备探讨一直是热门。石油储备是石油安全战略研究范畴中一个非常重要的概念。

2003 年以来,确定的国家战略石油储备一期工程项目相继建成,分布在大连、黄岛、镇海和舟山的 4 个战略石油储备基地,均已经顺利进行了储油。积累了丰富的实践经验,边研究、边建设和边储备的原则,发挥了积极性作用。特别是镇海战略石油储备基地的储备能力较强,可提供 $520 \times 10^4 \text{m}^3$ 的库容量。黄岛战略石油储备基地还具有邻近管道外输的有利条件。

国家战略石油储备库一期工程储油,主要是以份额油入库,也以部分低油价购入的石油入库,因而中国战略石油储备库的投用,没有影响到国际油价的波动,也为寻求战略储备油源做出了成功的新尝试,促进中国战略石油储备顺利进入起步阶段。

中国战略石油储备二期工程已经圆满规划完毕,8 个战略石油储备新基地正动工兴建,将新增 $2680 \times 10^4 \text{m}^3$ 库容量,为满足国内 90 ~ 100 天的长远总体备用量打下基础。

进口石油依存度持续增加,2004—2008 年的进口石油依存度已由 35% 猛增至 49.8%,即由依存度 3 级(中低级)末向 4 级(中高级)初逼近。2015 年,我国石油表观消费量为 $5.43 \times 10^8 \text{t}$,对个依存度首次超过 60%,天然气全年表观消费量为 $1910 \times 10^8 \text{m}^3$,对外依存度上长至 33.7%。我国年进口石油量将达到 $2 \times 10^8 \text{t/a}$ 以上,进口石油的长期性是显而易见的。

中国从海上进口石油的油路潜在着很大的风险。2008 年前 11 个月期间,我国进口原油 54.9% 多来自中东地区,30.8% 来自非洲地区。不仅如此,经远洋运输的进口石油约占经海上运输进口石油的 80% 左右,远洋运输进口石油要经过波斯湾和阿曼湾,或经过红海和亚丁湾,尤其是均要经过马六甲海峡,不仅有航道自然风险存在,也有海盗干扰的风险存在。就目前而言,我国经远洋海运的进口石油,因其国内的运力很不够,多依赖在国际上租用的船队承担运油重任。近年,从中亚和俄罗斯进口油气采用管道输送就安全可靠得多。

我国油气消耗量不断攀升,但是我国油气的战略储备规模却不相匹配。从国际能源组织规定的保留 90 天的石油储备标准来看,截至 2015 年我国原油储备的国储与商储仍低于 90 天的国际标准。而美国有 155 天的石油储备量,日本有 160 天的石油储备量等。在天然气储备方面,我国目前仅开展部分地区地下盐穴储气、LNG 区域天然气调峰的建设工作,尚无实质战略意义的天然气储备基地。相关资料表明,一个国家的天然气调峰规模至少应达到每年需求总量的 10% 以上。美国和俄罗斯地下储气库总工作气量分别占年消费总量的 17.4% 和 17%(还不包括战备储备气量),而我国储气库调峰能力仅占天然气年消费量的 1.7%,应急调峰能力十分有限。因此,我国急需建立大型战备油气储备体系。一个国家的油气储备能力,除了是保障能源安全的重要因素以外,也是一个国家在国际油气市场上争夺油气定价话语权的重要筹码,还可以根据国际油气价格,尤其是在低油价时多进口一些油气增加或者饱满油气储备库存量。我国是油气消费和生产大国,然而在国际油气定价上,长期缺乏话语权,这是不正常的,重要原因就是油气储备不足。

战略石油储备对策:一是,抓住有利时机扩大油气储备规模;二是,采用多种方式增加战略油气储备;三是,实在体制限制,充分利用民间储油气设施并支持和鼓励民营油气企业服务于国家,在海外收购油气资源与生产区块,利用民营企业在国际市场的灵活性走出去、拿进来、储起来,利用创新的"众储商业模式",集合大众资源,实现藏油于民;四是,加快油气储备立法,完善我国油气储备制度;五是,重视建设地下大中型战略石油储备库;六是,利用"互联网+"技术进行"网络储油"。

中原油田、南阳油田、江汉油田、苏北油田、百色油田、玉门油田和华北油田等,都有利用枯竭油藏建地下战略石油储备库的条件,就长远而言,塔河油田奥陶系缝洞型油藏也有建地下战略石油储备库的理想条件。国内陆上的地下,广泛分布有巨型天然岩洞穴,特别是缺石油的云贵川桂西南地区更是如此。其中部分巨型天然岩洞穴,只要经过防渗漏改造,便可成为理想的地下战略石油储备库。利用人工建造的地下盐穴,也可以作为较理想的地下战略石油储备库,有天然的防渗漏条件,利于储备的常规原油保持循环流动性,能满足大进大出的注采需求。河南、湖北、江西、湖南和江苏等省,均有具备建库条件的盐矿资源。特别是江汉平原地下盐层厚度300m,盐层分布面积可达400km^2。云梦和应城地区都有建盐穴储备库的良好条件。中国首个海底储气工程于1999年建成。黄岛地下水封洞库的建成,也为建地下石油储备库提供了新的技术思路。

战略储备基地总体布局,应将沿海地区、中部地区和西部地区兼顾起来,中部地区尤其具有战略地位。中哈输油管道,除建终端战略储备库外,为适应长输安全需求,可在玉门油田建战略中转库。倘若能建西部进口输油管道引进伊朗原油,在塔河油田可建战略中转库。中缅输油管道国内部分已于昆明开工启建,在云南和贵州可分别建战略储备基地,辽东湾和渤海湾地区,有建海底战略储备库的基础。至于中俄输油管道终端的大庆油田,可利用条件较好的枯竭油藏区块,建战略石油储备基地。可以确认,我国石油储备战略的路子很多,抓紧实施能够确保油气能源安全。

注:据CCTV报道,国家统计局2017年4月28日公布:至2016年底共建成储油基地9个,储备量3325×10^{4}t,占2016年产量2.14×10^{8}t的15.54%。显然已有很大改进。

(本文参考中国石油经济技术研究院等有关资料整理的讲学稿)

第二篇

中国石油市场与21世纪钻井技术发展对策篇

【导读】

我国在20世纪90年代,改革开放日益深入,石油工业对外业务和学术活动相当频繁;国际石油界希望更多地了解中国石油市场。1994年,我和胡健教授合作写了《中国石油市场:现状与未来》一文,是为1994年5月在挪威召开的第17届世界能源经济大会准备之用并刊登于《西安石油学院学报》。同行们对该文有较好评价。恰在这时,中国石油学会发文通知为1995年11月将在北京举行的SPE学术会议征稿,我们就按国际学术会议论文的要求修改了上述中文稿并投了英文稿:"SPE 29901:Present Situation and Development Tendency of China's Petroleum Market"这篇文章获得采用,于1995年11月在大会宣读。宣读是用英文讲的,外宾们到场人数很多,也很感兴趣。为了阅读方便,本书把内容有一定区别的《中国石油市场:现状与未来》中文稿及SPE 29901英文稿都收入了。本篇还收入了4篇作者关于21世纪中国钻井技术发展、创新、对策、战略的研究。这4篇文章从1999年到2001年相继发表并各有侧重。《面向21世纪钻井技术趋势和建议》一文是中国石油工程学会1999年度钻井技术研讨会的宣读论文并收入石油工业出版社为该会议专门出版的论文选集,作者根据从1983年到1997年参加多次世界石油大会的角度分析了国际钻井技术的发展趋势。为撰写这些文章还专门到塔里木、吐哈、青海、长庆、四川等西部油气田调研。分析了我国钻井技术的现状、发展的目标与主要内容。建议在2000—2020年的攻关研究主要内容是复杂结构井与导向钻井技术、钻井信息技术、平衡钻完井技术、深井钻井技术和保护油气层技术等5个方面;建议在2000—2050年的长远攻关内容是自动化闭环钻井的理论与配套技术;强调加强钻井理论研究。这次会议之后,《石油钻探技术》《石油学报》《探矿工程》等期刊约作者对21世纪钻井技术发展的题目投稿,这4篇文章各有侧重并逐步细化和深入,所以一并整理收入本书。国际上从20世纪40年代就陆续开始钻定向井、水平井、定向救援井、老井侧钻井,到八九十年代,水平井发展很快,并陆续钻大位移井、多分支井、丛式井、最大油藏接触面积井,把这类井统称为复杂结构井。钻复杂结构井,特别是在复杂地质条件下钻复杂结构井,不仅设计工作的难度大,在施工中需要先进的地质导向和旋转导向工具及其系列技术、先进的测录井技术和随钻测量装备及其应用技术、适用配套的软件、精确控制井身轨迹的集成技术,在井网密集地区钻井还需要井眼防碰技术等。更概括地说,不论是钻直井、定向井、水平井、复杂结构井以及深井和超深井,都要严格和准确地控制井身垂直度或三维井身轨迹曲率,科学地有效地定向—造斜—导向,而这是在理论上和实践中的难题。本篇选用4篇文章研究这些难题。对复杂结构井的理论及其应用井型、对地质导向和旋转导向钻井技术、对井下随钻测量和随钻地层评价技术、对井下动态数据实时采集—处理—应用系统、对钻井信息—软件—网络技术、对自动化闭环钻井的理论与方法研究、对绿色钻完井液体系与精细化学品的研制与应用、对智能钻井—智能完井系列新技术、对柔管技术和小井眼产业化以及钻井主要理论研究内容等进行了比较深入的分析阐述,这些内容曾是作者的专题论文或在近年作为与同行们切磋学术交流的内容。本篇入选的文章是:

Present Situation and Development Tendency of China's Petroleum Market;

《中国石油市场:现状与未来》;

《二十一世纪中国钻井技术发展与创新》;

《面向21世纪钻井技术发展趋势和建议》;

《21世纪中国石油钻井技术发展战略研究》;

《关于 21 世纪中国钻井技术发展对策研究》；

《复杂结构井(水平井、分支井、大位移井、最大油藏接触面积井)的钻井完井新技术》；

《复杂地质条件下复杂结构井的钻井优化方案研究》；

《多分支井钻井完井技术新进展》；

《低渗透油藏钻完井新技术》。

Present Situation and Development Tendency of China's Petroleum Market

by Zhang Shaohuai,and Hu Jian, Xi'an Petroleum Institute,P. R. China
SPE Member

ABSTRACT

The paper presents an analysis and evaluation of the current situation and developmental trend of the petroleum market of China. The authors believed that the marketing deformation of petroleum industry and development of petroleum market of China is restricted by the change of whole economic system in China. This paper discussed the aspects of changes of Petroleum Market and predicted the developmental trend of China's petroleum market, which includes the relationship between supply and demand, price fluctuation and characteristics of petroleum source allocations, etc.

1   INTRODUCTION

Strictly speaking, the petroleum market emerged with reform of the economic management system of China's petroleum industry to the direction of marketization. Prior to the 1980's, the petroleum industry of China was the industrial department executing the planned management with the high centralization. Since the restriction of centralization system, the equilibrium of petro – supply and demand depended on the instructions from government. Because of the disappear of price signal, there was actually no petroleum market in China's economic system. Since the 1980's, with the realization of the economy marketization in China, the petroleum industry has begun to march the marketization and internationalization step by step. To the early 1990's, the petroleum marketing system has been formed generally even though the development of petroleum market was not the same in up and down stream of petroleum industry. This was a result of economic system transformation in some significance. Therefore, the process of the development of China's petroleum market was related closely to the reform proceeding of China's economic system consistently.

The purpose of this paper is to analyse and evaluate the current development situation of China's petroleum market. According to the forming features of China's petroleum market, the discussion of this paper will concentrate on the four respects as follows: Situation of petroleum supply and demand in China; Resource allocation of China's petroleum industry in process of marketization; Current condition of China's petroleum market; Developmental trend of China's petroleum market.

2 DEVELOPMENT OF China's PETROLEUM INDUSTRY AND THE SITUATION OF PETROLEUM SUPPLY AND DEMAND IN CHINA

It was the first time for China to import the kerosene of 2100 gallon in 1863. Afterwards, China imported kerosene as many as 30000 gallon in 1867, and even up to 0. 28 million gallon in 1871. In 1878, the number raised to 2. 4 million gallon. From 1863 to 1949, the "foreign oil" had governed the petroleum market of China for 80 years. In 1949, China produced only 120000 tons of crude oil, which means China must continually import oil and oil products. China government has paid close attention on the establishment and development of petroleum industry, the capacity of petroleum production and processing of petroleum industry was actually established until People's Republic of China was established. In 1965, petroleum production and crude oil process both reached 10 million tons level, which were the 94 and 93 time of 1949's production, respectively, domestic requirement for petroleum products has been selfsuffced by herself. The history (1863—1964) of depending on the "foreign oil" has been ended. In 1993, the production of crude oil of China reached 0. 14408 billion tons, the production of nature gas of China reached 16. 2 billion cubic meters, which is the fifth country of oil and gas production in whole world. The increasing rate of 2% has been kept for 12 years, which made China's petroleum industry became an important industry in China. The position of petroleum industry also became more and more important.

It can be seen from the development trends of the world's petroleum economy in recent years that the change extent of the total petroleum output among these main oil producing countries exceeding more than 100 million tons is not consistent. On the one hand, the petroleum output in such traditional oil producing countries as the U. S. and Russia perform a decline tendency. The petroleum output, for instance, of the U. S. decreased by 4. 2% in 1993 and by 2. 9% in 1994, making a reduction of 250000 barrels a day. As a result of the current instable political and economic status and the unfavourable investment environment, Russia petroleum output will decline continuously. According to the estimation by the Russia National Petroleum Corporation, the petroleum output will decrease to 300. 5 ~ 313. 0 million tons in 1994, making a reduction of 12%. On the other hand, the petroleum output in Sandi Arabia, main oil producing countries (Norway and Britain) in the North sea and China presents the gradual increase tendency. There (especially China) are a few countries where the petroleum output is in stabilization with a little ascension among large petroleum countries in the world.

The petroleum output growth in China is related to the petroleum resources (reserves) growth. According to the data provided by the World Petroleum Congresses (WPC), China's oil reserves rank the 10th in the world, nature gas the 10th as well. However, the history of China's petroleum industry is short, the degree of petroleum resource exploration is low. As the degree of exploration raising, the predict data about China's petroleum resource is gradually increased. Based on published data, the petroleum resources of China may reach 78. 7 to 81. 0 billion tons, nature gas reserve 33000 to 40000 billion cubic meters. With the progress of petroleum exploration in Westem China, South China, as well as in offshore of China seas, it can be seen that the petroleum resources in China is very abundant.

The total petroleum supply is increasing by step in China, but the requirement for petroleum products in China has increased more rapidly. According to the estimation of Mr. Toyama Katasi, an energy economist of Japan to increase rate of petroleum consumption of China, Japan, U. S. and West European countries, though the increase rate of petroleum consumption of China is lower than the average level of Asian countries in the last 8 years of this century, it is much higher than the average level of the world, as well as the big consuming countries, such as U. S., Japan, etc. (Table 1). In fact, the situation of petroleum supply and requirement from the middle of 1980's to the end of 1993 indicated that the increasing level of crude oil and petro-products can not follow the increasing tendency of requirement for petroleum (Table 2). The petroleum resource occupation amount in China is not high. According to the information provided by CNPC, the average oil occupation amount in China is currently 17.1 tons per capita, ranking the 34th in the world; the natural gas 16000 cubic meters per capita, ranking the 38th in the world. The situation of the average petroleum occupation amount lower than the total petroleum reserves makes that the petroleum industry has become a "bottleneck" industry. Although the petroleum supply volume has been increasing, the petroleum demand volume is far larger than the petroleum supply volume, thus resulting in the insufficiency of petroleum supply volume in China's economy.

Table 1 The Ratc of Economic Growth, GDP Elasticity, Elastic Ratio of Petroleum/Encrgy, and Petroleum Consuming Growth Ratc of Partial Countrics

Counteics	Period	GDP(GNP) Growth Rate(%)	Encrgy – GDP Elastic Factor	Petroleum – Energy Elastic Factor	Petroleum consuming Growth Rate(%)
Japan	1992—1995	±2.5	0.6~0.8	0.8~0.9	1.5
	1995—2000	±3.0	0.5~0.7	0.7~0.8	1.4
U. S.	1992—1995	±2.0	0.7~0.9	0.5~0.7	1.0
	1995—2000	±1.5	0.6~0.8	0.4~0.6	0.5
West Europe	1992—1995	±1.5	0.5~0.7	0.7~0.9	0.7
	1995—2000	±2.0	0.4~0.6	0.6~0.8	0.7
China	1992—1995	±10	0.5~0.6	1.0±	5.5
	1995—2000	±8	0.5~0.6	1.0±	4.5
Asian	1992—1995	6~8	1.0±	1.0±	7.0
	1995—2000	5~7	1.0±	1.0±	6.0
Other Countrics	1992—1995	2~3	1.5±	0.6~0.8	2.6
	1995—2000	2~3	1.0~1.5	0.6~0.8	2.2

Table 2　The Situation of Domestic Petroleum Supply and Demand in the Period of 1985—1994

Unit: 10^4t

Time		1985	1986	1987	1988	1989	1990	1991	1992	1993	1994[①]
Crode Oil	Production	12489	13069	13414	13705	13765	13831	14099	14203	14383	14500
	Imported	—	46	—	85	326	292	597	1136	1565	2100
	Exported	3004	2850	2723	2605	2439	2399	2260	2151	1943	1800
	Processing	8450	9159	9718	10161	10528	10723	11363	12114	12726	13600
	Ratio[②](%)	—	0.3	—	0.6	2.4	2.1	4.2	8.0	10.9	14.0
Petro – Products[③]	Production	7890	8342	9053	9433	9739	9941	10510	11214	11691	12600
	Imported	9	217	202	320	545	320	465	778	1754	1750
	Exported	661	599	594	578	481	544	584	598	456	300
	Domand	7248	7960	8661	9175	9803	9717	10391	11394	12989	14050
	Ratio of Demand Raising(%)	—	9.96	8.82	5.93	6.84	−0.87	6.93	9.65	14.00	8.00

① Estimated.

② The ratio of imported volume/processing volume.

③ This includes gasoline, kerosene, diesel and lubricationoil. As well as fuel oil, solvent oil, wax, asphalt, chemical light oil, detergentmaterial, commercialmaterial oil.

(Data Source. International Petroleum Economics p8. No. 2. 1994).

3　CHARACTERISTICS OF THE RESOURCE ALLOCATION IN THE PETROLEUM INDUSTRY OF CHINA IN THE TRANSFORMATION OF THE ECONOMIC SYSTEM

Since the 1980's, the resource allocation style of China's petroleum industry began the transformation to marketing direction because of the whole China's economy has transformed from centralization planning economy to marketing economy. The changes of resource allocation style mainly expressed that the input of production factors and reappears and introduction of marketing system in petroleum producing process. However, since the reform of China's economic system has not been completed, the resource allocation style of China's petroleum industry is deeply restricted by both planning system and marketing system.

3. 1　Characteristics of the Allocation of Production Factors

Since the 1980's, the characteristics of the allocation of production factors of China's petroleum industry can be analysed from these aspects of resources, funds, labour and technology.

3. 1. 1　Resource (reserves) Allocation

In 1978, the output of petroleum production of China was broken through 100 million tons, and the reform of the administrative system of China's Petroleum Industry has been in process of discentralization system. The reasons for the reform are as follows: the petroleum resources in China are abundant, but there are a lot of factors affecting the reserves exploration. The first, the drilling cost in

China is as high as the world, which is 55% to 80% of cost of crude oil; and the succeed ratio of exploration wells is not high, only about 20%. The target for the succeed ratio of exploration wells was expected to be improved to 1/6 on the current base in 13th WPC in 1991. Meanwhile, since shortage of funds, China often cannot obtain the exploration result in hand. Within the limited fund, there is an imbalance of footage between exploration wells and production wells, in order to keep the output slightly increasing. Table 3 demonstrates a comparison of penetration footage between exploration wells and production wells in 1993. The average ratio of exploration well footage and production well footage was only 18.3%, in which the ratio in Tarim Basin was as high as 298.11%. Because Tarim is a key area for petroleum exploration in China, the gas field in Shaan – Gan – Ning has been explored, the ratio of exploration – production footage is also as high as 51.4%. In Tu – Ha and Xing Jiang oilfield, the ratios only 20.27% and 9.1%, respectively. The ratios in Da – qing, Sheng – li and Liao – he, three large oil fields, are only about 10% which indicates the situation of the fund insuffieient. Since the amount of exploration and exploitation penetration footage is insufficient, the ratio of reserve to production is decreased from 18:1 in middle of 1980's to 14:1 at present, the ratio of investment in exploration and production is only 0.42 (Table 4).

Table 3 Comparison of Exploration Footage and Development Footage

(Ratio of Exploration Footage/ Development Footage)

Items	On Continental Areas	Tarim	Tu – ha	Chang Qing	Xin – Jiang	Da – Qing	Sheng – Li	Liao – He
Exploration Footage(m)	2427003	216457	126931	192199	109681	206916	333848	172087
Development Footage(m)	13296140	72610	626101	375793	1216694	2440811	3521469	1350356
Ratio of Exploration Footage Development Footage(%)	18.3	298.11	20.27	51.14	9.10	8.48	9.48	12.74

Table 4 The Ratio of Reserves/Production, and Situation of Investment Construction of Petroleum Industry on Continental Areas In RecentYears

Ratio of Reserves/Production	Investment Construction			
	Exploration(%)	Development(%)	Others(%)	Ratio of Exploration/Development
14 : 1	27	64	9	0.42

The lagging growth level in developing the reserve resource was due mainly to the less input of the exploration fund. Since the 1980's, the government prescribed CNPC to perform the independent accounting for the exploration investment, the fund was raised by CNPC itself. However, the exploration fund was not counted in the crude cost with the result that the crude price in China was determined in accordance with the incomplete cost and the exploration investment could not returned over a long period. In recent years, although the government approved CNPC to raise properly the crude price to make up the insufficiency of the exploration fund, the adjustment extent of the crude price is still controlled, so that the crude price in the domestic market does not yet form the unified results. In view of the above conditions, CNPC, together with Chinese petroleum economists, is inquiring into the possibility of establishing the petroleum reserves market which will take the non – gratuitous transfer of the explored petroleum – in – place as a main body, attempting to expand the exploration areas continuously and to provide the more standby petroleum reserves by establishing the petroleum resource market.

3. 1. 2 Fund Allocation

In respect to the fund raising channels, since the 1980's, the government changed the system of investing in CNPC by the government alone, the multiform of the fund raising channels by CNPC was formed. Until the late period of the Seventh Five Year Plan, the fund raised by CNPC accounted for over 80% of the total investment amount. Under these circumstances, the efficiency of the fund utilization by the petroleum enterprises were improved to a certain extent while the utilization risk increased. However, the multiform of fund raising channels did not result in the corresponding promotion of the fund raising capacity. Up to now, the form range and scope of the fund raising to petroleum enterprises are still specified by the government. Thus resulting in the sharpening contradictions between the demand volume of the fund input and the supply volume of the fund raised in the petroleum industry. What is more, the fund deficiency is more and more serious. In recent years, the fund deficiency of 3 to 4 billion yuan (RMB) occurs each year, even 4. 3 billion yuan (RMB) in 1993[1]. The financial input by the government decreases by degrees because the fund is raised by the petroleum enterprises themselves, the tendency of the absolute decrease in fund inputted by the government has occurred since 1991[2].

To alleviate the contradictions between supply and demand of fund, in International Petroleum Investment Conference held in Beijing in March 1994, Wang Tao, president of CNPC called on that the West countries are welcome to invest in China's petroleum industry on a large scale. Certainly, the more important decision on settling the contradictions between supply and demand of fund should rely on the establishment of the domestic petroleum market in China.

3. 1. 3 Labour and Technology Allocation

Prior to the 1980's, the government usually provided the labour and the technology required by the development of the new exploration areas by means of the gratuitous transfer. The distribution form of the productive factors not only resulted in the diseconomics of scale in the input of the petroleum industrial labour and the technology, but was lack of mobility in the labour and the technology. In recent years, under the pressure from the marketization, the labour and the technology begin to flow within the petroleum industry, even part of the labour and the technology are transferred out of the petroleum industry. The definite mobility in labour and technology promotes their utilization efficiency to a certain extent. However, in respect to the overall situation, there are two defects in the allocation of the labour and technology: one is that the exchange price in the labour and the technology does not yet form the unified market price as a result of the administration investment by the government; the other is that the factors exchange is restricted basically within a narrow petroleum enterprises circle. Actually, the free mobility of the labour and the technology in China's Petroleum industry will have a long way to go because of the weaker labour and technology market.

3. 2   Situation of Petro – product Distribution

By the late of 1980's, the relations between supply and demand in China was a closed type one. The petroleum products required by domestic market were supplied completely by three state – owned enterprises, CNPC, SINOPEC and CNOOC, in the form of monopolization, government performed the distribution of petroleum products by means of the low price and the directional supply to keep the equilibrium between supply and demand in the domestic market. In recent years, due to the serious insufficiency in supply and demand of petroleum products and the import of petroleum products from overseas, the government can not but adjust the price of crude and petroleum products market under the macro – control by the government. However, in process of the system transformation, the government takes a prudent attitude towards the full free price in petroleum products in view of the characteristics of the petroleum industry as the basic industry in China's national economy. Therefore, the current petroleum market in China is at the low development stage in respect to the business scale and the standardization.

The discussion of the resource allocation of China's petroleum industry shows that since the 1980's, China's petroleum industry has been in process of the gradual marketization. China's petroleum market began to make up the embryonic form, but the marketization speed of China's petroleum industry and the development extent of China's petroleum market will be restricted directly by the marketization process of China's economy.

4　PRESENT STATUS OF China's PETROLEUM MARKET

Since 1980's, the characteristics of resource allocation in China's petroleum industry shows that with the reform of organization system of China's petroleum industry to marketization, the domestic petroleum market system has been formed from the appear to lower parts of China's petroleum industry. In view of the China's petroleum market, inducting resource – reserve market, the present status of crude and petro – product market, a characteristic owned by itself has been formed in exploration market, crude and petro – products market, as well as petroleum trade market.

4.1　Exploration Market being Developed

Prior to 1990's, the exploration areas of China's petroleum industry were divided according to the administration area of the oil field located. This self – circle exploration organization system limited the improvement of the level of petroleum reserves and resulted in the situation of petroleum reserves insufficient in the late of 1980's. During the Eighth Five Year Plan, the difference of exploration degree between Eastern and Western China was obviously large. The remaining resources in Eastern China were gradually decreased where the cost for controlling each ton's geology reserve was as high as 20 to 50 yuan(RMB) and the exploration efficiency was decreased year after year. The exploration area in Western China is very broad, but the exploration degree is low and the amount of exploration work is inefficiency. The fund deficiency for exploration investment is quite large.

To solve the deficiency of exploration investment, CNPC has enhanced the degree of reform and open – door politics and changed the old exploration system to a new one since 1993. CNPC divided the total exploration areas into four categories and administrated by classified in division of exploration area. In the four categories, the first area is the one administrated by petroleum enterprise – self. The petroleum enterprise may apply for and be examined and approved by CNPC. The petroleum enterprise may own the administration authority of the area. CNPC may examine and encourage the petroleum enterprise according to the work in exploration reserves and investment directions. The second area is the one explored directly by CNPC – self, in which the Tarim, Tu – ha Basin, Shaan – Gan – Ning new exploration area and other new areas administrated by exploration organizations. CNPC administrated these areas by project organization, and provided the investment in year period and examined the effect of the investment. The third area is the one cooperated with foreign companies. The area can be approved by the State Council and administrated by the international cooperation bureau of CNPC. The fourth one is the bid areas with exploration risks where the explored reserves could be independently developed or codeveloped with other companies, or translated to others with paid. To join international competition, CNPC has also bought some oil fields or cooperated with foreign countries such as Peru, Canada, Thailand, U. S. etc. This cooperation will be enlarged to other countries in future.

The reform of exploration system improved the formation of domestic petroleum exploration market. To early 1994, CNPC announced 20 distinctions (about 700000 km^2) to be cooperated with foreign countries. In these areas, the total petroleum reserves volume is around 11 billion tons and gas reserves volume is around 5700 billion cobic meters. By 1994, CNPC signed 7 contracts and one agreement with some oil companies of U. S. , Newzealand etc. Among which, some companies have taken obvious progress in geophysics and drilling practices. Meanwhile, CNPC has also started the bid practice to domestic oil companies. By early 1994, CNPC successively announced 12 new bid areas (total area is 154830 km^2, petroleum reserves are 2. 71 to 2. 86 billion tons, gas reserves are 771. 6 billion cobic meters), which took two – round bid actions. In 1995, CNPC will take the third round bid action and enlarge the areas for bid. China owns 4700000 km^2 offshore area, with good prospect, especially in East and South China sea. By December, 1994, CNOOC has signed 100 cooperation Contract. It is estimated that CNOOC may build the producing capacity of the 12 million tons of oil and 4. 0 billion cobic meters gas in 1997.

The establishment of exploration market also improved the form of exploration service market. The exploration service market now includes two levels of domestic exploration service market: one is petroleum enterprise level, the other is CNPC level; also includes the re – bid market in cooperation area. By statistic, the 18 new area management departments of CNPC basically took engineering – bid contracts management, total 474 contract were signed, the related funds reached 1. 28 billion yuan (RMB).

The change of China's petroleum exploration areas in 1993 indicated that even though the market management has not been formed in petroleum exploration, the arising of bid exploration with risks improved the transformation of up – part China's petroleum industry to international and marketizational management.

4. 2 Basically Formed Petroleum Market

Because of the effect of the whole economic market processing, China's crude and petro – products market has two obvious characteristics of the situation of the relation of supply and demand as well as price posture.

(1) Deficiency of supply and demand enlarged, petroleum import and export trade structure towards the multiform.

In recent years, the growth rate of the supply volume does not catch up the growth rate of the demand volume in spite of the rapid growth of the petroleum supply capacity. The statistical data shows that the annual average growth rate of gasoline, kerosene, diesel oil and lubricant consumption was as high as 6.79% during the year 1974 to 1988, and the annual average growth rate of petro – products was up to 7.31% during 1989 to 1993. Based on the ideal estimation by the government, the growth rate of the national economy is expected to be controlled 6% or so in the Eighth Five Year Plan period, thus, the deficiency of supply and demand of petroleum is not excessive serious. However, the growth rate of the national economy is 10% or so by and large over the past three years. It means that to keep the basic equilibrium between supply and demand, the petroleum output needs to increase 6 to 8 million tons each year. Obviously, it is impossible to do so for the correct supply capacity in China's petroleum industry.

The effects of sharpening contradictions between supply and demand of petroleum on the development of China's petroleum industry cause the following two problems.

Firstly, the internal supply structure of the petroleum production is out of equilibrium, especially the deficiency of the crude production capacity and the crude processing capacity is more serious than before. At present, the crude processing capacity in China approximates to 160 million tons. Judging by the economic growth rate in China, the crude processing capacity will increase, approximating to 165 million tons in 1995, while the crude production capacity will reach 145 million tons at the same period, that is to say, the difference between the crude production capacity and the crude processing capacity will be 20 million tons obviously, the contradictions between supply and demand will be very protrusive.

Secondly the serious deficiency of the petroleum and the sharpening contradictions between the crude production capacity and the crude processing capacity will change the petroleum import and export trade structure in China. In 1993, China imported crude oil from 23 countries, and exported crude oil to 8 countries. Meanwhile, China imported petro – products from 47 countries, exported petro – products to 20 countries. For many years, the crude export volume has kept basically over 20 million tons each year. To meet the requirement of keeping the import and export trade equilibrium, China exported and imported crude oil and petro – products since 1986. In recent years, the contradictory of petroleum supply and demand resulted in crude export decline and import raising year by year (Table 5). The crude oil was imported 33.19 million tons and exported 23.99 million tons net imported crude was 9.2 million tons after crude exported and imported offset in 1993 (Table 6). China planned to import 19.0 to 20.0 million tons of crude oil in 1994 and estimated to over 20 million tons in 1995. Besides these, the import volume of petroleum products will increase without decrease. In addition to the rapid growth of the import volume, both the crude import variety and the crude import channels in China begin to present the multiform. For example, four kinds of crude were imported in 1988, over 20 kinds of crude in 1991, of which, most were middle and light crude with API gravity of 30 – 45°API. It is expected that China government will pay great attention to the trade relations with petroleum producing countries in the Middle Eastern countries and import a large quantity of middle and heavy crude and sour crude. As for the petroleum products import, gasoline is taken as the dominant factor among the import structure of the petroleum products consistently in recent years.

Table 5   The Value of Petroleum Import and Export of China (1989—1993)

Unit: 10^4 US dollors

Items	1989	1990	1991	1992	1993
Import Value	46674	42381	92638	172425	232342
Export Value	275006	340186	288915	277449	240880

Data form the annual statistics report of China Custom Office.

Table 6   Situation of Petroleum Import and Export Variety in Seasons in 1993

Unit: 10^4 t

	Items	1992	1993				
	Season	Whole year	Spring	Summer	Autumn	Winter	Whole year
Import Volume	Crude Oil	1135. 81	113. 85	303. 42	274. 33	873. 61	1565. 21
	Pedro – Products	778. 31	197. 04	264. 31	504. 06	788. 22	1753. 63
	End Produces[1]	767. 98	195. 36	262. 33	502. 20	780. 18	1740. 07
	Gasoline	33. 09	25. 36	43. 71	46. 39	98. 85	214. 31
	Light Diesel Oil	460. 93	88. 14	112. 89	276. 39	390. 16	867. 58
	Heavy Diesel Oil	40. 29	14. 15	12. 94	16. 55	29. 52	73. 16
	Fuel Oil	169. 27	53. 25	69. 28	107. 18	158. 44	388. 15
	Miscellaneous[2]	10. 33	1. 68	1. 98	1. 86	8. 04	13. 56
Export Volume	Crude Oil	2150. 72	403. 38	506. 52	480. 44	553. 09	1943. 44
	Petro – Products	597. 61	106. 68	114. 96	127. 48	106. 46	455. 58
	End Products[1]	538. 94	87. 34	100. 76	103. 78	79. 33	371. 20
	Gasoline	267. 78	39. 14	50. 45	57. 97	36. 99	184. 34
	Light Diesel Oil	144. 00	33. 75	33. 13	29. 78	28. 67	125. 33
	Heavy Diesel Oil	3. 93	0. 65	1. 58	0. 41	0. 82	3. 47
	Fuel Oil	44. 63	4. 29	5. 58	4. 87	4. 13	18. 88
	Miscellaneous[2]	58. 67	19. 34	14. 20	23. 70	27. 13	84. 38

① The end products include gasoline. Diesel and fuel oil, and naphtha, kerosene, wax, oil as well as lubrication greases.

② The Miscellaneous include wax asphalt.

(The data resource: Monthly Statistics report of China Custom office)

(2) The irrational price system leads to the frequent fluctuations in the domestic petroleum market.

Since the 1980s, the government has carried out the policy of "multi – price one petroleum product" to adjust and control the relations between supply and demand at home over a long period. The market price adjusted was in a state of rapid change❶, it is because that the planned price controlled the majority of petroleum products supply and the pressure from supply and demand was on the increase. Since the Gulf War in 1991, several large fluctuation of the petroleum price appearing in China's petroleum market has indicated that the domestic petroleum price and the relations between supply and demand were in the instable state.

The first fluctuation of the petroleum price appeared in the first half of 1991 when China's economy was in the period of depression with weakening in market demand. At the same period, the fall of the petroleum price in the world market resulted from the Gulf War greatly impacted China's petroleum market. In March of that year, The petroleum products price other than the planned price was forced to fall 100 yuan (RMB) or so a ton. For example, the market price of 0# diesel oil fell to 1400 to 1500 yuan (RMB) a ton, even so, the price of the imported diesel oil was lower than the price in the domestic market in China. 60 thousand tons of diesel oil (CIF 1100 yuan a ton) purchased by three companies in Guangdong greatly impacted the markets in Guangdong province and coastal areas (Sun Yongsheng, 1993).

No more than one year later, a large quantity of petroleum products exported by Japan and South Korea entered the Chinese market, leading to the second price fluctuation in China's petroleum market. During the price fluctuation, the government relaxed partially the control power of the petroleum business, so that some companies imported blindly a large quantity of petroleum products regardless of the actual supply and demand in the domestic market with the result that Japanese and South Korean manufacturers obtained enormous profits by selling surplus products, making SINOPEC and its subsidiaries – refineries suffer. The tremendous economic losses. The third price fluctuation in China's petroleum market occurred more rapidly. By the end of 1992, the excessive demand of petroleum products occurred suddenly, which took gasoline shortage and high price as a mark when China's petroleum market did not yet recovered completely after the impact of the second price fluctuation. At that time, the time duration of the price fluctuation was the longest than ever before, in process of the fluctuation, the raise extent of petroleum products price was the highest in history. For example, by the end of 1992, the market price of 70# gasoline was as high as 3700 yuan(RMB) a ton and the market price of 90# gasoline even approximated to 5000 yuan (RMB) a ton in the mid south China and the southwest China. The price was higher than FOB (corresponding to 1507 yuan a ton) in Singapore at the same period. It should be noted that FOB was the highest price in the world market then (Sun Yongsheng, 1993), forming a sharp contrast.

Alter the government carried out the moderate policy of financial shrinkage in the second quarter of 1993, the contradictions between supply and demand in China's petroleum market began to be alleviated gradually. However, the import substitution effect formed by the financial shrinkage effect and the large scale import of crude and petroleum products from overseas resulted in the occurrence of the demand insufficiency to a certain extent in China's petroleum market, especially in the

---

❶ The current price of oil within the planned quota specified by the Govemment is 227 yuan (RMB) a ton, the current price of oil beyond the planned quota raises from 519 yuan (RMB) to 700 yuan (RMB) a ton, even so, the oil price is much lower than the international oil price, (the latter is about U. S. $ 20 a barrel, corresponding to 1218 yuan RMB a ton).

first quarter of 1994.

In respect to the price fluctuation status, China's petroleum market has the following two features: Firstly, the price fluctuation cycle is short, this situation may be observed from the relations between supply and demand in China's petroleum market since the Gulf War. The time interval among three big price fluctuations averages was one year only. The frequent price fluctuations show that the relations between supply and demand and the petroleum price are both very instable. Secondly, the price fluctuation is influenced directly by the macro situation of China's economy and the marketization process. For example, the occurrence of the third price fluctuation has been related, no doubt, to the overheated economic growth in China since 1992.

The current market demand insufficiency indicates that the low purchasing power of enterprises results from the policy of financial shrinkage by the government instead of the fall of the total demand volume of petroleum products. In fact, the price fluctuation in China's petroleum market is related to the overshoot fluctuation cycle in China's economy. ❶

In addition to the dual price system in process of the transformation of the economic system, the frequent fluctuation of oil/gas prices results from the following eight factors:

Firstly, the increase of the domestic oil/gas consumption. The increase of the consumption is related mainly to the appearance of a number of rural enterprises and the rapid raise of people's living standard in China. For example, over the past a few years, the average annual growth rate of active automobiles is over 20%.

Secondly, the raise of the petroleum production cost. In recent years, the market prices of steel and cement raise rapidly, resulting in the gradual raise of the main elements cost of the petroleum production, the average annual raising rate is over 10%. The cost raise makes the petroleum supply insufficient to a certain extent.

Thirdly, the restriction of the oil/gas storage capacity. As a result of the increasing oil demand volume at home and the lack of large – sized underground oil/gas storage tanks, the oil/gas storage capacity in the domestic market is restricted, the inventory deficiency makes the adjustment of relation between supply and demand of oil/gas become very difficult.

Fourthly, the influence of the fluctuation of Reminbi (RMB, Chinese currency) exchange rate. Since opening to the outside world, the ratio of Reminbi: to foreign currency has been declining, the situation impels the foreign oil products to import into the domestic petroleum market.

Fifthly, the influence of the international oil price. The international oil price is higher than the domestic planned price but lower than the domestic market price. The situation intensifies the contradiction between supply and demand of oil.

Sixthly, the inference of the state policy of opening to the outside world. Over the past a few years, the government is carrying out the policy of opening to the outside world step by step for the petroleum industry, At present, 11 provinces and autonomous regions in the South of China and 10

---

❶ According to the calculation by Chinese economists, since the mid 1970s, the economy fluctuation occurred once at intervals of 3 – 5 years and the fluctuation margin was larger. See Du Hui, China: Fluctuation Trends in Dual Transform, Shanghai People's Press, Shanghai, 1992.

provinces and autonomous regions in the North of China are encouraging the foreign firms to participate in the risk exploration and the joint development. At the same time, the government works out the development strategy policy of fully utilizing two resources, two fund and two markets at home and abroad. The change of the state policy shows that the international oil price will affect directly the domestic oil price.

Seventhly, the influence of the energy structure changes. In recent years, among the energy consumption structure, oil/gas consumption increase rapidly and is larger than any other fuel. The situation interstices the insufficient oil/gas supply.

Eighthly, the utilization and the increase of the substitution energy and the new energy.

(3) The Petroleum Market Intermediate Trader Organizations are Springing up but the Development Process is not Mature yet.

Since the 1980s, to meet the increasing needs for petroleum products in markets at home and abroad, the government changed the policy of solely selling petroleum products by SlNOPEC and approved to increase the selling channels for petroleum products not to be controlled by the planned economy. Since then, in addition to SlNOPEC, CNPC, CNCIEC, local governments at all levels and even some private economic utilities have been established their own products selling system one after another (Wang Fengshen, 1993). Although the multiform of the selling channels promotes the competitive capacity of the petroleum supply in the domestic market and contributes to the promotion of the resource allocation efficiency in China's petroleum industry, the multiform of selling system does not mean that the standardization of the petroleum market trade has realized in China. To set up the standard domestic petroleum market, the government has been studying the establishment of the petroleum exchange in China since 1992. The first petroleum exchange – Shanghai Petroleum Exchange was established formally in May 1993. Not more than one year since then, the intermediate trader organizations developed rapidly in China's petroleum market. Up to now, eight petroleum exchanges have been established respectively in Shanghai, Beijing, Tianjin, Nanjing, Wuhan, Guangzhou, Ningbo and Da – Qing.

At present, the functioning process of petroleum exchanges in China has three main features as follows: Firstly, the overall design of the exchange is made in accordance with the Chinese national conditions. For example, in view of the initial establishment of the option market and the defects of the market mechanism in China, the petroleum exchanges adhere to the principles of "standardizing the spot transaction in the form of forward business" and "the standardization of the forward business" to realize the target of transiting towards the standardized market. Secondly, the sponsor units include the local governments, the foundation installations are more complete. For example, Shanghai Petroleum Exchange was jointly sponsored by CNPC, SINOPEC and the Shanghai Municipal Government. The functioning and the management participated by the local government enhanced the actual strength of exchange and perfected the foundation installations. Taking the telecommunication system of the Shanghai Petroleum Exchange as an example, its computer system is able to provide the rapid, accurate and convenient exchange and accounting services. The telecommunication equipment consists of a set of PBX switchboard with 200 channel capability and 104 direct dial lines, communicating with the Associated Press (AP) and the Refuters' New Agency, whereby the Exchange can provide timely any quotations on petroleum from all over the world. Thirdly, these member units in the exchange are almost large – sized enterprises at home and all members never enjoy the lifelong – job – system. The first batch of about 50 enterprises in the exchange are basically among 500 large – sized enterprises (Hu Zheng, 1993). Any member can not enjoy the lifelong – job – system, the seat of member unit that breaks the law seriously or has only less trade volume will be cancelled, ensuring the existence of the competitive mechanism.

There are two main problems in the Chinese petroleum exchanges. One is that there are only a few exchange varieties. The example is the exchange situation of the Shanghai Petroleum Exchange which is the largest and earliest intermediate trader organization in China. The other is that Renminbi (RMB, Chinese currency) is not exchangeable currency. There is a larger gap between the current Chinese petroleum exchanges and the world – class petroleum exchanges in developed countries according to the international standard. Besides, the raising of the stock exchange's number under low level of standardization may also result in the marketed sources dispersion, which will lead to low level of trade quality.

5　DEVELOPMENT TRENDS OF China's PETROLEUM MARKET

In 1994, the 14th WPC estimated on the surplus producible volume of normal crude and natural gas finally producible resource volume, which value is higher than that estimated in 12th, 13th WPC (Table 7 and Table 8). The surplus crude reserves in the Middle East is 54. 13% of the world's, surplus gas reserves in the Middle East is 32. 77%. The world petroleum market will depend on the Middle Eastern more and more. Prior to the middle of next century, crude and natural gas are still the major part of the world's energy structure. The order of energy structure in the world is crude, coal, natural gas and hydraulic. The estimated results flora several sources believed that the maximum volume of the world's petroleum output is in middle of next century[7]. Mr. H. L. Townes, the Chairman of Geologist Associate of United States, believed that the maximum petroleum output of the world can be reached in 2010, of which the crude output is 3. 56 to 4. 52 billion tons (the middle volumes is 4. 04 billion tons). It can be believed that petroleum will still be the leading position in the energy construction within at least 20 years. It must be noticed that petroleum resources would be limited. These foresight energy and petroleum experts in the world emphasized that mankind must consider the energy strategy of the world in a foresight of leaping over the hydrocarbon era. The government of every countries should also think the energy and petroleum strategy and study the dynamic situation of petroleum market of the world.

**Table 7　Exported Producible Reserves and Exporting Producible Resourccs
of the World's Normal Petroleum**

Unit: 100×10^6 t

Items	Annual Petroleum Production	Accumulated Production	Exported Reserves	Original Reserves	Standby Exploration Resources (estimated)	Final Resources (estimated)
The 12th WPC In 1987 estimated Result to prior to 1984	27. 10 (1984)	717. 8	1089. 7	1807. 2	582. 2	2389. 45

Items	Annual Petroleum Production	Accumulated Production	Exported Reserves	Original Reserves	Standby Exploration Resources(estimated)	Final Resources (estimated)
The 13th WPC In 1991 estimated Result to prior to 1989	29.59 (1989)	862.1	1442.2	2304.3	670.3	2974.60
The 14th WPC In 1994 estimated Result to prior to 1992	30.40 (1992)	957.0	1511.4	2468.4	644.3	3113.30

Table 8 Exported Reserves and Standby Exploration Resources of the World's Normal Natural Gas

Unit: $1000 \times 10^9 \mathrm{m}^3$

Items	Annual of Natural Gas Production	Accumulated Production	Exported Rescrves	Original Reserver	Standby Exploration Resouroes(estimated)	Final Resources (estimated)
The estimated result in the 12th WPC	1.67 (1984)	33.22	110.66	143.88	118.91	262.79
The estimated result in the 13th WPC	2.01 (1989)	45.15	127.42	172.57	125.08	297.65
The estimated result in the 14th WPC	2.11 (1992)	49.56	145.43	194.99	132.56	327.55

Because of China's petroleum market, in some sense, is the result of China's economic marketization, the marketization degree and growth situation of China's petroleum industry would be determined by the whole China's economic marketization degree and the reform speed, as well as the macroscopic economic system. It can be estimated that the market of resource reserves, crude and petro – products of China's petroleum industry will develop as following directions:

(1)The Range of Resource Translation with Paid will be Enlarged, The Resource Management will take the Commodity Economic System Gradually.

Since the fund deficiency problem could not be solved with in short period during the process of China's economy to commodity economy. It is not a choice for China's petroleum industry in future that the government only provides investment to improve the exploration level, to enlarge the degree of exploration work and petroleum supply. With this background of economy development, the progress of petroleum reserve commodity and the reform of relative resource management system would be improved under the pressure of rapidly improving the domestic petroleum supply. It may be estimated that future reform of up – stream of petroleum industry will mainly spread out in exploration leading area. There are two reform directions:

The first is that the cooperation area will be enlarged, the power to make a strategic decision will be translated gradually from CNPC to the subordinated petroleum enterprises of CNPC. The target is to establish a whole continental market with exploration risks.

The second is to deepen the reform of exploration service market, to refer theinternational practice to raise the bid prices, to improve the bid quality and to enhance the organization system and market management system of every level of exploration companies. For the reform in the late range, the target of CNPC is to enhance the re – bid ability of domestic up – stream exploration companies, in order to receive the 90% funds of domestic market from foreign investment. Obviously, for the formation of China's petroleum exploration market, the key of the reform target in China is whether the system obstacle for labour and technology freely translation can be eliminated.

(2) Deficiency of Petroleum Supply and Demand Will Exist over a Long Period, Petroleum Import and Export Trade Structure Will Further Change.

In respect to the macroeconomic growth tendency, the growth rate kept in 10% or more will be extended for a considerably long period in China. Besides, in respect to the supply ability of petroleum industry, it is impossible to rise the growth rate of petroleum resource development and to change the planned control situation of the production of oil and natural gas by the government. Therefore, the crude supply volume will not increase by a big margin. The deficient fund input in the exploration and the production will necessarily be a difficult problem over a considerably long period, thus further enlarging the contradictions between the crude output and the crude processing capacity. The long term insufficiency of supply and demand will farther change the petroleum import and export trade structure in China. The import volume will largely increase while the export volume will decrease. In terms of the economic growth situation in China in 1994, a new round of overheated growth tendency has existed, it is possible that the petroleum (including crude and petroleum products) import volume will reach 40 million tons and even more from 1995 on. Of course, the change of the import and export trade structure will impel necessarily the government to pay great attention to the development of the trade relations between China and the main petroleum producing countries in the world. It is believed that the tendency will contribute to speed up the tempo of the internationalization of China's petroleum industry to a certain extent.

(3) The Price Fluctuations of the Petroleum Market Will Continue and even Greatly Enlarge which Leads the Relations Between Supply and Demand in the Domestic Petroleum Market very Instable in a Short Time.

The frequent fluctuations in China's petroleum market has affected seriously the petroleum industry and even the national economy in China. However, it is hard for the government to change the prudent attitude and relax partially the planned price carried out by the basic industrial departments. So that the dual price system (i. e. the planned price and the market price) will still exist over a long period. On condition that the insufficiency of petroleum supply and demand at home has existed, the price policy leads inevitably to the price fluctuations in China's petroleum market. In terms of the development trends in future a few years, it is inevitable for China to resume the seat of the general agreement on tariffs and trade (GATT) and to carry out the free exchange system for Chinese currency – Renminbi (RMB). No doubt, the pressure of the petroleum import from overseas will be further piled on China's petroleum industry. Leading to the in stable relations between supply and demand and the price fluctuation in China's petroleum market.

(4) The Trade Range of Petroleum Stock Exchange Will be Enlarged, the Intermediate Trader Organizations in the Petroleum Market Will Further Increase Rapidly.

Even though the time when China's petroleum stock exchange market growths is not a long period, the range of petroleum trades raised rapidly. Shanghai Petroleum Stock Exchange, for example, started its business only for half year, (from 28, May, 1993 to the end of the same year), the trade volume was over 10 million tons. The total trade value was 20. 05 billion yuan (RMB), the average trade value for each trade date was round 150 to 200 million yuan. Maximum trade value reached 530 million yuan. Maximum trade volume was 0. 304 million tons. These show that the capacity and vitality of China's petroleum trade market[6].

The competitive pressure in the world will enhance because of the quick pace of the marketization in China's economy since 1994. It is expected that the situation of developing the petroleum exchange market will form rapidly in China over a long period. The government control of the petro – chemical industry is weaker than that of the oil and gas production industry. Therefore, in future, the growth rate of the petroleum products exchange amount will greatly increase while the growth rate of the crude exchange amount will relatively reduce. To meet the requirements of the changes of the petroleum import and export trade structure and the foreign petroleum trade relations, the Chinese petroleum exchanges will take the standardization as the main task in future a few years. In fact, the standard intermediate trader organization in the petroleum exchange market tried to be established at early stage. It should be understood that it is also a basic policy of carrying out the marketization in China's petroleum industry.

6 CONCLUSIONS

China is such a country with abundant petroleum resources. In 1993, an expert team of energy strategy and technology of China Environment and Development International Committee reported that in further sight point, after a half century, when the petroleum depletes in the world, the time to produce maximum petroleum in China will come. There are both hope and difficulty in China petroleum industry. The industry must meet the challenge and good opportunities. The marketization experience of China's petroleum industry in recent years shows that with the intensification of the contradiction between supply and demand of petroleum and the change of import and export trade structure, the final development trends are that the Chinese oil price will approach the international oil price step by step. Meanwhile, with the gradual completion of the transformation of China's economy from the central planned economy to the market economy, it is imperative that the petroleum production and its marketing form are tending towards the multiform. Therefore, in terms of the prospects of both the investment environment and the technical cooperation, China's petroleum market will draw more and more concern from the international society and has a tremendous attraction for the foreign firms.

REFERENCES

[1] Shang Aosheng. Considerations on Establishment of Petroleum Market System[J]. Petroleum Economics, 1993 (1).

[2] Lin Guoguong. China in 1994: Analysis and Forecast of Economic Situation[M]. Beijing: China Social Science Press, 1993.

[3] Wang Shuqin. Fund Management System Reform of Petroleum industry//Hu Jian. Socialist Market Economic System and Economic System Reform in Petroleum Industry[M]. Xi'an:, Xi'an Jiaotong University Press,1993.

[4] Sun Yongsheng. Preliminary Exploration to Development Trend of Domestic Petroleum Market[J]. International Petroleum Economics,1993(2).

[5] Wang Fengsheng. Petroleum Enterprises Entering Petroleum Products Market Face Challenge[J]. Petroleum Economics,1993(1).

[6] Xiao Xing. Review and Forecast to Domestic Petroleum Market[J]. International Petroleum Economics,1994 (2).

[7] National Environment Bureau. A Collection of Documents of International Cooperation Committee of China Environment and Development[M]. Beijing:China Environmental Science Press,1994.

(This paper(SPE 29901) was prepared for presentation at the International Meeting on Petroleum Engineering held in Beijing, PR China, 14 – 17 November 1995)

中国石油市场:现状与未来

张绍槐　　胡　健

摘　要:分析和评估了中国石油市场近年来的发展状况,认为中国石油工业的资源配置始终受到中国经济体制变动状况的制约。20世纪80年代以来,中国经济的市场化过程,也未消除体制因素对石油市场发育过程的约束。论文主要从供求关系、市场波动和市场中介组织3个方面对中国石油市场的变化进行了讨论,并预测了中国石油市场的发展前景。

中国的石油工业在20世纪80年代以前是一个高度集权的计划管理的工业部门。80年代以来,随着中国经济的市场化,石油工业开始逐步走向市场化、国际化、经济体制转换的这种背景,使中国在80年代中后期开始逐渐形成自己的国内石油市场,由于国内石油市场的形成在某种意义上是经济体制转换的结果,就使中国的石油市场的发育过程始终与中国经济体制改革的进程密切相关。本文的目的是分析和评估中国石油市场近年来的发展状况,根据中国石油市场的形成特点,集中讨论4个问题:(1)中国石油天然气的资源和产量;(2)市场化过程中,中国石油工业的资源配置状况;(3)中国石油市场的发展状况;(4)中国石油市场的发展趋势。

1　中国石油天然气的资源与产量

中国是人类钻采油气最早的国家,迄今,开发利用油气的历史已长达2000多年。1949年以来,中国的石油工业发展迅速,到1978年,中国的石油产量已由1949年时的年产 12×10^4 t 达到了年产上亿吨的产量水平,增长近1000倍;1978年以后,随着中国经济的逐步市场化以及在经济管理体制上从中央计划经济向市场经济的转换,中国的石油产量水平得到了进一步提高;从总量上看,1949年以来,中国的石油、天然气产量呈现逐年递增趋势(表1)。截至1993年,中国的石油产量已达到 1.4380×10^8 t,油气总产量为 1.5484×10^8 t,油气总产量居世界第5位。中国石油天然气产量的快速增长,不仅使石油工业在中国国民经济中的地位日益重要,已成为中国经济的重要的支撑产业,而且使中国的石油在世界石油经济中具有举足轻重的地位。

从近几年世界石油经济的发展趋势看,在年产上亿吨的石油生产大国中,石油产量的总量变动趋势在各个国家之间很不一致。一方面,美国和俄罗斯等传统石油大国的产量呈下降趋势。例如,估计美国1993年石油产量减产4.2%,1994年将减产2.9%,即减产 25×10^4 bbl/d。俄罗斯目前的国内政治、经济状况对吸引外资不利,将导致石油产量继续下降。据俄罗斯国家石油公司预计,1994年将减产12%,产量降至 $3.005 \times 10^8 \sim 3.13 \times 10^8$ t。另一方面,沙特阿拉伯、北海主要产油国(挪威、英国)和中国的石油产量又出现了逐渐增加的态势,这些国家特别是中国已成为当今世界石油大国中少数几个石油产量稳中有升的国家。

表1 1949—1990年中国石油天然气产量

时间	原油（10⁶t）	天然气（m³）	时间	原油（10⁶t）	天然气（m³）
1949	0.12	0.07	1979	106.15	145.10
1956	1.16	0.26	1980	105.96	142.70
1960	5.20	10.40	1981	101.22	127.40
1965	11.31	11.00	1982	102.12	119.30
1970	30.65	28.70	1983	106.07	122.10
1971	39.41	37.40	1984	114.61	124.20
1972	45.67	48.40	1985	124.89	129.30
1973	53.61	59.80	1986	131.08	137.60
1974	64.85	75.30	1987	134.14	138.70
1975	77.06	88.50	1988	137.03	124.64
1976	87.16	101.00	1989	137.53	150.50
1977	93.64	121.20	1990	138.28	147.00
1978	104.05	137.30			

资料来源：阵效正主编《石油工业经济学》第22页，石油大学出版社，1992年。

中国石油产量的增长态势，主要与中国石油资源（储量）数量的增长有关。据第十三届世界石油大会所公布的有关数据，中国的石油储量居世界第10位，天然气储量也居世界第10位（表2和表3）。而据中国石油天然气总公司公布的数据，中国的石油储量目前已达到903×10⁸t，天然气达40×10¹²m³，居世界第4位。显然中国石油天然气总公司对中国石油天然气资源数量的估计，是以中国政府近年对西部油（气）田加速勘探开发前景为基础的。

表2 世界原油（常规原油）产量与储量预测（摘录） 单位：10×10⁸bbl

国家或地区	1987年产量	累计产量	证实储量	原始储量	待发现储量	最终储量
全世界	21.6	629.3	1052.7	4682	605.6	1271.3
沙特阿拉伯	1.8	57.6	260.1	317.7	61.3	376.7
苏联	4.2	104.6	83.3	187.9	122.1	279.9
美国	2.8	155.5	45.4	200.9	49.4	246.7
伊拉克	1	20.9	106	126.9	44.7	161.9
伊朗	1	37.1	74	111.1	22	130.1
委内瑞拉	0.7	42.1	49.4	91.5	34.5	117.5
科威特	0.6	23.9	86.2	110.1	3.2	112.1
墨西哥	0.9	16.6	44.9	61.5	36.9	86.5
阿联酋	0.7	11.7	65.7	77.4	6.8	82.4
中国	1	14	31.4	45.4	44.8	77.4
利比亚	0.5	16.4	30.7	47.1	8	53.1
加拿大	0.5	14.8	13	27.8	28.1	49.9
印度尼西亚	0.5	13.8	13.9	26.87	10	34.7

表3　世界天然气产量与储量预测　　　　　　　　　　　　　　　　　单位:10^{12}ft^3

国家或地区	1989年天然气产量	累计产量	证实储量	原始储量	待发现储量	最终储量
全世界	71.0	1594.6	4499.8	6094.4	4417.3	10511.7
苏联	26.1	358.3	1550.0	1908.3	1227.0	3135.3
美国	18.0	749.5	296.4	1045.9	385.3	1431.2
伊朗	0.5	17.6	600.0	617.0	450.0	1067.6
沙特阿拉伯	0.9	14.0	184.4	198.4	300.5	498.9
加拿大	4.7	77.8	97.0	174.8	274.9	449.7
卡塔尔	0.3	2.9	300.0	302.9	—	302.9
委内瑞拉	0.7	15.3	121.0	136.3	130.0	266.3
阿联酋	0.7	7.7	184.4	192.1	50.0	242.1
尼日利亚	—	5.9	87.4	93.3	136.0	229.3
中国	0.5	17.6	33.0	50.6	175.9	226.5
挪威	1.1	10.4	93.1	103.5	182.0	225.5
墨西哥	1.1	23.2	93.1	103.5	118.9	214.8
伊拉克	0.1	3.3	110.0	113.3	100.0	213.3

$1m^3 = 35.3ft^3$。

　　然而,尽管中国的石油产量总量呈逐步增长态势,但由于中国人口数量增长迅猛,中国的人均石油资源占有数量并不高。据中国石油天然气总公司公布的有关统计资料,中国目前的人均石油占有量为17.1t/人,居世界第34位,人均天然气占有量为$1.6 \times 10^4 m^3$,仅居世界第38位。人均占有量远远低于总量的状况,使石油工业已成为中国经济中的"瓶颈"工业,由于中国近几十年的经济发展过程中,始终把实现工业化作为经济的基本目标,至今也只是完成了初级工业化目标。因此,为了实现国民经济的高度工业化,保持国民经济的较高增长率,已成为中国经济几十年来的一个基本特征。人口数量和国民经济的高速增长,使石油需求量大幅度增长。尽管石油供给从总量上看呈现增长态势,但由于石油需求增长速度远远高于石油供给增长速度,就使中国经济中出现了较大的石油供求缺口。

2　经济体制的转换对中国石油工业的影响

2.1　经济体制的转换对石油工业管理体制的影响

　　20世纪80年代以前,中国石油工业的管理体制基本上沿用了苏联的直线职能制管理模式。80年代以来,中国经济开始从中央计划经济逐步转向市场经济,石油工业的管理体制也开始相应改变。在组织形式上,1982年2月成立了中国海洋石油总公司,1983年2月成立了中国石油化工总公司,1988年6月撤销了原石油工业部,并于1988年9月成立了中国石油天然气总公司。这3个公司都是国家级总公司,其目标是办成跨国公司,实行跨国经营。此外,中国石油与化工产品的对外贸易,还有一部分由中国化工进出口总公司管理(图1)。

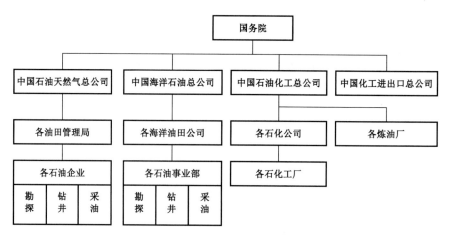

图1　中国石油工业管理组织机构

从运行效果上看,成立上述几家国家级公司,有利于中国石油工业的国际化经营。但是,这种组织形式的改革也存在一些缺陷,造成了石油工业的上下游分割、海陆分割、内外贸分割,不利于实行勘探开发、炼制加工和市场营销的一体化经营方式。从组织形式上看,各公司内部基本上还是保留了原有的直线职能制管理模式。例如,中国石油天然气总公司下属的各个石油管理局是具有法人地位的大型企业,而石油管理局内部的各石油企业却不是享有决策自主权的企业。这种高度集权化的管理模式虽然可以保证生产的稳定和较少受到国际石油市场的冲击,但也存在着一系列缺陷,如无法发挥石油再集成经营的规模经济效益,造成部门之间经济利益对峙,机构过于庞大,生产成本过高,等等。为了克服管理体制的上述缺陷,20世纪80年代中期以后,政府开始尝试在石油工业中寻求新的管理模式,例如在西部油田的新探区(塔里木油田和吐鲁番—哈密油田)已开始试行新的管理体制。在新管理体制的设计中,将较多地注意吸收西方国家石油公司的管理经验。在组织机构的设置上,挪威国家石油公司的管理经验、日本和美国的石油公司经营方式,已引起了中国的石油经济学家和中国石油天然气总公司的浓厚兴趣。

2.2　经济体制转换对石油工业资源配置的影响

2.2.1　生产要素的配置状况

20世纪80年代以来中国石油工业的生产要素配置状况的变化,可以从资源(储量)、资金、劳务技术上分析。

(1)资源(储量)。从1978年开始,中国石油工业的管理体制开始了分权化改革过程,与此同期,中国的石油产量也达到了亿吨目标。此后的15年间,尽管石油产量呈现连续增长的态势,但增长速度迟缓,平均年增长率只有2%,远远落后于同期的国民经济增长率。产量水平增长速度迟缓,首先是由储量增长水平缓慢和勘探开发投资低下引起的。第7个五年计划期间的石油储采比和探采比表明:石油新增储量不够同期开采量,储采比增长低下,后备储量不足,探采比失调,勘探资金投入和勘探工作量均过低(表4),而第8个五年计划的头几个年份也未能改变这种情况。

表4　勘探工作量及资金投入

石油储采比	钻井工作量			投资构成		
	探井进尺(%)	开发井进尺(%)	探采比	勘探(%)	开发(%)	探采比
14∶1	19	81	0.23	27	64	0.42

　　储量资源增长水平缓慢的主要原因是勘探资金投入过少。20世纪80年代以来,政府规定中国石油天然气总公司的勘探投资单独核算,由中国石油天然气总公司自筹,但又未将勘探资金列入原油成本。这种政策,使中国的原油价格长期按不完全成本确定,勘探投资无法回收。虽然近年来政府允许中国石油天然气总公司适当提高原油价格,以弥补勘探资金不足的缺口,但由于原油价格的波动幅度依然受到管制,原油的价格在国内市场上并未形成一元价格体系,因此,这项政策收效不大。针对这种情况,中国石油天然气总公司和中国经济学家正在探讨建立以探明石油地质储量有价转让为主体的石油资源市场的可能性,试图通过石油资源市场的建立来不断扩大勘探领域,提供更多的石油后备储量。

　　(2)资金。从筹资渠道上看,20世纪80年代以来,政府改变了对中国石油天然气总公司完全由政府单一投资的体制,中国石油天然气总公司的筹资渠道开始多样化。到第7个五年计划后期,中国石油天然气总公司的自筹资金已占其全部投资的80%以上。这种情况,使石油企业的资金风险和资金的使用效率有一定程度的提高。但是,筹资渠道的多样化并未导致筹资能力的相应提高,迄今,石油企业的筹资方式、筹资范围和筹资规模依然由政府规定。这使中国石油行业的资金投入的需求量和可筹集到的资金供给量的矛盾日益突出,资金缺口越来越大,近几年每年几乎都有30~40亿元的资金缺口,1993年甚至达到43亿元。另外,由于允许石油企业自筹资金,政府对石油工业的财政投入呈下降趋势。表5所给出的数据反映了近几年来政府对石油工业固定资产投资比重的变化情况。

　　为了缓解资金供应的矛盾,中国石油天然气总公司总经理王涛已经在1994年3月于北京举行的国际石油投资大会上呼吁西方国家对中国石油工业大规模投资,但是,解决资金供求矛盾的更重要的选择,还应当是建立中国国内的石油资金市场。

表5　近年石油工业固定资产投资比重

单位:%

时间	石油和天然气开采业	石油加工业
1989	9.19	1.37
1990	7.92	1.56
1991	8.10	1.80
1992	6.85	1.41

注:以国家所有制经济投资总额为100%计算。

　　(3)劳务和技术。20世纪80年代以前,政府通常以无偿的行政调拨方式解决新探区勘探的开发所需要的劳务和技术投入。这种生产要素配置方式不仅导致了石油工业劳务和技术投入的规模不经济,而且完全使劳务和技术缺乏流动性。近年来,在市场压力下,劳务和技术开始在石油行业内流动,还有少量劳务和技术向石油行业外转移。这种变化,使劳务和技术具有了一定的流动性,在一定程度上提高了其使用效率。但是,从总体上看,在劳务和技术的配置上还存在着两个缺陷:一是劳务和技术的交换价格受行政干预,未形成一元市场价格;二是要素的交换基本上只限于石油企业内部,交换范围太小。实际上,由于整个中国经济中的劳务和技术市场的形成刚刚起步,石油行业劳务和技术的自由流动尚需一段时间。

2.2.2 产品的配置状况

截至 20 世纪 80 年代后期,中国国内的石油产品的供求关系是一种封闭型的关系。国内市场上所需要的石油产品完全由中国石油天然气总公司、中国石油化工总公司和中国海洋石油天然气总公司三家国营企业实行垄断供给。政府以低价和定向供给的办法对石油产品进行配置,以实现国内市场的均衡。近年来,由于国内市场石油产品供求缺口的增大以及国外油品的进口,使政府不得不对油品和原油价格数次调整,并尝试建立在政府宏观控制下的石油产品销售市场。然而,在体制转换的过程中,鉴于石油工业在中国经济中的基础产业性质,政府对完全放开石油产品价格持极为谨慎的态度,因此,目前的中国石油市场,无论是在规模上还是在规范性上,还处于较低的发展阶段。对中国石油工业资源配置状况的研究表明,进入 80 年代以来,中国的石油工业已开始了逐步市场化的过程,中国的石油市场也已初具雏形。但是,中国石油工业市场化的速度和中国石油市场的发育程度,将直接受到中国经济市场化进程的制约。

3 中国石油市场的现状

严格意义上的中国石油市场(包括原油和成品油市场)的出现尽管时间不长,但由于受整个中国经济市场化过程的影响,石油市场在供求关系、价格调整和市场中介组织的发育等方面都形成了自己的比较明显的特点。

3.1 供求缺口进一步扩大,并导致石油进出口贸易结构向多元化方向发展

20 世纪 80 年代以来的中国经济市场化过程中,中国的石油资源供给水平已达到 903×10^8 t,原油产量自 1978 年达到 1×10^8 t 水平后,现已增加到年产 1.4 亿多吨的水平。中国石油天然气总公司的初步预期目标是 1995 年使原油产量达到 1.45×10^8 t。但是,尽管石油供给水平增长迅速,却依然赶不上石油需求量的增长。据统计,仅从 1974—1978 年 4 年间汽、煤、柴、润 4 大类油品的消费量来看,年均增长率就达到 6.79%。按照中国政府原来的理想估计,第 8 个五年计划期间,国民经济增长速度希望控制在 6% 左右,这样,石油供求缺口尚不至于拉得过大。但是,从近 3 年的情况看,中国国民经济的增长率大体保持在 l0% 左右,这就意味着石油产量每年须增长 $600 \times 10^4 \sim 800 \times 10^4$ t 才能保持供求的平衡。显然,中国目前的石油供给水平达不到这种要求。

石油供求矛盾加剧对中国石油工业的发展带来了两方面的影响。一是石油生产的内部供给结构失衡,尤其是原油生产能力和加工能力之间的缺口增大。目前,中国的原油加工能力已达到 1.60×10^8 t/a 左右,按照中国经济的增长速度,到 1995 年,原油加工能力还需增长,大约应在 1.65×10^4 t/a 的水平。而中国的原油生产能力到 1995 年基本上能达到 1.45×10^8 t 的水平。就是说,中国的原油生产能力和加工能力之间大约存在着 2000×10^4 t 左右的缺口,这无疑会使原油的供求矛盾更为突出。

另外,石油的供求以及原油加工能力和生产能力之间的缺口增长,还会导致中国石油进出口贸易结构的变化。多年来,中国原油出口基本上每年保持在 200 多万吨的水平,1986 年之前,原油和油品不存在进口。近几年的石油供求矛盾,却导致了出口逐年减少、进口迅速增加的局面(表 6)。1994 年计划进口原油 $1900 \times 10^4 \sim 2000 \times 10^4$ t,预计 1995 年将在 2000×10^4 t

以上。油品的进口势头也将有增无减。除进口数量迅速增长外,中国原油的进口品种和进口渠道也开始多元化。1988 年进口的原油只有 4 种,1991 年已达到 20 多种,而且大多都是 API 重度为 30～45°API 的中轻质原油。进口国家除了印度尼西亚外,还包括了越南、俄罗斯、伊朗和迪拜等。预计,中国政府以后将逐步重视与中东产油国的贸易关系,并在原油进口品种上逐步转向进口一部分中、重质油和含硫原油。至于油品进口,在中国油品的进口结构中,近几年始终以汽油为主。

表6　中国原油和油品进出口比较　　　　　　　　　　单位:10⁴t

品名	1987		1990		1991		1992		1993	
	进口	出口	进口	出口	进口	出口	进口	出口	进口	出口
原油		2722.5	292.3	2398.6	597.3	2259.0	1135.8	2150.7	1564.0	2315.0
油品	220.8	678	393.6	633.1	590.8	681.9	809.8	599.5	1739.0	(含油品)
汽油	12.8	116.5	15.5	178.9	10.8	211.2	33.1	269.8		
石脑油		115.3	1.4	54.9	0.00	38.8	1.4	32.6		
煤油	0.1	44.4	0.1	43.8	2.6	32.1	15.6	18.0		
轻柴油	162.1	133.9	199.6	153.3	28	115.3	460.9	144.0		
重柴油	4.6	6.2	25.5	6.9	33.6	5.7	40.3	3.9		
其他	41.2	262.7	151.5	195.3	257.8	278.8	258.5	131.2		

3.2　价格体系尚未理顺,导致国内石油市场出现了频繁的波动

20 世纪 80 年代以来,中国政府长期实行"一油多价"的政策以调控国内的石油供求关系。由于计划价格控制了原油的主要供给量,就使市场价格调节的部分由于庞大的需求压力而变得价格变化非常迅速。1991 年海湾战争以来,中国石油市场所出现的数次大波动就表明了中国国内石油价格和供求关系不稳定的状况。

第一次波动出现在 1991 年第一到第二季度。当时的中国经济正处于 1989 年紧缩政策之后的增长低谷时期,市场疲软,需求能力很低。与此同时,由于海湾战争所带来的国际油价大幅度下跌,对中国的石油市场造成了很大的冲击。到当年度第三个月份,国内计划控制之外的油品被迫降价 100 元/t(人民币)左右,如 0 号柴油的市场售价已普遍降到 1400～1500 元/t。即使如此,进口柴油的售价依然低于国内售价。广东省 3 家公司仅购进 3～4 月份到货的 6t 柴油(到岸价为 1100 元/t)就冲击了广东及沿海市场。

此后仅过一年,中国经济的疲软状态尚未结束,由于韩国和日本厂商的出口油流对中国市场的冲击,导致了中国石油市场的第二次大波动。在这次市场波动中,由于中国政府对石油营销控制权力的部分放松,使一些营销部门不顾市场需求能力盲目进口。其结果,不仅使日韩厂商从转移本国过剩产品中牟取了高额利润,而且使中国石油化工总公司及其所属的炼厂蒙受了巨大的经济损失。

第三次石油市场的大波动出现得更为迅速。1992 年底,当中国石油市场还未从第二次波动冲击中完全恢复时,就突发性地出现了以汽油供应短缺、价格猛涨为标志的油品需求过旺现象。该次波动的持续时间较之前两次更为长久,波动过程中油品价格的上涨幅度也达到了历史最高水平。如 1992 年底中国的中南和西南地区,70 号汽油市场售价曾高达 3799 元/t,而 90 号汽油售价甚至涨到了近 5000 元/t,这与同期居国际市场汽油价格最高之列的新加坡汽油

离岸价格仅相当于人民币 1507 元/t 形成了鲜明的对照。1993 年第二季度,中国政府实行了温和的金融紧缩政策之后,中国国内石油市场的需求压力开始逐步降低。然而,由于紧缩政策的效应以及国外油品和原油的大量进口所形成的进口替代效应,使中国国内的石油市场又出现一定程度的需求不足。这种情况到 1994 年第一季度尤为明显。

从近几年来的中国石油市场的波动情况看,大致有两个特点:第一,波动的周期很短。从以上对海湾战争以来中国石油市场供求关系的考察中可以看到 3 次大波动的间隔时间平均只有一年左右。波动如此频繁说明中国石油市场的供求关系和油价极不稳定。第二,中国石油市场的波动情况直接受到中国经济的宏观形势和市场化进程的影响。如第 3 次波动的出现无疑与 1992 年以来中国经济出现的增长过热直接相关,目前的市场需求不足,并非表明中国经济中对石油产品的总需求的下跌。而是由于政府金融紧缩政策所导致的企业购买力下降引起的。事实上中国石油市场的波动频繁也与整个中国经济波动周期过短有关❶。

中国油气价格的频繁波动除了与经济体制转换过程中的双重价格体系有关外,还主要来自如下 8 个因素的影响:

第一,中国国内油气消费水平的增长。消费水平的提高,除了来自经济增长率较快方面的原因外,主要与中国乡镇企业的大量出现和居民生活水平的迅速提高有关。例如,近年来中国国内在用汽车的数量年均增长率一直在 20% 以上。

第二,石油生产成本的增长。近年来钢材、水泥的市场价格增长迅猛,使石油生产的生产要素成本逐年递增。年均增长率在 10% 以上。这种情况,在一定程度上使石油供给由于成本增长而不足。

第三,石油库存量的影响。由于国内石油需求长期以来居高不下,再加上国内目前尚缺少大型地下油库,使国内市场上的油气库存量有限,存货不足使供求关系的调整变得非常困难。

第四,人民币外汇汇率变动的影响。中国经济对外开放以来,人民币对外币汇率逐步下调。这种状况在一定程度上促进了国外油品向国内市场的进口势头。

第五,国际油价的影响。国际油价远远高于国内油气的计划价格和低于国内油气的市场价格状况,加剧了国内石油市场的供求矛盾。

第六,国家对外开放政策的影响。近年来,政府在石油工业中逐步实施对外开放政策,目前已在南方 10 个省区和北方 10 个省区吸引外商进行油气风险勘探与合作开发,并在老油田进行提高采收率等的合作。与此同时,政府在石油工业中制订了充分利用国内与国外两种资源、两种资金和两种市场的发展战略。政府政策的变化,使国际油价对国内油价的影响变得更为直接。

第七,能源结构变化的影响。近年来,在能源消费结构中,油气消费量的增加速度很快,消费比重呈上升态势,这种状况,使油气供求缺口进一步拉大。

第八,替代能源和新能源的使用及增长。

3.3　市场中介组织正在兴起但发育过程尚未成熟

20 世纪 80 年代以来,中国政府为了适应国内市场对油品需求的增长需要,改变了以往由中国石油化工总公司独家控制油品销售的政策,而允许非计划控制油品增加销售渠道。随后,

---

❶ 据中国经济学家测算,中国经济自 20 世纪 70 年代中期以来大约每隔 3～4 年就出现一次经济波动,并且波动幅度很大(见杜辉《中国:双重转换中的波动趋势》,上海人民出版社,1992 年)。

除中国石油化工总公司外,中国石油天然气总公司、中国化学工业进出口公司、各级地方政府、军队乃至一些私营经济部门纷纷建立了自己的油品销售系统。销售渠道的多元化,虽然提高了国内石油供给的竞争程度,有利于中国石油工业的资源配置效率的提高,但是,多元销售系统并不意味着中国石油市场交易的规范化。为了形成规范化的国内石油市场,中国政府从1992年起开始考虑建立中国的石油交易所,并于1993年5月正式建立了中国第一家石油交易所即上海石油交易所。此后不到一年,市场中介组织发展很快,迄今,已在上海、北京、天津、兰州、武汉和大庆等城市建立了6家石油交易所。

目前,中国的石油交易所的运行过程主要有3个特点。第一,交易所的总体设计以中国国情为依据。例如,针对中国的期货市场刚刚起步和市场机制尚有缺陷的状况,石油交易所采取了"以期货交易的方式规范现货交易"和规范化的期货交易并举的原则,以实现逐步向规范化的市场过渡的目标。第二,交易所的发起单位一般包括地方政府,交易所的基础设施比较完善。例如,上海石油交易所就是由中国石油天然气总公司、中国石油化工总公司和上海市政府3家联合发起的,地方政府参与交易所的运行和管理,使交易所的实力大为增强,基础设施比较完善。以上海石油交易所为例,计算机系统可以提供迅速、准确、方便的交易和结算手段,通信系统由200门专用小交换机和104条直接线路组成,与美联社和路透社联网,可以及时提供世界各地的石油行情。第三,交易所的会员大部分都是中国国内的大型企业,并且交易所会员席位不实行终身制。上海石油交易所的第一批约50家企业,基本都在中国500家大型企业范围内。另外,由于会员席位不实行终身制,对严重违规和交易量达不到一定水平的会员单位进行淘汰,又保证了竞争机制的存在。

中国的石油交易所目前存在的问题主要有两个:一是交易所的交易品种较少,如目前国内最早也是最大的上海石油交易所的交易状况就是一例(表7);二是人民币尚未成为可自由兑换货币以及其他配套条件不成熟,使石油交易所与国际标准还有差距。

表7 上海石油交易所现货交易合同规格及交易时间

品种	合同规格(每份)(t)	交易时间安排(每周一、周三、周五)
原油	1000	9:00—9:30
汽油	100	9:40—10:10
柴油	100	10:20—10:50
重油	100	11:00—11:30

4 中国石油市场的发展趋势

由于中国的石油工业的资源配置深受宏观经济管理体制的制约,中国石油工业的市场化程度和石油市场发育状况将由整个中国经济的市场化速度决定。从总体上看,预计中国的石油市场将朝着以下几个方面发展。

第一,供求缺口将长期存在,石油进出口贸易将进一步改变。从宏观经济增长态势看,中国经济的增长率保持在10%或是10%以上,将是今后相当长一段时间的发展趋势。从石油工业的供给能力看,由于石油资源的增长率不可能大幅度提高,加上政府对石油天然气开采行业的计划控制状况在短期内不可能根本改变,因此,原油的供给水平不会大幅度提高。尤其是,勘探开发的资金投入不足,将是中国石油工业今后相当长一段时间内必然存在的难题。这就使原油产量与加工能力之间矛盾会继续加剧,供求缺口长期存在甚至拉大,必然会使中国进出口贸易结构进一步改变。出口量还会降低,进口量还会进一步增加。从1994年的经济发展状况看,新一轮过热增长的势头已经存在,这可能会使中国的石油(包括原油和油品)进口量在1995年以后达到4000×10^4t以上。当然,进出口贸易结构的改变,必将使中国政府今后越来越多地注重发展中国与世界各主要产油国的贸易关系。这种趋势,将在一定程度上有助于加快中国石油工业国际化的步伐。

第二,石油市场的波动将继续存在甚至波动幅度还会加大。从而使国内石油市场的供求关系在短期内极不稳定。中国石油市场的频繁波动已对中国的石油工业乃至国民经济带来了严重的影响。然而,由于中国政府对于基础产业进行部分价格管制的谨慎态度在短期内很难改变。将使价格体系的二元化即计划管制价格和市场价格并存的状况长期存在。这种价格政策在国内石油供求缺口已经存在的情况下,必然会导致石油市场的波动。从未来几年的发展趋势看,中国重新参加关贸总协定和人民币实行自由兑换制度已成定局,这无疑将使中国的石油工业进一步遇到国外石油进口的市场压力,导致中国石油市场供求关系的不稳定和价格的波动。

第三,市场中介组织在数量和规模上还会进一步扩大,规范化程度还会迅速提高。由于1994年以来中国经济的市场化步伐加快,石油工业的国际竞争压力增大,可以预期。中国石油交易市场在今后的一个时期会形成一个较迅速的发展局面。由于中国政府对石化工业的控制程度远远低于石油天然气开采工业,今后石油交易所内的油品交易量的增长速度将会大大提高,原油交易量的增长速度将会相对缓慢。另外,为了适应石油进出口贸易结构的变化和对外石油贸易关系的需要,中国石油交易所将在近几年内把规范性作为主要目标。事实上,从一开始就尝试创建规范的石油交易的市场中介组织,也是中国石油工业市场化的一个基本方针。

第四,认真贯彻中共中央、国务院2017年上半年公布的《关于深化石油天然气体制改革的若干意见》(以下简称《意见》)。《意见》强调了:引入市场竞争机制释放上游活力,特别是贯彻"稳油兴气"战略和提速我国天然气行业市场化改革。长期以来,油气资源矿权主要集中在"三大集团公司"。在油气勘探领域引入竞争机制,让更多有资质的市场主体参与油气勘探开发符合我国目前油气资源勘探已由富集高产资源为主转变为低品位资源为主的现状,需要引入更多的市场主体运用不同的勘探开发思路,在有限的油气资源里实现价值最大化。改革目标指向"保供应、提能效、促公平"。落实《意见》要做好四方面工作:

一是,完善相关法律法规。目前我国在矿产资源方面只有《矿产资源法》,太笼统,难以覆盖油气资源的特性。对于油气类流体矿产,尤其是进入开发阶段后缺乏必要的条款。需要制订专门针对油气行业特点的《石油法》并实行特定矿种一级管理。

二是,建立储量交易市场,充分发挥市场在资源配置中的决定性作用,通过矿权和储量的流转减少存量,增加增量,有利于释放市场活力与增加油气资源供给。

三是,加强资质审核、建立并完善油气服务市场。要将投资者与作业者区别对待,对投资者可以降低门槛,对作业者要有严格的资质认证。要加强工程技术服务的市场建设,像国际上斯伦贝谢公司、哈里伯顿公司、贝克休斯公司三大技术服务公司那样,提高自主技术服务能力与效果。

四是,政府要积极引导和扶持中小企业,搭建资本与技术合作平台。引导和扶持中小企业积极参与油气勘探开发业务。

第五,我国是"一带一路"的倡议国与主办国,石油天然气行业要制订积极参与"一带一路"油气勘探开发业务规划与实施指南。衡量"一带一路"关于石油天然气合作项目好坏的标准是项目能否达到效益标准、能否盈利。

第六,在国家发展与改革委员会、国土资源部、环境保护部(局)、安全监管局等政府部门的领导和监管下,完善与强化企业自主监管工作(要做到:全过程、全链条、全方位监管),应该在实践中不断完善形成符合我国国情的石油天然气工业监管体制。

(注:上述第四、第五和第六条,参考了《中国石油报》2017年6月6日"石油时评"等资料并进行了加工处理)。

5　结语

近年来中国石油工业市场化的经验表明,随着中国石油供求矛盾的激化和进出口贸易结构的改变。中国的石油价格向国际油价的逐步靠拢正成为一个最终的发展趋势。同时,随着中国经济从中央计划经济向市场经济的转换过程逐步完成,中国的石油生产与营销方式的多元化也已势在必行。因此,从投资环境和技术合作的前景看,中国的石油市场将会受到国际社会越来越多的关注,并对其他国家的石油厂商产生巨大的吸引力。

参 考 文 献

[1]尚翱声.关于建立石油市场体系的思考[J].石油经济,1993(1).
[2]刘国光.1994年中国:经济形势分析与预测[M].北京:中国社会科学出版社,1993.
[3]王书琴.石油工业企业的资金管理体制改革//胡健.社会主义市场经济体制与石油工业的经济体制改革.西安:西安交通大学出版社,1993.
[4]孙永生.初探中国石油市场的发展趋势[J].国际石油经济,1993(2):1-5,31.
[5]王凤琛.石油企业进入油品市场面临的挑战[J].中国石油大学学报:社会科学版,1992(4):1-3.
[6]胡政.石油市场与石油期货交易[M].北京:石油工业出版社,1993.
[7]汪丽清.石油工业经济体制改革与企业转换经营机制//胡健.社会主义市场经济体制与石油工业的经济体制改革.西安:西安交通大学出版社,1993.

(原文刊于《西安石油学院学报》,1994年(第9卷)第2期及第3期连载)

21世纪中国钻井技术发展与创新

张绍槐　张　洁

摘　要：阐述了自动化钻井的理论与优点并重点介绍了自动化钻井的10项主要技术,建议21世纪初期重点发展复杂结构井的产业化技术、钻井信息技术、绿色钻井液及其精细化学品、深井超深井技术、现代平衡钻井技术、油气层保护技术、柔管钻井和小井眼产业化技术、钻井理论研究等8个方面。钻井既是一项地下工程,就需要发展井下控制技术并将目前地面遥控的闭环钻井信息流的主要部分移到井下,逐步使钻井信息的采集和处理以井下为主,并使钻井的决策与控制主要在井下直接进行。提出了研制井下钻井微软、井下地质微软和井下油藏微软的意义,提出了井下随钻信息集成系统的原理和研究随钻闭环自动导向钻井技术创新工程的思路和技术路线。

关键词：21世纪；钻井工程；随钻地震；自动化钻井；钻井信息技术；钻井液

中国古代钻井技术被称为中国古代文明的第5大发明,开创了世界钻井历史的先河。新中国成立后,我国石油工业有了举世瞩目的巨大成就,我国石油产量现居全世界第5至第8位,我国的钻井规模已跃居全世界第3位,钻井业已走出国门参与国际竞争。当前,国际钻井技术发展的总趋势是以信息化、智能化、自动化为特点,向自动化钻井阶段发展。希望在21世纪初我国钻井技术能够赶上世界先进水平并有所特色;在建立技术创新体系,形成自主创新的技术进步机制,提高我国在国际市场的竞争力等方面将能做出新贡献。

1　自动化钻井

国际钻井界自20世纪80—90年代以来,在随钻测量和随钻地层评价技术实时钻井数据采集—处理—应用技术、复杂结构井的产业化技术、闭环旋转导向钻井技术以及自动化钻机的研制等方面不断取得突破性进展。这些都是为了最终实现自动化钻井。但是,由于"入地比上天难"的原因,人类在实现空间自动制导飞行和水域自动制导航行之后多年,迄今未能在地下自动制导钻掘技术方面取得成功。在新世纪初期(2001—2020年)我国钻井界能否在起步晚、差距大的历史背景下,提高起点,用跨越式发展战略在某些关键技术上取得突破、有所创新与特色并占领前沿制高点是完全可能的且值得思考的问题[1]。

1.1　自动化钻井理论

在控制论方面要运用模糊逻辑控制和多变量的动态智能控制方法。因为钻井工程有大量复杂和不确定因素,采集和获取的信息往往是不精确的、模糊的、不确定的和非数值化的。需从人类智能活动的高度和思维来进行判断识别,还要靠专家的经验知识和理论来建立智能模型解决复杂的钻井工程的综合解释和模式识别等问题,实现多变量的动态智能控制。要用系统论来处理井下控制。钻井工程是一个庞大的系统,从地面到井下是钻井系统的整体。不仅钻井的工具设备和工艺流程是一个整体系统,而且钻井信息数据采集、分析处理、传输控制、执行、反馈、再决策、再控制……也是一个整体系统。

钻井自动化要依靠和运用信息技术。未来的钻井技术效益将依赖并产生于信息领域。未来钻井自动控制技术要以智能传感器采集静态与动态信息为基础,发挥智能计算机的功能来运用信息,再利用双向通信传输技术来传输和反馈信息,形成闭环信息流,达到闭环自动控制的目的。

1.2 自动化钻井技术

根据钻井自动化理论和大量研究与实践,现在已经成熟和近期可能应用的与自动化钻井有关并把它们集成起来的 10 项主要技术是:

(1)地面数据采集录井应用技术,除改进指重表、扭矩仪、泵压表、八(六)参数仪以外,需研制智能型综合录井仪、地面模拟器、地面显示器等。

(2)井下随钻测量和随钻地层评价技术,主要指随钻测量(MWD,EM·MWD)、随钻测井(LWD)、随钻地层评价(FEWD)和随钻地震(SWD),还有近钻头随钻测斜器(MNB)。随钻测量技术不仅能够实时获得必要的工程参数,还能随钻评价地层。

MWD 与 MNB 可以随钻测得井斜和方位等参数,求出井眼实时偏差矢量是实现几何导向的必要手段。三联或四联组装的 LWD 可以随钻测得电阻中子、密度及 γ 测井、声波测井的资料。SWD 是一项井中地震新技术,利用钻进过程钻头产生的振动作为井下震源,可以获得钻头附近及其前方几十米远处的信息,从而可以随钻评价正钻与待钻地层,实时修正地质预测模型,获得真实的实钻地质模型以及油层与钻头的实时位置和相对位置等资料(图 1)。LWD 与 SWD 能够随钻识别地层是地质导向的有力手段。随钻测量技术不仅是优控井身轨迹的先进技术,也是保证优质平滑井眼和实现高效低成本优化钻井的有力措施,是实现自动化钻井的必要技术。

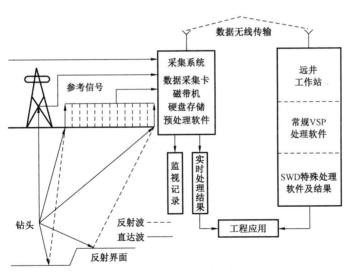

图 1   随钻地震数据采集、处理及应用示意图[2]

(3)井下动态数据的采集、处理与应用系统[3]。现代钻井方法的钻柱长度与直径比值为 $10^4 \sim 10^5$,即钻柱为高柔性结构并在钻进时有轴向的、扭转的和横向的振动。一定程度的振动可能发生钻头短暂离开井底使钻头空转、钻头过早磨损钻速降低,振动严重时可能发生扭振扭转振荡,钻头和钻柱涡动、钻具脱扣、钻头反跳、钻柱黏滑、随钻测量工具和其他井下钻具组合

（BHA）钻具失效等意外事故。长期以来在地面进行实时振动监测,它不能提供建立钻柱振动特性和钻井动态特性的精确模型。特别是通过弹性钻柱传递信号的传播质量很差,以致钻头振动不能被精确地检测出来。而且在打斜井和水平井时钻柱与井壁接触,大大减弱了在地面检测轴向和扭转动态的信号,不利于对井下情况的正确判断和决策。钻井动态数据在井下采集和诊断中是有效控制振动、实现钻井自动控制和优化钻进过程的关键。近期基于在传感检测技术和微电子学方面的进展,已经开发出井下传感检测组装工具。它能测 8 种参数 12 个数据,即:① 4 个全桥式应变片组以测量井底钻压、扭矩和两个正交方向的弯矩;② 测量井眼压力和环空压力的压力传感器;③ 三轴加速度计以测量轴向加速度和两个正交方向的横向加速度;④ 用 X 和 Y 两个正交的磁力仪监测井下旋转速度;⑤ 用电热偶计检测井下温度。

井下传感器组装工具用于采集数据,加上配套的井下数据信号处理仪、数据储存器、地面实时显示器等构成井下动态数据采集处理与应用系统(DDS)。

该系统能在 138MPa 和 150℃ 条件下工作,已实现新水平的钻井过程控制并将成为自动化钻井的核心技术之一[3]。我国在井下动态数据的采集和应用方面也做了一定工作,建议研制应用系统。

（4）地面与井下数据的集成与综合解释软件。

（5）信息流闭环系统及地面与井下双向通信系统,井队与后方管理指挥部门之间的通信系统以及相应网络技术。

（6）地面操作控制系统。

（7）井下操作控制系统。

（8）钻井智能软件及配套的数据库、知识库、模型库、计算机支持的协同工作的网上多学科群体决策的中(远)程钻井技术与管理智能化应用系统。

（9）自动化钻机及其软硬件配套系统。

（10）自动化井口安全系统,钻(完)井液密闭循环、处理与性能监测系统,还有环保自动监测、处理与控制系统等。

上述 10 项技术应加以集成化。

1.3　自动化钻井的主要优点

（1）自动化钻井能实现钻井过程优化、自动控制和优质高效钻进、井身质量好。

（2）自动化钻井能够精确控制井身轨迹,确保顺利钻成复杂结构井和各种复杂形状的井身剖面,也能在直井中防斜,因而钻深井、超深井、探井、复杂井的成功率大,能实现“要钻就钻、钻无不克”的新水平。

（3）自动化钻井时效高、成本低、经济效益好,能满足国际 HSE 要求。

2　21 世纪初期钻井技术的发展

21 世纪全球钻井将会有重大进展。我们应坚持有所为有所不为,把自主创新放在重要位置。在 21 世纪初期结合自动化钻井课题再发展 10 项技术[1]。本文重点阐述下面 8 项技术。

2.1　复杂结构井的产业化技术

复杂结构井包括水平井、大位移井、多分支井和原井再钻等新型油井,对油气藏实行高效的立体式开发。国际上认为,复杂结构井是当今石油工业上游领域的重大成就和关键技术之一[4]。我国应加快复杂结构井的产业化。

(1)继续提高对复杂结构井优越性的认识。水平井在开发复式油藏、礁岩底部油藏以及控制水锥气锥等方面效果好;水平井和多分支井增加了井筒与油藏的接触面积,是增加产量和提高采收率的重要手段。多分支井在开发隐蔽油藏、断块油藏、边际油藏以及一井多层、单井多靶,实行立体开发等方面有优越性。大位移井在实现"海油陆采"方面有巨大潜力,它比修建海堤和人工岛更为经济有效。原井再钻已不仅是几十年来用于挽救报废井的侧钻技术,还是一种能从老井和新井中增加目标靶位扩大开发范围、利用已有管网、井场设施的经济有效手段,它是一项迅速发展的新兴技术。

(2)运用计算机模拟和可视化等手段进行复杂结构井的设计。

(3)充分掌握和不断完善几何导向与地质导向技术,使用先进的 MWD,LWD 和 SWD 及旋转导向闭环钻井技术,提高复杂结构井控制井身轨迹和优化钻井的水平。

(4)突破完井设计与完井施工的技术难关,尤其是多分支完井。掌握和应用多分支井TAML 分级标准。研究解决多分支井完井的连通性、隔离性和可靠性(含重返井眼能力)这 3个关键技术。研究智能完井的软硬件和设计、施工技术。

复杂结构井产业化集成技术还包括:为复杂结构井专用的软硬件;能保径防偏磨的高进尺、高钻速的 PDC 等新型钻头;能准确预测—计算—评价和监测真实管柱(而不是简化管柱)摩擦阻力和摩擦扭矩的理论与方法;适于复杂结构井的能强化井眼净化的优质钻(完)井液;有效的模拟装置和模拟研究等。

2.2 钻井信息技术

信息技术已经并将继续对钻井产生巨大影响,信息化、智能化和集成化是信息科学最本质的内涵,在这方面已有一定基础,将能建立一套钻井采集分析、处理控制与智能化决策系统,并配有先进的数据库、模型库,开发钻井实时信息系统[5],并继续研究钻井模拟器。

钻井软件与油藏软件的结合,将使钻井过程控制和优化钻井达到新水平。改进集成软件和增加通信带宽,将使井场人员同办公室人员实时联系,利用网络技术,钻井队将像公司办公室那样用网络连接起来。正在研究计算机支持的协同工作(CSCW)的网上群体决策的、支持环境的、网络化钻井工程技术与管理智能化应用系统。实时网上多方协同工作,实时指导钻井作业和形成技术网络化。

2.3 绿色钻(完)井液体系与精细化学品的研制与应用

按国际健康—安全—环保标准和发展趋势,研制不污染环境、不损害健康、不伤害油气层并能抗温抗盐防塌,具有良好流变性和触变性能,满足钻复杂结构井和深井超深井钻井、完井作业要求的新型无毒无污染的绿色优质、高效钻井液、完井液体系及其精制化学处理品已日感迫切。

油田化学品生产是大量耗用化工原料的。目前我国有 10 万口在产油气水井,年钻井进尺约 2000 多万米,年修井增产作业约 1 万井次,每年钻采作业对油田化学品的总需求量达 100×10^4 t 以上。目前,现场使用的合成基聚合物钻井液完井液返排后,均会在不同程度上造成土壤的伤害,使土质板结和盐碱化等,难以满足日益严格的环保要求,必须寻求新型原材料和有效的化学改性方法,生产环保型钻井液、完井液化学添加剂。

最近利用绿色植物 3 大素(纤维素、半纤维素、木质素)经过适宜的化学改性反应,使植物

3大素衍生物之间发生适度的化学结合,在适宜的范围内提高其相对分子质量所得产物加入到不分散聚合物钻井液中可得到比纯聚合物钻井液的流变性能和失水造壁性能更好的改性植物3大素强化聚合物钻井液完井液,从而进一步拓宽植物3大素化合物作为钻井液完井液助剂的应用范围。我们还利用其他天然植物材料研制绿色优质与高效钻井液、完井液体系与精细油田化学品,这是一个新的方向,已引起有关方面重视和用户欢迎。

2.4 现代平衡钻井完井技术

为解决保护油气层的要求,近年兴起了现代平衡钻井完井技术。它不仅有利于保护油层,还有利于发现油气层,特别是低压、低渗透油气层。它包括平衡与欠平衡及近平衡钻井完井以及不压井起下钻技术。现代平衡钻井技术要求在钻进、接单根、换钻头、起下钻、测井、固井、完井等全部作业过程中始终(不间断地)保持井下循环系统中流体的静水压力略小于目标油气层的压力。而按当量循环密度(ECD)计算的流动压力等于油层压力。这种平衡一旦被打破,就使以前在平衡作业方面的一切努力归于无效,并导致钻井液等侵入油气层而伤害立即发生,有时还会大于过平衡钻井所造成的伤害。欠平衡钻井限于在地质条件清楚、地层压力已知和不含硫化氢等地层中应用。现代平衡钻井技术采用强化的防喷器组和井口二级分流系统,能在地面进行动态压力控制,配备有由井下传感器或井底压力计等组成的随钻监测信息传输系统。在负压值的计算上要以井底点为计算点,要考虑循环时动态条件下的负压值,要用相态稳定模型进行动态计算,必要时用注入氮气的方法在井底形成负压。

2.5 深井与超深井配套技术

在钻井设计上,进一步解决精细预测技术,分类进行科学设计,并做好软硬件准备,钻深井超深井更需要钻井信息技术。深井超深井的钻柱长度大,井下动态反应更加突出,需加强管柱力学研究。提高对钻井过程的控制,使用井下动态数据采集控制系统,解决深井超深井的井下轴向、横向、扭转振动及由此诱发的钻头跳、钻头空转、BHA涡动(反转、脱扣)、黏—滑—阻卡卡钻等复杂问题,为实现安全和优化钻井扫除障碍。

深井超深井防斜打直往往也是很突出的问题。导向钻井技术在深直井防斜中也能得到有效的应用,同时还可消除螺旋井眼、椭圆井眼等,以力求井身平滑规则。进一步解决高温高压及含 H_2S 和 CO_2 等酸性气带来的技术难题,如抗高温高压钻(完)井液技术、井壁稳定技术、井口装置及井下工具仪器的耐压和密封件技术等。尽早采用智能钻井技术来打深井超深井。在组织管理上采用多学科团队经验。

2.6 完井与油气层保护技术

继续深化油气层伤害机理和测试评价方法的研究。完井技术要研究新的现代完井方法、工具和技术,改变目前完井方法比较少和单一化的状况。智能完井、选择性完井和遥控完井等现代完井技术是发展方向。

2.7 柔性管、小井眼钻井完井修井配套技术

柔性管钻井完井修井配套技术的研究、应用与产业化,更容易实现自动化钻井完井修井作业。小井眼钻井完井修井配套技术是被实践证明能大幅度降低钻井成本的产业化技术。而用柔性管来实现小井眼产业化也是一条路子。

2.8　钻井主要理论研究[1]

(1)钻井预测理论,例如:① 地层压力与温度预测理论的深化研究。② 分形几何和地质统计学方法预测探井储层参数的理论与方法。③ 高温高压含硫深气井测试井筒压力温度等参数的预测模型的理论研究。④ 复杂井井身斜度与方位漂移及井身轨迹的预测理论研究。⑤ 钻柱摩阻、扭矩实测与预测的准确计算方法的研究。

(2)钻井力学的理论与应用研究。

① 管柱力学理论应减少传统研究时所作的若干假设,准确计算真实管件与管柱的力学理论与计算方法(含计算软件)的研究。管柱力学理论计算宜与井下实测技术相结合。② 继续深化对岩石、钻头与钻柱相互作用的力学理论研究与应用。③ 继续深化井壁稳定性的研究;随着复杂结构井的日益发展,又有许多新的问题要研究。例如,钻多分支井在钻完每个分支的进尺到该分支井固井完井,有一个裸眼时期,该时期的裸眼稳定性决定了作业的安全性与风险性,因此,需要根据钻多分支井油田的地质—地层条件,从力学和化学的耦合上研究这种裸眼稳定期和稳定性。④地应力的理论研究与应用。⑤钻井流体力学的深化研究与扩展理论研究。

(3)钻井化学的理论研究与应用。钻井环保理论与应用技术的研究。

(4)钻井遥感、遥测、遥控等"三遥"应用理论和钻井制导理论与应用研究;井下控制理论与应用技术的研究;钻井电子学理论与应用技术的研究。

(5)钻井信息、信息流及信息与网络软硬件应用理论与技术的研究;钻井智能模型的研究;钻井软件与地质油藏软件的结合;井下微电脑及井下应用软件的研究等。

3　随钻信息集成系统及闭环自动导向钻井技术创新工程的研究

在向自动化钻井阶段前进的道路上,信息技术、控制技术和通信技术等在钻井工程现阶段的应用水平可以用图 2 来说明。图 2 表示地面遥控的闭环钻井信息采集(测量)、处理(诊断)、控制(执行)、反馈、决策及双向通信的信息流程。该系统的信息主要包括地面采集的信息、井下随钻采集的信息(MWD,LWD,SWD 等)和井下实时动态测量的信息(DDS)这 3 部分信息,不管是在井下采集的还是在地面采集的,都只能在地面进行处理解释,并由专家在地面进行综合解释再加以集成和决策,最后供控制(执行)之用。这种系统虽然不断加大井下信息和随钻信息的采集量以及不断提高信息在井下反馈的力度,但到目前为止,地面与井下两方面的主导方面仍然在地面,尤其是决策与控制仍然主要在地面进行[4]。可以说图 2 所表示的是当代最先进的地面遥控的闭环钻井信息集成系统。

钻井是一项地下工程,是在井下作业并建造油井。为此,需要发展井下控制技术并将信息流的主要部分移到井下形成井下闭环信息系统,而地面信息流作为监控系统,实现"井下为主导、地面相配合"的新格局。随着信息技术、微电子技术、通信技术以及可借鉴的航天技术、机器人等技术的迅速发展,这种自主式导向技术是迟早可以实现的。图 3 是随钻闭环信息集成系统原理图。该系统保留地面采集信息和在地面把钻井、地质和油藏等多学科的信息综合集成和实行地面监控的功能,但是极为重要的是逐步把许多原来在地面进行的工作移到井下,逐步使决策与控制主要在井下进行,变井下为主导方面。这项技术的关键是研制井下电脑和智能化的井下钻井微软、井下地质微软和井下油藏微软,通过接口系统能在井下集成并协同工作,再加上三维可视化技术等,构成随钻闭环自动导向钻井技术创新工程。

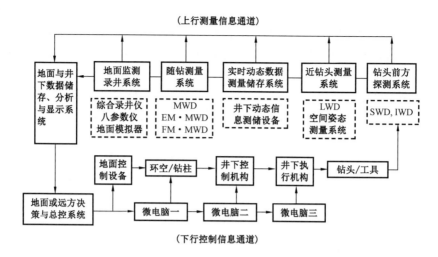

图 2　闭环钻井测量—控制—执行—通信—信息流程图

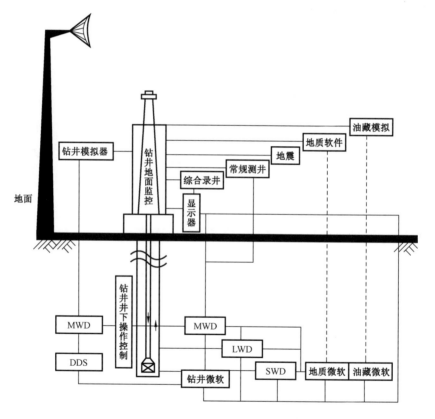

图 3　随钻闭环信息集成系统原理图

钻复杂结构井时需要严格按实际的地质条件和实际的油藏特性精确控制井身轨迹。井下钻井微软至少应具有预置井身剖面及在井下控制井身轨迹的功能。井下地质与油藏微软应具有说明拟穿越油藏的地质与油藏特征及标定油、气、水层及夹层层位与岩性的功能。在钻井过程中控制井身轨迹时,随钻得到的信息通过接口系统一方面实时地送入井下钻井微软,在井下处理解释反馈后发出指令给导向工具实行几何导向和优化钻井,另一方面也实时地把随钻信息送入地质微软和油藏微软中,并在井下处理、解释(含反馈)后,发出指令给钻井微软进行地质导向。它是几何导向与地质导向相结合并在井下直接自动导向能使井身在复杂油藏中穿越时,辨识出很薄的纯油部分从而使所钻井身在油层中自动寻优控靶。该系统在井下进行信息采集—处理—反馈—再处理—决策—控制的同时还可以在地面显示信息和进行监控。它可以大大提高在复杂条件恶劣环境和特殊需求时的钻井能力,不断提高钻井速度、钻井质量和效率以及提高钻井成功率并减少风险、降低成本,这也必将对现行油气勘探开发工程进行一场革命性的重大变革。

4　结论

21世纪是科学技术特别是工程科学技术进一步高速发展的世纪。现代钻井技术的总体发展趋势是从科学化钻井的成熟阶段向自动化钻井阶段迈进,这是人类继实现空间和水域自动化之后的又一个重要里程碑。围绕这个总目标,本着"有所为有所不为"的精神,在自动化钻井领域应该有所创新,在发展钻井信息技术、随钻测量技术、井下动态数据的采集处理和应用系统、井下可视化技术以及推进复杂结构井集成技术,扩大复杂结构井产业化等方面加大研究和应用力度。为了实现井下控制与地面遥控相结合的闭环钻井,需要研究与开发具有自主知识产权的随钻信息闭环集成系统及随钻闭环自动导向钻井技术创新工程。可以相信,创造了古代钻井史的中国现代钻井业也能在21世纪对人类文明与进步做出新的贡献。

参 考 文 献

[1]张绍槐,张洁.关于21世纪中国钻井技术发展对策的研究[J].石油钻探技术,2000,28(1):4-7.

[2]张绍槐,韩继勇.随钻地震技术的理论及工程应用[J].石油学报,l999,20(2):67-72.

[3]Heisig G. Sancho J. M,Aacpherson J D. Downhole Diagnosis of Drilling Dynamics Data Provides New Level Drilling Drocess [J]. JPT, 1999, 51(2): 38-39.

[4]张绍槐,狄勤丰.用旋转导向系统钻大位移井[J].石油学报,2000,21(1):76-80.

[5]张绍槐,李琪.石油钻井信息技术的智能化研究[J].石油学报,1996,17(4):114-119.

(原文刊于《石油学报》2001年第6期)

面向 21 世纪钻井技术发展趋势和建议

张绍槐

摘　要：本文概述了国际钻井技术发展趋势；扼要分析了我国钻井技术现状；论述了面向 21 世纪我国钻井技术发展的总目标是实现自动化钻井，并阐述了它的优质、高速、高效等优点。21 世纪上半叶，钻井技术发展的主要内容有 10 项，即井下闭环旋转导向钻井软硬件集成化技术、全自动化闭环钻井和装备技术、复杂结构井的产业化技术、钻井信息与网络技术、现代平衡钻井完井技术、深井技术、小井眼技术、海洋钻井技术、油层保护和完井技术、柔性管钻井完井技术。本文对钻井理论的深化研究与扩展应用提出了新见解。

1　国际钻井技术发展趋势

当前，国际钻井技术总的发展趋势是加速从科学化钻井的成熟阶段向自动化钻井阶段发展。这是国际钻井界自 20 世纪 80 年代以来，一直为之奋斗的共同目标。1987 年，第十二届世界石油大会时就提出了在 90 年代实现钻井闭环控制。被称为"钻井导弹"的 AutoTrak 井下闭环钻井系统当时已累计钻井进尺 $10 \times 10^4 m$。

（1）钻井技术的发展将以信息化、智能化、自动化为特点。未来的钻井技术效益将依赖于并产生于信息领域。2000 年即将召开的第十六届世界石油大会的主题是"石油促进全球发展。人员、经营及技术的网络化创造价值"。信息将成为石油企业的商品。信息化将给石油公司带来巨大的经济效益，估计会节约开支 25%，节约时间 40%。国际互联网和行业、地区网络要进入钻井行业。钻井队将像现在的公司办公室那样用网络连接起来。实时的井场数据将能远程送达后方钻井、地质、油藏与管理部门，并且实现双向通信，及时获得后方技术指导与支持，准确、优质、高效、安全地钻井。美国能源部在 20 世纪 90 年代初就公布了智能钻井课题。随着世界上空中自动制导（如导弹、飞船等）以及水下自动制导（如水下机器人、巡航导弹等）技术日臻完善，陆地地下自动制导钻井技术也必将取得突破性的进展，并达到工业应用程度。

（2）钻井能力不断提高，"要钻就钻，钻无不克"的局面将会出现。复杂结构井和特殊目标井都能钻，而且在质量上满足开发勘探的要求。此外，在世界石油资源的处女地和复杂地区的工作量将增大。1983 年第十一届世界石油大会时，已有美国、英国、挪威、加拿大等多个国家在两极地区钻探石油多年。目前，全球已有 58 口井是在水深 1524m（5000ft）以上完钻的，并有钻机正在水深 2100m 以上海域作业。海洋超深井井深已达 10000m 左右，陆地超深井记录还是苏联钻的莫霍井（12500m），美、德等国也钻了或正在钻 $1 \times 10^4 m$ 以上陆地超深井，美国正钻 $1 \times 10^4 m$ 以上的深水（水深 1600m）海洋超深井。

（3）钻井工程的理论研究将更加系统化与成熟。

2 对我国钻井技术现状的认识与分析

中华人民共和国成立以来，我国石油工业的发展取得了举世瞩目的巨大成就。我国在 20 世纪 60 年代中期就打成磨三井水平井（这在当时是属于世界早期钻水平井的几个国家之一);70 年代就打成了两口 7000m 以上的超深井;我们在塔里木油田和胜利油田已用水平井开发整个油田;能够打垂直井深达 5000m 的超深水平井和大斜度井;能够用边喷边钻等工艺技术进行欠平衡钻井;能够在巨厚的盐层、煤层中钻井;能够在高陡构造和强地应力等井壁极不稳定地区钻井;能够在高压多油气系统和高压含硫气田安全地钻井和测试完井;1997 年,在南海西江 24 - 3 - A14 井成功地创下了当时世界大位移井的记录。我国钻井年进尺量一直保持在 $1500 \times 10^4 m$ 以上,居世界前列。我国钻井技术与钻井队伍已走出国门。应该肯定,我国钻井技术的发展是高速度、高水平的。可以说,过去和现在,我国钻井技术是领先于石油工程整体水平的,确实起到了龙头作用。但是,我国在智能钻井、智能完井、复杂结构井、多分支井、大位移井和柔性挠管钻井完井等方面几乎还是空白或刚刚起步。钻井信息技术、随钻测量技术和深井技术(尤其是深初探井)方面差距较大。水平井的应用还未达产业化的程度。钻井总体差距约为 5 ~ 10 年。应该重视的是,我国钻井技术基本上还是以跟踪为主,创新成果不多,今后应强调研究与开发有自主知识产权的创新工程与技术。

3 我国钻井技术发展的目标与主要内容

要抓住机遇,按 3 个层次发展钻井技术,即成熟技术集成化、在研技术产业化和高新创新技术自主化。面向 21 世纪,特别是在 21 世纪上半叶,我国钻井技术的发展思路是:"明确目标、集中攻关、自力更生、自主创新"。力争形成有中国特色的钻井拳头技术,把自主创新放在首位,必要引进放在补充位置,在跟踪中也要有创新、有特色、有自主知识产权。

建议把 21 世纪上半叶的钻井科技总目标定为进入和实现自动化钻井阶段,并制订分期攻关的主要内容。

3.1 自 2000—2020 年攻关的主要内容

3.1.1 复杂结构井的产业化技术

复杂结构井包括水平井、大位移井、多分支井和老井重钻井等新型油井。产业化不是打几口或几十口井的问题。1997 年第十五届世界石油大会(WPC)后,CNPC 就提出了水平井产业化的设想,但进展不快,应努力在 2010 年以前达到国际上现在已达到的水平钻井占钻井总量 10% ~ 15% 的程度。钻大位移井、多分支井比钻水平井的技术难度更大,多分支井达到水平井同样的成熟程度大约要多花几年,甚至 10 年时间。这就要及早地做大量工作,并形成国有为主的集成化技术。

(1)井下闭环旋转导向钻井系统(图1)。整个钻柱在连续旋转状态下钻进才能精确控制井眼方向和轨迹。不用和少用滑动钻井方式就可以避免(或减少)形成螺旋井眼,这有利于钻复杂的井眼剖面,还有利于提高钻速和提高钻头进尺与减少起下钻。这项工作正在研究中,样机可望于 2005 年进行井下试验,再经完善投入批量生产到产业化应用至少还要几年时间,还要研制先进的可遥控的变径扶正器以及其他导向工具。

(2)信息流闭环系统。闭环钻井系统是依靠信息流闭环系统来实现。目前,自动导向钻井系统主要应用液压信息。主信息来自钻井立管的液流,并通过液流把井下系统与地面系统连接起来,形成闭环信息流程,达到可遥控闭环钻井的要求。

(3)随钻测量和随钻地层评价技术。它主要包括随钻测斜(MWD)、随钻测井(LWD)和随钻地震(SWD),还有近钻头随钻测斜器(MNB)。随钻测量技术不仅能够实时获得必要的工程参数,还能随钻评价地层。MWD 与 MNB 可以随钻测得井斜、方位等参数,求出井眼实时偏差矢量,是实现点移动靶动态中靶和几何导向的必要手段;三联或四联组装的 LWD 可以随钻测得电阻、中子、密度及 γ 测井、声波测井的资料;SWD 可以随钻评价地层,实时修正地质预测模型,获得随钻地质模型以及油层与钻头的实时位置和相对位置等资料。LWD 与 SWD 是实现地质导向的先进手段,当地质情况是在钻前难以准确预测的复杂多变地区,能使油气层"咬住"钻头及实时所钻井身,从而精确优控井身剖面。它有着极为重要的、无可替代的地质导向作用。随钻测量技术不仅是优控井身轨迹的先进技术,也是保证优质平滑井眼和高效低成本钻井的有力措施。这项工作已有一定基础,建议抓紧安排落实。

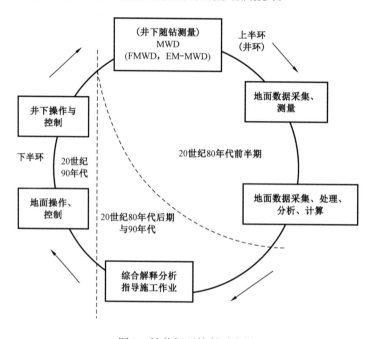

图 1 钻井闭环控制示意图

(4)这项集成化技术,其主要内容还包括:能保径防偏磨的高进尺、高钻速的 PDC 等新型钻头,井下水力推进器等工具;能有效预测、计算、评价和监测真实管柱(而不是简化管柱)摩擦阻力和摩擦扭矩的理论与方法;随钻动态设计井身轨迹的理论和方法;有效的模拟装置和模拟研究等。

3.1.2 钻井信息技术、软件技术和网络技术

信息化、智能化和综合集成化是信息科学最本质的内涵,也是 21 世纪信息技术的关键。钻井工程智能信息综合集成系统的国有技术已有一定基础。今后宜扶持并主要依靠国内能形成自主知识产权的钻井信息技术。在钻井网络化技术方面建议研究与开发计算机支持的协同工作(CSCW)的、网上群体决策的支持环境的中(远)程网络化钻井工程技术与管理智能化应用系统。该系统基于 Web 模型的面向 Agent 应用软件平台以及数据库技术,把多方专家群体求解过程作为 CSCW 运行机制的一部分,将控制学中的控制理论和反馈概念引入 CSCW 的协调机制,利用现有多媒体、超文本、分布式数据库和网络通信技术,提出适合油田野外作业的通信模型。并以 Intranet 和 Internet 等网络为开发环境,利用 Visual C + + 语言、MicroSoft SQL Server 数据库,以及 Browser/Server 技术、DCOM(分布式组件)技术等,实施网上多方协同工

作,实时指导钻井作业和形成技术网络化,从信息技术创造价值获得效益,为走向世界早作准备。

3.1.3 现代平衡钻井完井技术

它包括平衡与欠平衡钻井完井以及不压井起下钻技术。现代平衡钻井技术是在钻进、接单根、换钻头、起下钻、测井、固井、完井等全部作业过程中始终(不间断地)保持井下循环系统中流体的静水压力小于目标油气层的压力。这种平衡一旦被打破,就使以前在欠平衡作业方面的一切努力归于无效,并导致钻井液等的侵入而伤害立即发生,有时还会大于过平衡钻井所造成的伤害。欠平衡钻井限于在地质条件清楚、地层压力已知和不含硫化氢等地层中应用。现代平衡钻井技术采用强化的防喷器组和井口两级分流系统,能在地面进行动态压力控制,配备有由井下传感器或井底压力计等组成的随钻监测井底压力测量和信息传输系统。在负压值的计算上要以井底点为计算点,要考虑循环时动态条件下的负压值,要用相态稳定模型进行动态计算。有时用注入氮气的方法在井底形成负压。

3.1.4 深井钻井技术

深井钻井技术是深井(尤其是深探井、深初探井和深层含硫气井)在钻井速度、周期、质量、效益诸方面赶上世界先进水平的有关技术。

3.1.5 油气层保护的深层次理论和治理新技术

继续深化油气层伤害机理和测试评价方法的研究。完井技术要研究新的现代完井方法、工具和技术,改变目前完井方法比较少和单一化的状况。智能完井、选择性完井、遥控完井等现代完井技术是发展方向。按国际健康—安全—环保标准和发展趋势,研制不伤害油气层的钻(完)井液,研制抗温、抗盐、防塌及钻井完井用的新型、无毒、无污染的绿色、优质、高效钻井液、完井液体系与精细化学处理品。应开发具有实时监测、自动控制与处理钻(完)井液功能的密闭循环系统。

另外,柔性(挠性)管(连续管)钻井、完井、修井配套技术的研究、应用与产业化。它更容易实现自动化作业。

小井眼钻井、完井、修井配套技术及产业化。这是被实践证明能大幅度降低钻井成本的产业化技术。

滩海、近海和远海的钻井、完井、增产、修井配套技术。

3.2 从2000年到2050年长远性攻关的主要内容

全自动化钻机及配套装备的研制及应用。国外在1994年已生产出了全自动化钻机样机。我们应及早研制我国实现自动化钻井阶段所需要的相应系列的全自动化钻机,全面统筹从设计到生产样机再批量生产应用,最后达到产业化的系列工作,争取在21世纪30年代以前完成。

全自动化(从地面到井下)闭环钻井(含固井、完井等)的理论、方法、技术与软硬件研究。实现全自动化钻井是全世界钻井界一个多世纪的追求与奋斗目标。它具有以下主要优点:

(1)自动化钻井自动控制能实现优质、高效钻进,能使钻头的潜力充分发挥,使钻速达到最大,并且可能在复杂特殊井段用一趟钻顺利钻完该井段。井身质量好,不形成螺旋井眼和椭圆井眼,为快速优质固井、完井提供井眼保证。

（2）钻头与钻柱在连续旋转（没有滑动）的条件下钻进，能够精确地控制井身剖面轨迹，钻成复杂结构井和各种复杂形状的井身剖面，具有"必然中靶"的功能。也能在直井中防斜钻成垂直井段，以保证深井、超深井的顺利钻成。

（3）时效高，成本低，经济效益好。即使在低油价时也能大大提高国际竞争能力。这一优点在钻复杂井、海洋井和深井中尤为明显。

3.3 深化和加强钻井理论研究

（1）钻井预测理论。

① 地层压力与温度预测理论的深化。

② 用分形几何和地质统计学方法预测探井储层参数的理论与方法。

③ 高温、高压含硫深气井测试井筒压力、温度等参数预测模型的理论研究。

④ 复杂井井身斜度与方位漂移及井身轨迹的预测理论研究。

⑤ 钻柱摩阻、扭矩预测。

（2）钻井力学的理论与应用研究。

① 管柱力学理论应减少和消灭传统管柱力学中对管件与管柱的若干假设，进行准确计算有内加厚、有接头的真实管件与管柱的力学理论与计算方法（含计算机软件）的研究。

② 继续深化对岩石、钻头与岩柱相互作用的力学理论研究与应用。

③ 继续深化井壁稳定性的研究。随着复杂结构井的日益发展，有许多新的问题要研究。例如，钻多分支井在钻完每个分支的进尺到该分支井固井完井，有一个裸眼时期。该时期的裸眼稳定性决定了作业的安全性与风险性，因此，需要根据钻多分支井油田的地质—地层条件，从力学和化学的耦合上研究这种裸眼稳定期和稳定性，是很重要、很有用的。

④ 地应力的理论研究与应用。

⑤ 钻井流体力学的深化与扩展理论研究。

（3）钻井化学的理论研究与应用。

（4）钻井遥感、遥测、遥控等"三遥"应用理论和钻井制导理论与应用研究。

（5）钻井信息、信息流及信息与网络软硬件应用理论与技术的研究。

（6）钻井体制、管理、法律、经营、成本等理论研究。

提高钻井行业的自我保护和可持续发展能力，适应日益深化的改革需要和开放竞争的形势。此外，面向 21 世纪钻井技术的发展关键在于人才。如何培养钻井高层次人才，尤其是复合型人才与创新人才，以及胜任国际全球化竞争的钻井队伍已迫在眉睫。建议石油工程学会和石油教育学会进行专题研究。

4 结论

21 世纪是信息时代，钻井技术将会继续进步以求更加安全可靠、减少风险并提高速度和经济有效。21 世纪钻井技术发展的总趋势是从科学化钻井成熟阶段到实现自动化钻井阶段，这是人类继实现空间和水域自动化之后的又一个重要里程碑。围绕这个总趋势和总目标，本着"有所为有所不为"的精神，选择文中提出的有内在联系的各项攻关技术，抓住自动闭环旋转导向钻井技术钻复杂结构井的产业化这个重点，带动钻井理论研究和其他钻井技术的研究与应用，促进我国钻井工程的水平与发展，跻身于世界石油技术先进行列。

参 考 文 献

[1]张绍槐.钻井完井技术发展趋势[J].石油与科技信息,1998,12(1):45-60.

[2]张绍槐,韩继勇,朱根法.随钻地震技术的理论及工程应用[J].石油学报,1999,20(2):67-72.

[3]张绍槐,狄勤丰.用旋转导向钻井系统钻大位移井[J].石油学报,2000,21(1):76-80,7.

[4]Larry Offenbacber. Drilling Technology 2000[J]. JPT. ,1996,48(5):432-434.

[5] Joe Wilson. Drilling at the Turn of the Century. JPT. ,1996,48(5):430-431.

[6]JPT Series Paper. Horizontal and Multilateral Well：Increasing Production and Reducing Overall Drilling and Completion Costs[J]. JPT. ,1999,51(7):20-24.

[7] JPT Series Paper. Drilling Technology—The Key to Successful Exploration and Production[J]. JPT. ,1999,51(9):44-51.

（本文为石油工程学会 1999 年度钻井技术研讨会宣读的论文）

21世纪中国石油钻井技术发展战略研究

张绍槐　张　洁

《探矿工程》编者按:2001年3月20—22日,在国家自然科学基金委工程与材料科学部和地球科学部组织召开的"钻井工程应用基础研究与新技术发展战略研讨会"上,31位代表宣读了论文,从不同侧面对我国钻井工程应用基础研究发展战略问题进行深入的研讨。这些论文集创新性、导向性、实用性于一体,具有较高的学术水平,限于版面,本刊特遴选3篇,以飨读者。本文是特选之一。

摘　要:石油钻井技术发展的总趋势是以信息化、智能化和自动化为特点,最终实现自动化钻井。提出了21世纪初期(2001—2020年)应加速研究与自动化钻井有关的主要技术(复杂结构井的产业化技术、钻井信息技术、新型绿色无污染钻井液、随钻测量和随钻地层评价技术、井下动态数据的采集和处理与应用系统、信息流闭环系统及旋转导向闭环钻井技术、现代平衡钻进技术、柔管技术等),继续解决深井、超深井钻井技术难题,进一步完善和推广油气层保护技术和小井眼产业化技术,加强钻井理论研究。

当前,国际石油钻井技术发展的总趋势是以信息化、智能化和自动化为特点,向自动化钻井阶段发展。国际钻井界自20世纪80年代以来,在随钻测量和随钻地层评价技术实时钻井数据采集、处理与应用技术,复杂结构井的产业化技术闭环旋转导向钻井技术以及自动化钻机(样机)的研制,海洋钻井技术等方面不断取得突破性进展。这些都是为了最终实现自动化钻井。21世纪全球钻井技术将会有重大进展。我们应坚持有所为有所不为,选准内容制定规划,并按3个层次发展钻井技术,即成熟技术产业化、在研技术集成化和高新创新技术自主化,把自主创新放在重要位置。在21世纪初期(2001—2020年),重点发展以下10项技术。

1　复杂结构井的产业化技术

复杂结构井包括水平井、大位移井、多分支井和原井再钻等新型油井,是用钻井手段提高产量和采收率的有效措施,并能对油气藏实行高效的立体式开发。水平井在开发复式油藏、礁岩底部油藏和垂直裂缝油藏以及控制水锥、气锥等方面效果好;水平井和多分支井等增加了井筒与油藏的接触面积,是增加产量和提高采收率的重要手段;多分支井在开发隐蔽油藏、断块油藏、边际油藏以及一井多层、单井多靶,实行立体开发等方面有优越性;大位移井在实现"海油陆采"方面有巨大潜力,它比修建海堤和人工岛更为经济有效;原井再钻已不再是几十年来用于挽救报废井的侧钻技术,它是一种能从老井和新井(包括直井、定向井、水平井、多分支井)中增加目标靶位扩大开发范围,利用已有管网、井场、设施的经济有效手段。国际上一致认为复杂结构井是当今石油工业上游领域的重大成就和关键技术之一,并已在许多国家和地区实现了产业化。它的进尺占总进尺的10%~15%。这项技术在我国的发展是不平衡的,需再加大产业化的力度。

(1)全行业各个部门继续提高对复杂结构井优越性的认识,继续解决"投入产出""成本产量(增量)"等实际问题。

（2）进一步做好复杂结构井的钻井、固井、完井设计，发展和运用计算机模拟、可视化等高科技手段。

（3）充分掌握和不断完善几何导向与地质导向技术主要是使用先进的 MWD,LWD 和 SWD 及旋转导向工具和闭环导向钻井技术，尤其是全旋转导向工具及闭环钻井技术，提高复杂结构井控制井身轨迹的技术水平以及钻井优化技术的水平。

（4）突破完井设计与完井施工的技术难关，尤其是多分支完井。掌握和应用国际多分支井技术进步（TAML）分级标准。研究解决多分支井完井的连通性、隔离性、可靠性（含重返井眼能力）这 3 个关键技术。研究使用无碎片系统的先进高效开窗技术。研究仅需较少的起下钻作业就能完成井下安装的多分支井完井方法。研究用于多分支井的过油管系统。研制在高温高压等复杂条件下能密封、可隔离的主分井筒连接部件和特殊（加强）水泥（及填料）的固井完井技术。研究智能完井的软硬件和设计、施工技术。研究海上（含滩海）复杂结构井的特殊技术。复杂结构井产业化集成化技术还包括：为复杂结构井专用的软硬件；能保径防偏磨的高进尺、高钻速的 PDC 等新型钻头、井下水力推进器；能准确预测计算评价和监测真实管柱（而不是简化管柱）摩擦阻力和摩擦扭矩的理论与方法；适于复杂结构井的能强化井眼净化的优质钻（完）井液；有效的模拟装置和模拟研究等。

2 井下随钻测量和随钻地层评价技术

主要包括随钻测量（MWD,EM · MWD）、随钻测井（LWD）和随钻地震（SWD），还有近钻头随钻测斜器（MNB）。

MWD 与 MNB 可以随钻测得井斜、方位等参数，求出井眼实时偏差矢量，是实现几何导向的必要手段。三联或四联组装的 LWD 可以随钻测得电阻、中子、密度及 γ 测井、声波测井的资料。SWD 是一项井中地震新技术[4]，利用钻井过程中钻头产生的振动作为井下震源，使用布置在地面的检波器接收来自地层的地震波，特别是可以获得钻头前方几十米远处未钻地层的信息，从而可以随钻评价正钻与待钻地层，实时修正钻前的地质预测模型，获得几乎是真实的实钻地质模型以及油层与钻头的实时位置和相对位置等资料[4]。LWD 与 SWD 能够随钻识别地层是实现点移动靶和动态中靶的地质导向有力手段。尤其是当地质情况是在钻前难以完全准确预测的复杂多变的地区以及复杂结构井等对井身剖面有严格要求时，能使地层尤其是油气层"咬住"钻头及下部钻具组合（BHA）钻进，从而精确优控井身剖面，达到"必然中靶"和在油气层段长距离穿越而不脱靶的效果。它是目前极为先进的地质导向手段。随钻测量技术不仅是优控井身轨迹的先进技术，也是保证优质平滑井眼和实现高效低成本优化钻井的有力措施，是实现自动化钻井的必要技术。

3 井下动态数据实时采集、处理与应用系统即井下随钻动态故障诊断与钻井过程控制技术[1,2,6]

现代钻井方法的钻柱长度与直径比值为 $10^4 \sim 10^5$，即钻柱为高柔性结构并在钻进时有轴向的、扭转的和横向的振动。一定程度的振动可能发生钻头短暂离开井底使钻头空转、钻头过早磨损、钻速降低，振动严重时可能发生扭振扭转振荡，钻头和钻柱反转（涡动）钻具脱扣、钻头反跳发生意外事故、黏—滑现象、随钻测量工具和其他 BHA 钻具失效。

长期以来是在地面进行实时振动监测，但是它不能提供建立钻柱振动特性和钻井动态特性的精确模型。特别是通过弹性钻柱传递信号的传播质量很差,以致有害的钻头及 BHA 振动不能被精确地检测出来。而且在钻定向斜井和水平井时,由于钻柱与井壁的接触,大大减弱了在地面检测钻头处和钻头附近产生的轴向、扭转动态信号。不利于对井下情况的正确判断和决策。钻井动态数据在井下采集和诊断,再把诊断结果传输到地面,是有效控制振动、实现钻井自动控制和优化钻井决策的关键。基于在传感检测技术和微电子学方面的近期进展已经开发出包括一整套智能动态传感检测元件和高速数据监测与处理应用的集成系统。该系统在钻头上方装有井下传感检测组装工具,它能测 8 种参数 12 个数据,即:

(1)4 个全桥式应变片组以测量井底钻压、扭矩和 2 个正交方向的弯矩。

(2)测量井眼压力和环空压力的压力传感器。

(3)三轴加速计以测量轴向加速度和 2 个正交方向的横向加速度。

(4)用 X 和 Y 两个正交的磁力仪监测井下旋转速度。

(5)用电热偶计检测井下温度。

井下传感器组装工具用于采集数据。加上配套的数据信号处理仪、数据储存器、实时显示器等构成井下动态数据采集、处理与应用系统(DDS)。

在钻台上和值班室有实时显示器,显示从井下传输来的诊断信息,实现有效控制。

该系统能在 138MPa 和 150℃ 条件下工作,于 1998 年投入工业应用,试了 10 个钻头,效果非常好,实现了新水平的钻井过程控制并将成为自动化钻井的核心技术之一。我国在井下动态数据的采集和应用方面也做过一些工作,建议根据我国油田实际加速研制国产的应用系统。

4　钻井信息技术

信息技术已经并将继续对钻井产生巨大影响。信息化、智能化和集成化是信息科学最本质的内涵。刚刚完成的国家自然科学基金项目——"油气钻井智能信息与模拟技术的理论与方法研究"及 863 项目——"钻井工程智能信息综合集成系统"等已有一定基础。已经和将能建立一套钻井采集分析、处理、控制与智能化决策系统,并配有先进的数据库、模型库等。正在研究和应用 MWD,LWD 和 SWD 及井下动态数据的采集、处理与应用系统等钻井实时信息系统。正在和继续研究钻井模拟器。钻井信息技术的新课题是研究在向自动化钻井阶段前进的道路上,闭环钻井要依靠闭环信息流来实现。图 1 表示闭环钻井时信息采集(测量)、处理(诊断)、控制(执行)、反馈、决策及双向通信的信息流程,即井下与地面相结合的模块式钻井随钻信息集成应用系统。该系统的信息主要包括地面采集的信息、井下随钻采集的信息(MWD、LWD、SWD 等)和井下实时动态数据测量的信息(DDS)。这 3 部分信息,不管是在井下采集的还是在地面采集的,都只能在地面分别进行处理、解释,并由专家在地面进行综合解释再加以集成和决策,最后供控制(执行)之用。这种系统虽然不断加大井下信息和随钻信息的采集量以及不断提高信息在井下反馈的力度,但到目前为止,地面与井下两个主导方面仍然在地面,尤其是决策与控制仍然主要在地面进行。可以说图 1 所表示的已是当代可以应用的最先进的钻井信息集成系统了。

我们应该看到,钻井是一项地下工程,是在井下作业并建造油井,钻头及井下钻井工具以及钻柱系统(尤其是 BHA 部分)均在井下,为此最好能加快发展井下控制技术并将信息流的主要部分移到井下并形成井下闭环信息流的应用系统,而地面信息流作为监控系统,实现"井下为主导、地面相配合"的新格局。随着信息技术、微电子技术、通信技术以及可借鉴的航天技术、机器人等技术的迅速发展,可以预料,这种新格局是迟早可以实现的。图 2 是自动导向的随钻闭环信息集成系统原理图。

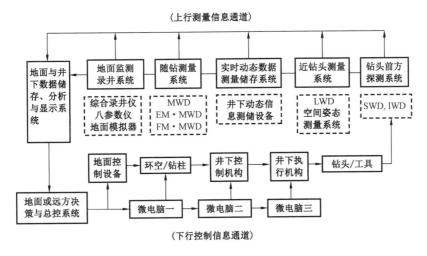

（上行测量信息通道）

图1 闭环钻井测量—控制—执行—通信—信息流程图

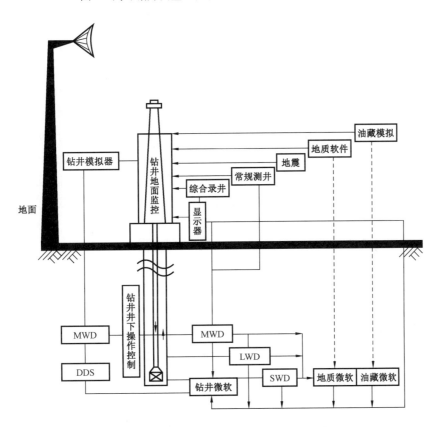

图2 随钻闭环信息井下集成系统原理图

该系统保留（当然也要继续发展）地面采集信息和在地面把钻井、地质和油藏等多学科的信息综合集成和实行地面监控的功能，但是极为重要的是，逐步把许多原来在地面进行的工作移到井下，逐步使决策与控制主要在井下进行，变井下为主导方面。这项技术的关键和要点是研制井下钻井微软、井下地质微软和井下油藏微软，它们都是智能化的，而且3者将能在井下直接集成并协同工作。井下钻井微软至少应具有预置井身剖面的设计以及在井下能控制所设计井身轨迹的功能。井下地质微软至少应具有说明拟钻井段的地层岩性和地质特征等功能。井下油藏微软至少应具有对拟穿越油藏特征进行精细描述以及标定油气层(含其夹层)层位特征的功能。在钻井过程中控制井身轨迹时,随钻得到的信息(MWD,LWD,SWD 和 DDS 等)一方面实时地直接送入井下钻井微软并在井下处理解释反馈后发出指令给钻头和导向工具实行几何导向和优化钻井;另一方面也实时地把 LWD 和 SWD 等随钻信息直接送入地质微软和油藏微软中,经直接在井下处理、解释(含反馈)后,发出信息给钻井微软进行地质导向。它是几何导向与地质导向相结合并在井下直接自动导向的,将能使井身在复杂油藏(隐蔽油藏、断块油藏、岩性油藏等)中穿越,即使油藏中油、气、水层相间或有夹层或含油状况多变,井身也可以辨识出很薄的纯油部分并紧紧咬住钻头(及 BHA),使所钻井身在油层中自动寻优控靶。该系统在井下直接进行信息采集—处理—反馈—再处理—决策—控制的同时,还可以在地面显示信息和进行监控,并通过卫星系统等通信手段和后方(指挥部、公司总部等)进行中(远)程双向通信,以接受指挥信息和实时报告作业施工情况。

5 绿色钻井液、完井液体系与精细化学品的研制与应用

按国际健康—安全—环保标准和发展趋势,研制不污染环境、不损害健康、不伤害油气层,并能抗温、抗盐、防塌,具有良好流变性和触变性能,满足钻复杂结构井和深井、超深井钻井、完井作业要求的新型无毒、无污染的绿色、优质、高效钻井液、完井液体系及其精细化学处理品已日感迫切。

油田化学品生产是大量耗用化工原料的生产部门之一。目前,我国有 10 万口在产油气水井,年钻井进尺 2000 多万米,年修井增产作业约 1 万井次,每年钻采作业对油田化学品的总需求量达 100×10^4 t 以上。目前现场使用的合成基聚合物钻井液、完井液返排后,均会在不同程度上造成土壤的伤害,使土质板结和盐碱化等,难以满足日益严格的环保要求,必须寻求新型原材料和有效的化学改性方法,生产环保型钻井液、完井液化学添加剂。

我们最近利用绿色植物三大素(纤维素、半纤维素、木质素)经过适宜的化学改性反应,使植物 3 大素衍生物之间发生适度的化学结合,在适宜的范围内提高其相对分子质量,所得产物加入到不分散聚合物钻井液中,可得到比纯聚合物钻井液的流变性能和失水造壁性能更好的改性植物 3 大素强化聚合物钻井液,从而进一步拓宽植物 3 大素化合物作为钻井液、完井液助剂的应用范围。我们还利用其他天然植物材料研制绿色、优质、高效钻井液、完井液体系与精细油田化学品,这是一个新的方向,已引起有关方面重视和用户欢迎。

6 现代平衡钻井完井技术

同直井相比,钻水平井时因为裸眼井段在油气层部位长度很大,井内流体与油气层接触的时间很长,油层伤害问题更加突出,所以随着水平钻井技术的日益发展及水平井特点的需要,为解决保护油气层的要求,近年兴起了现代平衡钻井完井技术。它不仅有利于保护油层还有利于发现油气层,特别是低压、低渗透油气层。

它包括平衡与欠平衡及近平衡钻井完井以及不压井起下钻技术。现代平衡钻井技术采用强化的防喷器组和井口两级分流系统,能在地面进行动态压力控制,配备有由井下传感器或井底压力计等组成的随钻监测井底压力测量和信息传输系统。在负压值的计算上要以井底点为

计算点,要考虑循环时动态条件下的负压值要用相态稳定模型进行动态计算。必要时用注入氮气的方法在井底形成负压。

7 深井技术

我国在深井钻井方面已有较成熟的配套技术,但在超深井尤其是深探井、深初探井和深层含硫气井,在钻井速度、周期、质量、效益诸方面距世界先进水平还有较大差距。为了及早赶上世界先进水平,笔者谈以下几方面意见:

(1)在钻井设计上,进一步解决精细预测技术,分类进行科学设计,并为实现科学设计做好软硬件准备,钻探井、超深井更需要加强钻井信息技术、智能技术的应用。

(2)在技术上要更加先进并应用高科技。深井、超深井的钻柱长度大,井下动态反应更加突出,需加强管柱力学应用研究,提高对钻井过程的控制,更需使用本文第一部分讲到的井下动态数据采集控制系统(DDS)。解决深井、超深井钻井的井下轴向、横向、扭转振动及由此诱发的钻头跳钻、钻头空转、BHA 涡动(反转、脱扣)、粘滑阻卡卡钻等复杂问题,为实现优化钻井措施扫除障碍。

(3)深井、超深井防斜打直问题也是很突出的问题。德国的 KTB 工程应用 VDS 垂直钻井系统就是为防斜打直而研制的。钻复杂结构井控制井身轨迹技术在深直井防斜中也会得到有效的应用,同时,还可尽量消除螺旋井眼、椭圆井眼等,力求井身平滑规则。

(4)进一步解决高温高压,尤其是深层气井及含 H_2S 和 CO_2 等酸性气井带来的技术难题。抗高温高压钻(完)井液技术、井壁稳定技术、抗高温高压(尤其含酸气井)的井口装置及井下工具、仪器的耐压和密封件等技术。尽早采用自动化钻井技术来打深井、超深井。严密组织管理,采用多学科团队等先进经验。

8 发展新的完井技术和方法,继续油气层保护的深层次理论研究和治理新技术的开发

继续深化油气层伤害机理和测试评价方法的研究。完井技术要研究新的现代完井方法、工具和技术改变目前完井方法比较少和单一化的状况。智能完井、选择性完井、遥控完井、复杂结构井的完井等现代完井技术是发展方向。

9 柔管技术和小井眼产业化

柔性(挠性)管(连续管)钻井、完井、修井配套技术的研究、应用与产业化,更容易实现自动化钻井、完井、修井作业。小井眼钻井、完井、修井配套技术及产业化,这是被实践证明能大幅度降低钻井成本的产业化技术。而用柔管来实现小井眼产业化也是一条值得尝试的路子。

10 钻井主要理论的研究

(1)钻井预测理论。
① 地层压力与温度预测理论的深化研究。
② 分形几何和地质统计学方法预测探井储层参数的理论与方法。
③ 高温、高压、含硫深气井测试井筒压力、温度等参数预测模型的理论研究。

④ 复杂井井身斜度与方位漂移及井身轨迹的预测理论研究。

⑤ 钻柱摩阻、扭矩预测与准确的计算方法的研究。

（2）钻井力学的理论与应用研究。

① 管柱力学理论应减少和消灭传统管柱力学中管件与管柱的若干假设进行准确计算有内加厚、有接头的真实管件与管柱的力学理论与计算方法（含计算机软件）的研究。管柱力学理论计算宜与井下实测技术相结合。

② 继续深化对岩石、钻头与钻柱相互作用的力学理论研究与应用。

③ 继续深化井壁稳定性的研究。随着复杂结构井的日益发展，有许多新的问题要研究。例如，钻多分支井在钻完每个分支的进尺到该分支井固井完井，有一个裸眼时期，该时期的裸眼稳定性决定了作业的安全性与风险性。因此，需要根据钻多分支井油田的地质与地层条件，从力学和化学的耦合上研究这种裸眼稳定期和稳定性。

④ 地应力的理论研究与应用。

⑤ 钻井流体力学的深化与扩展理论研究。

（3）钻井化学的理论研究与应用，钻井环保理论与应用技术的研究。

（4）钻井遥感、遥测、遥控等"三遥"应用理论和钻井制导理论与应用研究；井下测量控制理论与应用技术的研究；钻井电子学理论与应用技术的研究。

（5）钻井信息、信息流及信息与网络软硬件应用理论与技术的研究；钻井智能模型的研究。

（6）钻井软件与地质油藏软件的结合；井下微电脑及井下应用软件的研究等。

11 结论

21 世纪是科学技术特别是工程科学技术进一步高速发展的世纪。现代石油钻井技术的总体发展趋势是从科学化钻井的成熟阶段向实现自动化钻井阶段迈进。应该在实现自动化钻井阶段的前进道路上有所创新，在发展钻井信息技术、随钻多项测量技术、开发钻井智能系统以及推进复杂结构井产业化等方面加大研究和应用力度。

参 考 文 献

[1] 张绍槐, 张洁. 关于 21 世纪中国钻井技术发展对策的研究[J]. 石油钻探技术, 2000, 28(1): 4-7.

[2] 张绍槐. 面向 21 世纪钻井技术发展趋势和建议[A]//石油工程学会 1999 年度钻井技术研讨会论文选集[C]. 北京: 石油工业出版社, 2000.

[3] 张绍槐, 狄勤丰. 用旋转导向钻井系统钻大位移井[J]. 石油学报, 2000, 21(1): 76-72.

[4] 张绍槐, 韩继勇, 朱根法. 随钻地震技术的理论及工程应用[J]. 石油学报, 1999, 20(2): 67-72.

[5] 张绍槐, 何华灿, 李琪等. 石油钻井信息技术的智能化研究[J]. 石油学报, 1996, 17(4): 114-119.

[6] Heisig G, et al. Downhole Dynamics Data Increases Drilling-process Control [J]. SPE 49206. JPT. 1999, 51(2): 38-39.

（原文刊于《探矿工程（岩土钻掘工程）》2001 年第 1 期）

关于 21 世纪中国钻井技术发展对策的研究 *

张绍槐　张　洁

摘　要：建国 50 年来，我国钻井技术取得了巨大成就，但总体上距世界先进水平还有 5～10 年差距。展望未来 50 年，我国钻井技术应能达到世界先进水平。21 世纪我国钻井技术发展的总目标是实现自动化钻井。分析了我国钻井技术的现状和遇到的难题与挑战。发展对策是加大创新力度、发展高技术以迎头赶上。论述了 10 项关键技术攻关内容。即：井下闭环旋转导向钻井系统技术、全自动化闭环钻井技术和装备、复杂结构井的产业化技术、钻井信息与网络技术、现代平衡钻井完井技术、深井钻井系统配套技术、小眼钻井系统配套技术、油层保护和治理新技术、挠管钻井完井技术、钻井理论的深化研究与应用。

1　概述

中国古代钻井技术被称为中华民族文明进步中的第 5 大发明，并开创了世界钻井历史的先河。20 世纪 40 年代以前我国几乎没有石油工业。新中国成立后近 50 年来，我国石油工业取得了举世瞩目的巨大成就，原油产量居全世界第 5 位，钻井规模跃居世界前 3 位。展望 21世纪，我国钻井技术应能赶上世界先进水平并对世界钻井技术的发展有所贡献。21 世纪将是知识经济时代。第十五届世界石油大会提出了"技术及全球化引导石油工业进入 21 世纪"的主题，实质上是石油资源及技术都要全球化。为此，我国采取了"两种资源、两个市场"的基本对策，积极参与激烈的国际竞争，不仅要加速跟踪和赶上国际先进水平，还特别重视钻井技术创新工程的实施。"创新是一个民族进步的灵魂，是国家兴旺发达的不竭动力。"我国钻井技术如果没有创新，在世界上就没有竞争力、没有一席之地、没有什么市场。当前，国际钻井技术发展的总趋势是加速科学化钻井的进程，这是国际钻井界自 20 世纪八九十年代以来一直为之奋斗的共同目标。

钻井技术的发展将以信息化、智能化、自动化为特点。未来的钻井技术效益将依赖于并主要产生于信息领域。于 2000 年即将召开的第十六届世界石油大会的主题是"石油促进全球发展，人员、经营及技术的网络化创造价值"。信息将成为石油企业的商品。信息化将给石油公司带来巨大的经济效益，估计会节约开支 25%，节约时间 40%。国际互联网络和地区局域网络要进入钻井行业；钻井队将像现在的公司办公室那样用网络连接起来；实时的井场数据将能远程送达后方钻井、地质、油藏与管理部门，并且实现双向通信，及时获得后方技术指导与支持。准确、优质、高效、安全地钻井。随着世界上空中自动制导（如导弹、飞船等）和水下自动制导（如水下机器人、巡航导弹等）技术日臻完善，地下自动制导技术也必将在陆地钻井中取得突破性的进展，并达到工业应用程度。

钻井能力不断提高，"要钻就钻，钻无不克"的局面将会出现。复杂结构井和特殊目标井都能钻，而且在质量上满足勘探开发的要求。

钻井工程基础理论的应用研究将更加系统化与成熟。

2 钻井技术现状分析

新中国成立以来,我国石油工业的发展取得了举世瞩目的巨大成就。我国石油钻井年动用钻机由建国初期的 8 台上升到现在的 700 多台(最多时超过 1000 台),年钻井进尺由建国初期的不足 10000m 上升到现在的 1700×10^4m,年钻井数由建国初期的几十口上升到现在的 10000 多口。1998 年,陆上钻井平均队年进尺达 24335m,平均机械钻速达 10.24m/h。我国在 20 世纪 60 年代中期就钻成磨 3 水平井;70 年代就钻成了两口 7000m 以深的超深井;近年来,在塔里木油田和胜利油田已用水平井技术开发整个油田;能够钻垂直井深达 5000m 的超深水平井和大斜度井;能够用欠平衡压力钻井技术钻各类油气井;能够在巨厚的盐层、煤层中钻井;能够在高陡构造和强地应力等因素致井眼失稳条件下钻井;能够在高压多油气系统和高压含硫气田安全地钻井和测试完井;1997 年,在南海西江 24 - 3 - A14 井成功地创下了当时世界大位移井的纪录。我国钻井年进尺量一直保持在 1500×10^4m 以上,居世界前列。我国钻井技术与钻井队伍已走出国门。应该肯定,我国钻井技术的发展是高速度、高水平的。但是,我国在智能钻井、智能完井、复杂结构井、多分支井、大位移井和挠管钻井完井等方面几乎还是空白或刚刚起步;钻井信息技术、随钻测量技术和深井技术(尤其是深初探井)方面差距较大;水平井的应用还未达产业化的程度,与国际钻井先进水平的总体差距约为 5 ~ 10 年。国际钻井界近 10 年在 4 个方面不断努力,即第一要钻得快;第二要降低成本 30%;第三要增加安全性;第四要进行钻井的动态实时监测、分析、管理、控制。我国钻井界也应在上述 4 方面加强努力。

那么,我国陆上钻井技术遇到的挑战与难题有哪些呢? 主要是:

(1)随着油气资源紧张,在边远地区和复杂地质条件下钻井工作量增大。需努力提高探井成功率、降低储量发现成本和油气开采成本。

(2)复杂条件下深井和超深井钻井的传统性漏、喷、塌、卡等难题依然存在。例如川东地区平均每年因处理井漏损失时间占钻井总时间的 8.95%。不仅使建井周期延长,而且造成钻井成本大幅度上升,个别井甚至导致钻探失败。

(3)天然气的勘探开发日益增长,而深气井往往是高温高压井,有时还是多产层(纵向分布可达 4 ~ 5 个产层)多压力系统(压力系数可从小于 1 到大于 2),有时还含有硫化氢等酸气,使钻井工程难度增大。

(4)在高陡构造(地层倾角达 85°)等易斜地区钻井,很难控制井身轨迹,探井地质靶区范围很窄,井斜控制成了突出问题,用常规防斜方法钻井既难又不经济或者不能达地质钻探目的。

(5)低渗透、稠油、重油、瘦的边际油田等非常规油气藏开发对钻井、完井的方法、技术、工艺提出了新的要求。

(6)国际标准性"健康—安全—环境"(HSE)准则对钻井作业和工程质量有更高要求,对废钻井液、钻屑等处理有严格规定。

(7)钻井设备和工具陈旧。许多钻机已服役 15 ~ 20 年。电驱动钻机、顶驱设备等先进装备数量很少,钻具老化也十分严重,使喷射钻井和强化参数钻井难以实施,对付钻井复杂情况与井下事故的措施不能奏效。

(8)硬地层和深部地层的钻速,调整井、复杂井和深层固井质量,油层特别是气层保护等深层次问题仍难解决。

3 钻井技术发展对策

科学技术发展史认为,应该把高新技术在该行业的应用程度作为识别这个行业是否达到现代化水平的标志。能源、材料和信息是现代科学技术的3大支柱,石油工业是集3大支柱于一身的典型行业。钻井工程是个庞大的系统工程,它的岗位在地下,操作者在地面,决策者在远处,其影响因素多,情况复杂多变。钻井工程非常需要高新技术,应尽快引入先进的信息技术、电子技术、自动化技术、航天技术、遥感遥控技术等。钻井技术的发展对策是贯彻邓小平同志"科技是第一生产力"的论断,大力发展高新适用技术,加大科技投入,本着"有所为有所不为"的原则,选择战略性、方向性、全局性的重大技术作为突破口,集中攻关,迎头赶上。建议把21世纪上半叶的钻井科技总目标定为进入和实现自动化钻井阶段,并制订每5~10年分步到位的阶段目标。按3个层次发展我国钻井技术,即成熟技术集成化、在研技术产业化和高新技术自主化。应深化和加强钻井基础理论的应用研究。重视钻井体制、管理、法律、经营、成本等理论研究。提高钻井行业的自我保护和可持续发展能力,适应日益深化的改革需要和开放竞争的形势。面向21世纪钻井技术的发展关键在于人才。如何培养钻井高层次人才,尤其是复合型人才与创新人才以及胜任全球化竞争的钻井队伍已迫在眉睫。

4 钻井攻关的主要内容

(1)复杂结构井的产业化技术。

复杂结构井包括水平井、大位移井、多分支井、老井重钻井等新型油井。产业化不是打几口或几十口井的问题。1997年,第十五届世界石油大会后,中国石油天然气集团公司就提出了水平井产业化的设想,但进展不快,应努力在2010年以前达到国际上现在已达到的水平钻井占钻井总量10%~15%的程度,钻大位移井和多分支井比钻水平井的技术难度更大,多分支井达到水平井同样的成熟程度大约要多花几年甚至10年时间。这就要及早地做大量工作,并形成以国产化为主的集成化技术,主要攻关内容包括:

① 井下闭环旋转导向钻井系统。整个钻柱在连续旋转状态下钻进才能精确控制井眼方向和轨迹。不用和少用滑动钻井方式就可以避免(或减少)形成螺旋井眼,这有利于钻复杂的井眼剖面,还有利于提高钻速和提高钻头进尺与减少起下钻。要实现旋转导向,必须具有地面可实时遥控或井下实时控制的井下旋转导向工具。这项工作正在研究中,样机可望于2000年进行井下试验,再经完善投入批量生产到产业化应用至少还要几年时间,还要研制地质导向技术和装备以及先进的可遥控的变径稳定器以及其他导向工具。

② 信息流闭环系统。闭环钻井系统依靠信息流闭环系统来实现。自动导向钻井系统主要应用液压信息。图1是自动导向的闭环钻井信息流程图。该系统应有测定井下钻头实时位置的信息测量与传输系统,并有井下实时控制系统或地面监测遥控系统。信息测量与传输系统应能测出近钻头处井眼的空间姿态信息,并能及时传送给井下及地面计算机,测量的信号经过处理成为新的控制指

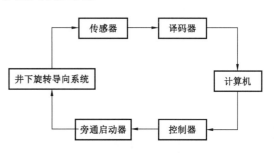

图1 自动导向闭环钻井信息流程图

令。井下实时控制系统或地面监控系统发出控制指令,使井下旋转导向工具按照控制指令进行动作,从而实现井眼轨迹的实时导向控制。导向机构产生的导向效果又由钻头空间姿态测量系统测出,从而完成闭环控制。

③ 随钻测量和随钻地层评价技术。它主要包括随钻测斜(MWD)、随钻测井(LWD)和随钻地震(SWD),还有近钻头随钻测斜器(MNB)。随钻测量技术不仅能够实时获得必要的工程参数,还能随钻评价地层。MWD 与 MNB 可以随钻测得井斜、方位等参数,求出井眼实时偏差矢量,是实现点移动靶动态中靶和几何导向的必要手段。三联或四联组装的 LWD 可以随钻测得电阻、中子、密度及 γ 测井、声波测井的资料。SWD 是一项井中地震新技术,利用钻井过程中钻头产生的振动作为井下震源,布置在地面的检波器接收到来自地层的地震波,它可以随钻评价地层、实时修正地质预测模型、获得随钻地质模型以及油层与钻头的实时位置和相对位置等资料。LWD 与 SWD 是实现地质导向的必要手段,在钻前难以准确预测地质情况的复杂多变地区,能使油气层"咬住"钻头及实钻井身,从而精确优控井身剖面,有着极为重要的、无可替代的地质导向作用。随钻测量技术不仅是优控井身轨迹的先进技术,也是保证优质平滑井眼和高效低成本钻井的有力措施。这项工作已有一定基础,建议加强研究和加大投入。

这项集成化技术的主要内容还包括能保径防偏磨的高进尺、高钻速的 PDC 等新型钻头,井下水力推进器等工具;能有效预测、计算、评价和监测真实管柱(而不是简化管柱)摩擦阻力和摩擦扭矩的理论与方法;随钻动态设计井身轨迹的理论和方法(概念化钻井设计);有效的模拟装置和模拟研究等。

(2)钻井信息、软件、网络技术。

信息化、智能化和综合集成化是信息科学最本质的内涵,也是 21 世纪信息技术的关键。钻井工程智能信息综合集成系统的国产化已有一定基础。钻井信息具有非线性和不确定性等特点。钻井信息工程的主要功能是建立一套钻井采集、分析、处理、控制与智能化决策系统,并配有先进的数据库、知识库、模型库,应有能实时监测采集地面与井下技术参数的先进方法与仪表。加强人工智能在钻井上的应用研究。今后宜扶持并主要依靠国内力量形成有自主知识产权的钻井信息技术。钻井网络化技术研究与开发要放在协同工作(CSCW)的、网上群体决策系环境下的中(远)程网络化钻井工程技术与管理智能化应用系统上。该系统系基于 Web 模型的面向 Agent 应用软件平台以及数据库技术,把多方专家群体求解过程作为 CSCW 运行机制的一部分,将控制学中的控制理论和反馈概念引入 CSCW 的协调机制,利用现有多媒体、超文本、分布式数据库和网络通信技术,提出适合油田野外作业的通信模型,并以 Intranet 和 Internet 等网络为开发环境,利用 Visual C++语言、MicrosoftSQLServer 数据库以及 Browser/Server 技术、DCOM(分布式组件)技术等,实施网上多方协同工作,实时指导钻井作业和形成技术网络化,从而获得显著效益,为走向世界早作准备。

(3)全自动化(从地面到井下)闭环钻井(含固井、完井等)的理论、方法研究。

实现全自动化钻井是全世界钻井界一个多世纪的追求与奋斗目标。应发扬"两弹一星"精神,创造中国钻井"导弹"。它具有以下主要优点:

① 自动化钻井能实现优质、高效钻进,能使钻头的潜力充分发挥,使钻速达到最大,并且可能在复杂特殊井段用一趟钻顺利钻完该井段。井身质量好,不形成螺旋井眼和椭圆井眼,为快速优质固井、完井提供井眼保证。

② 钻头与钻柱在连续旋转(没有滑动)的条件下钻进,能够精确控制井身剖面轨迹,钻成复杂结构井和各种复杂形状的井身剖面,具有"必然中靶"的功能。也能在直井中防斜,保证

易斜难直井、深井、超深井的顺利钻成。

③ 时效高,成本低,经济效益好。即使在低油价时也能大大提高国际竞争能力。这一优点在钻复杂井、水平井、大位移井和深井中尤为明显。

(4)全自动化钻机及配套装备的研制与应用。

国外在1994年已生产出了全自动化钻机样机。我国应及早研制实现自动化钻井所需要的相应系列的全自动化钻机,全面统筹从设计到生产样机再到批量生产应用,最后达到产业化的系列工作,争取在21世纪初期完成。

(5)现代平衡压力钻井完井技术。

它包括平衡与欠平衡压力下钻井完井以及不压井起下钻技术。现代平衡压力钻井技术是在钻进、接单根、换钻头、起下钻、测井、固井、完井等全部作业过程中始终(不间断地)保持井下循环系统中流体的静水压力小于目标油气层的地层压力。一旦这种平衡被打破,以前欠平衡作业的一切努力就会归于无效,并导致钻井液等的侵入而伤害地层,有时还会大于过平衡钻井所造成的伤害。欠平衡钻井限于在地质条件清楚、地层压力已知和不含硫化氢等地层中应用。现代平衡钻井技术采用强化的防喷器组和井口两级分流系统,能在地面进行动态压力控制,配备有由井下传感器或井底压力计等组成的随钻监测井底压力测量和信息传输系统。在负压值的计算上要以井底点为计算点,要考虑循环时动态条件下的负压值,要用相态稳定模型进行动态计算。有时用注入氮气的方法在井底形成负压。

(6)深井(尤其是深探井、深初探井和深层含硫气井)钻井系统配套技术攻关,应在钻井速度、周期、质量、效益诸方面赶上世界先进水平。

(7)油气层保护的深层次理论和油层治理新技术。

继续深化油气层伤害机理和评价方法的研究。完井技术攻关要放在新的完井方法和工具上,改变目前完井方法比较少和单一化的状况。智能完井、选择性完井和遥控完井等现代完井技术是发展方向。按国际上健康—安全—环保(HSE)标准和发展趋势,研制不伤害油气层的钻井完井液,研制抗温、抗盐、防塌及新型、无毒、无污染的绿色、优质、高效钻井完井液体系与精细化学处理品。应开发具有实时监测、自动控制与处理钻井完井液功能的密闭循环系统。

(8)挠管(连续管)钻井、完井、修井配套技术的研究、应用与产业化。它更容易实现自动化钻井、完井、修井作业。

(9)小井眼钻井(含完井、修井)系统配套技术及产业化,实践证明,小眼井技术能大幅度降低钻井成本。

(10)加强钻井理论的深化研究与应用,主要是:

① 钻井预测理论。例如:

a. 地层压力与温度预测理论的深化研究;

b. 用分形几何和地质统计学方法预测探井储层参数的理论与方法;

c. 高温、高压含硫深气井测试井筒压力、温度等参数预测模型的理论研究;

d. 复杂井井斜与方位漂移及井身轨迹的预测理论研究;

e. 钻柱摩阻、扭矩预测研究。

② 钻井力学的理论与应用。例如:

a. 管柱力学理论应减少和消灭传统管杆力学中管件与管柱的若干假设,准确分析计算有内加厚、有接头的真实管件与管柱的力学问题(含计算机软件);

b. 继续深化井眼稳定性的研究,例如,多分支井在钻完每个分支的进尺到该分支井固井完井时,有一个裸眼时期,该时期的裸眼稳定性决定了作业的安全与风险,需要根据钻多分支井油田的地质与地层条件,从力学和化学的耦合上研究这种裸眼稳定性和稳定期;

    c. 地应力的理论研究与应用;

    d. 钻井流体力学的深化与扩展理论研究。

(3)钻井化学的理论研究与应用。

(4)钻井遥感、遥测、遥控等"三遥"理论与应用和钻井制导理论与应用研究。

(5)钻井信息、信息流及信息与网络软硬件应用理论与技术的研究,钻井智能模型的研究。

5 结束语

21 世纪是信息时代。21 世纪钻井技术将会继续进步,以求更加安全可靠、减少风险并提高速度、经济有效,其总体发展趋势是从科学化钻井的成熟阶段向实现自动化钻井阶段迈进,这是人类继实现空间和水域自动化之后的又一个重要里程碑。围绕这个总趋势和总目标,我国钻井业应认真分析科技现状,加紧研究发展对策,本着"有所为有所不为"的精神,走可持续发展之路,选择文中提出的有内在联系的 10 项技术攻关,抓住自动闭环旋转导向钻井技术钻复杂结构井的产业化这个重点,带动与促进我国钻井工程技术的全面发展,跻身于世界钻井技术的先进行列。创造了古代钻井史的中国也能在现代钻井方面对人类文明做出新的贡献。

参 考 文 献

[1]狄勤丰,张绍槐. 井下闭环钻井技术的研究与开发[J]. 石油钻探技术,1997,25(2):58 - 59.

[2]狄勤丰,张绍槐. 旋转导向钻井系统测量技术研究[J]. 石油钻探技术,1998,26(2).

[3]张绍槐,韩继勇,朱根法. 随钻地震技术的理论及工程应用[J]. 石油学报,1999,20(2):67 - 72.

[4]王子源,黄仁山,何金南. 中国油气钻井科技史述略[J]. 石油钻探技术,1998,26(2):10 - 15.

[5]李国华,何金南. 钻井适用技术与可持续发展[J]. 石油钻探技术,1999,27(5):7 - 9.

[6]Larry Offenbacher. Drilling Technology 2000[J]. JPT. , 1996, 48(5): 432 - 434.

[7] Joe Wilson. Drilling at the Turn of the Century[J]. JPT. , 1996,48(5): 430 - 431.

[8] JPT Series Paper. Horizontal and Multilateral Well Increasing Production and Reducing Overall Drilling and Completion Costs[J]. JPT. , 1999, 51(7): 20 - 24.

[9] JPT Series Paper. Drilling Technology—The Key to Successful Exploration and Production[J]. JPT. ,1999, 51(9):44 - 51.

(原文刊于《石油钻探技术》2000 年(第 28 卷)第 1 期)

复杂结构井(水平井、分支井、大位移井、最大油藏接触面积井)的钻井完井新技术

张绍槐

1 复杂结构井发展及现状

复杂结构井(两维、三维)井型主要包括:

(1)水平井(单—双侧向水平井、阶梯水平井、稠油热采水平井等);

(2)多分支井(双分支、三分支及刀叉型、鱼骨型、羽型、鸡爪型等);

(3)最大(极限)油藏接触面积井;

(4)大位移(定向、水平)井,国际上称延伸井(Extended Reach Well/Drilling,ERD);

(5)老井侧钻井(侧钻定向井、侧钻水平井、侧钻分支井等);

(6)定向救援井。

1.1 水平井发展及现状

(1)水平井发展很快,技术不断提高。

20世纪40年代苏、美等国开始钻水平井,我国1960年钻成了水平井。至1995年全球共钻水平井1.5万口,截至2005年,全球共钻4.5万口(统计不全),现在已近6万口,JPT报导近年石油大国每年钻水平井2000口以上。1997年[第十五届世界石油大会(WPC),北京]国际石油大公司提出把水平井总进尺提高到5%,以后(指10年后,约2007年或2008年)增加到15%~20%,现在北海(Wytch Farm已近50%)、墨西哥湾、北美、中东等地区已达15%。

(2)1998(第十五届WPC后)王涛部长要求我国用5年时间(到2003年)水平井进尺达总进尺的5%(相当于第十五届WPC国际石油大国1997年水平),这一目标终于在2007—2008年实现了(比国际石油大国落后10年)。我国水平井发展速度比较慢,(中国石油2005年前共钻水平井683口,2006年钻水平井522口,2007年钻水平井突破800口,已接近5%)。陆上,大多数油田都能独立钻水平井,引进与研发了地质与旋转导向闭环钻井技术,能够比较精确地控制井身轨迹,陆上水平井段长度由300m,500m……达约2000m。

(3)国内近况:近年我国水平井技术日益成熟,进入了水平井技术自主创新阶段。主要成效是:油气田整体开采效果显著,水平井整体开采效果明显。哈得4油田成组薄油层(单层厚度小于1m)的开采难度大,采用双阶梯水平井开发,储层钻遇率超过80%。该油田共钻水平井83口(占开发井的89%),实现了注采平衡,使油田可采地质储量增加,产能提高,稳产3年就新增产值51.58亿元。塔中4油田水平井比例大,使可采程度在67%以上,而含水小于50%。胜利临盘油田开采几十年后主力断块开发层已进入高含水期,因一般措施效果差,于是采用水平井注采配套,51口水平开发井(占开发井的3%)的产油量占该油田产量的7%。累计增产58.3×10⁴t。水平井钻井成本仅是直井的1.2~2.0倍,而产量是直井的3.0~9.3倍。水平井的成效还有:治理边底水效果明显;提高薄油层产出能力;提高油气勘探开发评价效果等。

根据《钻采工艺》,2011 年第一期"我国复杂油气藏水平井规模化开发成效及进展"和 2010 年第一期"中原油田水平井地质导向技术研究与应用",两文论述了中原油田水平井技术与进展要点:中原油田是复杂断块油气田,水平井施工难度较大,为此编制了井斜处理软件,配合地质导向技术,解决了地层对比、目标油层卡取、地层倾角计算、岩性含油性描述等难点。约有 2000 口老井,多数井产量很低,或无产量,开窗侧钻水平井挖潜的前景广阔。近两年中有 5 口老井经侧钻后,成功改造为(单井 2~3 个分支)分支水平井。其中胡 19-9H 是直井改造成的双分支水平井。尽管水平井段长度只有 5.7~5.8m,完井后的原油产量为 10.4t/d,将原来完井无产量的井再现出工业油流,提供了重新地质评价的科学依据。

(4)对水平井的认识不断提高。

经过 10 多年的实践,已认识到水平井是在有限井网条件下,少井多产,加大接触面积,尤适用于薄油层,能更多地沟通天然垂直裂缝,适用于天然裂缝油藏,可减少水锥、气锥,提高单井产量和采收率,降低综合(生产)成本。穿越油层长,位垂比大于 2 的水平井是陆地 ERW 井,接触油层长度超过 5km 是 MRC 井。对第十五届 WPC 提出:"把什么地方适用水平井的观念转变为什么地方为什么不使用水平井"以及近年发展起来的由单个水平井发展为"用水平井网开发整装油田"等观念和经验得以不断接受、借鉴、发展。但是也要看到在认识上、技术上、应用上发展的不平衡。

1.2 多分支(ML)井

ML 井在 20 世纪八九十年代起步,近年发展很快,JPT 等文献报道:"世界上几乎每天都有 ML 井在施工中"。ML 井型有十几种,主要有叉形、鱼骨形、叉骨结合形、鸡爪形、羽形,分支数多达 60 个左右。

分支井的机械连接力学完整性、液流连通液压密封性和管柱的可入性,称为"三性",按 TAML 技术等级共分 6 级。是 1998 年在阿布丁提出的定义,2002 年修改(图 1)。

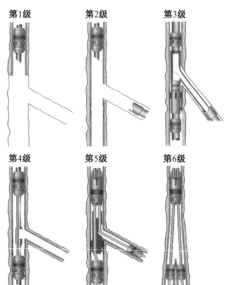

第1级—裸眼侧钻或无机械支撑连接。
第2级—主井眼下套管井固井,分支井为裸眼或下降斜衬管。
第3级—主井眼下套管井固井,分支井下非固井衬管并采用机械方式与主井眼连接(红色)。

第4级—主井眼下套管井固井,分支井下固井衬管并采用机械方式与主井眼连接。
第5级—主井眼下套管井固井,分支井下非固井或固井衬管,靠主井眼内的辅助完井设备提供水力和液压密封性—封隔器、密封装置和管柱。
第6级—主井眼下套管井固井,分支井下非固井或固井衬管,由主套管在与分支井眼衬管交汇部位提供具有水力和液压密封性,不需要在主井眼下辅助完井设备。

连接种类。多分支井种类根据1999年7月26日在苏格兰阿伯丁举行的多分支井技术新井展(TAML)论坛公布的定义和2002年7月提案的最新修订案划分,这些标准根据机械复杂程度,连接性能和抗液压能力,将连接分为1级、2级、3级、4级、5级、6级。

图 1　国际上对多分支技术等级(TAML)的定义与分级标准

2002年,中国海油在印度尼西亚用自己的技术和国际供应商提供先进的部分装备,钻成了世界第一口双分支 L6 级井(图2),该井结合电潜泵和远程控制技术,不仅控制了含水量,还提高了产量和采收率。

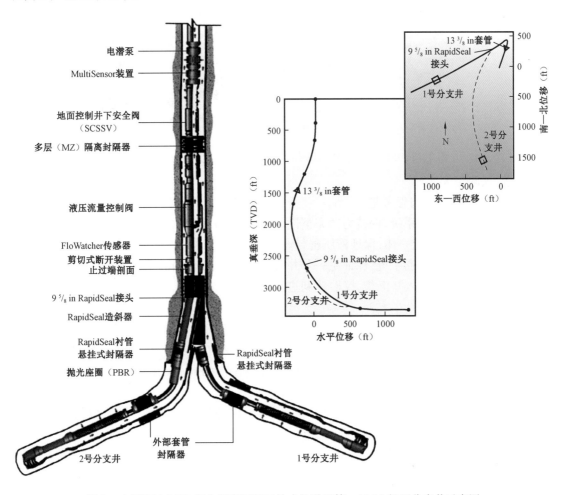

图 2　中国海油 2002 年在印度尼西亚钻成的世界第一口 L6 级双分支井示意图

国内起步研究与应用 ML 井已近 10 年。辽河油田海 14 – 20 钻成我国第一口三分支井(2001 年);大港 JH2 井是我国陆上第一口鱼骨状 ML 井(2005 年 4 月);辽河油田于 2008 年前已钻成 6 口 ML 井,图 3 是长庆油田 2006 年钻成杏平一井(7 分支,当时国内纪录);国内分支井数最多达 20(21)个。辽河和胜利等油田已具备成熟的 L4 级技术和面向 L5 级发展的攻关工作,拥有自主知识产权的 DF – 1 多分支井完井系统,获专利 10 余项。但直到 2012 年国内没有投产一口 L(5)6 级 ML 井,这是目前的差距与难点。

辽河油田已到开发中后期,后备接替资源紧张,老区自然递减加快。找到的 34 个油田已投入开发 30 个(另 4 个为难开发油田)。最小井距已到 83m。重视打 ML 井,以强化老区采油提高枯竭层采收率,转移开采层位等。辽河油田认为打 ML 井现存主要问题是:(1)力学完整性没有根本改观,主井眼套管与分支井眼套管(筛管)脱接,在交汇处存在一段约 2m 长的裸眼段,为巩固井壁防塌,有些做法是该处设置一高强度水泥环或高强度树脂环,强度仍有限;(2)(交汇处)液压密封性也相应未能解决;(3)ML 分层封隔问题有待解决;(4)工艺复杂,分

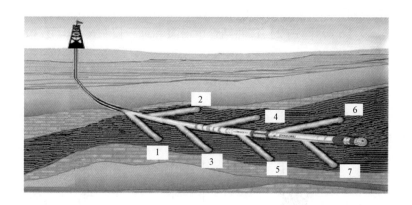

图 3　长庆油田 2006 年钻成当时国内纪录的 7 分支井—杏平一井

支数越多,风险越大。

辽河 ML 井的经验与思考是:

(1)ML 是复杂受力系统,保持力学完整性,实现合理寿命;

(2)多压力系统的统一体,保证液压密封性;

(3)ML 是完整的流通系统,保证主—分井眼的连通性,保证油流顺利进入主—分井;

(4)可进入性,各种入井工具、仪器顺利进入任一指定的分支井中,保证各项测井、测试、增产增效、多作业的施工;

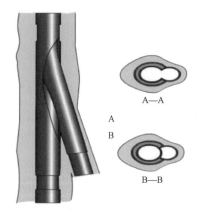

图 4　DF－1 型主分相贯结构

(5)尽量加大分支井径,以减少生产和作业的困难;

(6)对开发同一层位的多分支井,尽可能降低多分支井的窗口位置,使其保持在最低动液面以下,保证多分支井能均衡生产;

(7)对开发具有不同压力系统,不同层位的 ML 井,应具分层开发,分层作业的可能性;

(8)对新钻的多分支井,还应考虑对各多分支井眼同时采用机械采油的可能性,即主井眼应具有合理尺寸的技术套管和生产管柱,保证多套机械采油工具的安全下井和正常生产;

(9)DF－1 型完井系统的设计思路:通过两个钢管在井下采用相贯方式形成三通(图 4 和图 5)。

对图 5 的说明:

① 常用规格。

序号	主井眼技术套管规格(外径)(mm)	分支井眼钻头规格(外径)(mm)	分支井眼尾管规格(外径)(mm)
1	244.5	215.9	≤177.8
2	177.8	152.0	≤127.0

分支井水平段长度:主要由不同类型油藏的地质设计决定,然后工程上满足施工能力的要求就行,常规井 200~1000m。

分支井眼尾管居中的问题:依照不同类型油藏选择不同的方式。必要时分支井眼可加各

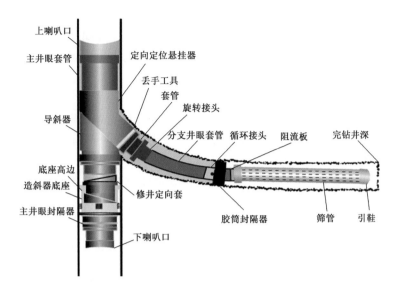

图 5　ML－4 级 DF－1 型分支井完井后的井身结构图

种类型扶正器,但必须满足相关条件。

　　② 各个部件的作用。

　　a. 喇叭口:便于工具顺利进入缩径段的端口带锥度的导引工具。

　　b. 定向定位悬挂器:悬挂分支井眼套管、尾管或筛管于主井眼套管内,其侧壁有预开孔正对主井眼下方,形成通向主井眼的通道。

　　c. 丢手工具:分支井眼尾管的送入工具,坐挂完成后,送入管柱与分支井眼尾管由此脱开。

　　d. 旋转接头:在分支井眼尾管无须转动的情况下,其上部的套管和定向定位悬挂器可以自由旋转,便于准确地进行坐挂。

　　e. 修井定向套:修井作业时使用,是分支井眼修井重入的修井导向器的坐放平台。

　　f. 底座高边:由上下定向套组成,用以辅助导斜器的精确坐放。

　　g. 循环接头:注水泥时水泥浆由管内流向管外的循环通道。

　　h. 胶筒封隔器:在环空阻止水泥浆向下流动的工具。

　　i. 阻流板:阻止水泥浆向下流动的工具,它的材质是可钻的。

　　j. 主井眼封隔器:在分支井钻进过程中暂时封隔分支井的工具,主要为避免分支井发生井喷问题。

　　③ 施工工艺流程图。

　　a. 主井眼的钻井和完井工作;

　　b. 下入造斜器底座管串:用下喇叭口到造斜器底座的这部分工具作为分支井作业过程中的永久基准平台,可解决分支井系统中分支井眼作业定向定位不准确的难点。

　　c. 下入开窗造斜器。

　　d. 下入开窗铣锥进行套管开窗磨铣工作:其主要难点是需要磨铣出光滑规则的窗口,措施是选用高效的磨铣材料,严格按照操作参数进行磨铣。

　　e. 分支井眼钻进至完钻井深。

　　f. 将实心的开窗造斜器更换为空心导斜器:其难点主要是造斜器的打捞,解决措施是优化打捞工具,以及优化配置震击器等工具,解决打捞吨位大的难题。

g. 下入分支井眼尾管:分支井眼尾管可以是筛管完井、套管固井、压裂管柱等多种形式,其难点是如何能保证定向定位悬挂器的精确坐挂,解决措施为优化定向定位悬挂器的结构与施工工艺。

h. 贯通主井眼:把主井眼封隔器的内部通道打开。

④ 截至2017年7月,辽河油田的DF-1型ML-4级分支井已累计应用20余口井,占国内的60%以上。近几年主要在硬地层开窗和深井使用方面进行了改进,总体水平在国内领先,并达到了国际先进水平。

目前ML-5级分支井主要是在四级分支井的基础上添加分采工具使之升级到五级。由于五级适用油藏不多,需求不大,工艺又复杂,所以应用数量和范围不多。目前辽河油田在研究ML-6级的有关技术问题。

辽河油田DF-1井(图4和图5)是21世纪初,我国开始钻分支井时期比较先进的钻井完井结构和完井方式;在这之后全国逐步推广和改进分支井钻井完井技术,形成我国目前各油田各种方式的分支井(及多分支井)钻井、完井技术,已基本上与国际先进技术接轨。

任平6井(图6)是华北油田一口重点潜山水平井,水平段为3524~3898m,用7in×4in可回收尾管悬挂器和4in选择性完井工具进行选择性完井试验。

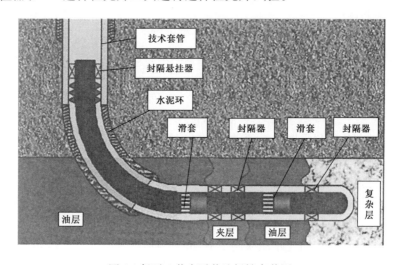

图6 任平6井水平井选择性完井图

井下分岔装置是6级分支井完井系统的主要装置该装置由一个244.5mm的套管头和两个177.8mm的分支构成,呈反"Y"形。较长的177.8mm分支套管由韧性金属制成并环绕着第二根较短的177.8mm分支套管成型。因此在整个接合段上,装置的有效外径不超过304.8mm,可以通过339.7mm套管或311.1mm的裸眼井段。图7是地面预成型的6级分支井井下分岔装置。

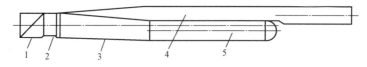

图7 地面预成型6级分支井井下分岔装置
1—上接头;2—外台阶;3—喇叭口;4—分支1;5—分支2

实践证明 ML 是大幅提高产量、采收率的有效手段。它有许多世界性技术难点和发展空间,极富挑战性,又是有实力的大油公司和技术服务公司竞争的前沿技术;特别是高级别完井技术(TAML5,TAML6,TAML6a)。分支井的主—分井段穿越一个或多个油层。在非均质油藏中还要在分段封隔后进行分层段压裂为增产、修井提供条件与保障等。

1.3 水平井与分支井发展为接触油藏最大面积井(MRC)

MRC 井适用于中低渗透—特低渗透油气田,适应非均质油藏能分段封隔分层段压裂(及其他增产作业)可单层分采,能单独关闭或打开任一层段,也可多层合采或全井所有层段合采,能大幅提高产量与采收率降低综合成本的穿越油层井径(及生产管柱直径)较大的长水平井(LH)、完井"三性"级别高的 TAML5,TAML6 和 TAML6a 多分支井(ML)和接触油藏最大面积井 MRC(穿越油层长度大于 5km 现在已达 9km)将来进一步发展为 ERC(极限接触油藏)井。在多油层油藏可钻纵向多层 LH·ML(MRC)井,也可在单一油层中钻 LH·ML·(MRC)井。

图 8 所示为世界第一口 MRC 井结构图,该井钻成 7in 主井眼,下入 5½in×3931m 实体膨胀管;两个分支井 5½in×4276m,长的单分支为 2417m;主、分井段在油层总穿越长度 6051m;完井 L4 级,主眼能压裂,分支井经多次修井(包括以后补下膨胀管)能保持正常生产。

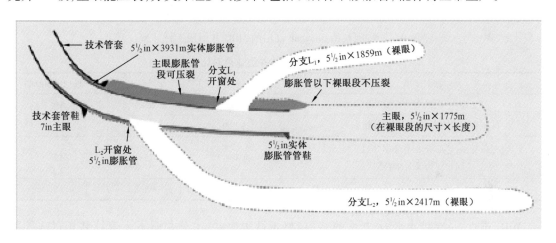

图 8　世界第一口 MRC 井结构图(SPE 97514)

沙特阿拉伯等国 MRC 井主要经验:

(1)按地应力分布主—分水平段井轴均在 $\sigma_{小}$ 方向,分支过渡处在 $\sigma_{小}\pm30°$;

(2)采用大直径,技术套管 7in 以上,尽量加大直径。主—分井眼均要下入套(尾、衬、筛)管(不要裸眼)。主—分交汇处原来(10 年前)用膨胀水泥密封(达 L4 级),现在用地面操作可控连接与拼合系统(Junction & Spitter)能达到 L5 和 L6,正采用 L6a 级(具井下分离装置)。在低渗透油田的 ML 井,MRC 井主井眼与分支井眼均可分段选择性压裂。

(3)SPE 85307:Shaybah 油田至 2003 年相继完成 8 口 MRC 井(L4,L5),穿越油层长67.4km,单井穿越长 12.3km。共有 4 种井型,如图 9 所示。

由表 1 叮知:井型与长度重要,而直径更重要。

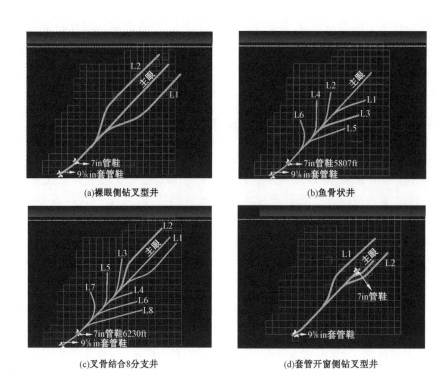

(a)裸眼侧钻叉型井　　　　　　　(b)鱼骨状井

(c)叉骨结合8分支井　　　　　　(d)套管开窗侧钻叉型井

图9　沙特阿拉伯 Shaybah 油田的 MRC 井所用4种井型

表1　图9所示4种井型效果对比表

井眼类型	储层接触长度(ft)	时间(d)	产量(10^6 bbl/d)
刀叉型(主眼及2个分支井眼)	27817	55.1	10
鱼骨型(主眼及6个分支井眼)	19293	47.0	8
鱼骨型(主眼及8个分支井眼) * 图中实为叉骨结合型	40384	75.3	12
刀叉型(主眼及2个在7in尾管中开窗侧钻的分支井)	30289	68.8	15

MRC 难点:长穿越水平段、扩大直径、最好不裸眼完井、主分井眼下入管柱并相贯连接可靠、如何分层封隔、突破 L5,实现 L6 和 L6a。

注:井型、分支数、油层内穿越直径与长度应根据油藏特征等条件优选,精心设计。

1.4　要特别说明大位移井

大位移井是为了实现海洋油田的海油陆采或者在一个平台钻多个水平井、多分支井,其中有的井需要大位移;在陆地油田由于地面或地下的特殊状况也钻大位移井。大位移井的位移与垂直深度之比大于2。大位移井的井身剖面有很长的稳斜段,但是在油层中的穿越长度不一定很长,也不一定是水平井段。而 MRC 井是要求在油藏中穿越大于5km。一般来说,在相同或相似地区钻同样长度的井深,大位移井要比 MRC 井相对容易些。

2　复杂结构井钻井技术关键

地质—旋转导向技术、智能钻井—录井技术等是复杂结构井钻井的几个关键技术,因另有专题讲述,本文只讲述下面 8 个问题。

2.1 选择井型和井身曲率半径并精确设计

根据地质和油藏特征科学选择井型和选定造斜、增斜、降斜井段曲率半径。做好前期调研才能科学地设计复杂结构井。钻井部门需要地质和油藏部门对油藏、储层及整个剖面各段的地质情况精细准确描述;校准地应力分布及大小;卡准标准层、油层厚度、夹层、气顶、底水等关键数据和岩性。注意:复杂结构井最怕见水(水淹),这方面有经验也有教训。水平井—分支井设计已普遍应用软件。要与地质、开发部门协同设计;所需实际资料主要依靠录井提供。

2.2 录井对设计与控制井轨的支撑作用

(1)井位校正;

(2)井眼轨迹描述及数据计算;

(3)井眼斜深数据对比,预测并卡准靶前距、窗口、各个靶点、目标油层等;

(4)判断油层与泥岩,区分并识别岩性;

(5)展现钻头行进轨迹;

(6)有时需要计算地层倾角;

能卡准地层—识别岩性—评价油层—测控井轨。

2.3 科学选择井身曲率半径—造斜率

长曲率半径,大于 400m,每 10m 1°~2°;

中曲率半径,为 120~350m,每 10m 1°~6°;

短曲率半径,为 8~16m,每 10m 1°~10°;

超短曲率半径,小于 0.3m。

根据地层实际情况、工程要求、导向工具能力、装备水平、技术能力各方面因素综合考虑来选择造斜、增斜、降斜各段的曲率半径—造斜率;多数选用中长半径(每 10m 6°左右)。

2.4 按地应力场确定井轴方位

首先要准确了解地应力场。地应力强的地区水平井井轴方位与最小主应力方向一致;在这种地区钻多分支井宜采用刀叉型分支结构并使主—分井段都与最小主应力方向一致,以有利于该井压裂等作业的裂缝在最大主应力方向开裂并取得好的效果;在地应力不发育地区,水平井井轴方位可综合考虑各方面因素,多分支井一般采用鱼骨型,其主眼方位最好与最小主应力方向一致或相近,其分支方位可灵活确定。

2.5 是否打导眼问题

地质情况有不确定性问题时,为了卡准"深度—油层",在进入油层前(一般是在造斜段结束处)先打斜直导眼把油层钻开一段,但不一定钻穿,这是有好处的甚至是非常必要的。而在地质情况和"深度—油层"关系清楚,又具备实时测控条件与可靠技术时就不一定打导眼,以简化工序,提高时效,降低成本。

2.6 扩大油层井段的井径

在大于7in技术套管鞋以下,先用6⅛in(以上)钻头钻主井眼,再用扩眼钻头将井径扩大至7in(相当于技术套管尺寸),并尽量扩径,按"自下而上"或"自上而下"次序钻各个分支,各个分支可"边钻边扩",也可"先钻后扩"(老法)使分支井径大于5½in;在主井眼中下入5½in(以上)膨胀管,在分支井下入4½in(以上)膨胀管(可以是实体管或割缝管),使用可靠的主眼与分支井眼相贯短节,在膨胀管柱(相当于完井管柱)中预置膨胀封隔器(串接多个)。完井后,在主—分井眼中可安置较大尺寸的分采或合采管柱及相应作业装置。

传统方法是先钻后扩,一般是用偏心扩眼器,起下钻次数多、时效低,而且井径扩大量有限。新方法是用同心扩大器和随钻测井径("巡航制导"法)同时优化钻头和扩大器两者钻进参数的边钻边扩的新方法。这里介绍地中海的做法:

图10为地中海地区A井和B井边钻边扩所用的下部钻柱结构示意图。A井钻柱底部钻具组合为12¼in PDC钻头 + 12¼in近钻头稳定器 + RSS(RST) + 电阻率LWD + MWD + 12in钻柱稳定器 + 2×8in无磁钻铤 + 12⅛in钻柱稳定器 + 13in扩眼器 + 8in钻铤;B井钻柱底部钻具组合为12¼in PDC钻头 + 12¼in近钻头稳定器 + RSS(RST) + 电阻率LWD + 声波LWD + 12⅛in钻柱稳定器 + MWD + 12⁵⁄₁₆in钻柱稳定器 + 14in扩眼器 + 8in钻铤。

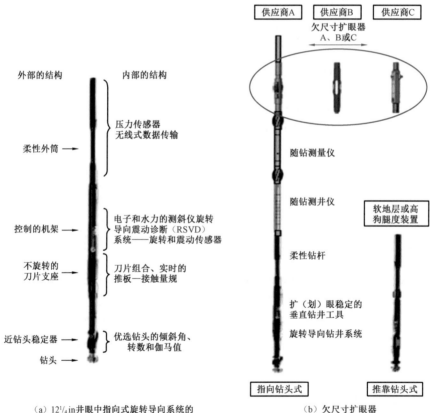

(a) 12¼in井眼中指向式旋转导向系统的外观图形结构

注:在指向式旋转导向系统中RSVD传感器位于钻头以上2.8m处。近钻头RPCC传感器的测点在钻头上方2.1m处。在钻头上方放置的可选择的对生产层导向的模式参数是井斜角,转数和伽马。

(b) 欠尺寸扩眼器

注:三个商业化的可用来接触挤压和松开挤压的同心欠尺寸扩眼器(供应器A、B、C是卖主)已经应用于指向原理和推靠原理相结合的旋转导向钻井系统了。旋转导向钻井系统可以依据消除狗腿度和不同程度地层的需要对各种结构进行组合配置。

图10 地中海地区A井和B井边钻边扩所用下部钻柱结构示意图

图 11 是该区 5 口井边钻边扩的钻柱结构,有同有异,都使用了旋转导向钻井系统和 MWD—LWD 随钻测录井系统。分别使用了 12⅛in、12³⁄₁₆in、12¼in 稳定器。还分别使用了 13in,14in,14¾in 和 17½in 扩眼器。根据不同井况不同地质条件,精心设计钻柱结构。

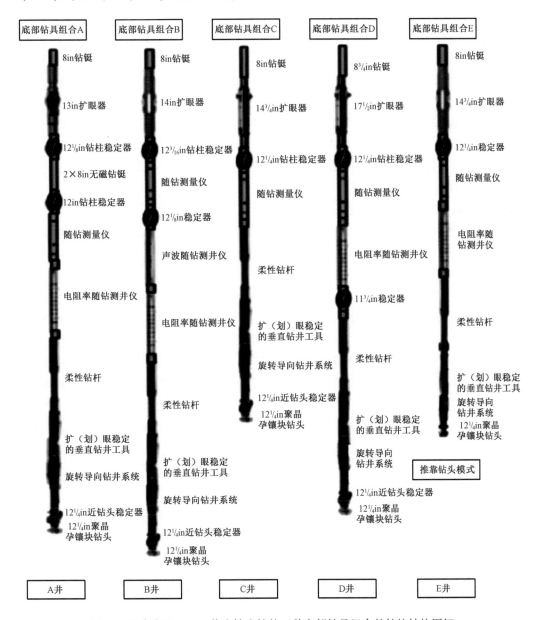

图 11 地中海地区 5 口井边钻边扩的五种底部钻具组合的钻柱结构图解

图 10 和图 11 的 7 口井都成功地进行了边钻边扩,主要经验是:

(1)选择好旋转导向钻井工具及其组成结构系统;推靠钻头原理、指向钻头原理以及推靠原理与指向原理相结合的旋转导向工具都能够用于边钻边扩。选择主要依据所钻地层岩性以及待扩井段的井眼本身状况,(在图 10 中述及井眼是否存在狗腿以及狗腿度大小等)。

(2)选择好扩眼器尺寸(直径大小)。从图 11 知,5 口井(A 井、B 井、C 井、D 井、E 井)的扩眼器直径与钻头直径的关系是:

A 井是 13in 扩眼器与 12¼in 钻头(扩眼器直径比钻头直径大 3/4in);

B 井是 14″扩眼器与 12¼in 钻头(扩眼器直径比钻头直径大 1¾in);

C 井和 E 井是 14¾in 扩眼器与 12¼in 钻头(扩眼器直径比钻头直径大 2½in);

D 井是 17½in 扩眼器与 12¼in 钻头(扩眼器直径比钻头直径大 5¼in)。

5 口井的钻头类型都是聚晶孕镶块(PDC)直径都是 12¼in,而扩眼器直径比钻头直径大得最小的是 3/4in(A 井),最大的是 5¼in(D 井)差别很大。这是地层岩性(主要是地层硬度)不同的原因。而在图 10(b)中,同时使用了欠尺寸扩眼器(在上部)和过尺寸扩眼器(在下部)。

(3)都使用了随钻测量(MWD 仪)和随钻测井(LWD 仪)以及地质导向系统;也就是说要同时进行地质导向和旋转导向两种先进技术并且要随钻测量技术。

(4)在下部钻柱组合中适当使用一段柔性钻杆,使下部钻柱"刚柔结合"有利于边钻边扩也有利于安全作业。

(5)请读者仔细阅读地中海地区 7 口井的图示及其说明,总的概念是"先进的边钻边扩作业,没有固定的模式与统一的下部钻柱组合",要"具体井具体化","依据地层和各井本身状况因井而优选"。

2.7　井眼扩大后下入膨胀管

该技术包括膨胀管制造、膨胀悬挂器系统、胀管器、施工技术等。膨胀管技术是以机械或液压的方法使下入井内的膨胀管发生永久性塑性变形,使管子内径变大,能实现等直径(甚至大于上层套管直径)完井,可采用膨胀式橡胶(封隔)悬挂器悬挂完井管柱。膨胀管柱要用送入管柱和安全卡瓦逐根下入,待全部下入后开泵打压,推动膨胀锥上行,使管柱径向膨胀,当膨胀锥到达直井段时,膨胀管上部膨胀后就坐挂在上一层套管鞋以上部位,作业结束。沙特阿美公司 2003 年开始采用实体膨胀管,至 2008 年已在 70 口井使用 39624m 可膨胀管。到 2009 年 11 月,我国在胜利、江苏、大港等油田成功地完成了 46 口井 49 次膨胀套管膨胀作业,有了一定基础可扩大应用。

膨胀管技术主要的基础理论有以下几方面:

(1)膨胀管材质与结构。

国外 20 世纪 90 年代开发的产品,现已成熟。标准膨胀管为 wcs - 324 低碳钢,也有用 316L 不锈钢、825 号镍铬合金及 13 铬钢;还有新开发的 LSX - 80(亿万奇公司)等新产品。

本体结构有两种:一是实体膨胀管,膨胀率为 10% ~ 30%,机械或液压方式使膨胀锥穿移而变形;二是割缝膨胀管—膨胀防砂管,膨胀率达 60%,只能用机械法膨胀。

(2)膨胀管力学性能。

在 LH·ML(MRC)井的主分支井中扩大井径后下入膨胀套(尾)管或割缝膨胀衬管筛管,再胀大其管径,对膨胀管的力学性能要求更高。套管膨胀后产生残余应力而降低强度,但它的抗挤毁性能是膨胀套管能否经受采油与增产工艺保证正常工作的重要性能。一般来说,套管膨胀率越大残余应力也越大,抗挤毁强度就越低。所以必须综合考虑膨胀率与膨胀后套管抗挤毁强度的关系,选择合适的管材材质、壁厚与膨胀率等。这些都需要深入研究。

2.8 配合使用膨胀封隔器

使用配套的智能完井工具:在精细油藏描述和卡准封隔器位置后,在完井(生产)管柱中串接安装好膨胀封隔器进行分段封隔为后续的分级压裂/改造和分采合采做好技术准备。国际上为满足分段封隔的需要而研制了多种膨胀封隔器。最先进的是遇油气膨胀封隔器(图12)。据JPT(2009)报道:(HETS - MTM - ZIB)与水力膨胀管系统联合使用的层间金属—金属膨胀封隔器(图13),适用于 HPHT 和易腐蚀橡胶的环境,它可回收。已在北海用于10000psi 的水力压裂作业。

图12 遇油膨胀封隔器

图13 金属—金属膨胀封隔器

H - LH - ML - MRC 井必须要充分利用压裂手段,强化压裂技术并能分段压裂。这在ML - MRC 井是复杂、难题、瓶颈,并有差距,要重视这 8 个字。一般来说复杂结构井不宜全部用(但有时要用、有的井段要用)裸眼完井方法,而应下套(尾)管或筛(衬)管完井并运用膨胀封隔器,可串联使用(10 ~ 24 个),特别是遇油气膨胀封隔器。在后边的智能完井中还要详述。

遇油气膨胀封隔器膨胀密封原理新颖。利用渗透扩散机理和新型高分子功能材料,油(气、水)慢慢进入封隔器特制胶筒分子间隙中逐渐膨胀,紧贴到井壁后仍继续吸油膨胀,增加胶筒与井壁接触应力,以承受层间密封压差。抗压差高达680bar(9860psi),寿命可达几十年。

遇油气膨胀封隔器有以下特点:

(1)结构简单。不需要也没有卡瓦锚定、坐封、解封等复杂结构。

(2)操作简单。坐封、解封不需要投球、憋压、旋转、不必上提下放管柱。

(3)膨胀率高、密封性好(适合不规则井眼)、自动膨胀(不需井口加压或下内管进行胀封)。

(4)适用于裸眼和衬(筛)管完井。不需要下生产套(尾)管、注水泥、射孔,只要与筛管或滑套、井下开关等预置组合,下入裸眼中即可进行分层段开采、注水、压裂、酸化、测试与找堵水。

(5)套管(注水泥、射孔)完井也能应用并可与膨胀管联用对套损段或破裂处进行封堵或将其隔开。因此,该封隔器研制成功和广泛应用是完井工程革命性的举措。这指原来做不到的事现在有了它而可以做到,解决了智能完井和分段封隔等难题。

图14是塔里木油田使用哈里伯顿公司的压裂滑套和遇油膨胀封隔器进行酸化压裂完井一体化作业的管柱结构,取得成功,在国内首次试用。膨胀式尾管悬挂器(VersaFlexTM)+5只遇油膨胀封隔器(SWELLPACKER)+6只增产压裂滑套(Delta Slim Sleeve),将水平段分成6段:

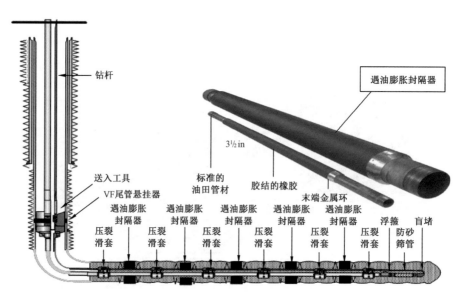

图14　塔里木TZ 62—11H井使用哈里伯顿公司压裂滑套和膨胀封隔器进行酸压完井一体化作业管柱

图15是苏里格气田苏75 – 70 – 6H井的压裂完井管柱结构图。该井是部署在苏75区块中区东部的一口重点水平井,完钻井深4592m,直径152.4mm裸眼完井。2010年10月22—23日,采用国产裸眼分段压裂工具实施10段连续压裂26h,累计加砂406m³,平均单层加砂40.6m³,优选低伤害羧甲基压裂液降低地层伤害,提高地层导流能力,取得了显著的压裂增产效果,无阻流量高达$316.51×10^4$m³/d《石油钻采工艺》2010年11月)。表2是该井压裂工具技术参数。

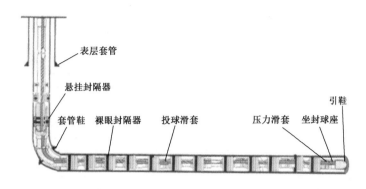

图15　苏75-70-6H井的压裂完井管柱结构示意图

表2　苏75-70-6H井压裂工具技术参数

名称	长度 (m)	外径 (mm)	内径 (mm)	坐封压力 (MPa)	耐温 (℃)	耐压差 (MPa)	堵球尺寸 (mm)
带筛管引鞋	0.53	127.0			150	70	
自封式球座	0.55	114.3	23.0	15	150	70	28.00
压差滑套	0.93	138.0	70.0	37	150	70	
裸眼封隔器	1.32	144.0	70.0	15	150	70	
投球滑套1	0.89	127.0	30.0	45	150	70	34.80
投球滑套2	0.89	127.0	34.8	45	150	70	39.35
投球滑套3	0.89	127.0	39.4	45	150	70	43.65
投球滑套4	0.89	127.0	43.7	45	150	70	47.00
投球滑套5	0.89	127.0	47.0	45	150	70	51.70
投球滑套6	0.89	127.0	51.7	45	150	70	55.90
投球滑套7	0.89	127.0	55.9	45	150	70	60.30
投球滑套8	0.89	127.0	60.3	45	150	70	64.90
投球滑套9	0.89	127.0	64.9	45	150	70	68.00
悬挂封隔器	1.82	148.0	70.0	20	150	70	
回接筒	2.15	135.0	110.0		150	70	
丢手接头	0.30	142.0	36.0	26	150	70	

中国石油华北油田分公司研制的上述国产裸眼封隔器压裂投球滑套式工具能分10段压裂的成功应用,打破了长期依赖进口的格局,可在全国推广应用(图16)。

膨胀式封隔器、裸眼封隔器和遇油气(水)膨胀封隔器已有Hallib和TAM等公司商业化产品(每个5万美元)国内已在研制中。在ML、MRC井中串接使用几个至十几个乃至几十个,使主—分(特别是在分支井段)井眼均可进行分段封隔,分段压裂,分段作业。

在北海、墨西哥湾海上油田(特别是深水油田)日益重视应用L5,L6和L6a级ML井、MRC井;在美国、英国、挪威、俄罗斯、沙特阿拉伯、尼日利亚、委内瑞拉、阿联酋等国已越来越

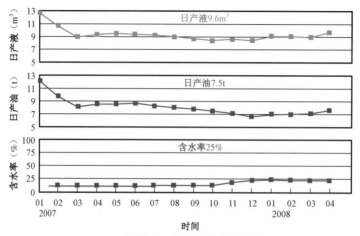

(a)西柳10平3井采油曲线（压裂前）

压后初期日产油16.9t，截止2009年1月，累计产油1605.7t

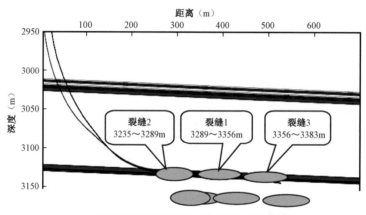

(b)西柳10平1井压裂分段（纵向裂缝）轨迹剖面图

按设计顺利加入陶粒40m³（30/50目18m³+20/40目22m³）

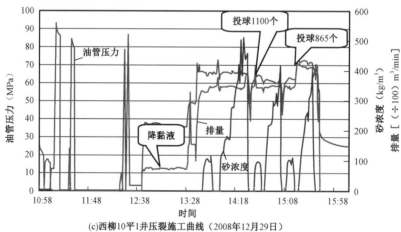

(c)西柳10平1井压裂施工曲线（2008年12月29日）

该井压前日产油1.6t，压后生产36天累计产油556.4t

图16　华北油田第1口水平井柳10平3井和柳10平1井两口井压裂

（中国石油网报道，2006年9月19日）

多应用于各类油气藏。据 JPT 报道,世界上每天都有 ML 井在施工(及新开钻),MRC(ERC)正在快速发展,普遍见到实效。

在国内,长水平井段分段压裂尚处于试验摸索阶段,而在 ML5 井和 ML6 井还没有起步,有人怀疑能否实施。国内尚无 MRC 井,并有更多顾虑,甚至认为不可能。当前需要科学地、有针对性地研究"如何分段压裂,怎样分段封隔以及裂缝数目、缝长、缝网格式、裂缝间距等的优化设计"。既然(特)低渗透油田非压裂不可,又是长井段,就特别要考虑分段压裂和分段封隔,还涉及布井方案、井轨路径、完井方法、压裂改造施工方法等。在长井段中分段封隔的新方法是用膨胀封隔器,特别是遇油气膨胀封隔器。

不论用哪种方法,都必须将拟压裂各小段有效地分隔开来,这最好在完井作业中由钻井队来完成。所以,钻完井新技术要研究分段封隔并为分段压裂创造条件。

要想压出好而多的裂缝,需要提供高压大排量,压开第一条裂缝后还有剩余能量压开第二条或更多条裂缝,不仅要大功率的压裂设备,还要使用大直径的管柱,因此完井管柱的直径要大(这是要扩径和用膨胀管的原因)。

图 17 为 H—ML—MRC 分段封隔分段压裂原理示意图;图 18 为智能 ML/MRC 井分采/合采管柱及其组件示意图;图 19 为陕甘宁油区多个油层采用多分支井的建设图;表 3 为对××油田(区块)LH/ML5.6 和 MRC 井实施分层段封隔和分段压裂的建设方案(与图 18 和图 19 配合使用)。

表3 对××油田(区块)LH/ML5.6 和 MRC 井实施分层段封隔和分段压裂的建议方案

方案号	井型	井眼在油层中穿越的长度(m)	二开井段技术套管(in)	三开钻头(in)	油层套管类型及直径	作业要求
1	LH 水平井(含双向水平井阶梯水平井等)	3000~5000	9⅝	8½	7in(套、尾、筛)管	常规
2			7	6⅛	5½in(套、尾、筛)管	常规
3				6⅛	5½in(套、尾、筛)管	扩眼(边钻边扩或钻后扩眼)
4			7	6⅛(再扩眼)	5½in 膨胀管(胀后管内径大于127mm)	扩眼(边钻边扩)+膨胀管
5	ML5.6 和 MRC 井(优选井型、分支数等)	主眼段(2000+)	9⅝	8½	7in(套、尾、筛)管	常规
6			7	6⅛	5½in(内径118~127mm)	常规
7			7	6⅛(再扩眼)	5½in 膨胀管(胀后管内径大于127mm)	边钻边扩+膨胀管
5′		各分支段(每支1500±)	9⅝	8½(侧钻)	7in(套、尾、筛)管	常规
6′			7	6⅛(侧钻)	5½in(内径118~127mm)	常规
7′			7	6⅛(再扩眼)	5½in 膨胀管(胀后管内径大于127mm)	扩眼(边钻边扩)+膨胀管
8*			5½	4¾(再扩眼)	5in 膨胀管(胀后管内径约115mm)	扩眼(边钻边扩)+膨胀管

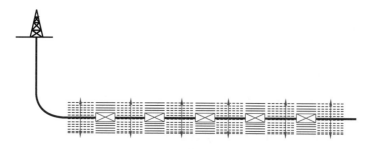

(a)水平井分段压裂

单水平井用5个封隔器把水平段隔为6段，分段压裂

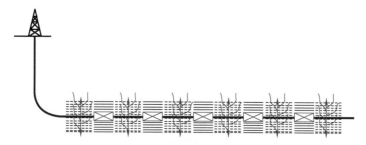

(b)水平井分段强化压裂形成簇状裂缝

将图（a）中被封隔器分隔开的6段进行压裂，形成多缝压裂效果

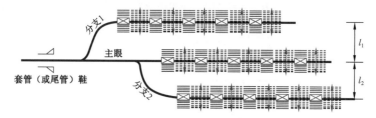

(c)ML/MRC水平井分段压裂

主—分井眼直径、水平段长度，l_1和l_2为距离，完井方式、封隔器位置等要根据油藏特征、
油层情况等按井逐个精心设计。在中间的主眼上、下（实为左、右）各侧钻一个分支井眼。
对每个主眼和分支井眼都安放了封隔器，以备分段压裂

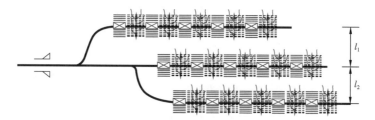

(d)ML/MRC水平井分段强化压裂形成簇状压裂缝

对图（c）中用封隔器分隔开的15个分段进行分段压裂
（可以对15段同时一次压裂，也可以分多次压裂），
形成网络状多缝压裂效果

图17 H—ML—MRC分段封隔分段压裂原理示意图

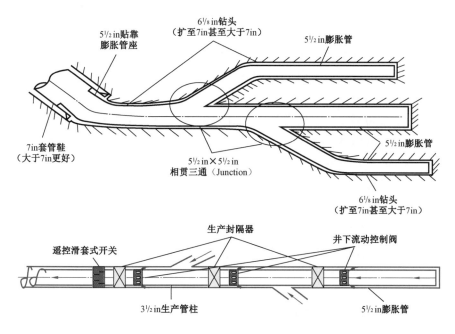

图 18　智能 ML/MRC 井分采/合采管柱及其组件示意图

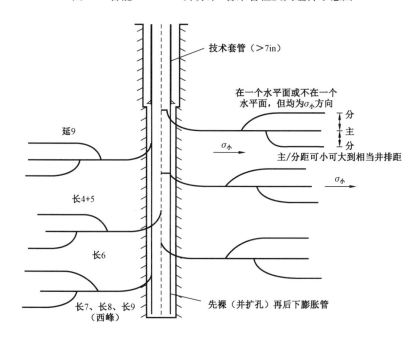

图 19　陕甘宁油区多个油层采用多分支井的建议图

对表 3 的说明:(1)在水平井和多分支井(优选井型、分支数、TAML5.6)的主—分井段,根据油藏性质确定多个环空(膨胀)封隔器(最好用遇油气膨胀封隔器)的位置、预置并坐封实现分层段封隔。(2)钻井公司交井后,由采油厂做好分层段压裂的技术设计和施工,宜使用投球式滑套开关,可遥控的井下多位阀门 TRFC,同轴密封组件,管内封隔器等封层段压裂的先进设备。(3)根据需要与可能,尽量设计并建成智能油井(安装温度、压力、流量等多传感器,智能遥控的井下工具、闭环信息系统,地面信息及管理系统等)。

2.9 其他关键措施

其他关键措施还有优质钻井完井液、清除岩屑床、保护油气层、固井工程、重视井控、谨慎选择并充分准备后才能进行欠平衡作业、防碰与相碰新技术、RMRS 防碰与相碰新技术等。

在海域平台钻井,井距为 3～5m 并密集钻几十口井,需要防碰技术,常规做法是地质和钻井工程统一进行三维防碰设计实时随钻测控井轨细化防碰措施。新技术可参考 SPE 119420 介绍的用打救援井的 RMRS(Rotating Magnetic Ranging Service)旋转磁性定向测距技术和 SWG(Single Wire Guidance Tool)单芯电缆导向工具来解决井间位置关系。原理是在井中下入既能发射又能接收信号的仪器,它由一个能测量磁场的传感器和一个向周围地层发射电流的电极组成;当电流被目标井的管柱吸收时,它就产生一个磁场,该磁场就能被测量工具的传感器所测得,测得的数据经闭环实时分析,从而实时指示该救援井对目标井的救援方位和距离,实现自动寻靶,把两井连通相碰。2010 年,墨西哥湾发生失火漏油恶性事故时使用这个办法成功打了两口救援井。利用本原理也可防碰。

3 完井工程智能化——智能完井

国际石油业界早已把钻井与完井(Drilling&Completion)合并为一个部门、学科、论坛、栏目等;我国对此还认识不够,应重视完井工程。完井是钻井与采油的结合工程与衔接部位,钻井完井部门特别要把完井工程质量做好交出先进的优质井;为了确保完井质量,国际上早已在管理上规定:完井成本要大于一口井总成本的 50%,特别在海洋井和复杂井;现代复杂结构井大多不再用传统的简单完井方法而采用智能完井方法,智能完井的井就是智能井。

什么是一口智能井? 一口智能油(气)井使作业者能够遥控并控制油井(流体)流动或注入井下,在该油藏不需人工(物理)干预即可使得油井产量和油藏管理过程实现最优化。

3.1 智能井主要功能

任何一口装置了某些装置而能使作业者不需物理干预(不必进行各项采油修理工作)就能:

(1)遥测——在油藏条件下液流在油井中流动或注入;

(2)遥控——在油藏选择性层段(层间封隔层段)遥控油井液流流动或注入;

(3)最优化——碳氢化合物生产和油藏管理方法允许的优化;

(4)液流监测——永久型传感器(温度、压力、流量、流体流动等),特别是永久型井底多相流量计;

(5)液流控制——液流控制装置(元部件),即地面控制的井下阀门,(液体)流入(井内)的控制装置(ICD 主要指控砂筛管,也指 ICV)等;

(6)液流最优化——由传感器采集到的信息输入分析机,帮助决策,给液流控制装置以指令,从而调控液流流动方向、流量、作用。

据 JPT 2011 年 1 月号报道,哈里伯顿公司已为全球服务装置了 500 多口智能井。加上其他公司的服务全球约近千口井。在这方面沙特阿拉伯领跑于全球,2007 年 99 口,2008 年撰文总结 100 口智能井,至少有 100 多口。

3.2 智能完井适用范围

适用于多类油气藏,在低渗透油藏尤其(或者说仍能)有效(或者说更需要智能完井);广泛用于 H—LH—ML(TAML5-6)—MRC 井;新区首选;老区老井改造(侧钻成水平井、分支井等等),能利用低产井、停产井、躺倒井、高含水井等改造后再完井,恢复和提高产能,收到起死回生(焕发青春)之效;智能完井的井才是智能井。

3.3 智能井新领域

(1)主油藏开采到期了(其他油藏还可采);

(2)产油递减(衰竭);

(3)储量置换回复(弥补递减)更困难;

(4)需要更好的储量采收效率;

(5)更加复杂的油藏;

(6)更为复杂和采收机理——二次采油,三次采油;

(7)增加资产成本和作业成本;

(8)挑战性地区/环境(领域)、南北极、深水、海底井口海洋井等挑战性地区。

图20说明在非均质油藏要用智能井。图21说明为什么要智能多层完井。

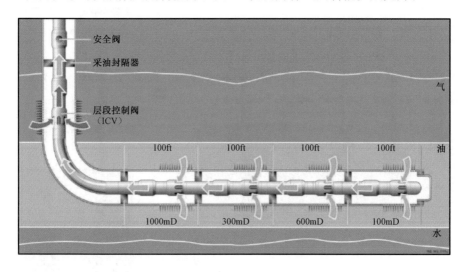

图20 水平井段所穿越的油层渗透率不同

图20说明:这是一个非均质油藏,自左向右每隔100ft,渗透率分别为100mD,300mD,600mD 和100mD。该油藏自上而下分别是气层、油层、水层。该井在水平段4段不同渗透率的层段都采用射孔法分段射孔完井(采油)。在直井段自下而上依次安装了层段控制阀、采油封隔器和安全阀。油进入油管后由水平段进入直井段,在气层部位的高压天然气通过层段控制阀进入油管,在油管中气推油,由于采油封隔器封闭了环空,油气混合经过安全阀由油管升到井口,实现了油气混采和气助油采出的生产方式。这是智能井能够在非均质、渗透率不同的油层和气层中高效合采的特殊优点。图20是把复杂油气层和开采方式典型化了,具体油藏要根据油藏特征等实际条件设计相应的采油管柱及其配件。

智能井技术能开采边际油藏和通过可控制多油藏合采技术提高油气产量(图22)。

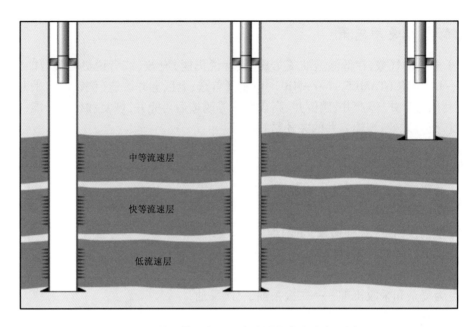

图21　某油藏上中下3个油层的液流速度不同

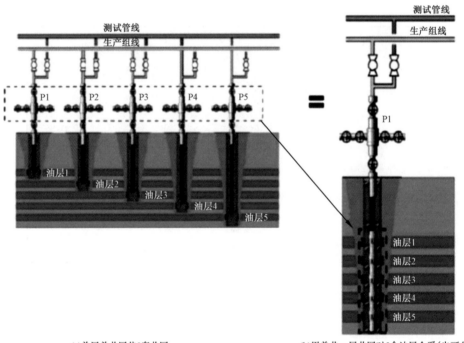

(a)单层单井网共5套井网　　　　　　　(b)用单井一层井网对5个油层合采(也可分采)

图22　某油藏的5个油层两种完井方式对比

图23是对图22所指某油藏的5个油层进行的最小化综合成本和作业成本分析,可以看出,用5套单层井网分层开采的井产量总和还不如用一套井网的智能井产量高,智能井的综合成本与作业成本较分层开采的低。

关于智能完井的软硬件及使用方法以及实例等请阅本书《智能完井新技术进展》一文,本文从略。

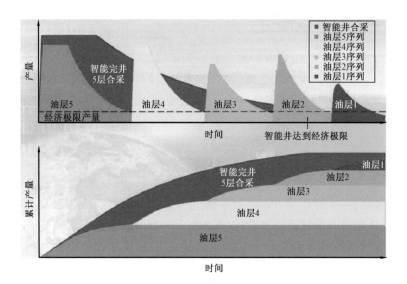

图 23　最小化的综合成本和作业成本

图 24 是自动气举原理图。自动气举(也被为就地气举系统)利用井下传感器、环空封隔器和流量控制阀等来确保有足够量的天然气通过套管环空进入油管液柱并将油的油柱提升到地面。在此过程中,需要用流量传感器和流量控制阀来避免天然气进入液柱过量,防止引起层间窜流。与常规系统相比,自动气举系统成本更低。因为自动气举不需要利用地面设施将天然气沿着环空向下输送至目标层。自动气举还具有一项优势,即可以通过一条来自地面的液压管线远程控制注水量。在常规气举作业中,当提升地层流体所需的天然气的体积因流体性质的变化而发生变化时,需起出电缆回收气举阀以进行调整。保护气举阀的气举阀套是油管柱的一部分。图 25 是利用水层的水实现对油层的自动注水。自动气举和自动注水都只有在智能完井的井中才能实现,它们都能降低综合成本和作业成本。

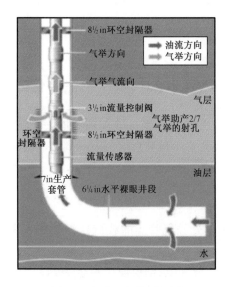

图 24　自动—气举原理图

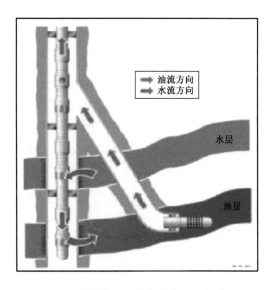

图 25　可控制(水)的自流注水—自动注水

3.4　智能井完井的优点(效益)

(1)用油藏分—合采和利用先进的复杂井结构来增加和提高产量;

(2)用较少的油井数,减少地面装置等方法,来开发资源以降低资产投资(综合)成本;

(3)通过减少采油修井减小干扰和通过产液的低含水(减少暴露面积)来降低作业操作成本;

(4)通过较好的注采作业油藏管理,通过边际储量的开发来增加油气采收率;

3.5　智能井井下工具与仪表(参考沙特阿拉伯经验)

(1)油井管及附件:主井眼用4in以上油管,主井眼为7in套(尾)管或膨胀管或衬管,用可回收式或永久式悬挂器或重复段膨胀管挂(贴)在上一层 $9\frac{5}{8}$ in 技术套管内;分支井的完井管柱为 $7\sim5\frac{1}{2}$ in(套管或膨胀管);主—分相交井段处的拼合技术和金属连接短节;套管接箍定位短节;

(2)封隔器(裸眼井、套管井)、可回收液压封隔器、膨胀封隔器、遇油气(水)膨胀封隔器、金属膨胀封隔器、带有反馈控制线路的多封隔器组、异径砾石充填封隔器、同轴轴向封隔器、密封件组合等;

(3)电—液多种类型的井下阀门、层—段间的控制阀(ICD/ICV)、井下流量多位(11位)控制阀又称"井下油嘴"、投球式滑套开关、井下安全阀(SCSSV);

(4)单/多点压力、温度和流量计、多相流量计、地面数据监测与井下测量仪表、永久型井下监测(仪表箱)系统(PDHMS)、数字水力检测器等;

(5)"地面—液压管路—井下仪表"液控系统、带有电—液反馈控制线路的遥控(开关和封隔器等)系统;

(6)各类接头、快速密封接头、(水力、电子、磁性、机械式)可快速连接—释放短节、分支井段进出入工具(MLT)、牵引器、指示液流触发弯接头、为减小摩阻的"减阻剂与井下搅拌器复合装置";

(7)智能井(有线式、无线式)通信系统;

(8)连续管、内含光纤的连续管及其附件;

(9)光纤网络及数据采集系统(SCADA)和远程控制系统;

(10)智能采油装置;修井工具和辅助作业专用工具。

产品研发和制造要保证质量。根据各井具体设计,完井装置各组件除单独和地面测试检查外,还要进行整体组装后的功能试验。功能试验至少要有4个试验层次,即:一到井场时、二在钻台上、三在坐封隔器前、四在大钩卸载之前。确保井下使用安全可靠。

3.6　智能 LH/ML(MRC)井施工要点

(1)下入7in(甚至更大直径)技术套管(设计时考虑其悬挂尾管等的载荷),注优质水泥,保证固井质量能满足后续作业要求;

(2)7in技术套管以下,用 $6\frac{1}{8}$ in 或更大直径钻头钻主/分井眼,油层段扩眼至7in以上(尽量扩大些);

(3)主眼下 $5\frac{1}{2}$ in(或更大直径)套管或膨胀管(实体管或割缝管)并加压膨胀,上端用尾管悬挂器坐挂在7in套管内;或将膨胀管胀贴在7in套管;如果膨胀管外需注水泥,则用

(超)缓凝水泥(终凝时间2天左右);

(4)开窗后,用6⅛in钻头钻分支井段,扩眼至7in以上,分支井井径越大越好。

(5)主—分井段钻进应该尽量结合使用欠平衡钻井;

(6)在各分支井段下入5½in(至少是4in或4½in)套管或膨胀管,并用主—分相贯钢质短节(或膨胀喇叭口短节),将主—分井眼相汇处进行钢质材料机械膨胀连接,再磨平处理接口;

(7)试验着在主—分井眼中下入的膨胀管串中预置遇油气膨胀封隔器;预置位置必须精确卡准;在主—分井眼完井时,就要位置准确地预置永久安装在井下的压力、温度、流量、位移、时间、含水率等传感器及井下多站信息、通信系统(控制网络系统);选择智能连接与拼合系统(Junction & Splitter)、井下滑套(投球式、电控式、液控式)、层间控制阀、井下安全阀等;

(8)等待遇油气膨胀封隔器充分膨胀后(约7天)试压检查密封性;

(9)下入3½in分采/合采生产管柱并接好生产封隔器、井下流动控制阀、滑套式开关、传感器等;

(10)可按设计要求安装永久性传感器及智能采油装置;MRC井是高科技井,应文明施工,环境友好,保护好环境。

3.7 沙特阿拉伯"一主二分支"(共3个井眼并且都进行压裂)MRC井的作业步骤

(1)按正常钻井步骤打完主井眼(含边钻边扩)并下入套管(膨胀管、尾管)固井;

(2)在主井眼进行预定的压裂增产作业措施,并进行相应的洗井作业或试井作业;

(3)隔离主井眼(用可回收桥塞也可打悬空水泥塞等);

(4)下入造斜装置,开窗侧钻靠下部的分支井1;

(5)分支井1的钻井可一次(或两次)钻到目的层,然后再下入尾管固井,需要注意,该尾管只能并且必须下入到主井眼开窗处(若用膨胀管技术把主井眼的套(尾)管与分支井眼的尾管结合在一起,分支井1的尾管要向上加长以便膨胀贴靠紧);

(6)钻开水泥塞及刮管作业至套(尾)管底,然后射孔完成,并下入带封隔器的管柱,进入分支井1,坐封隔器,实施压裂作业以及相应的配套作业;

(7)回收隔离主井眼的桥塞,并反复打磨开窗处以去除毛刺,使窗口光滑;

(8)再下可回收桥塞,隔离主井眼并开窗侧钻上部的分支井2;

(9)重复上面步骤(6)(7),钻成分支井2和进行增产作业措施。同样可重复若干分支井的钻井完井作业;

(10)下入完井管串即可投产。完井管串要求能实现分支井的单独生产增产测试及各分支井的合采测试,因此,完井管串应根据具体情况精心设计与作业。

沙特阿拉伯2009年总结了装备有ICV的100口智能井的经验,沙特阿拉伯可能就有几百口智能井,国际石油界智能完井—智能井已逾千口。实践证明:

(1)智能完井已经成功并大力推广,它能够大幅度地提高产量与可采储量(EOR)从而获得很大收益,这是一项新技术,我们正在起步、产学研结合、多学科结合自主研发。

(2)控制和监测工具是关键,应组织系统配套研发并准备随后不断地升级更新,所以要自主研发,自己掌握核心技术。

(3)最优化技术的完善在于反复实践(早起步多实践),对不同油田应着眼于:

① 数据的采集与处理；

② 控制的可靠性与方便性；

③ 液流最优化；

④ 选择性作业管理的深化改进。

（4）智能完井工程是系统工程，要钻采（地质）结合设计，采油开发部门要站在前沿——创新性地设计，由钻井完井部门施工，符合要求才能交井，生产部门必须掌握智能完井技术。

4 结论

（1）复杂结构井是大幅度提高产能和采收率并降低成本的先进技术。我国水平井技术已基本成熟、进入规模化应用阶段，效果明显，今后要继续提高水平、扩大规模应用范围、解决发展不平衡问题；分支井已经起步，要重点解决 TAML5 级和 TAML6 级问题，确保"三性"水平；最大油藏接触面积井还没有起步，要及早在认识上、理论上、技术上和装备上做好准备，尽快实施；还要善于应用侧钻井。

（2）钻井部门要在思想上和行动上十分重视完井工程。智能完井是世界前沿技术，我国已经落后，不能再观望犹豫。我们要在认识上更加重视。一是大力调研学习、二是组织攻关和培训、三是全面系统准备、四是安排先导试验，取得经验迅速推广，在实践中创新，在创新中发展。

（此文为 2011—2012 年中原油田和长庆油田等钻井培训班及
在西南石油大学、西安石油大学的讲学稿，2015 年修改稿）

复杂地质条件下复杂结构井的钻井优化方案研究[❶]

李　琪　　何华灿　　张绍槐

摘　要:在复杂地质条件下钻复杂结构井及特殊工艺井时,在地质和工程方面存在许多不确定性因素和复杂性问题。随钻导向、实时优化、井下动态诊断及其集成技术是解决这些难题的有效途径,基于智能钻柱,提出了把上述 3 项技术集成为一个整体的集成化的 SOD 系统:应用智能钻柱及其相关配套技术能提高双向闭环信息传输速率达 $10^4 \sim 10^6$ bit/s 同时能从地面向井下输送 $10 \sim 25$ kW 的电力。给出了智能化钻井"导向—优化—诊断"集成系统总体结构设计方案。该系统能使地质条件透明化、使钻井过程简化并能提高钻井效率,有利于精确控制井身轨迹,可随钻分析钻柱(尤其是底部钻具组合、钻井工具)的力学行为,能优化钻井过程,实时识别和处理井下异常工况,能降低钻井成本约 20% 。

关键词:复杂结构井;导向钻井;智能钻井;随钻测量;动态诊断;优化钻井

　　理论与实践表明,在复杂地质条件的油气藏中,钻水平井、多分支井、大位移井等复杂结构井及深井、超深井等特殊工艺井能够有效地大幅度提高采收率和油井产量,特别是在薄油层以及剩余油和死油区的开发中尤为突出[1,2]。随着石油工程技术的发展,钻井工程的趋势是信息化、智能化、自动化[1,3]。在复杂地质条件下钻复杂结构井的技术关键是以最终实现地质导向为目标的控制井身轨迹的导向钻井,并同时实现快速、安全、低成本的优化钻井。集随钻导向、实时优化、随钻动态诊断三者为一体的"随钻导向优化诊断(Steering Optimize Diagnose, SOD)集成技术"正是解决复杂地质条件下钻井的有效手段。

1　复杂地质条件下钻复杂结构井的不确定性和复杂性

1.1　地质条件的不确定性和复杂性

　　在复杂地质条件下钻井往往有许多不准确和不确定性问题,特别是对地层分层深度位置、地层厚度及油气水层的顶、底界面深度位置确定的不准确性,甚至有时对某一地层的存在或缺失及是否会钻遇断层等也不能确定。有时是因为不能够准确掌握地层压力、破裂压力、坍塌压力剖面及地应力,从而造成井身结构难以完全确定。常碰到的问题是对某层是否要下技术套管及下到什么位置不能确定,不得不依靠液体套管来暂时维持待定井段的钻进。有时因为钻井标志层、目的层的深度位置的确定不准确,从而难以预先设计钻井目标、深度与靶位等,或者会由于地质因素而发生井壁失稳乃至井眼失控等复杂情况。

1.2　井身剖面和井身轨迹的不确定性和复杂性

　　复杂地质条件下复杂结构井的井身剖面是三维的。为了开发的需要或绕障等原因,有时

---

　　❶ 国家自然科学资助项目(No. 50234030)部分研究成果。

需要在易发生方位漂移和不容易改变井眼方位的复杂层段强扭井身轨迹方位和改变造斜率。由于不能准确预定定向造斜点的位置以及多分支井的主井眼与分支井眼分岔位置,而被迫连续甚至反复地调整井身轨迹,从而增加了轨迹控制的复杂性。在客观的地质条件和开发工作中人为的需要而临时改变井身轨迹时,则往往由于不确定性和复杂性而使钻井施工碰到一定的困难。

1.3 井下工具及测试与控制的不确定性和复杂性

由于钻柱动力学及钻头运动学的研究和应用还不够成熟,尤其是 BHA 和旋转导向工具等运动和力学行为存在某些不确定性,给导向钻井工程控制与优化目标的实现带来困难。有时难以兼顾既要控制井眼轨迹导向钻进,又要提高钻速、提高时效、确保井下安全等多方面的要求,还要全面考虑选择 BHA 结构、优化钻进参数等诸多方面,否则会导致顾此失彼而难以科学决策的情况。

1.4 井下复杂情况诊断与预测的不确定性与复杂性

在复杂地质层段内,复杂而多变的井身剖面可能存在某些隐患,须及时诊断及识别。但现有的识别诊断方法大都采用地面综合录井、泥浆录井。由于地面采集的信息难以准确反映井下的真实情况,或由于时间上的滞后,很容易发生漏判、误诊或预报不及时,从而酿成井下复杂情况和意外事故,必须要有新的随钻动态诊断技术。

2 随钻实时"导向—优化—诊断"闭环信息传输系统

2.1 导向钻井需要的信息参数

应用导向钻井系统控制井身轨迹,其进一步发展的趋势是同时采用几何导向、地质导向和旋转导向钻井技术。

几何导向随钻测量的参数主要有井斜角、方位角、工具面角、井斜变化率、方位变化率及用近钻头姿态仪测量的近钻头姿态参数、井径以及几个靶位的几何参数等,最多时达 6~8 个独立参数。

地质导向技术常用三联或四联的随钻测井仪或随钻地层评价仪。近年来,国外又应用了随钻核磁测井仪。主要测量参数包括:自然伽马、方位伽马、电阻率、补偿双电阻率、近钻头电阻率、方位电阻率、补偿中子密度、方位中子密度、自然电位及声波。此外,还有随钻地震、随钻压力以及有关地层压力、破裂压力、坍塌压力和地应力等参数的测量。可同时使用的往往有 6~10 个独立参数。

在应用旋转导向钻井技术时,导向工具内装有三轴加速度计、陀螺仪、温度传感器、振动测试元件等。常用偏差矢量法和智能控制法控制井身轨迹,需要随钻测量并计算偏差矢量,实时掌握全角变化率,并实时掌握及诊断旋转导向工具乃至底部钻具组合在井下的工况。这就需要再多增加几个独立的随钻测量参数。

2.2 优化钻井和随钻诊断需要的信息参数

实现优化钻井和随钻诊断的主要信息参数有:井底钻压、用 X—Y 轴向磁力仪测量的井底转速、井底扭矩、钻井液排量、钻柱内压力和环空压力;用三轴加速度计等测量纵振、扭振等的振动参数,BHA 和导向工具的弯矩;钻井液性能参数(密度、循环当量密度及主要流变参数)、井温。若使用智能钻头,还需要增加几个被测参数。为了实现随钻动态诊断和实时优化钻井,大约需要 12～18 个参数。

2.3　SOD 系统对信息传输速率的要求

井下测试仪器通常使用 1000Hz 的测量频率。为了提高测量精度,宜分别选择使用 8～16 位的传感器。粗略估算,最大应用信息传输速率的范围为 $2.56 \times 10^5 ～ 6.72 \times 10^5 bit/s$。即使按该范围的较低值的 30% 考虑,实际应用的信息传输速率至少也要 $8 \times 10^4 ～ 20 \times 10^4 bit/s$。

目前,无论是随钻测量还是用于地质导向的随钻测井,其信息的实时传输均采用泥浆脉冲的方式。而泥浆脉冲的传输速率一般为 3～6bit/s,最大也只能达到 12bit/s,显然这样的传输速率远远不能满足 SOD 系统的要求,这实际上已经成为制约钻井技术发展的瓶颈。

B. A. Montaron 等在 1993 年对当时使用的 8 位和 12 位传感器及泥浆脉冲实时传输能力为 3bit/s 和 6bit/s 的随钻测量做了更新时间(指同类数据传输时数据更新时间间隔)的分析[4],其分析结果列于表 1。

表 1　随钻测量常用的测量参数及数据更新时间

传感器位数	测量参数	更新时间(s)		
		3bit/s	6bit/s	传输速率增大为 12bit/s 的补充计算
8	工具面角	10.8	5.4	2.7
12	井斜角	86.6	43.3	21.7
12	方位角	86.6	43.3	21.7
12	相位差电阻率	28.8	14.4	7.2
12	衰减电阻率	28.8	14.4	7.2
12	自然伽马	28.8	14.4	7.2
12	井底钻压	43.3	21.7	10.8
2	井底钻头扭矩	43.3	21.7	10.8
6	振动	86.6	43.3	21.7
补充计算 12 位	井底钻头转速	43.4	21.7	10.8

由表 1 可知,在仅测出 9～12 个独立参数、泥浆脉冲随钻测量的传输速率为 6bit/s 的条件下,所列参数的更新时间分别长达 5.4s,10.8s 至 86.6s。在表 1 中按泥浆脉冲随钻测量将来能够达到的最大传输速率 12bit/s 作了补充计算,其更新时间也分别需要 2.7s,7s 至 21.7s。当多个参数同时传输时,所需的更新时间更长。显然,泥浆脉冲传输法不能满足复杂条件下钻复杂结构井对多路信息传输实时性的要求。

3　基于智能钻柱的"随钻导向—优化—诊断"集成技术

3.1　智能钻柱

近年新发展起来的在钻杆、接头及整个钻柱管壁内埋置裹有绝缘层的导线的电子钻柱是新一代随钻测控信息传输技术,其传输速率可高达 $10^4 ～ 10^6 bit/s$,能保证井下信息源和闭环双向、双工信息数据流的快速传输[5-7]。这些井下信息源能够被实时用于正钻进地层的描述和诊断,并与底部钻具组合、导向工具、钻头及在用传感器等硬件之间进行信息交互,包括信息反馈、沟通、决策、调控。电子钻柱还可以在传输信息的同时从地面向井下输送电力,其电功率大小可按井下电控软硬件的需求至少供给 1 ~ 10kW,多则高达 250kW 左右,这比目前靠电池和涡轮发电机在井下供电要可靠和先进得多[7]。

智能钻柱有助于全面、科学地解决复杂条件下钻复杂结构井的系列复杂性问题,并且能把钻井技术提高到信息化、智能化水平。应用智能钻柱后,不再像现在钻井作业那样只能逐个处理导向、优化和静态诊断的传统式技术路线,而是可以把这些需求集成起来进行综合考虑。可以说,应用智能钻柱是解决复杂条件下钻复杂结构井和特殊工艺井及实施"随钻导向—优化—诊断"集成技术的必要条件之一。

3.2 智能"随钻导向—优化—诊断"集成技术

基于钻进模型、地球科学模型以及人工智能模型的用于"导向—优化—诊断"的智能集成技术的钻进模型不是现在基于地面采集数据和实验室数据的静态模型,而是基于井下钻头随钻实时参数而获得的动态模型。虽然这种模型目前还未开发,但是应用智能钻柱之后是可以在静态模型的基础上加以修改、并在闭环运行中在取得实际数据的支持下不断加以完善而获得的。地球科学模型包括所钻井眼的地质、油藏、随钻测井、随钻核磁测井、随钻地震、随钻压力等方面信息,也可在现有模型的基础上加以修改,并在闭环运行中不断加以完善和成熟。由于复杂性和不确定性,这些动态模型须应用人工智能的方法使之智能化。例如:利用人工神经网络方法,可以有自学习、自适应的能力;利用模式识别方法,有利于动态实时识别与诊断井下工况。

随钻实时动态数据流通过智能钻柱构成的双向、双工闭环系统把信息输入地质模块、钻进模块、井身轨迹模块和评价模块之后,就能在钻台和办公室及时地对其进行解释、处理,并形成决策指令信息。这样就可以知道井下工况,预测要发生的情况,确认实测值及科学地优化作业等;还可在出现异常情况时及早查出发生异常的原因。在井下复杂问题逐渐升级之前,调控钻进动态参数和(或)底部钻具组合及导向工具等的力学行为参数,并及时采取优化措施,避免发生事故和意外情况。

这套工作可以概括为"模型—测值—指令"的实时闭环钻进系统和软件系统。图1给出了智能 SOD 总体结构设计方案。

从图1可见,井下采集的数据有 4 大类约 40 ~ 50 个参数。在井下经过数据监测和数字信号的初步处理后,使用 1000Hz 的传输频率经过智能钻柱传到地面信息监控处理和可视化系统,再把地面 CPU 处理后的信息送入 SOD(钻井导向—优化—诊断)集成系统以作出决策。

SOD 系统的主要优点是:

(1)把不确定和复杂的地质因素随钻实时地确定下来,使地质情况透明化。

(2)把井身剖面和井身轨迹的不确定性和复杂性随钻实时地确定下来并下达指令,按需要随钻精确控制导向,并对井身轨迹实现可视化显示。

(3)把钻头、底部钻具组合、旋转导向钻井工具等的力学行为及井下不确定性工况在处理后以数字化显示出来,供决策者下达指令和控制之用。

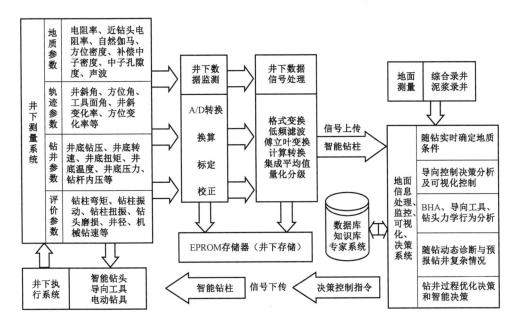

图1　智能 SOD 总体结构设计方案

（4）随钻实时地调整导向与优化之间的矛盾，优化钻井过程，能实时预报并诊断井下跳钻、憋钻、粘滑、涡动、纵横振动等复杂情况，随钻量化确定所诊断现象的严重级别程度[5,8]。

（5）SOD 系统能兼顾"导向—优化—诊断"多方面需求，单独或统一地下达指令，实现智能化处理；随钻测井可代替电缆测井，因而使钻井过程简化，提高了钻井效率。

（6）SOD 具有钻前设计和随钻实时地进行钻井工程再设计和随钻生成电子报表及网络化生产管理的功能。

（7）运用智能钻柱和 SOD 系统的综合效果，能降低钻井成本约20%。

SOD 系统是新一代的钻井工程智能决策支持系统。基于智能钻柱，可使钻井信息的采集、处理、决策及反馈形成闭环和井下网络[6]；同时还表示了 SOD 与存储器、动静态数据库、知识库、专家系统以及综合录井仪等地面仪表的相互关联性[3]。

4　结论

（1）在复杂地质条件下钻复杂结构井，依靠信息化、智能化手段可以使不确定性的地质条件在钻进中不断地透明化，同时，它将使旋转导向钻井的闭环监测控制过程智能化、井眼轨迹可视化、钻进过程最优化。对井下底部钻具组合、旋转导向工具及钻头等的力学行为可以定量地进行分析，从而使井下工况的随钻动态诊断与实时处理更加准确。

（2）基于智能钻柱的钻井"导向优化诊断"SOD 集成系统的应用可以大大提高钻速，准确钻入储层和更安全地钻进。还具有代替或减少或取消常规电缆测井作业等优点，预计钻井综合成本可降低20%左右。

（3）应用智能钻柱就可配合使用电控随钻测井仪、随钻核磁共振测井仪、智能钻头、智能电控球关节指向式超级旋转导向工具、电控井下钻速强化器和电控底部钻具组合振动器等。

（4）基于智能钻柱的 SOD 系统是功能齐全、技术先进的智能化、信息化系统。它无疑是一个创新工程，还需要在实践中不断发展、完善，以提高智能钻井的理论和学科水平。

参 考 文 献

[1] 张绍槐,张洁. 21 世纪中国钻井技术发展与创新[J]. 石油学报,2001,22(6):63 – 68.

[2] 张绍槐. 现代导向钻进技术的新进展及发展方向[J]. 石油学报,2003,24(3):82 – 89.

[3] 李琪,徐英卓. 基于数据仓库的钻井工程智能决策支持系统研究[J]. 石油学报,2003,24(4):77 – 80.

[4] Montaron B A, Hache J M D. Improvements in MWD Telemetry:"Right Data at the Right Time"[R]. SPE 25356, 1993:337 – 346.

[5] Finger J T, Mansure A J Knudsen S D, et al. Development of a System for Dingnostic – while – drilling (DWD)[R]. SPE/IADC 79884,2003: 1 – 9.

[6] Michael J J, David R H, Darrell C H, et al. Telemetry Drill Pipe Enabling Technology for the Downhole Internet[R]. SPE 79885, 2003: 1 – 10.

[7] Paul Lurie, Philip Head, Jacke E S. Smart Drilling with Electric Dillstring[R]. SPE/IADC 79886, 2003:1 – 13.

[8] Heisig G, Sancho J, Macpherson J D. Downhole Dingnosis of Drilling Dynamics Data Provides New Level Drilling Process Control to Driller[R]. SPE 49206, 1998:649 – 658.

(原文刊于《石油学报》2004 年(第 25 卷)第 4 期)

多分支井钻井完井技术新进展

张绍槐

摘　要：多分支井钻井完井技术是极富挑战性的新兴技术，是21世纪钻井领域的重大技术之一。采用多分支井不仅能够高效地开发油气藏而且能够有效地建设油气藏。本文从提高采收率、油气藏的经济开采、降低成本、提高综合经济效益等方面阐述了多分支井的优越性，介绍了近年来多分支井的主要进展以及国际 TAML 分级，指出了多分支井的关键技术。认为多分支井在我国虽刚刚起步，但前景广阔，是一项科技创新工程。

关键词：多分支井；钻井完井技术；新进展

国外在20世纪90年代后期大力发展多分支井，并被认为是21世纪石油工业领域的重大技术之一。多(底)分支井是指在1口主井眼的底部钻出2口或多口进入油气藏的分支井眼(二级井眼)，甚至再从二级井眼中钻出三级子井眼。主井眼可以是直井、定向斜井，也可以是水平井。分支井眼可以是定向斜井、水平井或波浪式分支井眼。多分支井可以在1个主井筒内开采多个油气层，实现1井多靶和立体开采。多分支井不仅能够高效开发油气藏而且能够有效建设油气藏。多分支井既可从老井也可从新井再钻几个分支井筒或者再钻水平井，所以原井再钻已不只是老井的侧钻技术，而应与多分支井相提并论。原井再钻在利用已有井眼增加目标靶位、扩大开发范围的同时，还可充分利用油田已有管网、道路、井场、设施等，它具有很高的经济效益。

1　多分支井的优越性

多分支井和原井再钻能够大幅度地提高油气井的效益、降低吨油开采成本、提高单井产量、实现少井高产。也有利于提高最终采收率。其主要优越性如下：

(1)增大井眼与油藏的接触面积，增大泄油面积，改善油藏动态流动剖面，降低锥进效应与提高泄油效率，从而提高采收率。

(2)可应用于多种油气藏的经济开采。有效地开采稠油油藏，天然裂缝致密油藏和非均质油藏；能有效开发地质构造复杂，断层多和孤立分散的小断块、小油层；在经济效益接近边际的油田，也可以通过钻多分支井降低开发费用，使其变为经济有效的可开发油田。

(3)可在1个主井眼或可利用的老井眼，在需要调整的不同目标层，钻多分支井和在同一层位钻分支井，减少无效井段，降低成本。

(4)提高油田开发的综合经济效益。从主井眼(或老井眼)加钻分支井眼，增加油藏内所钻的有效进尺与总钻井进尺的比率，以降低成本。例如，在美国得克萨斯州 Aneth 油田，双分支井产量提高2倍以上，四分支井产量近于单井产量的5倍，该地区多分支井钻井成本见表1。

表1 Aneth油田多分支井钻井成本表

分支井类型	总成本(美元)	单分支井的成本(美元)
单个分支	385000	385000
双分支	505000	252500
四分支	700000	175000
六分支	950000	158000

(5)用多分支井开发油田,用多分支井布井而井口数目减少,在陆上减少了地面工程和管理费用,在海上可减少平台数或减少平台井口槽数目,缩小平台尺寸,或改用轻一级平台等,大幅度地提高了经济效益。

2 多分支井的进展

(1)1997年春,由英国 Shell 公司 Eric Diggins 组织在阿伯丁举行了多分支井的技术进展论坛,并按复杂性和功能性建立了 TAML(Technology Advancement Multi Laterals)分级体系,其目的是为多分支井技术的发展指出一个更加统一的方向。

(2)TAML 评价多底井技术的3个特性是连通性(Conectivity)、隔离性(Isolation)和可及性(可靠性、可达性、含重返井眼能力,Accessibility)。

(3)世界上第1口 TAML5 级多分支井是 Shell 公司于1998年在巴西近海 Voador 油田从半潜钻井平台上钻的1口反向双分支井,是1口注水井。

(4)1998年,Shell 公司在加利福尼亚1口陆上井成功地安装了1个6级完井的主—分井筒连接部件。该井是在 φ244.48mm 主井筒套管上连有2个 φ177.8mm 分支井的连接部件,具有17.57MPa 额定压力。该井是 Shell 公司计划在2001年开发高温高压油气田使用 TAML6 级完井多分支井的技术准备。

(5)我国南海西部公司于1998年9月用修井机和原井重钻技术钻成了我国海洋第1口多底井(Wll—4A11B、11C 井),2个井筒用电潜泵合采,产量是斜井单井产量的3倍;新疆油田在1999年打了1口双分支井;辽河油田于2000年4月打成海 14 - 20 三分支井,是我国第1口自行设计、自行施工、具有自主知识产权的侧钻三分支井,完井技术等级为4级。

(6)全球至1998年约有1000多口分支井,其中约一半是 Shell 公司钻的,在中东、北美和欧洲北海应用较多。

(7)目前世界上用得最多的是4级完井。截至2000年6月,Shell 公司对 TAML1 级至 TAML4 级已使用了6个油田,并在2001年将再用于另7个油田。

3 TAML 分级

按 TAML 分级,多分支井完井方式可为 1~6S 级,如图1所示。

(1)1级完井。主井眼和分支井眼都是裸眼。侧向穿越长度和产量控制是受限的。完井作业不对各产层分隔,也不能对层间压差进行任何处理。

(2)2级完井。主井眼下套管并注水泥,分支井裸眼或只放筛管而不注水泥。主—分井筒连接处保持裸眼或者可能的话在分支井段使用"脱离式"筛管,即只把筛管(衬管)放入分支井段中而不与主井筒套管进行机械连接,也不注水泥。与1级完井相比,可提高主井筒的畅通性

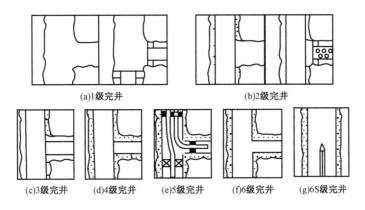

(a)1级完井   (b)2级完井

(c)3级完井   (d)4级完井   (e)5级完井   (f)6级完井   (g)6S级完井

图1　多分支井 TAML 分级示意图

并改善分支井段的重返潜力。2 级完井通常要用磨铣工具在套管内开窗,也可使用预磨铣窗口的套管短节。Anadrill 公司有为 2 级完井用的快速钻穿窗口技术。

(3)3 级完井。主井眼和分支井眼都下套管,主井眼注水泥而分支井眼不注水泥。3 级多底分支井技术提供了连通性和可及性。分支井衬管通过衬管悬挂器或者其他锁定系统固定在主井眼上,但不注水泥。主—分井筒连接处没有水力整体性或压力密封,但有主—分井筒的可及性。3 级完井可用快速连接系统为分支井和主井眼提供机械连接,为不稳定地层提供高强度连接。3 级完井还可用预钻的衬管或割缝衬管,是预制的但不是砾石充填的滤砂管。Anadrill 公司使用了一种脱离式衬管完井设计,分支井衬管的顶端可通过水力短节进行脱离。套管外封隔器用于脱离式完井装置中以隔离多个油层并固定衬管顶端以便于重返进入衬管。在有油管的主套管中使用常规的套管封隔器,在跨式封隔器之间用水力方法来隔离每一个分支井眼。分支井的产量由滑套和其他流量控制装置来控制。这种完井方法较廉价,操作也相当简单,在欧洲北海已得到验证,目前正应用于深水海底井中。其完井作业中的关键技术是流量控制装置在井下的操作。Schlumberger Camco 公司智能井控技术可实现远程操作和控制井下流量控制装置。

(4)4 级完井。4 级完井的主井眼和分支井眼都在连接处下套管并注水泥,这就提供了机械支撑连接,但没有水力的整体性,意思是液体水力是隔离的。事实上分支井的衬管是由水泥固结在主套管上的。这一最普通的侧钻作业尽管使用了套管预铣窗口装置,但仍然取决于造斜器辅助的套管窗口磨铣作业。分支井衬管与主套管的接口界面没有压力密封,但是主井眼和分支井都可以全井起下进入。这种级别的多底井技术虽然复杂和风险高且仍处于发展阶段,但是在全世界范围内的多底井完井中已获成功。

(5)5 级完井。5 级完井具有 3 级和 4 级分支井连接技术的特点,还增加了可在分支井衬管和主套管连接处提供压力密封的完井装置。主井眼全部下套管且连接处是水力隔离。从主井眼和分支井眼都可以进行侧钻。可以通过在主套管井眼中使用辅助封隔器、套筒和其他完井装置来对分支井和生产油管进行跨式连接以实现水力隔离。5 级和 6 级完井的分支井具有水力隔离、连通性和可及性特点。多底井技术的最难点是高压下的水力隔离和水力整体性。

(6)6 级完井。连接处压力整体性——连接部压力与井筒压力一致,是一个整体性压力,可通过下套管取得,而不依靠井下完井工具。6 级宗井系统在分支井和主井筒套管的连接处具有一个整体式压力密封。耐压密封的连接部是为了获得整体密封特征或金属整体成型或可成型而设计,这在海洋深水和海底(水下)安装中将是有价值的。Schlumberger 公司正致力于把这些技术发展成为更新的系统,而不是继续使用这种特殊的模式。该公司正在用一种新的6级设计继续进行多分支井技术的研究与开发。

(7)6S级(即6级完井的次级)完井。使用井下分流器或者地下井口装置,基本上是一个地下双套管头井口,把一个大直径主井眼分成两个等径小尺寸的独立分支井筒。

4 多分支井的关键技术

(1)根据地质、油藏条件和拟用的采油方式,选择TAML分级标准的某级并确定井身剖面的类型,设计主—分井筒的整体方案以及每个井筒的结构及相应的完井方法。分支井的类型选择取决于产层特征、开发目的、开采条件、产层厚度和它的岩性以及产层上部是否存在需要的密闭层。分支井的井身剖面、分支长度和分支数目等取决于产层的非均质性、地层厚度、岩性、岩石硬度的分布、地层剖面稳定的程度等。选择与设计分支井时还必须考虑当时的钻井、固井、完井工艺技术水平以及多底井采油、增产和修井作业的工艺技术水平。尽量采用智能完井、选择性完井、遥控完井等新技术。

(2)多分支井钻井完井工艺技术的研究。精心设计主—分井筒的井身轨迹,采用先进有效的井身轨迹控制技术,确保井眼准确穿越实际需要的靶区。尤其是使用先进的随钻地质导向技术和闭环钻井技术寻优控靶,确保井身质量并有良好的重返井眼能力,确保主—分井眼对固井、完井、采油、增产和修井等作业的顺利进行。

(3)使用先进的开窗技术。使用预铣窗口套管短节、研究无碎片开窗系统等以减少井下工作时间和提高井眼清洁度。研究窗口周围密封技术、研制特种水泥(含填料)以提高密封质量。

(4)研制密封的、可封隔的、耐高温高压的连接部件。研制井下专用工具和管件。研究完井测控安装技术。研究仅需较少起下钻次数的完井安装方法以减少相应的安装时间,确保安装一次成功。

(5)研究多分支井能够维护井壁稳定、保护油气产层以及低摩阻、强抑制、高携屑能力、净化井眼好的钻(完)井液及其精细处理剂的技术。研究多分支井的固井、完井、采油、增产、修井配套技术。

(6)多分支井专用软、硬件的研究与应用。

5 结束语

多分支井(含原井再钻多分支井)是用钻井手段提高产量和采收率的新兴技术,它的应用在迅速增多。多分支井的技术难度很大,尤其是多分支井完井。多分支井开发应用的快慢与好坏直接影响油田的生存与发展。多分支井技术也是油田企业走向国内外市场的最关键技术之一。多分支井在我国虽刚刚起步,但前景广阔。中国海油、辽河油田及胜利石油管理局等提出在"十五"期间进行《多底分支井(含原井再钻)大位移井钻(完)井技术科技创新工程》非常必要和正确,必将在跟踪的同时有所创新。

参 考 文 献

[1]张绍槐,张洁.关于21世纪中国钻井技术发展对策的研究[J].石油钻探技术,2000,28(1):4-7.

[2]张绍槐.钻井完井技术发展趋势——第十五届世界石油大会信息[J].图书与石油科技信息,1998,12

（1）:45 −66.

［3］Vullinghs P, et al. Multilateral – Well Use Increasing[J]. JPT. , 52(6): 51 −52.

［4］Tayhor R W, et al. Multilateral Technologies Increase Operational Efficiencies in Middle East[J]. OGJ, 1998 − 03 − 16.

［5］Steve Bosworth, et al. Key Lssues in Multilateral Technology[R]. Oilfield Review, Schlumberger, winter, 1998.

［6］周俊昌,等. 小设备钻成中国海洋第一口多底井的实践//西南石油学院国家重点实验室国际学术会议论文集[M]. 北京:石油工业出版社,2000.

（原文刊于《石油钻采工艺》2001 年(第 23 卷)第 2 期)

低渗透油藏钻完井新技术

张绍槐

1 挑战与机遇

(1)我国已探明未动用储量中,低渗透部分约占50%。近年探明储量中,特低—低渗透油气储量达65%左右,其采收率却很低(10% ~20%)。我国进入低渗透开发时代,2008年低渗透油产量0.71×10^{8}t(占37.6%)、气320×10^{8}m^3(占42.1%)。2004年第三次油气资源评价,低渗透远景资源量537×10^{8}t(油,49%),24×10^{12}m^3(气,42.8%)。全球3个1012bbl(1428×10^{8}t)可采储量已用1个,正开采1个,还剩1个,油气资源紧张。全世界都希望最终采收率大幅度地提高;国际石油界提出:把地下油气"吃干榨净";目标是采收率翻一番、翻两番,至40% ~70%。

我国油气需求量日益增长,进口油已接近(超过)自产油。我国有几十万口油井,平均单井日产油只2t,而世界为20t(美国为7.5t)。中国石油有12万多口井,平均日产2001年为4.5t,2002年4.3t,2003年4.5t,2004年4.1t,2005年3.2t,2006年3.1t,2007年3.7t,2008年2.5t。单井日产逐年下降。我国有3000多台(延长1200台)钻机,而2009年1月北美(1930台)、南美(381台)、中东(274台)、欧洲(93台)、非洲(58台)、亚太(238台)总共2974台,到2009年6月相应减为1020台、343台、247台、77台、64台、236台总共只有1987台。

全世界年钻50000口井,我国中国石油就约年钻15000口井。我国单井单机效率太低。CNPC要求钻井队年进尺30000m(十一五)和40000m(十二五)(加拿大60000m,美国50000多米)。我国油藏存在"三低"问题;面临提高油气产能、单井产量、单机效率与采收率所需新技术和少井高产的挑战。

"三低"指"低压、低渗透、低丰度(低产)"。我国的鄂尔多斯盆地中的许多区块都是"三低"油气藏,例如长庆油田和延长油田都有"三低"特征的区块;我国吉林油田和大庆油田外围都有"三低"油气藏。五百梯气田在四川省境内,经15年开发后,低渗透低产特征明显。这就说明有些中高渗透和高产油气田到了开发中后期,"三低"特征凸显。

(2)有些中低渗透以上油气藏,由于非均质性严重,到中后期其低渗透部分储量往往基本上未参与流动,故其所占剩余储量比例不断增大。例如:五百梯气田经15年开发,中渗透以上储量采出程度大于50%,而低渗透储量采出程度小于4%,现有剩余储量中,低渗透储量达66%,需用有效开发低渗透储量的新技术及其配套措施继续开发。下面介绍Slb.(内刊——《油田新技术》2008年夏刊)的分析。

扩大直井和水平井井筒与地层的接触面积。一个长度为100ft(31m),直径为8½in 的直井与地层的接触面积约为222ft^2(20.6m^2)[图1(a)],而在地层中钻一口长度为2000ft(610m),直径为8½in 的水平井则可以将井筒与地层的接触面积增加20倍[图1(b)]。在直井中造一条150ft(45m)长的裂缝之后,井筒与地层接触面积则可达到一口未处理直井的270倍或一口2000ft未处理水平井的13.5倍[图1(c)]。对一口2000ft的水平井进行压裂,形成10个75ft(23m)长的裂缝后,其井筒与地层的接触面积分别是一口未处理直井的1013倍和一口未处理水平井的50倍[图1(d)]。

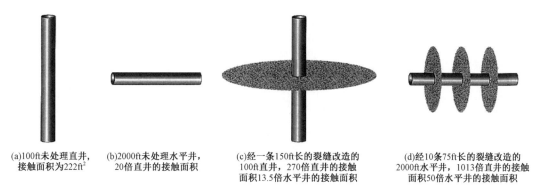

(a)100ft未处理直井，接触面积为222ft²　　(b)2000ft未处理水平井，20倍直井的接触面积　　(c)经一条150ft长的裂缝改造的100ft直井，270倍直井的接触面积13.5倍水平井的接触面积　　(d)经10条75ft长的裂缝改造的2000ft水平井，1013倍直井的接触面积50倍水平井的接触面积

图1　井眼与油层接触面积的几种关系

这是SPE 2009年水力压裂技术研讨会的主题"水力压裂—从全球着眼但从地区做起"的文章所述。全球非常规油气资源、致密砂岩气、盆地中央地带气等,可采储量10倍于常规天然气。这资源量是巨大的,但需依靠水力压裂。沙特阿拉伯是富油国,但对低渗透油气藏仍很重视,下个10年将致力于渗透率$K=0.5\sim2mD$特低渗透致密砂岩的开发,增加$100\times10^{12}ft^3$天然气储量,用LH—ML(MRC)井和水力压裂。ConocoPhillips北美作业部认为,北美80%的致密气或非常规资源井的产量依靠水力压裂,将能提高到95%。该会认为:开发低渗透要依靠水力压裂,这是方向。

2　复杂结构井及其集成技术

复杂结构井及有关技术集成如图2所示。

主—分井眼穿越油层斜度大(乃至水平井段)长度大、直径大的钻进技术,这是世界性难题,也是我国面临的新课题。它的主要内容是:

(1)导向技术类型及旋转导向钻井系统的先进性。图3所示为导向技术类型及其对比图。

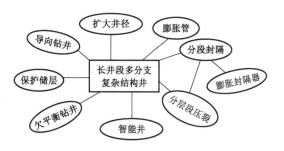

图2　复杂结构井及有关技术集成

旋转导向钻井的钻柱及旋转导向工具等在井壁上滚动,滚动摩擦阻力小,能随钻实时完成造斜、增斜、稳斜、降斜,且摩阻小、扭矩小、钻速高、钻头进尺多、时效高、成本低、井身平滑、井轨易控。极限井深可达15km,是钻长穿越、大直径复杂结构井的新式武器。

(2)国内外现状。

国际上,到20世纪90年代初期多家公司开始形成商业化技术。Schlumberger公司的PowerDrive(PD),Baker Hughes公司的AutoTrak,Halliburton公司的JeoPilot形成了现场应用技术。

国内自研的有调制式旋转导向闭环钻井系统(Modulate Rotary Steering System,MRSS)等,已攻关多年,正做工程样机并已进入工程样机的地面和井下试验阶段。

MRSS的系统组成、闭环钻井原理和有调制式旋转导向闭环钻井工具(MRST)结构及其在钻柱上的连接关系如图4至图7所示。

导向技术类型	井眼轨迹自动控制技术								
	地质导向钻井技术								
	几何导向钻井技术								
小弯角导向	I 类导向工具	+	动力钻具	+	MWD	+	LWD		
变弯角导向	II 类导向工具	+	动力钻具	+	MWD	+	LWD	+	地面闭环
零弯角导向（旋转导向）	III 类导向工具	+			MWD	+	LWD	+	井下闭环

图 3　导向技术类型及其对比图

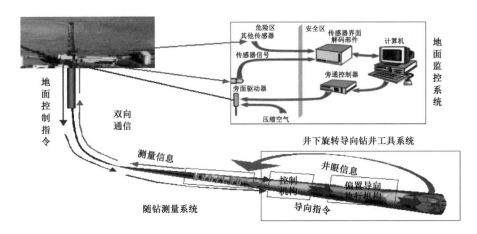

图 4　MRSS 的系统组成

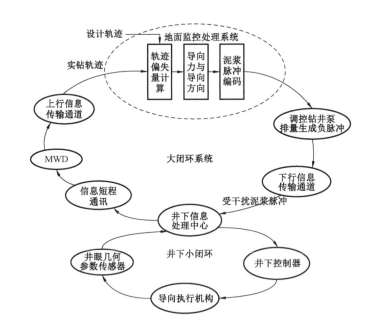

图 5　闭环钻井原理示意图

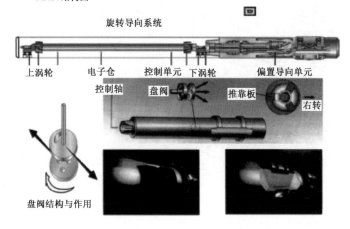

MRST结构图

图6 MRST工具结构图

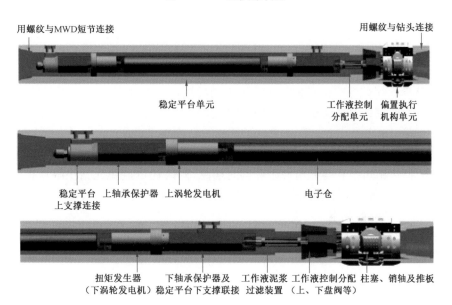

图7 MRST及其在钻柱上的连接关系

图8所示为MRST在胜利油田井场试验现场。

（3）GRT,LWD,PWD和SWD等已成功应用。国内已研制成功CGDS-1近钻头地质导向钻井系统,在冀东油田和辽河油田等已应用15口井。

（4）研制旋转导向与地质导向集成的旋转地质导向闭环系统。

（5）在深部井段边钻边扩所需功率大,因此,把顶驱与泵水力（螺杆）及转盘（旋转导向钻井工具）三组动力复合使用。

在大于7in套管鞋以下用6⅛in钻头钻主分井段,并扩眼至7in以上,井径越大越好。Slb.在长水平段和硬地层水平井为解决高摩阻、高扭矩、高振动问题,把PowerDriveX与高强度大功率VorteX系统专用直马达联用,由PD控制井轨,利用马达的高转速（200r/min以上）和转盘的低转速（20~50r/min）及钻柱传递的钻压实现快速钻进。钻具结构为:钻柱+MWD+Vortex马达+扩大器/扶正器+过滤接头+PowerDriveX+钻头。

胜利油田
营12-225井
井深1100m
造斜3°/30m

图8　MRST 在胜利油田井场试验现场

还可加用 LWD 和 PWD 等地质导向工具。过滤接头用以过滤马达剥离掉的橡胶和钻井液中的杂物。

Baker - Hughes 公司也有类似思路,出台了 AutoTrake Xtreme 系统。Xtreme 是一种大扭矩螺杆钻具。下部钻具结构为:MWD/LWD/CoPilot + Xtreme + AutoTrak + BIT。

CoPilot 是诊断测试短节,可随钻测钻压、转数、扭矩和弯矩等,可了解井下发生了什么。各大公司都在发展完善 RST/GST 并把两者结合起来,满足 LH/ML5,6(MRC)及高难度钻完井要求。

在深井段钻进时除能随钻控制井身方位和井斜角度实现一趟钻造斜、增斜、稳斜、降斜外,还可实现一趟钻边钻边扩获得光滑井眼和实时信息,同时还可避免先钻小眼再扩眼的传统方法可能出现"扩出新眼"的意外情况;用这种新的钻柱组合和动力组合,能够大大提高钻速和时效,既保证质量又降低成本。

(6)将来更先进的是基于电子钻柱的智能钻井技术,同时使用地面供电的超级旋转地质导向钻井系统,它还能提供宽频的闭环信息通道,传输速率可达 $1 \sim 200 \times 10^4 bit/s$,转输参数可达 40 个。

3　智能钻井基本理论

智能钻井基本理论——运用黑箱理论与方法随钻实时采集、处理、决策、执行和控制闭环连续反馈、随钻智能化解决诸多不确定性难题(图9)。

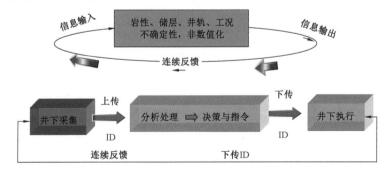

图9　智能钻井原理图

智能钻井可以解决无线 MWD 跟不上快速发展的随钻测控技术,传输参数少、传输速率低、下传 MWD 不完善、钻井液性能受限等问题。

3.1 电子钻柱的基本结构

对接式电子钻柱(图10)由钻杆本体和对接式电接头组成,在钻杆本体与电接头中植入多芯的铜导线,多芯电导线在钻柱中连续贯通,它既可以从地面向井下传送强电电力,又可建立双向双工闭环信息通道。

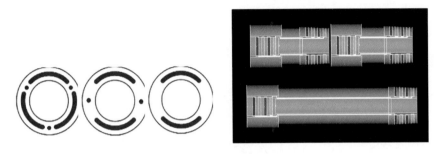

图 10　对接式电子钻柱

3.2 井型方案设计

在 7in 技术套管鞋以下,传统方法是"先钻后扩"。先进方法是在主眼和分支井眼"边钻边扩";在主井眼中下入 5½in(以上)膨胀管,在分支井下入 4½in(以上)膨胀管(可以是实体管或割缝管),使用可靠的主分相贯结构(图11、图12)。在膨胀管柱(相当于完井管柱)中预置膨胀封隔器(串接多个)。完井后,在主—分井眼中可安置较大尺寸的智能分采或合采生产管柱及相应作业装置。

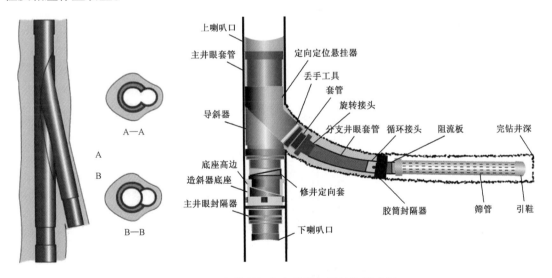

图 11　ML5 主井眼与分支井眼相贯结构示意图

对于 6 级分支井,中国石油设计了两种分叉密封工具接结构,如图12 所示。图13 是只能多分支井和最大油藏接触面积井,分采与合采时的管杆结构示意图。图14 是以鄂尔多斯盆地(长庆油田)多个储层采用多分支井开采的方案示意图。表1 是建议的 LH/ML5,6(MRC)井分层段封隔和分段作业的钻完井方案。

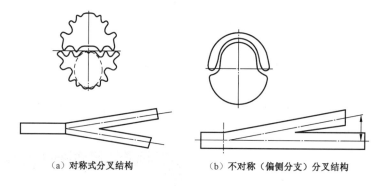

（a）对称式分叉结构　　　　　（b）不对称（偏侧分支）分叉结构

图 12　6 级分支井主—分相贯结构示意图

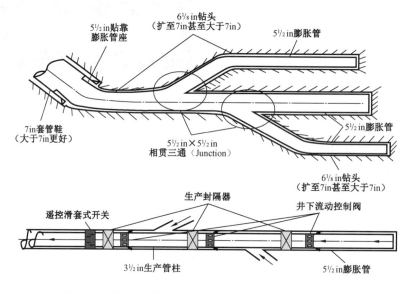

图 13　智能 ML/MRC 井分采/合采管柱及其组件示意图

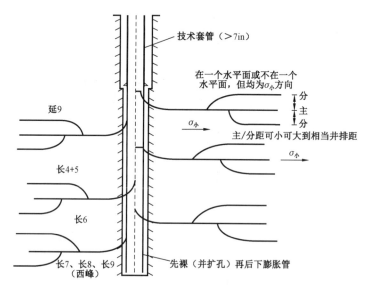

图 14　多层储层的多分支井开采方案图

表1　建议的 LH/ML5,6(MRC)井分层段封隔和分段作业的钻完井方案

方案	井型	油层穿越长度（m）	二开井段技术套管（in）	三开钻头（in）	油层套管类型及直径	作业要求
1	LH水平井（含双向水平井阶梯水平井等）	3000~5000	9⅝	8½	7in(套、尾、筛)管	常规
2			7	6⅛	5½in(套、尾、筛)管	常规
3			7	6⅛	5½in(套、尾、筛)管	扩眼(边钻边扩或钻后扩眼)
4			7	6⅛(再扩眼)	5½in膨胀管(胀后管内径大于127mm)	扩眼(边钻边扩+膨胀管)
5	ML5、ML6和MRC井（优选井型、分支数等）	主眼段(2000+)	9⅝	8½	7in(套、尾、筛)管	常规
6			7	6⅛	5½in(内径118~127mm)	常规
7			7	6⅛(再扩眼)	5½膨胀管(胀后管内径大于127mm)	边钻边扩+膨胀管
5′		约5000	9⅝	8½(侧钻)	7in(套、尾、筛)管	常规
6′			7	6⅛(侧钻)	5½in(内径118~127mm)	常规
7′		各分支段(每支1500±)	7	6⅛(再扩眼)	5½in膨胀管(胀后管内径大于127mm)	扩眼(边钻边扩+膨胀管)
8′			5½	4¾(再扩眼)	5in膨胀管(胀后管内径约115mm)	扩眼(边钻边扩+膨胀管)

3.3　分段封隔

在国内长水平井段分段压裂酸化尚处于试验摸索阶段,而 ML5 井和 ML6 井还没有起步,尚无 MRC 井。借鉴国际经验,当前需要从完井工程开始就科学地、有针对性地研究"如何分段压裂,怎样分段封隔以及裂缝数目、缝长、缝网格式、裂缝间距等的优化设计"。还涉及布井方案、井轨路径、完井方法、增产改造施工方法等。在长井段中分段封隔的新方法是用膨胀封隔器,特别是遇油气膨胀封隔器和金属膨胀封隔器。

不论用哪种方法,都必须将拟酸化压裂各小段有效地分隔开来(图15),这最好在完井作业中由钻井队来完成。所以,钻完井新技术要研究分段封隔并为分段酸化压裂增产作业创造条件。

要想压出好而多的裂缝,需要提供高压大排量,压开第一条裂缝后还有剩余能量转向压开第二条或更多分叉裂缝,这不仅要大功率的压裂设备,还要使用大直径的管柱,因此完井管柱的直径要大,这是要扩径和用膨胀管的原因。

在精细油藏描述和卡准封隔器位置后,在完井(生产)管柱中串接安装好膨胀封隔器(注意使用随钻测井、地质导向、旋转导向、闭环钻井系统以能随钻校准钻前设计的剖面和井轨路径)。国际上为满足分段封隔的需要,研制了多种膨胀封隔器。最先进的是遇油气膨胀封隔器(图16)。

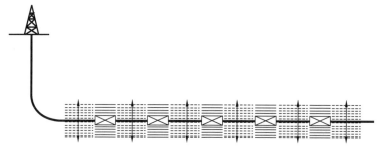

(a)水平井分段压裂

单水平井用5个封隔器把水平段隔为6段，分段压裂

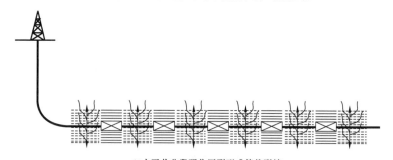

(b)水平井分段强化压裂形成簇状裂缝

将图（a）中被封隔器分隔开的6段进行压裂，形成多缝压裂效果

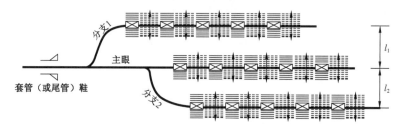

(c)ML/MRC水平井分段压裂

在中间的主眼上、下（实为左、右）各侧钻一个分支井眼，
对每个主眼和分支井眼都安放了封隔器，以备分段压裂

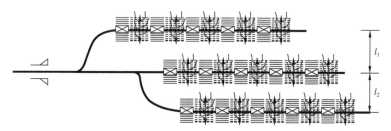

(d)ML/MRC水平井分段强化压裂形成簇状压裂缝

对图（c）中用封隔器分隔开的15个分段进行分段压裂
（可以对15段同时一次压裂，也可以分多次压裂），
形成网络状多缝压裂效果

图15　LH/ML5,6井分段封隔多级压裂示意图

图16　遇油气膨胀封隔器

与水力膨胀管系统联合使用的层间金属—金属膨胀封隔器(The Hydraulic Expanding Tube System – metal to Metal – Zonal Isolated Barrier, HETS – MTM – ZIB)(图17),适用于 HPHT 和易腐蚀橡胶的环境,它可回收。已在北海用于 10000psi 的水力压裂作业。

图17　金属—金属膨胀封隔器

遇油膨胀封隔器原理新颖。利用渗透扩散机理,油慢慢进入封隔器特制胶筒分子间隙中逐渐膨胀,紧贴到井壁后仍继续吸油膨胀,增加胶筒与井壁接触应力,以承受层间密封压差(70MPa 以上)。寿命可达几十年。其特点:一是结构简单,不需要也没有卡瓦锚定、坐封、解封等复杂结构;二是操作方便,坐封、解封不需要投球、憋压、旋转、上提下放管柱;三是用途广泛,适用于裸眼和衬(筛)管完井,不需要下生产套(尾)管、注水泥、射孔,只要与筛管或滑套、井下开关等预置组合,下入裸眼中即可进行分层段开采、注水、压裂、酸化、测试与找堵水。套管(注水泥、射孔)完井也能应用并可与膨胀管联用。

因此,该封隔器的研制成功和广泛应用是完井工程革命性的举措。将它用于 LH/ML5 级、6 级和 MRC 井具有特殊功能。这指原来做个到的事现在有了它而可以做到,解决了分段封隔的难题等。

图 18 所示为 Mauddud 井处理结果。根据储层岩石物理模型和解释结果,选择了 Sabriyah 油田 Mauddud C2 和 Mauddud D 地层中的 4 个层段实施增产措施。这些层的渗透率为 5 ~ 100mD。根据渗透率差异,利用分段开裂(stageFRAC)技术和裸眼封隔器组件将井段长度达 2562ft(781m)的裸眼水平井的 4 个层段分隔成了 6 段。永久性完井后,该井的产量是油田其他井平均产量的 5 倍多。

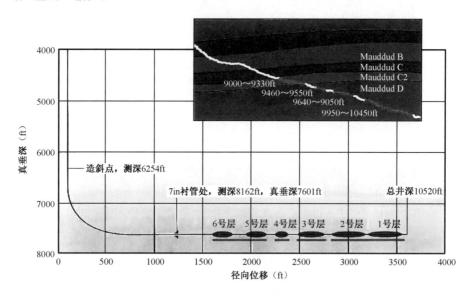

图 18　科威特 Mauddud 井分段封隔分级压裂图

3.4　智能完井

(1)发展很快。

自 1997 年世界第一套智能井系统(SCRAMS)在北海使用以来,全球已有 500 套在用,可在地面进行生产信息的实时采集、分析和实时控制。沙特阿美公司的 Haradh111 智能油田,在 2007 年已有 32 口,MRC 井穿越长 193km,计划未来 5 年(2008—2012)有望实现 5 倍增长,全面实现智能油田远大目标,值得我们借鉴。我们可根据油藏储量、开采速度、开采年限及经济效益等因素,设计智能 LH/ML(MRC)油井。

(2)主要组件。

借鉴沙特等经验,智能井完井装置,应根据具体井的井身结构,在相应层次管柱的具体轴向位置和选定的工具直径进行设计安装,其主要组件是:

① 主井眼为 7in 套管或膨胀管或衬管,用悬挂器挂在上一层 9⅝in 技术套管内;

② 主井眼用 4in 以上油管;

③ 5½in 井下安全阀(SCSSV);

④ 单点压力、温度和流量传感器;

⑤ 滑套式开关(SSD,滑动旁孔);

⑥ 分支井的完井管柱为 5½ ~ 7in(套管或膨胀管);

⑦ 地面可控的层间控制阀(ICV)又称井下油嘴、多位流量控制阀(TRFC)具 10(11)个位置;

⑧ 流体无法通过的同轴轴向封隔器、可回收式液压封隔器或遇油气膨胀封隔器或可膨胀

金属封隔器或异径砾石充填封隔器等;

⑨ 光纤网络及数据采集系统(SCADA)和远程控制系统;

⑩ 电潜泵等举升装置。

为保证质量,根据各井具体设计,完井装置各组件除单独测试检查外,还要进行整体组装后的功能试验。功能试验至少要有 4 个试验层次;即一到井场时、在钻台上、坐封隔器前、钻机(大钩)卸载之前。

(3)预置安装。

在主—分井眼完井时就预置永久安装在井下的压力、温度、流量、位移、时间、含水率等传感器及井下多站信息、通信系统(控制网络系统);还可选择在地面遥控井下电潜泵及主-分井段中的智能连接与拼合系统(Junction & Splitter)、井下滑套、层间控制阀、井下安全阀等。

(4)效果明显。

智能井技术与数字油田的建设相互依存,互相促进,目的是把 EOR(IOR)提高到 70% 以上。"可视化油藏"、"数字油田"是把技术、工作流程和人力资源三者紧密结合的全油田资产管理的概念。通过所有智能油井进行控制联合开采提高产量,Shell 公司已可使 EOR 提高10% ~15%,效果非常明显。智能化油田拥有一套行之有效的数字信息管理方法。整个过程(涵盖全循环过程)由数据采集、模拟解释和决策制定组成。能够决策与指导最佳技术的应用和最合理开发方式的实施与执行。智能井已开始用于分支井,未来可在 MRC/ERC 应用。

4　结论

(1)低渗透油气储产量已占我国"半壁江山"以上。低渗透—特低渗透油藏特征,需要在科学布井合理有限井距条件下增大井身穿越油层长度、直径和接触油层面积,用注水(气)、分级压裂等增产措施,以密布"井—缝"扩大波及面积提高压力传导能力和流体进入井网速度与数量,能根据各油层段特征和生产实际情况,科学地分采或合采,从而大幅度提高单井产量和最终采收率,并能降低生产综合成本,这极富挑战也是机遇。

(2)长水平段水平井(LH)、双向分支水平井、侧钻水平井、多分支水平井(ML5 – 6)和最大油藏接触面积井(MRC/ERC)等复杂结构井钻完井技术及与有关技术集成后的智能 LH/ML(MRC)分段封隔分级压裂油井新模式,特别有利于低渗透—特低渗透油藏的开发。集成就是创新。

(3)主—分各井段都应能分段封隔(分隔)分层强化压裂(半缝长大于100m),进行"缝网压裂"在主缝上产生分叉裂缝等增产作业;应特别重视完井工程,完井质量应达到 TAML5 级以上(5 级、6 级、6a 级)完井标准,保证主—分井眼的连通性、隔离性、重入性("三性")等质量。

(4)在技术套管以下,油层井段采用边钻边扩或钻后扩眼方法扩大井径再下入膨胀管(实体管膨胀率 10 ~30%、割缝管达 60%)作为油层套管(尾管、筛管、衬管)可以增大完井井眼尺寸还有利于增产、修井作业。

(5)预置串接多个遇油气膨胀封隔器(可用于裸眼井也可用于套(尾、筛衬)管井),更能确保分段封隔、分层段压裂增产作业(比常规封隔器和一般膨胀封隔器先进适用),应加快自主研发产品和应用。试验在膨胀管柱中联合使用遇油气膨胀封隔器等的可行性和措施。

[低渗透油藏国际会议宣读的论文(西安,2011 年)(经整理)]

第三篇

导向钻井新技术篇

【导读】

20世纪90年代初期,作者在国外参加国际学术会议期间获知,外国三大石油技术服务公司在研究旋转导向钻井新技术并有效应用于钻水平井、分支井、垂直井。回国后查阅文献,从SPE/IADC 29382等文章进一步了解旋转导向钻井工具的原理、结构、应用情况。我和几个年轻老师及研究生就集中精力研究旋转导向钻井系统的各个细节,并每年安排一两个研究生做这个研究方向的博士硕士论文。2000年,中国工程院组织院士、专家到胜利油田进行咨询的"胜利油田院士专家行"活动,我也应邀参加了。我在大会上做了关于地质导向—旋转导向钻井技术能够精细准确地控制井身轨迹的报告,受到中国工程院、中国石化和胜利油田领导、专家、钻井同行的好评。我们就开始合作并共同联合申请了国家863项目,2001年获得批准,项目编号为2001AA602013。为此,我在西安石油大学组建了我国第一个集钻井—机械—力学—电子—自动化等多学科在内的"导向钻井研究所(SDI)",我任所长。SDI研究 - 设计—制造—样机—下井试验代号为MRSS——调制式旋转导向钻井系统;1986年通过国家863验收。在这之后,不断完善,加工制造了第二台和第三台样机。我和SDI的同事们陆续写了MRSS的系列论文。

MRSS系列论文主要包括以下几篇。

《现代导向钻井理论与技术》《现代导向钻井技术的新进展及发展方向》主要阐述了:为什么要由滑动导向钻井系统发展为旋转导向钻井系统以及二者的对比分析;地质导向与旋转导向以及随钻测量技术的结合。《旋转导向闭环钻井系统》《用旋转导向钻井系统钻大位移井》主要阐述了:现代旋转导向系统的主要类型可分为推靠式和指向式两类并说明各自工作原理,优化钻井实现闭环控制的6个过程及其相互关联;地质导向与随钻测量以及随钻地震技术在旋转导向钻井中的相关应用技术;闭环钻井测量—控制—通信—信息流程;随钻井下信息集成系统的原理及技术要点;调制式全旋转导向工具定向控制的原理和可调节式旋转导向钻井系统(MRSS—Modulated Rotary - drilling Steering System)的结构组成及其导向功能的实现;MRSS的优点与技术难点分析等。《旋转导向钻井轨迹控制理论及应用技术研究》一文,研究了MRSS控制井眼轨迹的原理和控制方式,依据实钻轨迹和设计轨迹的偏差值给出了轨迹控制方法。根据控制原理,设计了一套从地面控制井下的工具,以及实现轨迹控制的指令算法,开发了地面监控软件系统等。《旋转导向钻井信号井下传送技术研究》一文,说明所选用的钻井液负脉冲传输方式向井下传送指令的技术方案,设计了信号下传整体方案,提出了改变泵排量的"三降三升"脉冲传输方式,优选出编码组合方式。通过检测发电机电流变化实现井下信号接收,进行了室内实验测试证明可行性,开发了完整的指令控制系统软件等。《旋转导向工具的研制原理》《旋转导向钻井工具稳定平台单元机械设计》等文介绍了MRSS的几个主要单元(稳定平台、工作液控制分配的盘阀、偏置执行机构)的机械设计和样机研制。本篇还有关于MRSS稳定平台静力学有限元计算和稳定平台变结构控制原理、数学模型及其仿真和地面实验等。

旋转导向钻井系统很复杂而先进,涉及钻井、机械设计与制造、电子、自动化、制导、力学等多学科,耗资大(国外SLB、BK、HLB等公司的研制费高达亿元以上,产品不断更新)。目前,我国已有多个单位在研制中。本书用了较大篇幅介绍MRSS旋转导向钻井理论与工具研制,是为了对有志于继续研制旋转导向钻井工具及其系统的创新者有所借鉴和帮助。真心实意祝愿这项自主创新技术在我国早日成功应用。本篇选入的文章是:

《导向钻井的发展与自主研发旋转导向钻井系统》；

《现代导向钻井理论与技术》；

《现代导向钻井技术的新进展及发展方向》；

《旋转导向闭环钻井系统》；

《井下闭环钻井系统的研究与开发》；

《旋转导向钻井轨迹控制理论及应用技术》；

《旋转导向信号井下传送技术研究》；

《旋转导向钻井系统控制井眼轨迹机理研究》；

《用旋转导向系统钻大位移井》；

《旋转导向工具的研制原理》；

《旋转导向钻井系统测量技术研究》；

《旋转导向稳定平台单元机械系统的设计》；

《旋转导向钻井工具稳定平台静力学有限元计算》；

《旋转导向稳定平台变结构控制研究》；

《深井、超深井和复杂结构井垂直钻井技术》。

导向钻井的发展与自主研发旋转导向钻井系统

张绍槐

首先感谢国家经贸委、中国工程院组织的"胜利油田院士行"活动邀请我参加并安排在大会发言;感谢中国石化和胜利油田的领导和同行们的盛情关怀。今天我要讲的题目是导向钻井的发展与自主研发旋转导向钻井系统。20世纪70年代末研究成功MWD泥浆脉冲式随钻测量技术,80年代初开始应用,在实践中认识到MWD是钻井的眼睛。在20世纪80年代末,斯伦贝谢公司等具有国际水平的技术服务公司就开始研究旋转导向钻井技术并在90年代初期有了产品,形成了商业化技术服务能力。旋转导向钻井技术和MWD技术的配合使用,把导向钻井技术提高到新水平,是现代导向钻井技术的先进技术。我们先简要地回顾一下现代导向钻井技术的发展概况。

1 现代导向钻井技术的进展

1.1 转盘钻井定向钻井法

20世纪20年代末,钻井人员就开始用转盘钻井的方法成功地钻定向井以救灾灭火。钻井人员利用地层自然造斜能力优选地面井位,同时依靠钻井人员的经验和钻柱下部组合(BHA)及改变钻压转速等参数来预测钻头造斜效果进行钻进,需要每钻进不太长的一段井眼之后,起钻测斜,根据实际井斜再调整或改变BHA结构,同时变更钻压转速等参数;再钻进一段再起钻测斜,乃至多次凭经验来预测造斜与方位,直到成功。这种方法属于"摸着石头过河"的性质,它既不准确而且效率又低,称之为"转盘钻井经验预测定向钻井法"(图1)。在复杂地质条件和应急情况时满足不了要求。

1.2 (涡轮钻具)井底动力钻井定向钻井法

1873年就有了第一个涡轮钻具专利。到20世纪40—50年代,用涡轮钻具钻定向井。50—60年代又随着井下电钻的应用而用电钻钻定向井,这两种都是井底动力钻井法。随着磁性单(多)点测斜仪和有线陀螺测斜仪的发展及定向下钻技术的进步,钻定向井水平有了很大提高。但是还没有MWD随钻测量技术,因此井身轨迹的参数仍然要靠滞后的信息,而且井底动力钻井时钻柱是不旋转的,钻柱与井壁的摩阻很大,指重表的钻压不准,所以还是要凭经验进行预测,称为"井底动力钻井经验预测定向钻井法"(图1)。

1.3 (螺杆钻具)滑动导向钻井法

无线随钻泥浆脉冲测量技术(MWD)的成功应用,几乎与此同时,苏联在应用电动钻具的基础上也初步成功地实现了有线随钻测量技术。随钻测量系统能够随钻将井斜角、方位角等参数实时地传送到地面,因而能供钻井人员及时调控钻头方向—方位与井斜大小。至此产生并形成了导向钻井这一新概念。随着导向马达(螺杆钻具)的不断发展,其调控导向能力也不断提高,但是螺杆钻具钻井时钻柱也是不旋转的,钻进时钻柱贴靠井壁向下滑动,形成了滑动导向钻井法。它从1980年以来在国际上就是导向钻井的常规技术,而且直到现在也是我国钻井的主力技术。

接着要说的是滑动导向钻井方法的缺点限制了其功能,主要是:

(1)滑动导向钻井时,钻柱不旋转,部分钻柱贴靠井壁,钻柱在井眼中移动时摩阻较大。尤其在钻大角度斜井、水平井、大位移井等复杂结构井时,井眼的低边往往有岩屑床存在,既增大了钻柱与井壁的摩阻,又导致井眼净化不良;且导向钻具弯角越大摩阻越大。

(2)滑动导向钻进时,整个钻柱贴着井壁向下滑动。由于摩阻大而减小了实际施加在钻头上的有效钻压,并减小了导向马达可用于旋转钻头的有效功率,从而导致司钻不能精准控制钻进参数和钻头工况,钻速较低、钻井成本可能增高。当井深超过某一井深(称之为临界井深或极限井深,大约是4000m),就"滑不动"或很难均匀连续地滑动,甚至无法滑动钻进。虽然,在滑动钻井时可用水力推进器等钻具来提高滑动能力,但其作用也是有限的(图2)。

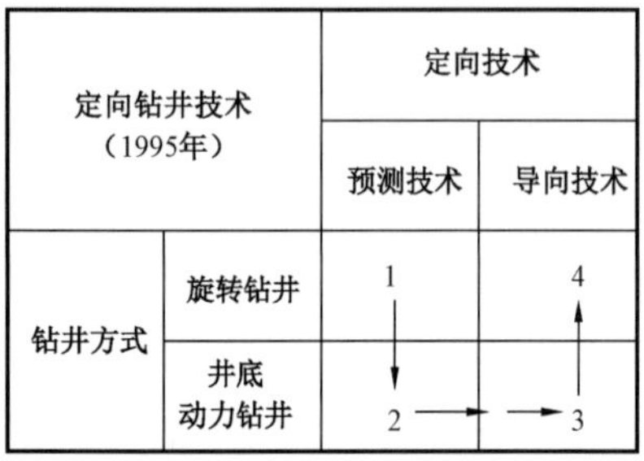

定向钻井技术 (1995年)	定向技术	
	预测技术	导向技术
旋转钻井	1 ↓	4 ↑
井底 动力钻井	2 →	3

图1　导向钻井发展史

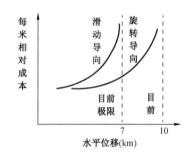

图2　滑动与旋转导向的极限井深及成本对比

(3)在滑动钻井过程中,往往因摩阻与扭阻过大、井眼净化不良、黏滑卡阻严重、钻速过低、成本过高以及由于方位左旋右旋漂移难以控制井身轨迹等原因,而被迫交替使用导向马达和转盘法钻进。这种交替钻进,既增加了起下钻次数、降低了钻井效率,又必然使井眼方位不稳定,井身轨迹不平滑,从而形成螺旋状井眼,井身质量不好,容易发生卡阻、黏滑和涡动等井下动态故障。

(4)关于在油田采用的"复合钻进"方法(即在使用导向马达的同时启动转盘旋转钻柱)。它在提高钻速、降低进尺成本的同时,也在一定程度上导致螺杆钻具严重磨损乃至断脱等恶性事故。是否可以这样分析:"复合钻进"只是由于当前国内还没有旋转导向钻井工具及其配套技术的一种权宜(替代)之计,只宜于有条件地和有限度地谨慎使用。其必要的限度和条件是:根据力学分析计算,限用于小弯角(1°左右)的导向马达;转盘转速不能高(约限于40~60r/min);主要用于微增斜、稳斜和微降斜井段;连续复合钻进的井段长度不宜过长;限用于井身质量好,井眼净化好和钻柱起下正常的井眼中。须指出的是:理论工作者不要误导"复合钻进"。建议各钻井公司限定钻井队随意使用复合钻进,严格规定导向马达角度和启动转盘的转速。应该指出:当前复合钻进过热的现象正是从一个方面反映了滑动导向钻井不能完全满足现代导向钻井的要求;同时也说明现代导向钻井的发展方向不能只限于滑动导向,也应包括并推广旋转导向钻井法。

1.4 旋转导向钻井法

旋转导向钻井法是一个有特定含义的钻井方法(它不是转盘钻井法),它在钻柱底部钻头之上安装一个旋转导向钻井工具,并在钻柱中配合使用 MWD 等随钻测量工具,当转盘旋转钻柱时旋转导向钻井工具能够随钻实时完成导向功能,它钻进时的摩阻与扭阻小、钻速高、钻头进尺多、钻井时效高、建井周期短、井身轨迹平滑易调控。极限井深可达 15km、钻进成本低,是现代导向钻井的发展方向。随着水平井、大位移井、多分支井等复杂结构井和"海油陆采"的迅速发展,从 20 世纪 80 年代末 90 年代初国际上就开始研究这项技术,到 20 世纪 90 年代中期,已有美国、英国、德国、意大利、日本 5 个国家 8 家大公司掌握并垄断了其工程应用和商业化技术服务市场。在国际上目前这项技术仍在继续发展之中,国际竞争十分激烈。它的先进性、优越性和方向性足以表明它是当今世界钻井技术的重大革命。我国在该领域至今没有起步,没有立项投资研究,与国际大公司相比差距很大,这一关键技术在若干年内仍将由国外大公司垄断。我国必须迎接挑战,加大投入力度,组织力量进行研发。图 1 是几种导向钻井的发展历史。图 2 是滑动导向与旋转导向的对比。

2 现代导向钻井技术的主要内容

2.1 现代导向钻井技术

现代导向钻井技术主要包括:地质导向工具及其系列技术、随钻测量仪表—工具及其系列技术、旋转导向钻井工具及其系列技术 3 个部分。今天主要讲述旋转导向钻井技术。

2.2 旋转导向钻井工具

旋转导向钻井技术的核心是旋转导向钻井工具。在原理上旋转导向钻井工具有两大类:推靠式(图 3)与指向式(图 4)。20 世纪 90 年代,在发展以侧向力推靠钻头——简称推靠式原理的旋转导向工具(图 3)的稍后不久,有公司又提出了定向给钻头以角位移的指向式旋转导向工具(图 4)。这两类原理的旋转导向工具已有多种,"推靠式"导向原理的典型产品有 Schlumberger 公司 1994 年研制的 Power Drive 调制式全旋转导向工具,其造斜率大且伸缩巴掌与井壁动态接触,Power Drive 首次用于 10000m 以上的大位移延伸井,并创世界记录,累计进尺已达 10 多万米。还有 Bakerhughes 公司于 1997 年研制的 Auto Trak 产品,它在不旋转套筒上的变径稳定器与井壁静态接触。创造了一趟钻钻进 167h,进尺 3620m 的世界纪录。Auto Trak 已累计钻进 160000m 以上。推靠式原理的支撑部件有两种:一是支撑部件随旋转的钻柱一同旋转,称之为"全旋转式";二是支撑部件不随钻柱旋转而支撑在井壁上,可称之为"支撑式"。我们经过近几年的研究认为全旋转式更加先进。今天重点介绍 Power Drive。

下面再用图 5 表示推靠式和指向式两类旋转导向钻井工具。

推靠式:导向工具偏置机构的巴掌侧向推靠以侧向力拍打井壁,其作用方位与侧向力的强度大小决定着导向方位与斜度。推靠式又分两种:静止推靠式(巴掌与外筒不转)、(全)旋转推靠式。

指向式:导向工具的内轴可弯,作用在钻头轴上的三维空间轴向力,指向钻头轴线,控制钻头前进的方位位移和斜角位移,从而决定钻头所钻井段的空间几何轨迹。

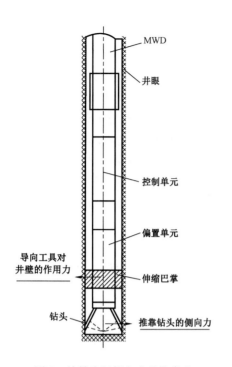

图 3　给钻头以侧向力的推靠式

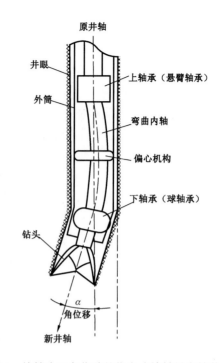

图 4　给钻头以角位移的指向式旋转导向钻井工具

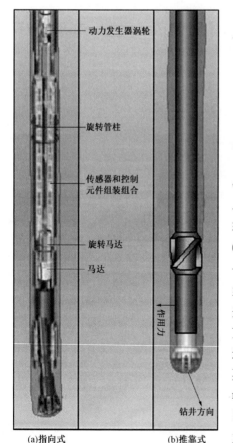

(a)指向式　　(b)推靠式

图 5　两类旋转导向钻井工具图解

三大技术服务公司导向钻井系统的下述产品占领市场早而广:

(1)斯伦贝谢公司(Schlumberger)产品。

PowerDrive(Xtra)——导向钻井用;

Power - V——垂直钻井用(注:21 世纪产品);

PowerDriveXceed——导向钻井用(注:21 世纪产品)。

图 6 和图 7 是以 Power Drive 为代表的旋转导向钻井工具结构图,它包括稳定平台单元、工作液控制单元(即盘阀部件)、偏置机构执行单元 3 个部分。旋转导向钻井工具的最基本功能有两种:① 导向功能;② 稳斜或不导向功能。导向功能是指当需要向某一个井斜、方位导向时,可由稳定平台通过控制轴将上盘阀高压孔的中心即工具面角调整到与所需导向的井斜、方位相反的位置上,这时钻具沿所需的井斜及方位进行钻进,并由各随钻测试仪器随时监测井眼轨迹。稳斜功能(不导向)是使稳定平台带动上盘阀,使其和钻柱以不同的某一转速匀速转动(如 20 ~ 40 r/min),这时在 360°工具面角的方向上,不断有类似巴掌的推板伸出并推靠拍打井壁,其综合作用的效果为不导向,亦即稳斜钻进。

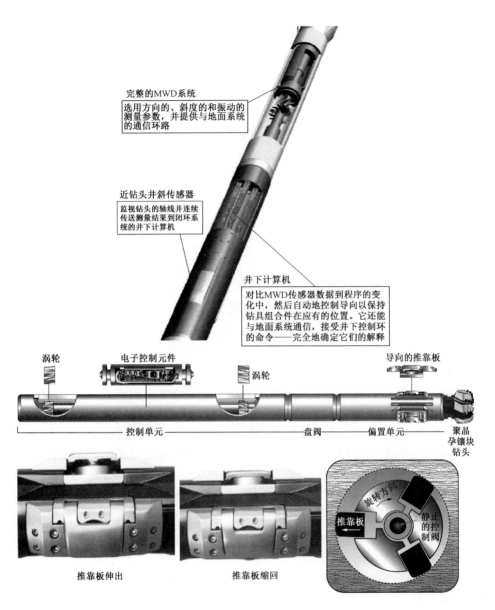

图 6　Power Drive 675 的主要部件图（先进的 D 型）

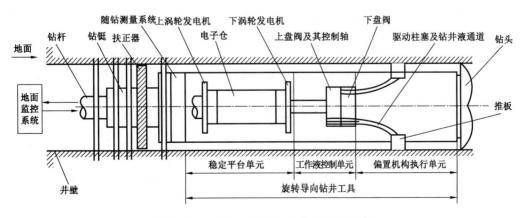

图 7　Power Drive 旋转导向钻井工具结构图

根据对井下工程、地质及几何参数的监测和要求,旋转导向钻井工具可以按已设定的程序或给定的指令调整井斜和方位。它是一种机、电、仪一体化智能导向工具,靠近钻头的推靠柱塞和推板(巴掌)、工作液控制阀以及稳定平台是它的核心部件。推板的动力来自于钻井液经过钻头水眼后所产生的钻柱内外压差;工作液控制阀(上、下盘阀的相对位置)的调节和稳定则由稳定平台控制;3 个推板的相位差为 120°;钻柱在旋转状态下,任意一个或两个推板通过某一特定的方位时,借助工作液控制阀所施加的压力(钻井液压差)来同步调整推板的伸出,使其与井壁接触并对钻头产生一个(旋转动态的而不是静态的)侧向力(即利用井壁对推板的反作用力)来推动钻头改变原方向,达到定向改变井斜或方位的目的,从而实现旋转导向钻井。这就是 Power Drive 类型的旋转导向钻井工具之所以能够在钻柱旋转的条件下控制和调整井斜和方位(以及稳斜)钻进的关键和奥秘所在,为什么和怎么样具有这种功能呢,就是因为旋转导向钻井工具有一个稳定平台单元,其作用是在钻井工具中产生一个不受钻杆旋转影响、相对稳定的平台,从而能够使钻柱导向钻井工具及推板形成的工具面角在旋转时保持方位稳定。稳定平台单元由上、下两个涡轮发电机、测控电子系统及电子仓组成。上涡轮发电机是系统动力发生器,提供井下电源,其旋转方向为顺时针方向;下涡轮发电机是扭矩发生器,其旋转方向为逆时针。两个涡轮发电机之间设置密封电子仓,电子仓中有控制电路和测量工具面角、井斜角的三轴重力加速度计、磁通门、短程通信、下传信号接受器及其电路等。为了使稳定平台在旋转的钻柱内维持稳定,必须使施加到控制轴上的力矩平衡。工作中平台受到的主要力矩包括驱动上盘阀旋转的扭矩、钻柱旋转带来的机械摩擦阻力矩和作为电能发生器的涡轮发电机本身的电磁力矩。作为力矩发生器的下涡轮电机电枢在磁场中也会产生一个电磁力矩,即驱动动力矩。涡轮发电机与扭矩发生器的扭矩联合作用实现可控调节与平衡。按照其功能,稳定平台控制机构由涡轮发电机、控制电路、检测电路、通信电路和驱动电路等 5 大部分组成。上涡轮发电机利用钻井液的动能为平台中的电气设备提供电源,同时下涡轮发电机作为平台稳定控制的执行器控制与其相连接的液压控制单元中的上盘阀。

旋转导向钻井工具中的工作液控制单元是一个盘阀开关系统,由上、下两个盘阀组成(图 8)。上盘阀由稳定平台控制轴带动,其上开有 1 个作为工作液泥浆通道的孔,称为高压阀孔,如图 8(a)所示;下盘阀固定在偏置机构单元本体内,其上开有 3 个圆孔,分别与偏置执行机构的 3 个柱塞相通,如图 8(b)所示。上盘阀孔为弧形长孔状(其圆心角为 120°),能使高压钻井液作用在推板上的力具有一定的作用时间,以保证侧向控制力的作用效果,钻井液通过滤网再流向上盘高压阀孔。当上盘阀的高压孔与下盘阀的某一个或者两个孔相通时,导通的高压钻井液将推动偏置执行单元的相应柱塞,并由柱塞推动推板,将力作用在井壁上,该作用力的方向则由上盘高压孔的位置确定。液压控制单元的核心就是在稳定平台的作用下,控制上盘阀高压孔的位置(工程上的工具面角)。旋转导向钻井工具中的偏置执行单元主要由柱塞和推靠井壁的推板(巴掌)组成,在工作液控制单元的控制下,依次将高压钻井液通向柱塞,再由柱塞将力施加给推板,使 3 个巴掌依次与工程上的工具面角的井壁处接触和施力。

旋转导向钻井技术信息闭环流程如图 9 所示。由旋转导向钻井工具中的井眼几何参数传感器测得旋转钻井条件下近钻头处的井斜角、方位角和工具面角等参数,并通过短程通信元件将上述参数传输到随钻测量仪,再继续由随钻测量仪的上传通道将数据传输到地面。根据实钻井眼与设计井眼的相对位置的偏差,通过信息智能处理综合决策系统来调整钻头走向,即改变工具面角参数,并将决策代码通过钻井泵排量载波下传到井下信息处理中心进行指令接收、识别、解释和处理,从而通过井下控制器调整稳定平台的控制轴,实施工具面角的调整,这就进

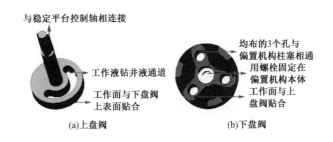

(a)上盘阀   (b)下盘阀

图8 上盘阀和下盘阀结构

一步回答了 Power Drive 旋转导向系统之所以能在钻柱旋转的条件下调控井斜和方位的关键原理和特有奥秘所在。改变导向执行机构推靠井壁的方向,从而实现钻柱在连续旋转状态下的三维导向。这就进一步回答了 Power Drive 旋转导向钻井系统之所以能在钻柱旋转的条件下,调控井斜和方位的关键原理和特有功能所在。

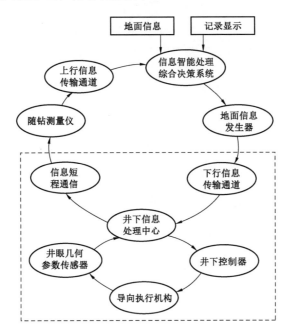

图9 旋转导向钻井技术信息闭环流程

(2)贝克休斯公司(Baker Hughes)产品。

AutoTrak——导向钻井用(图10)。

VertiTrak——垂直钻井用(21世纪产品)。

(3)哈里伯顿公司收购 JNOC – Halliburton — Sperry Sun 形成的产品。

RCDOS — Remote Controlled Dynamic Orientating System(20世纪名称为遥控动力定位系统)。

Geo – Pilot——导向钻井用(21世纪产品)。

指向式原理的典型产品有2000年 Sperry Sun 和日本 JNOC 公司合作开发的 Geo Pilot。它在外筒内有一靠机械力使之变形弯曲的内轴迫使钻头有角位移,以使钻头定向造斜。原井眼井斜5°以上才可增斜、稳斜,在井斜较大时可降斜,但难以在直井防斜。其样机试用之后,经过多年实践证实已应用于生产。

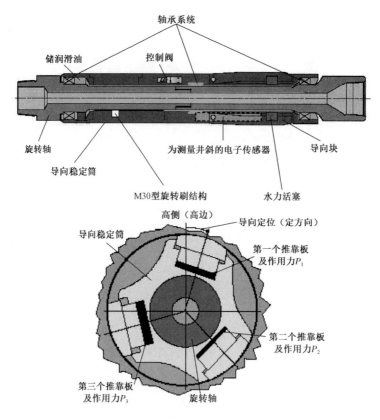

图 10 Auto Trak 三个导向块及其作用力(P_1, P_2 和 P_3)

2.3 旋转导向钻井系统组成与发展方向

现代旋转导向钻井系统主要包括5大部分,即井下旋转导向钻井工具、地质参数和井斜参数的随钻测量系统、地面与井下双向通信系统、地面监控系统、数据库与软件系统。现代导向钻井系统的发展方向是实现旋转自动导向闭环钻井技术。闭环钻井可分4个阶段逐步有序发展。

根据 R. L. Monti 的定义,要实现闭环钻井作业的全过程,必须完成以下6项工作:(1)地面测量,主要包括泥浆录井,钻井参数的地面测量;(2)井下随钻测量,目前主要采用 MWD 和 LWD 等井下测量工具;(3)数据采集,同时包括地面计算;(4)数据的整体综合解释,主要包括把测量数据解释成有用的参数以指导作业,同时用"人工智能"把全世界范围内的专家经验应用于井场;(5)地面操作控制自动化,把人从钻井作业过程中解放出来;(6)井下操作自动控制,主要是利用"智能"型井下工具和自动的井底钻具组合进行控制。以上6个过程相互关联,互相影响(图11)。

闭环钻井的发展分4个阶段:

(1)井下开环钻井阶段。指井下操作全部由人来完成,那时还没有 MWD 等随钻测量工具,只有一般的井下测量工具。

(2)井下半闭环钻井阶段。有井下随钻测量工具(如 MWD),有地面可控的井下工具(包括可变径稳定器、可调弯接头、可变弯角井下动力钻具、可伸缩偏心垫块等)。测量数据向地面传输,经过计算机处理及地面模拟,通过传输通道向井下传送操作指令,对井下操作进行控制。与井下开环系统相比,测量精度高、实时性强、信息量大。

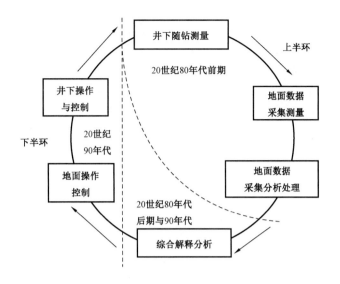

图 11　优化钻井闭环控制图

（3）井下闭环阶段。指井身轨迹控制完全可以离开人的干预（特殊需要时例外），几何导向与地质导向结合。井下信息测量、传输、处理以及控制指令的产生和执行完全自动进行。

（4）全闭环钻井阶段。这是钻井技术发展的最高阶段。井下采用智能化钻井系统，地面监控和操作采用规范的自动化系统，地面中心控制计算机控制整个钻井作业系统，井下智能钻井系统则带有独立的井下微电脑。此时，作业人员就可全部或大部分从作业环节中解放出来，从而实现全闭环钻井及整体优化。

旋转自动导向闭环钻井技术是当今世界多国大公司竞争发展的一项尖端自动化钻井新技术，它代表当今世界钻井技术发展最高水平之一，该技术将使世界钻井技术出现质的飞跃。

目前国际多家立项研究的主要技术指标大致是：温度 125°C，抗震 $5/g \sim 15/g$，最大抗液压 100MPa，最大钻压承受能量 300kN，造斜能力（$3° \sim 10°$）/30m（精度：±0.5°）寿命大于 80h。

关于地质参数与井斜参数的随钻测量，目前已经使用 MWD 和 LWD 等，就不多讲了。

2.4　深化研究旋转导向钻井控制理论

发展现代导向钻井技术应从以下几方面入手：

（1）用旋转导向矢量控制理论调控已钻井身与待钻井身之间的偏差矢量；

（2）用旋转导向智能控制理论来解决不确定性因素、大滞后特征和超调等复杂性问题；

（3）用地面向井下发送下行控制指令的原理来设计控制指令，使旋转导向工具按指令动作；

（4）用自主制导理论来设计自主式旋转导向钻井系统；

（5）研究旋转导向钻井时的钻柱力学理论、模型及其求解方法；特别是在复杂条件下，钻柱动力学模型的研究是一个国际性的新课题。

3　自主研发推靠式全旋转导向钻井系统

建议立项自主研究推靠式全旋转的导向钻井系统，并分步骤分阶段进行。

图 12 是闭环钻井测量—控制—通信—信息流程的原理图。自下（钻头/井底）向上（地面/井口）的信息流程如下：

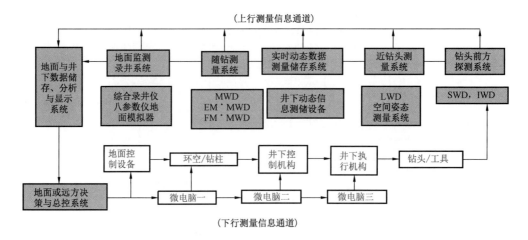

图12 闭环钻井测量—控制—通信—信息流程图

利用随钻地震(SWD)和随钻信息(IWD)技术可以获得正在钻进中(甚至是钻头前方)的地层情况和井底的井斜方位等数据,统称为"钻头前方探测系统"(这部分也可以暂时不要)。近钻头测量系统通常用 MWD—LWD 和近钻头处井眼的空间姿态测量系统随钻测得井底的地层和岩性等信息和井眼几何参数。把上述信息随钻及时测量和储存在井下,需要配备一个井下动态信息测量储存装置(包括软件和硬件),这部分暂称之为"实时动态数据测量储存系统"。

再往上是已经常规化了的随钻测量系统,目前通用的是泥浆脉冲随钻测量技术(MWD),目前尚未通用而又比较先进的是电磁波随钻测量(FM·MWD)和有线随钻测量技术以及钻头前方随钻测量技术(FM·MWD)。通过 MWD(或有线传输法)把上述信息(包括随钻测得的信息和井下储存的信息等)实时传输到地面;同时把常规化了的综合录井仪和八参数仪等地面测量装备仪表(模拟器)获得的信息集成进来形成"地面与井下数据储存,分析与显示系统"。以上构成了闭环系统的上行测量信息通道即闭环的上半环。在井场地面或钻井后方(远方),分析上半环获得的集成信息,再根据钻井设计主要指井身轨迹设计,形成调控指令,利用"地面或远方决策与总控系统"和下行信息通道(泥浆脉冲无线式或有线式)把指令送达"井下控制机构"相当于 Power Drive 旋转导向钻井工具的稳定平台或相当于 Auto Trak 的(控制箱)和"井下执行机构"(相当于 Power Drive 旋转导向钻井工具的控制阀(盘阀)和推板(巴掌)。"井下控制机构"和"井下执行机构"都有井下微电脑(或软件系统)。如果必要还可以从地面把指令送达井眼环空或钻柱的某一部分。在地面指令的控制和作用下,(Power Drive)旋转导向钻井工具随钻实时控制钻头的空间姿态,也就是控制钻头的空间几何位置(再加上地质导向系统的协同配合工作,就能够实时控制和优化井身轨迹)。这样就实现了闭环自动导向钻井。

图13 是随钻闭环信息集成系统的原理图,进一步说明把油藏模拟信息、地质信息(地质软件)、地震信息(包括地面地震和井下随钻地震)、常规测量信息(如 MWD、LWD 等)以及地面综合录井仪测得的信息重点放在井下,变井下为主导方面,把地面和井下采集的信息都集成起来形成闭环,加以分析(用软件或人工)更全面地考虑如何调控当前井身轨迹并及时提供给钻井调控(钻井模拟器及软件/人工)系统进行随钻测量并集成信息随钻实时优控进行闭环钻井。图12 及图13 及上述说明使得钻井工程师(包括在前方和后方者)能够根据井底信息向

地面"喊话"——钻头朝这里打,钻井井身轨迹就能得心应手地进行操作和监控。上述目标可以分步到位。建议通过这次"胜利油田院士行"活动,组织产学研结合的攻关组进行科研立项。

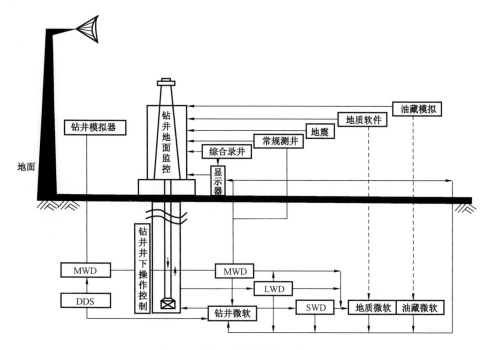

图13　随钻闭环信息集成系统原理图

（注:在 2001 年终于立项为国家"863"项目开始了攻关研究,就是后来的 MRST/MRSS 系统）。限于水平和时间恳请大家对今天的报告批评指正。谢谢大家!

（本文为作者在"胜利油田院士行"活动全体大会的学术报告,2000 年 11 月, 当时是用多媒体课件讲述的,这次整理书稿时,作了整理与补充）

现代导向钻井理论与技术

张绍槐

1 基本概念

1.1 现代导向钻井的定义

指科学地设计井身轨迹并在施工作用过程中,依靠几何导向与地质导向技术,有控制的钻井导向(Steering)或导引(Guiding)钻井井身轨迹;包括直井防斜(尤其是高陡带深井、超深井)、定向斜井和复杂结构井的钻井(钻进),应能控制全井身轨迹,提高井身质量和钻井效益。

1.2 导向钻井的简要发展

1.2.1 经验导向钻井法

指用转盘钻井法运用钻柱力学原理,但主要靠钻井实践经验来控制井身,采用如下基本方法控制:

(1)用钟摆钻具降斜;

(2)用刚性满眼钻具稳斜(含直井防斜);

(3)在下部钻柱用榀杆力学原理给钻头侧向造斜力来降斜稳斜和增斜,如图1所示。

(4)用槽式变向器从直井段在造斜点(KOP)处开始造斜或强行控制井眼方位、斜度,现代分支井和老井重入仍要使用变向器。

钻进一段起钻测斜后再钻进(含纠斜)的经验导向钻井法在深井和复杂地质条件下难以满足特殊工艺井对井身轨迹的要求,而且钻速慢、起下钻多;钻井效率低、成本高。

1.2.2 滑动导向钻井法

指用不变或可变弯角的井底动力钻具(涡轮钻具、螺杆钻具、电动钻具)进行钻进,钻柱不旋转,钻进时钻柱在井壁上滑动。如图2所示,主要有:

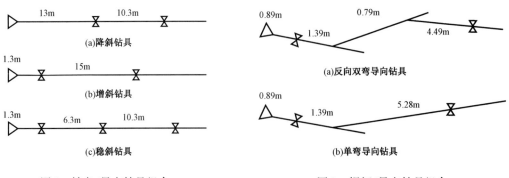

图 1 转盘/导向钻具组合   图 2 螺杆/导向钻具组合

（1）在动力钻具上加弯接头或柔性钻杆；

（2）外壳为单弯或反向双弯的弯螺杆钻具及铰接马达等；

（3）可变角度弯接头螺杆钻具；

（4）外壳上带偏心垫块的螺杆钻具；

（5）可变径稳定器和上述滑动导向钻具相结合。

滑动导向钻井时，钻柱不旋转，部分钻柱贴靠井壁，钻柱与井壁的摩阻很大，弯角越大摩阻越大，钻进时整个钻柱向下滑动。在需要导向钻进时下入滑动导向钻具，当导向钻进一段之后，需起钻换适当的旋转钻进钻具用转盘法钻进；当再需要导向时要再起钻更换导向钻具，再以滑动方式导向钻进。这样，由于滑动钻进与转盘旋转钻进交叉进行，既增加了起下钻次数，降低了钻井效率，又必然使井身轨迹不平滑，井身质量不好，造成井下钻柱摩阻，扭阻增大，导致钻速很低且出现井下复杂情况的概率大大增加；当 $L > L_{临}$（L——井深；$L_{临}$——临界井深）时，受极限临界井深限制就无法滑动钻进。$8\frac{1}{2}$in 井眼的 $L_{临}$ 约为 4000m。滑动钻进井身轨迹精度和灵活性实时调整等方面无法满足较高的要求，不能适应复杂结构井和特殊功能井钻井要求。

尽管滑动导向有着上述种种缺点，但目前仍是国内导向钻井市场的主体。国内一些油田当使用小弯曲角度的螺杆钻具在定向造斜段之后的稳斜或微增斜井段不起钻换钻具，仍以定向造斜段使用过的原钻具组合在钻井液驱动螺杆钻具带动钻头旋转的同时，转盘以 60 ~ 100r/min 的转速转动，称之为复合钻进方式。长庆、江苏和胜利等油田应用滑动导向钻具组合进行复合钻井都取得一定经验和效率。但是，若施工参数选择不当或螺杆钻具质量不好，很容易发生螺杆钻具断脱事故，且螺杆钻具损坏比较严重。有的公司在财务政策上欠周到，井队追求效益而随意采用复合钻井法。但是需要讨论：复合钻井是不是一个科学和正规的方法，值得考虑。建议各钻井公司规定在多大角度和什么情况下，可允许以多大转速启动转盘实施复合钻进。由于滑动导向钻井的缺点，人们又发展了旋转导向钻井工具与技术（图3和图4）。

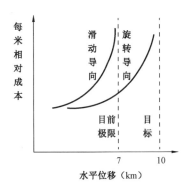

图3　不同导向方式成本对比

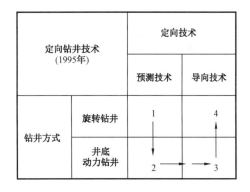

图4　导向钻井发展史

1.2.3　旋转导向钻井法

在 BHA 底部有一个可变径稳定器或可控造斜侧向导向力的旋转导向工具，并配有完整的旋转导向钻井系统，钻柱旋转钻进时能实时调控井身轨迹；

从 20 世纪 80 年代后期国际上就开始研究，到 90 年代初期多家公司开始形成商业化技术。目前，已有 5 个国家（美、英、德、意、日）的石油公司（Baker Hughes Inteq，Camco，Schlumberger，Sperry – Sun/Halliburton，RSS，JNOC 等）形成了现场应用技术。

已出现的有代表性的旋转导向钻井系统有以下几种：

（1）VDS 自动垂直钻井系统。

20 世纪 90 年代初，德国 KTB（Kontinentale s Tiefbohrprogramm der Bundesrepublik Deutschland）项目组与 Eastman Teleco 公司联合开发研制。

（2）SDD 自动直井钻井系统。

AGIP 公司与 Baker Hughes Inteq 公司合作在 VDS 系统的基础上开发研制的 SDD。

（3）ADD 自动定向钻井系统。

1991 年美国能源部资助研制，目前已达到商业应用阶段。

（4）AGS 旋转导向自动钻井系统。

Sperry – Sun 公司 1993 年研制了 AGS。1996 年推出 T. R. A. C. S 系统。

（5）RCLS 旋转闭环自动钻井系统。

1993 年，AGIP 公司与 Baker Hughes Inteq 公司合作研制。1996 年在 4 口井中试验获得成功。

1997 年，RCLS 系统注册为 AutoTrack，正式推向市场（图 5）。

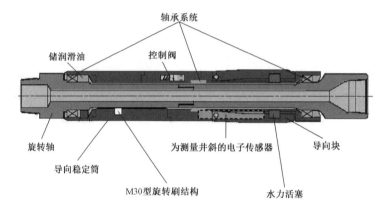

图 5　Auto Trak RCLS 结构示意图

截至 2002 年 7 月 15 日，该系统总进尺 160×10^4m，每日在世界范围内高质量钻进 2000m 以上。其 $6\frac{3}{4}$in 系统创下了单次下井工作 92h，进尺 2986m 的世界纪录，$8\frac{1}{4}$in 系统创下了单次下井工作 167h，进尺 3620m 的世界纪录。

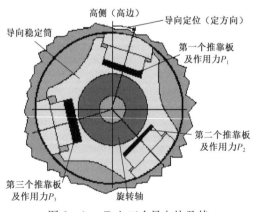

图 6　Auto Trak 三个导向块及其
作用力（P_1，P_2 和 P_3）

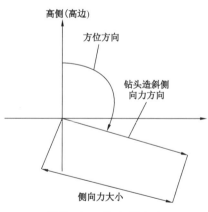

图 7　Auto Trak 导向力

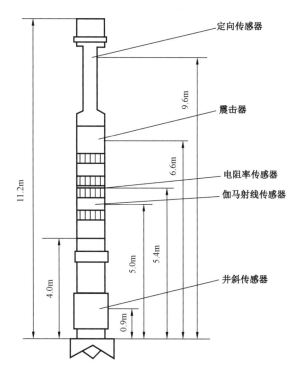

图 8　AutoTrak 钻柱结构图

（6）SRD 全旋转导向自动钻井系统。

英国 Camco 公司于 1994 年在英格兰 Montrose 地区井中试验获得成功。1997 年，在英国 Wytch Farm 油田 M－11 井钻成世界第一口水平位移超过 10000m 的大位移井。1998 年，Camco 公司与 Schlumberger 公司和 Anadrill 公司合并后，其 SRD 系统注册为 PowerDrive™。目前，有近 60 套 PowerDrive 系统在全世界使用，它的需求量不断增大。世界上 3 口位移超过 10000m 的大位移井中，有 2 口应用了该系统。

2000 年，Schlumberger 公司的 PowerDrive 在设计井深 8800m，水平位移超过 7500m 的南海西江油田的 XJ24－3－A18 井 6871～8610m 井段中成功应用（表 1、图 9），使该井井身质量大大提高，避免了 6871m 以上井段用滑动钻井方式多次出现断马达等井下复杂事故的再度发生；同时，大大提高了钻井效率和效益，尽管该工具的日租金高达数万美元，仍直接节约了 500 万美元的钻井作业费用；而油田开发和后续完井、采油作业带来的间接经济效益更远远超过了直接经济效益。2000 年再次改进为 PowerDrive Xtra。

表 1　PowerDrive 在南海 XJ24－3－A18 井降斜井段的钻具组合（BHA 结构）

部件（工具、仪器）	长度（m）	距井底（m）	特征、要点
φ215.9mm PDC 钻头 DS165DGNSU	0.24		钻头侧向力
φ171.5mm PowerDrive 导向工具	3.78	4.02	旋转导向
φ212.7mm 螺旋稳定器	1.64	5.66	
φ165.1mm 浮箍接头（单向阀）	0.61		
φ175mm 尤磁过渡接头（X－OVER）	0.34	6.61	地质导向（三联 LWD）
φ175mm CDR 补偿双电阻率密度 +γ	5.45	12.06	

部件(工具、仪器)	长度(m)	距井底(m)	特征、要点
ϕ175mm 无磁过渡接头(X - OVER)	0.48		MWD 测井斜、方位
ϕ175mm MWD 仪	7.49	20.03	
ϕ175mm 无磁过渡接头(X - OVER)	0.37		
ϕ176mm + ϕ212.7mm 稳定器、ADN 方位密度中子测井	5.32	25.72	地质导向
ϕ175mm 无磁过渡接头(X - OVER)	0.82		
ϕ161.9mm 无磁钻铤	9.09	35.36	
ϕ165.1mm 震击器	9.91	45.54	
ϕ127mm 加重钻杆	112.76	158.30	双震击器
ϕ165.1mm 震击器	9.91	168.21	
ϕ127mm 加重钻杆	75.09		
ϕ127mm S - 135 高扭矩钻杆	2835.74		
ϕ177.8mm 过渡接头	0.80		

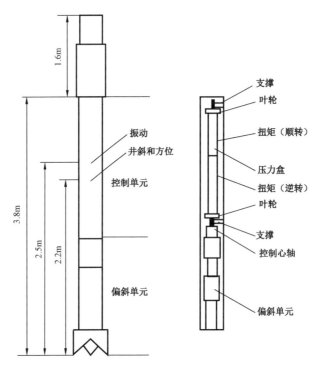

图9　Power Drive 在南海 XJ24 - 3 - A18 井的组合图

（7）日本 JNOC 提出的 RCDOS 系统。

该系统靠控制旋转轴的弯曲程度和弯曲方向来改变钻头上的导向力(图10)。2000 年，Sperry - Sun 和 JNOC 合作开发了 Geo - Piolt(图11)。

旋转导向钻井技术在国际上处于热门研究状态。国内与国外相比差距较大，实用中的导向钻井技术基本上仍处于滑动导向钻井和地面控制导向钻井阶段，而旋转导向井下闭环钻井技术仍处于初步研究阶段。

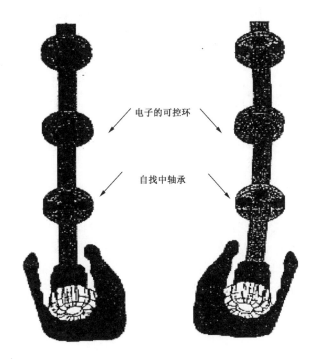

图 10　RCDOS 系统的弯曲原理图

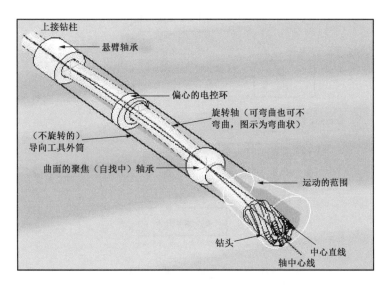

图 11　Geo – PilotTM 旋转导向原理示意图

　　1991 年,CNPC 开始"九五"立项时,西安石油学院组织力量进行了"井眼轨迹制导技术"的立项调研。1994 年,西安石油学院开展了以井下旋转自动导向钻井系统 RCLD 的研究;并进行了国家自然科学基金项目研究井身轨迹控制技术、钻井智能信息与模拟技术以及随钻地震技术(SWD)等。胜利油田于 1989 年应用丛式井钻井技术在河 50 井组实现了一个井场井数最多的丛式井,获国家科技进步一等奖。

　　胜利油田共钻成水平井 210 多口,占同期全国水平井总数的 2/3,在导向钻井技术方面居于全国领先位置。1996 年,胜利油田研究了可控变径稳定器,1999 年开始进行旋转自动导向钻井系统的调研、论证和初步研究方案设计工作。胜利油田于1999年引进了地层评价随钻测量系统(FEWD),并于1999年进入卡塔尔国际市场。CNPC 在"九五"组织了可控变径稳定器的研究。2000年,中国工程院和中国石油天然气总公司共同组织了"胜利油田院士专家行"活动,我有幸参加该活动并向胜利油田介绍了我们研究的旋转导向钻井技术工作进展情况及有关建议,受到胜利油田和中国石化总公司的重视与欢迎,在此基础上于21世纪初国家制定863项目时,我们和中国石油、中国石化、中国海油立项研究旋转导向钻井技术,西安石油学院参加了这些研究项目并于2002年初建立了我国第一个导向钻井研究所。

1.3 导向钻井的发展方向

现代导向钻井技术应包括几何导向与地质导向,最终实现旋转自动导向闭环钻井技术。

根据 R. L. Monti 的定义,要实现闭环钻井作业的全过程,必须完成以下6项工作:(1)地面测量,主要包括泥浆录井,钻井参数的地面测量;(2)井下随钻测量,目前主要采用 MWD 和 LWD 等井下测量工具;(3)数据采集,同时包括地面计算;(4)数据的整体综合解释,主要包括把测量数据解释成有用的参数以指导作业,同时用"人工智能"把全世界范围内的专家经验应用于井场;(5)地面操作控制自动化,把人从钻井作业过程中解放出来;(6)井下操作自动控制,主要是利用"智能"型井下工具和自动的井底钻具组合进行控制。以上6个过程相互关联,互相影响(图12)。

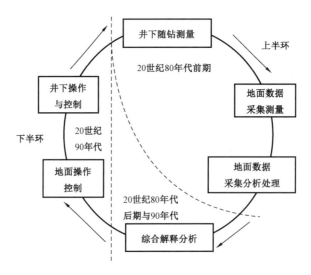

图 12 优化钻井闭环控制图

闭环钻井的发展分4个阶段:

(1)井下开环钻井阶段。指井下操作全部由人来完成,那时还没有 MWD 等随钻测量工具,只有一般的井下测量工具。

(2)井下半闭环钻井阶段。有井下随钻测量工具(如 MWD),有地面可控的井下工具(包括可变径稳定器、可调弯接头、可变弯角井下动力钻具、可伸缩偏心垫块等)。测量数据向地面传输,经过计算机处理及地面模拟,通过传输通道向井下传送操作指令,对井下操作进行控制。与井下开环系统相比,测量精度高、实时性强、信息量大。

(3)井下闭环阶段。指井身轨迹控制完全可以离开人的干预(特殊需要时例外),几何导向与地质导向结合。井下信息测量、传输、处理以及控制指令的产生和执行完全自动进行。

(4)全闭环钻井阶段。这是钻井技术发展的最高阶段。井下采用智能化钻井系统,地面监控和操作采用规范的自动化系统,地面中心控制计算机控制整个钻井作业系统,井下智能钻井系统则带有独立的井下微电脑。此时,作业人员就可全部或大部分从作业环节中解放出来,从而实现全闭环钻井及整体优化。

旋转自动导向闭环钻井技术是当今世界多国大公司竞争发展的一项尖端自动化钻井新技术,它代表当今世界钻井技术发展最高水平之一,该技术将使世界钻井技术出现质的飞跃。

目前,国际多家立项研究的主要技术指标大致是:温度 125℃,抗震 $5/g \sim 15/g$,最大抗液压 100MPa,最大钻压承受能量 300kN,造斜能力($3° \sim 10°$)/30m(精度:正负 0.5°)寿命大于 80h。

国内许多油田在 20 世纪 80 年代后期相继进入了开发后期,油藏开发形势和国外石油公司的竞争压力等因素迫使国内钻井技术必须尽快向自动化方向发展。国内石油钻井行业如不采用措施及时追赶,将使已经存在的国内和国外在钻井技术方面的差距更进一步加大。中国加入世贸组织和全球化战略不断发展的形势,我们面临的挑战是非常严峻的——没有先进的技术实力,我们不仅没有进入国际市场的能力,国内市场也将逐渐被国外石油公司占领。

为此,胜利油田和西安石油学院共同开发旋转自动导向闭环钻井系统,代号 MRSS。它能按预置井身轨迹通过几何导向精确的入窗中靶,还能根据 LWD,FEWD 和 SWD 等实时信息,随钻在井下修正地质及油藏模型实时核定油层靶位,使几何导向与地质导向相结合,实时控制井身在快速钻井过程中动态地以最优井身轨迹自动软着陆于油层中。它的研制成功,将能大大提高应用复杂结构井和特殊工艺井勘探开发复杂油气藏和海油陆采的能力,实现用钻井手段提高油井产量和油田采收率的目的,取得可观的经济效益。

2 旋转导向钻井

旋转导向钻井理论应用与发展现代旋转导向技术应从理论上加深研究下述问题:

(1)用旋转导向偏差矢量控制理论处理及调控已钻井身与待钻井身之间的矢量偏差,即偏差矢量法控制井身轨迹;

(2)用旋转导向智能控制理论来解决不确定性同素及大滞后待征和超调等复杂性问题;

(3)用导向力合力控制理论及钻柱(BHA)组合动力学理论、模型及其求解方法来解决有关导向钻进中的力学问题;

(4)用地面向井下发送下行控制指令的原理和方法来设计和运用控制指令,使旋转导向工具按指令实时准确地动作;

(5)用自主制导理论和智能化方法来研究并设计和应用自主式旋转导向钻井系统。

2.1 旋转导向工具原理与类型

旋转导向工具可分推靠式(Push – the – Bit)和指向式(Point – the – Bit)两类(表 2 和表 3,图 13)。

表 2　各公司拥有旋转导向工具情况

推靠式(Push – the – Bit)	指向式(Point – the – Bit)
Schlumberger 公司的 PowerDrive——调制式全旋转导向工具	Sperry – Sun & JNOC 公司合作研制
Baker Hughes Inteq 公司的 Autotrak RCLS——带不旋转套筒的变径稳定器	Geo – Pilot——指向式旋转导向工具

表 3　两类旋转导向工具优缺点对比

工具类型	Push – the – Bit	Point – the – Bit
作用原理	力	位移
工作方式	导向工具对井壁无(或有)静止点	由柔性可弯曲轴来控制钻头,井眼可能较光滑
效果	造斜率大、侧向力大;减少岩屑床、可不产生螺旋井眼	因弯曲轴的弯曲度受限,造斜能量受限
难点	稳定平台	弯曲轴
偏置机构	调制式	静止式
传感器	静止式、也有捷联式	多为静止式
现场应用	Power Drive 近 10×10^4 m AutoTrak 已累计进尺 16×10^4 m 井下使用可靠性好	正处于研究阶段,还没有进行商业化 技术服务,有一定风险

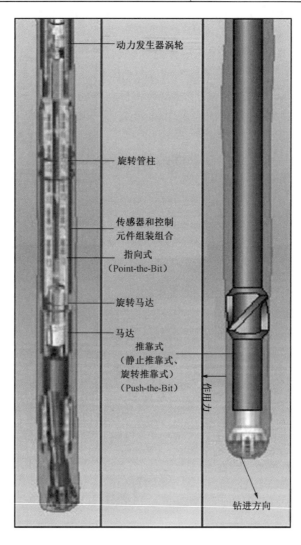

图 13　两类旋转导向系统的原理示意图

　　Push – the – Bit 与 Point – the – Bit 两种原理,谁更具有发展前途,现在还看不出来(有待实践和时间),可能在一段时间内各自有各自优点和应用条件和市场需求。

2.2 旋转导向钻井系统

2.2.1 有代表性的旋转导向钻井工具

（1）Baker Hughes Inteq 公司的 AutoTrack；

（2）Schlumberger 公司的 Power Drive 和 Power Drive Xtra；

（3）Sperry – Sun 和 JNOC 合作开发的 Geo – Piolt。

图 14 所示为 Power Drive 675 的主要部件图。

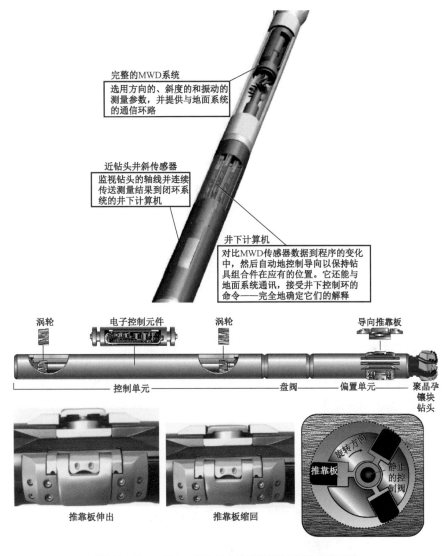

图 14　Power Drive 675 的主要部件图（先进的 D 型）

2.2.2 旋转导向钻井的 5 大系统

（1）井下旋转导向工具系统；

（2）地质参数和井斜参数的随钻测量系统；

（3）地面与井下双向通信系统；

（4）地面监控系统；

（5）数据库与软件系统。

3　几何导向技术

对（二维）三维井眼轨迹的空间几何位置与形状进行导向与控制并能达到控制精度要求目标。

（1）几何导向技术的先进系统。

① 带电脑及井下电源的调制式旋转导向工具；

② 井眼轨迹参数（井斜角、方位角及工具面装置角）随钻测量仪表（主要指加速度计、磁通门器、陀螺测斜仪）系统；

③ 地面与井下信息流双向通信系统及指令编译系统；

④ 实钻井身几何轨迹地面监控及可视化系统；

⑤ 几何导向智能化系列应用软件。

（2）预置井身轨迹设计方法及其应用软件。

（3）待钻井段的井身轨迹随钻实时调整预置井身轨迹的设计方法及应用软件。

4　地质导向技术

4.1　意义

地质导向技术（GST）这个术语从1989年开始使用，是一门新技术。地质导向是高科技技术，而"地质家导向"是落后的经验性方法。我国在这方面的差距太大且认识不足。

4.1.1　地层评估测量

地质导向是在钻进时使用某一种地层评估测量（或随钻测井）技术并与采集所钻井眼几何轨迹的信息相结合，从而对井下钻具进行导向（图15）。主要目的是保证有一个最合适的进入油藏的角度，而且穿越油藏时能够使导向钻具准确地着陆于油藏（窗口、靶点及井眼允许圆柱体）位置，使被迫的（早期）纠斜或侧钻以及潜在的储层伤害降低到最小程度（图16）。

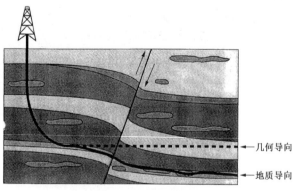

一个水平的采油井是一个精确方位的井眼。
几何导向数据与地质导向数据的结合是实现
成功钻好井眼所需要的

图15　几何导向与地质导向的关系及其结合

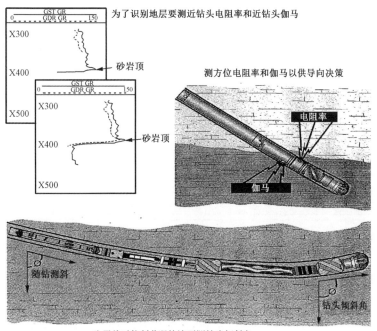

图 16　地质导向工具效益

4.1.2　信息集成与解释

某公司认为:地质导向是地质信息、实时的 MWD/LWD 响应和解释技术的结合,用以对井眼不仅进行几何导向,而且也进行地质导向,使所钻井眼有经济效益和便于修井增产作业。由于钻井地质条件的复杂性与不确定性,在钻进时需要实时地做出增斜、降斜、稳斜、钻进还是停钻等决定。

图 17 是地质导向的一个案例,通过随钻测量井斜与伽马、电阻率等,可以识别钻进中的地层岩性及井眼轨迹变化。图 18 是地质导向各参数在屏幕上的显示。这个显示值是随时变化的;图 18 主要说明地质导向的参数测量可在屏幕上动态显示。

4.1.3　钻井的眼睛

地质导向钻井是使钻井家具有地质眼睛(GST is the geologic - eye of drilling),能捕捉、命中可能变化的点移动靶(窗口、靶点等),是可靠、高效、经济和优质钻井的重要手段。

4.2　地质导向定义的探讨

GST 是以随钻测量及井底信息遥传遥测系列技术(随钻测斜 MWD、随钻测井 LWD/随钻测前方地层 FEWD、随钻地震 SWD、随钻测压 PWD 等,还有近钻头随钻测量 MNB 技术等)为手段,将随钻实时测量到的信息经过智能实时、闭环处理解释后,实时决策确定钻进过程中遇到的不确定的地质性因素,并能在复杂的地质与工程条件下随钻修正地质(预)模型,实时评价地层及油藏,并与几何导向技术配合以调控井身轨道;使井眼能够被导引进入和延伸在油气藏内,提高油层钻遇率,完成复杂结构井和特殊功能井命中点移动靶的钻井高难任务。

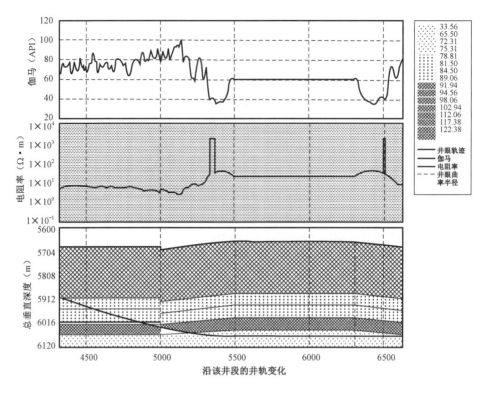

图 17　地质导向案例

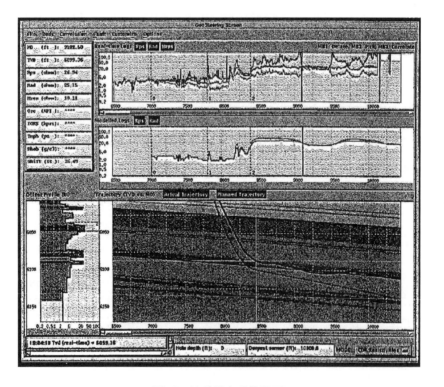

图 18　地质导向系统界面

4.3 随钻测量(MWD)

MWD(Measurement While Drilling)是在钻进过程中对井眼轨迹、钻井参数及地层参数实时地连续测量的装置,是依托钻井液的脉冲信号进行测量的,一般称为无线随钻测斜仪。图19 为 MWD 井下仪器示意图。

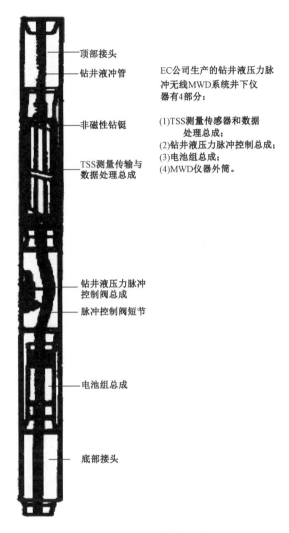

顶部接头
钻井液冲管

非磁性钻铤

TSS测量传输与
数据处理总成

钻井液压力脉冲
控制阀总成
脉冲控制阀短节

电池组总成

底部接头

EC公司生产的钻井液压力脉
冲无线MWD系统井下仪
器有4部分:

(1)TSS测量传感器和数据
　　处理总成;
(2)钻井液压力脉冲控制总成;
(3)电池组总成;
(4)MWD仪器外筒。

图 19　MWD 井下仪器示意图

4.3.1　MWD 的组成与功能

(1)井下仪器:外筒是一根特制的非磁性钻铤,内装各种传感器、模数转换、计算、数字编码等电子线路和钻井液脉冲发生器及电源等。

(2)地面仪器:包括立管上的压力传感器和由数模转换计算机、显示仪表等组成的二次仪表,它能完成来自井下信息的拾取、放大、处理、数码显示、打印、记录等功能。MWD 地面仪器包括:

① 压力传感器。安装在立管上,利用压电晶体的压电特性对压力脉冲进行检测。当压力加到压电晶体上时,在晶体的两端将产生一个与所加压力的大小成正比的电位差,经放大后通

过电缆传输到地面的 MWD 控制仪器。由于泵压不稳会给压力脉冲讯号的检测带来噪声干扰,改进钻井液泵空气包性能,用三缸泵代替二缸泵以提高仪器的信噪比,增加讯号传输深度。

② MWD 控制仪器。是一综合仪表,能控制 MWD 系统按设定的程序选择欲测的参数。首先,它将压力传感器送来的电讯号进行解码、运算、数模转换、数据处理,最后将各项参数通过显示屏进行显示、记录仪记录各项参数曲线、指示器指示参数。

4.3.2　测量参数范围

一般来说它能测量以下 4 种类型的参数:

(1)定向井参数(井斜、方位、工具面);

(2)钻井参数(井底钻压、钻头扭矩、钻柱转数、井下温度和钻头磨损程度);

(3)地层评价参数(自然伽马、地层电阻率、地层倾角、孔隙度、渗透率、密度、中子等);

(4)钻井安全参数(地层压力、钻井液流量、硫化氢含量)。

4.3.3　案例

图 20 为使用 MWD 地质信息变量,引导钻头在目标层——储油层钻进的例子。在该例中只有两个地质导引变量,一是测定地层含泥量的自然伽马,另一是视电阻率。自然伽马的延迟距离为 15m,视电阻率的延迟距离为 18m。

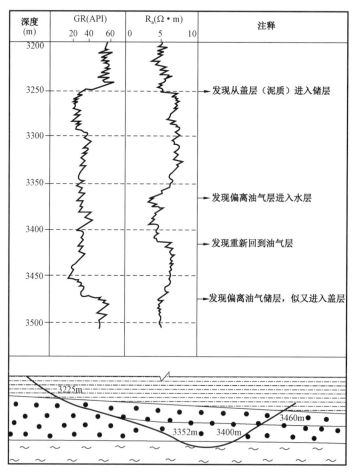

图 20　油层钻进时使用 MWD 的例子

在3250m发现井身从盖层进入油层(实际为3225m),在3352m处发现井身偏离油层进入水层,经控制井身后在3400m重新回到油层,在3460m又进入盖层(图20)。

4.3.4 MWD存在的4大问题

(1)使用范围有限:当钻井循环流体为气体或气液两相流体时,MWD不能传输信息。

(2)信息传输能力有限:国内最高水平能达到3~5bit/s,国外最高水平能达到12bit/s,不能同时满足几何导向、地质导向、旋转导向和闭环钻井多信息传输的要求。

(3)信息传输时间滞后:浅井中滞后数秒,深井中滞后可达1min多甚至更慢。当较多传输参数时不得不采用分时传输的办法,滞后将更加严重。

(4)信息下传尚有困难:闭环钻井的随钻测控作业,要求井下与地面双向传输,而目前上传通道主要是应用MWD。国外的下传无线脉冲通道不如MWD上传通道技术成熟,正在攻关中;而国内则尚未解决信息下传技术。

4.4 随钻测井(LWD)

LWD(Logging While Drilling)需联合用MWD—LWD,是随钻测井而不是钻后电缆测井。新的LWD成熟技术已能代替(部分取消)电缆测井,大大节约了成本和提高了测井效率。图21是三联与四联的LWD。图22至图36是有关LWD的图解和图例。

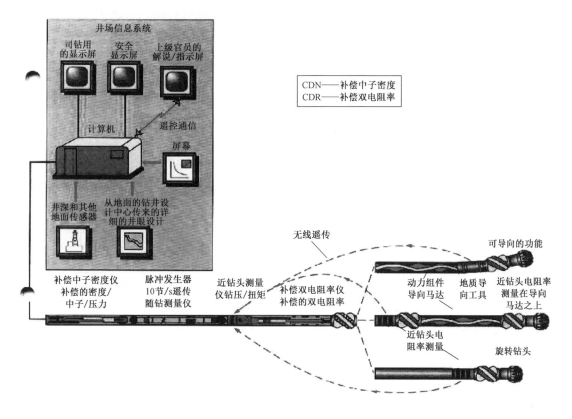

图21 综合钻井评价与测井的Ideal(Integrated Drilling Evaluation and Logging)系统

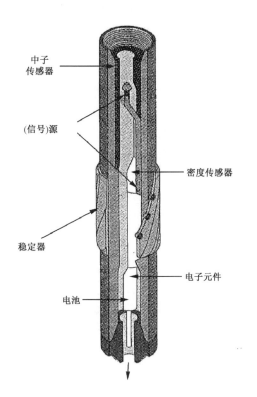

中子传感器

(信号)源

密度传感器

稳定器

电子元件

电池

图22　补偿中子密度(CDN)测量仪

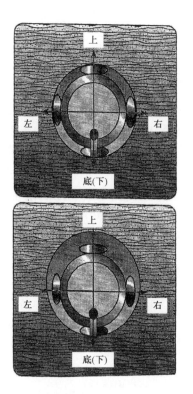

上

左　　　　右

底(下)

上

左　　　　右

底(下)

图23　补偿中子密度(CDN)工具位置

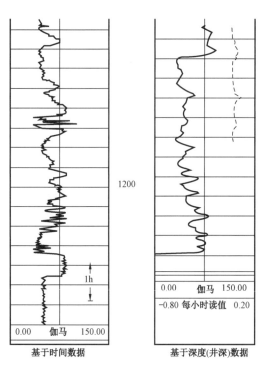

1200

1h

0.00　伽马　150.00

基于时间数据

0.00　伽马　150.00

-0.80　每小时读值　0.20

基于深度(井深)数据

图24　时间与深度转换图一

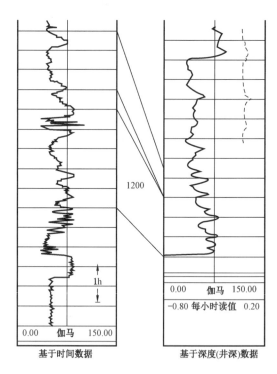

1200

1h

0.00　伽马　150.00

基于时间数据

0.00　伽马　150.00

-0.80　每小时读值　0.20

基于深度(井深)数据

图25　时间与深度转换图二

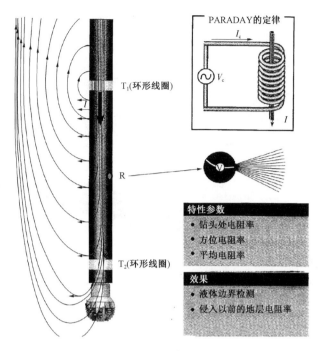

图26　电阻率测量

图27(a)所示为底部钻柱中使用了地质导向工具和旋转导向工具可随钻导向的钻柱下部结构。图17(b)所示常规旋转导向钻井时,在钻头上有近钻头电阻率仪。图27(a)(b)中近钻头测值用电磁波短距离传送到上部的 MWD,再由 MWD 传送到地面计算机中。图27(c)所示为常规螺杆钻具的钻柱下部结构。3 个图对比,图27(a)所示组合最先进、最好。

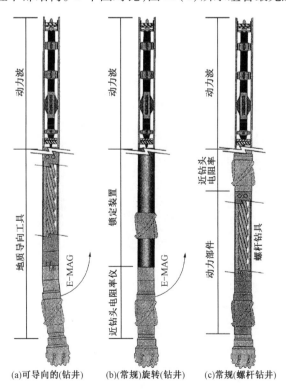

(a)可导向的(钻井)　　　(b)(常规)旋转(钻井)　　　(c)常规(螺杆钻井)

图27　地质导向工具组合案例

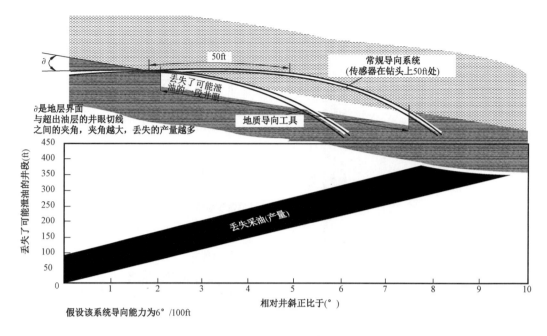

图28　GST功用和效益

从一口最近钻的北海油田水平井得到的实时录井曲线说明,使用"在钻头处测量技术"识别砂岩地层顶面的效果;这比"在钻头上一段距离处"的效果好得多(图29至图30)。

(1)用地质导向工具/伽马识别标准层。

(2)补偿双电阻率(CDR)数据滞后于地质导向工具测量数据之后45ft。在钻速为40ft/h的情况下,时间延迟(延时)约1h。

(3)用邻井和导眼开始时的资料尽快地进行校正。

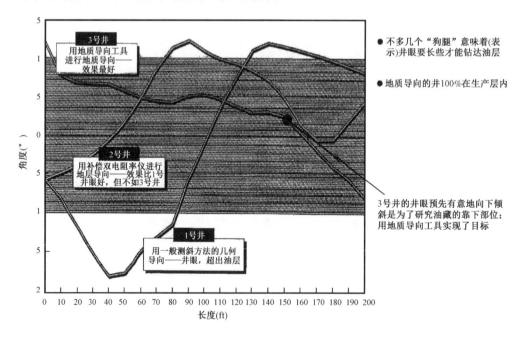

图29　北海地质导向例子1

(用1号井、2号井和3号井对比说明地质导向效果好)

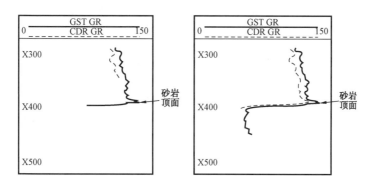

图 30　北海地质导向例子 2

（说明地质导向技术把测点下移,传感器放在钻头上,消除了"延时"问题所以效果好,能及时识别地层界面和标准层）

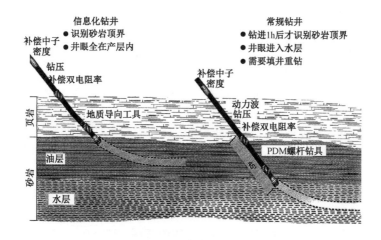

图 31　北海地质导向例子 3

（常规钻井的缺点导致填井重钻;信息化钻井使用了地质导向工具,使井眼全在生产层内）

将 MWD 和 γ 组装成一个系统(图 32)。

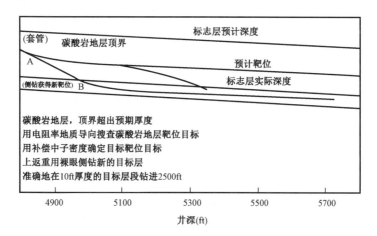

图 32　利用地质导向工具(MWD + γ)系统定位

γ可提供下列用途:地质对比、地质鉴别(如砂/泥岩及其分界面)、套管坐封点、取心位置和油藏鉴别。

大庆石油管理局在树平1井租用了美国哈里伯顿地质数据公司的MWD定向—伽马工具,并依据该工具提高的实时测量数据顺利地完成了162m长的第二造斜段和309.99m长的水平段钻进。

图33是用"MWD—伽马"进行定向和导向钻井。图34是聚焦伽马地质导向仪的结构示意图。图35是用伽马参数随钻测井获得的理论(理想)水平井示意图。图36是一口井的伽马实测曲线的一部分。

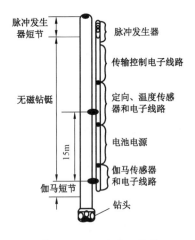

图33 MWD定向—伽马

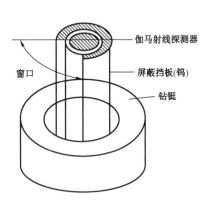

图34 聚焦伽马探测器示意图

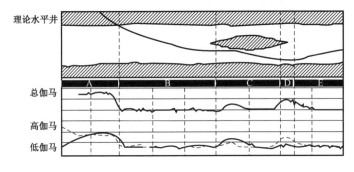

图35 理论水平井曲线

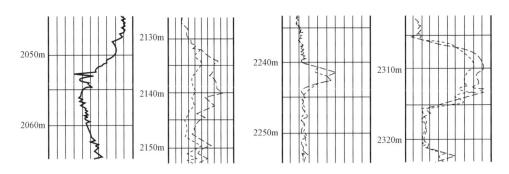

图36 某井的伽马实测曲线的一部分曲线图

随钻测井的主要优点是：随钻指示所钻地层岩性以能快速钻进和有效控制井身轨迹；依靠方位电阻率测量可以及时了解与检测非均质性地层；减小井眼狗腿角从而增大水平井延伸长度，减少复杂性，减小钻具磨损；能测出近钻头的电阻、伽马和井斜；能早期确定取心井段与套管鞋位置；在水平井钻进能保证钻头不离开储层，能有效在薄油层钻进并使井眼在油藏泄油范围内等等。

目前的攻关动态：国外正在研究能预测钻头前方地层的 LWD，称为 FEWD。

4.5 随钻地震 SWD（Seismic While Drilling）

随钻地震 SWD 是地震勘探技术和钻井的结合，是用钻头产生的自然振动作为井下震源，也称反向 VSP（逆 VSP），即检波器布置于地面，而震源则在井中激发（图 37 和图 38）。旋转钻头冲击井底岩石产生振动，形成钻头波场。图 39 为随钻地震资料处理流程。

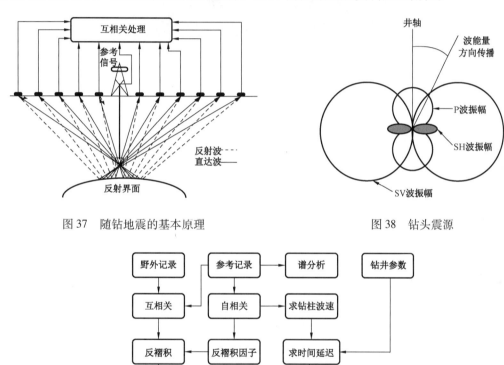

图 37　随钻地震的基本原理　　　　　图 38　钻头震源

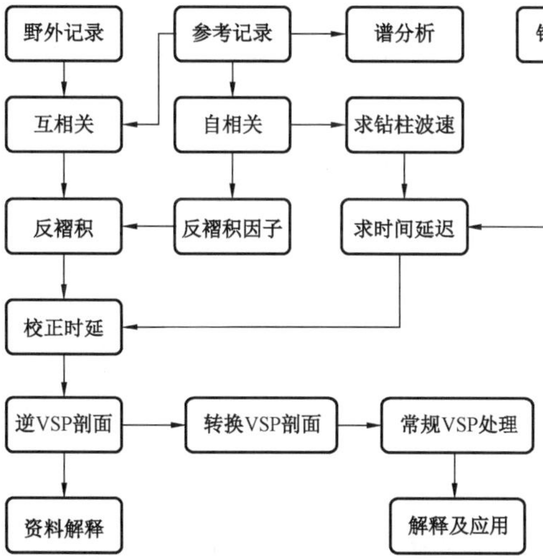

图 39　随钻地震资料处理流程

钻杆顶端的参考传感器，接收向上传播的振动波，简称参考信号。

将钻杆顶端的参考信号与地面检波器接收到的信号互相关处理，可计算各种波的旅行时间。从而得到波在不同地层的传播速度、钻头位置，获得井身几何参数。

预测钻头前方地质模型、岩层及目的层深度、界面,裂缝的位置、方向(图40)。

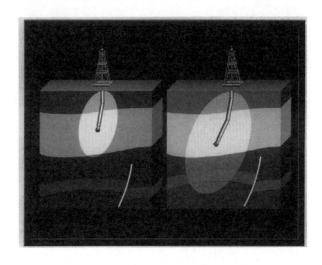

图40 预测钻头前方地层信息原理图

4.5.1 互相关处理

互相关技术是一门边缘学科,以信息论和随机过程理论作为基础。将参考信号与地面每个检波器记录的信号作互相关,使得连续的钻头信号压缩成脉冲信号,每个尖脉冲代表着一种特殊地震波(直达波、反射波、干扰波)。从脉冲对应的时间可测出钻头信号经不同路径到达各接收器所需的旅行时间。互相关过程加强钻头信号的能量,特别对来自钻头下方的反射信号作用更明显。

4.5.2 反褶积

为了有效地检测和记录钻头信号,需在钻杆顶端设置参考检测器,但该检测器接收的信号存在钻柱谐振效应或路径传播效应,致使频谱畸变和存在高速多次波干扰;为消除钻柱谐振效应,可假设钻头信号为白噪信号,且钻柱脉冲响应为最小相位,由参考信号自相关的单边倒数作为反褶积因子,对互相关输出进行反褶积,即可消除互相关输出中参考信号的高速多次波和频谱畸变。

4.5.3 利用随钻地震可实现的功能

(1)随钻研究实钻井眼附近的地质构造细节,提高油藏描述的质量,修改和完善地质预测模型。

(2)实时识别正钻与待钻地层成像,实时预测钻头前方的地质,便于早期和及时有预见地调控井身轨迹。

(3)随钻精确选择套管下入深度和取心深度等。

(4)实时得到时深关系数据,实时确定所钻深度下钻头在地震剖面上的精确位置。

(5)实时显示井深、钻头位置、井斜角和方位角及实钻井身轨迹。

(6)实现实时地质导向,提高中靶精度。

(7)对声波测井资料进行校正,实时识别油气水超压地层或异常压力带。

随钻地震获取的信息是油藏未被伤害的原始参数。二维剖面上钻头位置的确定如图41所示。

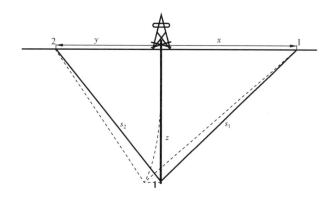

图41 二维剖面上钻头位置的确定

4.5.4 江汉油田的随钻地震现场试验

1996年在江汉油田做了浅井（50m）和深井（范3井，井深2243～2265m）的随钻地震（SWD）试验，在范3井共采集了3个方向258张记录（图42至图46）。

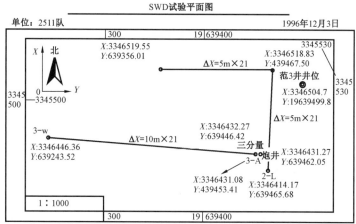

(a)在SWD试验平面图中，范-3井西边布置三条测线，其中东西两条测线1-w和3-w，
南北一条测线2-L（图中数据X和Y是坐标值）

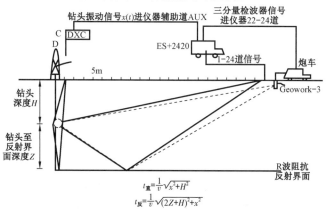

(b)在SWD试验剖面图中，钻柱顶部安装"DXC—动态信号测试仪"的传感器接收的钻头信号
作为参考信号。地面观测系统为24道排列，道间距分为5m和10m。22-24道为三分量检波器

图42 随钻地震（SWD）野外施工示意图

$t_{\text{直}}$—直达波到达时间，s；$t_{\text{反}}$—返射波到达时间，s；v—地震波在地层中传播速度，m/s；

H—钻头深度，m；Z—钻头至反射界面深度，m；X—井口到检波器间的距离，m

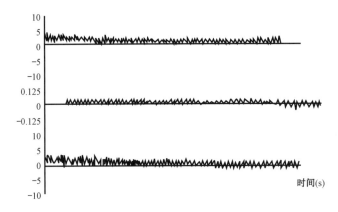

时间(s)

图43　钻头的震动曲线

钻井过程中,不同时间"DXC—动态信号测试仪"的传感器接收的钻头振动信号。图中复杂的曲线,
在试验时采集的这样信号曲线有几百米长,图中只是很小一段,作为"样件"示意

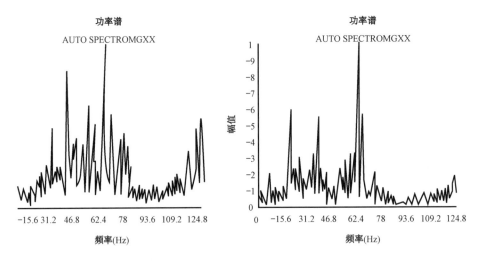

图44　"DXC—动态信号测试仪自动"接收钻头振动信号的功率谱

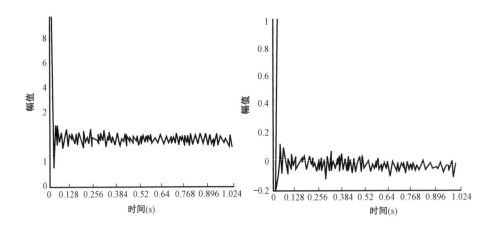

图45　"DXC—动态信号测试仪"接收钻头振动信号的自相关函数曲线

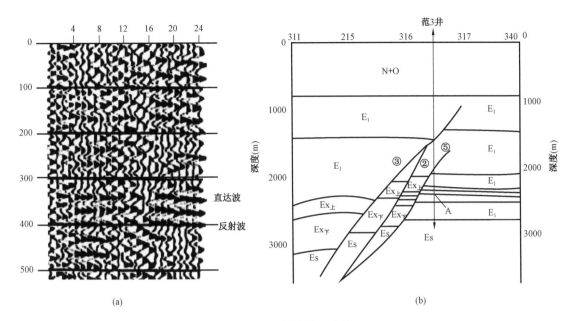

图 46　范 3 井随钻地震剖面

（a）原始地震记录经过随钻地震资料处理得到的地震时间剖面，图中直达波和反射波清晰，说明数据
采集与资料处理的效果好。在范 3 井试验的资料只取部分作为"样件"示意。

（b）纵坐标是深度，横坐标是时间。经过时深转换（由物探专业人员进行时间与深度两个参数的转换），
预测钻头前方反射界面，见地质剖面 A 点（图中其他英文字母是地层代号）

4.7　地震导向综合技术

（1）案例一（《Offshore》March,2001,P.54.55.114）。

挪威 Norsk Hydro's Vigdis 油田应用 GST 系统获得成功。

该系统包括：

① 四联 LWD（ρ；Bulk density/中子孔隙度；声波；γ）；

② Bi – Model Acoustic Tool（BAT），双模式声波测量仪；

③ At – Bit Inclination（ABI），近钻头测斜仪；

④ PWD 随钻井下压力测量。

整个钻井过程综合使用以下 3 项技术：

① 实时 GST（LWD,BAT,ABI,PWD）；

② 旋转导向工具及技术；

③ 特制 PDC 钻头（长规径,筒柱形结构），一只钻头进尺 1218 米,而磨损只 10%。

这套技术在全球应用 20 多口井,均获成功。

（2）案例二（《Offshore》April,2001. P64～66）

1996—1997 年,北海 ROSS 油田 9 口水平井应用地质导向的同时,还使用了重矿物分析法
（HMA – Heavy Mineral Analysis）。因为砂岩中普遍有重矿物并经常用于油藏对比和校核。在
井场对岩屑中的重矿物残余物进行光学镜下微观分析,从地面采集岩屑到分析出结果,约
需 2h。

该油田钻速较低（10～20ft/h）,而 LWD（γ）的位置距钻头较远（约 54ft）。若钻速为
15ft/h,HMA 能较 γ 测井大约提前 2h 给出地层变化的信息,这也考虑了岩屑迟到时间和 HMA

分析时间。

启示：

① LWD 也不是完全实时随钻；

② LWD 的测量仪(γ等)应尽量靠近钻头才行；

③ GST 是一项综合集成技术,包括 LWD 等新技术和岩屑录井、钻速录井及综合录井仪等。

（3）案例三（《Offshore》Dec,2001. P50）。

Shell 公司和 Read Well Services Ltd 应用柔管（CT）及 SWD 等 GST 技术,在北海油田获得了降低成本和最优井眼轨迹的良好效果。

考虑到钻井完井学科读者对随钻地震不熟悉,特请物探博士韩继勇教授为本论文撰写了关于随钻地震技术基本知识,见"5 随钻地震数据采集方法及在胜利油田和塔里木油田的野外采集实例"。

5 随钻地震数据采集方法及在胜利油田、塔里木油田的野外采集实例❶

随钻地震是地震技术与钻井工程相结合的复合技术。为了钻井完井工程人员阅读与掌握这项技术,专门写了这段"附文"。随钻地震的基本原理是在钻进过程中,旋转钻头冲击井底岩石产生振动,形成钻头波场。钻头震源波的部分能量沿着钻杆自下而上传播。在本井的钻杆顶端安装的传感器,接收由钻头向上传播的振动波,简称参考信号。同时,钻头震源波的其余能量向地层中传播,以直达波和反射波的形式传播到地面。布置在地面的检波器接收到来自地层的各种地震波,如直达波、反射波和多种干扰波。经过相关处理就可以得到本井随钻地震结果。如图 47 所示。顺便说明,如果将检波器布设在附近的井眼里,就可以实现井间地震技术。

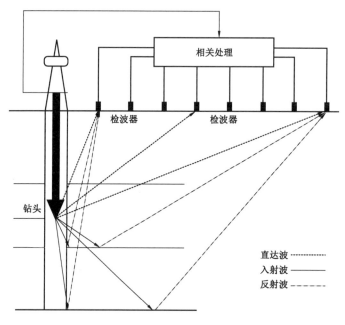

图 47　随钻地震的野外采集原理图

❶ 特约物探博士韩继勇教授为说明本文而撰写。

将钻杆顶端的参考信号与地面检波器接收到的信号进行互相关处理,可计算直达波、反射波等的旅行时间。得到波在各种不同地层的传播速度、钻头位置,从而获得井身几何参数,预测钻头前方岩层及目的层深度、地层岩性及地层界面,裂缝的位置、方向等。这正是随钻地需技术的特有功能,其他技术都得不到钻头前方未钻地层的信息。

必须指出,在随钻地震的记录期间,钻头是不断前进的。由于钻井的进尺与地层传播速度相比小得多,可以忽略不计,所以我们认为记录期间的钻头深度不变。也就是说,随钻记录、实时处理的随钻地震数据可以反映当时钻头所处的位置,以及振动状况等。随着钻头沿井轴不断前进,利用随钻地震技术:第一,就可将实钻井身轨迹中每一点的动态情况及时搞清楚;第二,随时了解钻头前方的地层信息。

5.1 采集方法

随钻地震数据采集系统主要由参考信号传感器、地面测线和数据采集控制单元三部分组成。在测量开始之前必须先进行参数试验,针对不同的钻井条件及井周围的地震、地质情况,确定野外观测系统参数,在采集软件中设置采集参数,并记录井场提供的其他钻井参数,如钻机钻速、钻杆长度等。数据采集过程由采集控制单元自动控制进行。

5.1.1 参考信号传感器及其安放位置

参考信号传感器参数的选择及其在钻井架上的安装位置(图48),对于记录高质量的参考信号起着关键的作用。系统在钻井井架底部和中间支架上安置2个三分量检波器;在泥浆传送管路上安置一个压力表,以便测出液体中声波传播引起的压力变化;在顶部驱动器上安置两对三轴加速度传感器,并确保它们与钻杆之间是紧密接触,使得它们记录的数据能够与轴向、横向以及径向上钻机结构的振动进行对比,并辨认、识别出由于钻头钻压作用于地层而产生的振动。当井内噪声及其影响水平、钻杆应力响应未知时,需采用不同结构特征的监测器来分别记录低振幅和高振幅信号。

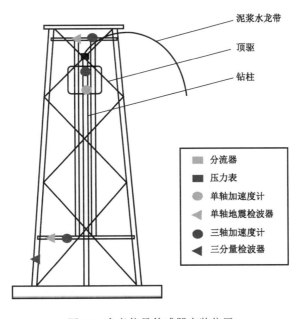

图48　参考信号传感器安装位置

5.1.2 地面测线

在地面布置地震测线是为了记录经地层传播到地面的钻头信号。根据不同的地质任务，可以设计多种不同形式的测线（图49），一般设计多条测线（图59），也可以设计成多道测线和环状测线。对于多条测线的情况，当井中目标深度约为5000米时，则需要排设足够长的测线，以保证目的层中的探测范围足够大。较短的测线可用于评价井周剖面顶部的各向异性情况。尽管多道测线（多达一、二百道）的采集和处理的费用较高，但多道数据处理可以改善分辨率和减小记录的时间长度，并能提供有利于地震成像（尤其对于三维地震目标）的多次覆盖数据。

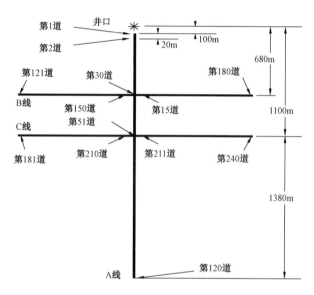

图49　随钻地震观测系统图例

A线、B线和C线表示地面排布的道线，B线和C线
相互平行，A线与B线和C线在一定的位置垂直相交

在测量中有选择性地采用检波点组合尤其重要，它将大大降低野外噪声。井口与该道的距离称为偏移距。中等偏移距处可采用长间距检波器组合（图50），大偏移距处则采用短间距检波器组合。

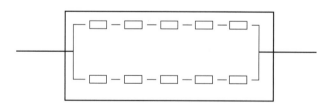

图50　检波器每道内的组合布置（图为5串2并组合）

5.1.3 施工方案的设计

随钻地震野外资料采集的过程在一定程度上将会影响原始资料的质量，也关系到以后的资料处理和解释。因此，精心地设计野外资料采集方法并严格地进行施工，是随钻地震测量能否达到预期目的的首要条件。

由前述钻头噪声辐射模式,P波(纵波)沿钻柱方向辐射,SV波(横波分量)沿垂直钻柱方向辐射。钻头旋转力产生横波SH波。因此对钻直井而言,要接收P波和SH波,在井口附近位置安置检波器接收的辐射能量要比远离井口效果好。如果要接收SV波,在远离井口一定位置接收到的辐射能量要比井口附近接收效果好。但由于井场强干扰噪声的影响,又要求具有一定的井源距接收。因此,实际观测时,视具体情况而定;既要减小井场干扰,又要考虑不能距井口太远。

钻头震源区别于其他物探方法中的人工震源。钻头的冲击力产生纵波(P波),它沿着井轴方向传播,偏离井轴方向能量减小,同时产生横波垂直分量(SV波),它沿着井底平面径向(垂直井轴)传播,偏离井底平面能量减小。钻头的旋转力产生横波水平分量(SH波),它沿着井底平面径向传播,其质点方向与SV波的质点方向垂直。以P波为例,钻头信号是一个随机信号。其强度与钻头接触的地层性质及钻头类型有关。比较坚硬的地层,信号较强;比较松软的地层,钻头振动信号弱。在江汉油田范3井采集到的钻头信号(记录时间长度为8s)的能量相当于750g炸药的激发能量。对一般地层,钻头产生的振动波能量虽然有强弱之别,但振动的能量足以从井底传播到地面被记录下来加以应用。由于钻机与钻杆的存在,还有钻机波、首波、钻杆多次波、钻具组合多次波等次生波。这些次生波有各自的传播路径和传播规律。可以用时距方程来表示,也可用计算机正演模拟它们的时距曲线表示。

随钻地震的采集是在井场周围的地表面上埋置地震检波器,接收来自地下的钻头振动信息。通常,检波器是按一条直线等距布置,进行二维观测;也可按面积布置,进行三维观测。由于随钻地震的采集是在有井壁碰撞、泵、发电机及动力设备、车辆及人为因素等强噪声的背景下进行的,所以要进行干扰波分析。在观测方法中,通过检波器组合和增加接收排列的偏移距来消除地表干扰波(主要是面波)。

5.2 胜利油田野外试验

2005年12月6日至7日,我们在胜利油田进行了第一次野外试验,以钻井作业时钻头产生的振动信号作为震源。钻头为牙轮钻头,直井,钻头位置为2576m。为了减少干扰,观测在晚上进行,噪声主要由本井和邻近井钻探及附近的抽油机和偶尔经过的机动车引起。首次试验分别采用了多道勘探地震仪和高灵敏度流动地震仪,其中多道地震仪采用的是德国SUM-MIT数字地震勘探仪,观测时共使用了60个地震道(图51)。

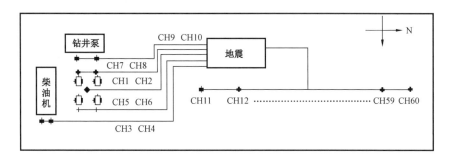

图51　随钻地震野外采集示意图

图中“CH”为检波器代号。其中,CH1和CH2接钻杆顶部的检波器,CH3和CH4接柴油机旁边的检波器,CH5、CH6、CH7和CH8分别与井架四条脚的检波器相联结,CH9和CH10接位于钻井泵旁边的检波器。另外50个地震道(即CH11—CH60)组成一个道间距30m的测线,其最小偏移距为 300m（即 CH11 到钻孔间的距离为 300m），检波器为 2×5 组合（图 51）。观测时采用的仪器采样率为 2ms，记录长度 64s。

　　图 52 给出了 SUMMIT 型多道地震仪的原始观测记录，均为地面测线第 11 道的记录，停钻观测（井场设备仍在工作）和钻进观测，钻进的钻压为 15tf、转速为 100r/min 是进行正常钻进的参数。这两个过程在振幅上相比，看不出有什么差别。我们以停钻观测的记录作为背景噪声，对测线第 11 道、第 30 道和第 50 道记录的这两个过程进行功率谱分析（图 53），可以看出在频率上以钻压 15tf 进行正常钻进时的信号基本上都淹没在强背景噪声中，很难从噪声中将信号提取出来。

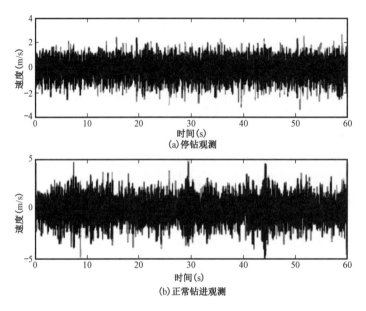

图 52　原始观测记录

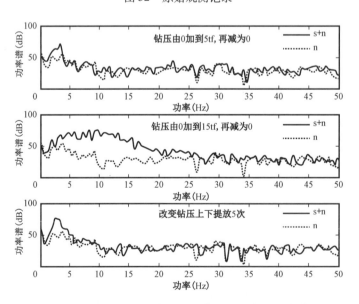

图 53　SUMMIT 地震仪记录的信号和噪声的功率谱

s—有效信号；n—背景噪声；s + n—有效信号 + 背景噪声

同时,采用了两套流动地震仪进行观测,流动地震仪由 REF TEK 数据采集器和 GU RAL P 短周期地震计组成,GU RAL P 地震仪的型号为 CM G240 T,频率范围为 0.5～100Hz,其中一套布置在井场附近,另外一套布置在多道地震仪的地面测线的延长线上,到井口的距离为 2km,观测时仪器的采样率均为 1ms,连续记录。当我们回放流动地震仪的记录时,发现了一些信噪比较强的信号(图54),信号的频带在几赫兹至几十赫兹。

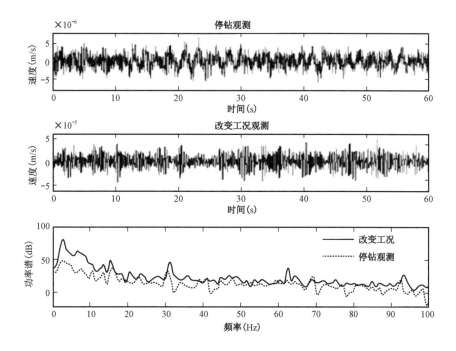

图54　流动地震仪记录的信号和噪声的功率谱

根据录井信息,我们得知该信号对应的时刻正好与改变钻井操作相一致,改变工况观测和停钻观测两个过程在振幅上有明显的变化并且相差一个数量级。我们以停钻观测时的记录作为背景噪声,对这两个过程进行功率谱分析,发现在低频范围内也有较明显的差异。经过分析认为改变钻压时可能对井底产生大能量的冲击,而且在整个钻进过程中还存在一些辅助工况(如划眼等)能产生大能量的信号,高灵敏度数字地震仪可以检测到改变工况时产生的能量较强的信号。

根据首次试验两种仪器的记录对比和反复分析,我们认为:

(1)在钻进过程中,改变工况可能会产生较高能量的信号;

(2)这种较高能量冲击信号的捕捉要求检测仪器具有连续记录的能力和高灵敏度。

在首次试验的基础上,我们进行了第二次随钻地震野外观测试验。

2006年3月10日至11日在东营市河口区,我们进行第二次野外试验,钻头为牙轮钻头,直井,钻头位置为1706 m。由于井场周围没有其他钻探井,噪声相对较小,主要由井场和偶尔经过的机动车引起,观测条件较好。图 55 是观测仪器布置示意图。该次试验采用的仪器为高灵敏度流动地震仪,其中数采为 24 位的 EDAS224 IP 地震数据采集器、地震计为 DS24A 型短周期反馈式地震计,地震计的自振频率为6Hz,经过电子反馈后,成为等效周期为 1 s 的拾震器,频率范围为 1～50 Hz。观测时仪器的采样率为2ms,连续记录。

图 55　野外观测仪器布置示意图

　　本次试验，我们只用了一套流动地震仪，按照图55中的布置示意图对仪器由近到远进行移动观测。图56是仪器在最近的观测点（离井口距离为1.5 km）记录的地震波波形，通过与井场操作记录对比，可以看出各种不同工况产生的信号的能量强弱，在振幅上差异明显，甚至相差一个数量级。以停钻接单根时的观测作为背景噪声，对各工况做功率谱分析（图57），它们在频率上也有变化。根据数据分析可知，利用高灵敏度流动地震仪的确检测到了信号，尤其是当改变钻压由 0 增大到15tf 进行旋转钻进时产生的信号的信噪比较高，信号频带约为2～25 Hz。观测中，干扰信号主要来自井场沿地表传播过来的表面波。为了判别接收信号的来源，我们进行了三分量偏振分析。结合前人的研究和天然地震分析方法，利用 P 波和 S 波的传播特征及三个分量之间的关系，对信噪比较高的一段数据进行了时窗相关分析，得到了每个时窗内的信号传播路径与水平面的夹角，并进行了统计分析（图58）。图中显示了各出射角度的信号情况，可以知道所接收到的信号的确来自地下。

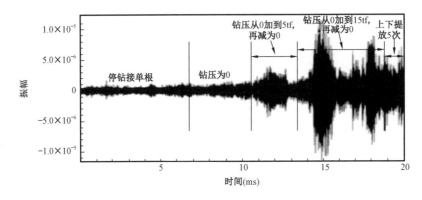

图 56　流动地震仪垂直分量记录的原始波形图

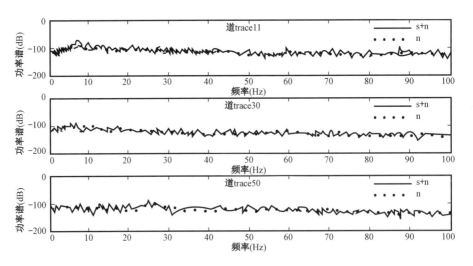

图 57　各工况下垂直分量记录的信号与噪声的功率谱图
s—有效信号；n—背景噪声；s＋n—有效信号＋背景噪声

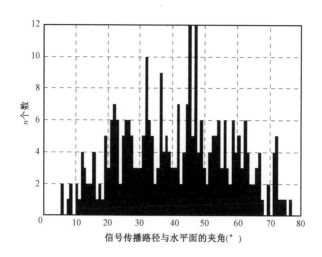

图 58　传播路径与水平面的夹角统计图

5.3　塔里木油田野外试验

根据前期研究的经验,本次采集采用了如图 59 所示地面地震排列方法进行地面观测。

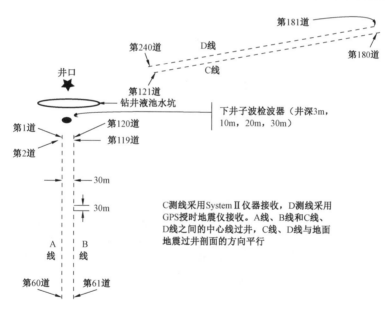

图 59　轮古 47 井随钻地震地面采集排列示意图

其中 A 线和 B 线方向与地面三维地震 INLINE 方向一致,以便与地面地震资料的对比。C 线和 D 线方向与地下奥陶系裂隙最大方向一致,由塔里木油田分公司的三维地震解释人员提供。采用折叠排列的目的:一是为了处理时采用组合的方法提高随钻地震资料的信噪比;二是为了(GPS)授时地震仪器与常规地震仪器的对比(我们使用了两套地震仪器:仪器型号(SYSTEM II)和 GPS 授时地震仪进行仪器对比试验)。其中:

A 线和 B 线:与地面三维地震 INLINE 方向一致,每线 60 道共 120 道,道距 30m,每道

GS－20DX检波器2串,面积组合(图59)(坑埋20cm);

C线和D线:与地下奥陶系裂隙最大方向一致,每线60道共120道,道距30m,每道GS－20DX检波器2串,面积组合(同A线和B线)。

A线、B线和C线采用SYSYEM Ⅱ仪器接收;D线采用GPS授时地震仪器接收。

为了作好上述各项试验工作,在井场附近不同位置安置了多个不同类型的传感器(检波器),目的是不失真地记录钻头信号和井场附近其他各种强干扰噪声。

布置情况如下:

(1)顶部水龙头位置:三分量传感器1只,单分量传感器3只;

(2)钻井泵:钻井泵压力传感器1只;

(3)井口附近:5个GS－20DX井下检波器,井中埋置,深度分别为5m,5m,10m,20m和30m。

图60为先导传感器原始记录频谱分析(上图为振幅谱,下图为相位谱)。

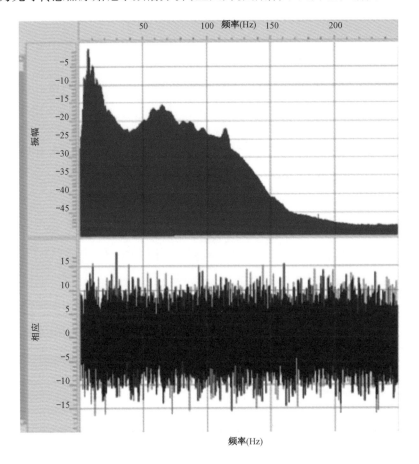

图60　轮古47井随钻地震顶部传感器原始记录的频谱的振幅、相位图

图61为地面排列随钻地震记录的频谱分析。从图61可以看出,原始记录频带可以达到150Hz,明显较地面地震记录频带宽。但由于钻柱的影响,先导传感器原始记录缺失30～40Hz部分的频率成分,井场干扰噪声强,特别是低频部分,存在严重的井场强干扰噪声。

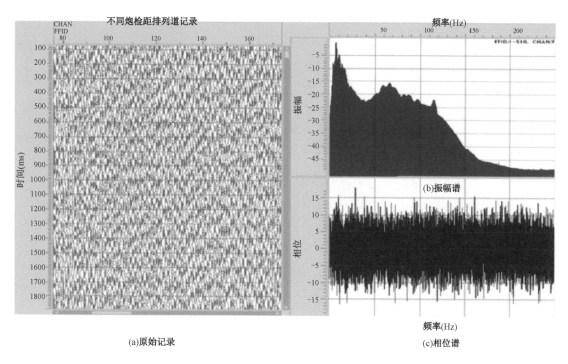

(a)原始记录

(b)振幅谱

(c)相位谱

图61　轮古47井随钻地震排列原始记录频谱分析

　　在现场处理的牙轮钻头钻进时互相关地震记录上,可见到清楚的地震反射(图62),其他地震信息也非常丰富,包括直达波、反射波、多次波和转换波地震信息。经过上述折叠排列组合后,单炮记录的质量有明显的提高。如图63所示,在0.6s之下的地震反射波信噪比得到明显的提高。

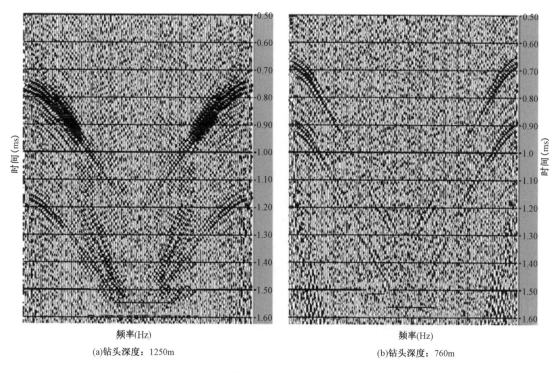

(a)钻头深度:1250m

(b)钻头深度:760m

图62　轮古47井随钻地震现场处理单炮记录(共2炮)

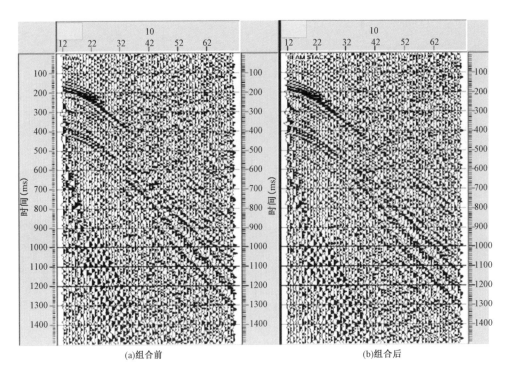

(a)组合前   (b)组合后

图 63　轮古 47 井随钻地震折叠排列组合效果分析

同时,必须指出,PDC 钻头地震记录同国外资料披露的情况差不多,目前还无法达到令人满意的效果,有待于进一步研究。

图 64 为我们在轮古 47 井采集时所得到的 PDC 钻头随钻地震原始记录(钻头深度为4800m,上述 A、B、C 三个排列接收,未作折叠排列叠加处理),尽管如此,我们还是得到了清晰可见的直达波,较国外同类记录质量要好得多。

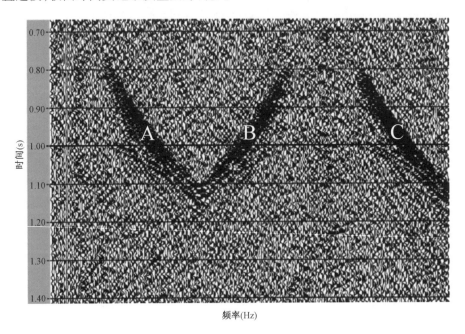

图 64　轮古 47 井随钻地震现场处理单炮记录(PDC 钻头)

5.4 小结

通过理论研究及在胜利油田和塔里木油田随钻地震的应用,其产生的地震波信号经过处理后,可以确定钻头在所钻井井身剖面上当前的位置及岩性;预测钻头前方几十米的地质状况与岩性。

6 闭环自动导向

近期研究随钻信息集成系统及闭环自动导向钻井技术创新工程。(2000 年在"胜利油田院士专家行"活动时,详细介绍了我们所研究的这项创新工程;图 65 和图 66 是创新工程的部分关键内容。)

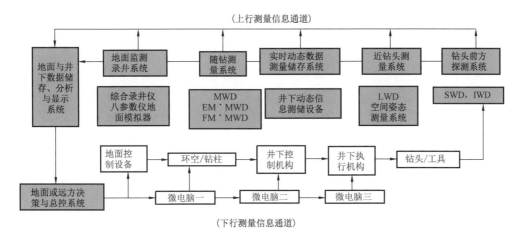

图 65 闭环钻井测量—控制—通信—信息流程图

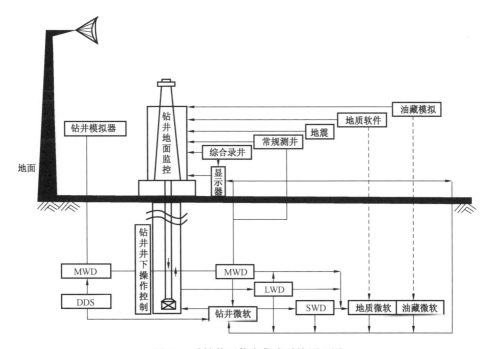

图 66 随钻井下信息集成系统原理图

现代导向钻井技术是人类继实现空间和水域制导技术自动化之后的又一个重要里程碑。为了实现井下控制与地面遥控相结合的闭环自动化钻井,需要研究与开发具有自主知识产权的随钻信息闭环集成系统及随钻闭环自动导向钻井技术创新工程。可以相信创造了古代钻井史的中国钻井业也能在21世纪对人类文明与进步做出新的贡献。

7　结论

(1)本文简介了导向钻井的发展史,从转盘法的经验导向钻井到用螺杆钻具和涡轮钻具的滑动导向钻井法,再发展到旋转导向钻井法。论述了旋转导向钻井法的基本原理和有代表性的典型产品。指出了导向钻井的发展方向。

(2)本文详细论述了滑动导向与旋转导向能够实现几何导向,它必须与地质导向结合应用的理由;详细介绍了目前常用的随钻测量及实时识别技术的主要内容及其功能。

(3)从20世纪80年代起相继研发应用了随钻测量技术并将其誉之为"眼睛"作用;例如"随钻测量是钻井的眼睛""随钻测井是识别地层岩性与地质状况的眼睛""随钻地震是在钻头上安置的眼睛""地质导向是钻井的地质眼睛"等;集成的随钻测量与实时识别技术的功能更为强大。

(4)旋转导向工具与技术是用于几何导向的,它需要应用集成的随钻测量实时识别技术与地质导向技术,从而实时具有导向、控轨、中靶功能和良好效果。

(5)现代导向钻井理论与技术还在继续深入和发展之中。例如,把低传输效率的泥浆脉冲无线传输改变为高传输速率的电磁波等无线传输方法,缩短信息传输时间,解决信息滞后弊端。再例如,试探把航天器遥控控轨—变轨技术用于"入地工程"的导向工作。

(本文是2010年前后在西南石油大学、重庆科技学院以及延长油矿、长庆油田和多个油田的联合培训班的讲课稿。本书又作了补充和整理)

现代导向钻井技术的新进展及发展方向❶

张绍槐

摘　要:总结了导向钻井技术的进展历程,并指出现代导向钻井先进技术正在高速发展,近年又有许多新进展。中国应迎接挑战,加大投入,加速发展。指出了滑动导向钻井和所谓"复合钻进"存在许多弊端。旋转导向钻井时的摩阻与扭阻小、钻速高、钻头进尺多、钻井时效高、钻井周期短、井身轨迹平滑、极限井深可达 15km,每米进尺成本低,是现代导向钻井的发展方向。现代导向钻井的关键技术是旋转导向钻井、几何导向和地质导向钻井。文章强调了地质导向的功能。着重阐述了旋转导向钻井的原理与控制理论,旋转导向钻井系统的 5 大组成部分,旋转导向钻井工具的工作原理、结构类型及其进展现状和发展方向,并对加速发展我国的现代导向钻井技术提出了若干建议。

关键词:导向钻井技术;旋转导向钻井;几何导向钻井;地质导向钻井;随钻测量;发展方向

为现代油气勘探开发而快速发展的复杂结构井是 21 世纪国际石油工业的前沿与关键性技术。现代导向钻井技术正是适应复杂结构井的需要而在近 10 年有了很大进展,被誉为"钻井导弹与制导技术"的旋转导向钻井工具与技术,是一项涉及多学科的高新科技尖端技术。现代导向钻井技术从 20 世纪 90 年代初开始形成,至今已得到不断完善和发展[1,2]。在这方面,我国与国际有 10 多年的差距,建议我国加大这个项目的研究力度,形成有自主知识产权的创新工程[1]。

1　现代导向钻井技术的进展

1.1　转盘钻井经验预测定向钻井法

20 世纪 20 年代末,钻井工作人员开始用转盘钻井的经验预测定向钻井法钻出救灾灭火定向井。钻井者利用地层自然造斜选择地面井位,而主要依靠钻井者的经验和下部钻具组合(BHA)结构及变化钻压和转速参数来预测钻头造斜效果,即每钻进一段之后,经过测斜来决定如何改变 BHA 结构和变更钻压、转速;再钻进一段,再起钻测斜乃至多次凭经验来预测造斜定向效果。

1.2　井底动力钻井经验预测定向钻井法

1873 年就有了第一个涡轮钻具专利。到 20 世纪 40—50 年代,应用涡轮钻具钻出定向斜井。随着磁性单(多)点测斜仪和有线陀螺测斜仪的发展及定向下钻技术的进步,钻定向井水平有了很大提高。但是,由于钻井者能够得到的井身轨迹的信息仍然是钻后的信息,所以称为井底动力钻井经验预测定向钻井法。

---

❶ 国家自然科学基金项目:国家 863 项目,编号 2001AA602013;中石化集团公司重大科技攻关项目,JP1005,部分成果。

1.3　滑动导向钻井法

伴随着井底动力钻具的继续发展,特别是1979年无线随钻泥浆脉冲测量技术(MWD)的成功应用,是钻井技术的一项重大革命。几乎与此同时,苏联在应用电动钻具的基础上也初步成功地实现了有线随钻测量技术。随钻测量系统能够随钻将描述井身几何轨迹的重要参数——井斜角和方位角等信息实时地传送到地面,因而能供钻井人员调控钻头方向。至此,产生并形成了导向钻井这一新概念,并随着导向马达调控导向能力的不断提高发展并形成了滑动导向钻井法。它从1980年以来,一直是导向钻井的主力技术。

但是,滑动导向钻井本身的缺点限制了其功能,主要表现在:

(1)在进行滑动导向钻井时,钻柱不旋转,部分钻柱贴靠井壁,摩阻较大。尤其在大角度斜井或水平井大位移井中,井眼底边有岩屑床存在,既增大了钻柱与井壁的摩阻,又导致井眼净化不良;且导向钻具弯角越大摩阻越大。

(2)钻进时,整个钻柱向下滑动。由于摩阻大而减小了实际施加在钻头上的有效钻压(现场称之为"托压"),并减小了导向马达可用于旋转钻头的有效功率,从而导致钻速较低(与旋转导向钻井法相比钻速可能要大大减小),钻井成本增高。当井深超过临界井深4000m时,就不能滑动或很难均匀连续滑动,甚至无法滑动钻进。虽然,在滑动钻井时可用水力推动器以提高滑动能力,但其作用也是有限的。

(3)在滑动钻井过程中,往往因摩阻与扭阻过大、井眼净化不良、黏滑卡阻严重、钻速过低、成本过高以及由于方位左旋右旋漂移难以控制井身轨迹等原因,而被迫交替使用导向马达和转盘法钻进。这种交替钻进,既增加了起下钻次数、降低了钻井效率,又必然使井眼方位不稳定,井身轨迹不平滑,形成螺旋状井眼,井身质量不好,容易发生卡阻、黏滑和涡动等井下动态故障。

(4)近年来,胜利、长庆和中原等油田兴起了所谓"复合钻进"(即在使用导向马达的同时启动转盘旋转钻柱)的方法。它在提高钻速、降低进尺成本的同时,也在一定程度上导致导向马达严重磨损乃至断脱等恶性事故。其实,"复合钻进"只是由于当前国内尚没有旋转导向钻井技术的一种权宜之计,只能有条件地和有限度地谨慎使用。其必要的限度和条件是:根据力学分析计算,限用于小弯角(1°左右)的导向马达;转盘转速不能高,应限于40~60r/min;主要用于微增斜、稳斜和微降斜井段;连续复合钻进的井段长度不宜过长;限用于井身质量好,井眼净化好和钻柱起下正常的井眼中。须指出的是:理论工作者不要误导"复合钻进"。建议各钻井公司限制钻井队随意使用复合钻进,严格规定导向马达角度和启动转盘的转速。应该指出:当前复合钻进过热的现象正是从一个方面反映了滑动导向钻井不能满足现代导向钻井的要求;同时,也说明现代导向钻井的发展方向不能只限于滑动导向,而是旋转导向钻井。

1.4　旋转导向钻井法

旋转导向钻井法是在用转盘旋转钻柱钻进时,随钻实时完成导向功能,钻进时的摩阻与扭阻小、钻速高、钻头进尺多、钻井时效高、建井周期短、井身轨迹平滑易调控。极限井深可达15km、钻进成本低,是现代导向钻井的发展方向。随着水平井、大位移井和多分支井等复杂结构井和"海油陆采"的迅速发展,从20世纪90年代初国际上就开始研究这项技术,到20世纪90年代中期,已有美、英、德、意、日5个国家8家大公司掌握并垄断了其工程应用和商业化技术服务市场。但这项技术总体上仍处于快速发展之中,国际竞争十分激烈。它的先进性、优越性、方向性足以表明它是当今世界钻井技术的重大革命。我国在该领域起步较晚,近年已开始立项投资研究,但与国际大公司相比差距很大,这一关键技术在近期若干年内仍将由国外大公司垄断。我国必须迎接挑战,加大投入力度,加速发展。

2 现代导向钻井技术的发展方向

2.1 继续深化旋转导向钻井控制理论

发展现代导向钻井技术应从以下几方面入手:

(1)用旋转导向矢量控制理论调控已钻井身与待钻井身之间的偏差矢量;

(2)用旋转导向智能控制理论来解决不确定性因素、大滞后特征和超调等复杂性问题;

(3)用地面向井下发送下行控制指令的原理来设计控制指令,使旋转导向工具按指令动作;

(4)用自主制导理论来设计自主式旋转导向钻井系统;

(5)研究旋转导向钻井时的钻柱力学理论、模型及其求解方法;特别是在复杂条件下,钻柱动力学模型的研究是一个国际性的新课题。

2.2 开发新的旋转导向钻井工具

20 世纪 90 年代,在发展以侧向力推靠钻头——简称"推靠钻头"原理的旋转导向工具的同时(图 1)[2],有的公司最近又提出了定向给钻头以角位移简称"定向钻头"或"指向钻头"原理的旋转导向工具(图 2)[2,3]。这两类原理的旋转导向工具已有多种,"推靠钻头"导向原理的典型产品有 Schlumberger 公司于 1998 年研制的 Power Drive[2,4]调制式全旋转导向工具,其造斜率大且伸缩巴掌与井壁动态接触[5],Power Drive 首次用于 10000m 以上的延伸井,并创世界记录,累计进尺已达 100000m。还有 BakerHughes 公司于 1997 年研制的 Auto Trak 产品,它在不旋转套筒上的变径稳定器与井壁静态接触。创造了钻进 167h、进尺 3620m 的世界记录。Auto Trak 已累计钻进 160000m 以上。随着复杂结构井的扩大应用和页岩气开发要求,斯仑贝谢公司和贝克 – 休斯公司等已经研发了造斜率达(16°~17°)/30m 的高造斜率旋转导向钻井工具。

"定向钻头"导向原理的指向式典型产品有 2000 年 Sperry Sun 和 JNOC 公司合作开发的 Geo – Pilot[3]。它在外筒内有一靠机械力使之变形弯曲的内轴迫使钻头有某一预设计的角位移,以使钻头定向造斜。原井眼井斜 5°以上才可增斜、稳斜,在井斜较大时可降斜,但难以在直井防斜。其原理较新,但样机刚试用,可靠性还有待实践证实。

2.3 不断完善旋转导向钻井系统

现代旋转导向钻井系统不断完善和配套的措施是[1,6]:

(1)需要继续加强旋转导向工具的理论研究;研发造斜导向能力更强[造斜率达(16°~17°)/30m],甚至更高造斜率的新一代旋转导向钻井工具,提高其控轨、变轨与中靶的能力满足不断发展的复杂结构井钻井要求。现代旋转导向钻井工具的控制、执行和伸缩机构向机、电、仪、自、计一体化的高新技术水平发展,其技术指标不断满足复杂井井下恶劣与苛刻工况条件下的环境要求。目前已达到的主要技术指标是:工作温度 125℃,抗震 5g~15g,抗液压

100MPa,最大轴向载荷承受能力 300kN,造斜能力(3°~10°)/30m(精度±0.5°),寿命大于80h。

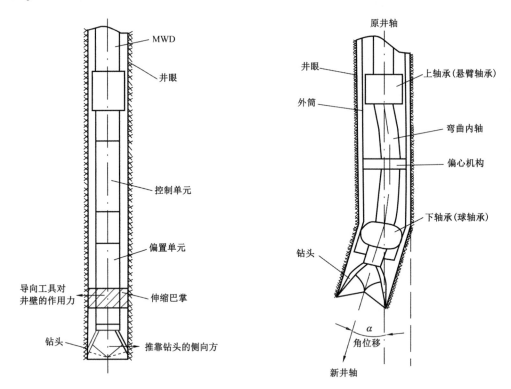

图1　以侧向力推靠钻头的旋转导向钻井工具　　图2　定向给钻头以角位移的旋转导向钻井工具

(2)随钻实时参数测量系统,包括实钻井身轨迹随钻井身几何参数与随钻地层评价、随钻测井、随钻地震等评价参数以及随钻工程参数的多种实时信息技术向综合性可选择性方向高速发展。例如 MWD 传输速率达 10~12bit/s,能同时传输 10 多个参数;随钻测井(LWD)已有伽马、电阻率、中子、密度、声波等多联随钻测量仪,并正在研究能预测钻头前方地层的 LWD;随钻地震(SWD)技术也已成熟并向多元化方向发展;随钻压力(PWD)和随钻声波(IWD)等测量技术也在发展中[1,5]。

(3)地面与井下双向传输通信系统。其现状是:① 无线泥浆脉冲(MWD)双向传输系统是目前主体技术,但是它的滞后性和局限性等缺点也限制了它的功能;② 国外有公司研究试用无线式电磁波传输系统,但电磁波沿程衰减严重是其致命的缺点;③ 国内外正在研究新一代有线传输系统。它能满足在旋转导向钻井的同时连续传输众多参数的闭环信息流的需求,它优于测试用的湿接头对接有线传输(DST)技术。若用 DST 导向钻进,则只限于近距离(约5~6个钻杆单根长)的随钻测量,它不能满足长井段随钻测量的要求,且效率低,可靠性差,成本高。

(4)地面监控系统。旋转导向钻井系统的地面监控系统包括信号接收和传输子系统以及地面计算存储分析模拟系统,有的还具有智能决策支持系统。主要功能是通过闭环信息流监视并随钻调控井身轨迹,它的关键技术是从地面发送到井下的下行控制指令系统。

(5)软件系统。旋转导向钻井系统的软件系统主要有:① 预置井身轨迹设计软件;② 待钻井段随钻实时调整井身轨迹设计软件;③ 旋转导向工具内为控制其动作的专用软件;④ 旋转导向闭环钻井系统的地面监控和可视化应用软件。

2.4 快速发展闭环钻井技术

MWD 和地面可遥控导向钻井工具在钻井工程应用中正处于井下闭环技术发展阶段。国内外正致力于研究全闭环自动导向和自主导向钻井,这是闭环钻井技术发展的方向。将来旋转导向钻井工具将发展为像航天、航海领域的自主导弹那样高水平的"自主钻井导弹"和双闭环(井下与地面之间的大闭环及井下导向工具与井下测量系统之间的井下小闭环)系统。加上已研制成功的全自动钻机的应用,作业人员就可以从作业环中解放出来,实现全闭环钻井。

3 几何导向与地质导向技术

几何导向(GS)与地质导向技术(GST)是现代导向钻井技术中非常重要的组成部分,近年发展很快,其基本功能是:

(1)几何导向是在开发成熟油田的钻井地质情况完全清楚、几乎不存在地质不确定性问题时,按设计的三维井眼轨迹空间几何位置进行导向与控制,并具有较高的控制精度。

(2)地质导向是在新区及复杂地质条件下钻井存在若干不确定性因素时,使作业者能随钻判断正钻地层,并准确控轨命中"点移动靶",它是钻复杂井随钻实时修正(调整)钻前的设计与控制待钻井身轨迹的必要手段。

几何导向技术的进展情况是:

(1)使用配有计算机及专用软件的调制式高精度、高灵敏度的全旋转导向工具,能使所钻井身平滑、轨迹准确。

(2)在旋转导向工具内装有加速度计、磁力计、陀螺仪的随钻测量井身轨迹参数(井斜角、方位角)及导向工具面角的井下随钻测量仪表,目前正在研究近钻头空间姿态测量仪表。

(3)不断改进地面与井下闭环信息流双向通信系统及指挥控制指令系统。

(4)建立地面监控实钻井身几何轨迹及动态可视化系统。

(5)具有先进的预置井身轨迹智能化设计软件。

地质导向技术的进展状况与发展方向:

(1)现代地质导向技术已能将随钻测量的测井、地震和录井等信息及其遥测遥传技术相结合,将随钻实时测量到的信息经过智能化、集成化解释后,实时评价待钻地层,实时确定客观存在的不确定地质因素,为待钻井身轨迹设计提供重要依据。以使井眼能够延伸于只有 0.5 m 厚的薄油气层中,并保持复杂条件下的最优井身轨迹和平滑的井身剖面。国内对地质导向技术的重要性和必要性认识不足,仍处于落后的"地质家导向"的经验做法。

(2)随钻测量(MWD)主要测井斜方位与斜角,还可把井下其他信息随钻传送到地面。称为"MWD is the eye of drilling"随钻测量是钻井的眼睛。MWD 靠钻井液传递信号是无线传播,把井下信息传到地面有一个时间差(即滞后时差),井越深,滞后时间越长,往往不能满足工程上要求实时获得必要参数的需要。近年,国内外正在研发电子式(电磁波等)及有线 MWD 传输新技术,可望缩短滞后时差,提高使用效果。

(3)随钻测井(LWD)是在旋转导向钻井的下部钻具组合(BHA)中装有按需要供作业者选择的多联组装的随钻测井参数仪,诸如自然伽马(γ)、方位伽马(ACR)、电阻率(补偿电阻率 CDR、近钻头电阻率 RAB 及方位电阻率 AR)、密度/中子(补偿中子密度 CDN 及方位密度/中子 ADN)、声波等测井参数,用来随钻识别正钻地层的岩石类型、流体性质、孔隙度、孔隙压力、井眼高边(低边)、地层倾斜角度,以及识别井眼截面是否出现椭圆状或扩径等。新的 LWD 成熟技术已能代替常规电缆测井,即在完井后不再进行常规测井,大大提高测井、建井时效,节约建井成本。国外正在研究能预测钻头前方地层的 LWD 技术,而国内才开始研究随钻伽马和电阻率少数参数仪。

(4)随钻地震(SWD)技术是利用钻进过程中钻头产生的自然振动作为井下震源而形成钻头波场,在地面用检波器采集信息,经过处理解释可以实时预测正钻与待钻地层成像,并能鉴别、修改地质模型,特别是能随钻获得钻头前方的地质模型及目的层深度、界面等。SWD 还可以实时得到地震波传播的"时—深"关系数据,实时确定所钻深度下钻头在 SWD 剖面上的精确位置,能随钻连续获得实时井身轨迹。SWD 能实时进行地质导向,对调控井身轨迹、提高中靶精度非常有用。国外从 20 世纪 80 年代开始研究,Agip 和 Schlumberger 等公司在 90 年代中期形成工程应用与技术服务能力,近年进展很快,已具有成熟的 SWD 系列技术。我国从 20 世纪 90 年代中期开始研究,已能掌握 SWD 信息采集技术.但尚未能解决 SWD 资料处理解释技术。

(5)国外已经研究并开始应用随钻压力测量、随钻声波测量和核磁随钻测量等新技术。

(6)需要研发把航天器控轨变轨的先进技术应用于导向控轨变轨中靶技术,把上天技术用于入地工程。

4 结论

(1)现代导向钻井的研究重点和发展方向是旋转导向钻井,同时还应利用几何导向与地质导向技术。建议我国将上述 3 项技术"同步突破,综合集成"。

(2)国际大公司垄断着并投入巨资相互竞争于旋转导向钻井工具及其关键配套技术,目前全世界都在应用斯仑贝谢公司(Power Drive)贝克 – 休斯公司(Auto Trak)及哈里伯顿公司 Geopilot 旋转导向钻井工具。我国也需要三大技术服务公司的产品。国外还同时研发随钻测井、随钻地震及先进的随钻参数测量传输技术。我国应该下定决心坚持自主创新。

(3)现代导向钻井技术是一项涉及钻井、机电仪表、自动化、计算机及力学、数学等多学科的高科技系统工程,是国际上公认的经济效益和社会效益很高的石油技术革命。

参 考 文 献

[1] 张绍槐,张洁. 21 世纪中国钻井技术发展与创新[J]. 石油学报,2001,22(6):63 – 68.
[2] Geoff Downton. The New Direction of Rotary Steering Drilling[J]. Oilfield Review, 2000,Spring:18 – 29.
[3] Urayama T. Development of Remote – Controlled Dynamic Orientating System[C]. SPE 56443,1999.
[4] Barr J D. Steering Rotary Drilling with an Experimental System[C]. SPE/IADC 29382, 1995.
[5] 张武辇. 自动导向旋转钻具钻进南海 8600m 大位移井[J]. 石油钻采工艺, 2001,23(1):7 – 10.
[6] 张绍槐,狄勤丰. 用旋转导向钻井系统钻大位移井[J]. 石油学报,2000,21(1):76 – 80.
[7] 张绍槐,韩继勇,朱根法. 随钻地震技术的理论及工程应用[J]. 石油学报, 1999,20(2):67 – 72.

(原文刊于《石油学报》2003 年(第 24 卷)第 3 期,2016 年有修改)

旋转导向闭环钻井系统❶

杨剑锋(张绍槐的 2000 级研究生)　张绍槐

摘　要:通过对比研究国内外有代表性的旋转导向钻井系统的组成及特点,介绍了旋转导向闭环钻井系统的集成方式、井下定向控制单元、地面监测系统,论述了旋转导向钻井工具在旋转钻进时具有连续三维导向和增大延伸长度的能力,可提高钻速,缩短建井周期,降低钻井成本。并详细阐述了国内正在开发的旋转导向闭环钻井系统(MRSS)的定向控制原理、5 个组成部分及主要技术特点。认为只有开发和集成钻井信息管理与决策软件,才能充分发挥旋转导向闭环钻井系统的效益。

关键词:导向钻井;旋转导向;闭环钻井;通信系统;监控系统

从 20 世纪 80 年代后期,在国际上开始研究旋转导向钻井技术,到 90 年代初期多家公司形成了商业化技术。国内大部分油田相继进入开发后期,新探区苛刻的油藏地质条件,复杂结构井的不断增多和国外石油公司的竞争压力,迫使国内钻井技术必须尽快向世界先进水平发展。

1　现有的旋转导向钻井系统

目前,国外已有 3 套旋转导向钻井系统,即 Auto Trak 旋转闭环钻井系统;Power Drive 调制式全旋转导向钻井系统;Geo – Pilot 旋转导向自动钻井系统。

1.1　Auto Trak 旋转闭环钻井系统

1993 年,意大利 AGIP 公司与美国 Baker Hughes INTEQ 公司合作在早期的垂直钻井系统(VDS)和直井钻井装置(SDD)基础上研制了旋转闭环系统(RCLS)。1996 年在 4 口井中试验获得成功,1997 年注册为 Auto Trak,正式推向市场。截至 2002 年 7 月,累计钻进超过 1.609×10^6 m。

1.2　Power Drive 旋转导向钻井系统

1994 年,英国 Camco 公司研制的旋转导向钻井(SRD)系统在英格兰 Montrose 地区井中试验获得成功。1999 年 5 月,Camco 公司与美国 Schlumberger 公司的 Anadrill 公司合并,SRD 系统注册为 Power Drive, 2000 年改进为 Power Drive Xtra。

1.3　Geo – Pilot 旋转导向自动钻井系统

1989 年,日本国家石油公司(JNOC)开始研究遥控动态定向系统(RCDOS);1993 年,美国 Sperry – Sun 公司研制了适合于转盘钻进的自动定向系统(AGS),同年,在英格兰 Wytch Farm

---

❶ 国家 863 重点攻关项目,编号 2001AA602013。

油田首次进行商业应用。1999年,两公司合作以 Halliburton 公司的名义推出了 Geo‐Pilot 指向式旋转导向自动钻井系统。

国内自 1994 年起,西安石油学院开展了旋转导向井下闭环钻井技术 RCLD 和井下闭环可变径稳定器 XTCS 的理论研究与技术开发,并组成了国内第一个导向钻井研究所(SDI),SDI 和国内有关企业合作正在研究和开发具有自主知识产权的旋转导向钻井系统的创新工程。

2 可变径稳定器式旋转导向系统的集成方式

2.1 系统的组成

可变径稳定器的伸缩块装在不旋转套筒上,Auto Trak 是这种旋转导向钻井系统的代表产品,它是基于推靠钻头的偏置原理来导向的。如图1所示,该系统由地面监控计算机、MWD 解码系统及钻井液脉冲信号发生装置、Auto Trak 工具和地质导向工具等组成[1]。

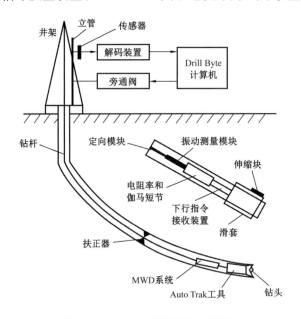

图1 Auto Trak 系统主要组成部分

Auto Trak 工具利用安装在钻头后面非旋转滑套上的 3 个(或 4 个)伸缩块与井壁相互作用产生的合力进行导向。滑套内的电子传感器可测出伸缩块的方位,微处理器据此控制连接伸缩块的 3 个(或 4 个)液压阀,分配安在钻铤上的增压泵产生的液压,保证导向力的大小及方向不会因滑套的转动而改变,如此既可调节井眼轨迹方向,又可调节造斜率的大小。

3 个伸缩块上的导向力能够根据滑套位置的改变在井下自动进行调整,也可从地面利用钻井液脉冲进行调整。

地面监控系统由 MWD 解码系统、Drill Byte 监控软件和钻井液旁通阀组成。井眼轨迹参数及工具的运行状态等数据用钻井液正脉冲传输到地面,并在地面接收译码。旁通阀将计算机指令转换为钻井液负脉冲,通过井下发电机电压的变化解释出下行指令信息。

2.2 系统的特点

(1)旋转钻进过程中实现连续井斜、方位的调整自动定向控制,使机械钻速大为提高。减小了扭矩和摩阻,可减少压差卡钻事故,提供比较清洁和规则的井眼,循环清洗井眼时间大幅度地减少。有较强的稳斜能力,适宜于长稳斜段的钻进。

(2)两种钻进模式。一是保持模式,使井眼轨迹保持一定井斜角和方位角的稳斜钻进;二是导向模式,改变井眼轨迹井斜角和方位角的增斜或降斜以及扭方位的导向钻进。

(3)可在钻进时用钻井液脉冲从地面向井下工具发出指令对井眼轨迹进行实时调节,并可指示井底发射器有选择地发送需要的信息。

(4)信息大小闭环。一是井下工具与地面之间大闭环,在井眼轨迹需要优化时,可在地面对井下工具实时调控;二是井下小闭环,可在没大闭环进行地面监控的情况下自动引导钻头沿着预先设置好的轨迹前进。

(5)可与随钻测井仪表配合使用,实现随钻测井的要求,提供精确的地质导向和油层定位;也可与井下工程参数测量传感器配合使用以优化钻进。

3 调制式全旋转导向系统的集成方式

3.1 系统的组成

调制式全旋转导向钻井系统的典型代表产品是 Power Drive,它也是利用推靠钻头的偏置原理来导向。该系统由井下旋转导向工具、MWD 随钻测量系统、地面井下双向信息通信系统和地面计算机监控系统组成[2-4](图 2)。

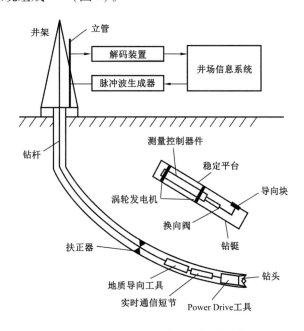

图 2　Power Drive 系统主要组成部分

Power Drive 系统的关键部件是稳定平台,在稳定平台内有一个控制轴,轴上安装有涡轮发电机、测量传感器等,使其能在钻柱旋转状态下按控制指令相对于地层保持某一需要的角度。稳定平台下端连接旋转换向阀,它可旋转到任意方向再保持静止,从而使相位相差 120°随钻柱一起旋转的 3 个导向块中的某一块,只有在旋转到与高压孔相通的方向时,钻井液才驱动其伸出与井壁接触,对钻头产生一侧向力,推动钻头离开该方向,达到控制与改变井斜和方位的目的,转离该方向后,导向块自动缩回,达到控制井眼轨迹方向的目的。

它的导向力大小由液压机构所在井深的钻柱内外压差决定。控制导向块在某个方向上的伸出时间可调整井眼曲率,最大造斜率可达8°/30m。

Power Pulse MWD 工具把旋转钻井条件下测得的井斜角、方位角和工具面角等数据上传到地面,地面计算机监控系统根据实钻井眼与设计井眼的相对位置来产生改变工具面角等参数的下传指令,经钻井液同步传输到井下仪器,微处理器对钻井液脉冲信号加以识别,与储存在仪器里的指令对比解释后,由井下旋转导向工具执行指令,从而实现钻柱旋转状态下的三维全导向。

3.2 Power Drive 系统的特点

(1)钻柱旋转钻进时,整个钻具组合对井眼没有静止点,能减小摩阻、利于井眼清洗、优化井身质量、减小卡钻风险;有利于延长进眼位移。

(2)内部故障诊断和工具维护指示减小了井下故障发生的概率。

(3)用连续的钻井液脉冲波可同步发送和接收 MWD 和 LWD 等数据,一体化的设计特色和软件使其获得 6~12bit/s 的数据传输速度,传输质量通过提高信噪比得到提高。

(4)地面监控系统能改善对钻压、钻井泵的控制。通过改变钻井泵的流量,可改编数据传输速度,存贮记录频率和数据帧格式。通过改变数据帧,它能随钻井和地质条件的改变而选择哪个数据实时传输和哪个数据存储起来。

(5)可配套使用特制的 PDC 钻头,大幅度提高机械钻速。与 GST(地质导向工具)、MWD 和 LWD 等工具组合使用,能测地层密度、孔隙度、双电阻率和定向参数,实现地质导向。

(6)旋转控制阀在垂直井段随钻柱一起旋转,导向块产生的导向力也不断变化,会造成井眼扩径和井下钻具的横向冲击与振动。同时,由于活塞伸缩频繁和液压控制系统的工作介质的影响,工具的耐磨损与密封是关键技术。

4 井下定向控制单元

4.1 可变径稳定器式旋转导向工具

该类工具利用三轴磁力测量仪对方位进行测量,同时结合近钻头井斜测量仪对井斜进行测量。导向模式下,微处理器将井下发电机解释出的地面下传的目标井斜、方位等参数信息与自身所测值比较,计算出 3 个伸缩块的导向力的大小和液压分配值。经电磁阀调节作用在 3 个伸缩块上的液压,使导向力矢量满足所需导向目标,对定向控制系统进行方位与井斜的调整。保持模式下,微处理器根据自身所测伸缩块方位变化值计算出 3 个电磁阀的液压调节量。振动感应器能够监控工具的工作状况并保证其正常运转。

伸缩块装在不旋转套筒上的旋转导向钻井工具的定向控制原理可用图 3 表示。

4.2 调制式全旋转导向工具

该类工具的控制器和测量传感器都密封在稳定平台内。三轴力反馈加速度计和磁通门传感器可提供钻头倾斜角和方位角以及输入轴倾角位置信息;与控制器经信号连接器接收的地面下行的井眼轨迹调控指令要求方向进行比较,推导出涡轮发电机负载电流大小和通电时间。通过调节电流改变涡轮发电机绕组回路阻抗,以使携带高强度永磁铁的涡轮叶片与稳定平台

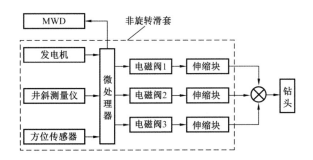

图3　可变径稳定器式旋转导向工具定向控制原理

内的扭矩线圈耦合产生不同的电磁转矩和加速度,进而使旋转换向阀保持一个相对于井壁的固定转角,即工具面角,实现控制轴在受控状态下的运动状态改变。

控制单元的运动由地面软件指令进行控制。在带井下实时通信工具时,该类工具可以通过编程实现对井斜角和方位角的内部自动控制,同时会大大降低信号上传的要求。

调制式全旋转导向工具的定向控制原理可用图4表示。

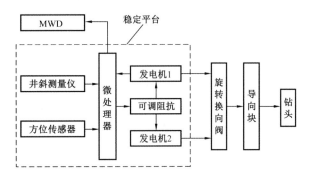

图4　调制式全旋转导向工具定向控制原理

5　地面监控系统

地面监控系统是闭环钻井系统必不可少的部分,主要包括两部分。

5.1　地面计算分析模拟系统

该部分的核心是一大型综合性软件,主要完成以下功能:

(1)井场数据及设备管理。将井场各种数据、井下工具上传数据、MWD等仪器及地面传感器测得的实时数据,以及钻井设计、录井、定向井数据、地层评价等数据集成管理。软件经各种传感器将地面钻井泵等设备的工作状态实时显示并可遥控设备。

(2)井眼轨迹控制实时模拟系统。井下信息经传输通道传送至地面后,模拟系统首先确定出实际井眼的空间位置和井下系统的实际导向能力,并与预先设定的井眼轨迹进行比较,判断井眼轨迹的偏差大小,分析井下系统的工作状况,判断其是否正常与合理。同时,系统给出对井下系统的模拟结果,预测待钻井眼的钻进过程。根据以上分析结果,地面系统自动地产生调整控制指令,自动地或由地面人员操作向井下传送,可实时查询显示所有数据,并可辅助决策进行优化钻井。

5.2 信号接收和传输系统

目前,较为成熟的井下数据上传地面的技术是使用以钻井液正脉冲为传递媒介的 MWD 系统所具有的传输通道。向井下发送调整指令有改变泵排量、在地面立管安装旁通阀生成负脉冲和连续钻井液波 3 种方法。井下则多是根据涡轮发电机输出电压的变化检测地面所加载的井眼轨迹调整指令。

6 MRSS 旋转导向钻井系统

MRSS 旋转导向钻井系统是国家 863 项目由西安石油学院导向钻井研究所(SDI)研制的。MRSS 可实现井眼轨迹的空间三维几何导向。主要由 5 部分组成:井下调制式全旋转导向工具、随钻参数测量系统、双向通信系统、地面监控系统、软件系统(图 5)。

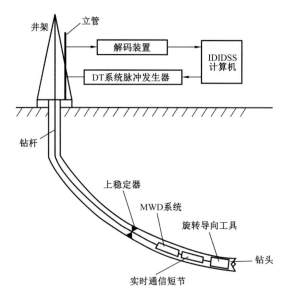

图 5　MRSS 系统的组成

MRSS 设计了地面集成化钻井智能决策支持系统(简称 IDIDSS),它是由数据采集、井场实时监控、数据管理、工程计算、工程设计、辅助决策支持、统计分析和生产管理等 8 大部分组成。信号下传(简称 DT)系统将地面发出的井眼轨迹调整指令经脉冲发生器加载到钻井液循环系统。

MRSS 调制式全旋转导向工具的定向控制原理如图 4 所示。主要技术特点是旋转导向工具的外筒及导向块等全部随同钻柱一起旋转。稳定平台内安装了两个涡轮发电机,它的功能一是井下供电,二是控制导向工具的稳定模式及导向模式。稳定平台下端连接导向装置,能使随钻柱一起旋转的多个导向块中的某一块,只有在旋转到某一要求的方向时,钻井液才驱动其伸出与井壁接触,对钻头产生一侧向力,改变作用在钻头上的合力或钻具偏心程度,达到控制井眼轨迹的目的。导向力大小可由液压机构所在井深的钻柱内外压差决定,控制导向块在某个方向上的伸出时间可调整井眼曲率。

自制的井下实时通信短节可有效连接导向工具与 MWD 工具的数据传输。及时将测得的井斜角、方位角及工具面角等数据上传到地面;地面计算机监控系统根据实钻井眼与设计井眼的相对位置来改变工具面角等参数的下传指令,经 DT 系统下传到井下工具,微处理器将识别的信号与随钻测量仪表实时测得值对比,并与储存在仪器里的指令相关处理后,由井下旋转导向工具执行指令。导向工具可按地面监控系统的遥控指令直接执行动作。

注:由西安石油学院导向钻井研究所研制的 MRSS 首台样机已于 2005 年研制完成并经地面和井下试验,2006 年通过国家 863 项目验收,在这之后又研制了第二台和第三台样机不断进行改进。

7 结论

(1)旋转导向闭环钻井工具具有在旋转钻进时连续导向的能力,可以提高机械钻速和井眼净化效果,减少压差卡钻,降低钻井成本。还具有三维井眼轨迹自动控制的能力,从而提高井眼轨迹的平滑度,降低扭矩和摩阻,也就能够增加井身的延伸长度。旋转导向钻井技术有极大的实用价值和应用前景。

(2)旋转导向闭环钻井系统的核心是旋转导向工具,而地面井下双向信息传输系统、地面监控系统及随钻地质参数测量系统是其必要组成部分。

(3)旋转导向工具从原理分为两类:推靠钻头原理和指向钻头原理。MRSS 旋转导向工具是基于推靠钻头原理和井下调制式的全旋转导向工具,从理论上表明了它的优越性。

(4)开发和集成钻井信息管理与决策软件,并将软件与录井系统及地面设备一体化,在计算机系统的支持下,综合及有效利用大量数据,有机组合众多模型,方可充分发挥旋转导向闭环钻井系统的效益。

参 考 文 献

[1] 张家希. 连续旋转定向钻井系统 Auto Trak RCLS[J]. 石油钻采工艺,2001,23(2):4-9.

[2] Geoff Downton,Trond Skei Klausen et al. New Directions in Rotary Steerable Drilling[J]. Oilfield Review,2000,12(1):18-29.

[3] Narr J D,et al,Steering Rotary Drilling with an Experimental System[R]. SPE/IADC 29382,1995.

[4] 张武辇. 自动导向旋转钻具钻进南海 8600m 大位移井[J]. 石油钻采工艺,2001,23(1):7-10.

[5] 张绍槐,狄勤丰. 用旋转导向钻井系统钻大位移井[J]. 石油学报,2001,2l(1):76-80.

(原文刊于《石油钻采工艺》2003 年(第 25 卷)第 1 期)

井下闭环钻井系统的研究与开发 ❶

狄勤丰(博士研究生)　张绍槐

摘　要:根据现代钻井工程技术的发展规律,综述了井下闭环钻井系统的可行方案、主要特征及技术发展背景,给出了井下闭环钻井系统的分类和适用范围。同时,从钻达能力、经济效益两个角度论述了发展井下闭环系统的必要性,分析认为,以地质导向为特点的旋转式井下闭环钻井系统将成为未来井下闭环钻井系统的发展模式。

关键词:闭环钻井系统;导向钻井;自动化钻井;定向井;水平井;计算机控制

1　技术发展背景

现代钻井工程的主题是努力降低钻井成本,提高探井的成功率。利用现代高新技术提高钻井速度、保证钻井质量、减少钻井事故是实现这一主题的关键。要实现现代钻井目标,就必须像汽车工业、化学工业那样,实现作业的自动化闭环控制,即实现闭环钻井,尽量把人力从钻井操作中解放出来,从根本上解决钻井作业过程中存在的各种问题,提高井眼轨迹控制精度和钻井整体经济效益。

钻井作业过程十分复杂,这是许多行业所不及的。根据 R. L. Monti 的定义,要实现闭环钻井作业的全过程,必须完成以下 6 项工作:(1)地面测量,主要包括泥浆录井,钻井参数地面测量;(2)井下随钻测量,目前主要采用 MWD 和 LWD 等井下测量工具;(3)数据采集,同时包括地面计算;(4)数据的整体综合解释,主要包括把测量数据解释成有用的参数以指导作业,同时用"人工智能"把全世界范围内的专家经验应用于井场;(5)地面操作控制自动化,把人从钻井作业过程中解放出来;(6)井下操作自动控制,主要是利用"智能"型井下工具和自动化的井底钻具组合进行控制。以上 6 个过程相互关联、互相影响。不难发现,整个钻井作业过程主要表现为井下和地面两大操作系统,相应地闭环钻井系统也就具有井下和地面闭环操作系统的特点。结合钻井作业自动化的进程,可将闭环钻井作业划分为井下开环、井下半闭环、井下闭环和全闭环 4 个技术发展阶段。

1.1　井下开环钻井阶段

指井下操作全部由人来完成,只有一般的井下测量工具。那时,还没有 MWD 等随钻测量工具。井眼轨迹的控制只能利用预测技术和更换井底钻具组合来进行。井眼轨迹质量差,钻井效率低,安全性差。如果井下开环钻井用自动化钻机,就成为地面闭环、井下开环钻井;否则,为地面开环、井下开环钻井。

1.2　井下半闭环钻井阶段

有较先进的井下测量工具(如 MWD),有地面可控的井下工具。测量数据向地面传输,经

❶ 国家自然科学基金资助项目部分研究成果。

过计算机处理及地面模拟,通过传输通道向井下传送操作指令,随后对井下操作进行控制。与井下开环系统相比,测量精度高、实时性强、信息量大。操作指令更大程度上依靠计算机处理得到,人为经验减少。井下可控工具(包括可变径稳定器、可调弯接头、可变弯角井下动力钻具、可伸缩偏心垫块等)使得起下钻操作大幅度减少,钻井效率显著提高。目前,国外许多水平井和定向井都是利用井下半闭环钻井技术完成的。

同样,井下半闭环钻井用自动化钻机则成为地面闭环、井下半闭环钻井;否则,为地面开环、井下半闭环钻井。

1.3 井下闭环钻井阶段

指井身轨迹控制完全可以离开人的干预(特殊需要时例外),井下信息测量、传输、处理以及控制指令的产生和执行完全自动进行。有先进的随钻测量工具(MWD 等)和功能较强的井下可调控工具。同时.必须有性能很好的微电脑(能承受井下的恶劣环境)。

井下闭环钻井作业可分为两类:

(1)第一类中心电脑放在地面。通常是测量信息通过传输通道传到地面,经中心处理机处理后,控制指令传给顶部驱动钻机,由顶部驱动钻机来改变井下工具的工具面。这时不需要井下可控工具[2],也可以是中心电脑发出的控制指令传给井下可控工具,从而改变井下工具的结构参数。

(2)第二类中心电脑放在井下。随钻测量信息传给井下电脑,由井下电脑发出控制指令来控制井下可控工具的工作状态。测量信息同时传给地面计算机进行模拟研究,用来监测井下作业效果。

第一类井下闭环钻井技术的发展受到信息传输问题的制约[1],显然,第二类井下闭环钻井技术是发展方向。

如果井下闭环钻井不用自动化钻机,则为地面开环、井下闭环钻井;如果用自动化钻机,则接近全闭环钻井阶段。

井下闭环钻井通常指地面开环、井下闭环钻井。

1.4 全闭环钻井阶段

这是钻井技术发展的最高阶段。井下采用智能化钻井系统,地面监控和操作采用规范的自动化系统。地面中心控制计算机控制整个钻井作业系统,井下智能钻井系统则带有独立的井下微电脑。此时,作业人员就可全部或大部分从作业环中解放出来,从而实现钻井的整体优化。

目前,离实现全闭环钻井还有一段距离。从闭环钻井作业的 4 个技术发展阶段可以看出,要实现全闭环钻井,首先必须实现井下闭环钻井。由此可见,井下闭环钻井系统在闭环钻井技术中处于举足轻重的地位。但从本质上说,目前井下闭环钻井研究几乎都局限于研制井下可控导向工具。

2 系统的分类

从功能上讲,井下闭环钻井系统具有以下特点:(1)具有高性能的井下可控工具;(2)具有先进的井卜测量工具;(3)必须配置井下电脑;(4)具有向上传输信息和向下传输丁顶指令的能力;(5)必须能实时控制井眼轨迹,并能沿预置或要求的轨迹钻进;(6)具有合理的导向方式并使摩阻达到最小;(7)能优化钻进参数;(8)地面应具有井下作业的仿真、模拟技术。

这 8 项功能决定了井下闭环钻井系统的主要组成。钻头(切削机构)、执行机构(导向机构)、控制机构、信息采集及实时处理机构、信息传输机构等组成了井下闭环钻井系统的井下系统。与此同时,井下闭环系统还必须配有地面模拟监控系统,其主要功用在于根据井下系统的特点、井下工作环境、控制目的、井下实时信息,进行地面模拟和监控,判断井下闭环钻井系统的行为特点和实际工况能否满足设计要求。地面监控系统并不是井下闭环钻井系统的核心部件。井下闭环钻井系统的核心部件是执行机构(导向工具)及控制机构。不同的导向工具决定了不同的井下控制方式、原理和方法,井下实际工况也就具有不同的特点,地面模拟模型也就不同。因此,从某种意义上讲,井下导向工具的特点决定了并代表了井下闭环系统的特征;井下导向钻具是实现井下闭环钻井的关键。

目前的导向钻具主要有两大类:

(1)滑动式导向工具,其特点是导向作业时钻柱不旋转(随钻头向前推进,钻柱沿井壁轴向滑动)。目前这类导向工具占主导地位,主要有弯壳体马达(含单弯、同向双弯、异向双弯导向马达),可调弯接头[4],可变径稳定器(如 HVGS)[5-7]等。滑动式导向工具包括变角度型、偏心垫块型、井斜控制型几种。

(2)旋转式导向工具,其特点是导向作业时钻柱旋转。现有的旋转式导向工具或研究方案主要有 VDS 系统(自动垂直钻井系统)[8]、ADD 系统(自动定向钻井系统)[10]、AGS 系统(自动导向钻井系统)[10]、SRD 系统(可导向的旋转钻井系统)[11]。前三者为静止式旋转导向工具(即导向工具的导向翼肋相对井壁不转动),后者为可调节式的旋转导向工具(即在旋转过程中实现导向)。

由不同的导向工具组成的井下闭环钻井系统,具有不同工作特色。这里把滑动式导向工具组成的井下闭环钻井系统称为滑动式井下闭环钻井系统,而把由旋转式导向工具组成的井下闭环钻井系统称为旋转式井下闭环钻井系统。

3 井下作业特点

滑动式井下闭环钻井系统的主要特征是导向工具在导向作业时钻柱不旋转,这就带来了两大问题。

3.1 摩阻问题

由于钻柱不旋转,整个钻柱躺在井壁上,或与井壁多段多点接触,随着井深和井斜的增加,钻柱所受的摩阻越来越大,轴向摩阻给钻压控制造成麻烦。在极限情况下,钻柱发生屈曲,钻压无法传递到钻头上,使井下闭环钻井系统的极限工作井深受到限制。切向摩阻(阻力矩)及钻头扭矩则常常引起钻柱的扭转屈曲,使井下工具面的控制变得十分困难。工具面左右摆动,严重影响系统的工作效率,在一定的情况下,导向能力将彻底丧失,在现行导向作业中,具体做法是在滑动导向一段距离后,就改用转盘旋转方式工作,从而使摩阻减少,但这是由操作人员来进行监视和地面控制的。在井下闭环钻井时,两种方式的转换就得由井下控制系统监控,这无形中为滑动式闭环钻井系统的实现带来了困难。同时到达极限井深时,尽管旋转作业还能继续,但滑动导向已不再可能。

3.2 井眼清洗问题

随着井斜角增大,钻井液的携岩能力变差,钻柱不旋转的后果是使井眼清洗能力大幅度降低[12],这也给滑动式井下系统的发展带来了困难。

对于旋转式井下闭环钻井系统来说,由于导向时钻柱连续旋转,摩阻问题和井眼清洗问题较少。不利的因素是,尽管摩阻、阻力矩等不再影响工具面,但阻力矩、钻头扭矩及可能的钻柱扭转屈曲可能导致下部钻柱组合的扭转振动。另外,旋转式井下闭环钻井系统的控制难度较大,投资也多。

4 导向方式选择

不论是滑动式还是旋转式井下闭环钻井系统,都必须选择合适的导向方式。导向方式主要有两种:

4.1 几何导向

主要是以预置的井眼轨迹或井下实时设计的井眼轨迹为参考量。导向作业时,将实测的轨迹参数与控制参考量作比较,由控制机构给出合适的控制指令,从而使钻头沿最优的井眼轨迹钻进。这只能控制井身的几何形状。

4.2 地质导向

在拥有几何导向能力的同时,又能根据随钻测井(MWD 和 LWD 等)得出的地层岩性、地层层面、油层特点等地质特征变量,随时控制井下轨迹,使钻头沿地层最优位置钻进。在预先并不掌握地层性质特点、层面特征的情况下,实现精确控制。美国 Anadrill 公司的地质导向钻井系统已取得商业性成功,并在一些油田得到较好应用[13],值得一提的是,当前情况下导向技术大多是以几何导向为特征,而且由于控制机构在地面,还没有实现井下闭环控制。

使用哪一种导向方式,应视其具体工作环境而定。对于一些油层变化不大、油层较厚、对地层性质特点了解较清楚的场合,使用几何导向较适宜,既能满足精度要求,又能降低成本。而对于一些地层性质特点了解较少、油层厚度很薄的场合,使用地质导向更为合适。

根据导向工具特点及导向方式,井下闭环系统可采用如下 4 种组合方式:

(1)几何导向 + 滑动式井下闭环钻井系统;

(2)地质导向 + 滑动式井下闭环钻井系统;

(3)几何导向 + 旋转式井下闭环钻井系统;

(4)地质导向 + 旋转式井下闭环钻井系统。

5 技术发展趋势

由上分析知,井下闭环钻井系统可采用 4 种组合方式,但哪种方式更为合适,应从发展的观点加以论证。

井下闭环钻井,应理解为钻井过程的整体优化,优化的目标包括两个方面,效益目标是主要控制目的。按其定义,除要解决好控制问题,把人员大幅度解放出来外,最根本的目的还在于提高整体经济效益。井下钻井作业过程环可在某个时刻关闭。但是,如果闭环的效益不及开环,那么就使得此项工作远未达到原定目的和任务。假如说井下导向钻井技术发展的初期目标主要是为了精确控制井眼轨迹,那么,井下闭环钻井技术发展的最终目的应该是提高整体经济效益,即单位原油的成本尽量降低。因此,井下闭环钻井技术的发展趋势取决于井下闭环钻井系统的效益特点及适用场合。

现有的滑动式导向钻井系统遇到的最大问题是摩阻和井眼清洗问题,而这一点正是限制其使用的根本原因。作为导向钻井技术发展背景的延伸分支钻井(ERD)工程及大位移水平井,对导向钻井系统的最大要求是所用导向系统具有较高的钻达能力,这样就可以使井眼尽可能地在油层中延伸,增强单井的采收能力。另外,ERD 工程及大位移水平井在经济效益上体现出的巨大优势还在于能大幅度减少开发油田所需的平台数量;在海滩滩涂及需要建海洋平台的场合,ERD 工程及大位移水平井可使总体投资大幅度减少。因为,建一座合适的平台或建一座人工岛的费用高达上亿美元。如能减少平台总数,节省的资金将十分可观,而这一点只能利用特殊的钻井技术,使钻头进尺增加、钻速加快、起下钻次数减少、井眼轨迹控制精度增高、钻达能力大幅度提高才能做到。这是利用滑动式闭环钻井技术无法实现的,只有靠旋转闭环钻井系统才能实现,正如 J. D. Barr 所言,目前"大多数文献都指出或暗示了旋转式导向系统是 ERD 工程所必需的工具"[11]。经验表明,滑动式导向技术在井深 4~5km 时将变得十分困难,井再深就滑不动了;而旋转式导向技术的极限井深由钻柱抗扭强度决定,一般超过 l0km[11]。

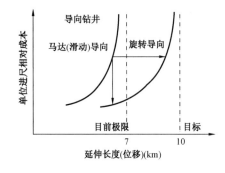

图1 可导向极限深度比较[11]

通过对比分析[11],可以看出旋转式导向技术具有明显优势。图1从理论上比较了随着井眼延伸,马达导向(滑动式导向)和旋转式导向的极限井深。垂直箭头表明旋转式导向可以大幅度降低给定延伸长度下的钻井成本,水平箭头则表明旋转导向可以增加实际井眼的可达极限井深,从而提高油田生产能力并获得巨大的经济效益。图2则表明了旋转式导向是如何带来操作上的优点以及这些优点是如何相互促进而使综合经济效益得以提高的。所有这些效益的提高都促使了最终目标的实现:单位原油的成本降低。

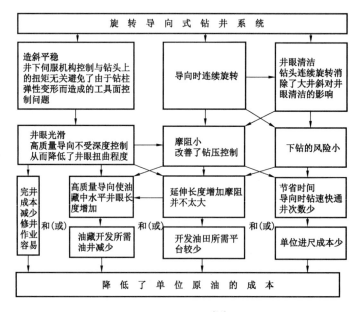

图2 效益框图[14]

综上考虑,旋转工作方式下导向的闭环钻井技术才是真正可行的最优化目标。在此目标下,可视使用环境选择几何导向或地质导向技术。但井下闭环钻井的发展趋势应是在旋转方式下工作的、同时配以地质导向为特点的综合系统。

6 结论

(1)滑动式导向工具在使用范围和控制能力上存在较大局限性。

(2)旋转式导向工具是实现 ERD 工程、大位移水平井、设计师型定向井等所必需的工具。

(3)目前条件下,配几何导向工具的旋转式井下闭环钻井系统在经济投入上有较大优势,同时又能基本满足 ERD 工程等的特殊需要。

(4)实现井下闭环钻井的四种导向组合方式将各显特色,但最终的目标和发展趋势将是配地质导向工具的旋转式井下闭环钻井系统。

参 考 文 献

[1] Monti R L, et al. Optimized Drilling – closing the Loop[C]. The 12th World Petroleum Conference, 1987.

[2] Goldman W A. Artificial Intelligence Applications Enhance Directional Control. P. E. I. ,1993(2).

[3] 苏义脑,陈元顿. 连续控制钻井技术在我国的初步实践[J]. 石油钻采工艺,1995,17(1):1 - 6,99.

[4] 宁秀旭,译. 用于控制和校正定向井井身轨迹的可调式多角弯接头[J]. 国外钻井技术,1988(3).

[5] 李洪乾,等译. 变径扶正器在水平井上的应用[J]. 国外钻井技术,1995(1).

[6] Odell A C, et al. Application of a Highly Variable Gauge Stabilizer at Wytch Farm to Extended the ERD Envelop[R]. SPE 30462.

[7] Underwood L D, et al. A Systems Approach to Downhole Adjustable Stabilizer Design and Application[R]. SPE 27484.

[8] Chur C, et al. Vertical Drilling Technology. A Milestone in Directional Drilling[R]. SPE 25759.

[9] Patton B J. Automatical Directional Drilling Shows Promise[J]. P. E. I. , 1992(4).

[10] Bell S. Innovative Methods Lower Drilling Costs[J]. P. E. I. , 1993(2).

[11] Barr J D, et al. Steerable Rotary Drilling with an Experimental System[R]. SPE 29382.

[12] Lockett T J, et al. The Importance of Rotation Effects for Efficient Cuttings Removal during Drilling[R]. SPE 25768.

[13] Meehan D N. Geological Steering of Horizontal Wells[J]. J. P. T. , 1994(10).

[14] Barr J P T, et al. Brief Steerable Rotary Drilling with an Experimental System[J]. J. P. T. , 1996(3).

(原文刊于《石油钻探技术》1997 年(第 25 卷)第 3 期)

旋转导向钻井轨迹控制理论及应用技术研究[●]

李 琪 杜春文 张绍槐

摘 要:研究了调制式旋转导向钻井系统控制井眼轨迹的原理和方式,依据实钻轨迹和设计轨迹的偏差大小,给出了轨迹控制方法。根据控制原理,设计了一套从地面控制井下的工具,以实现轨迹控制的指令算法。基于所研究的理论和算法,开发了应用于导向钻井系统的地面监控软件系统,重点介绍了井眼轨迹控制系统的程序设计与实现方法。

关键词:旋转导向钻井系统;井眼轨迹;偏差矢量;监测系统;控制理论

旋转导向钻井技术是 20 世纪 90 年代出现的一项高新钻井技术,是现代导向钻井工程的研究重点和发展方向[1]。采用这一高新技术不仅可以提高钻井成功率,而且可以从整体上降低钻井成本[2,3]。在进行旋转导向作业过程中,应采取合理有效的方式对井下调制式旋转导向钻井工具进行几何导向控制,使实钻井眼轨迹尽量与设计轨迹一致,同时提高钻井效率。目前,开发研制了一套调制式旋转导向钻井系统,笔者重点论述旋转导向钻井井眼轨迹的控制理论及其实现方法。

1 井眼轨迹的控制方式

在旋转导向钻井中,实现轨迹控制的方式主要有以下两种[4](图 1):(1)井下闭环控制(图 1 中虚线环 1 所示);(2)具有井下一地面双向通信系统的大闭环控制或地面监控系统控制(图 1 中实线环 2 所示)。对于前者,测量系统对检测出的轨迹参数(包括实钻轨迹的井斜角、方位角、工具面角、井斜变化率、方位变化率)与预置在井下微电脑的给定值进行比较,得出相应的控制指令,并将指令传给控制系统以操纵井下调制式旋转导向工具(井下执行机构),达到轨迹控制的目的。对于后者,测试系统将被控制量以脉冲信号方式直接传输到地面,地面采集单元将脉冲信号转化为电信号并进行解码,以获得被控制量的参数,再将此参数传至地面监控中心进行计算机分析处理,形成控制指令,然后将控制指令下传给控制系统来操纵调制式旋转导向工具,实现对轨迹的控制。

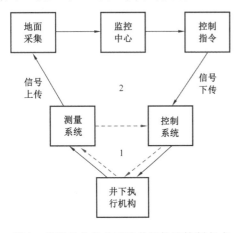

图 1 旋转导向钻井系统井眼轨迹控制方式

在第 1 种轨迹控制方式中,由于被控制量的分析处理均在井下完成,控制回路较短,控制性能较好。但对井下微电脑性能的要求较高,微电脑的处理任务较重,必须保证井下装置有足够的电力供应,这就对井下的电力供应装置(一般使用涡轮发电机)提出了较高的要求。第 2

[●] 国家自然科学基金 50234030 项目和国家 863 2003AA602013 项目资助。

种控制方式中,由于处理分析的任务主要由地面计算机来完成,对井下微电脑要求较低,但需要地面与井下之间的双向信息通信。从控制的技术难度和目前设计的调制式旋转导向系统整体方案考虑,采用了第2种控制方式。

2 轨迹控制原理及偏差矢量计算

2.1 控制原理

在钻井过程中,由于各种因素的影响,实钻轨迹往往偏离设计的井眼轨迹,该偏离为既有距离又有方向的空间几何偏离,将其定义为偏差矢量。偏差矢量的方向就是导向工具控制合力(偏置方向)或工具面的方向。因此,通过计算实钻轨迹与设计轨迹的偏差矢量,并在综合考虑偏差大小、方向、轨迹控制所要求的造斜率和旋转导向钻井工具的造斜能力的前提下,给出旋转导向钻井系统轨迹控制指令,即导向力的方向和大小。井下旋转导向工具根据控制指令改变工具面位置和造斜率,使实钻轨迹尽量向设计轨迹靠近。控制过程是一个使偏差矢量逐步减小的过程。当偏差矢量值小于工程允许偏差(轨迹控制的允许圆柱半径)时,可以认为实钻轨迹与设计轨迹基本一致,以当前的井底位置继续沿设计轨迹的路径钻进而不会脱靶。

旋转导向钻井控制井眼轨迹的过程是依托闭环信息系统,并基于随钻测量计算实时偏差矢量。当偏差矢量的值小于控制圆柱半径时,按照设计轨迹的趋势给出控制指令;当偏差矢量的模大于控制圆柱半径但小于工具的最大纠偏能力时,按偏差矢量法产生控制指令,使实钻轨迹尽量靠近设计轨迹。当偏差矢量的模大于工具的纠偏能力时,就必须采用以下两种强化措施:(1)调整井底钻具组合(BHA)乃至更换井下工具,增大纠偏能力;(2)根据当前点和指定目标点设计出新的修正轨迹,并在后续钻进时按照新设计的修正井身轨迹进行控制。

轨迹控制原理如图2所示,虚线所示为设计轨迹。设 t_0 时刻钻头位于设计轨迹的 A 点,偏差矢量为 AB,设 $\|AB\| < \varepsilon_{\max}$(其中 $\varepsilon_{\max}$ 为有效控制偏差,当实际偏差超过此值时,工具将无法纠偏到设计轨迹),此时按偏差矢量法给出控制指令,使实钻轨迹靠近设计轨迹。当钻至 C 点时偏差矢量为 CD,$\|CD\| < \varepsilon_{\min}$(其中 $\varepsilon_{\min}$ 为工程允许偏差,或称井眼控制圆柱半径),可以认为实钻轨迹与设计轨迹基本接近这时按设计轨迹的趋势如弧 DF 给出控制指令,以控制轨迹

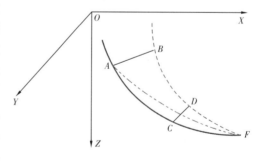

图2 轨迹控制原理示意图

CF 段。如果钻头在 A 点时,$\|AB\| > \varepsilon_{\max}$,就须采取强化措施。如果采用修正设计轨迹的方式,则 A 点以后的轨迹控制将以新的修正井身轨迹(双点划线)为基准。

2.2 偏差矢量的计算

如图3所示,取井口坐标系为 $O - XYZ$,则由井眼轨迹上的任一点 (X, Y, Z) 及其方向 (α, φ) 就确定了该点在空间的具体位置和方向,因此,井眼轨迹都可以表示成井深 L 的函数,即 $X = X(L), Y = Y(L), Z = (L), \alpha = \alpha(L), \varphi = \varphi(L)$。

设实际井底的位置参数为 $A(L_A, X_A, Y_A, Z_A)$,方向参数为 (α_A, φ_A)。过 A 点的法平面称

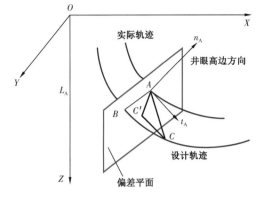

图 3　偏差矢量与偏差平面

为偏差平面,该平面与设计轨迹交于 B 点,则矢量 $\boldsymbol{AB}$ 定义为偏差矢量[6]。然而在实际井眼轨迹控制中,考虑到实钻轨迹逼近的目标点不应是 B 点,为避免井眼轨迹波动或超调,实钻轨迹逼近的目标点应超前于 B 点即 C 点。当已知设计轨迹时,可直接从设计轨迹参数表中选取 $L_C > L_B$(两者差值不宜过大)的点 C,该点的位置参数(L_C, X_C, Y_C, Z_C) 和方向参数(α_C, φ_C) 为已知。把 AC 在偏差平面上的投影 $\boldsymbol{AC'}$ 定义为实际要求的偏差矢量。如 t_A 为 A 点的切线方向,其单位切线矢量可表示为:

$$t_A = \sin\alpha_A\cos\varphi_A\boldsymbol{i} + \sin\alpha_A\sin\varphi_A\boldsymbol{j} + \sin\alpha_A\boldsymbol{k} \qquad (1)$$

过 A 点与 t_A 垂直的平面定义为偏差平面,则其方程为:

$$\sin\alpha_A\cos\varphi_A(X - X_A) + \sin\alpha_A\cos\varphi_A(Y - Y_A) + \cos\alpha_A(Z - Z_A) = 0 \qquad (2)$$

则 A 点和 C 点的偏差矢量为:

$$\boldsymbol{\varepsilon} = (X_{C'} - X_A)\boldsymbol{i} + (Y_{C'} - Y_A)\boldsymbol{j} + (Z_{C'} - Z_A)\boldsymbol{k} \qquad (3)$$

偏差矢量的模为:

$$|\boldsymbol{\varepsilon}| = \sqrt{(X_{C'} - X_A)^2 + (Y_{C'} - Y_A)^2 + (Z_{C'} - Z_A)^2} \qquad (4)$$

在控制系统的控制下,在钻头上施加一个侧向力 $\boldsymbol{F}$,制止钻头与设计轨迹的偏差进一步增大,并引导钻头向设计轨迹靠近。其对应关系式为:

$$\boldsymbol{F} = f(\boldsymbol{\varepsilon}) \qquad (5)$$

在该控制过程中,影响到控制效果的两个基本因素是 $\boldsymbol{F}$ 的大小和方向。设初始时刻 $\boldsymbol{F}$ 的大小和方向及偏差矢量 $\boldsymbol{\varepsilon}$ 的大小如图 4(a)所示,则 T 时间段后调节 $\boldsymbol{F}$,实施不同的偏差矢量控制方式,会出现图 4(b)、图 4(c)和图 4(d)所示的 3 种情况。

由图 4 知,只有当侧向力 $\boldsymbol{F}$ 的方向与偏差矢量 $\boldsymbol{\varepsilon}$ 的方向一致时,并按照偏差矢量的大小给出控制力时,才能使实钻轨迹以最快速度靠近设计轨迹。

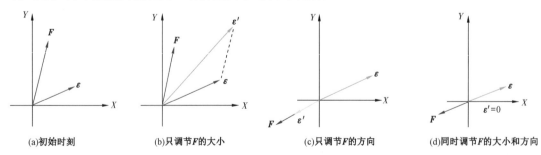

图 4　侧向力 F 控制偏差矢量的原理

3 控制指令的计算

3.1 按偏差矢量进行控制时的指令计算

沿偏差矢量方向施加空间三维控制力能够减小偏差,且使实际轨迹以最快速度靠近设计轨迹的方向,因而该方向是最优控制力的方向。而在最优方向上纠偏速度的快慢还取决于控制力的大小(与之相应的是所能达到的井眼曲率)。因此,只要偏差矢量 ε 确定,偏置方向也就确定。若根据偏差矢量的大小确定控制力的大小,首先须确定在一定的地层环境中旋转导向钻井系统导向能力与控制力大小之间的对应关系。事实上,由于地层环境的特点,无法准确找出井眼曲率与空间三维控制力大小的对应关系。在不同的地层中,井眼曲率对空间三维控制力的响应是不一样的。钻井工程的实践经验表明,要根据当前井底与整个井身轨迹的设计要求对待钻井段的井身轨迹进行实时就地处理,而闭环信息流和闭环连续控制是实时就地处理的最佳技术和必备条件。

调制式旋转导向钻井工具所产生的导向力的大小和方向是依地面计算得出的控制井眼轨迹所需的三维控制力的大小和方向而定。所以控制指令须给出工具面的方向和导向力的比值,即工具面角 ω 的值和 δ 值。定义 δ 为导向工具当前导向力 f 与工具最大导向力 $F_{\max}$ 之比。即:

$$\delta = f/F_{\max} \tag{6}$$

图5 给出工具面角的计算原理。旋转导向钻井的工具面角 ω 为偏差矢量 AC' 与 A 点处井眼高边 $\boldsymbol{n}_A$ 的夹角,如图5 及式(7)所示:

$$\omega = \arccos \frac{AC' \cdot \boldsymbol{n}_A}{|AC'| \cdot |\boldsymbol{n}_A|} \tag{7}$$

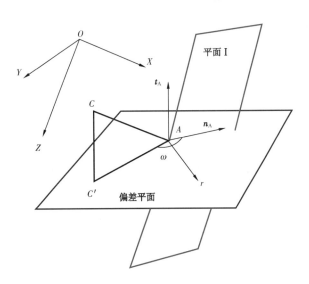

图5 旋转导向钻井的工具面角计算原理示意图

下面分别求出 AC' 和 $\boldsymbol{n}_A$ 的矢量值。

C 点在偏差平面上的投影点 $C'(X_{C'}, Y_{C'}, Z_{C'})$ 满足方程:

$$\begin{cases} \sin\alpha_A \cos\varphi_A (X_{C'} - X_A) + \sin\alpha_A \sin\varphi_A (Y_{C'} - Y_A) + \cos\alpha_A (Z_{C'} - Z_A) = 0 \\ \dfrac{(X_{C'} - X_C)}{\sin\alpha_A \cos\varphi_A} = \dfrac{(Y_{C'} - Y_C)}{\sin\alpha_A \sin\varphi_A} = \dfrac{(Z_{C'} - Z_C)}{\cos\alpha_A} \end{cases} \quad (8)$$

从而偏差矢量 $\boldsymbol{AC'}$ 为:

$$\boldsymbol{AC'} = (X_{C'} - X_A)\boldsymbol{i} + (Y_{C'} - Y_A)\boldsymbol{j} + (Z_{C'} - Z_A)\boldsymbol{k} \quad (9)$$

由井眼高边的定义知,过 n_A 的平面 I 与 Z 轴平行且与偏差平面垂直,即满足如下关系式:

$$\boldsymbol{n}_A = t_A \boldsymbol{r} \quad (10)$$

式中 $\boldsymbol{r}$ 为平面 I 的单位法向矢量,$\boldsymbol{t}_A$ 为偏差平面的法向矢量,从而有:

$$\boldsymbol{n}_A = \begin{vmatrix} \boldsymbol{i} & \boldsymbol{j} & \boldsymbol{k} \\ a & b & c \\ b & -a & 0 \end{vmatrix} = ac\boldsymbol{i} + bc\boldsymbol{j} - (a^2 + b^2)\boldsymbol{k} \quad (11)$$

联立式(8)、式(9)和式(10),解得:

$$\omega = \arccos\left[\frac{-(a^2+b^2)(Z_{C'}-Z_A) + ac(X_{C'}-X_A) + bc(Y_{C'}-Y_A)}{\sqrt{(X_{C'}-X_A)^2 + (Y_{C'}-Y_A)^2 + (Z_{C'}-Z_A)^2} \cdot \sqrt{(a^2+b^2)(a^2+b^2+c^2)}}\right] \quad (12)$$

式中 A 点位置参数 (L_A, X_A, Y_A, Z_A) 与方向参数 (α_A, φ_A) 均为已知;$a = \sin\alpha_A \cos\varphi_A$,$b = \sin\alpha_A \sin\varphi_A$,$c = \cos\alpha_A$;$X_{C'}$、$Y_{C'}$ 和 $Z_{C'}$ 由式(8)计算。

3.2 按设计轨迹进行控制时的指令计算

如图 2 所示,设当前井底位置为 C 点,由于偏差矢量 $\boldsymbol{CD}$ 较小,这时可以不纠偏,并按照设计轨迹给出控制指令。控制指令包含工具面角 ω 和 δ 值。

点 D 为当前井底在设计轨迹上的比较点,点 F 为设计轨迹上欲钻达的目标点(DF 之间的距离不宜过大),则 C 点参数已知,F 点的参数可以用插值法求得。

导向力的方向(工具面角的方向)可按下式求得:

$$\cos\gamma = \cos\alpha_C \cos\alpha_F + \sin\alpha_C \sin\alpha_F \cos(\varphi_F - \varphi_C) \quad (13)$$

$$\cos\omega = (\cos\alpha_C \cos\gamma - \cos\alpha_F)/(\sin\alpha_C \sin\gamma) \quad (14)$$

当 $\varphi_F > \varphi_C$ 时,有:

$$\omega = \arccos[(\cos\alpha_C \cos\gamma - \cos\alpha_B)/(\sin\alpha_C \sin\gamma)] \quad (15)$$

当 $\varphi_F < \varphi_C$ 时,有:

$$\omega = -\arccos[(\cos\alpha_C \cos\gamma - \cos\alpha_B)/(\sin\alpha_C \sin\gamma)] \quad (16)$$

式中:α_C、α_F 分别为 C 点和 F 点的井斜角;φ_C 和 φ_F 分别为 C 点和 F 点的方位角;γ 为狗腿度;ω 为工具面角。

导向力的大小由 CF 段的曲率确定,CF 段的狗腿度由式(13)求得,但由于 CF 段的长度未知,因此无法求得 CF 段的曲率。由于 CD 的距离较小,CF 段的长度可近似取为 DF 段的长度,所以 CF 段的曲率为:

$$k_{CF} = 30\gamma(\boldsymbol{AB})^{-1} \tag{17}$$

假设工具的最大导向力与一定的造斜率相对应,在 CF 段的曲率已知的情况下,即可计算出 δ 值。

4 应用程序

根据前面所述井身轨迹控制原理和控制指令的算法,针对所研制的调制式旋转导向系统,开发了与该系统配套的地面监控软件系统。图 6 所示是软件系统中有关旋转导向钻井轨迹控制的界面,其主要功能是:可以对工具的性能参数进行设置[图 6(a)];可以根据实钻轨迹与设计轨迹计算生成相应的控制指令[图 6(b)];可以对指令进行查询[图 6(c)];当实钻轨迹严重偏离设计轨迹时,可以根据当前井底的位置和方向参数以及目标点的位置和方向参数进行待钻井段井身轨迹的修正设计[图 6(d)]。

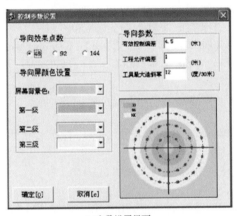

(a)参数设置界面   (b)生成控制指令界面

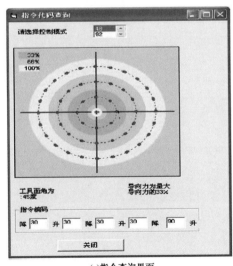
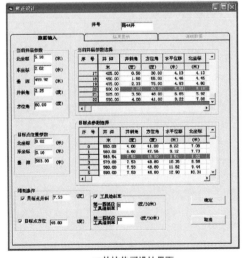

(c)指令查询界面   (d)轨迹修正设计界面

图 6　井身轨迹控制程序界面

5 结论

(1)对于不同控制机理的导向工具,其控制指令的计算方法会有所不同。

(2)旋转导向钻井井身轨迹控制原理可概括为:通过计算实钻井眼轨迹某点处的偏差矢量来确定井眼轨迹。当偏差矢量小于有效控制偏差时,轨迹控制以减小偏差为目的,使实钻轨迹尽量靠近设计轨迹;当偏差矢量小于工程允许偏差时,轨迹控制以设计轨迹为基准,使实钻轨迹的走向与设计一致。

(3)在复杂地质条件下,如果偏差矢量的模大于(尤其是远大于)工程允许偏差时,须重新设计待钻井段井身轨迹,并基于闭环实时信息流来实时就地连续控制待钻井段的轨迹,使该井段最终中靶且井身轨迹平滑。

(4)上述理论和算法开发的调制式旋转导向钻井系统的地面监控软件系统,在一套实验钻井系统上得到了应用,能产生及时、正确的控制指令。

参 考 文 献

[1] 张绍槐. 现代导向钻井技术的新进展及发展方向[J]. 石油学报,2003,24(3):82 – 89.

[2] 张绍槐,狄勤丰. 用旋转导向钻井系统钻大位移井[J]. 石油学报,2000,21(1):76 – 80.

[3] Edmondson John, Abbott Chris, Dalton Clive, et al. The Application of Rotary Closed Loop Drilling Technology to Meet the Challenges of Complex Wellbore Trajectories in the Janice Field [R]. SPE/IADC 59218, 2000:12.

[4] Barr J D, Clegg J M, Russell M K, et al. Steerable Rotary Drilling with an Experimental System [R]. SPE/IADC 29382,1995:435 – 450.

[5] 李琪,何华灿,张绍槐. 复杂地质条件下复杂结构井的钻井优化方案研究[J]. 石油学报,2004,25(4):80 – 83.

[6] 狄勤丰. 旋转导向井下闭环钻井技术[M]. 西安:陕西科学技术出版社,1999,114 – 113.

(原文刊于《石油学报》2005 年(第 26 卷)第 4 期)

旋转导向钻井信号井下传送技术研究[1]

李琪　彭元超　张绍槐　刘志坤

摘　要: 对旋转导向钻井工艺中钻井液脉冲传输、电缆传输、声波传输、电磁波传输等常用指令传输方式进行了分析,选择钻井液负脉冲传输方式向地下传送地面指令,设计了地面钻井液负脉冲信号下传整体方案。综合考虑指令传输时间短、井下识别准确率高的原则,提出了改变泵排量的三降三升脉冲传输方式,优选出三降三升三进制负脉冲编码组合方式。通过检测发电机电流(频率)变化来实现井下信号接收。室内的实验测试证明,这一方式是可行的,并作为调制式旋转导向工具的一个子系统,开发了完整的指令控制系统软件。

关键词: 旋转导向钻井;调制式旋转导向工具;钻井液脉冲;信号传送技术;指令控制软件

旋转导向闭环钻井技术是当今国内外开发的先进钻井技术是现代导向钻井的研究重点和发展方向[1,2]。随着 MWD 和 LWD 等随钻测量技术的发展,井下信息实时向地面传输技术的研究和应用已比较成熟。笔者根据所研制的旋转导向系统的工作原理,根据钻井液脉冲传输方式,研究了从地面向井下发送信息的导向钻井无线下行通信技术。

1　钻井信息传输方式

1.1　电缆传输

电缆传输方式的最大优点就是传输可靠,单位时间传输的信息量大,并且可以实现井下和地面设备的双向通信,也可以通过电缆向井内传感器供电[3]。但是电缆的存在会干扰钻井作业,其使用受到限制。目前,虽然出现了在钻具中敷设电缆的电子钻柱,但其成本比普通钻具高出 70% ~ 80%,且其操作复杂。此外,由于电缆传输技术复杂,仅用于深度小于 6000m 的井,在深井或者超深井中,采用电缆传输非常困难。

1.2　声波传输

声波传输方式是利用声波经过地层或钻杆来传输信号。这种传输方式的优点是结构简单,成本较低。其缺点是声波传送的信息量非常小。另外,由于钻杆和接头直径的变化会使声波产生反射、干涉,从而使信号的强度降低,不便于在干扰噪声中分辨出有用信号。同时,声波传输信号随深度增加而衰减较快,在钻柱中每隔 400 ~ 500m 的距离都须安装中继站。中继站的电路包括接收器、放大器和发射器。这将极大地增加设备的费用,同时也使整个系统的可靠性大大降低。目前,声波所能传输信息的最大井深在 4000m 左右。

1.3　电磁波传输

电磁波传输技术的主要优点是:能够以很高的速率传递信息,对钻井液的质量、钻井泵流

❶ 国家自然科学基金 50234030 项目及国家 863 计划　2003AA602013 项目部分成果。

量和压力不均等要求不高,发送的信息不受钻井液充气的影响。其缺点是:信号在岩石中衰减严重,而且易受钻井设备和低电阻岩石的干扰。

1.4 钻井液脉冲传输

通过固定在钻柱内的流通截面上阀门的开闭或者利用垂直于流道高速旋转的转子切割流线产生压力脉冲信号,压力脉冲在钻井液中以接近声音在液体中的传播速度(1200～1500m/s)进行传播。水力脉冲信息传输性能可靠,可远距离传输。在传输过程中,基本不受岩石的电学性质和周围的地质特性参数的影响。不足之处是:钻井液中含气体或气体钻井时无法使用。由于压力脉冲传播速度较慢并制约了信号的调制速度,故其单位时间的传播信息量较小,且传播特性会受钻井液性能、钻柱尺寸、环境参数等的影响。

钻井液脉冲法不需要绝缘电缆和特殊钻杆,对钻井工艺无特殊限制和要求,而且便于与目前广泛使用的钻井液脉冲方式传输信息的 MWD 相结合,从而形成地面与井下双向通信的闭环控制系统。因此,从地面向井下的信号传输以钻井液脉冲传输方式为最好。鉴于旋转导向钻井由地面向井下传输的多是控制信号,信号数据量少,虽然钻井液脉冲传输方式的传输速率较低,但仍能满足要求[5]。

2 钻井液脉冲信号传输方案

钻井液脉冲可分为正脉冲和负脉冲两种形式。在 MWD 系统中,大多数采用的是正脉冲。正脉冲是在钻铤内安装脉冲发生器,它能瞬间阻碍钻井液的流动,从而产生高于正常压力的压力波[6]。在地面信号传输系统中,采用负脉冲形式。负脉冲是通过对立管钻井液泄流而产生的低于正常压力的压力波。

地面指令向下传输装置中产生负脉冲的工作原理如图1所示。在立管上引出一条分支管线,通过地面监控计算机形成控制指令,由脉冲阀控制器控制脉冲阀的开启与关闭。当脉冲阀打开时,钻井液通过单向阀→脉冲阀→节流阀分流了立管正常排量的20%的钻井液,并使其返回钻井液池。由于钻井液的瞬间分流,导致立管以及钻柱内压力骤然下降。当脉冲阀关闭时,循环系统的压力恢复到正常值。因此通过脉冲阀的开启与闭合,产生钻井液压力降、升的钻井液负脉冲波形信号,分支管路中蓄能器和节流阀是为了保持分支管路中液流的平稳,避免出现更大的压力波动。单向阀的作用是防止分支管路中钻井液倒流。

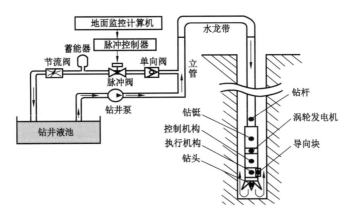

图1 地面指令向下传输装置中产生负脉冲的工作原理

3 钻井液脉冲传输指令的编码方式

通过脉冲阀的开启、闭合及延迟时间可以产生三降三升的压力波。三降三升压力波共有5个状态位,每个状态位的延迟时间为$T, 2T, \cdots, mT$(m为整数)。为了提高井下控制机构动作的灵敏度,须保证一个有效指令在所有脉宽(三降三升)的总时间不超过nT(n为整数)、最大脉冲宽度不大于mT且最小脉冲宽度为T的情况下编制而成,其中T值不能小于井眼内钻井液波动的衰减周期。在不影响钻井液循环的情况下,T值的大小主要由井下检测电路的灵敏度决定。图2(a)所示为一个有效指令编码,由于脉冲阀的开启、关闭是瞬间动作,所以持续时间T_s可以忽略不计。图2(b)表示一个无效指令编码,总时间大于nT、脉冲宽度小于T或大于mT均视为无效指令。

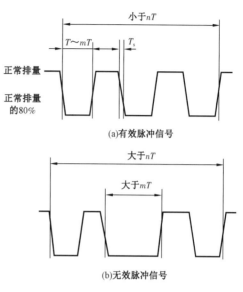

图2 控制脉冲信号

一个控制指令包含工具面角和导向力等级2个控制参数,这样的指令可有无数个。为了便于控制井下导向工具的工作状态和减少指令个数,对导向力大小和方向进行了设置,图3给出44个导向点的设置情况,每一点代表一个工况,而控制指令编码就是用不同压力脉冲来代表不同工具面角和导向力等级。三降三升共有5个状态位,将第1种状态位作为导向力的大小表示,如:$T, 2T$和$3T$分别表示100%导向力、67%导向力和33%导向力,其余4个状态位表示工具面角的大小。大于nT的为无效指令编码,设计的3种导向效果见表1。导向角度在0°~360°范围内按一定的步长从高边方向线开始顺时针排列进行编码,编码是导向点与三降三升脉冲序列对应的过程。编码原则:以总时间最小的三降三升脉冲对应使用频率最高的导向角度,可保证指令下传时间最短,并减少井下存储空间。以图3为例,工具面角ω在360°范围变化步长为:100%导向力时为15°,67%导向力时为30°,33%导向力时为45°,每个导向点对应一个三降三升脉冲序列,根据编码原则,对于0°,90°,180°和270°(图3中空心圆点)这4个工具面角,使用频率最高的导向点优先选择总时间最少的三降三升脉冲序列,然后再对图3中其他使用频率较高的导向点(实心圆点)进行编码,最后再排列图3中三角形导向点。

表1 3级指令编码

导向力级别	44个导向点		72个导向点		120个导向点	
	各级点数	工具面角步长(°)	各级点数	工具面角步长(°)	各级点数	工具面角步长(°)
100%导向力	24	15	36	10	60	6
67%导向力	12	30	24	15	36	10
33%导向力	8	45	12	30	24	15

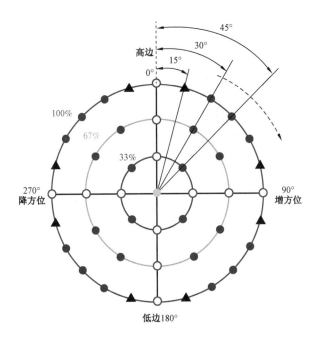

图3　44个导向点效果

4　井下信号的接收与解释

输送到井下的控制指令是通过检测井下导向工具控制机构中涡轮发电机的电压变化来实现的。为了保证井下导向工具系统的正常工作,在工具的控制机构中装有涡轮发电机,以满足系统供电。涡轮发电机靠钻井液驱动,排量的变化会引起涡轮转速的变化进而引起电压的变化。发电机测试结果如图4所示。泵排量从15 L/s开始,每2 min以2.5 L/s的量增加,发电机的电流、电压和频率随排量发生变化。借助于这一特征,提出了井下信号的接收与解释方案。

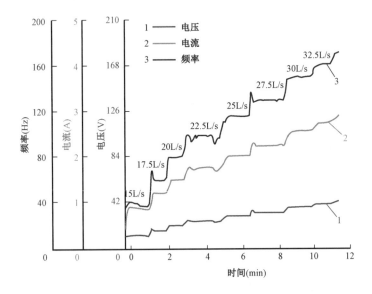

图4　发电机测试曲线

为了减少信号在井下传输的数据量并减少误码率,地面信号井下传输系统采用单工通信方式,井下信号的接收与解释系统是通过检测井下涡轮发电机输出电压的变化经判决电路取出基带信号,数字信号的滤波、解调都由软件完成。这进一步简化了井下电路,可以提高指令编码解释的有效性、可靠性、容错性。如图5所示,地面计算机发出指令,由负脉冲发生装置产生信号并发送至井下控制机构中的涡轮发电机,受钻井液脉冲信号影响,涡轮发电机输出电压并产生低频扰动,在电压输出端加滤波电路。然后由判决电路恢复地面发送的基带信号,判决电路输出的脉冲信号直接输入井下微处理器。指令信息字的解调由软件完成,检测出地面信号下传系统下传的控制指令编码后,通过查询 EPROM,即可知道指令编码所代表的导向力的大小和方向。导向工具的控制机构即可控制执行机构按指令的要求执行,实施工具面角和导向力的调整[7],完成下传指令的执行过程。

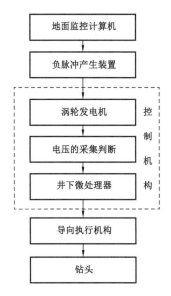

图5　井下接收与解释系统

5　信息下传方案的检测

为了检验指令编码能否顺利地被井下工具控制系统的接收装置接收并进行正确的解码,在进行控制系统单元实验的同时,进行了信号传输的模拟实验。在模拟实验中,用调速电动机控制装置来控制电动机转速,模拟钻井液排量变化引起的电动机转速的变化。高转速情况相当于正常泵排量下电动机的转速,低转速情况相当于泵排量的80%所代表的转速。控制调速电动机发送一条指令,检测和编码解释结果显示在液晶数码管上。实验表明,接收到的指令编码和发送的指令编码是完全一致的,也说明利用三降三升编码实现指令下传是可行的。

根据前面所述钻井液负脉冲下传指令的编码方式,开发了与该调制式旋转导向系统配套的地面监控软件系统。该系统完成对实钻轨迹与设计轨迹进行的偏差矢量计算[8],根据上述的编码原理及偏差矢量计算结果,产生下传指令。

6　结论

(1)钻井液负脉冲下传信息的通信方案是调制式旋转导向钻井中指令下传的最优方案。

(2)通过立管钻井液泄流系统可产生负脉冲,实现钻井液负脉冲下行通信。

(3)结合所研究的调制式旋转导向工具特点,通过脉冲阀的开启、闭合及延迟时间,产生三降三升的脉冲信号,编制了一组传输时间短、识别率高、占用井下存储空间小的下传指令编码。

(4)地面模拟,实验初步证明,所设计的地面信息下传系统是可行的,能产生正确的下传指令。

参 考 文 献

[1] 刘修善,苏义脑.地面信号下传系统的方案设计[J].石油学报,2000,21(6):88-92.

[2] 张绍槐.现代导向钻井技术的新进展及发展方向[J].石油学报,2003,24(3):82-89.

[3] 程华,张铁军.随钻信息的有线钻杆传输技术发展历程和最新进展[J].特种油气藏,2004,11

(5):85 - 87.

[4] Lurie P, Philip H, Smith J E. Smart drilling with electric drillstring [J]. SPE/IADC 79886,2003.

[5] 杨全进,李瑾. 旋转导向钻井系统中的一种下行通讯方莉[J]. 油气地质与采收率,2004,11(1):75 - 78.

[6] 刘修善,苏义脑. 泥浆脉冲信号的传输速度研究[J]. 石油钻探技术,2000,28(5):24 - 26.

[7] 闫文辉,彭勇,张绍槐. 旋转导向钻井工具的研制原理[J]. 石油学报,2005,26(5):94 - 97.

[8] 李琪,杜春文,张绍槐. 旋转导向钻井轨迹控制理论及应用技术研究[J]. 石油学报,2005,26(4):97 - 101.

(原文刊于《石油学报》2007 年(第 28 卷)第 4 期)

旋转导向钻井系统控制井眼轨迹机理研究❶

狄勤丰　张绍槐

摘　要：分析了井眼轨迹的旋转导向机理及井眼轨迹旋转导向偏差矢量控制方法的原理，同时还对常规井眼轨迹控制方法与偏差矢量控制方法进行了比较。

关键词：导向钻井；闭环钻井系统；钻井工程；井眼轨迹控制；矢量机理

1　概述

旋转导向钻井是指在钻柱旋转作业状态下实现井眼轨迹的导向控制，其突出优点主要在于能克服滑动导向系统所遇到的摩阻和井眼清洁等问题，从而大幅度提高钻井导向能力[1]。研究表明，要实现旋转导向，必须具有井下实时可控或地面可遥控的井下旋转导向工具、能测定井下钻头实时位置的信息测量与传输系统，井下实时控制（井下自动导向系统）或地面监控（监测、遥控）系统。井下旋转导向工具是旋转导向钻井系统的核心，是实现旋转导向的根本；井下实时控制系统或地面监控系统能按照设计的井眼轨迹和测量信息，对井下工具进行实时控制或遥控；测量与传输系统则尽可能地测出近钻头处井眼的空间姿态信息，或者测出钻头处或钻头前面的地层信息，并及时传送给井下电脑以及地面计算机进行信号处理；井下实时控制系统或地面监控系统据此发出新的控制指令，使井下旋转导向工具按照控制指令进行动作，从而实现井眼轨迹的旋转导向控制。

合理的井眼轨迹控制机理不但是成功实现井眼轨迹旋转导向控制的保证，还是旋转导向系统设计的主要依据。本文主要对旋转导向的机理进行深入研究，以探讨合理的井眼轨迹控制方法。

2　旋转导向工具的工作原理

实现旋转导向的关键是如何在钻柱旋转过程中有效、可靠地控制侧向力大小和方向。因而旋转导向钻井技术的核心就是研究旋转导向工具的结构及其工作原理。经过对现行各种导向工具的充分研究，并参考 Camco 英国公司的 SRD 系统设计[2]，笔者提出了一种可调节式旋转导向工具[3]。它通过控制控制轴或控制面的定位和运动，可实现对导向力合力大小和方向的控制，从而实现对井眼轨迹的控制[2]。导向工具所受侧向作用力（图 1）计算如下：

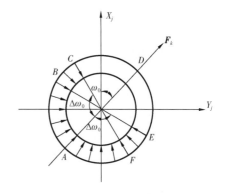

图 1　导向工具的侧向受力分布及合力矢量

――――――――――――――――――

❶ 国家自然科学基金资助项目论文。

$$F_k = \frac{\sin \Delta k_0}{\Delta k_0} F_0 \qquad (0 \leqslant k_0 \leqslant \pi) \qquad (1)$$

式中：F_0 为翼肋作用在井壁上的力，$F_0 = \pi d^2 / 4(P_1 - P_0)$；$k_0$ 为一般导向状态要求的工具面角；Δk_0 为控制轴摆动（变化）幅度。

一般情况下，导向机构的活塞直径恒定，则 F_0 的大小主要取决于导向机构处钻具内外的液体压差。在某一工作井深，由于钻速一般较慢，若钻井液压力改变较小，那么，井底内外压差可近似看作定值。此时，F_0 也可近似看作定值。因此，由式（1）可见，平均合力 $\boldsymbol{F}_k$ 的大小取决于 Δk_0 的值。随着 Δk_0 的增加，$\boldsymbol{F}_k$ 的大小从 F_0 逐渐降为零。图 2 中给出了力 $\boldsymbol{F}_k$ 随 Δk_0 的变化曲线。

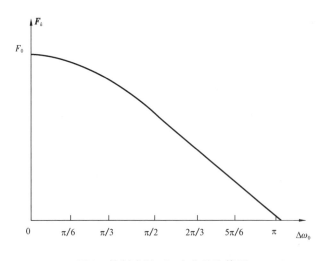

图 2　控制力随 Δk_0 变化的取值图

通常可采用控制工具面的摆动来调节导向合力的大小，摆动幅度 Δk_0 越大（最大为 π），合力越小。导向机构的工作状态与导向力大小有 3 种状态：

（1）$\Delta k_0 = \pi$，$\boldsymbol{F}_k = F_0$，最大导向工作状态，工具面方向由 Δk_0 决定；

（2）$\Delta k_0 = \pi$，$\boldsymbol{F}_k = 0$，"中性"工作状态；

（3）$0 < \Delta k_0 < \pi$，$\boldsymbol{F}_k = \dfrac{\sin \Delta k_0}{\Delta k_0} F_0$，一般工作状态，工具面方向由 Δk_0 确定。

3　井眼轨迹旋转导向原理

通过对旋转导向工具面的控制，可实现导向力大小和方向的控制。而如何确定所需要的导向力大小和方向是成功实现旋转导向控制井眼轨迹的关键因素之一。研究表明，利用位置偏差矢量可以很好地解决这一问题。

位置偏差矢量是衡量实钻轨迹上一点（如当时井底）与设计轨迹的空间相对位置（包括方向和大小）的矢量。把实钻井眼轨迹的法平面定义为偏差平面。井底的位置偏差就等于井底偏差平面与设计轨迹的交点相对实钻井底的位移。如图 3 所示。设实钻井底的位置参数为 A(L_A, X_A, Y_A, Z_A)，方向参数为(T_A, φ_A)，过 A 点做法向平面 P，与设计轨迹交于 B 点，设 B 点的位置参数为(L_B, X_B, Y_B, Z_B)，方向参数为(T_B, φ_B)，B 点的位置参数为未知数。

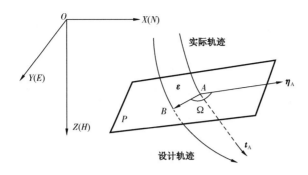

图 3 偏差平面与偏差矢量

设偏差平面上任一点的坐标为 (X,Y,Z)，r 为该点的位置矢量，则过 A 点的偏差平面方程为：

$$(r - r_A) \, t_A = 0 \tag{2}$$

偏差矢量方程为：

$$X = (X_B - X_A)i + (Y_B - Y_A)j + (Z_B - Z_A)k \tag{3}$$

偏差距离为：

$$X = |X| = (X_B - X_A)^2 + (Y_B - Y_A)^2 + (Z_B - Z_A)^2 \tag{4}$$

偏差矢量方位角为井眼高边方向（图 3 中 η_A。方向）顺时针转至 X 的夹角。

偏差矢量方位角为：

$$\tan\Omega = \Delta Y_j \Delta X_j \tag{5}$$

式中：Ω 为偏差矢量 X 方位角；$\Delta Y_j , \Delta X_j , \Delta Z_j$ 分别为井眼坐标系中偏差矢量 X 的三个分量且 $\Delta Z_j = 0$。

偏差矢量 X 可以反映几方面的信息：

（1）实钻井底到设计轨迹的距离。当实钻井底 A 与设计轨迹上 B 点的方向一致时，X 反映的是最小偏差。

（2）实钻井眼的走向。当实钻井底朝着设计轨迹靠近时，X 虽不是 A 点到设计轨迹的最小距离，但 X 在逐渐变小；当实钻井底走向偏离设计轨迹时，X 将逐渐增大，此时 X 远大于 A 点到设计轨迹的最小距离。

（3）设计轨迹的变化趋势。值得强调的是，当控制力沿偏差矢量 X 的方向作用时，将保证实钻井眼轨迹沿逼近设计轨迹的方向延伸。除非实际造斜能力小于设计轨迹的井眼曲率，否则将绝对保证实钻轨迹能尽量靠拢设计轨迹。因此，X 的大小将决定控制力的大小，而且其方向将决定控制力的方向。

4　井眼轨迹旋转导向控制机理

常用的定向井井眼轨迹控制方法有两种：一种是控制装置方位角不变的方法[4]；另一种是控制装置角不变的方法[4-6]。前一种方法是根据当前井底和目标点参数，计算出合适的控制井眼轨迹参数，并确定初始装置角。当井下钻具调整好方位后，就锁住转盘，使钻柱不转动，从而保持装置方位角不变,钻出的井眼是一空间斜面上的曲线。在实际钻进时,装置角在不断变化。后一种方法是在钻井过程中,不断地扭动钻柱,以保持装置角不变,钻出的井眼为一空间柱面曲线。由于没有连续自动控制扭动钻柱的设备,现场的做法是打一个单根扭动一次钻柱,但由于操作费时,从经济上和操作上考虑,随时扭动是不可取的,因此实质上是按第一种方法控制井眼轨迹,但可近似地看作是不断地扭转方钻杆,保持装置角不变的过程。

常规定向井井眼轨迹控制方法的基础是已知工具的造斜能力,并假设其不变,然后计算出初始装置角。而事实上,工具的造斜能力受到多方面因素的影响(其中最主要的是地层因素),是一个不确定的值,也就是说定曲率条件难以满足。这也是目前井眼轨迹控制过程中存在问题的根本原因。

旋转导向系统的控制特点是通过控制导向工具面方向(装置角)和工作状态(控制力)来连续控制井眼轨迹。其优点是在井底能随时检测出偏差信号,并能随时改变工具面方向(即装置角大小),还能根据需要改变导向能力。鉴于旋转导向系统控制井眼轨迹的基础是偏差矢量,因此把旋转导向系统的井眼轨迹控制方法定义为偏差矢量法。

从偏差矢量计算过程中可以发现,偏差矢量的方向主要取决于 $X_j O_1 Y_j$ 平面内的 X_j 和 Y_j 取值。若在 $X_j O_1 Y_j$ 平面内地层各向同性,且控制力一定,并取偏差矢量方向为工具面方向时,则钻进一段时间后,偏差矢量的大小将改变,但方向不改变。即在各向同性地层中,从理论上讲装置角可以不变。但实际上地层是各向异性的,偏差矢量方向在变化,实际控制过程是连续改变装置角进行定向钻进的过程。

因此,钻头的各向异性、地层的各向异性、钻具所受的干扰等因素使偏差矢量 **X** 的大小和方向都在不断地变化。偏差矢量法实质上是变曲率、变装置角的井眼轨迹控制过程。也就是说,偏差矢量法一方面是通过改变装置角来使钻具所受侧向力沿着偏差矢量方向,使实钻轨迹靠近设计轨迹,另一方面则是通过控制机构来改变井下钻具的造斜力大小,从而改变实钻井眼的曲率。

表 1 中列出了上述 3 种控制方法的特点。

表 1　3 种井眼轨迹控制方法的比较

方法	空间斜面法	圆柱螺线法	偏差矢量法
特点	装置方位角 φ_{k_0} 不变,k_0 随方位角 φ 变化	k_0 保持不变	k_0 随偏差矢量方向变化
设计轨迹形式	空间斜面曲线	圆柱螺旋曲线	空间曲线
钻井操作	钻井过程中方钻杆不转动,即保持 φ_{k_0} 不变	在一个单根内 φ_{k_0} 不变,单根之间 k_0 保持不变	k_0 在短距离内不变,在整个井段内变化
相互关系		以单根为单位的空间斜面法的叠加	以小井段(小于单根)的圆柱螺线法的叠加

5　结论

(1)受地层的复杂性以及其他干扰因素的影响,旋转导向钻井系统的导向能力成为一不确定的值,主要靠调整侧向控制力大小来控制井眼轨迹。

(2)旋转导向控制井眼轨迹的依据是控制实钻轨迹与设计轨迹的相对偏差矢量。

（3）以实钻轨迹的法平面作为偏差平面,所得偏差矢量既能反映实钻井底相对于设计轨迹的偏差大小,还能反映实钻轨迹、设计轨迹的方向特征及变化趋势。

（4）偏差矢量的方位决定了控制力的作用方向,而偏差矢量的大小决定着控制力的大小。

（5）旋转导向系统控制井眼轨迹的原理不同于常规定向井井眼轨迹控制原理,其特征是变曲率、变"装置角"的控制过程。

参 考 文 献

[1] 狄勤丰,张绍槐. 井下闭环钻井系统的研究与开发[J]. 石油钻探技术,1997,25(2).

[2] Barr J D, et al. Steerable Rotary Drilling with an Experimental System[R]. SPE 29382,1994.

[3] 狄勤丰. 井下闭环钻井技术的理论研究[D]. 南充:西南石油学院 1997.

[4] 韩志勇. 定向井设计与计算[M]. 北京:石油工业出版社,1989.

[5] 刘修善,等. 井眼轨迹设计理论与描述方法[M]. 哈尔滨:黑龙江科学技术出版社,1993.

[6] 白家祉,苏义脑. 井斜控制理论与实践[M]. 北京:石油工业出版社,1990.

（原文刊于《石油钻探技术》1998 年(第 26 卷)第 3 期)

用旋转导向钻井系统钻大位移井[❶]

张绍槐　狄勤丰

摘　要：在用滑动导向系统钻大位移井时随着位移及井深的不断增大，由于上部钻柱不旋转，会引起摩阻和扭矩过大、方位漂移失控、井眼清洗不良等问题。计算和实践表明，用滑动导向系统进行钻井时，大位移井的极限延伸能力受到了限制。文中对用旋转导向系统钻大位移井进行了方案性研究，设计了相应的可遥控和井下自动控制的旋转导向工具 RSDS，并对旋转导向的机理进行了理论研究，所设计的旋转导向工具以钻井液为动力，充分利用了钻井液的冷却作用，具有较好的工作可靠性，结构简单。用旋转导向系统 RSDS 进行大位移井钻井可望相当准确地控制井眼轨迹，大幅度减少钻柱所受的摩阻和扭矩，显著改善井眼的清洁状况。

关键词：钻井工程；大位移井；水平井；旋转导向；实时控制；偏差矢量；随钻测量

大位移井是近年来国内外在滩海、湖泊、稠油油藏及沙漠、海洋等复杂地面条件下进行勘探和开发的一种经济而有效的先进技术。随着位移和井深的不断增加，使用钻柱不旋转的滑动导向钻井系统，必然导致摩阻、扭矩过大，方位漂移严重乃至失控，井眼净化较差等问题，使大位移井的钻井作业易于发生井下复杂情况和不安全事故。从理论和实践上足以证明，在一定的井深极限范围内，滑动导向系统能很好地控制井眼轨迹且有较经济的优点。但超出这一极限井深则必须采用旋转导向钻井系统。本文提出一种基于几何导向技术的旋转导向钻井系统 RSDS(Rotary Steering Drilling System)，利用这种系统。可望较大幅度地提高大位移井的井眼轨迹控制精度，提高大位移井的钻井效益和速度。

1　RSDS 总体结构组成

旋转导向系统的突出优点，主要在于其能克服滑动导向系统所遇到的摩阻过大和井眼不清洁等问题，从而可使钻井导向能力得到大幅度提高，这一点对于正在迅速兴起的大位移钻井和设计师井等具有复杂结构的特殊类型井尤为重要。研究表明，要实现旋转导向，必须具有地面可实时遥控或井下实时可控的井下旋转导向工具、能测定井下钻头实时位置的信息测量与传输系统、井下实时控制(井下自动导向系统)或(和)地面监控(监测、遥控)系统。

井下旋转导向工具是旋转导向钻井系统的核心，它是实现旋转导向的根本。井下实时控制系统或地面监控系统，能按照预置或要求的三维井眼轨迹，根据测量信息，对井下工具进行实时控制或遥控。测量与传输系统应能测出近钻头处井眼的空间姿态信息，并能及时传送给井下微电脑以及地面计算机。测量的信号经过处理成为新的控制指令。井下实时控制系统或地面监控系统发出控制指令，使井下旋转导向工具按照控制指令进行动作，从而实现井眼轨迹的旋转导向控制。

导向钻具组合的运作可由两个系统控制：一是由井下闭环控制回路控制。钻头空间姿态

---

❶ 基金项目：国家自然科学基金项目(59474003)"井身轨道制导的智能钻井系统的理论与实验研究"部分成果。

测量系统测得的信息,经井下微电脑处理后,与储存在井下微电脑中的预置井眼轨迹信息比较,然后形成控制指令并发送给控制机构,控制机构根据控制指令控制导向机构(也称偏置机构)的工作。导向机构产生的导向效果则又由钻头空间姿态测量系统测量,从而完成闭环控制回路。二是由地面监控系统控制。钻头空间姿态测量系统的测量结果通过井下传输通道传给 MWD 系统。MWD 系统一方面完成自己的测量任务,同时又把近钻头测量信息以及自测信息传给地面监控系统。监控系统通过模拟软件的模拟视情况作出反应。当模拟结果表明井下情况正常时,监控系统不发出干预指令,否则干预指令将向井下传送给井下控制机构。控制机构根据地面指令操作导向机构,这样就实现了地面遥测、监控任务。采用何种控制方式,可根据需要确定。控制回路如图 1 所示。

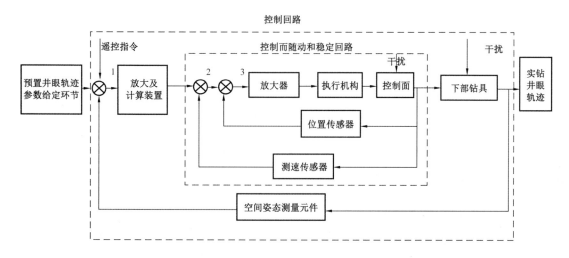

图 1　旋转导向控制回路

MWD 系统安装在无磁钻铤内部。专用柔性钻铤也是由无磁材料制成,是刚性较低、柔性较好的特殊钻铤。使用柔性钻铤的目的是为了减少上部钻具对旋转导向钻具组合的限制,从而使导向机构能充分发挥其导向能力。利用柔性钻铤,可使旋转导向钻具组合在井下保持有较好的刚性结构;另外,与近钻头扶正器配合,可保证钻头空间姿态测量系统尽可能地测得井眼轴线的空间位置参数。此外,底部钻具组合是一典型的稳斜钻具组合,这种结构上的安排能使 BHA 在非导向工作状态时具有较好的稳斜效果。旋转导向钻具组合的结构长度一般在 4～5m 范围内。

在旋转导向钻具组合内部同心安装有一密闭压力室(即稳定平台),通过对压力室的旋转方向的控制,就可实现对控制轴的运动的控制,继而实现对旋转导向钻具组合的受力控制。近钻头空间姿态测量系统就装在该压力室内,其主要由三轴力反馈式加速度计以及 3 个沿加速度计轴向安装的磁通门传感器组成[3]。该装置可在旋转状态下测出近钻头处的井斜角、方位角以及导向工具的工具面角。

2　旋转导向机构的结构与工作原理

实现旋转导向技术的关键是如何在钻柱旋转过程中进行侧向力大小和方向的有效控制,并且具有很好的可靠性,因而旋转导向技术的核心就是研究旋转导向工具的结构及其工作原理。经过对现行各种导向工具的工作原理及使用特点的充分研究[1,2],提出了一可调节式旋转导向钻井系统(MRSS)(Modulate Rotary - drilling Steering System),其结构主要由 3 个伸缩翼片以及控制 3 个翼片伸缩的控制阀组成,其控制原理如图 2(a)所示,伸缩翼片的伸缩由钻井液提供动力,并由控制阀分配控制阀的结构如图 2(b)所示,它实为一盘阀系统,由上下两部分组成。上盘阀由控制轴带动。上盘阀上有 3 个孔,其中之一与空心控制轴相通,称为高压阀孔,其余两个与低压室相通称为低压阀孔。高压阀孔做成如图所示弧形长孔形状,目的是为了使高压钻井液作用在翼片上的力具有一定的作用时间,以保证侧向控制力的作用效果。钻井液通过控制轴上的带筛孔的元件进入控制轴再流向上盘高压阀孔。下盘与导向机构轴体相固联,上面有 3 个直径相同的圆孔,圆孔下的通道通向伸缩翼片的活塞室。3 个圆孔之间的相位相差 120°。

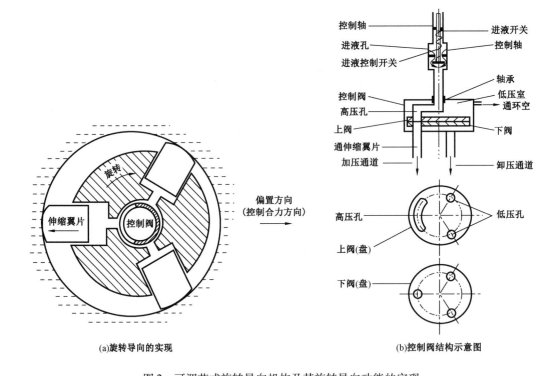

(a)旋转导向的实现   (b)控制阀结构示意图

图 2   可调节式旋转导向机构及其旋转导向功能的实现

当导向机构处于工作状态时,控制轴中的流体进入开关打开,钻井液由筛孔通向上盘高压孔眼。下盘随钻头一起同步旋转,当其中的一个孔眼与上盘高压孔眼位于同一轴线上时(两孔相接)与之相连的伸缩机构被高压钻井液推动,活塞外推,翼片与井壁接触,并给井壁施加一作用力。该作用力的方向则由上盘高压孔眼的位置确定。当上盘高压孔眼在控制机构作用下处于井眼高边方向时,该作用力方向就沿井眼高边方向,井壁对它的反作用力就指向井眼低边。此时,导向机构就处于全力降斜状态。当上盘高压孔眼在控制机构作用下处于井眼低边方向时,该作用力方向就指向井眼低边方向,井壁的反作用力就指向井眼高边。此时,导向机构就处于全力增斜状态。当上盘高压孔眼在控制机构作用下处于 90°相位时,导向机构就处于 90°降方位状态。当上盘高压孔眼在控制机构作用下处于 270°相位时,则导向机构就处于 90°增方位状态。研究表明,对于 RSDS 系统来讲,90°扭方位状态实际上也是全力扭方位状态[2]。在钻头每一转过程中,下盘孔眼都与上盘高压阀孔相通一次,与之相接的伸缩块伸缩一次。相通时,伸缩块伸出;不相通时,下盘阀孔就与上盘阀的低压孔相通,伸缩机构活塞腔内的压力卸压,伸缩块在复位弹簧的作用下回收。低压室与井眼环空相通,保持低压室内的环空压力。

导向机构在控制阀的控制下实现定向功能,而伸缩翼片在随钻头旋转的过程中的有规律受控伸缩则产生一定的控制力。伸缩翼片对井壁的作用是在钻头每一转的过程中获得动态实现,并不像静止式导向机构的伸缩翼片相对井壁的周向位置保持不变,这正是调节式导向机构的特点所在。

导向机构作用力矢量如图3(a)所示,其大小为:

$$\boldsymbol{F}_k = F_0 \frac{\sin\Delta k_0}{\Delta k_0} \qquad (0 \leqslant \Delta k_0 \leqslant \pi) \tag{1}$$

$$F_0 = \frac{1}{4} \pi d^2 (P_i - P_0); \tag{2}$$

式中:F_0为翼片作用在井壁上的力;k_0为一般导向状态要求的工具面角;Δk_0为控制轴摆动(变化)幅度。

一般情况下,导向机构的伸缩机构的活塞直径恒定,翼片作用力的大小主要取决于导向机构处钻具内外的液体压差。在某一工作井深,由于钻速一般较慢,若钻井液压力改变较小,那么,井底内外压差可近似看作定值。此时,翼片对井壁的作用力也可近似看作定值。

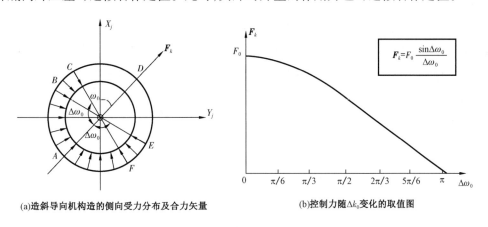

(a)造斜导向机构造的侧向受力分布及合力矢量　　(b)控制力随Δk_0变化的取值图

图3　控制力的形成及其变化规律

在一般导向状态,导向合力的大小调节可采用控制面的摆动来实现,当摆动幅度 Δk_0 越大时(最大为π),合力越小。控制力随 Δk_0 变化的关系如图3(b)所示。导向机构的工作状态与导向力大小可概括如下:

$\Delta k_0 = 0$,$\boldsymbol{F}_k = F_0$,最大导向工作状态,工具面方向由 k_0 决定;

$\Delta k_0 = \pi$,$\boldsymbol{F}_k = 0$,"中性"工作状态;

$0 < \Delta k_0 < \pi$,$\boldsymbol{F}_k = \frac{\sin\Delta k_0}{\Delta k_0} F_0$,一般工作状态,工具面方向由 k_0 决定。

3　控制方法研究

由前面可知,通过对旋转导向工具工具面的控制,可实现导向力大小和方向的控制。而对导向力大小和方向的控制必须满足井眼轨迹的控制需要,因而如何确定所需要的导向力大小和方向就成为旋转导向能否实现井眼轨迹的成功因素之一。研究表明,利用位置偏差矢量

（简称偏差矢量）**X** 可以很好地解决这一问题。

位置偏差矢量 **X** 是衡量实际轨迹上一点（如井底）与设计轨迹的空间相对位置（包括方向和大小）的矢量（图4）。把实际井眼轨迹的法平面定义为偏差平面。井底的位置偏差就等于井底偏差平面与设计轨迹的交点相对实际井底的位移。**X** 的计算方法见参考文献[2]。

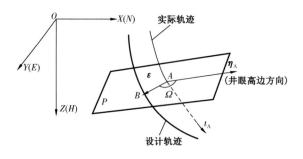

图4　偏差平面与偏差矢量

X 的方向决定了当控制力沿这一方向作用时，将保证实际井眼轨迹沿逼近设计轨迹的方向延伸。除非实际造斜能力小于设计轨迹的井眼曲率，否则将绝对保证实际轨迹能尽量靠拢设计轨迹。**X** 的大小则反映了需要纠偏的力度。因此，**X** 的大小将决定控制力的大小，而其方向将决定控制力的方向[2]。

要达到理想的控制效果，还必须结合井眼轨迹控制的特征，对控制方法进行充分研究。较常规的方法是常规偏差矢量方法，它是在根据偏差矢量确定控制力大小和方向的过程中，引进自动控制理论中的比例—微分控制原理，对井眼轨迹的变化趋势进行限制。研究表明，常规偏差矢量法能进行轨迹的有效控制，但存在的超调现象并不是人们所希望的。PD控制器能减缓这种现象，但不能消除。用这种方法进行控制的结果达不到如图5中所示的理想轨迹。

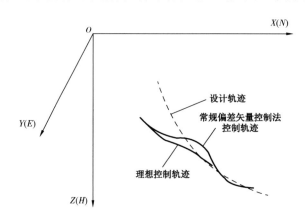

图5　体现智能控制作用的理想轨迹

目前，常用的井眼轨迹控制方法中体现出了人的智能作用，这引导我们研究井眼轨迹的智能控制方法。其原理是在常规控制方法的基础上，把人们控制井眼轨迹的思想用算法语言表示出来，并根据其形成控制指令。文献[2]中给出的仿人智能控制器能实现理想轨迹的控制。为了很好地设计智能控制器，必须给出合理的控制特征变量、偏差矢量、偏差变化量、方向角，是井眼轨迹智能控制的一组有效的特征变量[2]。

4 结论

（1）旋转导向钻井技术代表了井眼轨迹控制技术的未来发展方向,利用这项技术可望较大幅度地提高大位移井的井眼轨迹控制精度和钻井效益与速度。

（2）导向工具是旋转导向钻井系统的核心工具。本文主要研究了配几何导向的、由可调节式旋转导向工具组成的旋转导向钻井系统。

（3）RSDS 系统是一地面可实时遥控的旋转导向钻井系统。它的控制基础是实际井眼轨迹的位置偏差。偏差矢量的方向决定了控制力的作用方向,偏差矢量的大小决定控制力的大小。常规和智能偏差矢量法能进行轨迹的有效控制。

（4）井眼轨迹控制的最大特点是大滞后特性。这种特性虽然对导向工具的控制效果的及时了解不利,但对控制系统的稳定性十分有利,可允许适当地降低对稳定性的要求。

（5）在旋转状态下实现导向控制的关键是能及时准确地了解钻头的空间位置。在 RSDS 系统中设置了专门的钻头空间姿态测量系统。

（6）RSDS 系统的控制系统由钻井液提供动力(电力和控制扭矩)。

（7）本项工作有助于实现井下闭环钻井系统。

参 考 文 献

［1］狄勤丰,张绍槐.井下闭环钻井系统的研究与开发［J］.石油钻探技术,1997:25(2).

［2］狄勤丰.井下闭环钻井技术的理论研究［D］.南充:西南石油学院:1997.

［3］Barr J D, et al. Steerable Rotary Drilling with an Experimental System［A］. SPE 29382,1994.

（原文刊于《石油学报》2000 年(第 21 卷)第 1 期）

旋转导向钻井工具的研制原理❶

闫文辉　彭　勇　张绍槐

摘　要：介绍了旋转导向钻井工具的工作原理及结构,指出了研制该工具的主要技术特点。旋转导向钻井工具主要由稳定平台单元、工作液控制分配单元和偏置执行机构单元3部分组成,其测试元件将测得的井眼参数通过短程通信传输到随钻测量仪,再由随钻测量仪将信息传输到地面。同时,旋转导向钻井工具接收由地面发出的指令并通过稳定平台单元调控工作液来控制分配单元中的上盘阀高压孔的位置。工作液控制分配单元将过滤后的钻井液依次分配到3个柱塞,给推板提供推靠动力,并使该推靠力的合力方向始终保持在上盘阀高压孔所对应的位置,在近钻头处形成拍打井壁的侧向力。通过对侧向力的大小、方向和拍打频率的调整,可直接控制该工具的导向状态。

关键词：旋转导向钻井工具;测试元件;导向控制;井眼参数;随钻测量

　　旋转导向钻井技术是20世纪90年代初发展起来的一项自动化钻井新技术。国外钻井实践证明,在水平井、大位移井、大斜度井、三维多目标井中推广应用旋转导向钻井技术,既提高了钻井速度、减少了事故,也降低了钻井成本。国外目前主要有3种不同类型的旋转导向钻井系统,即 Auto Trak 旋转闭环钻井系统、Power Drivc 调制式全旋转导向钻井系统和 Geo – Pilot 旋转导向自动钻井系统。国内学者也对该技术进行了介绍并开展了相关的研究工作。胜利石油管理局与西安石油大学联合研制和开发了具有自主知识产权的旋转导向钻井系统。该旋转导向钻井技术主要包括井下旋转自动导向钻井系统、地面监控系统以及将上述两部分相结合的双向通信技术。笔者主要对井下旋转自动导向钻井系统中的旋转导向钻井工具进行了介绍。

1　旋转导向钻井工具工作原理

　　旋转导向钻井工具的最基本功能有两种:(1)导向功能;(2)稳斜或不导向功能。导向功能是指当需要向某一个井斜、方位导向时,可由稳定平台通过控制轴将上盘阀高压孔的中心即工具面角调整到与所需导向的井斜、方位相反的位置上,这时钻具沿所需的井斜及方位进行钻进,并由各随钻测试仪器随时监测井眼轨迹。稳斜功能(不导向)是使稳定平台带动上盘阀,使其和钻柱以不同的某一转速作匀速转动(如 20 ~ 40 r/min),这时在 360° 工具面角的方向上,不断有类似巴掌的推板伸出并推靠井壁,综合作用则表现为不导向,亦即稳斜钻进。旋转导向钻井系统原理如图1所示。

　　根据对井下工程、地质及几何参数的监测和要求,旋转导向钻井工具可以按已设定的程序或给定的指令调整井斜和方位。它是一种机电一体化智能导向工具,靠近钻头的推靠柱塞和推板(巴掌)、工作液控制阀以及稳定平台是它的核心部件。推板的动力来自于钻井液经过钻

---

❶ 国家863计划2003AA602013项目和中石化JP01005项目联合资助。

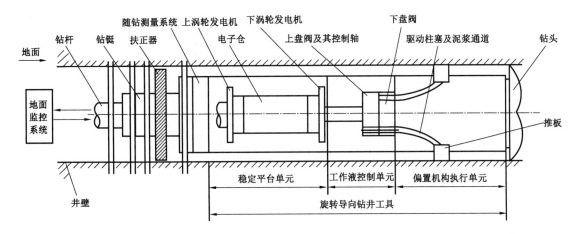

图1　旋转导向钻井系统工作原理示意图

头水眼后所产生的钻柱内外压差;工作液控制阀(上、下盘阀的相对位置)的调节和稳定则由稳定平台控制;3 个推板的相位差为120°;钻柱在旋转状态下,任意一个或两个推板通过某一特定的方位时,借助工作液控制阀所施加的压力(钻井液压差)来同步调整推板的伸出,使其与井壁接触并对钻头产生一个侧向力(即利用井壁对推板的反作用力)来推动钻头改变原方向,达到改变井斜或方位的目的,从而实现旋转导向钻井。

　　旋转导向钻井工具中稳定平台单元的作用是在钻井工具中产生一个不受钻杆旋转影响、相对稳定的平台,从而能够使钻柱导向钻井工具及推板的工具面角在旋转时保持稳定。稳定平台单元由上、下两个涡轮发电机、测控电子系统及电子仓组成。上涡轮发电机是系统动力发生器,提供井下电源,其旋转方向为顺时针方向;下涡轮发电机是扭矩发生器,其旋转方向为逆时针。两个涡轮发电机之间设置密封电子仓,电子仓中有控制电路和测量工具面角、井斜角的三轴重力加速度计、磁通门、短程通信、下传信号接收器及其电路等。为了使稳定平台在旋转的钻柱内维持稳定,必须使施加到控制轴上的力矩平衡。工作中平台受到的主要力矩包括驱动上盘阀旋转的扭矩、钻柱旋转带来的机械摩擦阻力矩和作为电能发生器的涡轮发电机本身的电磁力矩。作为力矩发生器的下涡轮发电机电枢在磁场中也会产生一个电磁力矩,即驱动动力矩。涡轮发电机与扭矩发生器的扭矩联合作用实现可控调节与平衡。按照其功能,稳定平台控制机构由涡轮发电机、控制电路、检测电路、通信电路和驱动电路等 6 大部分组成。2个井下涡轮发电机利用钻井液的动能为平台中的电气设备提供电源。同时作为平台稳定控制的执行器控制与其相连的液压控制单元中的上盘阀。

　　旋转导向钻井工具中的工作液控制单元是一个盘阀开关系统,由上、下盘阀 2 部分组成。上盘阀由稳定平台控制轴带动,其上开有 1 个作为工作液钻井液通道的孔,称为高压阀孔,如图 2(a)所示;下盘阀固定在偏置机构单元本体内,上开有 3 个圆孔,分别与偏置执行机构的 3个柱塞相通,如图 2(b)所示。上盘阀孔为弧形长孔状,能使高压钻井液作用在推板上的力具有一定的作用时间,以保证侧向控制力的作用效果,钻井液通过过滤网再流向上盘高压阀孔。当上盘阀的高压孔与下盘阀的某 1 个或者 2 个孔相通时,高压钻井液将推动偏置执行单元的相应柱塞,并由柱塞推动推板,将力作用在井壁上,该作用力的方向则由上盘高压孔的位置确定。液压控制单元的核心就是在稳定平台的作用下,控制上盘阀高压孔的位置(工程上的工具面角)。

图 2　上盘阀和下盘阀结构

旋转导向钻井工具中的偏置执行单元主要由柱塞和推靠井壁的推板组成,在工作液控制单元的控制下,依次将高压钻井液通向柱塞,再由柱塞将力施加给推板,使其与井壁接触,避免柱塞直接与井壁接触而造成钻具卡死或井壁挤毁。

旋转导向钻井技术信息传输闭环流程如图 3 所示。由旋转导向钻井工具中的井眼几何参数传感器测得旋转钻井条件下近钻头处的井斜角、方位角和工具面角等参数,并通过短程通信元件将上述参数传输到随钻测量仪,再继续由随钻测量仪的上传通道将数据传输到地面。根据实钻井眼与设计井眼的相对位置的偏差,通过信息智能处理综合决策系统来调整钻头走向,即改变工具面角参数,并将决策代码通过钻井泵排量载波下传到井下信息处理中心进行指令接收、识别、解释和处理,从而通过井下控制器调整稳定平台的控制轴,实施工具面角的调整、改变导向执行机构推靠井壁的方向,从而实现钻柱在连续旋转状态下的三维导向。

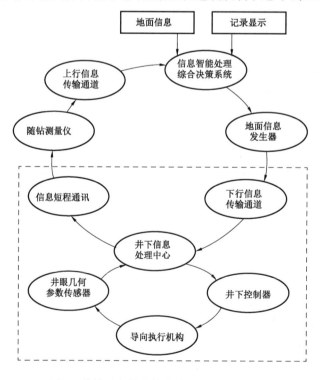

图 3　旋转导向钻井技术信息传输闭环流程

2 旋转导向钻井工具的结构特点

旋转导向钻井工具主要由稳定平台单元、工作液控制分配单元及偏置执行机构 3 部分组成。图 4 所示为自主开发的旋转导向钻井工具的三维 CAD 结构图。稳定平台单元主要由涡轮发电机、控制电路电子仓、扭矩发生器、轴承支撑及密封部件等组成;工作液控制分配单元主要由上盘阀、下盘阀、上盘阀轴向力调节弹簧、上盘阀控制轴和相应的密封部件组成;偏置执行机构主要由带钻井液喷嘴的柱塞和推靠井壁的推板(图 5)组成。图 6 为设计加工完成的旋转导向钻井工具功能样机局部照片。

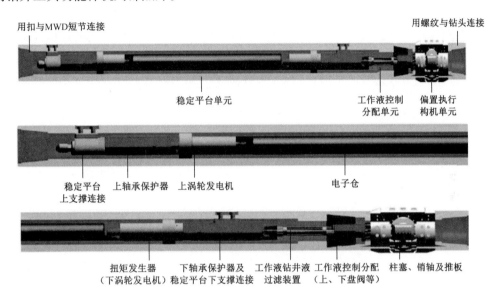

图 4　旋转导向钻井工具三维 CAD 结构

图 5　推板结构

图 6　旋转导向钻井工具功能样机局部照片

3 旋转导向钻井工具的设计特点

针对复杂的井下工作条件和国内现有的条件,旋转导向钻井工具设计具有以下技术特点:(1)在稳定平台的上部支撑中采用圆锥滚子轴承,下部支撑采用圆柱滚子轴承与推力圆柱滚子轴承组合结构。为了改善轴承的工作环境.提高其使用寿命,特设计了轴承保护器,将轴承密封在润滑油中,同时精心设计了轴承的游隙。(2)经理论分析与模拟试验确定,上盘阀高压孔的圆心角选为 120°,以确保了上盘阀相对井壁不动而下盘阀保持旋转状态的情况下始终存在一个推板来推靠井壁,防止冲击式推靠力对钻柱的冲击。在保证密封与寿命的前提下,下盘阀表面有一部分突起,以减少摩擦面积。上、下盘阀均采用硬质合金的制造材料或表面喷涂高耐磨性材料。(3)稳定平台控制轴,使扭矩与负载相匹配。为了提高稳定平台控制轴的驱动扭矩,采用了较大涡轮发电机定子反扭矩的设计原理,同时尽量降低工作液控制分配单元上、下盘阀之间的摩擦扭矩,减小控制轴的转动惯量,降低负的摩擦扭矩。

4 结论

(1)研制完成了国内第一台具有自主知识产权的旋转导向钻井工具功能样机。旋转导向钻井工具的结构主要由稳定平台单元、工作液控制分配单元和偏置执行机构单元3部分组成;指出了该工具研制过程中遇到的3大设计难点并提出了解决方法;在油田进行了功能试验。

(2)旋转导向钻井工具的基本功能有导向、稳斜或不导向两种。该功能的实现需要进行钻井技术信息传输,即通过该工具的测试单元、短程通信和MWD、地面智能处理综合决策系统进行通信形成决策代码;通过钻井泵排量载波下传信息指令,工具测试单元进行接收、处理;通过稳定平台控制轴实施工具面角的调整,改变偏置执行机构推靠井壁的方向来实现。

参 考 文 献

[1] Barr J D, Clegg J M, Russell M K. Steerable Rotary Drilling with an Experimental System [R]. SPE 29382, 1994, 435 - 450.

[2] Downton G, Hendricks A, Klausen T S, et al. New Directions in Rotary Steering Drilling [J]. Oilfield Review, 2000, 12(1): 18 - 29.

[3] Colebrook M A, Peach S R, Allen F M. Application of Steerable Rotary Drilling Technology to Drill Extended Reach Wells [R]. SPE/IADC 39327, 1998, 1 - 11.

[4] Urayama T, Yonezaw a T, Nakahara A, et al. Development of Remote Controlled Dynamic Orientating System [R]. SPE/56443, 1990, 1 - 14.

[5] Weijermans P, Ruszka J, Jam Shidian H, et al. Drilling with Rotary Steerable System Reduces Wellbore Tortuosity [R]. SPE/IADC 67715, 2001, 1 - 10.

[6] Schaaf S Pafitis D, Guichemerre E. Application of a Point the Bit Rotary Steerable System in Directional Drilling Prototype Well Bore Profiles [R]. SPE 62519, 2000, 1 - 7.

[7] Yonezawa Tetsuo, Cargill E J, Gaynor T M, et al. Robotic Controlled Drilling: A New Rotary Steerable Drilling System for the Oil and Gas Industry [R]. SPE/IADC 74458, 2002, 1 - 15.

[8] Gaynor T, Chen D C K. Making Steerable Bits: Separating Side Force from Side Cutting [R]. SPE 88446, 2004, 1 - 7.

[9] 张绍槐, 狄勤丰. 用旋转导向钻井系统钻大位移井[J]. 石油学报, 2000, 2l(1): 76 - 80.

[10] 张绍槐. 现代导向钻井技术的新进展及发展方向[J]. 石油学报, 2003, 24(3): 82 - 85, 89.

[11] 狄勤丰, 张小柯, 韩来聚, 等. 调制式旋转导向系统对井壁作用力的描述方法和变化规律[J]. 石油学报, 2004, 25(4): 84 - 86, 91.

[12] 狄勤丰, 赵业荣. 导向钻具组合动力学方程建立及传递函数求解[J]. 石油学报, 2000, 21(4): 87 - 92.

[13] 汤楠, 霍爱清, 崔琪琳. 基于状态空间法的旋转导向钻井工具控制系统研究[J]. 石油学报, 2004, 25(2): 89 - 92.

[14] 杨剑锋, 张绍槐. 旋转导向闭环钻井系统[J]. 石油钻采工艺, 2003, 25(1): 1 - 5.

[15] 韩来聚, 孙铭新, 狄勤丰. 调制式旋转导向钻井系统工作原理研究[J]. 石油机械, 2002, 30(3): 7 - 9.

(原文刊于《石油学报》2005 年(第 26 卷)第 5 期)

旋转导向钻井系统测量技术研究[❶]

狄勤丰　张绍槐

摘　要: 在旋转导向方式下如何设计测量系统和解决由于钻柱旋转引起的测量精度问题就是旋转导向钻井系统面临的诸多技术难点之一。深入研究了近钻头空间姿态测量系统的结构、原理及安装等问题。对比分析了两种坐标系下测量和计算井眼轨迹参数的优缺点。结果表明,不但能在钻柱旋转过程中测出近钻头处的井斜角、方位角及控制面角,而且可以消除钻柱磁感应对测量结果的影响。

关键词: 导向钻井;闭环钻井系统;井下测量;井斜角;方位角;控制面角;井眼轨迹

1　概述

旋转导向钻井技术的突出优点是钻柱在旋转状态下实现井眼轨迹的实时导向。由于旋转导向方式下钻柱所受到的摩阻、扭矩远小于滑动导向方式下所受的摩阻、扭矩,故同样条件下钻机作业的能力大大提高,大位移井的极限延伸能力增加。另外,旋转导向方式下井眼清洗状况得以改善,这为钻井作业的安全性提供了有效的保证。因而,旋转导向钻井技术越来越显示出强大的生命力[1-3]。但是,也正是旋转导向方式使得钻井系统的结构原理复杂化。如何在旋转导向方式下实时精确地测出钻头处的井眼轨迹参数就是其技术难点之一。在滑动导向方式下,由于导向工具上部钻柱不旋转,因而很容易解决测量元件的安装和测量功能的实现、测量精度的保证等问题。在旋转导向方式下,旋转的钻柱无法给测量系统提供稳定的安装条件,这就使得井下测量作业很难实现。此外,由于钻柱旋转,其两端也将出现感应磁极(无磁钻铤也不例外),结果将严重影响测量的精度[4]。由此可见,在旋转导向钻井作业中,如何很好地测量井眼轨迹参数就成为旋转导向钻井系统(RSDS)的技术关键。

2　测量系统的组成

旋转导向钻井系统成功实现旋转导向的技术基础之一是实时测出近钻头处的井眼轨迹参数,并能及时传送到地面。由此可知,其测量系统主要包括近钻头测量系统和随钻测量(MWD)系统。

图1是旋转导向钻井系统的总体组成[1]。其中,旋转导向钻具组合(主要由旋转导向工具、近钻头测量系统和控制系统组成)是旋转导向钻井系统的核心。其内部同心安装有一密闭压力室(即稳定平台),通过稳定平台对室旋转方向的控制就可实现对控制轴运动的控制,继而实现对旋转导向钻具组合的受力控制。MWD系统和地面监控系统则主要完成信息传输与信息收集及处理任务[1]。

本文主要研究近钻头测量系统。其任务是实时测量近钻头处的井眼轨迹参数,为旋转导

---

❶ 国家自然科学基金资助项目部分成果。

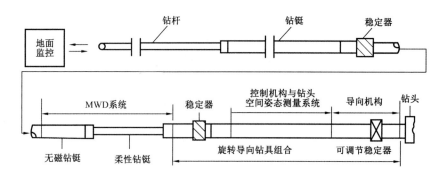

图 1 旋转导向系统的总体构成

向提供基础依据。为了与其他钻井系统的近钻头测量系统有所区别,在本文中将其定义为钻头空间姿态测量系统。

3 测量系统的结构设计

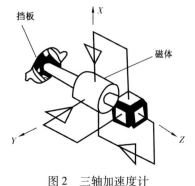

图 2 三轴加速度计工作原理示意图

近钻头空间姿态测量系统安装在控制系统的压力室内,利用该系统可在钻柱旋转状态下测出钻头处的井斜角、方位角以及导向工具的控制面角。它主要由三轴力反馈式加速度计(图 2)以及 3 个沿加速度计轴向安装的磁通门传感器组成。它们被安装在一个"惯性平台"上。该"平台"实际上是一滚动稳定伺服系统,能使测量元件的位置在空中保持滚动稳定。伺服机构在 3 个相互垂直的方向上作用在靠近其重心的传感器上,安装在端部的挡板消除了剩余的 3 个自由度(转动方向)。加速度计腔室内充满了一种黏性液体,这可在冲击或振动很大的情况下减轻各伺服机构对高频的响应。

滚动稳定伺服回路保证测量传感器处于滚动稳定状态,也即测量传感器不随钻具的旋转而旋转,而是按一定规律运动或保持静止。根据稳定原理,钻头空间姿态测量系统可按两种原理进行,第一种是将加速度计的三轴向按控制轴坐标系安装(其运动不随钻具的旋转运动而运动,而是与控制轴的转动一致,这与一般的钻具坐标系不同[1]。第二种是将加速度计的三轴近似按井眼坐标系安装,这时,加速度计的运动独立于钻头的转动和控制轴的运动。

4 测量系统的工作原理

4.1 三轴加速度计三轴向与控制轴坐标系一致[4-9]

加速度计与控制轴机械地连接在一起,控制轴转动时坐标系也将同步转动。加速度计三坐标轴 $O_1 - X_0 Y_0 Z_0$ 与控制轴坐标系 $O_1 - XYZ$ 确定的三轴向一致。X_0 与 X 一致,沿控制面(定义为控制轴与高压阀孔组成的平面)内控制力作用方向(与高压阀孔所在方向相反)[1];Z_0 与 Z 一致,即沿控制轴方向(钻具轴线方向);Y_0 与 Y 一致,该方向与 $X_0 Z_0$ 组成右手坐标系。为了书写方便,后面用 $O_1 - XYZ$ 代替 $O_1 - X_0 Y_0 Z_0$。

4.1.1 井斜角求解

在某一时刻完成一次测量后,可分别测得三轴加速度计三轴向的加速度分量和地磁场矢量的三轴向分量。由于黏性液体的作用,钻具振动所反映的加速度得以基本消除,而钻具运动的加速度相对重力加速度很小,可以忽略。因此,三轴加速度计的三轴向分量实为重力加速度的反映。同样,当钻具为无磁钻铤且具有合适的长度时,可忽略钻具对地磁场的影响。

令重力加速度 G 的 3 个分量为 G_X, G_Y, G_Z,地磁场矢量 H 的 3 个分量为 H_X, H_Y 和 H_Z,则有 $G = [G_X, G_Y, G_Z]^T$,$H = [H_X, H_Y, H_Z]^T$。故测点处的井斜角可表示为:

$$\begin{cases} T = \arcsin(G_X^2 + G_Y^2/G) & (T \leqslant 60°) \quad (1) \\ T = \arccos(-G_Z/G) & (T > 60°) \quad (2) \end{cases}$$

式中,G 为重力加速度的大小。

4.1.2 方位角计算

图 3 为一方位角计算示意图。图中 Z 为井眼轴线的切向矢量。H 和 G 分别为地磁场矢量和重力矢量,矢量 Z 与 G 组成了垂直平面 VZ,

矢量 H 与矢量 Z 组成了垂直平面 VH。根据定义,平面 VH 顺时针转到平面 VZ 的转角即为方位角 φ。

令 $A = G \times H, G \times Z$,则有:

$$\varphi = \arccos \frac{D \cdot A}{|D| \cdot |A|} \quad (3)$$

记控制面角为 k_0,当 G_X 不等于零时,可求得:

$$k_0 = \arctan[-G_Y/G_X] \quad (4)$$

当 G_X 为零时(即井眼处于垂直状态),无法测出重力控制面角,只能用磁控制面角代替。

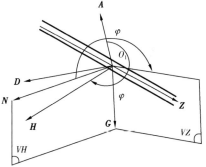

图 3 方位角计算图解

4.2 三轴加速度计三轴向与井眼坐标系近似一致

设井眼坐标系为 $O_1 - X_j Y_j Z_j$,其中 Z_j 为井眼轴线的切线方向,X_j 指向增井斜方向,Y_j 指向增方位方向,O_1 为坐标系的原点。钻具轴线有时与井眼轴线的切向并不一致,两者之间存在一很小的角度。测量传感器的 Z_c 轴与钻具轴线 Z 一致,两者之间有微角度差异,但这种差异很小(对旋转导向钻具来讲),一般将其忽略。于是,近似得到 X_c 与 X_j 一致及 Y_c 与 Y_j 一致。在整个钻井过程中,伺服系统保证 $O_1 - X_c Y_c Z_c$ 与 $O_1 - X_j Y_j Z_j$ 一致,即三轴加速度计三轴向将独立于钻头的运动和控制轴的运动。

在井眼坐标系中 Y_c 轴将永远处在水平面内,因此 G_Y 为零。

(1)井斜角求解。

$$\begin{cases} T = \arcsin(-G_{XC}/G) & (T \leqslant 60°) \quad (5) \\ T = \arccos(-G_{ZC}/G) & (T > 60°) \quad (6) \end{cases}$$

（2）方位角求解。

参考图3可得如下方位角计算公式：

$$\varphi = \arccos \frac{\boldsymbol{D} \cdot \boldsymbol{A}}{|\boldsymbol{D}| \cdot |\boldsymbol{A}|} \tag{7}$$

以上探讨了在井眼坐标系下利用测量结果求解井斜角和方位角的计算公式。但是由于在井眼坐标系下坐标轴不随钻具的转动而改变方向。因此，无法计算控制面角。

5 分析与讨论

前面介绍了两种坐标系下测量和计算井眼轨迹参数的方法。在两种坐标系下都能通过测量信息求出井斜角和方位角。但在控制轴坐标系下能求出控制面角，而在井眼坐标系中则不能。从控制角度讲，能测出控制面角，就是能确定出真实的控制参数——侧向控制力合力方向。不过，由于控制轴以一定的角速度 n 摆动，因而求解井斜角、方位角及控制面角的难度增加。这可以用惯导技术中的"捷联式"测量计算方法来解决。一般工作状态下，控制轴将以一固定的角速度围绕工具面摆动。这样，只要 n 相对较小，完全能实时确定出任一摆动位置下的井斜角和方位角，n 越小对测量系统反应速度的要求就越低。目前已有一种激光陀螺系统 Lasergyro system，不但能在旋转过程中测量，而且不受磁性钻铤的影响[8]。

对于以井眼坐标系为基准的安装方式，由于传感器不随控制轴的运动而运动，在任何时刻都能测出井斜角和方位角，而不用考虑控制轴转动速度的大小。至于控制面角，则可以通过具有确定性规律的伺服系统来控制。具有规律性变化的电流信号就可使控制机构带动控制轴按一定规律运动。尽管这种方法不能测出工具面的方向，但通过地面实验就可得到令人满意的工具面控制结果。分析表明，两种坐标系下井眼轨迹参数的测量和求解都能满足控制要求，而且各具特色。下面从另一角度来研究两种方式的优缺点。

众所周知，由于使用了磁性传感器，因此测量中必须使用无磁钻铤来避免磁性干扰。使用 MWD 系统有较大的活动范围，一般配 1～2 根无磁钻铤基本能满足测量要求。但研究表明，在一些特殊情况下（东西方向定向井或大斜度定向井井段），保证 MWD 系统具有足够测量精度的最小无磁钻铤长度在 40m 以上。由此可见，必须采用合适的办法来确保钻头空间姿态测量系统的精确度。否则，即使下部钻具组合都用无磁钻铤，但钻头的磁干扰还将影响测量精度。

当钻柱不旋转时，钻柱相对于地磁场是静止的。此时，XO_1Y 平面内存在磁场。而当钻柱旋转时，将沿钻柱轴线方向形成磁感应，在钻柱的端部形成感应磁极。这样，当用三轴磁通门传感器测量时，在 Z 轴上将形成由于钻柱旋转而引起的磁场强度误差。当使用无磁钻铤时，在无磁钻铤上下两端都将形成磁极。无磁钻铤足够长时，感应磁极对 Z 轴方向的磁场强度的测量值的影响较小；当无磁钻铤较短时，Z 轴方向测量值的误差就较大（由轴向磁干扰引起的方位角测量误差最大达到 $20°$[10]）。因此，要消除无磁钻铤长度的限制，就必须改变原有计算方法，[式（3）]，而采用新的求解公式，即只采用 X 和 Y 两方向的测量结果，而不用 Z 轴方向的测量结果 H_z[10]。

假定在任一时刻测量区域的地磁场分布是确定的，而且不随深度变化。若控制面角已由三轴加速度计测量求得[式（4）]，地磁场强度的水平和垂直分量分别为 H_N 和 H_V，则通过推导可得出新的方位角计算公式：

$$\begin{cases} \cos\varphi = \dfrac{H_X\cos\omega_0 - H_Y\sin\omega_0 + H_V\sin a}{H_N\sin a} & (8) \\[4mm] \sin\varphi = \dfrac{H_X\sin\omega_0 + H_Y\cos\omega_0}{H_N} & (9) \end{cases}$$

由以上两式都能计算出方位角,同时,方位角也可由下式计算:

$$\tan\varphi = \frac{H_X\sin\omega_0 + H_Y\cos\omega_0}{H_Y\sin\omega_0 - H_X\cos\omega_0 - H_V\sin a}\cos a \tag{10}$$

上面三式与 H_Z 无关。因此,计算所得方位角也就不受钻柱磁感应的影响。

经现场资料验证,用这种方法计算方位角明显优于常规方法[式(3)],因其不受钻柱磁性影响,故而为钻头空间姿态测量系统的设计和应用提供了理论基础。

从式(8)至式(10)中可以看出,控制面角 ω_0 必须已知。而对于两种坐标系来讲,由于以井眼坐标系为安装基准的测量系统无法测出工具面方向的 $H_X G_X$ 并计算出控制面角,因而就选用以控制轴坐标系作为测量传感器的安装基准。

6 结论

(1)测量系统是保证实现旋转导向钻井的关键。一般的旋转导向钻井系统必须配置专门的近钻头测量系统(本文所设计的称之为钻头空间姿态测量系统)。同时,借用常规 MWD 测量系统作为信息传递通道。

(2)若旋转导向钻井系统的导向钻具组合(长 4~5m)用无磁材料制成,对钻头空间姿态测量系统测量结果的影响主要来自钻柱旋转引起的轴向感应磁场。虽 X 轴和 Y 轴方向的测量结果也受影响,但可忽略。

(3)若采用控制轴坐标系作为测量传感器安装基准,可计算出井斜角、方位角和控制面角,而且计算结果受钻柱感应磁场的影响很小[10],也即可忽略钻头磁性对测量结果的影响。

参 考 文 献

[1] 狄勤丰. 井下闭环钻井技术的理论研究[D]. 南充:西南石油学院,1997.
[2] 狄勤丰,张绍槐. 井下闭环钻井系统的研究与开发[J]. 石油钻探技术,1997,25(2).
[3] Barr J D, et al. Steerable Rotary Drilling With an Experimental System[R]. SPE 29382,1994.
[4] Alixant J L. Improved Directional Data Interpretation Method for MWD. LSU – MWD Symposium, Louisiana State University Baton Rouge, Louisiana, 1990.
[5] Desbrandes R, etal. MWD Transmission Data Can Be Optimized. P. E. I. , 1997(6).
[6] Desbrandes R. Status Report. MWD Technology – Part 1 – Data Acquisition and Downhole Recording and Processing. P. E. I. , 1988(9).
[7] Desbrandes R. Status Report. MWD Technology – part 2 – Data Transmission. P. E. I. , 1988(10).
[8] Desbrandes R. Status Report:MWD Technology – Part 3 – Processing, Display and Application. P. E. I. , 1988(11).
[9] Gibbons F L, Hense U. A Three – axis Laser Gyro System For Borehole Wireline Surveying[R]. SPE 16679, 1987.
[10] Cheatham D A,等. 磁干扰对水平井方位测量的影响[J]. 客进友,摘译. 国外钻井技术,1993,8(1).
[11] Wilson H, Stephonson M A. Improving Quality Control of Directional Survey Data With Continuous Inertial

Navigation[R]. SPE 20931, 1990.

[12] Orban J, et al. Method of and Apparatus for making Near – Bit Measurements while Drilling:European Patent, 0553908 A2[P]. 1993.

（原文刊于《石油钻探技术》1998 年(第 26 卷)第 2 期)

旋转导向钻井工具稳定平台单元机械系统的设计❶

闫文辉　彭　勇　张绍槐　李军强

摘　要:稳定平台单元机械系统的设计是旋转导向钻井工具的关键和难点之一。其作用是保证在钻井时不受钻柱旋转的影响,配合旋转导向钻井系统的指令系统对导向工具的工具面角随钻实时调控,实现导向功能,并承担与 MWD 之间的测控信息无线传输。介绍了旋转导向钻井工具稳定平台的基本原理,展示了所设计的稳定平台单元机械结构图。指出了稳定平台单元机械系统设计的几个特点:进行了稳定平台整体支承方案选择分析,确定了稳定平台整体重量上挂在稳定平台上主支撑座的上挂式方案;进行了轴承选型的对比分析,确定了滚动轴承结构的设计方案,为了提高其使用寿命特设计了轴承保护器;进行了稳定平台主轴控制转动时驱动力矩与阻力矩的分析,给出了所需扭矩的供需平衡的解决办法;进行了影响稳定平台主轴整体刚度的因素分析,提出了提高稳定平台整体刚度的办法;进行了稳定平台旋转主轴的静平衡和动平衡分析;说明了选择防磁材料的原因和轴向累计加工、安装误差的调整方法等。这些措施的实施从机械设计方面保证了整个稳定平台功能的实现。

关键词:旋转导向钻井工具;稳定平台;机械系统;设计

　　旋转自动导向闭环钻井技术是当今世界一项尖端自动化钻井新技术。在国外,已有多国成功研究开发了多种类型的旋转导向钻井工具并且已经商业化[1];在国内,这方面的理论研究已经有 10 余年,我国具有自主知识产权的旋转导向钻井系统正在开发和研制并逐步向钻井工程实用阶段发展[2-6]。

1　稳定平台单元的工作原理和机械结构

1.1　稳定平台单元的工作原理

　　旋转导向钻井下部钻具组合一般由下向上,由钻头、旋转导向钻井工具、稳定器、无磁过渡接头、MWD 测量、稳定器、无磁接头、无磁钻铤、震击器、钻铤、钻杆等组成。旋转导向钻井系统的核心是调制式旋转导向工具,该工具可以根据对井下工程、几何参数的监测,无须利用井下动力钻具和弯接头工具的结合,就能够按已设定的程序或给定的指令进行井斜和方位的调整与控制。导向机构随钻柱一起旋转,相对井壁没有静止支撑点,进行钻井作业时,不需要频繁起下钻就可以在井下实现三维井眼轨迹控制,进而达到保证井眼轨迹质量和使实际井眼轨迹与设计井眼轨迹一致的目的。

　　旋转导向钻井工具中稳定平台的作用是保证在钻进时不受钻柱旋转的影响,而能够实现导向功能的动态稳定系统,能够同步配合旋转导向钻井系统的指令系统对导向工具面角随钻井下实时调控。稳定平台中有一个控制轴,它靠扭矩发生器的电磁力矩驱动来控制工具面角的位置。涡轮发电机的涡轮是顺时针方向旋转的,扭矩发生器的涡轮是逆时针方向旋转的,由

---
　　❶ 国家 863 计划 2003AA602013 项目及国家自然科学基金 50234030 项目的部分成果。

地面监控系统下达指令来控制两者的力矩差,可实现工具面角向哪个方向旋转以及旋转多大的角度并稳定在何位置。稳定平台可实时保持或调正改变该工具面角(本工具中对应为液压分配单元上盘阀高压孔中心线的对面),实现随钻实时导向功能。

1.2 稳定平台单元的机械结构

图 1 为按上述工作原理设计的旋转导向钻井工具稳定平台单元整体装配图。图 2 为稳定平台上主支撑轴承保护器及轴向安装矫正结构图。图 3 为稳定平台下支撑轴承保护器及上盘阀连接轴结构图。

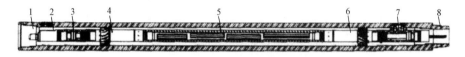

图 1 稳定平台单元整体装配图

1—用扣与 MWD 连接;2—上主支撑;3—轴承保护器;4—涡轮发电机;
5—电子仓(测量控制与传输);6—扭矩发生器;7—下主支撑及轴承保护器;8—用螺纹与偏置机构连接

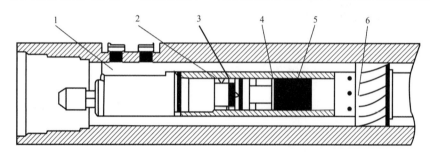

图 2 上主支撑轴承保护器及轴向安装矫正结构图

1—调整滑块;2—润滑油密封腔;3—轴承;4—密封活塞;5—加压弹簧;6—涡轮发电机

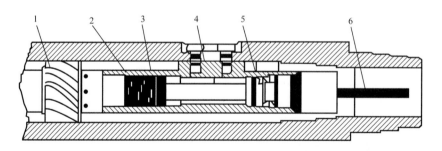

图 3 下支撑轴承保护器及上盘阀连接轴结构图

1—扭矩发生器;2—加压弹簧;3—密封活塞;4—润滑油密封腔;5—轴承;6—上盘阀控制轴

2 机械设计特点

在钻井过程中,由于钻井工具处在井下高温、高压的工作环境中,有钻井液及地层流体的腐蚀;有含碎屑的钻井液在高压、高速流动时带来的冲蚀;有钻柱在高速旋转、钻头切削地层和钻井液压力波动产生的严重振动等,使其工作环境和工作条件异常恶劣,给井下工具的设计带来一定的难度。

2.1 稳定平台整体支承方案设计

稳定平台整体受力由稳定平台上下两个主支撑座承担,这些力包括:稳定平台整体的重量;钻井时产生的纵横振动载荷;涡轮发电机和扭矩发生器上涡轮受到钻井液的冲击力等。图4为稳定平台整体轴向受力上挂在上主支撑座。图5为稳定平台整体轴向受力下压在下主支撑座。由于稳定平台主轴在上下两个主支撑之间的轴向距离大约有2m,稳定平台主轴可以简化为变截面梁。若采用图5下压式方案,则整个稳定平台主轴受力为压弯组合情况,这时钻井液的冲击力更容易使主轴弯曲变形;相反,若采用图4上挂式方案,这时钻井液的冲击力使稳定平台整体主轴在工作时受拉,对稳定平台整体抵抗弯曲变形有很大的好处,因此在设计时采用将整个稳定平台的重量上挂在上主支撑座上的图4这一方案。

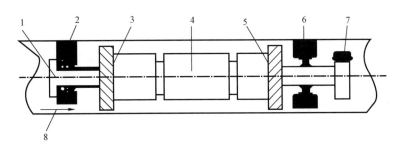

图4 稳定平台整体轴向受力上挂在上主支撑座
1—主轴;2—上主支撑;3—涡轮发电机;4—电子仓;5—扭矩发生器;
6—下主支撑;7—上盘阀;8—钻井液流动方向

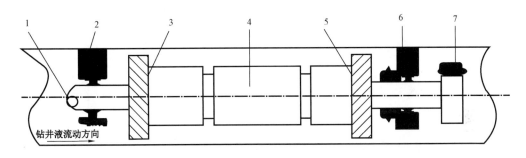

图5 稳定平台整体轴向受力下压在下主支撑座
1—主轴;2—上主支撑;3—涡轮发电机;4—电子仓;5—扭矩发生器;6—下主支撑;7—上盘阀

2.2 轴承选型及其保护器设计

根据工具的工作环境,稳定平台中的主轴承可考虑使用滑动轴承或滚动轴承,但由于稳定平台主轴的控制动力来源于稳定平台中的扭矩发生器,受结构的限制,扭矩发生器所产生的扭矩有限,需要尽量降低负载扭矩,因此采用滚动轴承的设计方案。同时,为了抵抗钻井液对滚动轴承的冲蚀和研磨效应,提高滚动轴承在井下的工作寿命,设计了专门的轴承保护器。图6所示为滚动轴承保护器原理图,在工具下井前已经给该腔充满润滑油,润滑油用密封活塞密封,由活塞加压弹簧给其预压力,形成了一个润滑油密封腔。将滚动轴承密封在润滑油中,改善了滚动轴承的工作环境,延长了使用寿命,但也增加了小量的负载扭矩。

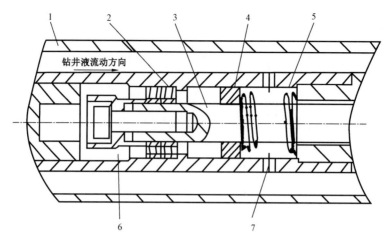

图6 滚动轴承保护器原理图

1—稳定平台本体;2—轴承;3—控制轴(与上盘阀连接);4—密封活塞;
5—活塞加压弹簧;6—润滑油密封腔;7—钻井液通道

2.3 驱动稳定平台主轴所需扭矩的设计

稳定平台无论在导向或稳定状态下,均需靠扭矩发生器的电磁力矩来驱动控制轴,从而控制工具面角的位置,由于工具结构的限制,不可能在井下设计大功率高扭矩的扭矩发生器,因此扭矩的供需需要较细致的平衡设计,过大不可能,同时也会引起较大压力损失;过小,将无法驱动控制轴,整个稳定平台中驱动扭矩是扭矩发生器所产生的扭矩。而阻力矩包括:涡轮发电机产生的电磁力矩、稳定平台主支撑轴承的摩擦阻力扭矩、涡轮发电机和扭矩发生器上两个涡轮支撑轴承的摩擦阻力扭矩、控制主轴旋转时的惯性扭矩、液压控制分配单元上下盘阀之间的摩擦扭矩等。因此,要求扭矩发生器所提供的扭矩必须大于上述阻力矩总和。在扭矩发生器的功率、扭矩受限的条件下,降低控制轴的阻力矩则成为工具设计的又一主攻目标[5]。针对阻力矩的构成,重点在上下盘阀接触面形状的合理性、轴承优选、主轴精确制造和安装、全部旋转件的惯性矩合理化等方面进行系统优化。

2.4 稳定平台主轴整体刚度的设计

稳定平台控制轴的结构比较复杂,由多段连接而成,同时轴上还有两个涡轮以600~1200r/min 转速旋转,它自身还以 20~120r/min 的速度旋转,加之较大振动的工作环境,使得稳定平台主轴的刚度成为设计需要解决的难题之一。由于该刚度与其受力状况、径向和轴向尺寸、多段之间连接方式、重量、支撑形式等有关设计的主要思路包括:主轴设计成为上挂式、进行轴的整体结构有限元分析、合理确定主轴的径向和轴向尺寸、尽量缩短主轴两个主支承之间的距离、将旋转零件采用低密度的高强度材料,从而减轻整轴重量、尽量减少连接段数并在连接处采用连接刚性好的螺纹形式、径向尽量采取对称设计并同时兼顾动平衡条件减小附加动载荷。

2.5 防磁材料的选择

由于电子仓与MWD之间的信息通信采用短程无线信息传输的方法,如图7所示。为了防止铁磁材料对电子信号无线传输的屏蔽和干扰,电子仓本体、稳定平台本体均采用无磁材料。

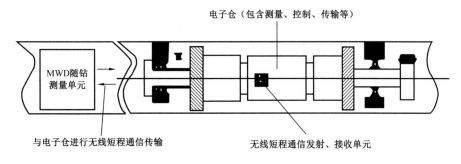

电子仓（包含测量、控制、传输等）

MWD随钻
测量单元

与电子仓进行无线短程通信传输

无线短程通信发射、接收单元

图7　电子仓与MWD无线短传信息交流图

2.6　轴向累计加工安装误差的调整

由图1可见,稳定平台整体轴向尺寸达2m多,它由近10个零部件连接而成,并最终由4个螺栓连接在稳定平台本体上下两个主支撑座。由于零件存在加工、安装误差等,安装时整体的轴向累积误差必须进行调整、消除。采用下主支撑位置与稳定平台本体固定连接,在上主支撑座处设计了轴向可移动的调整滑块进行调节,即图2所示的调整滑块。

3　结论

(1)稳定平台单元是旋转导向钻井工具的控制单元,其机械系统的设计是旋转导向钻井工具的关键和难点。

(2)稳定平台单元机械设计的主要思路:稳定平台整体支承方案设计;轴承选型及其保护器设计;驱动稳定平台主轴所需扭矩的设计;稳定平台主轴整体刚度的设计;防磁材料的选择;轴向累计加工、安装误差的调整等。这些思路的实施从机械设计方面保证了整个稳定平台功能的实现。

参 考 文 献

[1] 杨剑锋,张绍槐.旋转导向闭环钻井系统[J].石油钻采工艺,2003,25(1):1-5.

[2] 韩来聚,孙铭新.石油钻井闭环自动导向机器人系统[J].机器人技术与应用,2001:20(2):16-20.

[3] 闫文辉,彭勇,张绍槐.旋转导向钻井工具的研制原理[J].石油学报,2005,26(5):94-97.

[4] 彭勇,闫文辉,李军强.旋转导向钻井工具执行机构推靠力分析[J].石油机械,2005,33(11):24-27.

[5] 闫文辉,彭勇,施红勋.旋转导向钻井工具液压分配系统设计[J].钻采工艺,2005,28(5):69-72.

[6] 李军强,武学尧,彭勇,等.调制式旋转导向钻井工具控制阀力学模型及仿真分析[J].天然气工业,2005,25(6):52-55.

（原文刊于《钻采工艺》2006 年（第 29 卷）第 4 期）

旋转导向钻井工具稳定平台静力学有限元计算[❶]

李军强　彭　勇　张绍槐　闫文辉

摘　要:稳定平台安装在旋转导向钻井工具的内部,对其外形尺寸有特殊要求,要求尽可能地细小,同时又要承载巨大的动态冲击载荷,所以旋转导向钻井工具稳定平台的刚度和稳定平台控制轴的强度直接关系到稳定平台能否正常工作及其寿命的长短。针对导向钻井研究所开发设计的稳定平台进行了静力学分析。分别建立了稳定平台刚度分析和控制轴强度分析的力学模型,利用有限元分析软件计算了稳定平台的刚度和控制轴的强度。从计算结果可以看出,稳定平台控制轴的最大应力不超过306MPa,发生在靠近下轴承处,强度安全系数大于2.7,满足强度要求。发电机涡轮处最大横向位移为0.528mm,刚度安全系数大于2.8,满足刚度要求。稳定平台最大挠度为3.321 mm,偏大,可能会影响稳定平台的动态平衡性能,有必要进一步采取措施,改进设计。

关键词:旋转钻井;导向钻井;钻井工具;稳定器;静力学;有限元法

旋转导向钻井技术是20世纪90年代发展起来的一项全新的钻井技术。它具有机械钻速快、井眼轨迹控制精度高、井眼净化效果好、位移延伸能力强等特点,是导向钻井技术发展中一次质的飞跃[1,7]。目前,国际上许多著名公司已开发出商业化产品。国内从20世纪90年代中期开始研究旋转导向技术,目前已经取得了一些研究成果。近几年,西安石油大学等单位开展了调制式旋转导向钻井技术的理论研究和技术创新工作。调制式旋转导向钻井系统由于钻柱与井壁之间不存在静止点,因此在钻井过程中更能体现旋转钻井的优越性。该系统导向力的大小和方向主要是由稳定平台控制的。当需要最大导向力时。稳定平台控制轴就带动上盘阀旋转,使上盘阀稳定在预定方向,控制上盘阀高压孔方向恒定。在钻柱旋转过程中,导向工具的每个巴掌依次在该方向附近伸出并拍打井壁。导向机构对井壁的作用力就是拍打力的合力。该合力的反力就是钻柱和钻头受到的导向力,其方向沿着上盘阀预定方向的反方向。当不需要导向时,稳定平台带动上盘阀以和钻柱不同的某一转速匀速转动,这时巴掌均匀拍打井壁四周,导向工具可控制的液压导向力的合力为零,此时导向工具呈中性工作状态,达到稳斜稳方位的效果。因此,稳定平台的闭环控制是调制式旋转导向钻井系统的关键。

稳定平台安装在旋转导向钻井工具的内部。承担着传递扭矩、承载巨大轴向横向冲击载荷的重任。在这些载荷的作用下。稳定平台会产生复杂的纵横弯曲变形。由于旋转导向钻井工具本身狭小细长,发电机轴又是稳定平台控制轴的一部分,所以对稳定平台的外形尺寸和稳定平台控制轴要求尽可能细小。因而,旋转导向钻井工具稳定平台刚度和控制轴的强度计算十分重要,直接关系到稳定平台能否正常工作和其寿命的长短。

为此,笔者对稳定平台进行了静力学分析,分别建立了稳定平台刚度分析和控制轴强度分析的力学模型。利用有限元分析软件进行了计算分析,结果表明,所设计稳定平台的刚度和控制轴的强度均能满足设计要求。

---

❶ 国家自然科学基金50234030项目及国家863计划　2003AA602013项目部分研究成果。

1 稳定平台结构

稳定平台安装在旋转导向钻井工具的内部,在钻井过程中随钻柱一起旋转。稳定平台主要由上下涡轮发电机、控制轴及电子仓组成,其结构如图1所示。

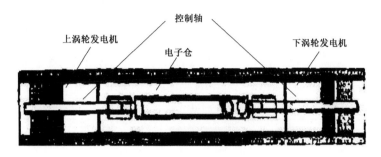

图1 稳定平台结构

工作时,上下涡轮发电机的涡轮在钻井液带动下旋转,而涡轮和导向工具内壁仅有1.5mm 的间隙,所以对稳定平台的横向变形有严格的限制。另外,由于控制轴的直径很小,而且在井下工作时有15g 的冲击加速度,所以控制轴的强度也是必须考虑的问题。

2 稳定平台刚度计算

2.1 力学模型

由于几何结构和受力状态的复杂性,在建立有限元模型时必须对实际结构和受力情况进行等效简化处理。根据对实际设计结构的分析,进行刚度分析时,稳定平台结构两端轴承之间可以简化为如图2所示的阶梯轴结构。因为主要关心的是发电机涡轮处的弯曲挠度,考虑到发电机内部缠满线圈,刚度分析时把发电机看成实心圆柱,涡轮厚度65mm。

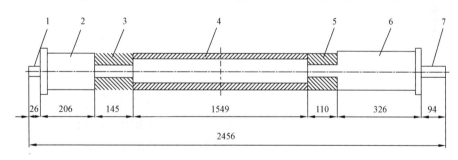

图2 稳定平台刚度分析力学模型(单位:mm)
1—内轴;2—上发电机;3—上接头;4—电子仓;5—下接头;6—下发电机;7—内轴

2.2 主要参数

内轴1和7的材料是合金结构钢40CrNiMoA,上发电机和下发电机的材料是优质碳素结构钢,上接头和下接头及电子仓的材料是钛合金 TC4。各种材料的泊松比 μ 都取0.3,在计算时将材料性质定义为线弹性材料。具体的几何参数和物理参数见表1。

表1 刚度分析几何参数和物理参数

段	长度 （m）	直径 （10^{-3} m）	面积 （10^{-4} m^2）	惯性矩 （10^{-7} m^4）	密度 （kg/m^3）	线密度 （kg/m）	弹性模量 （10^9 N/m^2）
1	0.026	25	4.9063	0.192	7800	3.827	210
2	0.206	77	46.5427	17.247	7800	36.303	210
3	0.145	77/30	39.4777	16.850	4450	17.568	113
4	1.549	77/60	18.2827	10.888	4450	8.136	113
5	0.110	77/30	39.4777	16.850	4450	17.568	113
6	0.326	77	46.5427	17.247	7800	36.303	210
7	0.094	25	4.9063	0.192	7800	3.827	210

2.3 网格划分

根据分析,采用三维弹性梁单元 BEAM4。为了精确计算上下发电机涡轮处的挠度,采用人工划分单元和自动划分单元相结合的方法,共分成 125 个单元,在设计所重点关注的两个涡轮的上下边缘处建有节点。

2.4 边界条件

建立空间坐标系:x 方向沿着稳定平台的轴线方向,y 方向和 z 方向沿着互相垂直的两个横线方向,坐标原点取在上轴承处。

根据稳定平台的上下轴承性质,上轴承看作是固定端约束,即在 3 个坐标方向的位移和转角都为 0,即 $U_x = U_y = U_z = \theta_x = \theta_y = \theta_z = 0$;下轴承看作是小车模型,即 $U_y = U_z = \theta_y = \theta_z = 0$。

2.5 计算载荷

稳定平台在工作时受力非常复杂,计算时必须进行简化处理。略去次要因素(摩擦力、摩擦力矩、流固耦合作用等)。对稳定平台起主要作用的载荷有轴向和横向 $15g$ 的冲击载荷、作用在上下涡轮叶片上向下的大约 10 kN 的轴向力以及 12 N·m 的扭矩。

2.6 计算结果及分析

稳定平台刚度计算是一个复杂的纵横弯曲问题,所以必须考虑应力强化效应进行非线性求解。因为稳定平台的刚度问题主要是上下发电机涡轮处的横向位移限制,如果涡轮与导向工具内壁之间的间隙太小,涡轮旋转时就会与工具内壁碰撞,就不能正常工作。如果涡轮与导向工具内壁之间的间隙太大,就会影响涡轮发电机的效率。

在设计中,涡轮与导向工具内壁之间的间隙取为 1.5mm,刚度问题主要关心的是涡轮处的横向位移大小。

从有限元计算结果可以得到:上发电机涡轮上端处挠度为 0.047 mm,下端处挠度为 0.281 mm;下发电机涡轮上端处挠度为 0.528 mm,下端处挠度为 0.248mm。最大挠度为 3.321 mm,发生在电子仓中间偏下 125 mm 处。从计算结果可以看出,发电机涡轮处最大横向位移为 0.528 mm,小于 1.5 mm 的限制条件,刚度安全系数大于 2.8,满足刚度要求。

3 控制轴强度计算

3.1 力学模型

根据对实际设计结构的分析,分析控制轴强度时可以简化为如图3所示的阶梯轴结构。因为主要关心的是发电机上内轴的强度,所以分析强度时把除内轴外的发电机部分与内轴分开,考虑到发电机内轴上缠满线圈,计算时把发电机内轴上的线圈和外部的转子当作附加质量处理。

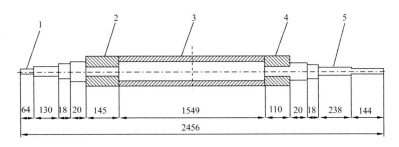

图3　控制轴强度分析力学模型(单位:mm)
1—内轴;2—上接头;3—电子仓;4—下接头;5—内轴

3.2 主要参数

各对应部件的材料与稳定平台的相同,计算时也将材料性质定义为线弹性材料。具体的几何参数和物理参数见表2。

表2　强度分析几何参数和物理参数

段	长度 (m)	直径 (10^{-3}m)	面积 (10^{-4}m^2)	惯性矩 (10^{-7}m^4)	密度 (kg/m^3)	线密度 (kg/m)	附加质量 (kg/m)	拉压弹性模量 (10^9N/m^2)
1	0.026	25	4.9063	0.1917	7800	3.827	0	210
2	0.038	25	4.9063	0.1917	7800	3.827	32.476	210
3	0.130	30	7.065 0	0.3974	7800	5.511	30.792	210
4	0.018	36	10.173 6	0.8241	7800	7.935	28.368	210
5	0.020	45	15.896 3	2.0119	7800	12.400	23.903	210
6	0.145	77/30	39.477 7	16.8500	4450	17.568	0	113
7	1.549	77/60	18.282 7	10.8880	4450	8.136	0	113
8	0.110	77/30	39.477 7	16.8500	4450	17.568	0	113
9	0.020	45	15.896 3	2.0119	7800	12.400	23.903	210
10	0.018	36	10.173 6	0.8211	7800	7.935	28.368	210
11	0.238	30	7.065 0	0.3974	7800	5.511	30.792	210
12	0.050	25	4.906 3	0.1917	7800	3.827	32.476	210
13	0.094	25	4.906 3	0.1917	7800	3.827	0	210

3.3 网格划分

根据分析,采用三维弹性梁单元 BEAM4。为了精确计算,采用人工划分单元和自动划分相结合的方法,共分 130 个单元。

3.4 边界条件

根据控制轴的上下轴承性质,上轴承看作是固定端约束,即在 3 个坐标方向的位移和转角都为 0,即 $U_x = U_y = U_z = \theta_x = \theta_y = \theta_z = 0$;下轴承看作是小车模型,即 $U_y = U_z = \theta_y = \theta_z = 0$。

3.5 计算载荷

对控制轴起主要作用的载荷有:轴向和横向 $15g$ 的冲击载荷、作用在上下涡轮叶片上向下的大约 10kN 的轴向力以及 12 N·m 的扭矩。

3.6 计算结果及分析

控制轴强度计算是一个复杂的纵横弯曲问题,所以必须考虑应力强化效应进行非线性求解。从有限元计算结果可以得到:最大应力为 306 MPa,发生在最下端约束附近横截面。钛合金 TC4 的屈服极限 $\sigma_n = 860 MPa$,40CrNiMoA 合金结构钢的屈服极限 $\sigma_n = 835 MPa$,所以强度安全系数大于 2.7,满足强度要求。

4 结论

(1)控制轴最大应力不超过 306 MPa,发生在靠近下轴承处,强度安全系数大于 2.7,满足强度要求。

(2)发电机涡轮处最大横向位移为 0.528 mm,刚度安全系数大于 2.8,满足刚度要求。

(3)稳定平台最大挠度为 3.321 mm,偏大,可能会影响稳定平台的动态平衡性能,有必要进一步采取措施,例如:加厚稳定平台壁、换材质、加支撑(扶正器)等。改进设计。

(4)对稳定平台的静力学特性进行了研究,所得结果有一定的参考价值,关于稳定平台的动力学特性,需进行下一步研究。

参 考 文 献

[1] 张绍槐,狄勤丰.用旋转导向钻井系统钻大位移井[J].石油学报,2000,21(1):76 - 80.

[2] 苏义脑,安修荣,王家进.旋转导向钻井系统的功能、特性和典型结构[J].石油钻采工艺,2003,25(4):5 - 7.

[3] Downton G. Klausen T S, et a1. New Directions in Rotary Steerable Drilling[J]. Oilfield Review,2000,12(1):18 - 29.

[4] 杨剑锋,张绍槐.旋转导向闭环钻井系统[J].石油钻采工艺,2003,25(1):1 - 5.

[5] 王卫彬,秦利民,刘俊.等.导向钻井井下控制理论与技术的发展[J].石油钻探技术,2004,32(6):64 - 67.

[6] 于文平,狄勤丰.滑动导向钻具组合连续导向钻井技术[J].石油钻探技术,2003,31(2):1 - 3.

[7] 张锦宏.江苏油田滑动导向工具连续导向钻井技术的应用与效益评价[J].石油钻探技术,2003,31(3):22 - 23.

[8] 汤南,穆向阳.调制式旋转导向钻井工具稳定平台控制机构研究[J].石油钻采工艺,2003,25

（3）：9 – 12.

［9］汤南，崔爱清，崔琪琳. 基于状态空间法的旋转导向钻井工具控制系统研究［J］. 石油学报，2004，25（2）：89 – 92.

［10］韩来聚，王瑞和，刘新华，等. 调制式旋转导向钻井系统稳定平台控制原理及性能分析［J］. 石油大学学报：自然科学版，2004，28（5）：49 – 51，60.

［11］彭勇，闫文辉，李继博. 旋转导向钻井工具导向力优化设计［J］. 石油钻探技术，2006，34（2）：10 – 14.

（原文刊于《石油钻探技术》2006 年（第 34 卷）第 5 期）

旋转导向钻井系统稳定平台变结构控制研究[1]

崔琪琳　张绍槐　刘于祥

摘　要：通过构建旋转导向钻井系统稳定平台的数学模型和分析稳定平台的工作环境,提出了稳定平台变结构控制方案。验证了稳定平台控制系统对于变结构控制的不变性条件,构造了滑动模态。采用指数趋近率和柔化符号函数法,设计了大幅度削减振颤的控制率。对设计出的变结构控制系统进行了计算机仿真和地面模拟试验,结果表明,该控制算法鲁棒性强,控制精度比较高,跟踪速度快,具有良好的控制效果。

关键词：旋转导向钻井系统;稳定平台;滑动模态;变结构控制算法;计算机仿真;地面模拟试验

旋转导向钻井工具的稳定平台是整个导向工具中的关键部分。稳定平台可以不受钻杆旋转的影响而相对稳定在一个给定的角度,从而使旋转导向系统能够在钻柱、工具和导向块旋转时,钻井工具稳定地跟踪预置的钻进轨迹实现斜井和水平井的钻进。由于井下工作环境恶劣,地层构造复杂,外界干扰和不可预测参数变化多,为了使系统可靠运转,笔者采用了变结构控制算法,并取得了良好的控制效果。

1　稳定平台工作原理及数学模型

1.1　稳定平台工作原理

旋转导向钻井系统的稳定平台由上涡轮发电机、下涡轮发电机、电子控制仓及上、下盘阀组成(图1)。上涡轮发电机为电子控制仓提供电源,下涡轮发电机为可变的扭矩发生器,电子控制仓为检测、控制部件。在电子控制仓中,由线性加速度计检测稳定平台的工具面角和井斜角,速率陀螺用于检测稳定平台的转动趋势及角速度。上涡轮发电机顺时针旋转(由上向下看),下涡轮发电机逆时针旋转,转盘带动工具外壳及下盘阀顺时针转动。下涡轮发电机产生的扭矩与上涡轮发电机、上下盘阀及转动摩擦产生的扭矩相平衡。上涡轮发电机产生的扭矩较小且为定值,转动摩擦产生的扭矩也为定值,上下盘阀产生的扭矩与钻井泥浆液的压力有关。只须控制下涡轮发电机所产生的扭矩,就可以使稳定平台带动的上盘阀稳定到预置工具面角从而达到导向钻井目的[4,5]。

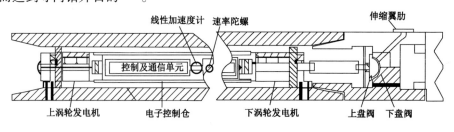

图1　稳定平台结构示意图

──────────
● 国家863计划2003AA602013项目的部分成果。

1.2 稳定平台的数学模型

旋转导向钻井系统的稳定平台可被看成是发电机式的单轴惯性稳定平台,属于单输入单输出系统,稳定平台控制模型系统结构如图2所示。

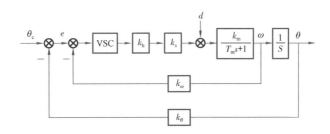

图2 稳定平台控制模型系统结构

VSC—变结构控制器;θ_c—预置工具面角;θ—稳定平台的实测工具面角;

ω—旋转角速度;k_θ—加速度计的转换系数;k_m—速率陀螺转换系数;

k_h—硬件参数;k_s—电流与力矩之间的转换系数;d—系统所受到的外界干扰

下发电机传递函数为 $k_m (T_m S + 1)^{-1}$,其中,$k_m = 1/f$,$T_m = J/f$,f 为平台转动摩擦系数;J 为平台转动惯量,$kg \cdot m^2$。

将系统写成状态空间的形式,即设控制量 u 为扭矩发生器,输出量 y 是工具面角,设状态为:

$$X = \begin{bmatrix} x_1 & x_2 \end{bmatrix}^T = \begin{bmatrix} \theta & \omega \end{bmatrix}^T$$

则有 $x_1 = x_2$。

根据稳定平台结构、电机的数学模型和各部件的参数,可以求出被控系统的状态方程为:

$$X = AX + Bu \tag{1}$$

其中

$$A = \begin{bmatrix} 0 & 1 \\ A_{21} & A_{22} \end{bmatrix} \qquad B = \begin{bmatrix} 0 \\ B_{21} \end{bmatrix}$$

将系统结构图中的传递函数转换成状态空间形式。则:

$$A_{21} = 0$$

$$A_{22} = -1/T_m$$

$$B_{21} = k_m/T_m$$

系统的输出方程为:

$$y = CX \tag{2}$$

式中 $C = \begin{bmatrix} 1 & 0 \end{bmatrix}$。

2 变结构控制系统设计

变结构的基本概念起源于二阶系统的相平面研究,其算法简单可靠,对外界扰动和参数变化不敏感,鲁棒性较好。变结构控制系统运动由两个阶段组成:(1)能达阶段,即状态轨迹从滑动域之外进入滑动域的运动阶段;(2)滑模运动阶段,即系统状态代表点在滑动域上的运动[6]。

2.1 不变性条件验证

稳定平台控制系统实验通过模拟井下工作环境来完成。由于井下工作环境恶劣,对控制系统及执行机构都产生很大影响,对状态方程中的参数产生不确定性影响。设系统中受到不确定性影响的参数矩阵为:

$$\Delta A = \begin{bmatrix} 0 & 1 \\ \Delta A_{21} & \Delta A_{22} \end{bmatrix} \tag{3}$$

$$\Delta B = \begin{bmatrix} 0 & \Delta B_{21} \end{bmatrix}^{\mathrm{T}} \tag{4}$$

式中,ΔA_{21},ΔA_{22} 和 ΔB_{21} 分别为相对于 A_{21},A_{22} 和 B_{21} 的不确定性部分。

系统受到的干扰为:

$$D = \begin{bmatrix} 0 & d \end{bmatrix}^{\mathrm{T}} \tag{5}$$

扰动不变性条件、参数不变性条件和输入矩阵不变性条件分别为[7]:

$$\mathrm{rank} = \begin{bmatrix} B & \Delta A \end{bmatrix} = \mathrm{rank} \begin{bmatrix} B \end{bmatrix} \tag{6}$$

$$\mathrm{rank} = \begin{bmatrix} B & \Delta B \end{bmatrix} = \mathrm{rank} \begin{bmatrix} B \end{bmatrix} \tag{7}$$

$$\mathrm{rank} = \begin{bmatrix} B & D \end{bmatrix} = \mathrm{rank} \begin{bmatrix} B \end{bmatrix} \tag{8}$$

该系统满足式(6)、式(7)和式(8),即该变结构控制系统对于参数摄动和外加干扰具有不变性。

2.2 滑动模态域的构造

滑动模态域的设计对应于变结构控制系统的滑动阶段。考虑到实际敏感器件均在电子控制仓里,仅工具面角 θ 和 θ_c 可以直接测量,并且稳定平台控制是一个跟踪问题,与调节器问题不同,所以定义滑动模态域为[8]:

$$s = g(\theta - \theta_c) + (\theta - \theta_c) = ge + e = 0 \tag{9}$$

式中:e 为跟踪误差;g 为描述相平面中滑动模态斜率的参数。

容易验证[6],当 $g > 0$ 时,系统进入滑动模态 $s = 0$ 后,闭环等价系统渐近稳定,且有:

$$\lim_{t \to \infty} = \begin{bmatrix} \theta - \theta_c \end{bmatrix} = 0 \tag{10}$$

$$\lim_{t \to \infty} = \begin{bmatrix} \overset{\wedge}{\theta} - \overset{\wedge}{\theta_c} \end{bmatrix} = 0 \tag{11}$$

考虑实际惯性系统的特性,选择适当的 g 值,可以使时间最优,且满足系统快速性的要求。

当稳定平台预置角度为一个定值时，即 θ_c 为常数，$\dot{\theta}_c = 0$。当控制的工具面角满足 $\theta = \theta_c$ 时，即可实现稳定平台控制，且误差收敛速度随 g 的增加而加快。

2.3 控制率的确定

为了保证滑动模态的存在，变结构控制率必须满足的条件为[6,7]：

$$s\dot{s} < 0 \tag{12}$$

即有

$$\begin{cases} \dot{s} < 0 \quad (s > 0) \\ \dot{s} > 0 \quad (s < 0) \end{cases} \tag{13}$$

采用指数趋近律

$$\dot{s} = -\varepsilon \operatorname{sgn}(s) - ks \tag{14}$$

式中，sgn 为符号函数，$\varepsilon > 0, k > 0$。

为了适当加快系统进入滑模的速度，可以适当增加 k 值，将式(9)求导，得：

$$\dot{s} = g\dot{e} + \ddot{e} = g(\dot{\theta} - \dot{\theta}_c) + (\ddot{\theta} - \ddot{\theta}_c) \tag{15}$$

当 θ_c 为常数时，式(15)可写为：

$$\dot{s} = g\dot{e} + \ddot{e} = g\dot{x}_1 + \ddot{x}_1 = gx_2 + \dot{x}_2 \tag{16}$$

将式(16)代入式(14)，结合式(1)，便可求出控制率为：

$$u = B_{21}^{-1}(-gx_2 - A_{21}x_1 - A_{22}x_2 - \varepsilon \operatorname{sgn}(s) - ks) \tag{17}$$

3 仿真及地面实验

系统实测参数包括转动惯量 J，其值为 $0.025\,3\,\mathrm{kg \cdot m^2}$，摩擦系数 f 取为 0.01。

设 $A = \begin{bmatrix} 0 & 1 \\ 0 & -0.395 \end{bmatrix}$，$B = \begin{bmatrix} 0 \\ 40.52 \end{bmatrix}$，$g = 2$，则由式(17)得到标称系统下的控制规律为：

$$u = 0.0247(-1.605e - \varepsilon \operatorname{sgn}(s) - ks] \tag{18}$$

由于预置工具面角 θ_c 为常数，故式(18)中的 e 即为 x_2。在式(18)中，当 ε 增大时，系统速度会增快，在滑动面上会出现很大振颤。减小 ε 值可以削弱振颤，但是进入滑动模态的时间会延长。因此有必要考虑消除振颤，对式(18)采用柔化 $\operatorname{sgn}(s)$ 加以修正[9]，取系数 δ 为一个很小正数，可得控制律为：

$$\begin{cases} u = 0.0247\left[-1.605\dot{e} + \varepsilon \dfrac{s}{|s| + \delta} + ks\right] \quad (s > 0) \\ u = 0.0247\left[-1.605\dot{e} - \varepsilon \dfrac{s}{|s| + \delta} + ks\right] \quad (s \leqslant 0) \end{cases} \tag{19}$$

在式(19)中，取 $\varepsilon = 0.1, k = 10, \delta = 0.001$，预置工具面角为 20° 时曲线如图3所示。从图中可以看出，s 很快进入滑动模态域，大大削弱了振颤现象，系统 0.5 s 即可跟踪输入，表现了跟踪的快速性。同时稳态误差小于 10^{-4} rad，保证了控制的精度和准确性。预置工具面角为 $80°$ 时，在参数不确定和外界干扰的情况下得到的曲线见图 4。在图 4 中，当 t 为 $2 \sim 4$ s 时，加一正弦干扰，幅度为 0.1 rad，频率为 3 Hz，参数不确定性有 $\Delta A = 0.2A，\Delta B = 0.2B$。从仿真曲线可以看出，系统具有较好的鲁棒性和跟踪特性，并且当正弦干扰消失 0.2 s 后，输出重新跟踪输入。

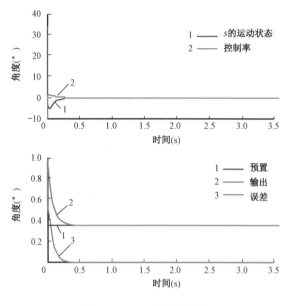

图 3　$\theta_c = 20°$ 时仿真曲线

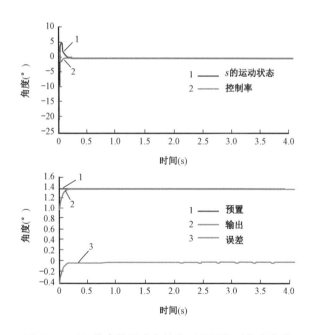

图 4　$\theta_c = 80°$ 带参数不确定性和正弦干扰时仿真曲线

　　在地面模拟实验中，在先加盘阀扭矩后启动电机控制和先开电机再加盘阀扭矩两种情况下，预置角度 θ_c 分别为 $20°，80°，150°，230°$ 和 $320°$ 时，进行稳定平台的控制，并多次重复实验。实验表明：稳定平台实际位置角度跟踪预置角度的速度非常快，在 3 s 内可达到稳定，并且稳定

时误差均小于 $1.0°$,抖动很小。在稳定时,模拟井下环境加入多种干扰,系统仍能很快重新达到稳定状态,控制效果良好。

4 结论

(1)控制稳定平台稳定在预置角度的变结构控制方案具有设计简便、算法简单、系统鲁棒性强的特点,能有效地抑制状态参数、输入、扰动等各种不确定性因素。

(2)在变结构控制中,采用指数趋近律求得控制率,用柔化 $\text{sgn}(s)$ 法加以修正,大大削弱了变结构控制固有的振颤。

(3)地面实验表明,变结构控制系统的控制效果十分显著,稳定平台能很快跟踪预置角度,有效抑制了扰动、振颤等现象,达到了稳定平台控制的目标。

注:稳定平台是调制式旋转导向工具(推靠钻头原理)的关键部件,已经研究制造了三台样机,实验架与井下实验说明还达不到要求,需要继续研究,需要完善稳定平台单元实验台架并更多地进行台架试验,积累经验和反复改进之后再进行井下样机试验,也需要足够资金投入。

参 考 文 献

[1] Harrell J W, Dubinsky V, Leggett J V. Closed Loop Drilling System:US 5842149[P]. 1998 – 11 – 24.

[2] Downton G, Hendniecks A, Klausen T S, et al. New Direction in Rotary Steerable Drilling[J]. Oilfield Review, 2000,12(1):18 – 29.

[3] 韩来聚,孙铭新,狄勤丰. 调制式旋转导向钻井系统工作原理研究[J]. 石油机械,2002,30(3):7 – 11.

[4] 汤楠,穆向阳. 调制式旋转导向钻井工具稳定平台控制机构研究[J]. 石油钻采工艺,2003,25(3):9 – 12.

[5] 汤楠,霍爱清,崔琪琳. 基于状态空间法的旋转导向钻井工具控制系统研究[J]. 石油学报,2004,25(2):89 – 92.

[6] 高为炳. 变结构控制理论基础[M]. 北京:中国科学技术出版社,1990,1 – 125.

[7] 陈新海,李言俊,周军. 自适应控制及应用[M]. 西安:西北工业大学出版社,1 998,106 – 135.

[8] 周军,周凤岐,李季苏等. 挠性卫星大角度机动变结构控制的全物理仿真实验研究[J]. 宇航学报,1999,20(1):66 – 70.

[9] 庄开宇. 变结构控制理论若干问题研究及其应用[D]. 杭州:浙江大学,2002.

(原文刊于《石油学报》2007 年(第 28 卷)第 3 期)

深井、超深井和复杂结构井垂直钻井技术❶

张绍槐

摘　要：垂直钻井是当今世界性钻井难题之一，它具有减少套管层次和套管尺寸、提高机械钻速、减少钻柱事故的优点。常用的塔式钻具、钟摆钻具、满眼钻具、偏轴钻具、压不弯钻铤、铰接钻具和旋冲钻具等均属于被动防斜技术，不能满足深井、超深井和复杂结构井直井段垂直钻井的要求，尤其不能满足在高陡构造与大倾角等易斜地层和自然造斜能力强的条件下钻垂直井的要求。近 10 年来发展的旋转导向钻井技术及工具，在一定程度上解决了垂直钻井所遇到的问题，也是当前解决垂直钻井这一世界性难题最有效的技术方案。重点介绍了以 PowerV 为代表的旋转导向自动闭环钻井系统的结构及现场应用情况。

关键词：深井；超深井；垂直钻井；导向钻井；井斜控制

1　概述

全球每年钻井近 70000 口，其中大多数是直井，近年来水平井、大位移井和多分支井的数量不断增加。随着油气勘探开发领域不断向深部地层和深水（水深超过 3000m）海域进军，深井和超深井的数量不断增加，深探井和超深探井钻井技术成为一个国家或一个企业集团钻井技术水平高低的标志[1]。目前的世界超深井钻井纪录是苏联在科拉半岛钻成的井深 12869m 的莫霍井，而美国是世界上深井钻井历史最长、工作量最大和总体技术水平最高的国家。德国大陆钻探计划的 KTB 井（井深 9101m）是世界上第一口使用自动垂直钻井系统（VDS）的井。我国在 20 世纪 70 年代就钻成女基井和关基井 2 口超深井，2004 年在塔里木钻成井深 7220m 的中 4 井是我国陆上最深的井，而塔参一井深达 7200m，柯深 101 井深达 6850m。截至 2001 年，我国陆上就钻成井深超过 4500m 的深井、超深井 1207 口，其中超深井 64 口[2]。

在地层倾角大、高陡构造带、山前逆掩推覆体区域等复杂地质条件下钻深井、超深井，尤其是深探井、超深探井以及区域第一口预探井、大陆科探井时，普遍要求防斜打快和安全低成本，而常规防斜钻井技术（如塔式钻具、钟摆钻具、满眼钻具、旋冲钻井等）无法实现在复杂地质条件下防斜打直；偏重钻具、铰接钻具、压不弯钻铤等 20 世纪 80 年代以后发展起来的防斜打直技术都还不够成熟，具有一定的局限性；滑动导向钻井技术在复杂易斜地层钻深井、超深井不是完全有把握而且防斜效果不佳。由于深井、超深井和复杂结构井直井段（DUV 井）的井眼质量，特别是井眼垂直性，对于钻井作业的成败至关重要（因为上部井段的井眼质量和扭曲程度必会增大钻下部直井段尤其是钻定向井段时钻柱的扭矩、阻力与动载以及钻柱、套管的额外磨损，这不仅增加了钻井作业的时间、成本，还增大了钻井风险），因此，在复杂构造带钻垂直井已成为世界性难题[1,2]。

垂直钻井技术与常规的防斜纠斜打直技术不完全相同，不能把井眼的垂直性局限于沿用常规乃至特定的井斜标准，即不应该允许有某一小斜度和全角变化率。从理论上严格地说，垂

──────────
❶ 国家自然科学基金 50234030 项目及国家 863　2003AA602013 项目部分成果。

直井井眼应该绝对垂直。但由于现代科技在地下工程的测控精度还难以完全达到空间和地面工程的测控精度,加上地下钻井工程的复杂性,当代钻井技术也只能钻成相对的近垂直井段。而且还要指出:垂直井不是斜直井。现在世界各油田所钻的垂直井,其直井段井斜约为1°,全角变化率小于2°/30m,井底闭合距较小。

垂直井还要求有很高的井眼质量,主要指不存在螺旋状井眼、椭圆截面井眼、大肚子井眼、糖葫芦井眼,井径应该很规则,井眼很清洁且稳定通畅,测井或下套管前可不必专门划眼更不必扩眼,必要时最多只须进行洗井、通井作业。高质量的垂直井不允许也不必要用常规纠斜技术措施来修整井眼轨迹,而应该一次钻成、钻好。

2　垂直井的优点

DUV 井的井身结构设计比一般井要复杂得多,它的套管层次比较多(有的多达8层),套管直径,特别是导管、表层套管(有时还有技术套管)的直径大。高质量的垂直井可以大大减少所用套管的层次和套管尺寸。例如,德国大陆钻探计划的 KTB 超深井,井深9101m,由于使用了 VDS,井身质量好,只用了5层套管,最大套管直径为622.3mm。而美国 NP1960 - L1 井及沙特阿拉伯 Khuff 井两口超深井井深比 KTB 井小得多,但分别用了7层和8层套管,其中最大套管直径分别为1219.2mm 和914.4mm。国内陆上深井、超深井的井身结构比较单一,多为 $\phi508.0mm + \phi339.7mm + \phi244.5mm + \phi177.8mm + \phi127.0mm$。相对而言,在同样井深的条件下,井眼质量高的垂直井才有可能缩小每个层段钻头直径与套管接箍外径之间的间隙值,最大可能地使用较小尺寸钻头和小尺寸套管,这有利于提高钻速,净化井眼,减少钻头、钻柱、套管柱和油井水泥成本,还有利于选用提升能力相对小的钻机,从而节省钻机租用费、钻井作业费等。另外,高质量的垂直井在复杂地质条件下遇到不确定的技术难题时,还可以调整井身结构(层次、下深)乃至多加一层备用套管,从而降低了钻井风险,提高了成功率。

垂直钻井系统的防斜打直效果不受钻压影响,因而可解放钻压,不必"轻压吊打",有利于提高钻速。还有,垂直井可以大大减少钻柱事故,减小钻柱与套管柱间的磨损与失效,还能提高固井质量。

总之,垂直井与非垂直井相比,具有安全快速、优质低成本的优点。如果钻井技术不当,井身质量不好,被迫反复纠斜、划眼和扩眼乃至不得不处理井下所发生的事故,那就更没法比较了。

3　常用防斜打直技术

3.1　钟摆钻具

钟摆钻具是最早用于防斜和纠斜的钻具组合[3]。它是在已斜井眼内利用斜井内切点以下钻铤重力的横向分力即钟摆力,把钻头推靠在已斜井段的低边,产生降斜和纠斜效果,也具有防止井斜增大的作用[4]。使用钟摆钻具必须"轻压吊打",故钻压受到很大的限制,影响了机械钻速的提高,这是它的致命弱点。

超深井、深井和复杂结构井的上部垂直井段(DUV 井),首先是不允许井眼在已斜之后再用钟摆钻具来纠斜、降斜;其次是 DUV 井力求具有较高的机械钻速和较短的建井周期,所以也不可能采取"轻压吊打"的技术措施。

3.2 塔式钻具

塔式钻具是在钻柱下部使用几段不等径的钻铤,靠近钻头的钻铤直径最大,向上钻铤直径逐段减小。其原理是把塔式钻具形成钟摆,其近钻头钻铤与井眼的间隙小,而且刚度大、单位长度质量大、重心低、稳定性好。

塔式钻具在国内外广泛使用,有一定防斜效果。使用塔式钻具防斜钻进时,要尽量使塔式段钻具不弯曲,故其钻压也受到一定的限制,从而在一定程度上影响了钻速的提高。

深井、超深井和复杂结构井上部井段的井径都很大(大于 339.7mm,甚至大于 508.0mm),而国内目前最大直径的钻铤多为 φ203.0mm,少数为 φ254.0mm。因此,在大尺寸井段使用塔式钻具受到限制。

3.3 刚性满眼钻具

满眼钻具是使用 2~3 个或更多个与钻头直径相近(甚至相等)的稳定器和一段(3 个或多个单根长度)大直径钻铤组成的刚性很大、不易弯曲的填满井眼的防斜钻具组合[4]。其特点是要在已钻过的直井段(井斜很小)中,保持刚性满眼钻具位于井眼中间,其钻具轴线与直井井轴基本一致,从而减小钻头的倾斜角度,达到控制井斜的效果。使用刚性满眼钻具时,不必"轻压吊打",故与钟摆钻具相比,钻速较快。其缺点:一是在易垮塌和缩径等复杂地层中容易发生卡钻甚至埋钻,且不易解卡和打捞,如果使用不当,可能发生井下钻具恶性事故;二是如果原井眼已出现井斜,则不易纠斜,往往打成"斜直井眼"而不是垂直井眼。由于 DUV 井必须钻成垂直井段,同时,受现有钻具直径的限制,DUV 井的大直径井段几乎不可能使用刚性满眼钻具来控制井斜。

3.4 偏轴钻具

偏轴钻具是利用钻柱下端特制的偏重钻铤或者与钻柱轴线有一偏心距的偏轴接头等工具,在钻头上部形成一段偏轴钻具。当钻头旋转时在近钻头上方的钻具组合中产生一离心力,偏重越多和偏心距越大,离心力就越大。在钻压作用下钻具组合弯曲呈弓形旋转,钻柱每旋转一周就对已斜井段的井眼低边较均匀地产生一定的冲击纠斜力,使已斜井段的井斜角减小[4,5]。

偏轴钻具在江苏圣科 1 井、楚雄乌龙 1 井、大庆油田、青海油田和华北油田等[7,8]的应用都取得了一定的防斜效果。但是偏轴钻具在这些油田的现场应用表明:(1)偏轴接头在大倾角地层,特别是大倾角硬地层中使用时还是不能有效地控制井斜,且易发生井下事故[6];(2)偏心距大小的确定应科学地量化,宜用偏心距小于 9mm 的微偏轴接头;(3)偏轴钻具能控制井斜但闭合位移易超标[7]。偏轴钻具是有创新性的,但目前还不够成熟,还需在实践中进一步完善。

DUV 井的大直径井段使用偏轴钻具,须对钻具组合和偏心距大小、偏心点距钻头的纵向距离以及钻具组合结构参数与钻压、转速等钻进参数相互匹配等进行理论研究和现场试验。

3.5 压不弯钻铤

1999 年,长庆油田研发了压不弯钻铤(也称不弯曲钻铤)并在华北油田进行了工业性试验[9]。其原理是在紧靠钻头上方的钻铤内安置一根中心管,该中心管起着空心压杆的作用,内有外径与空心压杆内径近似相等的一根柔索,柔索上下端设法予以固定并对柔索施加一定拉力。该受拉力的柔索可使空心压杆及钻铤不会被压弯。长庆油田进行了全尺寸室内试验和 $\phi215.9mm$ 钻头的现场试验,证明确有防斜效果,也可加大钻压提高机械钻速,但其最大井斜和井斜变化率仍达不到 DUV 井对于钻垂直井的严格要求。再者,也难以制造与 DUV 井的大直径井段相应的大尺寸压不弯钻铤。

3.6 预弯曲钻具

预弯曲钻具组合是指在钻柱下端接入具有一定预弯曲度的螺杆或特制接头,还接有一两个稳定器。在钻进时底部钻具组合主要表现为动力学行为[10-12],因此需要对钻具组合结构参数和钻进参数及其配合关系等做进一步动力学研究。长庆油田的现场应用表明,该钻具组合在非易斜地区钻直井段有一定防斜及降斜作用。也就是说在高陡地层和复杂易斜地层可能满足不了钻垂直井的要求,因而可能不适用于 DUV 井。

3.7 铰接防斜钻具

铰接防斜钻具组合的基本原理是在普通增斜钻具组合的下方和钻头上方(或距钻头一段距离处)接一个柔性接头,利用柔性接头传递扭矩不传递弯矩的特点,改变钻头方向,能使钻头在大钻压下获得较大的降斜力和下倾偏转角[13]。理论分析和初步试验表明,这是一种具有创新性的技术,但是还需对该种钻具组合进行优化设计,对柔性铰接接头的受力和失效等进行深入分析,还要进行更多的室内与现场试验,DUV 井暂时还用不上这一技术。

3.8 旋冲钻井技术

旋冲钻井技术是在旋转钻井的基础上,再在钻柱上增加一个液动冲击器,以产生高频周期性的冲击力,从而实现由冲击载荷与静压旋转联合作用破岩[14]。在浅井和中深井中的应用表明,它既能提高钻速(尤其是在硬质、脆性岩石中),又有利于防斜打直[15]。该技术在探矿工程中已得到很好的发展和应用。国内旋冲钻具结构有多种[16-18]。美国、法国、澳大利亚等国家均从我国引进了该技术。

深井、超深井和复杂结构井上部大尺寸直井段能否使用旋冲钻井技术钻垂直井眼还缺乏实钻的案例来证实。旋冲钻井的液压冲击器需要一定的水功率,若在深井、超深井中使用则机泵条件应该有所保证。

上述 8 种防斜打直技术各有特点,也各有相应的使用局限性,它们基本上都属于所谓的被动防斜技术。在高陡构造的大倾角地层和山前断裂区带的逆掩推覆体地层和高应力破碎性地层中,被动防斜技术不能克服地层极强的自然造斜能力,因而不能满足深井、超深井以及复杂结构井上部直井段钻垂直井眼的要求。

4 导向钻井新技术钻垂直井

随着人类对油气资源的不断开发和日益增长的油气需求,深井、超深井越来越多,水平井、分支井和海油陆采的大位移井也发展得很快。近 10 年来,旋转导向钻井新技术投入现场应用,在一定程度上解决了深井、超深井(尤其是探井)和复杂结构井的上部直井段垂直钻进的问题,并迅速提高了钻井技术水平,是钻井行业少数几项重大技术革新之一。

4.1 滑动导向钻具复合钻进技术

滑动导向钻具可使用普通螺杆钻具和弯接头相结合,也可以使用弯外壳螺杆钻具。复合钻进是指在用转盘带动钻柱旋转的同时,钻井液驱动螺杆钻具带动钻头旋转。为了防斜或导向必须同时使用近钻头测斜仪或随钻测斜仪等把实时井斜参数随钻传送到地面,钻井作业者据此及时调整复合钻进的方式与钻井参数。在长庆、江苏、青海等油田的应用表明,滑动导向钻具能够较好地实现连续导向功能,并能不同程度地提高机械钻速[19-21]。但是,在井斜角较小时(<2°)往往造成微降斜效果,而随着井斜角的增大容易造成微增斜效果。其原因在于复合钻进时影响导向力的因素较多。滑动导向钻具在直井段也有一定防斜与纠(降)斜功能,但还有一些其他问题。因其不能准确控制井斜,井眼轨迹不够稳定,所以也就不能在 DUV 井中用来真正有效地钻垂直井。

4.2 世界上第一个自动垂直钻井系统的产生

德国大陆超深井钻探计划的 KTB 井是井深 9101m 的直井,该井的成功就应归功于创造性地提出并研制应用了世界上第一个自动垂直导向钻井系统(VDS),该井先后应用 VDS 达 100 多次,而且 VDS 从 VDS - 1 型发展到 VDS - 5 型,并形成和促进了旋转导向钻井技术的发展。例如,在 VDS 成功应用之后,Baker Hugkes 与 Agip 又联合开发了 SDD 系统。近年来,国外公司相继研制了多种现代旋转导向钻井工具及其系统,如 Power Drive,Autotrak[22],Vertitrak 和 Geopilot 等。近 10 年,我国也在研制几种旋转导向钻井工具及其应用系统[1,23,24]。

4.3 旋转导向钻井系统钻垂直井的新进展

国内外已有许多关于 Power Drive,Autotrak,Vertitrak 和 Geopilot 等现代旋转导向钻井系统的专题报道[25,26],不再赘述。限于篇幅,笔者只对 Schlumberger 公司最新研制并已在国内外开始应用的 PowerV 系统[27]作扼要介绍和分析。Schlumberger 公司称该系统是专为垂直钻井设计的(参见该公司的《油田新技术》中文版,2004 秋季刊),它是全自动化全旋转的井下闭环导向垂直钻井系统(整体结构见图1)。

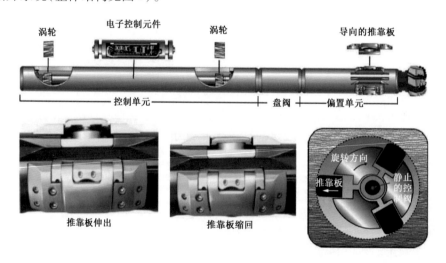

图 1　PowerV 系统整体结构

PowerV 和 Power Drive 的原理基本相同,在结构上有许多相似之处,但是为了能钻出真正的垂直井而做了重要的改进。PowerV 使用了高精度的陀螺仪和三轴加速度计等测量井斜、方位的仪表与技术,能够在已钻井段井斜角小于1°(甚至只有约0.5°)时精确测得当时近钻头处的井斜(而 Power Drive 是在已钻井段井斜角大于3°～5°时才能测得井斜值)。PowerV 工作时,如果井眼稍有一点倾斜,其井下闭环测控系统就立即使巴掌主动推靠在井底处的井眼高边并自动恢复垂直,井眼就及时地按井眼高边的反方向即垂直方向钻进。PowerV 有一套数据编程软件(装入特制芯片中),通过它可以对稳定平台(CU)进行编程,直接设定 CU 的工作状态、储存调取数据和分析 CU 的工作情况。PowerV 的自动操作系统是依靠井下闭环和软件系统来自动工作的,它在作业过程中可以不使用钻井液脉冲 MWD 随钻测量系统,也不必像 Power Drive 那样为了把 CU 信号传输到 MWD 而专门设计安置一个电磁波短程通信系统。但是 Schlumberger 公司根据用户需要也可以像 Power Drive 那样使 PowerV 具有短程通信系统并与 MWD 联用,以便于用户能够在地面进行监控。PowerV 与 Power Drive 相比,它的井下密封系统质量更高。最近,意大利埃尼公司为在 Grumento Nova 油田钻 Mont Enoc 5 号井的上部大直径井段,特制了直径588.80mm 的大尺寸 PowerV"2200"。

我国克拉2气田位于新疆库车凹陷山前构造带,其高陡地层倾角大(25°～30°)、岩石各向异性、可钻性差、自然造斜能力强。塔里木油田曾试用过偏轴接头防斜技术和螺杆钻具 + PDC 钻头定向反抠防斜纠斜技术等多种方法,都只能轻压吊打且不能适应高陡地层防斜需要。2004年,克拉2-3井和克拉2-7井应用了 PowerV(日服务费为1.5万美元)。克拉2-7井 ϕ406.4mm 井段的井斜平均为0.5°～1.5°,最大全角变化率为2.27°/30m,井眼平滑,下入3068m 的 ϕ339.7mm 套管柱一次成功,无任何卡阻现象,两级固井也是一次性成功,而且减少了下部井段钻进过程中钻柱和套管柱的磨损[27]。

川东和川东北地区地质构造复杂多变,高陡构造的地层倾角一般在30°～65°,最大达87°,且上部地层小型褶皱较多,砂泥岩互层频繁,岩石各向异性大,自然造斜能力强,极易发生井斜。该地区曾试用过多种防斜技术,即使采取小钻压(40～80kN)吊打、勤划眼和加密测斜等技术措施,仍不能有效控制井斜[28,29]。而且钻速很低(平均不足1m/h)。为此,中国石化西南石油局和胜利油田最近在川东北深井钻井中也租用了 PowerV 系统。

5 结论

(1)深井、超深井和复杂结构井的上部直井段需要运用垂直钻井技术。垂直钻井不同于常规的防斜打直,应该是全井真正垂直、井底闭合距小、井径规则、无狗腿、无螺旋井段、无椭圆截面段、井眼通畅稳定等。

(2)塔式钻具、钟摆钻具、满眼钻具、偏轴钻具、压不弯钻铤、铰接钻具和旋冲钻具等,基本属于被动防斜技术,可以作为浅井和中深井的常规性防斜纠斜技术,但不能满足高陡构造、大倾角地层和逆掩推覆体等易斜地层钻垂直井的要求,也不太适用于深井、超深井和复杂结构井直井段的钻探要求。

(3)国内外的实践证明,PowerV 系统是当前解决垂直钻井这一世界性难题最有效的技术设备。随着我国西部大开发和东部深层油气藏勘探开发力度的加大以及海洋油气工业的加速发展,还有"走向世界,走出国门"的要求,复杂结构井和深井、超深井的数量不断增加,旋转导向钻井工具及其系统的应用也会不断增加,由于租用 PowerV 系统的日租费与技术服务费高达1.5万～3.0万美元,因此建议研发有自主知识产权的旋转导向及自动钻垂直井的高新技术产品。

参 考 文 献

[1] 张绍槐.现代导向钻井技术的新进展及发展方向[J].石油学报,2003,24(3):82-89.

[2] 郑新权,汪海阁.中国石油钻井现状及需求[J].石油钻采工艺,2003,25(2):1-4.

[3] 王德良,钱冠江,魏汝光,等.柔性钟摆钻具组合的应用[J].石油钻探技术,1995,23(3):12-13.

[4] 刘希圣.钻井工艺原理[M].北京:石油工业出版社,1998,106-108.

[5] 汪海阁,苏义脑.直井防斜打快理论研究进展[J].石油学报,2004,25(3):86-90.

[6] 于永刚,杨国辉.MWD导向系统防斜打直技术在东9井的应用[J].钻采工艺,2005,28(1):13-15.

[7] 耿书肖,罗玉亮.微偏轴接头防斜研究[J].钻采工艺,2004.27(1):66-69.

[8] 李成岗.偏轴防斜打快钻井技术[J].石油学报,1999,20(1):87.

[9] 龚伟安,拓佰民,沈亚鹏,等.不弯曲钻铤的室内试验及现场试验的效果分析[J].石油钻采工艺,1999,21(3):1-9.

[10] 汝大军,李立昌,陆红,等.预弯曲钻具组合特性分析及其应用[J].石油钻采工艺,2003,25(4):14-16.

[11] 狄勤丰.预弯曲动力学防斜打快技术初探[J].石油学报,2003,24(3):86-89.

[12] 鲜保安,高德利,徐创海.动力学降斜方法研究及应用[J].石油钻探技术,2000,28(6):11-12.

[13] 韩烈祥.铰接防斜钻具组合的设计与研究[J].石油钻采工艺,2003,25(16):25-27.

[14] 张益友.冲击旋转钻井工艺试验研究[J].石油钻探技术,1990,18(2):11-14.

[15] 鲍洪志.液动冲击器在川合148井的应用[J].石油钻探技术,2001,29(6):39-40.

[16] 李国华.液动冲击器功率传递理论分析及应用研究[J].石油钻探技术,2003,31(6):1-4.

[17] 陈劲松,翟应虎.SYZJ型冲击动载发生器的液能利用研究[J].石油钻探技术,2000,28(2):33-35.

[18] 陈劲松,翟应虎.SYZJ型冲击动载发生器的设计理论及方法[J].石油钻探技术,2000.28(6):34-35.

[19] 于文平,狄勤丰.滑动导向钻具组合连续导向钻井技术[J].石油钻探技术,2003,31(2):1-3.

[20] 张锦宏.江苏油田滑动导向工具连续导向钻井技术的应用与效益评价[J].石油钻探技术,2003.31(3):22-23.

[21] 狄勤丰,岳砚华,彭国荣.滑动式导向钻具组合复合钻井导向力计算及影响参数[J].石油钻探技术,2001,29(3):56-57.

[22] 罗廷才,赵锦栋.AutoTrack旋转闭环钻井系统在西江油田的应用[J].石油钻探技术,2002,30(5):48-50.

[23] 张绍槐,狄勤丰.用旋转导向钻井系统钻大位移井[J].石油学报,2000,21(1):76-80.

[24] 杨剑锋,张绍槐.旋转导向闭环钻井系统[J].石油钻采工艺,2003,25(1):1-5.

[25] 狄勤丰,张绍槐.旋转导向钻井系统控制井眼轨迹机理研究[J].石油钻探技术,1998,26(3):52-54.

[26] 狄勤丰,张绍槐.旋转导向钻井系统测量技术研究[J].石油钻探技术,1998,26(2):50-53.

[27] 王春生,魏善国,殷泽新.PowerV垂直钻井技术在克拉2气田的应用[J].石油钻采工艺,2004,26(6):4-8.

[28] 齐宏科.普光1井防斜打直技术[J].石油钻探技术,2003,21(3):64-65.

[29] 程华国,王吉东.影响川东北地区深井机械钻速的原因分析及对策[J].石油钻探技术,2004,32(5):20-21.

(原文刊于《石油钻探技术》2005年(第33卷)第5期)